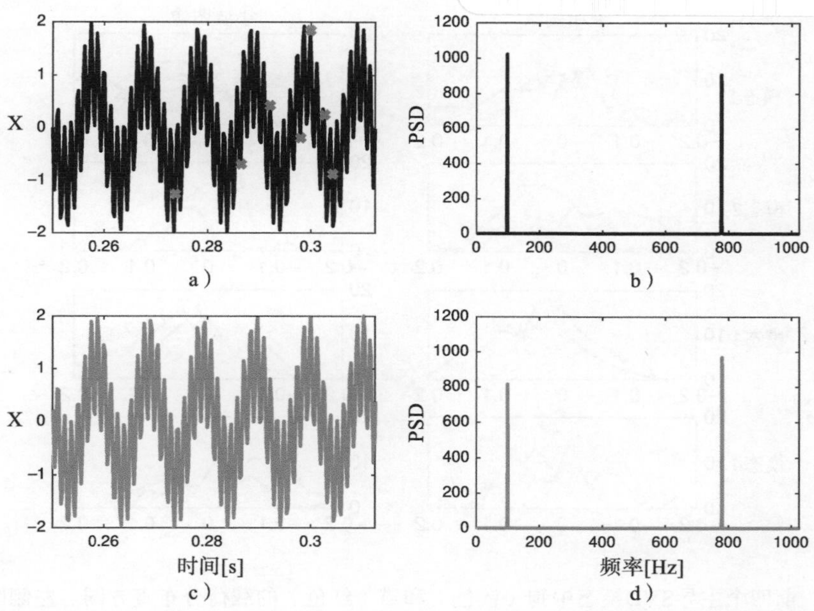

图3.8　两音音频信号$x(t) = \cos(2\pi \times 97t) + \cos(2\pi \times 777t)$的压缩感知重构。全信号和功率谱密度分别显示在图a和图b中。时间轴上，在随机稀疏位置处测量信号，并在图a中用红点标出，这些测量值用于建立图c和图d中的压缩感知估计。图a和图c中显示的时间序列是从$t = 0$到$t = 1$的整个时间范围的放大图

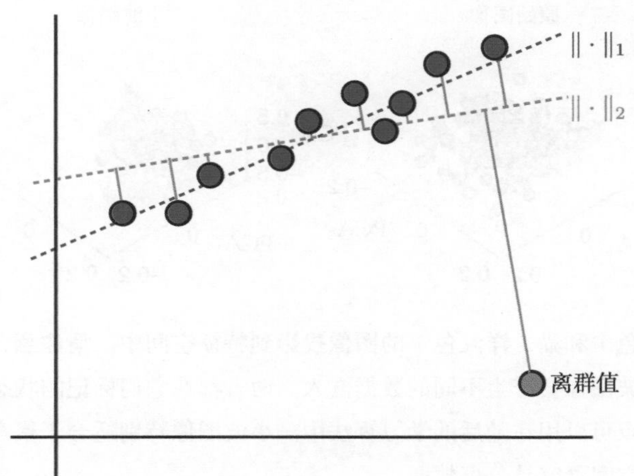

图3.12　最小二乘回归（红色）对异常值敏感，而最小ℓ_1范数回归（蓝色）对异常值具有鲁棒性

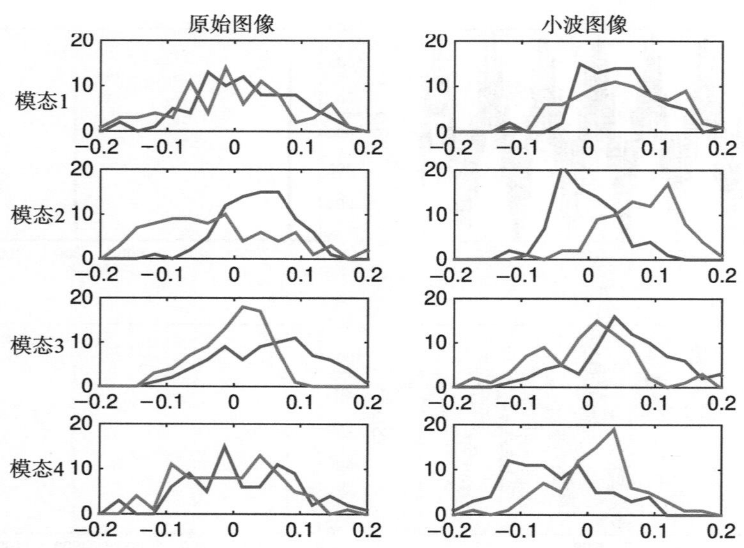

图5.5　前四个主导SVD模态中狗（蓝色）和猫（红色）的载荷分布直方图。左侧图片展示的是原始图像的分布（参见图5.3），而右侧图片展示的是小波变换图像的分布（参见图5.4）。载荷来自SVD的**V**矩阵的列。注意使用第二种模式时，狗和猫之间具有良好的可分性

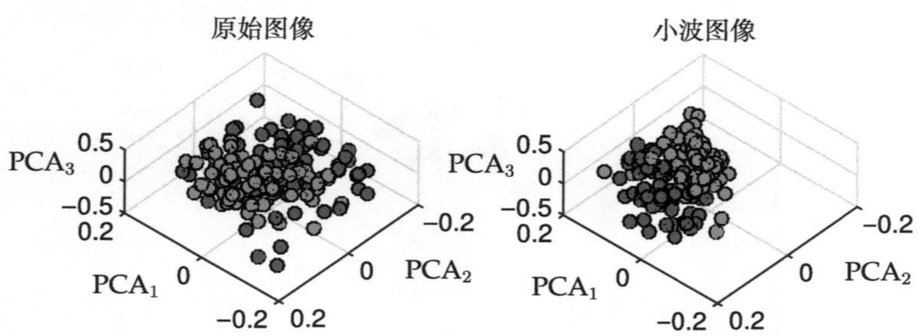

图5.6　将狗（绿色）和猫（洋红色）的图像投影到特征空间中。请注意，原始图像及其对应的小波图像会产生不同的数据嵌入。两者都在它们标记的状态周围表现出聚类。这一点可以用在随后的学习算法中。小波图像特别适合于聚类和分类，因为这种特征空间更容易分离数据

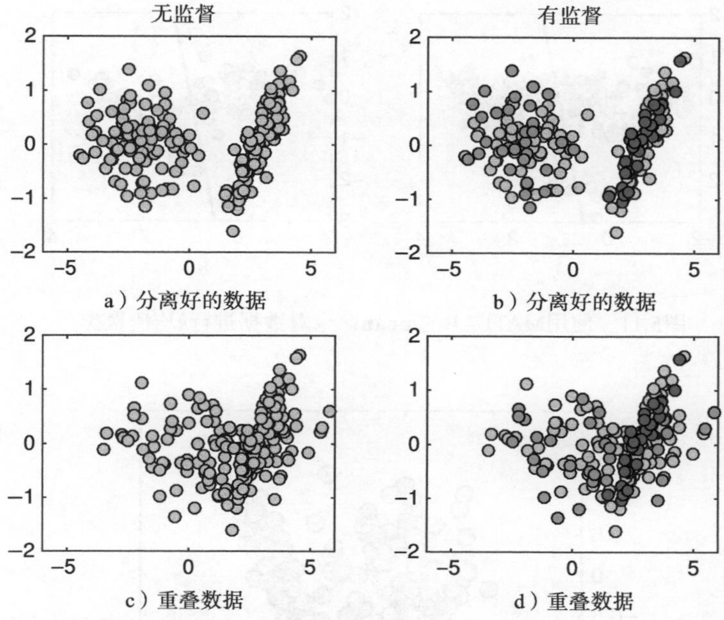

图5.7　无监督与有监督学习示意图

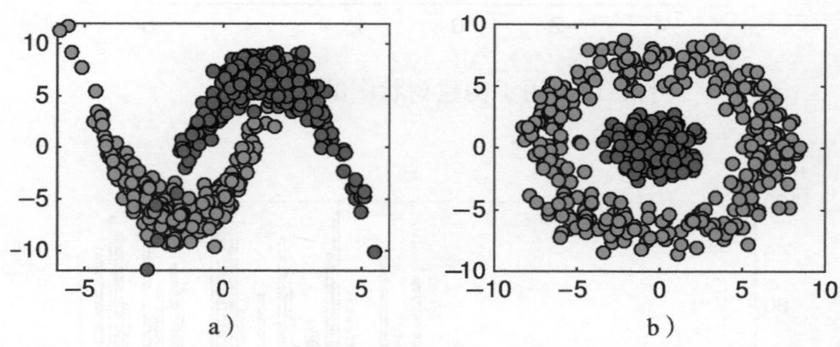

图5.8　泛化中的困难

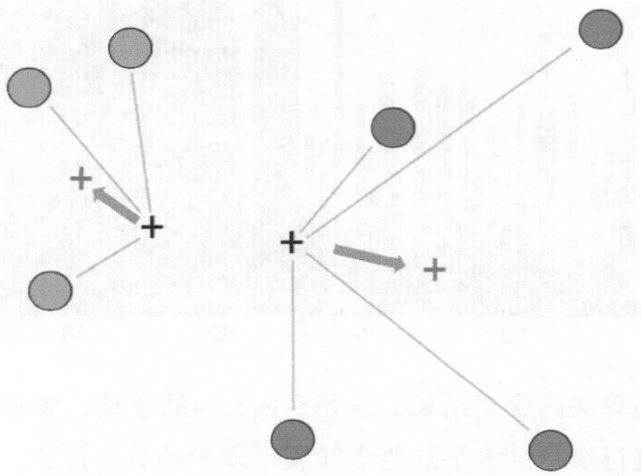

图5.9　$k=2$时的k均值算法示意图

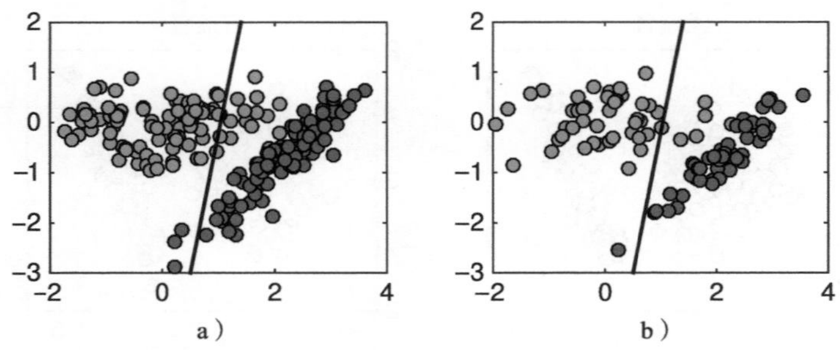

图5.11　使用MATLAB的**mean**命令对数据进行*k*均值聚类

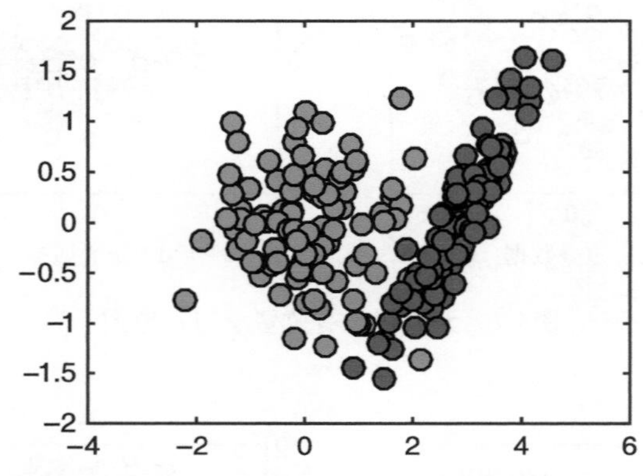

图5.12　用于构建树状图的示例数据

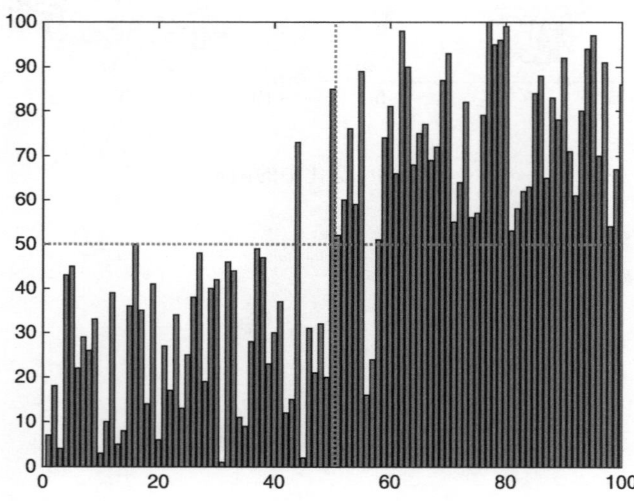

图5.15　执行树状图算法的聚类结果。这是对图5.14的总结，展示了如何通过距离度量对每个点进行聚类。水平红色虚线表示理想的分离位置。对前50个点（图5.12中的绿色圆点）进行了分类，使其在左下象限的红色水平线下方。对后50个点（图5.12中的洋红色圆点）进行了分类，使其在右上象限的红色水平线上方。总之，树状图仅误分了两个绿点和两个洋红色点

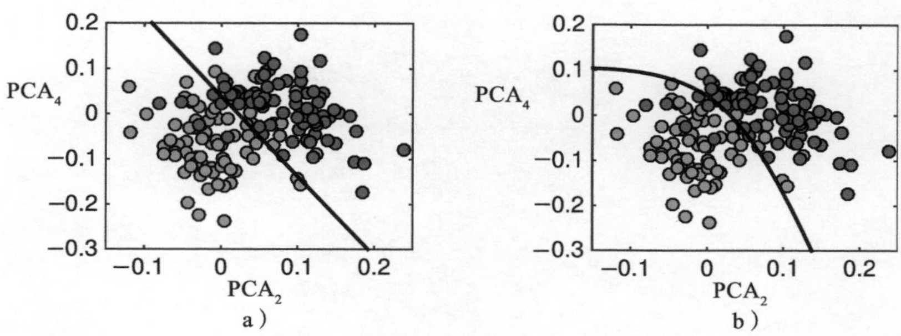

图5.21 投影到第二和第四个主成分上的狗（绿色圆点）和猫（洋红色圆点）数据的线性判别（LDA，见图a）和二次判别（QDA，见图b）的分类线。这种二维特征空间允许对数据进行良好的判别。对于给定的训练样本，两条线分别代表分隔数据的最佳直线和抛物线

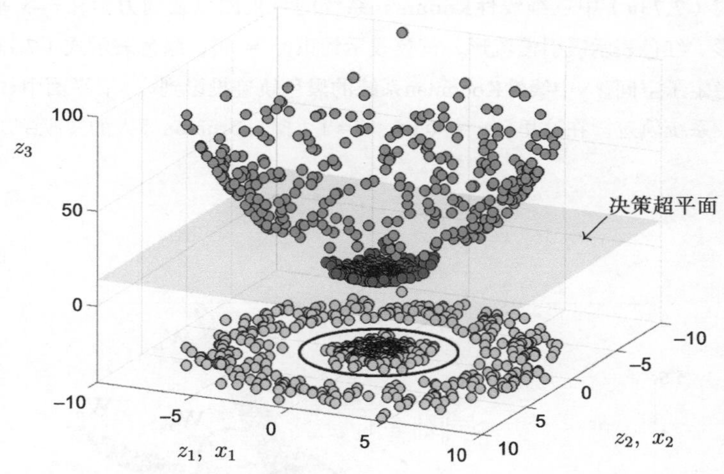

图5.23 图5.8b的非线性嵌入是基于式（5.34）中的变量$(x_1, x_2) \mapsto (z_1, z_2, z_3) := (x_1, x_2, x_1^2 + x_2^2)$得到的

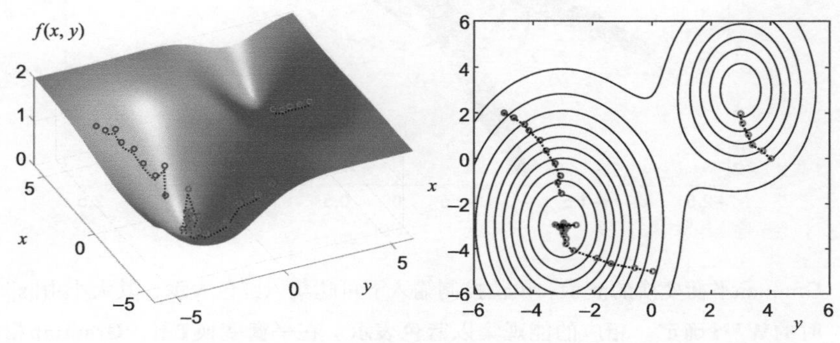

图6.11 随机梯度下降应用于图4.3b中所示的函数

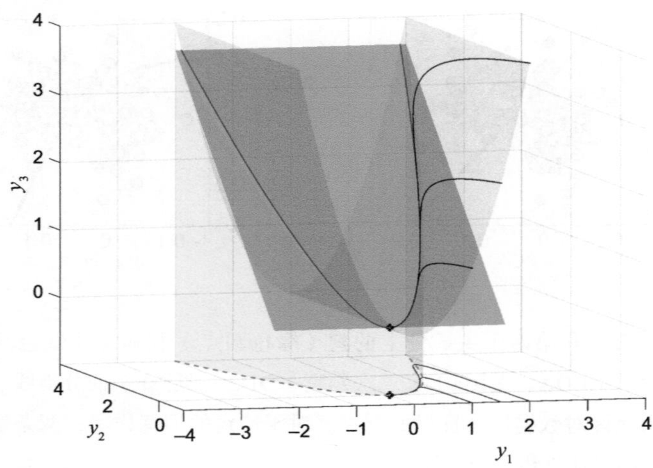

图7.11　式（7.73a）中三维线性Koopman系统的可视图以及动力学在x_1–x_2平面上的投影。红色表示吸引慢流形，蓝色表示约束$y_3 = y_1^2$，绿色表示式（7.73a）的慢不稳定子空间。$\mathbf{y}$中线性Koopman系统的黑色轨迹投影到y_1-y_2平面中$\mathbf{x}$的完全非线性系统轨迹。在这里，$\mu=-0.05$，$\lambda=1$（摘自Brunton等人的文献[92]）

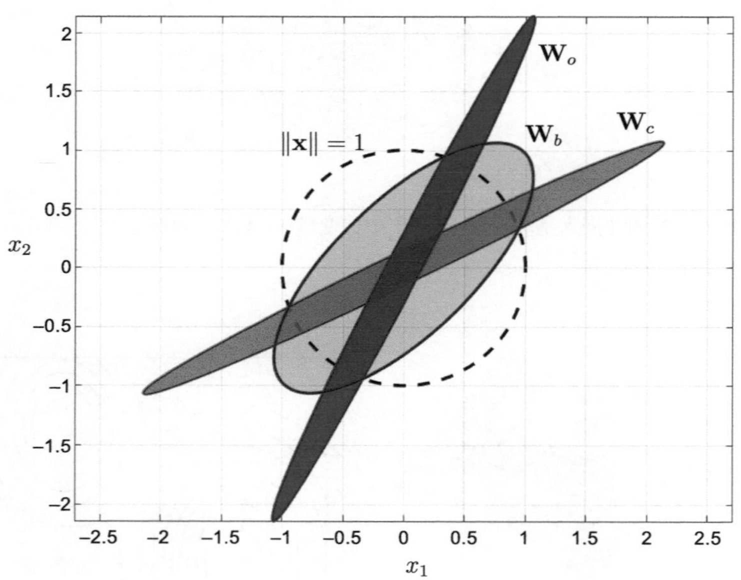

图9.2　Gramian平衡变换的演示。单位控制输入下可达集以红色表示，其大小由$\|\mathbf{x}\| = 1$时的$\mathbf{W}_c^{1/2}\mathbf{x}$确定。相应的能观集以蓝色表示。在平衡变换$\mathbf{T}$下，Gramian相等以紫色表示

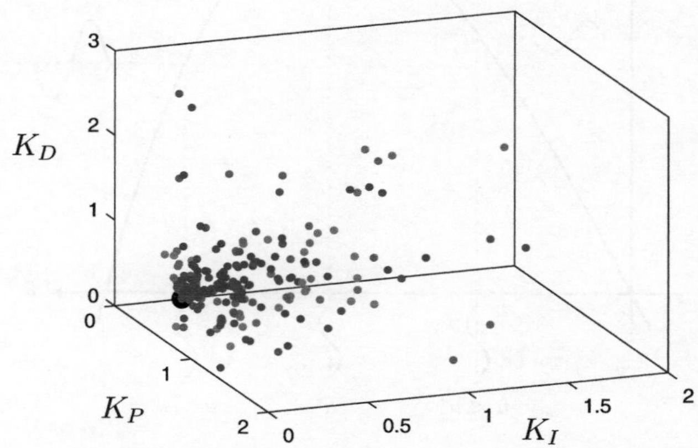

图10.12　遗传算法产生的PID增益。红点代表前几代，蓝点代表后几代。黑点是遗传算法发现的最佳个体

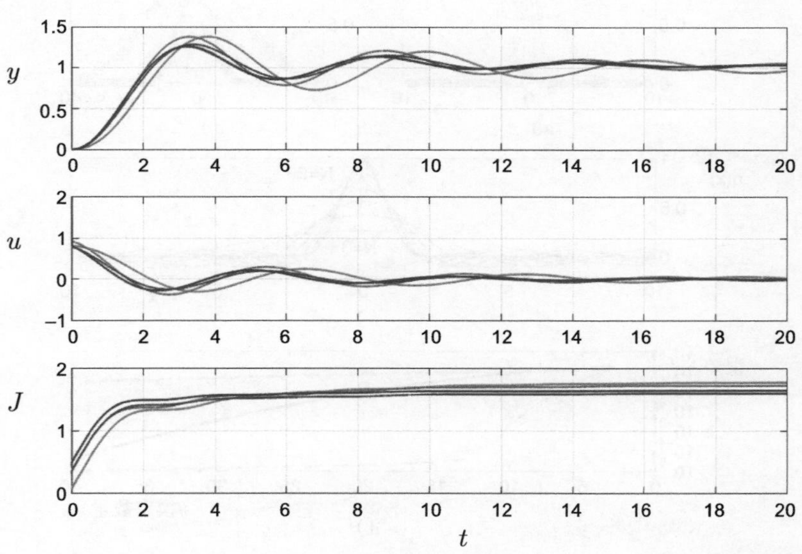

图10.15　每一代最好的PID控制器。红色的轨迹来自早期，蓝色的轨迹对应于最后一代

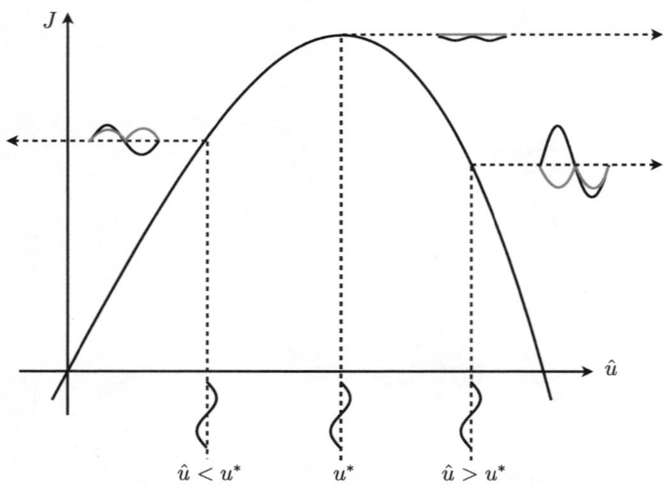

图10.17　静态目标函数$J(u)$的极值搜索控制示意图。当输入位于峰值左侧（即$u<u^*$）时，输出摄动（红色）处于同相；当输入位于峰值右侧（即$u>u^*$）时，输出摄动处于反相。因此，对输入和输出正弦的乘积进行积分将使$\hat{u}$向u^*移动

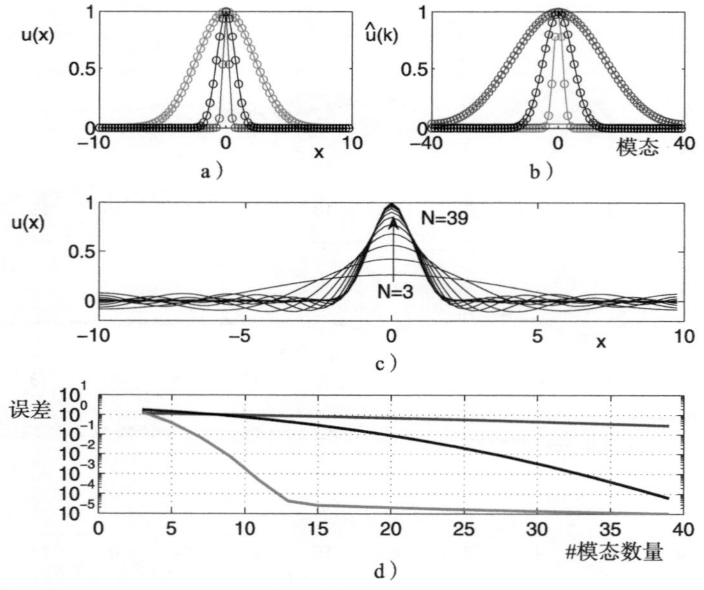

图11.1　用于表示局部化高斯的傅里叶模态图。如图11.1a所示，$n=80$个傅里叶模态用于表示域$x\in[-10, 10]$上的高斯函数$u(x)=\exp(-\sigma x^2)$，其中$\sigma=0.1$（红色），$\sigma=1$（黑色）和$\sigma=10$（蓝色）。如图11.1b所示，高斯函数的傅里叶模态表示，展示出精确表示局部函数所需的模态数量。如图11.1c所示，n模态解收敛到实际高斯（$\sigma=1$）解，该高斯解对于三个σ值的真解具有L^2误差（见图d）

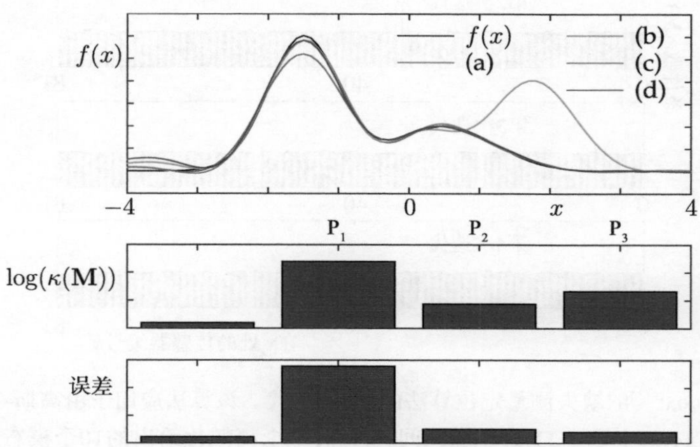

图 12.2　顶部图片展示了原始函数（黑色）以及10模重构的测试函数$f(x) = \exp[-(x-0.5)^2] + 3\exp[-2(x+3/2)^2]$在整个空间（红色）和图12.1中的三个代表性支撑空间$s[\tilde{\mathbf{u}}]$上的采样，即$\mathbf{P}_1$、$\mathbf{P}_2$和$\mathbf{P}_3$。注意，误差测量与所考虑的特定函数有关，而条件数度量则独立于特定函数。尽管两者都可以用作性能的替代指标，但是条件数适用于任何函数，这是其优势

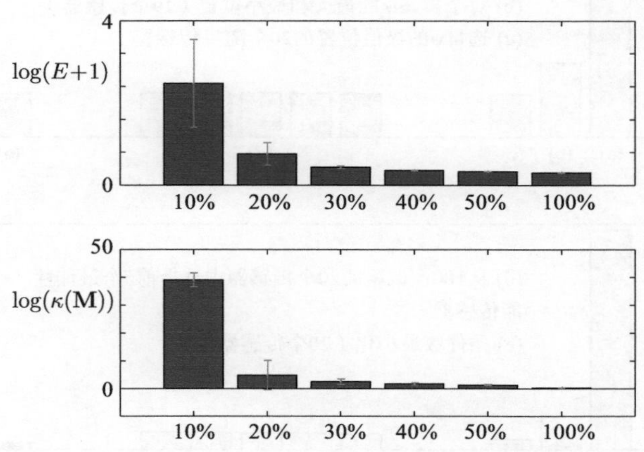

图12.4　最小二乘误差的对数$\log(E+1)$（加1是为了避免出现负数）以及条件数的对数$\log(\kappa(\mathbf{M}))$，作为随机测量值百分比的函数。对于10%的测量值，误差和条件数如预想的那样达到最大值。但是，用红色条表示的所得结果的方差也很大，这意味着在少量传感器情况下，重构性能对传感器的位置是高度敏感的

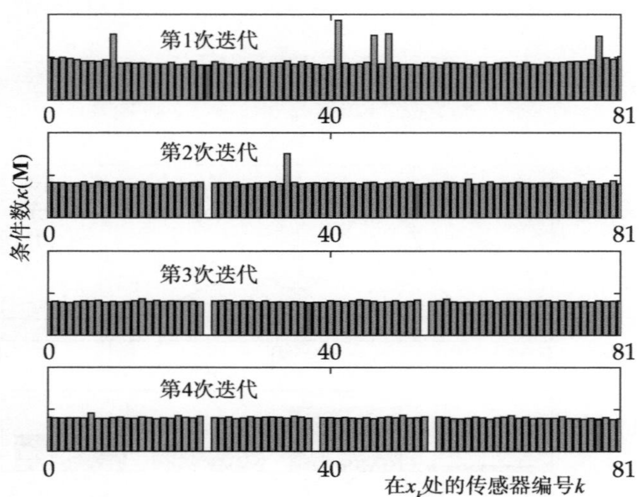

图12.8　Willcox[555]的缺失测量定位算法的前4次迭代。该算法应用于由高斯–埃尔米特函数（11.25）和（11.26）在区间$x \in [-4, 4]$上离散化给出的10个模态展开，离散步长$\Delta x = 0.1$。顶部图片展示了在81个离散值x_k处考虑的单个传感器的条件数$\kappa(\mathbf{M})$。第一个传感器将x_{23}处的条件数（显示为红色）最小化。现在考虑在余下的80个空间位置布置第二个传感器，最小条件数出现在x_{52}（红色）处。重复此过程，将得到的x_{37}和x_{77}分别作为算法迭代3和4的第三和第四传感器位置（以红色突出显示）。一旦为传感器选择了一个位置，以后的迭代中就不再考虑该位置，该位置将用一个缺口来表示

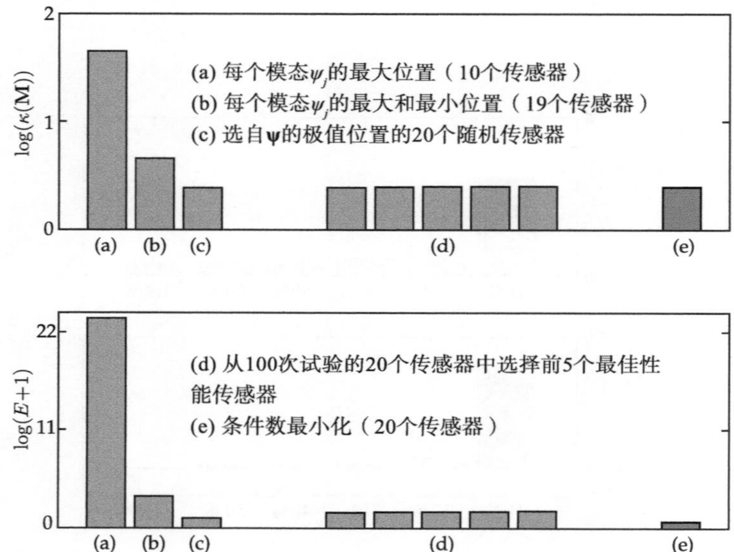

图12.14　基于POD模态方差的极值来配置传感器的性能指标。同时考虑用于重构测试函数（12.11）的最小二乘误差和条件数。展示的是使用POD模态的最大位置、每个POD模态的最大和最小位置以及从POD模态的55个极值位置中随机选择20个得到的结果。将这些与从100次随机试验的20个传感器中选择前5个以及条件数最小化算法（红色条）进行比较。在不增加计算成本的前提下，基于极值位置的随机传感器布置方法提供了接近条件数最小化方法的性能

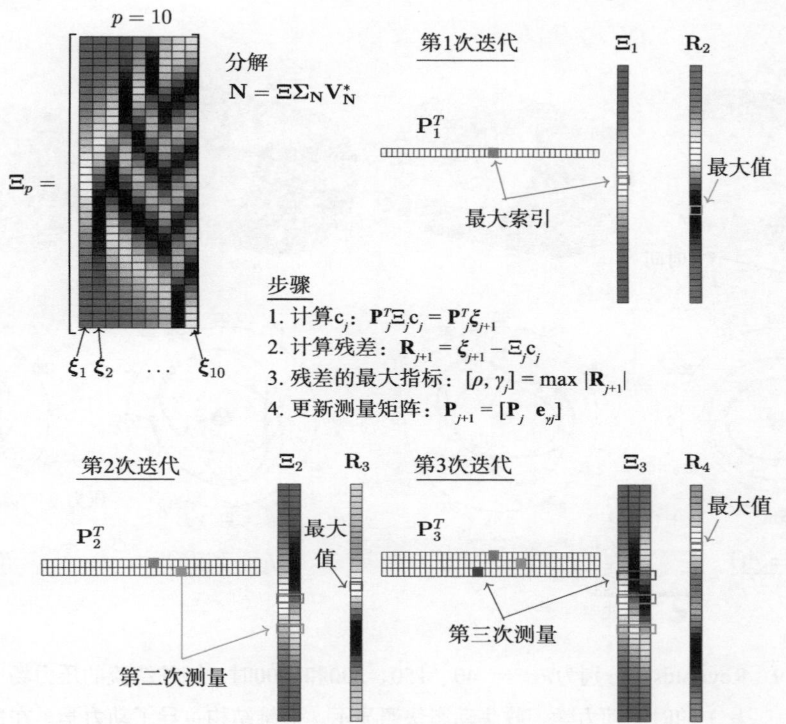

图12.15　DEIM算法的前3次迭代演示。仅出于说明目的，假定非线性矩阵$\mathbf{N}=\Xi\Sigma_\mathbf{N}\mathbf{V}^*_\mathbf{N}$由诸振子模态组成，且前10个模态包括$\Xi_p$。在第一个模态$\xi_1$的最大值处选择初始测量位置，然后基于残差向量$\mathbf{R}_j$的最大值位置，由三步过程来选择后续测量位置。对第一次（红色）、第二次（绿色）、第三次（蓝色）测量位置以及采样矩阵$\mathbf{P}$的构造都进行了展示

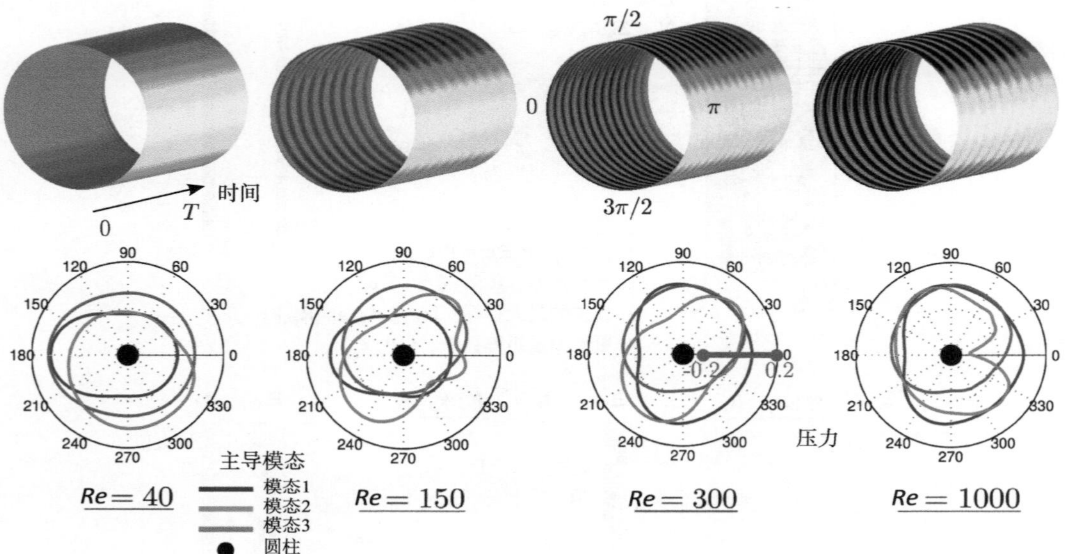

图12.19 Reynolds数分别为Re = 40、150、300和1000时，圆柱绕流的压力场（顶部图片）的时间动力学。收集动态快照显示，低维结构主导了动力学。在极坐标中展示了每个Reynolds数区域的三种主要POD压力模态。压力刻度为洋红色（底部左侧）（摘自Kutz等人的文献[319]）

国外工业控制与智能制造丛书

数据驱动的科学和工程

机器学习、动力系统与控制详解

[美] 史蒂文·L. 布伦顿（Steven L. Brunton）
J. 内森·库茨（J. Nathan Kutz） 著

王占山 施展 刘莹莹 译

Data-Driven
Science and Engineering
Machine Learning,
Dynamical Systems, and Control

DATA-DRIVEN
SCIENCE AND
ENGINEERING
Machine Learning,
Dynamical Systems,
and Control
Steven L. Brunton · J. Nathan Kutz

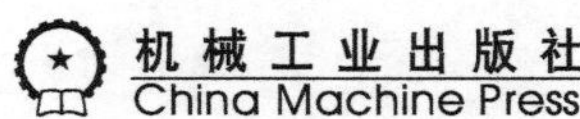
机械工业出版社
China Machine Press

图书在版编目（CIP）数据

数据驱动的科学和工程：机器学习、动力系统与控制详解 /（美）史蒂文 · L. 布伦顿（Steven L. Brunton），（美）J. 内森 · 库茨（J. Nathan Kutz）著；王占山，施展，刘莹莹译．-- 北京：机械工业出版社，2021.8（2023.5 重印）

（国外工业控制与智能制造丛书）

书名原文：Data-Driven Science and Engineering：Machine Learning，Dynamical Systems，and Control

ISBN 978-7-111-68861-7

I. ① 数… II. ① 史… ② J… ③ 王… ④ 施… ⑤ 刘… III. ① 数据处理 - 研究 IV. ① TP274

中国版本图书馆 CIP 数据核字（2021）第 156639 号

北京市版权局著作权合同登记 图字：01-2020-4204 号。

数据驱动的研究给复杂系统的建模、预测和控制带来了技术革新。本书基于数据驱动发现，将动力系统的建模、控制、优化和数据方法结合起来构筑知识架构，梳理了机器学习、动力系统和控制之间的内在关系，初步探索了一种数据驱动发现的智能理论和方法。本书的主题涉及应用优化、降维、机器学习、动力学与控制以及降阶方法。

本书从多维度反映了交叉学科研究的特点，写作深入浅出，图文并茂，并提供一些辅助程序，适合工科和理科相关专业（包括自动化、计算机科学、机械工程、电气工程等专业）的高年级本科生和低年级研究生阅读。

出版发行：机械工业出版社（北京市西城区百万庄大街 22 号 邮政编码：100037）

责任编辑：王春华 刘 锋　　责任校对：马荣敏

印　刷：北京捷迅佳彩印刷有限公司　　版　次：2023 年 5 月第 1 版第 3 次印刷

开　本：185mm × 260mm 1/16　　印　张：26.25　　插　页：6

书　号：ISBN 978-7-111-68861-7　　定　价：149.00 元

客服电话：（010）88361066 68326294

译者序

大数据浪潮预示着人类即将经历一个不平凡的科学技术时代。这是以数据驱动创新为特色的研究发展时代，是更加突显计算机、控制论、信息论、应用数学等多学科互相渗透而协同发展的融合时代，是知识驱动和智慧驱动的智能科学系统理论形成和发展的大有可为的时代。

历史上任何一次重大的科学技术革命都伴有新的科学理论创新，本书英文原著的问世为深入理解这种创新提供了一种可能。原著基于数据驱动发现，将动力系统的建模、控制、优化和数据方法结合起来构筑知识架构，梳理了机器学习、动力系统和控制之间的内在关系，初步探索了一种数据驱动发现的智能理论和方法，从多维度反映了交叉学科研究的特点，写作深入浅出，图文并茂，并提供一些辅助程序。在翻译过程中，译者受益匪浅，由此触发一些感想，以作为序。

纷繁复杂的现象，是由大量的数据信息所笼罩的。不同的勘测角度，不同的探寻动机，会得到不同的效果，但又都能够反映探究目标的初衷。目标不同，方式不同，结果不同，这就是数据驱动发现的优势。数据驱动发现是这样一门科学学科，即它利用统计和数学等领域的定量方法以及现代技术，开发出用于发现模式、预测结果和为复杂问题找到最佳解决方案的算法。数据驱动发现融合了数据科学和数据分析。数据科学有助于实现对数据的自动化分析。数据分析则是一种以人为中心的策略，它充分利用各种工具，包括那些在数据科学中发现的工具，来理解事物现象之间的真正本质，不断丰富和发展数据科学，进而实现潜在的数据科学发现。数据就在那里，怎么解读，怎么利用，怎么组织编排，探寻者可以随心所欲。进而，数据驱动发现，犹如沙漠、大海、天空。世上本没有路，走的人多了，就形成了路；走的人少些的，就成为径；走的人再少些的，就是迹。披荆斩棘，多是名不见经传者；人潮涌动，多是继承跟随者。所以，在数据驱动发现的背景下，海阔凭鱼跃，天高任鸟飞，可以涌现各种可能的发现。

透过现象看本质是人们探寻客观规律的必由之路。大道至简，简而至深，殊途同归；小道至繁，繁而多态，生机盎然。这样，内行看门道，外行看热闹。如何在纷繁的学海世界中不迷失航程，本书对此提供了非常好的研究方式：在数据中学习，在学习中建模，在模型中优化，在优化中实现控制，进而通过知识发现达到改变数据轨迹的目的，为构筑智能科学理论提供一种架构。

数据与模型，本是孪生，互为表里。模型为本质，数据为表象；模型为关系，数据为载体；模型为边际，数据为样本；模型为最优包络线，数据为科目种属。模型就是认识一类数据的方式，也是这类数据内在运行的架构和规律。在纯粹数学意义上，模型代表的是一类确定的方程组，如微分方程组、偏微分方程组、传递函数、映射关系等；在应用数学意义上，模型代表的则是一类输入/输出关系，可以是连续的、离散的，或者是可切换的、不连续的、拓扑的、群论的、流形的等；在组织管理上，模型就是一种约束、一种关系、一种制度、一种规范、一种文化！由此可见，名可名非常名，不能过于局限，而应就事论事，通过动态跟踪来理解。

基于模型论的控制理论是在给定模型描述的基础上来研究输入和输出之间的关系，特别是如何设计输入以适应各种约束状况，进而使系统的输出满足某一预期的性能。传统的控制理论基本上不关注模型是怎么来的（系统建模和参数辨识也仅是控制理论研究的一个方向，能满足相应问题求解即可），更多关注的是如何利用模型信息以及如何在模型摄动或异常情况下通过设计控制输入，尽可能保持模型的不变性，以期实现既定的性能。事实上，能用模型描述的系统很多，但能够用统一模型架构来描述的系统却不多。每种理论都是针对某个或某类特定类型的系统建立的，从而形成了多种控制理论。

基于数据驱动发现的控制理论是直接在系统观察数据的基础上来研究输入和输出之间的关系，并通过设计各种输入形式或学习算法来适应各种约束状况，进而使系统的输出满足某一预期的性能。基于数据驱动发现的控制理论直接面向问题本身，直达系统本性，省去了问题和系统本性之间的诸多变换和处理环节，在数学描述上省去了很多人为的假设条件和约束条件，使得研究的问题更加具有普适性。相比较而言，基于模型论的控制理论则是在经过某种结构变换和数据处理之后针对某类指定受限问题进行的研究，属于在既定架构下的控制理论的完善和发展。由此可见，数据驱动发现给研究者和设计者提供了更加广阔的空间，具有极大的开放性和突破的可能性。通过数据驱动发现，人们可以设计各种学习算法、学习法则等来实现输入和输出之间的映射，通过适当的学习算法来影响输入数据对未来输出数据的走势。利用数据驱动发现能够描述相当一大类系统，但是具体到某一个系统，未必所有的学习算法都有效。针对数据驱动发现的研究，更多探究的是学习算法和学习法则的建立，针对不同的数据集合 / 序列系统形成不同的数据挖掘算法、数据约简算法、强化学习算法、进化学习算法等。

通过简要分析基于模型和数据的两类控制理论，可以得到如下几点认知：1）传统的控制理论是在给定约束框架下的一种有序自组织，数据驱动发现控制理论是在自然数据集 / 序列上的一种无约束自组织；2）在某种意义上，传统控制理论中的每一种模型对应的是数据驱动发现中的某一类学习算法，即学习算法也是某一类数学模型的体现；3）传统控制理论多数时候侧重对某一类模型的纵深研究，即更加关注单环的控制问题，而数据驱动发现控制理论则是针对某一数据集开发多种学习算法，并在每一种学习算法中设计多重循环的递归问题；4）传统控制理论侧重于机理模型的分析和综合，数据驱动发现控制理论侧重于分类和回归等问题求解算法的实效性和功用性，前者侧重书面演示的理论解析推导，后者侧重实战技巧的专有专用；5）传统控制理论与实践环节之间缺少必要的联系，如经验和技术，需要工程师的衔接转化，而数据驱动发现控制理论则与实践环节更加接近，直接面向具体问题的数据表征，便于程式化流水操作；6）传统控制理论中的系统辨识环节可以看作数据驱动发现控制理论的早期研究，但传统系统辨识方法更多的是侧重对给定的一类系统模型的参数和结构辨识，而不是对系统的输入和输出之间的内在关系的直接研究，这是受限于当时研究问题的本身以及当时的生产力水平；7）数据驱动发现控制理论的方法更多依赖于计算、存储和结构，与计算机技术、通信技术、网络技术、信息技术等紧密相关，而传统控制理论更多依赖于工程数学、线性代数、矩阵论等基础理论；8）给定数学模型的传统控制理论所设计的控制律就是一类学习算法，而针对给定输入 / 输出数据的数据驱动发现控制理论所建立的学习算法在某种程度上就是传统控制理论中的数学模型；9）传统控制理论关注更多的是三个闭环反馈以下的运动过程或动力系统的分析和综合，实现的是动态区间的静态化，而数据驱动发现控制理论关注更多的是模式映射和图像识别之类的静态区间问题，通过构造含有多个循环或闭环反馈的学习算法来实现控制过程的动态化；10）传统控制理论关注更多的是动态系统如何构建起来的问题，而数据驱动发现控制理论则重点关注现有的大规模动态系统如何更加经济、高效、安全、稳定、运营的全局统筹问题。

但不论怎样，传统控制理论仍旧具有强大的生命力，其根本仍旧是代数、几何、映射、变换、拓扑以及控制 / 迭代策略等基本问题，是人们透过纷繁杂乱的数据探索复杂事物内在规律，并利用规律改造复杂事物以期实现预期目标的重要方法。德足以怀远，信足以一异，经过漫长的生产实践和理论探索，基于各种模型和分析方法构建起来的传统控制理论已经成为实际生产和科研中重要的理论基础和技术支撑。传统控制理论与数据驱动发现控制理论，都是研究现实世界的主要方法，从不同的途径指导人们更好地开展生产实践活动。

在本书中，很多有意义的控制理论基础见识都有所体现。例如，不是所有理论都能在实际中实现，也不是所有技术都能用理论来解释；数据回归与动力系统的关系；过 / 欠拟合数据与超 / 欠定系统；高维数据的低维约简与控制系统降阶建模；数据挖掘的嵌入式变换与控制空间不变性；监督学习的分类和回归；无监督学习的聚类和降维；强化学习的时变控制规则构建与博弈策略构建；等等。控制理论思想的演化进程及部分基础概念内涵在这本书的上下文中都有所体现。

下面对本书中的 12 章内容进行概述。

第一部分包括第 1 ～ 3 章，介绍的是模型约简 / 降维和变换，就是有关如何将高阶模型和高维数据用低阶模型和低维数据来近似的问题。毕竟，完备刻画一个动态系统是不现实的，而且也是没必要的，只要抓住主要矛盾的主要问题，就能够掌握整个动态系统的主要特征和行为。因此，奇异值分解、傅里叶变换、小波变换、稀疏性和压缩感知等相关基本方法在此部分得到了着重阐述，以此作为数据驱动发现的研究基础。这些基于近似的方法、插值方法、稀疏处理方法在数据驱动发现的术语出现之前就已在业内广为人知。在进行数据约简和降维处理时，也暗含着这样的假设：高维数据具有潜在的低秩 / 维主导特性。这既是大道 / 数至简的含义，也有潜在线性近似的蕴意。所以，这一部分的介绍，不仅是数学在技术层面的认识，还是数学在潜在认知层面的认识。

第二部分包括第 4 ～ 6 章，介绍的是机器学习和数据处理，主要讲述从给定的数据集 / 序列中建立局部数学关系 / 模型的方法，这一点不同于传统的系统建模和参数辨识。围绕数据之间的映射关系，可以有多种探索途径，比如采用数学回归方法的曲线拟合、非线性回归等，为实现聚类和分类的监督学习、无监督学习、强化学习等学习算法，以及基于人工智能的学习算法，如神经网络和深度学习等。这些方法所考虑的问题不再是传统控制理论中研究的单 / 双闭环系统的调节和跟踪问题（仅存在唯一平衡点或同步流形），而是关于数据集的划分和重组问题（主要是模式识别和图像处理问题）。换句话说，传统控制理论研究的是动态系统的静态控制律设计问题（如 PID 控制律，架构是已知的，一旦 P、I、D 三个参数确定下来，在系统运行中一般就不再变化了），而数据驱动发现控制理论研究的是静态问题（如模式识别和图像处理）的动态学习算法的设计问题（如各种聚类算法、深度学习算法等）。对象模型不动而学习算法在动，对象模型在动而控制律的架构不动，由此揭示了相对静止和永恒运动之间的平衡关系。

上述两部分是关于数据处理和机器学习的基础知识介绍，并通过生动的仿真程序逐一验证所描述的主要方法的功效，进而达到深刻理解数据驱动发现的相关方法的目的。

第三部分包括第 7 ～ 10 章，涉及本书的核心部分——动力学和控制，是对上述两部分内容的综合运用，即通过数据学习和优化学习实现动力学控制的目的。在这一部分中，译者认为，整个控制理念仍旧是局部线性化方法，只不过这里不是针对孤立点的泰勒级数的展开，而是针对聚类或模态的各种嵌入式展开，由此引入了模态分解、稀疏辨识、平衡模型约简等概念和方法。为了对动力系统进行控制分析，这部分最终还是采用了经典控制理论（线性控制理论）中最成熟的线性二次型调节器 / 线性二次型高斯来进行介绍，以此作为解释数据驱动控制的基础。第 10 章介绍了数据驱动的控制，所选的示例非常经典和基础，很好地诠释了经典控制理论和数据驱动发现控制理论之间的关系：利用传统控制理论的模型结构形式，通过数据驱动辨识模型结构中的参数，实现动态实时更新，由此可以解决不同模型阶段固定 / 恒值参数难以适应全局的不足，进而解决传统控制理论在鲁棒性方面的难题。总之，透过这些实例讲解可以得到这种感觉：数据驱动发现控制理论在认识论上仍旧是线性的或局部性的，要么是对既有认识规律的鲁棒性能的提升（确定性向随机性的提升），要么是对传统控制律（也可称作学习算法）中固定参数的在线学习、更新和迭代。

第四部分包括第 11 章和第 12 章，介绍降阶模型问题，依旧是高阶模型如何低阶化的处理问题。这里重点介绍了本征正交分解（POD）以及缺失（gappy）POD 的方法，核心仍旧是通过嵌入式插值建立局部坐标，并通过各种映射和投影，实现空间变换，进而实现模型约简问题。这些内容在经典的线性系统理论中已有相关介绍，但在以数据驱动发现为主导的控制理论中，某些病态或高阶情况尚需要重新定义和诠释——数据驱动发现控制理论自有其特殊性，能够解决传统控制理论难以实现的问题。

本书内容非常基础，是一部非常值得详细阅读的著作，适合作为自动化、计算机、人工智能、大数据等专业本科生和研究生的入门教材。

本书翻译工作历时近一年，特别是 2020 年伊始突如其来的新冠肺炎疫情，使得审校效率受到很大影响，现在终于将译稿付梓。第 1 ～ 6 章由施展博士翻译，第 7 ～ 12 章由刘莹莹博士翻译。王占山教授在两位博士翻译的基础上又进行了历时半年的二次翻译和审校，尽量减少语义错误，凸显原著本色，并尽可能地滤除翻译中存在的笔误、不专业术语等，回归原著宗旨，以期完整地将数据驱动发现的研究内容呈现给读者。同时，也要感谢机械工业出版社的刘锋编辑给了我们这次学习的机会。

本书的专业性很强，涉及的学科门类很多，如数据科学、工程数学、动力系统和控制科学等，特别是与机器学习、大数据和数学相关的内容较多，限于译者能力和水平，译稿难免存在诸多翻译不准确和不尽完善之处，敬请读者批评指正。

王占山　施展　刘莹莹

东北大学南湖校区信息学馆

2021 年 6 月

前　言

本书讲述的是数据驱动方法、应用优化以及工程数学和数学物理等经典领域之间日益发展的交叉内容。多年来，我们一直在整理这方面的材料，用于教授工程和物理科学系的高年级本科生和低年级研究生。通常，这类学生都具有线性代数、微分方程和科学计算的数学基础，工科学生则大多接触过控制理论和偏微分方程。然而，工程和科学领域的大多数本科课程很少涉及数据方法或优化方法。同样，计算机科学和统计学方向的课程很少涉及动力系统和控制方面的内容。本书的目的就是为这类学生提供广泛的应用数据科学入门知识。本书所讨论的方法主要考虑了上述学科的关联性、简洁性和通用性，并尝试提供一系列包括基本知识介绍和前沿技术在内的专题。

数据驱动发现正在彻底改变我们对复杂系统建模、预测和控制的方式。当今时代最为紧迫的科学和工程问题并不适合用基于第一性原理的经验模型或推导来解决。研究人员正逐渐转向将数据驱动方法用于研究各种复杂系统，如湍流、大脑、气候、流行病学、金融、机器人和自主体。这些系统通常是非线性的、动态的、时空多尺度的、高维的，并由可被刻画和建模的主导基本模式来实现传感、预测、估计和控制的最终目标。借助现代数学方法以及前所未有的大量数据和计算资源，我们现在能够处理以前无法解决的难题。这些新技术包括：适用于稀疏和噪声下的随机像素测量的鲁棒图像重构、基于机器学习的湍流控制、传感器和执行器最优布置、纯粹从数据中发现可解释的非线性动力系统、用于加速具有复杂多尺度物理特性的系统的研究和优化的降阶模型等。

推动现代数据科学发展的是海量且不断增长的数据的可获取性，这得益于低成本传感器的显著创新、计算能力数量级的提高，以及几乎无限的数据存储和传输能力。如此大量的数据为各个学科的工程师和科学家提供了进行数据驱动发现的新机会，这被称为科学发现的第四范式 [245]。第四范式是前三种范式（观察实验、解析推导和数值仿真）发展的自然结果。这些技术为数据驱动发现工作提供了一个变革性框架。这个科学发现的过程并不新鲜，而且确实模仿了科学革命的领军人物约翰尼斯·开普勒（Johannes Kepler，1571—1630）和艾萨克·牛顿爵士（Sir Isaac Newton，1642—1727）的工作。基于经验数据驱动和解析方法，他们每个人都在发展天体力学的理论基础方面发挥了关键作用。数据科学并没有取代数学物理和工程学，反而在21世纪进一步发展了它们，这与其说是一场革命，不如说是一场复兴。

数据科学本身并不新鲜，它于50多年前由约翰·图基（John Tukey）提出，他曾设想开展一项从数据或数据分析中学习的科研工作 [152]。从那时起，数据科学在很大程度上被两种截然不同的数据文化观念所主导 [78]：以计算机科学家为主形成的机器学习领域，通常以预测质量和可扩展的快速算法为研究中心；统计学习领域，通常以统计系为中心，侧重于可解释模型的推理。两种研究方式都取得了显著成功，并为数据科学方法提供了数学和计算基础。对于工程师和科学家来说，他们的目标是利用这些技术从观测数据中推断和计算模型

(一般是非线性的)，这些模型能够正确地识别潜在的动力学，并定性和定量地将其推广到相位、参数或应用空间的未测量部分。本书的目标是利用统计和机器学习来解决工程问题。

本书主题

本书中有许多重要的主题。首先，尽管测量和计算的精度得到了迅速提高，但许多复杂系统在数据中呈现主导低维模式。这种底层结构能够实现高效的感知以及获得用于建模和控制的紧凑表达形式。模式提取与第二个主题，即寻找简化系统的坐标变换有关。实际上，数学物理长期以来是以坐标变换（例如，谱分解、傅里叶变换、广义函数等）为中心的，尽管这些技术在很大程度上仅限于简单的理想化几何和线性动力学。衍生数据驱动转换的能力带来了新机遇，即可以将这些技术推广到具有更复杂几何和边界条件的研究问题上。我们采用了动力系统和控制的观点来贯穿全书，将数据驱动技术应用于对随时间演化的系统进行建模和控制。也许涉及最多的主题是数据驱动应用优化，因为几乎每个讨论的主题都与优化有关(例如，寻找最优低维模式、最优传感器布置、机器学习优化、最优控制等)。更为根本的是，书中大多数数据被处理成数组来进行分析，这样，从 20 世纪 60 年代早期开始发展起来的数值线性代数工具，能够为本书中用到的矩阵分解和求解策略提供许多数学基础。

致谢

感谢许多优秀的学生、合作者和同事提供宝贵的反馈、建议和支持。我们要特别感谢 Joshua Proctor，他在本书的创作过程中发挥了重要作用，同时帮助确定了这本书的框架和组织结构。我们还受益于与 Bing Brunton、Igor Mezić、Bernd Noack、Sam Taira 的广泛交流和深入探讨。如果没有这些与我们一同工作的优秀同事和合作者，这项工作也不可能完成，这些研究成果都将在本书中有所体现。

在本书的编写和相关课程教学中，我们收到了来自如下优秀学生（包括博士后）的很多反馈和中肯意见：Travis Askham、Michael Au-Yeung、Zhe Bai、Ido Bright、Kathleen Champion、Emily Clark、Charles Delahunt、Daniel Dylewski、Ben Erichson、Charlie Fiesler、Xing Fu、Chen Gong、Taren Gorman、Jacob Grosek、Seth Hirsh、Mikala Johnson、Eurika Kaiser、Mason Kamb、James Kunert、Bethany Lusch、Pedro Maia、Krithika Manohar、Niall Mangan、Ariana Mendible、Thomas Mohren、Megan Morrison、Markus Quade、Sam Rudy、Susanna Sargsyan、Isabel Scherl、Eli Shlizerman、George Stepaniants、Ben Strom、Chang Sun、Roy Taylor、Meghana Velagar、Jake Weholt 和 Matt Williams。我们的学生是本书的灵感来源，是他们让每天的工作变得有趣和令人兴奋。

我们还要感谢剑桥大学出版社的 Lauren Cowles，其在整个出版过程中提供了可靠的支持。

在线材料

我们为本书准备了大量可用的在线补充材料，包括代码、数据、作业和建议课程教学大纲等，所有这些资料均可在网址 databookuw.com 中找到。

除课程资源外，书中使用的所有代码和数据都是可获取的。在线代码比书中提供的代码更广泛，包括用于生成满足出版质量要求的图片代码。数据可视化在 2017 年 Kaggle 在线平台进行的“数据科学与机器学习研究现状”调查中被评为最常用的数据科学方法，因此，我们强烈建议读者下载在线代码并充分利用这些绘图命令。

如何使用本书

本书的读者对象是工科和理科相关专业的低年级研究生或高年级本科生。因此，机器学习方法是按照入门要求来介绍的，我们假设学生知道如何用微分方程建模物理系统，并会使用诸如 ode45 之类的求解器对其进行模拟。涵盖的主题从入门到最先进的研究方法，目标是为解决工科和理科问题提供一个综合视角和数学工具集。另外，本书对那些仅有初步动力系统和控制知识的计算机科学和统计专业学生也是有用的。从这些资料中可以设计出多种课程，在本书的网站上可以找到几个示范大纲，包括作业、数据集和代码等。

希望本书能够开阔年轻的科学家和工程师的眼界。我们试图使书中的一切内容尽可能简单，同时也提供了具有一定深度和广度的必要内容来满足研究之需。本书中的许多章节看似模块化，但其内容具有相关性。同时，我们也想使本书的内容尽可能全面，以满足规模如此之大、发展如此之快的一个新领域的需要。我们希望大家喜欢本书，并掌握书中讲述的方法，借助应用数据科学来改变世界！

常见的优化方法、方程、符号和缩略语

常见的优化方法

最小二乘法（在第 1 章和第 4 章中讨论）使给定拟合模型和数据之间残差的平方和最小。线性最小二乘，其残差关于未知参数是线性的，具有闭合形式解，该解可以通过计算残差相对于未知参数的导数并令其为零的方程来得到。线性最小二乘通常用于工程和应用科学中来拟合多项式函数。非线性最小二乘通常需要在每次迭代时用线性最小二乘逼近非线性最小二乘来进行迭代求精。

梯度下降法（在第 4 章和第 6 章中讨论）是处理高维系统的业界最重要的凸优化方法。它通过计算给定拟合函数的梯度来最小化残差。迭代过程是在残差空间中采用下山法来更新数值解。牛顿 – 拉弗森（Newton-Raphson）法是一种一维梯度下降法。由于梯度下降法经常应用于高维情况，因此更易于发现局部极小值。大数据应用的关键创新包括随机梯度下降法和反向传播算法，后者使得优化过程更易于计算梯度本身。

交替下降法（ADM）（在第 4 章中讨论）通过每次优化一个未知变量来避免梯度计算。因此，线性搜索（非凸优化，不需要求导数）在对单个变量进行操作的同时，所有未知变量都保持不变。之后，这个变量得到更新，并在其他未知变量更新的过程中保持不变。所有未知变量都需要迭代过程，并不断重复，直到达到所需的精确度级别。

增广拉格朗日方法（ALM）（在第 3 章和第 8 章中讨论）是一种用于求解约束优化问题的算法，类似于罚函数方法，用一系列无约束问题代替约束优化问题，并且在目标函数上添加了一个惩罚项，以帮助强制执行所需的约束。ALM 添加了另一个作用项，旨在模拟拉格朗日乘子。增广拉格朗日方法并不等于拉格朗日乘子法。

线性规划和单纯形法是凸优化的主要算法。线性规划的目标函数在未知情况下是线性的，约束条件由线性不等式和线性等式组成。通过计算可行域（凸多面体），线性规划算法在多面体中找到一个点，如果该点存在，则该函数具有最小（或最大）值。单纯形法是线性规划中的一种独有的迭代技术，旨在将一个给定的基本可行解转化为使目标函数变得更小的另一个基本可行解，从而产生一个迭代过程用于优化。

常见的方程和符号

线性代数

线性方程组

$$\mathbf{A}\mathbf{x} = \mathbf{b} \tag{0.1}$$

矩阵 $\mathbf{A} \in \mathbb{R}^{p\times n}$ 和向量 $\mathbf{b} \in \mathbb{R}^{p}$ 通常是已知的，向量 $\mathbf{x} \in \mathbb{R}^{n}$ 是未知的。

特征值方程

$$\mathbf{AT} = \mathbf{T\Lambda} \tag{0.2}$$

矩阵 $\mathbf{T}$ 的列向量 ξ_k 是对应于矩阵 $\mathbf{A} \in \mathbb{C}^{n\times n}$ 的特征值 λ_k 的特征向量：$\mathbf{A}\xi_k = \lambda_k\xi_k$。矩阵 $\mathbf{\Lambda}$ 是包含这些特征值的对角矩阵，在简单的情况下具有 n 个不同的特征值。

坐标变换

$$\mathbf{x} = \mathbf{\Psi a} \tag{0.3}$$

在由 $\mathbf{\Psi} \in \mathbb{R}^{n\times n}$ 的列向量给出的坐标系中，向量 $\mathbf{x} \in \mathbb{R}^n$ 可以写为 $\mathbf{a} \in \mathbb{R}^n$。

测量方程

$$\mathbf{y} = \mathbf{Cx} \tag{0.4}$$

向量 $\mathbf{y} \in \mathbb{R}^p$ 是测量矩阵 $\mathbf{C} \in \mathbb{R}^{p\times n}$ 对状态 $\mathbf{x} \in \mathbb{R}^n$ 的测量。

奇异值分解

$$\mathbf{X} = \mathbf{U\Sigma V}^* \approx \tilde{\mathbf{U}}\tilde{\mathbf{\Sigma}}\tilde{\mathbf{V}}^* \tag{0.5}$$

矩阵 $\mathbf{X} \in \mathbb{C}^{n\times m}$ 可分解为三个矩阵 $\mathbf{U} \in \mathbb{C}^{n\times n}$、$\mathbf{\Sigma} \in \mathbb{C}^{n\times m}$ 和 $\mathbf{V} \in \mathbb{C}^{m\times m}$ 的乘积。矩阵 $\mathbf{U}$ 和 $\mathbf{V}$ 是酉矩阵，所以有 $\mathbf{UU}^* = \mathbf{U}^*\mathbf{U} = \mathbf{I}_{n\times n}$ 和 $\mathbf{VV}^* = \mathbf{V}^*\mathbf{V} = \mathbf{I}_{m\times m}$，其中 * 表示复共轭转置。$\mathbf{U}(\mathbf{V})$ 的所有列都是正交的，被称为左（右）奇异向量。矩阵 $\mathbf{\Sigma}$ 由递减的非负对角元素构成，这些对角元素被称为奇异值。

通常，$\mathbf{X}$ 由一个低秩矩阵 $\tilde{\mathbf{X}} = \tilde{\mathbf{U}}\tilde{\mathbf{\Sigma}}\tilde{\mathbf{V}}^*$ 来近似，其中 $\tilde{\mathbf{U}}$ 和 $\tilde{\mathbf{V}}$ 分别包含 $\mathbf{U}$ 和 $\mathbf{V}$ 的前 r ($r \ll n$) 个列向量，矩阵 $\tilde{\mathbf{\Sigma}}$ 包含矩阵 $\mathbf{\Sigma}$ 的前 $r\times r$ 块矩阵。在空间模态、降阶模型和传感器布置的语境中，矩阵 $\tilde{\mathbf{U}}$ 通常表示为 $\mathbf{\psi}$。

回归和优化

线性系统的超定和欠定优化

$$\underset{\mathbf{x}}{\operatorname{argmin}} \left(\|\mathbf{Ax} - \mathbf{b}\|_2 + \lambda g(\mathbf{x})\right) \tag{0.6a}$$

或

$$\underset{\mathbf{x}}{\operatorname{argmin}}\, g(\mathbf{x}) \quad \text{受限于} \quad \|\mathbf{Ax} - \mathbf{b}\|_2 \leqslant \epsilon \tag{0.6b}$$

这里 $g(\mathbf{x})$ 是一个回归惩罚（对于超定系统则含有惩罚参数 λ）。对于超定和欠定的线性方程组，方程 $\mathbf{Ax} = \mathbf{b}$ 可能无解或有无穷多解，为了使方程有解，需要选择一个约束或惩罚项，这一过程也被称为正则化。

非线性系统的超定和欠定优化

$$\underset{\mathbf{x}}{\operatorname{argmin}} \left(f(\mathbf{A}, \mathbf{x}, \mathbf{b}) + \lambda g(\mathbf{x})\right) \tag{0.7a}$$

或

$$\underset{\mathbf{x}}{\operatorname{argmin}}\, g(\mathbf{x}) \quad \text{受限于} \quad f(\mathbf{A}, \mathbf{x}, \mathbf{b}) \leqslant \epsilon \tag{0.7b}$$

该问题利用正则化 $g(\cdot)$ 将线性系统推广到非线性系统 $f(\cdot)$。这些超定和欠定系统通常用梯度下降算法求解。

神经网络的组合优化

$$\underset{\mathbf{A}_j}{\operatorname{argmin}} \left(f_M(\mathbf{A}_M, \cdots f_2(\mathbf{A}_2, (f_1(\mathbf{A}_1, \mathbf{x}))\cdots) + \lambda g(\mathbf{A}_j)\right) \tag{0.8}$$

每个 $\mathbf{A}_k$ 表示连接第 k 层到第 $k+1$ 层的神经网络权值。它通常是一个由 $g(\mathbf{A}_j)$ 正则化的大规模欠定系统。组合和正则化对于生成富有表现力的数据表示形式以及防止过拟合是至关重要的。

动力系统和降阶模型

非线性常微分方程（动力系统）

$$\frac{\mathrm{d}}{\mathrm{d}t}\mathbf{x}(t) = \mathbf{f}(\mathbf{x}(t), t; \boldsymbol{\beta}) \tag{0.9}$$

向量 $\mathbf{x}(t) \in \mathbb{R}^n$ 是随时间 t 而演变的系统的状态，$\boldsymbol{\beta}$ 是参数，$\mathbf{f}$ 是向量场。一般地，$\mathbf{f}$ 是利普希茨连续的，以保证解的存在性和唯一性。

线性输入 / 输出系统

$$\frac{\mathrm{d}}{\mathrm{d}t}\mathbf{x} = \mathbf{A}\mathbf{x} + \mathbf{B}\mathbf{u} \tag{0.10a}$$

$$\mathbf{y} = \mathbf{C}\mathbf{x} + \mathbf{D}\mathbf{u} \tag{0.10b}$$

系统状态为 $\mathbf{x} \in \mathbb{R}^n$，输入（执行器）为 $\mathbf{u} \in \mathbb{R}^q$，输出（传感器）为 $\mathbf{y} \in \mathbb{R}^p$。矩阵 $\mathbf{A}$、$\mathbf{B}$、$\mathbf{C}$、$\mathbf{D}$ 分别定义了系统动态、执行器作用形式、传感输出策略和执行器直通作用形式。

非线性映射（离散时间动力系统）

$$\mathbf{x}_{k+1} = \mathbf{F}(\mathbf{x}_k) \tag{0.11}$$

系统在第 k 次迭代时的状态是 $\mathbf{x}_k \in \mathbb{R}^n$，$\mathbf{F}$ 可能是一个非线性映射。通常，此映射定义的是一个前向迭代，因此 $\mathbf{x}_k = \mathbf{x}(k\Delta t)$，在这种情况下，该流映射表示为 $\mathbf{F}_{\Delta t}$。

Koopman 算子方程（离散时间）

$$\mathcal{K}_t g = g \circ \mathbf{F}_t \quad \Longrightarrow \quad \mathcal{K}_t \varphi = \lambda \varphi \tag{0.12}$$

线性 Koopman（库普曼）算子 $\mathcal{K}_t$ 推进了状态 $g(\mathbf{x})$ 随流 $\mathbf{F}_t$ 变化的测量函数的演化。$\mathcal{K}_t$ 的特征值和特征向量分别为 λ 和 $\varphi(\mathbf{x})$。算子 $\mathcal{K}_t$ 定义在希尔伯特测量空间。

非线性偏微分方程

$$\mathbf{u}_t = \mathbf{N}(\mathbf{u}, \mathbf{u}_x, \mathbf{u}_{xx}, \cdots, x, t; \boldsymbol{\beta}) \tag{0.13}$$

偏微分方程（PDE）的状态是 $\mathbf{u}$，非线性演化算子是 $\mathbf{N}$，下标表示偏微分，x 和 t 分别是空间和时间变量。PDE 根据 $\boldsymbol{\beta}$ 中的值进行参数化。PDE 的状态 $\mathbf{u}$ 可以是一个连续函数 $u(x, t)$，也可以在几个空间位置被离散，$\mathbf{u}(t) = \begin{bmatrix} u(x_1, t) & u(x_2, t) & \cdots & u(x_n, t) \end{bmatrix}^T \in \mathbb{R}^n$。

Galerkin 展开

连续的 Galerkin（伽辽金）展开式为

$$u(x, t) \approx \sum_{k=1}^{r} a_k(t)\psi_k(x) \tag{0.14}$$

函数 $a_k(t)$ 是时间相关系数，用来捕捉时间动态，$\psi_k(x)$ 是空间模态。对于高维离散状态，Galerkin 展开式变为$\mathbf{u}(t) \approx \sum_{k=1}^{r} a_k(t)\psi_k$。空间模态 $\psi_k \in \mathbb{R}^n$ 可以是$\boldsymbol{\Psi} = \tilde{\mathbf{U}}$的列向量。

完整符号

维数

K	K 稀疏向量 $\mathbf{s}$ 中非零元素的个数
m	数据快照的数目（即 $\mathbf{X}$ 的列数）
n	状态 $\mathbf{x} \in \mathbb{R}^n$ 的维数
p	测量值或输出变量 $\mathbf{y} \in \mathbb{R}^p$ 的维数
q	输入变量 $\mathbf{u} \in \mathbb{R}^q$ 的维数
r	截断 SVD 的秩，或其他低秩近似的值

标量

s	Laplace 域中的频率
t	时间
δ	梯度下降的学习率
Δt	时间步长
x	空间变量
Δx	空间步长
σ	奇异值
λ	特征值
λ	稀疏优化中的稀疏参数（7.3 节）
λ	拉格朗日乘子（3.7 节、8.4 节和 11.4 节）
τ	阈值

向量

$\mathbf{a}$	$\mathbf{x}$ 在基底 $\boldsymbol{\psi}$ 中的模态幅值向量，$\mathbf{a} \in \mathbb{R}^r$
$\mathbf{b}$	线性系统 $\mathbf{Ax} = \mathbf{b}$ 中的测量向量
$\mathbf{b}$	DMD 中的模态幅值向量（7.2 节）
$\mathbf{Q}$	PDE-FIND 中含有势函数的向量
$\mathbf{r}$	残差误差向量
$\mathbf{s}$	稀疏向量，$\mathbf{s} \in \mathbb{R}^n$
$\mathbf{u}$	控制变量（第 8 ～ 10 章）
$\mathbf{u}$	PDE 状态向量（第 11 章和第 12 章）
$\mathbf{w}$	外因输入
$\mathbf{w}_d$	对系统的干扰
$\mathbf{w}_n$	测量噪声
$\mathbf{w}_r$	参考跟踪信号
$\mathbf{x}$	系统状态，$\mathbf{x} \in \mathbb{R}^n$
$\mathbf{x}_k$	在 t_k 时刻的数据快照
$\mathbf{x}_j$	数据样本 $j \in Z := \{1, 2, \cdots, m\}$（第 5 章和第 6 章）
$\tilde{\mathbf{x}}$	约简状态，$\tilde{\mathbf{x}} \in \mathbb{R}^r$，即 $\mathbf{x} \approx \tilde{\mathbf{U}}\tilde{\mathbf{x}}$
$\hat{\mathbf{x}}$	系统的估计状态

$\mathbf{y}$　测量值向量，$\mathbf{y} \in \mathbb{R}^p$

$\mathbf{y}_j$　数据标签 $j \in Z := \{1, 2, \cdots, m\}$（第 5 章和第 6 章）

$\hat{\mathbf{y}}$　估计的输出测量值

$\mathbf{z}$　变换后的状态，$\mathbf{x} = \mathbf{Tz}$（第 8 章和第 9 章）

$\boldsymbol{\epsilon}$　误差向量

$\boldsymbol{\beta}$　分叉参数

$\boldsymbol{\xi}$　Koopman 算子的特征向量（7.4 节和 7.5 节）

$\boldsymbol{\xi}$　系数的稀疏向量（7.3 节）

$\boldsymbol{\phi}$　DMD 模态

$\boldsymbol{\psi}$　POD 模态

$\boldsymbol{\Upsilon}$　PDE-FIND 中的 PDE 测量向量

矩阵

$\mathbf{A}$　方程组或动力系统的矩阵

$\tilde{\mathbf{A}}$　r 维 POD 子空间上约简动力系统的矩阵

$\mathbf{A}_\mathbf{x}$　线性动力系统对状态 $\mathbf{x}$ 的矩阵表示

$\mathbf{A}_\mathbf{Y}$　线性动力系统对可观测量 $\mathbf{y}$ 的矩阵表示

$(\mathbf{A}, \mathbf{B}, \mathbf{C}, \mathbf{D})$　连续时间状态空间系统的矩阵

$(\mathbf{A}_d, \mathbf{B}_d, \mathbf{C}_d, \mathbf{D}_d)$　离散时间状态空间系统的矩阵

$(\hat{\mathbf{A}}, \hat{\mathbf{B}}, \hat{\mathbf{C}}, \hat{\mathbf{D}})$　新坐标系 $\mathbf{z} = \mathbf{T}^{-1}\mathbf{x}$ 下状态空间系统的矩阵

$(\tilde{\mathbf{A}}, \tilde{\mathbf{B}}, \tilde{\mathbf{C}}, \tilde{\mathbf{D}})$　秩为 r 的约简状态空间系统的矩阵

$\mathbf{B}$　执行作用输入矩阵

$\mathbf{C}$　从状态到测量值的线性测量矩阵

$\mathcal{C}$　能控性矩阵

$\mathcal{F}$　离散傅里叶变换

$\mathbf{G}$　线性动力系统对状态和输入 $[\mathbf{x}^T\mathbf{u}^T]^T$ 的矩阵表示

$\mathbf{H}$　Hankel 矩阵

$\mathbf{H}'$　时移 Hankel 矩阵

$\mathbf{I}$　单位矩阵

$\mathbf{K}$　Koopman 算子的矩阵表示（第 7 章）

$\mathbf{K}$　闭环控制增益（第 8 章）

$\mathbf{K}_f$　Kalman 滤波估计器增益

$\mathbf{K}_r$　LQR 控制增益

$\mathbf{L}$　矩阵 $\mathbf{X}$ 的低秩部分（第 3 章）

$\mathcal{O}$　能观性矩阵

$\mathbf{P}$　作用于矩阵 $\mathbf{X}$ 列上的酉矩阵

$\mathbf{Q}$　LQR 中状态惩罚项的权值矩阵（8.4 节）

$\mathbf{Q}$　由 QR 分解得到的正交矩阵

$\mathbf{R}$　LQR 中执行作用惩罚项的权值矩阵（8.4 节）

$\mathbf{R}$	由 QR 分解得到的上三角矩阵
$\mathbf{S}$	矩阵 $\mathbf{X}$ 的稀疏部分（第 3 章）
$\mathbf{T}$	特征向量矩阵（第 8 章）
$\mathbf{T}$	坐标变换矩阵（第 8 章和第 9 章）
$\mathbf{U}$	矩阵 $\mathbf{X}$ 的左奇异向量，$\mathbf{U} \in \mathbb{R}^{n\times n}$
$\hat{\mathbf{U}}$	矩阵 $\mathbf{X}$ 的经济型 SVD 分解的左奇异向量，$\hat{\mathbf{U}} \in \mathbb{R}^{n\times m}$
$\tilde{\mathbf{U}}$	矩阵 $\mathbf{X}$ 的截断 SVD 分解的左奇异向量（POD 模态），$\tilde{\mathbf{U}} \in \mathbb{R}^{n\times r}$
$\mathbf{V}$	矩阵 $\mathbf{X}$ 的右奇异向量，$\mathbf{V} \in \mathbb{R}^{m\times m}$
$\tilde{\mathbf{V}}$	矩阵 $\mathbf{X}$ 的截断 SVD 分解的右奇异向量，$\tilde{\mathbf{V}} \in \mathbb{R}^{m\times r}$
$\mathbf{\Sigma}$	$\mathbf{X}$ 的奇异值矩阵，$\mathbf{\Sigma} \in \mathbb{R}^{n\times m}$
$\hat{\mathbf{\Sigma}}$	矩阵 $\mathbf{X}$ 的经济型 SVD 分解后的奇异值矩阵，$\hat{\mathbf{\Sigma}} \in \mathbb{R}^{m\times m}$
$\tilde{\mathbf{\Sigma}}$	矩阵 $\mathbf{X}$ 的截断 SVD 分解后的奇异值矩阵，$\tilde{\mathbf{\Sigma}} \in \mathbb{R}^{r\times r}$
$\mathbf{W}$	$\tilde{\mathbf{A}}$ 的特征向量
$\mathbf{W}_c$	能控性 Gramian 矩阵
$\mathbf{W}_o$	能观性 Gramian 矩阵
$\mathbf{X}$	数据矩阵，$\mathbf{X} \in \mathbb{R}^{n\times m}$
$\mathbf{X}'$	时移数据矩阵，$\mathbf{X}' \in \mathbb{R}^{n\times m}$
$\mathbf{Y}$	随机 SVD 分解中 $\mathbf{X}$ 矩阵在正交基上的投影（1.8 节）
$\mathbf{Y}$	可观测数据矩阵，$\mathbf{Y} = \mathrm{g}(\mathbf{X})$，$\mathbf{Y} \in \mathbb{R}^{p\times m}$（第 7 章）
$\mathbf{Y}'$	可观测的时移数据矩阵，$\mathbf{Y}' = \mathrm{g}(\mathbf{X}')$，$\mathbf{Y}' \in \mathbb{R}^{p\times m}$（第 7 章）
$\mathbf{Z}$	随机 SVD 的草图（sketch）矩阵，$\mathbf{Z} \in \mathbb{R}^{n\times r}$（1.8 节）
$\mathbf{\Theta}$	测量矩阵乘以稀疏基，$\mathbf{\Theta} = \mathbf{C\Psi}$（第 3 章）
$\mathbf{\Theta}$	SINDy 的候选函数矩阵（7.3 节）
$\mathbf{\Gamma}$	SINDy 的候选函数的导数矩阵（7.3 节）
$\mathbf{\Xi}$	SINDy 的候选函数的系数矩阵（7.3 节）
$\mathbf{\Xi}$	DEIM 的非线性快照矩阵（12.5 节）
$\mathbf{\Lambda}$	特征值对角矩阵
$\mathbf{\Upsilon}$	输入快照矩阵，$\mathbf{\Upsilon} \in \mathbb{R}^{q\times m}$
$\mathbf{\Phi}$	DMD 模态矩阵，$\mathbf{\Phi} \triangleq \mathbf{X}'\mathbf{V}\mathbf{\Sigma}^{-1}\mathbf{W}$
$\mathbf{\Psi}$	标准正交基（如傅里叶或 POD 模态）

张量

$(\mathcal{A}, \mathcal{B}, \mathcal{M})$	N 路数组张量，大小为 $I_1 \times I_2 \times \cdots \times I_N$

范数

$\|\cdot\|_0$	向量 $\mathbf{x}$ 的 ℓ_0 伪范数，即 $\mathbf{x}$ 中非零元素的个数
$\|\cdot\|_1$	向量 $\mathbf{x}$ 的 ℓ_1 范数，$\|\mathbf{x}\|_1 = \sum_{i=1}^{n} \lvert x_i \rvert$
$\|\cdot\|_2$	向量 $\mathbf{x}$ 的 ℓ_2 范数，$\|\mathbf{x}\|_2 = \sqrt{\sum_{i=1}^{n}(x_i^2)}$
$\|\cdot\|_2$	矩阵 $\mathbf{X}$ 的 2 范数，$\|\mathbf{X}\|_2 = \max_{\mathbf{x}} \frac{\|\mathbf{X}\mathbf{x}\|_2}{\|\mathbf{x}\|_2}$

$\|\cdot\|_F$	矩阵 $\mathbf{X}$ 的 Frobenius 范数，$\|\mathbf{X}\|_F = \sqrt{\sum_{i=1}^{n}\sum_{j=1}^{m}\|X_{ij}\|^2}$
$\|\cdot\|_*$	矩阵 $\mathbf{X}$ 的核范数，$\|\mathbf{X}\|_* = \operatorname{trace}\left(\sqrt{\mathbf{X}^*\mathbf{X}}\right) = \sum_{i=1}^{m}\sigma_i$，其中 $m \leqslant n$
$\langle\cdot,\cdot\rangle$	内积。对于函数，$\langle f(x), g(x)\rangle = \int_{-\infty}^{\infty} f(x)g^*(x)\,\mathrm{d}x$
$\langle\cdot,\cdot\rangle$	内积。对于向量，$\langle \mathbf{u}, \mathbf{v}\rangle = \mathbf{u}^*\mathbf{v}$

算子、函数和映射

$\mathcal{F}$	傅里叶变换
$\mathbf{F}$	离散时间动力系统映射
$\mathbf{F}_t$	动力系统相对于时间 t 的离散时间流映射
$\mathbf{f}$	连续时间动力系统
$\mathcal{G}$	Gabor 变换
$\mathbf{G}$	从输入到输出的传递函数（第 8 章）
g	$\mathbf{x}$ 上的标量测量函数
$\mathbf{g}$	$\mathbf{x}$ 上的向量值测量函数
J	控制的成本函数
ℓ	支持向量机的损失函数（第 5 章）
$\mathcal{K}$	Koopman 算子（连续时间）
$\mathcal{K}_t$	与时间 t 流映射相关的 Koopman 算子
$\mathcal{L}$	Laplace 变换
$\mathbf{L}$	回路传递函数（第 8 章）
$\mathbf{L}$	线性偏微分方程（第 11 章和第 12 章）
$\mathbf{N}$	非线性偏微分方程
$\mathcal{O}$	数量级
$\mathbf{S}$	灵敏度函数（第 8 章）
$\mathbf{T}$	互补灵敏度函数（第 8 章）
$\mathcal{W}$	小波变换
μ	测量矩阵 $\mathbf{C}$ 与基 $\boldsymbol{\Psi}$ 之间的非相干性
κ	条件数
φ	Koopman 特征函数
∇	梯度算子
$*$	卷积算子

常见缩略语

CNN	卷积神经网络
DL	深度学习
DMD	动态模态分解
FFT	快速傅里叶变换
ODE	常微分方程

PCA　主成分分析
PDE　偏微分方程
POD　本征正交分解
ROM　降阶模型
SVD　奇异值分解

其他缩略语

ADM　交替方向法
AIC　赤池信息准则
ALM　增广拉格朗日乘子
ANN　人工神经网络
ARMA　自回归滑动平均
ARMAX　具有外因输入的自回归滑动平均
BIC　贝叶斯信息准则
BPOD　平衡本征正交分解
CCA　典型相关分析
CFD　计算流体动力学
CoSaMP　压缩采样匹配追踪
CWT　连续小波变换
DEIM　离散经验插值法
DCT　离散余弦变换
DFT　离散傅里叶变换
DMDc　带控制的动态模态分解
DNS　直接数值模拟
DWT　离散小波变换
ECOG　脑皮层电图
eDMD　扩展 DMD
EIM　经验插值法
EM　期望最大化
EOF　经验正交函数
ERA　特征系统实现算法
ESC　极值搜索控制
GMM　高斯混合模型
HAVOK　Hankel 替代观点的 Koopman 方法
JL　约翰逊 – 林登施特劳斯
KL　Kullback–Leibler
ICA　独立成分分析
KLT　Karhunen–Loève 变换
LAD　最小绝对偏差

LASSO	最小绝对收缩和选择算子
LDA	线性判别分析
LQE	线性二次型估计器
LQG	线性二次型高斯（控制器）
LQR	线性二次型调节器
LTI	线性时不变系统
MIMO	多输入多输出
MLC	机器学习控制
MPE	丢失点估计
mrDMD	多分辨率动态模态分解
NARMAX	具有外因输入的非线性自回归模型
NLS	非线性薛定谔方程
OKID	观测器 Kalman 滤波器辨识
PBH	Popov–Belevitch–Hautus 测试
PCP	主成分追踪
PDE-FIND	非线性动力学的偏微分方程泛函辨识
PDF	概率分布函数
PID	比例 – 积分 – 微分控制
PIV	粒子图像测速
RIP	受限等距性质
rSVD	随机 SVD
RKHS	再生核希尔伯特空间
RNN	递归神经网络
RPCA	鲁棒主成分分析
SGD	随机梯度下降
SINDy	非线性动力学的稀疏辨识
SISO	单输入单输出
SRC	分类的稀疏表示
SSA	奇异谱分析
STFT	短时傅里叶变换
STLS	序贯阈值最小二乘
SVM	支持向量机
TICA	时滞独立成分分析
VAC	构象动力学变分法

目　录

第三部分　动力学与控制

第四部分　降阶模型

第一部分　降维和变换

第1章　奇异值分解

奇异值分解（SVD）是计算时代最为重要的矩阵分解方式之一，它为本书中几乎所有的数据方法奠定了基础。SVD 提供了一种数值稳定的矩阵分解结果，可用于多种应用目的并保证矩阵分解的存在性。我们将用 SVD 来获得矩阵的低秩近似，并对非方阵求取伪逆来找到方程组 $\mathbf{Ax}=\mathbf{b}$ 的解。SVD 的另一个重要用途是作为主成分分析（PCA）的底层算法，可将高维数据分解为最具统计意义的描述因子，即降维，用少数变量就能够反映原来众多变量的主要信息。SVD/PCA 已广泛应用于理科和工科领域解决各种问题。

在某种意义上，SVD 拓展了快速傅里叶变换（FFT）的概念，FFT 将是下一章的话题。许多工程教材会先介绍 FFT，因为它是许多经典解析结果和数值结果的基础。然而，FFT 是在理想设置情况下工作的，而 SVD 是一种更为通用的数据驱动技术。因为本书关注的是数据，所以我们从 SVD 开始，SVD 可被认为是针对特定数据而提供的定制的基，而 FFT 提供的则是通用的基。

在许多领域，复杂系统生成的大量数据是以大型矩阵形式排列的，或更通常的是以数组形式排列的。例如，可以将来自实验或仿真的一系列时间序列数据排列成一个矩阵，矩阵中的每一列包含所有给定时间上的测量值。如果在每一时刻上的数据是多维的，就像在三维空间中对天气进行高分辨率仿真一样，可以将这些数据重塑或扁平化为高维列向量，从而形成一个大型矩阵的多个列。类似地，可以将灰度图像中的像素值存储在矩阵中，也可以将这些图像重塑成一个矩阵中大的列向量来表示影像的画面。值得注意的是，这些系统生成的数据通常是低秩的，这意味着存在一些主导模式可用于解释高维数据。SVD 是一种从数据中提取这些模式的数值鲁棒和有效的方法。

1.1　概述

在这里，我们将介绍 SVD，并通过一些启发示例来展示如何使用 SVD，以此建立对 SVD 的直观认识。SVD 为本书中介绍的许多其他技术提供基础，包括第 5 章中的分类方法、第 7 章中的动态模态分解（DMD）和第 11 章中的本征正交分解（POD）。下面几节将讨论详细的数学性质。 3

高维是在处理复杂系统中的数据时经常遇到的挑战。这些系统可能涉及大型测量数据集，包括音频、图像或视频数据。数据也可以从物理系统生成，例如来自大脑的神经记录、来自仿真或实验的流体速度测量值等。在许多自然发生的系统中，可以观察到数据表现出主导模式，其特征可以由低维吸引子或流形来刻画 [252, 251]。

例如，图像中包含有大量的测量值（像素），它们是高维向量空间的元素。大多数图像是高可压缩的，这意味着相关信息可以在低维的子空间中表示。本书将对图像的可压缩性进行深入讨论。复杂的流体系统，如地球的大气层或车辆后方的湍流尾流，也提供了高维状态空间下存在低维结构的例子。尽管高保真流体的仿真通常需要至少数百万或数十亿个自由度，但在流体中往往存在主导的相干结构，如车辆后方周期性的旋涡脱落或天气中的飓风。

SVD 提供了一种系统的方法，可以根据主导模式确定高维数据的低维近似值。这种技术是数据驱动的，因为模式完全是从数据中发现的，无须添加任何专家知识或直觉。SVD 在数值上是稳定的，并根据由数据内主要相关性定义的新坐标系提供数据的层次表示。此外，与特征分解不同，SVD 可以保证对于任何矩阵都是存在的。

除了降低高维数据的维数外，SVD 还有许多强大的应用。它可用于计算非方阵的伪逆、为欠定或超定矩阵方程组 $\mathbf{Ax} = \mathbf{b}$ 提供解，还可以用于数据集去噪。SVD 对于刻画向量空间之间的线性映射的输入和输出几何关系同样重要。这些应用都将在本章中进行探讨，从而为矩阵和高维数据提供一个直观的认识。

SVD 的定义

通常，我们感兴趣于分析大型数据集 $\mathbf{X} \in \mathbb{C}^{n\times m}$：

$$\mathbf{X} = \begin{bmatrix} | & | & & | \\ \mathbf{x}_1 & \mathbf{x}_2 & \cdots & \mathbf{x}_m \\ | & | & & | \end{bmatrix} \tag{1.1}$$

列 $\mathbf{x}_k \in \mathbb{C}^n$ 可能是来自仿真或实验的测量值。例如，这些列可以表示已经被重塑为具有与图像中的像素一样多的元素的列向量的图像。列向量还可以表示随时间变化的物理系统的状态，例如一组离散点处的流体速度、一组神经测量值或是具有一平方千米分辨率的天气模拟状态。

索引 k 是一个标签，表示第 k 个不同组的测量。对于本书中的许多例子，$\mathbf{X}$ 由时间序列
4 数据组成，并且 $\mathbf{x}_k = \mathbf{x}(k\Delta t)$。通常，状态维度 n 非常大，可达到数百万或数十亿个自由度的数量级。列通常被称作快照，m 表示 $\mathbf{X}$ 中的快照数量。对于许多系统 $n \gg m$，结果可表示为一个高瘦的矩阵，相反，当 $n \ll m$ 时，则是一个矮胖的矩阵。

对于每一个复值矩阵 $\mathbf{X} \in \mathbb{C}^{n\times m}$，SVD 存在唯一矩阵分解：

$$\mathbf{X} = \mathbf{U\Sigma V}^* \tag{1.2}$$

其中，$\mathbf{U} \in \mathbb{C}^{n\times n}$ 和 $\mathbf{V} \in \mathbb{C}^{m\times m}$ 是带有标准正交列的酉矩阵[⊖]，$\mathbf{\Sigma} \in \mathbb{C}^{n\times m}$ 是一个对角元素为非负实数、非对角元素都为零矩阵。这里 * 表示的是复共轭转置[⊜]。我们将在本章中发现，$\mathbf{U}$ 和 $\mathbf{V}$ 是酉的这个条件被广泛地使用。

当 $n \geqslant m$ 时，矩阵 $\mathbf{\Sigma}$ 在对角线上最多有 m 个非零元素，并可以被写成 $\Sigma = \begin{bmatrix} \hat{\Sigma} \\ 0 \end{bmatrix}$。因此，

⊖ 如果 $\mathbf{UU}^* = \mathbf{U}^*\mathbf{U} = \mathbf{I}$，则称方阵 $\mathbf{U}$ 是酉的。

⊜ 对于实值矩阵来说，这与常规转置 $\mathbf{X}^* = \mathbf{X}^T$ 相同。

可以使用经济 SVD 来精确表示 $\mathbf{X}$：

$$\mathbf{X}=\mathbf{U}\boldsymbol{\Sigma}\mathbf{V}^{*}=\begin{bmatrix}\hat{\mathbf{U}} & \hat{\mathbf{U}}^{\perp}\end{bmatrix}\begin{bmatrix}\hat{\boldsymbol{\Sigma}}\\ \mathbf{0}\end{bmatrix}\mathbf{V}^{*}=\hat{\mathbf{U}}\hat{\boldsymbol{\Sigma}}\mathbf{V}^{*} \tag{1.3}$$

满秩 SVD 和经济 SVD 如图 1.1 所示。$\hat{\mathbf{U}}^{\perp}$ 的列张成的向量空间与 $\hat{\mathbf{U}}$ 张成的向量空间是正交互补的。$\mathbf{U}$ 的列被称为 $\mathbf{X}$ 的左奇异向量，$\mathbf{V}$ 的列被称为 $\mathbf{X}$ 的右奇异向量。$\hat{\boldsymbol{\Sigma}}\in\mathbb{C}^{m\times m}$ 的对角线元素被称为奇异值，它们是由大到小排序的。$\mathbf{X}$ 的秩等于非零奇异值的个数。

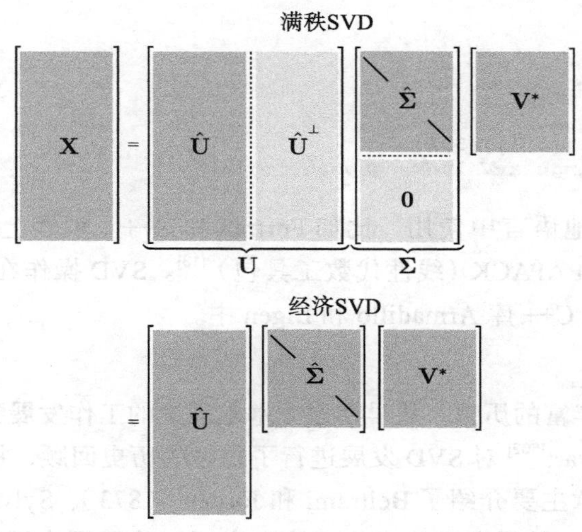

图1.1　满秩SVD和经济SVD中的矩阵示意图

SVD 的计算

SVD 是计算科学和工程学的基石，并且 SVD 的数值实现既重要又具有数学启发性。也就是说，大多数标准数值实现都是成熟的，并且在许多现代计算机语言中存在一个简单的接口，允许我们抽取出 SVD 计算背后的细节。在大多数情况下，我们只是将 SVD 作为大型计算工作的一部分，并理所当然地认为存在这种有效且稳定的数值算法。在接下来的章节中，我们将演示如何借助各种计算语言来使用 SVD，还将讨论最常见的计算策略和局限性。关于 SVD 的计算有许多重要的结果 [212, 106, 211, 292, 238]。在文献 [214] 中可以找到有关计算问题的更详尽的讨论。随机数值算法越来越多地用来计算超大矩阵的 SVD，这将在 1.8 节讨论。

在 Matlab 中，SVD 的计算很简单：

```
>>X = randn(5,3);    % Create a 5x3 random data matrix
>>[U,S,V] = svd(X); % Singular Value Decomposition
```

5

对于非方阵 $\mathbf{X}$，经济 SVD 效率更高：

```
>>[Uhat,Shat,V] = svd(X,'econ');   % economy sized SVD
```

在 Python 中：

```
>>> import numpy as np
>>> X = np.random.rand(5, 3)  % create random data matrix
>>> U, S, V = np.linalg.svd(X,full_matrices=True) % full SVD
>>> Uhat, Shat, Vhat = np.linalg.svd(X, full_matrices=False)
    % economy SVD
```

在 R 中：

```
> X <- replicate(3, rnorm(5))
> s <- svd(X)
> U <- s$u
> S <- diag(s$d)
> V <- s$v
```

在 Mathematica 中：

```
In:= X=RandomReal[{0,1},{5,3}]
In:= {U,S,V} = SingularValueDecomposition[X]
```

SVD 也可以在其他语言中使用，比如 Fortran 和 C++。事实上，大多数 SVD 的实现
6 都是基于 Fortran 中的 LAPACK（线性代数工具包）[13]。SVD 操作在 LAPACK 中被指定为 DGESVD，它被封装在 C++ 库 Armadillo 和 Eigen 中。

历史回顾

SVD 有着悠久而丰富的历史，从早期建立基础理论的工作发展到现代的关于计算稳定性和效率的工作。Stewart[502] 对 SVD 发展进行了很好的历史回顾，提供了相关背景和许多重要的细节。这篇文章主要介绍了 Beltrami 和 Jordan（1873）、Sylvester（1889）、Schmidt（1907）和 Weyl（1912）的早期理论工作。该文章还讨论了更为近期的工作，包括 Golub 及其合作者的开创性计算工作[212, 211]。此外，现代著作中也有许多关于 SVD 的优秀章节[524, 17, 316]。

本书用途和读者要求

SVD 是降维中许多相关技术的基础。这些方法包括统计学中的主成分分析（PCA）[418, 256, 257]、Karhunen-Loève 变换（KLT）[280, 340]、气候中的经验正交函数（EOF）[344]、流体力学中的本征正交分解（POD）[251]、典型相关分析（CCA）[131]。尽管这些方法是在不同领域独立建立起来的，但其中有许多方法只是在如何进行数据收集和预处理等方面有所不同。Gerbrands 在文献 [204] 中对 SVD、KLT 和 PCA 之间的关系进行了很好的讨论。

SVD 还广泛应用于系统辨识和控制理论中获得降阶模型，以此实现如下意义上的平衡：根据测量获得的状态观测能力和执行作用获得的状态控制能力实现状态的分层有序[388]。

对于这一章，我们假设读者熟悉线性代数，并有一定的计算和数值方面的相关经验。作为回顾，有许多关于数值线性代数的优秀书籍，那里有关于 SVD 的讨论[524, 17, 316]。

1.2 矩阵近似

SVD 最有用的定义特性可能是它为矩阵 $\mathbf{X}$ 提供了一个最优的低秩近似。事实上，SVD 提供了一个分层的低秩近似，因为保留最前面的 r 个奇异值和向量，并丢弃其余的项，就可以获得秩为 r 的矩阵近似。

Schmidt（Gram-Schmidt 正交化方法提出者之一）将 SVD 推广到函数空间，并建立了一个近似定理，将截断 SVD 作为基础矩阵 $\mathbf{X}$ 的最优低秩近似 [476]。Schmidt 的近似定理被 Eckart 和 Young 重新发现 [170]，有时也被称为 Eckart -Young 定理。

定理 1（Eckart-Young[170]） 最小二乘意义下 $\mathbf{X}$ 的最优秩 r 近似，由秩 r SVD 截断 $\tilde{\mathbf{X}}$ 给出：

$$\underset{\tilde{\mathbf{X}},\ s.t.\ \text{rank}(\tilde{\mathbf{X}})=r}{\text{argmin}} \|\mathbf{X}-\tilde{\mathbf{X}}\|_F = \tilde{\mathbf{U}}\tilde{\mathbf{\Sigma}}\tilde{\mathbf{V}}^* \tag{1.4}$$ 7

其中，$\tilde{\mathbf{U}}$ 和 $\tilde{\mathbf{V}}$ 分别表示 $\mathbf{U}$ 和 $\mathbf{V}$ 中前 r 个先导列，$\tilde{\mathbf{\Sigma}}$ 包含 $\mathbf{\Sigma}$ 中的先导 $r\times r$ 维子块。$\|\cdot\|_F$ 表示 Frobenius 范数。

在这里，我们建立了一种表示形式，即截断 SVD 基（以及得到的近似矩阵 $\tilde{\mathbf{X}}$）用 $\tilde{\mathbf{X}}=\tilde{\mathbf{U}}\tilde{\mathbf{\Sigma}}\tilde{\mathbf{V}}^*$ 来表示。由于 $\mathbf{\Sigma}$ 是对角矩阵，秩 r SVD 近似则是由 r 个不同的秩 1 矩阵的和给出：

$$\tilde{\mathbf{X}}=\sum_{k=1}^{r}\sigma_k\mathbf{u}_k\mathbf{v}_k^* = \sigma_1\mathbf{u}_1\mathbf{v}_1^*+\sigma_2\mathbf{u}_2\mathbf{v}_2^*+\cdots+\sigma_r\mathbf{u}_r\mathbf{v}_r^* \tag{1.5}$$

这就是所谓的并向量求和。对于给定的秩 r，在 ℓ_2 意义下，对于 $\mathbf{X}$ 没有比截断 SVD 近似 $\tilde{\mathbf{X}}$ 更好的近似。因此，高维数据可由矩阵 $\tilde{\mathbf{U}}$ 和 $\tilde{\mathbf{V}}$ 的列给出的几个主导模式很好地描述。

这是 SVD 的一个重要特性，我们将多次讨论它。有很多包含高维测量值的数据集示例，由此产生一个大的数据矩阵 $\mathbf{X}$。然而，在数据中往往存在主导的低维模式，截断 SVD 的基 $\tilde{\mathbf{U}}$ 提供了从高维测量空间到低维模式空间的坐标变换。这样做的好处是减少了大型数据集的规模和维数，为可视化和分析提供了一个易于处理的基。本书考虑的许多系统是动态的（见第 7 章），SVD 的基提供了用于刻画可观测吸引子的层次模式，在此基础上可以投影一个低维动态系统来获得简化的降阶模型（见第 12 章）。

截断

截断 SVD 如图 1.2 所示，其中 $\tilde{\mathbf{U}}$、$\tilde{\mathbf{\Sigma}}$ 和 $\tilde{\mathbf{V}}$ 表示截断的矩阵。如果 $\mathbf{X}$ 不是满秩的，那么 $\hat{\mathbf{\Sigma}}$ 中的一些奇异值可能是零，截断 SVD 可能仍然是精确的。但是，对于截断值 r 小于非零奇异值的数目（即 $\mathbf{X}$ 的秩），截断 SVD 只能如下近似 $\mathbf{X}$：

$$\mathbf{X}\approx\tilde{\mathbf{U}}\tilde{\mathbf{\Sigma}}\tilde{\mathbf{V}}^* \tag{1.6}$$

截断秩 r 有许多选择，将在 1.7 节中讨论。如果我们选择截断值来保持所有非零的奇异值，那么 $\mathbf{X}\approx\tilde{\mathbf{U}}\tilde{\mathbf{\Sigma}}\tilde{\mathbf{V}}^*$ 就是精确的。

示例：图像压缩

我们用一个简单的示例来说明矩阵近似的思想：图像压缩。贯穿全书的一个主题是大数据集通常包含易于用低秩表示的基础模式。自然图像提供了一个简单又直观的例子，其具有内在可压缩性。一幅灰度图像可以被认为是一个实值矩阵 $\mathbf{X}\in\mathbb{R}^{n\times m}$，其中 n 和 m 分别表示垂直和水平方向上的像素个数⊖。取决于表示（像素空间、傅里叶频域、SVD 变换坐标）的基，图像可能有非常紧凑的近似。 8

⊖ 尽管将图像大小指定为垂直的而不是水平的情况并不少见（即 $\mathbf{X}^T\in\mathbb{R}^{m\times n}$），但我们坚持用水平表示替代垂直表示，这是为了与常用矩阵表示法保持一致。

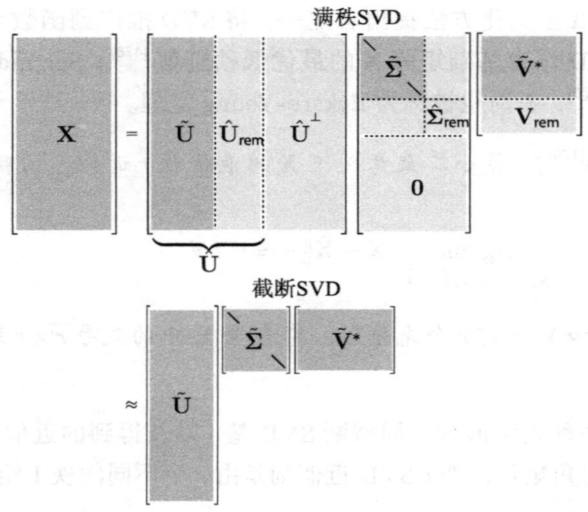

图1.2　截断SVD示意图。下标“rem”表示 $\hat{\mathbf{U}}$、$\hat{\mathbf{\Sigma}}$ 和 $\hat{\mathbf{V}}$ 在截断后的剩余项

考虑图 1.3 中雪狗 Mordecai 的图像，这幅图像有 2000×1500 像素。可以对该图像进行 SVD，绘制对角线奇异值，如图 1.4 所示。图 1.3 给出了在不同截断值 r 下得到的近似矩阵 $\tilde{\mathbf{X}}$。当 $r = 100$ 时，重构图像非常精确，奇异值几乎占图像方差的 80%。SVD 截断导致对原始图像的压缩，因为只有 $\mathbf{U}$ 和 $\mathbf{V}$ 的前 100 列以及 $\mathbf{\Sigma}$ 的前 100 个对角元素被存储在 $\tilde{\mathbf{U}}$、$\tilde{\mathbf{\Sigma}}$ 和 $\tilde{\mathbf{V}}$ 中。

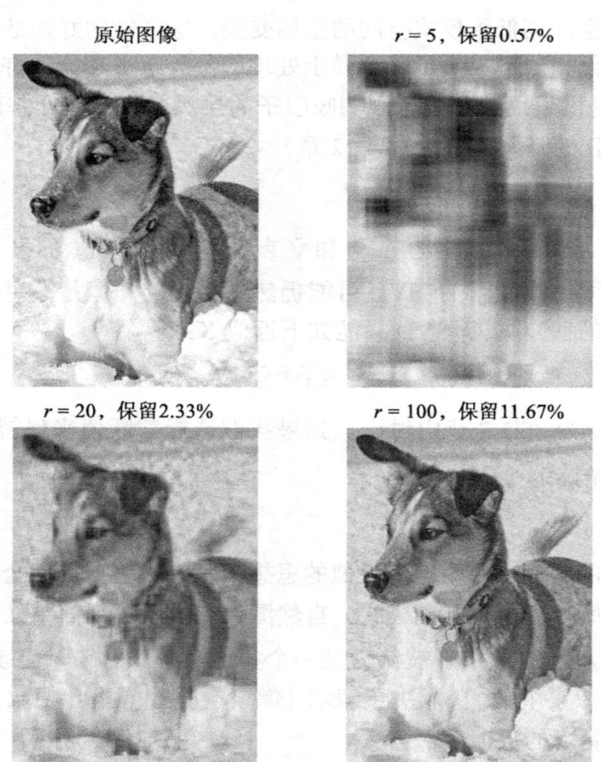

图1.3　SVD在不同的秩r截断后得到的雪狗Mordecai的图像压缩情况（原始图像分辨率为2000×1500）

首先，我们加载图像：

```
A=imread('../DATA/dog.jpg');
X=double(rgb2gray(A)); % Convert RBG->gray, 256 bit->double.
nx = size(X,1); ny = size(X,2);
imagesc(X), axis off, colormap gray
```

并运行 SVD：

```
[U,S,V] = svd(X);
```

接下来，我们针对不同秩（$r=5$、20 和 100）的截断 SVD 来计算近似矩阵：

```
for r=[5 20 100]; % Truncation value
    Xapprox = U(:,1:r)*S(1:r,1:r)*V(:,1:r)'; % Approx. image
    figure, imagesc(Xapprox), axis off
    title(['r=',num2str(r,'%d'),']);
end
```

9

最后绘制奇异值和累积能量，如图 1.4 所示：

```
subplot(1,2,1), semilogy(diag(S),'k')
subplot(1,2,2), plot(cumsum(diag(S))/sum(diag(S)),'k')
```

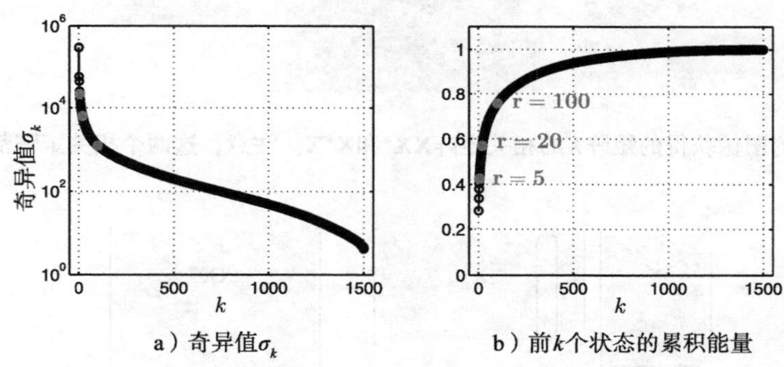

a）奇异值σ_k　　b）前k个状态的累积能量

图1.4　奇异值和累积能量

1.3 数学性质和操作方法

这里介绍一些 SVD 的重要数学性质，包括酉矩阵 **U** 和 **V** 的几何解释以及根据数据 **X** 中的主导相关性对 SVD 的讨论。SVD 与数据相关性之间的关系将在 1.5 节主成分分析中进一步探讨。 10

主导相关性的解释

SVD 与涉及的相关矩阵 $\mathbf{XX}^*$ 和 $\mathbf{X}^*\mathbf{X}$ 的特征值问题密切相关，在图 1.5 中显示的是一个具体的图像，在图 1.6 和图 1.7 中分别显示的是一个一般矩阵。如果将式（1.3）代入行相关矩阵 $\mathbf{XX}^*$ 和列相关矩阵 $\mathbf{X}^*\mathbf{X}$，可得：

$$\mathbf{XX}^*=\mathbf{U}\begin{bmatrix}\hat{\mathbf{\Sigma}}\\ \mathbf{0}\end{bmatrix}\mathbf{V}^*\mathbf{V}\begin{bmatrix}\hat{\mathbf{\Sigma}} & \mathbf{0}\end{bmatrix}\mathbf{U}^*=\mathbf{U}\begin{bmatrix}\hat{\mathbf{\Sigma}}^2 & \mathbf{0}\\ \mathbf{0} & \mathbf{0}\end{bmatrix}\mathbf{U}^* \tag{1.7a}$$

11
$$\mathbf{X}^*\mathbf{X} = \mathbf{V}\begin{bmatrix}\hat{\mathbf{\Sigma}} & \mathbf{0}\end{bmatrix}\mathbf{U}^*\mathbf{U}\begin{bmatrix}\hat{\mathbf{\Sigma}} \\ \mathbf{0}\end{bmatrix}\mathbf{V}^* = \mathbf{V}\hat{\mathbf{\Sigma}}^2\mathbf{V}^* \tag{1.7b}$$

再考虑到 $\mathbf{U}$ 和 $\mathbf{V}$ 是酉矩阵，$\mathbf{U}$、$\mathbf{\Sigma}$ 和 $\mathbf{V}$ 是下列特征值问题的解：

$$\mathbf{X}\mathbf{X}^*\mathbf{U} = \mathbf{U}\begin{bmatrix}\hat{\mathbf{\Sigma}}^2 & \mathbf{0} \\ \mathbf{0} & \mathbf{0}\end{bmatrix} \tag{1.8a}$$

$$\mathbf{X}^*\mathbf{X}\mathbf{V} = \mathbf{V}\hat{\mathbf{\Sigma}}^2 \tag{1.8b}$$

换句话说，$\mathbf{X}$ 的每一个非零奇异值都是 $\mathbf{X}^*\mathbf{X}$ 和 $\mathbf{X}\mathbf{X}^*$ 的特征值的正平方根，它们具有相同的非零特征值。因此，如果 $\mathbf{X}$ 是自伴随的（即 $\mathbf{X} = \mathbf{X}^*$），那么 $\mathbf{X}$ 的奇异值就等于 $\mathbf{X}$ 的特征值的绝对值。

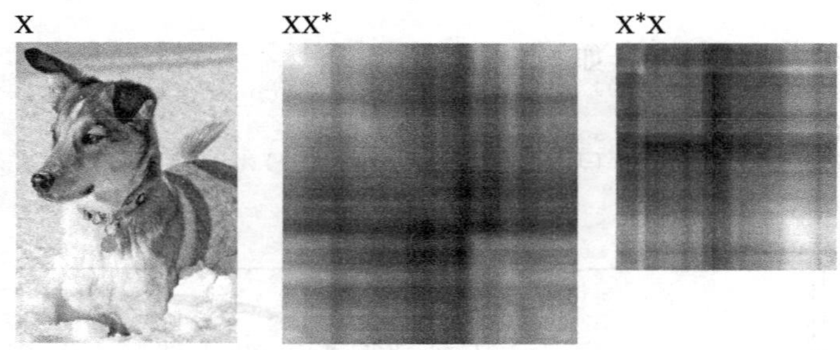

图1.5　从狗的图像获得的矩阵**X**的相关矩阵**XX***和**X*X**。注意，这两个相关矩阵都是对称的

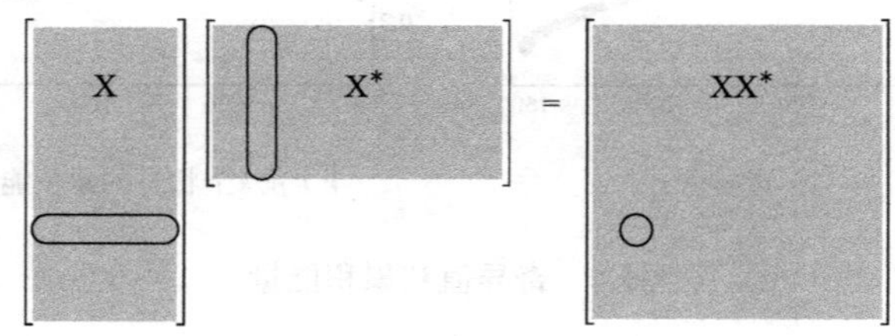

图1.6　通过获取**X**的行的内积来形成相关矩阵**XX***

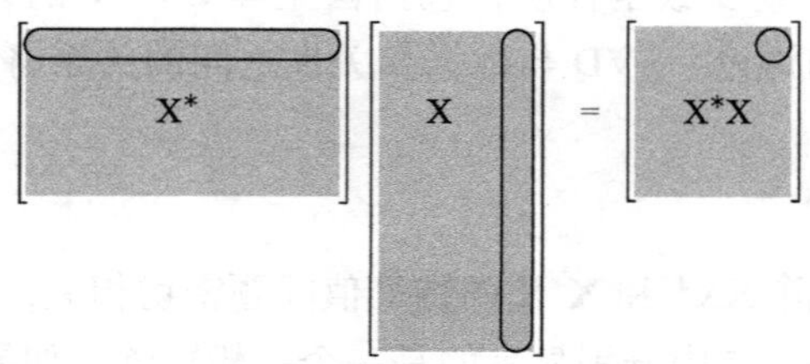

图1.7　通过获取**X**的列的内积来形成相关矩阵**X*X**

上述过程对 SVD 提供了一个直观解释，其中 $\mathbf{U}$ 的列是相关矩阵 $\mathbf{X}\mathbf{X}^*$ 的特征向量，$\mathbf{V}$ 的列是相关矩阵 $\mathbf{X}^*\mathbf{X}$ 的特征向量。我们选择将奇异值按大小降序排列，因此，$\mathbf{U}$ 的列是按照

它们在 $\mathbf{X}$ 的列中捕获到的相关性的大小来进行层次排序的；类似地，$\mathbf{V}$ 的行也是依据捕获 $\mathbf{X}$ 的行中的相关性大小来层次排序的。

快照方法

由于状态维数 n 的规模非常大，构建矩阵 $\mathbf{XX}^*$ 通常不太现实，更不用说求解特征值问题了。如果 $\mathbf{x}$ 有 100 万个元素，那么 $\mathbf{XX}^*$ 就有 1 万亿个元素。1987 年，Sirovich 注意到可以绕过这个大矩阵而只计算 $\mathbf{U}$ 的前 m 列即可，这就是现在被称为快照的方法 [490]。 12

不用计算 $\mathbf{XX}^*$ 的特征分解来得到左奇异向量 $\mathbf{U}$，只计算 $\mathbf{X}^*\mathbf{X}$ 的特征分解即可，这不仅计算量要小得多也更易于操作。根据式（1.8b），可得到 $\mathbf{V}$ 和$\hat{\mathbf{\Sigma}}$。如果$\hat{\mathbf{\Sigma}}$中存在零奇异值，那么我们只保留 r 个非零部分 $\tilde{\mathbf{\Sigma}}$ 以及 $\mathbf{V}$ 的相关列 $\tilde{\mathbf{V}}$。根据这些矩阵，就可以如下近似 $\tilde{\mathbf{U}}$（$\mathbf{U}$ 的前 r 列）：

$$\tilde{\mathbf{U}} = \mathbf{X}\tilde{\mathbf{V}}\tilde{\mathbf{\Sigma}}^{-1} \tag{1.9}$$

几何解释

矩阵 $\mathbf{U}$ 的列为 $\mathbf{X}$ 的列空间提供了一组标准正交基。同样，矩阵 $\mathbf{V}$ 的列为 $\mathbf{X}$ 的行空间提供了一组标准正交基。如果 $\mathbf{X}$ 的列是依据时间获得的空间测量值，那么 $\mathbf{U}$ 对应空间模式，$\mathbf{V}$ 对应时间模式。

使得 SVD 特别有用的一个性质就是 $\mathbf{U}$ 和 $\mathbf{V}$ 都是酉矩阵，所以有 $\mathbf{UU}^* = \mathbf{U}^*\mathbf{U} = \mathbf{I}_{n\times n}$ 和 $\mathbf{VV}^* = \mathbf{V}^*\mathbf{V} = \mathbf{I}_{m\times m}$。这意味着求解包含 $\mathbf{U}$ 或 $\mathbf{V}$ 的方程组就像转置相乘一样简单，计算规模为 $\mathcal{O}(n^2)$，而经典常用的逆运算方法的计算规模为 $\mathcal{O}(n^3)$。如前一小节和文献 [57] 中所述，SVD 与紧自伴算子 $\mathbf{XX}^*$ 和 $\mathbf{X}^*\mathbf{X}$ 的频谱性质密切相关。

$\mathbf{X}$ 的 SVD 可以进行如下几何解释，即如何将由 $S^{n-1} \triangleq \{\mathbf{x} \mid \|\mathbf{x}\|_2 = 1\} \subset \mathbb{R}^n$ 确定的超球体通过 $\mathbf{X}$ 映射到由 $\{\mathbf{y} \mid \mathbf{y} = \mathbf{Xx}, \mathbf{x} \in S^{n-1}\} \subset \mathbb{R}^m$ 确定的椭球体。图 1.8 形象地展示出了 $\mathbb{R}^3$ 中的一个球体和一个具有三个非零奇异值的映射 $\mathbf{X}$。因为通过 $\mathbf{X}$ 的映射（即矩阵乘法）是线性的，所以，知道了如何映射单位球体也就决定了所有其他向量是如何映射的。 13

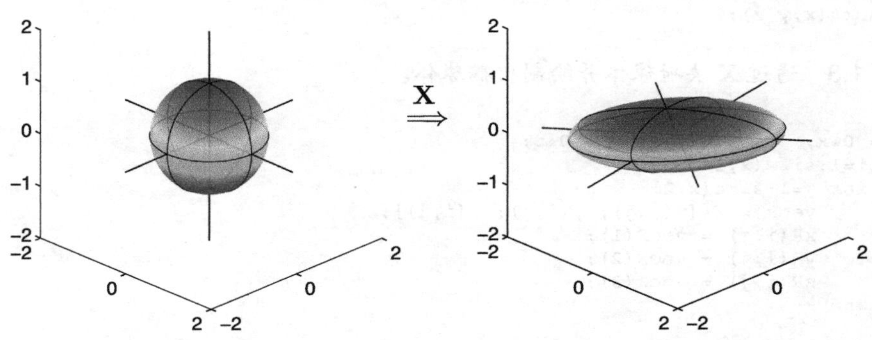

图1.8 SVD将 $\mathbb{R}^n$ 中的一个球体映射到 $\mathbb{R}^m$ 中的一个椭球体的几何示意图

对于图 1.8 所示的具体情况，我们用三个旋转矩阵 $\mathbf{R}_x$、$\mathbf{R}_y$ 和 $\mathbf{R}_z$ 来构造矩阵 $\mathbf{X}$，第四个矩阵用于拉伸和缩放主轴：

$$
\mathbf{X} = \underbrace{\begin{bmatrix} \cos(\theta_3) & -\sin(\theta_3) & 0 \\ \sin(\theta_3) & \cos(\theta_3) & 0 \\ 0 & 0 & 1 \end{bmatrix}}_{\mathbf{R}_z} \underbrace{\begin{bmatrix} \cos(\theta_2) & 0 & \sin(\theta_2) \\ 0 & 1 & 0 \\ -\sin(\theta_2) & 0 & \cos(\theta_2) \end{bmatrix}}_{\mathbf{R}_y}
$$

$$
\times \underbrace{\begin{bmatrix} 1 & 0 & 0 \\ 0 & \cos(\theta_1) & -\sin(\theta_1) \\ 0 & \sin(\theta_1) & \cos(\theta_1) \end{bmatrix}}_{\mathbf{R}_x} \begin{bmatrix} \sigma_1 & 0 & 0 \\ 0 & \sigma_2 & 0 \\ 0 & 0 & \sigma_3 \end{bmatrix}
$$

在本例中，$\theta_1 = \pi/15$、$\theta_2 = -\pi/9$ 和 $\theta_3 = -\pi/20$，以及 $\sigma_1 = 3$、$\sigma_2 = 1$ 和 $\sigma_3 = 0.5$。这些旋转矩阵并不能交换，所以旋转的顺序很重要。如果其中一个奇异值为零，则删除一个维度，椭球体将塌陷到一个低维子空间上。积 $\mathbf{R}_x\mathbf{R}_y\mathbf{R}_z$ 是 $\mathbf{X}$ 在 SVD 中的酉矩阵 $\mathbf{U}$。矩阵 $\mathbf{V}$ 是单位阵。

代码 1.1 构造旋转矩阵。

```
theta = [pi/15; -pi/9; -pi/20];
Sigma = diag([3; 1; 0.5]);              % scale x, y, and z

Rx = [1 0 0;                            % rotate about x-axis
     0 cos(theta(1)) -sin(theta(1));
     0 sin(theta(1)) cos(theta(1))];

Ry = [cos(theta(2)) 0 sin(theta(2));    % rotate about y-axis
     0 1 0;
     -sin(theta(2)) 0 cos(theta(2))];

Rz = [cos(theta(3)) -sin(theta(3)) 0;   % rotate about z-axis
     sin(theta(3)) cos(theta(3)) 0;
     0 0 1];

X = Rz*Ry*Rx*Sigma;                     % rotate and scale
```

代码 1.2 绘制球体。

```
[x,y,z] = sphere(25);
h1=surf(x,y,z);
```

代码 1.3 通过 $\mathbf{X}$ 映射球体并绘制出椭球体。

```
xR = 0*x;  yR = 0*y;  zR = 0*z;
for i=1:size(x,1)
    for j=1:size(x,2)
        vecR = X*[x(i,j); y(i,j); z(i,j)];
        xR(i,j) = vecR(1);
        yR(i,j) = vecR(2);
        zR(i,j) = vecR(3);
    end
end
h2=surf(xR,yR,zR,z);  % using sphere z-coord for color
```

14

SVD 到酉变换的不变性

SVD 的一个有用性质是如果将数据矩阵 $\mathbf{X}$ 左乘或右乘一个酉变换，除了相应的左酉矩阵 $\mathbf{U}$ 和右酉矩阵 $\mathbf{V}$ 之外，它将保留 SVD 中的其他项不变。这一点很重要，因为离散傅里叶变换（DFT，见第2章）$\mathcal{F}$ 是酉变换，这意味着数据 $\hat{\mathbf{X}} = \mathcal{F}\mathbf{X}$ 的 SVD 与 $\mathbf{X}$ 的 SVD 完全相同，只不过模态 $\hat{\mathbf{U}}$ 是模态 $\mathbf{U}$ 的 DFT：$\hat{\mathbf{U}} = \mathcal{F}\mathbf{U}$。此外，SVD 对酉变换的不变性使得利用压缩测量值来重构在某些变换基下稀疏的 SVD 模态成为可能（见第3章）。

SVD 对酉变换的不变性在几何上是直观的，因为酉变换在空间中旋转向量，但不改变它们的内积或相关结构。我们用 $\mathbf{C}$ 表示一个左酉变换，于是有 $\mathbf{Y} = \mathbf{CX}$，用 $\mathbf{P}^*$ 表示一个右酉变换，于是有 $\mathbf{Y} = \mathbf{XP}^*$。$\mathbf{X}$ 的 SVD 表示为 $\mathbf{U_X\Sigma_X V_X^*}$，$\mathbf{Y}$ 的 SVD 表示为 $\mathbf{U_Y\Sigma_Y V_Y^*}$。

左酉变换

首先，考虑 $\mathbf{X}$ 的一个左酉变换 $\mathbf{X}$:$\mathbf{Y} = \mathbf{CX}$。计算相关矩阵 $\mathbf{Y^*Y}$，则有：

$$\mathbf{Y^*Y} = \mathbf{X^*C^*CX} = \mathbf{X^*X} \tag{1.10}$$

投影数据具有相同的特征分解，从而得到相同的 $\mathbf{V_X}$ 和 $\mathbf{\Sigma_X}$。采用快照方法重新构造 $\mathbf{U_Y}$，有：

$$\mathbf{U_Y} = \mathbf{YV_X\Sigma_X^{-1}} = \mathbf{CXV_X\Sigma_X^{-1}} = \mathbf{CU_X} \tag{1.11}$$

因此，$\mathbf{U_Y} = \mathbf{CU_X}$、$\mathbf{\Sigma_Y} = \mathbf{\Sigma_X}$ 和 $\mathbf{V_Y} = \mathbf{V_X}$。则 $\mathbf{Y}$ 的 SVD 为：

$$\mathbf{Y} = \mathbf{CX} = \mathbf{CU_X\Sigma_X V_X^*} \tag{1.12}$$

右酉变换

对于一个右酉变换 $\mathbf{Y} = \mathbf{XP}^*$，相关矩阵 $\mathbf{Y^*Y}$ 有如下形式：

$$\mathbf{Y^*Y} = \mathbf{PX^*XP^*} = \mathbf{PV_X\Sigma_X^2V_X^*P^*} \tag{1.13}$$

以及如下特征分解：

$$\mathbf{Y^*YPV_X} = \mathbf{PV_X\Sigma_X^2} \tag{1.14}$$

因此，$\mathbf{V_Y} = \mathbf{PV_X}$ 和 $\mathbf{\Sigma_Y} = \mathbf{\Sigma_X}$。我们可以用快照的方法来重新构造 $\mathbf{U_Y}$：

$$\mathbf{U_Y} = \mathbf{YPV_X\Sigma_X^{-1}} = \mathbf{XV_X\Sigma_X^{-1}} = \mathbf{U_X} \tag{1.15}$$

这样，$\mathbf{U_Y} = \mathbf{U_X}$，则 $\mathbf{Y}$ 的 SVD 可写成：

$$\mathbf{Y} = \mathbf{XP^*} = \mathbf{U_X\Sigma_X V_X^*P^*} \tag{1.16}$$

1.4 伪逆、最小二乘和回归

许多物理系统可以表示为线性方程组：

$$\mathbf{Ax} = \mathbf{b} \tag{1.17}$$ 15

其中，约束矩阵 $\mathbf{A}$ 和向量 $\mathbf{b}$ 已知，向量 $\mathbf{x}$ 未知。如果 $\mathbf{A}$ 是一个可逆方阵（即 A 的行列式非零），则对于每一个 $\mathbf{b}$ 都有一个唯一解 $\mathbf{x}$。然而，当 $\mathbf{A}$ 是奇异的或非方阵时，方程组可能有一个解、无解或无穷多个解，这取决于具体的 $\mathbf{b}$ 和 $\mathbf{A}$ 的列空间与行空间的情况。

首先，考虑欠定系统，其中 $\mathbf{A} \in \mathbb{C}^{n\times m}$ 且 $n \ll m$（即 $\mathbf{A}$ 是一个矮胖矩阵），此时方程个数比未知变量个数要少。这种类型的系统可能是列满秩的，因为它的列数比线性无关基所需的列数还要多[⊖]。一般地，如果一个矮胖矩阵 $\mathbf{A}$ 是列满秩的，那么对于每一个 $\mathbf{b}$ 都有无穷多个解 $\mathbf{x}$。这样的系统被称为欠定的，因为在 $\mathbf{b}$ 中没有足够的值来唯一地确定高维变量 $\mathbf{x}$。

类似地，考虑超定系统，其中 $n \gg m$（即 $\mathbf{A}$ 是一个高瘦矩阵），此时方程个数比未知变量个数要多。这种矩阵不可能列满秩，所以存在向量 $\mathbf{b}$ 使得 $\mathbf{x}$ 无解。实际上，只有 $\mathbf{b}$ 在 $\mathbf{A}$ 的列空间中，才会有解 $\mathbf{x}$，即 $\mathbf{b} \in \mathrm{col}(\mathbf{A})$。

从技术上讲，对于一个高瘦矩阵 $\mathbf{A}$，可能存在一些 $\mathbf{b}$ 使得方程组有无穷多个解 $\mathbf{x}$；而对于一个矮胖矩阵 $\mathbf{A}$，可能有一些 $\mathbf{b}$ 使得方程组存在零解。式（1.17）中的系统的解空间由 $\mathbf{A} = \tilde{\mathbf{U}}\tilde{\mathbf{\Sigma}}\tilde{\mathbf{V}}^*$ 的四个基本子空间确定，其中秩 r 的选择应包含所有非零奇异值：

- 列空间（$\mathrm{col}(\mathbf{A})$）是$\mathbf{A}$的列张成的空间，也称为值域。$\mathbf{A}$的列空间与 $\tilde{\mathbf{U}}$ 的列空间相同。
- $\mathrm{col}(\mathbf{A})$的正交补是$\ker(\mathbf{A}^*)$，从图1.1可见，它由 $\hat{\mathbf{U}}^{\perp}$ 的列空间确定。
- 行空间（$\mathrm{row}(\mathbf{A})$）是$\mathbf{A}$的行张成的空间，也是 $\tilde{\mathbf{V}}$ 的列张成的空间。$\mathbf{A}$的行空间等于 $\mathrm{row}(\mathbf{A}) = \mathrm{col}(\mathbf{A}^*)$。
- 核空间$\ker(\mathbf{A})$是$\mathrm{row}(\mathbf{A})$的正交补，也称为零空间。零空间是向量通过$\mathbf{A}$映射到零的子空间，即 $\mathbf{A}\mathbf{x} = \mathbf{0}$，由 $\mathrm{col}(\hat{\mathbf{V}}^{\perp})$ 给出。

更确切地说，如果 $\mathbf{b} \in \mathrm{col}(\mathbf{A})$ 且 $\dim(\ker(\mathbf{A})) \neq 0$，则有无穷多个解 $\mathbf{x}$。注意，对于矮胖矩阵，条件 $\dim(\ker(\mathbf{A})) \neq 0$ 是成立的。类似地，如果 $\mathbf{b} \notin \mathrm{col}(\mathbf{A})$，则没有解，此时式（1.17）中的系统称为不相容的。

上面的基本子空间满足如下性质：

$$\mathrm{col}(\mathbf{A}) \oplus \ker(\mathbf{A}^*) = \mathbb{R}^n \tag{1.18a}$$

$$\mathrm{col}(\mathbf{A}^*) \oplus \ker(\mathbf{A}) = \mathbb{R}^n \tag{1.18b}$$

注释 1　有大量关于随机矩阵理论的文献，这些文献中得到的研究结果几乎是正确的，意味着这些结果在大概率意义下是正确的。例如，对于随机矩阵 $\mathbf{A} \in \mathbb{R}^{n\times m}$ 和随机向量
16 $\mathbf{b} \in \mathbb{R}^n$，$n \ll m$，系统 $\mathbf{A}\mathbf{x} = \mathbf{b}$ 极不可能有解，因为 $\mathbf{b}$ 在 $\mathbf{A}$ 的列空间中的机会很小。随机矩阵的这些性质将在压缩感知中发挥重要作用（见第 3 章）。

在解不存在的超定情况下，我们通常希望找到使误差的平方和 $\| \mathbf{A}\mathbf{x} - \mathbf{b} \|_2^2$ 最小的解 $\mathbf{x}$，即所谓的最小二乘解。需注意的是，最小二乘解也是最小化$\| \mathbf{A}\mathbf{x} - \mathbf{b} \|_2$。在存在无穷多个解的欠定情况下，我们希望找到使得 $\mathbf{A}\mathbf{x} = \mathbf{b}$ 成立且具有最小范数 $\| \mathbf{x} \|_2$ 的解 $\mathbf{x}$，即所谓的最小范数解。

SVD 是解决这些重要优化问题的首选技术。如果把 $\mathbf{A}$ 替换成一个完全截断的 SVD $\mathbf{A} = \tilde{\mathbf{U}}\tilde{\mathbf{\Sigma}}\tilde{\mathbf{V}}^*$，我们可以依次对 $\tilde{\mathbf{U}}$、$\tilde{\mathbf{\Sigma}}$ 和 $\tilde{\mathbf{V}}^*$ “求逆”，从而得到 $\mathbf{A}$ 的 Moore-Penrose 左伪逆 $\mathbf{A}^{\dagger}$ [425, 426, 453, 572]：

$$\mathbf{A}^{\dagger} \triangleq \tilde{\mathbf{V}}\tilde{\mathbf{\Sigma}}^{-1}\tilde{\mathbf{U}}^* \quad \Longrightarrow \quad \mathbf{A}^{\dagger}\mathbf{A} = \mathbf{I}_{m\times m} \tag{1.19}$$

这可以用来求式（1.17）的最小范数解和最小二乘解：

⊖ 对于一个矮胖矩阵没有列满秩的退化矩阵是很容易构造的，如 $\mathbf{A} = \begin{bmatrix} 1 & 1 & 1 & 1 \\ 1 & 1 & 1 & 1 \end{bmatrix}$。退化矩阵是不满秩的矩阵，但不一定是方阵。

$$\mathbf{A}^{\dagger}\mathbf{A}\tilde{\mathbf{x}} = \mathbf{A}^{\dagger}\mathbf{b} \quad \Longrightarrow \quad \tilde{\mathbf{x}} = \tilde{\mathbf{V}}\tilde{\mathbf{\Sigma}}^{-1}\tilde{\mathbf{U}}^{*}\mathbf{b} \tag{1.20}$$

将解 $\tilde{\mathbf{x}}$ 重新代入式（1.17）后得到：

$$\mathbf{A}\tilde{\mathbf{x}} = \tilde{\mathbf{U}}\tilde{\mathbf{\Sigma}}\tilde{\mathbf{V}}^{*}\tilde{\mathbf{V}}\tilde{\mathbf{\Sigma}}^{-1}\tilde{\mathbf{U}}^{*}\mathbf{b} \tag{1.21a}$$

$$= \tilde{\mathbf{U}}\tilde{\mathbf{U}}^{*}\mathbf{b} \tag{1.21b}$$

注意，$\tilde{\mathbf{U}}\tilde{\mathbf{U}}^{*}$ 不一定是单位矩阵，但它是在 $\tilde{\mathbf{U}}$ 的列空间上的投影。因此，当 $\mathbf{b}$ 在 $\tilde{\mathbf{U}}$ 的列空间中，也就是在 $\mathbf{A}$ 的列空间中时，$\tilde{\mathbf{x}}$ 是式（1.17）的精确解。

在经过前期高计算量的 SVD 处理之后，求解伪逆 $\mathbf{A}^{\dagger}$ 就变得高效了。对酉矩阵 $\tilde{\mathbf{U}}$ 和 $\tilde{\mathbf{V}}^{*}$ 求逆涉及通过转置矩阵进行矩阵乘法，需要 $\mathcal{O}(n^2)$ 复杂度的操作。对矩阵 $\tilde{\mathbf{\Sigma}}$ 求逆则更有效，因为它是一个对角矩阵，需要 $\mathcal{O}(n)$ 复杂度的操作。相对照，对一个稠密方阵求逆需要 $\mathcal{O}(n^3)$ 复杂度的操作⊖。

一维线性回归

回归是一种重要的统计工具，在数据的基础上建立变量之间的相关性 [360]。考虑图 1.9 中的数据收集。× 是通过将高斯白噪声加到直线上获得的，如代码 1.4 所示。我们假设这些数据是线性相关的，如式（1.17）所示，并且用伪逆求出下面斜率 x 的最小二乘解（虚线），如代码 1.5 所示。

$$\begin{bmatrix} | \\ \mathbf{b} \\ | \end{bmatrix} = \begin{bmatrix} | \\ \mathbf{a} \\ | \end{bmatrix} x = \tilde{\mathbf{U}}\tilde{\mathbf{\Sigma}}\tilde{\mathbf{V}}^{*} x \tag{1.22a}$$

$$\Longrightarrow \quad x = \tilde{\mathbf{V}}\tilde{\mathbf{\Sigma}}^{-1}\tilde{\mathbf{U}}^{*}\mathbf{b} \tag{1.22b}$$

在式（1.22b）中，$\tilde{\mathbf{\Sigma}} = \|\mathbf{a}\|_2$、$\tilde{\mathbf{V}} = 1$、$\tilde{\mathbf{U}} = \mathbf{a}/\|\mathbf{a}\|_2$。取左伪逆：

$$x = \frac{\mathbf{a}^{*}\mathbf{b}}{\|\mathbf{a}\|_2^2} \tag{1.23}$$ 17

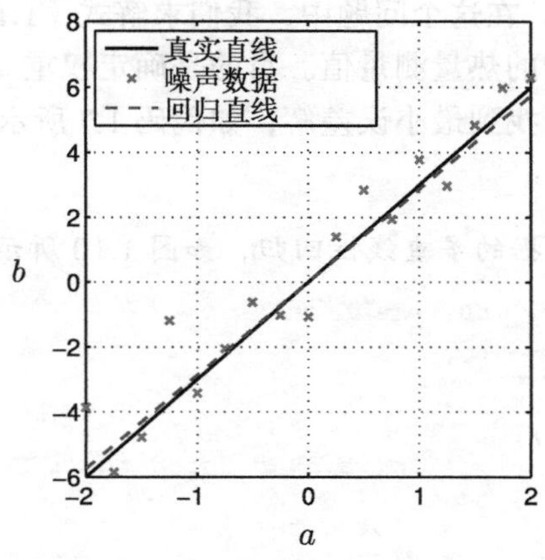

图1.9　利用噪声数据进行线性回归示意图

⊖ 非 0 元素占所有元素比例较大的矩阵称为稠密矩阵。

如果我们认为 $\mathbf{x}$ 是将向量 $\mathbf{a}$ 映射到向量 $\mathbf{b}$ 的最佳值，则这在物理上是有意义的。最佳的单值 $\mathbf{x}$ 是沿着 $\mathbf{a}$ 的方向求取 $\mathbf{b}$ 与规范化的 $\mathbf{a}$ 的点积得到的。因为式（1.22a）中的 $\mathbf{a}$ 并未规范化或归一化处理，所以增加了另一个规范化因子 $\|\mathbf{a}\|_2$。

注意，如果在式（1.22）中使用行向量而不是列向量，会发生一些奇怪的事情。此外，如果噪声强度相对于斜率 x 变得很大时，在精度上伪逆将发生相变或阶段变化，这与后面章节中的硬阈值结果有关。

代码 1.4　图 1.9 中生成有噪声的数据。

```
x = 3;                              % True slope
a = [-2:.25:2]';
b = a*x + 1*randn(size(a));         % Add noise
plot(a,x*a,'k')                     % True relationship
hold on, plot(a,b,'rx')             % Noisy measurements
```

代码 1.5　计算图 1.9 的最小二乘近似。

```
[U,S,V] = svd(a,'econ');
xtilde = V*inv(S)*U'*b;             % Least-square fit
plot(a,xtilde*a,'b--')              % Plot fit
```

上述过程在统计学中被称为线性回归。在 Matlab 中有一个 regress 命令，以及一个 pinv 命令也可以使用。

代码 1.6　用 Matlab 计算最小二乘的可选公式。

18

```
xtilde1 = V*inv(S)*U'*b
xtilde2 = pinv(a)*b
xtilde3 = regress(b,a)
```

多重线性回归

示例 1：水泥形成热数据

首先，我们从一个简单的 Matlab 内置数据集开始，它描述了由四种基本成分组成的各种水泥混合物的形成热情况。在这个问题中，我们求解式（1.17），其中 $\mathbf{A} \in \mathbb{C}^{13\times 4}$，因为这里有四种成分和 13 种混合物的热量测量值。目的是确定权重 $\mathbf{x}$，该值和四种成分与形成热的比例相关。使用 SVD 可以找到最小误差解，如代码 1.7 所示。作为替代方法，还探讨了使用 regress 和 pinv 的情形。

代码 1.7　水泥形成热数据的多重线性回归，如图 1.10 所示。

```
load hald;  % Load Portlant Cement dataset
A = ingredients;
b = heat;

[U,S,V] = svd(A,'econ');
x = V*inv(S)*U'*b;             % Solve Ax=b using the SVD

plot(b,'k');  hold on          % Plot data
plot(A*x,'r-o',);              % Plot fit

x = regress(b,A);              % Alternative 1  (regress)
x = pinv(A)*b;                 % Alternative 2  (pinv)
```

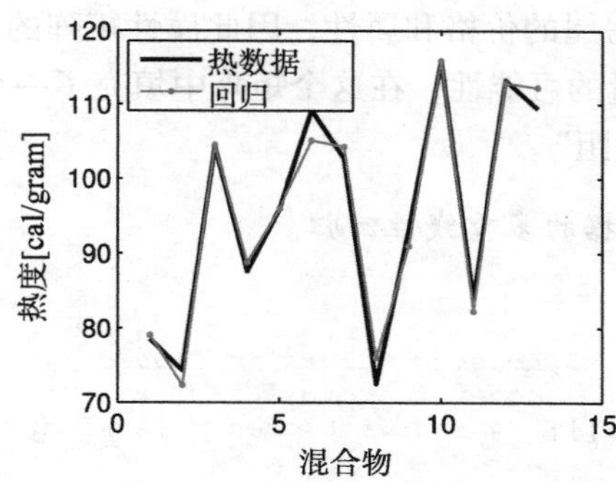

图1.10　包含四种基本成分的水泥混合物的热数据

示例 2：波士顿住房数据

在本例中，我们探究一个更大的数据集，以确定哪些因素最能预测波士顿住房市场的价格 [234]。这些数据可以从 UCI 机器学习库中获得 [24]。

与房价相关的属性有 13 个，比如人均犯罪率和房产税率。将这些特征回归到价格数据中，最佳拟合价格预测值与真实的房价如图 1.11 所示，回归系数如图 1.12 所示。虽然房价没有完全预测出来，但趋势很一致。通常情况下，如本例所示，最高的异常值无法通过简单的线性拟合来很好地拟合。

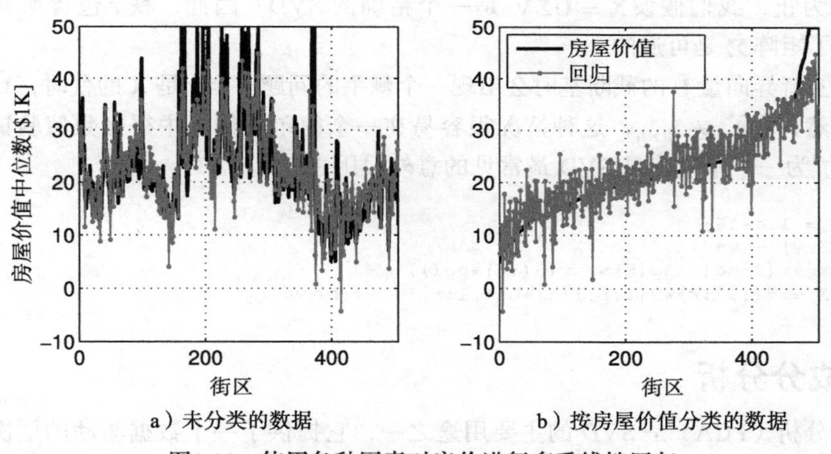

a）未分类的数据　　b）按房屋价值分类的数据

图1.11　使用各种因素对房价进行多重线性回归

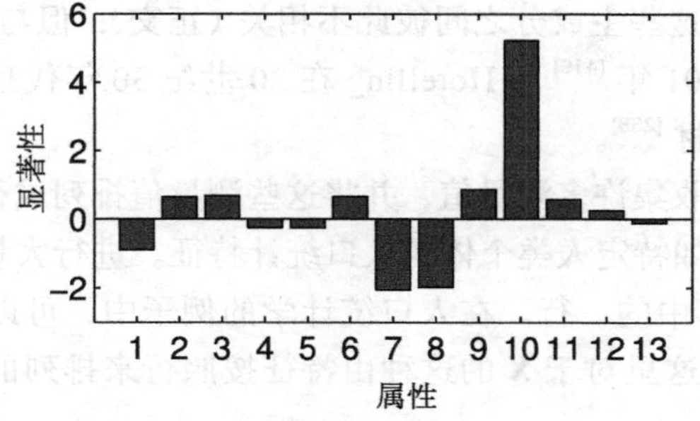

图1.12　各属性在回归中的显著性

这组数据中包含 506 栋房屋的价格和属性，因此属性矩阵的大小为 506×13。考虑到回
19 归公式中存在非零常数偏移量的可能性，在这个矩阵中填充了一个元素全为 1 的附加列，相当于一维线性回归中的“y 截距”。

代码 1.8　波士顿住房数据的多重线性回归。

```
load housing.data

b = housing(:,14);        % housing values in $1000s
A = housing(:,1:13);      % other factors,
A = [A ones(size(A,1),1)];  % Pad with ones y-intercept

x = regress(b,A);
plot(b,'k-o');
hold on, plot(A*x,'r-o');

[b sortind] = sort(housing(:,14)); % sorted values
plot(b,'k-o')
```
20
```
hold on, plot(A(sortind,:)*x,'r-o')
```

注意

一般来说，矩阵 $\mathbf{U}$ 是酉方阵，其列向量是 $\mathbf{X}$ 的左奇异向量。因此，$\mathbf{U}\mathbf{U}^* = \mathbf{U}^*\mathbf{U} = \mathbf{I}_{n\times n}$。然而，为了计算 $\mathbf{X}$ 的伪逆，我们必须计算 $\mathbf{X}^\dagger = \tilde{\mathbf{V}}\tilde{\mathbf{\Sigma}}^{-1}\tilde{\mathbf{U}}^*$，因为只有 $\tilde{\mathbf{\Sigma}}$ 是可逆的（如果所有的奇异值都是非零的），尽管 $\mathbf{\Sigma}$ 一般是不可逆的（事实上，它通常不是方阵）。

到目前为止，我们假设 $\mathbf{X} = \tilde{\mathbf{U}}\tilde{\mathbf{\Sigma}}\tilde{\mathbf{V}}^*$ 是一个精确的 SVD，因此，秩 r 包含所有非零奇异值。这保证了矩阵 $\tilde{\mathbf{\Sigma}}$ 是可逆的。

当处理左奇异向量 $\tilde{\mathbf{U}}$ 的截断基时会出现一个棘手的问题。当 r 是 $\mathbf{X}$ 的秩时，$\tilde{\mathbf{U}}^*\tilde{\mathbf{U}} = \mathbf{I}_{r\times r}$ 仍然成立。然而 $\tilde{\mathbf{U}}\tilde{\mathbf{U}}^* \neq \mathbf{I}_{n\times n}$，这种情况很容易在一个简单的例子中得到数值验证。由此可见，假设 $\tilde{\mathbf{U}}\tilde{\mathbf{U}}^*$ 为一个单位阵是 SVD 最常见的意外误用之一[⊖]。

```
>> tol = 1.e-16;
>> [U,S,V] = svd(X,'econ')
>> r = max(find(diag(S)>max(S(:))*tol));
>> invX = V(:,1:r)*S(1:r,1:r)*U(:,1:r)';   % only approximate
```

1.5　主成分分析

主成分分析（PCA）是 SVD 的主要用途之一，它提供了一个数据驱动的层次坐标系来表示高维相关数据。这个坐标系涉及 1.3 节中描述的相关矩阵。重要的是，在执行 SVD 之前，PCA 通过减去均值和设置方差为单位值对数据进行预处理。得到的坐标系的几何形状是由主成分（PC）决定的，这些主成分之间彼此不相关（正交），但与测量值有最大的相关性。这一理论由 Pearson 在 1901 年 [418] 和 Hotelling 在 20 世纪 30 年代独立提出 [256, 257]。Jolliffe 提供了一本很好的参考教材 [268]。

通常，在单个实验中收集许多测量值，并将这些测量值排列成行向量。测量值可能是一个观察量的不同特征，例如特定人类个体的人口统计特征。进行大量的实验，并将每个测量向量排列成一个大矩阵 $\mathbf{X}$ 中的一行。在人口统计学的例子中，可以通过投票或民意测验来收集实验数据。请注意，这里对于 $\mathbf{X}$ 的这种由特征按照行来排列的约定，与本章其余部分

⊖　作者也不能幸免于此，在文献 [96] 的早期版本中也错误地使用了这种虚构的单位阵。

的约定有所不同，那些约定中各个特性的“快照”是按列来排列的。然而，我们选择在本节中与 PCA 现有文献的表示法保持一致。矩阵的大小仍然是 $n\times m$，尽管行数可能多于列数，反之亦然。

计算

我们现在计算行均值 $\bar{\mathbf{x}}$（即所有行的均值），然后用 $\mathbf{X}$ 减去它。均值 $\bar{\mathbf{x}}$ 为：

$$\bar{\mathbf{x}}_j=\frac{1}{n}\sum_{i=1}^{n}\mathbf{X}_{ij} \tag{1.24}$$ 21

均值矩阵是：

$$\bar{\mathbf{X}}=\begin{bmatrix}1\\ \vdots\\ 1\end{bmatrix}\bar{\mathbf{x}} \tag{1.25}$$

从 $\mathbf{X}$ 中减去 $\bar{\mathbf{X}}$ 得到的去均值数据 $\mathbf{B}$：

$$\mathbf{B}=\mathbf{X}-\bar{\mathbf{B}} \tag{1.26}$$

B 的行协方差矩阵为：

$$\mathbf{C}=\frac{1}{n-1}\mathbf{B}^*\mathbf{B} \tag{1.27}$$

第一主成分 $\mathbf{u}_1$ 表示为：

$$\mathbf{u}_1=\underset{\|\mathbf{u}_1\|=1}{\operatorname{argmax}}\ \mathbf{u}_1^*\mathbf{B}^*\mathbf{B}\mathbf{u}_1 \tag{1.28}$$

其中，$\mathbf{u}_1$ 是对应于最大特征值的 $\mathbf{B}^*\mathbf{B}$ 的特征向量。很明显，$\mathbf{u}_1$ 是对应于最大奇异值的 $\mathbf{B}$ 的左奇异向量。

通过计算 $\mathbf{C}$ 的特征分解可以得到主成分：

$$\mathbf{CV}=\mathbf{VD} \tag{1.29}$$

因为 $\mathbf{C}$ 是埃尔米特（Hermite）矩阵，所以主成分必然存在。

pca 命令

在 Matlab 中，有用于主成分分析的命令 pca 和 princomp（基于 pca 实现的）：

```
>> [V,score,s2] = pca(X);
```

直到列上的符号发生变化为止，矩阵 $\mathbf{V}$ 等价于 $\mathbf{X}$ 的 SVD 中的 $\mathbf{V}$ 矩阵。向量 **s2** 包含 $\mathbf{X}$ 的协方差的特征值，也被称为主成分方差，这些值是奇异值的平方。变量 score 只包含主成分方向上 $\mathbf{B}$（去均值数据）的每一行的坐标。一般而言，我们通常更喜欢使用 svd 命令和本节前面描述的各种预处理步骤。

示例：噪声高斯数据

考虑图 1.13a 中的噪声数据云，它是使用代码 1.9 生成的。该数据是通过从一个具有零均值和单位方差的二维正态分布中选择 10 000 个向量生成的。然后根据表 1.1 中的值对这些

向量在 x 和 y 方向进行缩放并旋转 $\pi/3$ 的角度。最后，整个数据云完成转换，存在一个非零中心 $\mathbf{x}_C = [2\ 1]^T$。

表1.1　数据的标准差和规范化奇异值

	σ_1	σ_2
数据	2	1
SVD	1.974	0.503

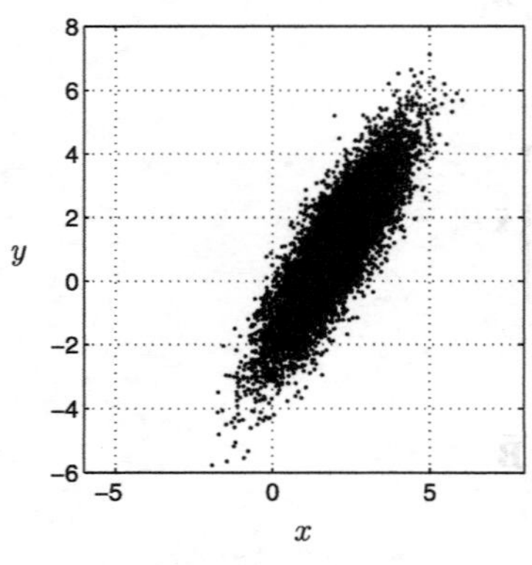

a）主成分捕获的去均值高斯数据的方差

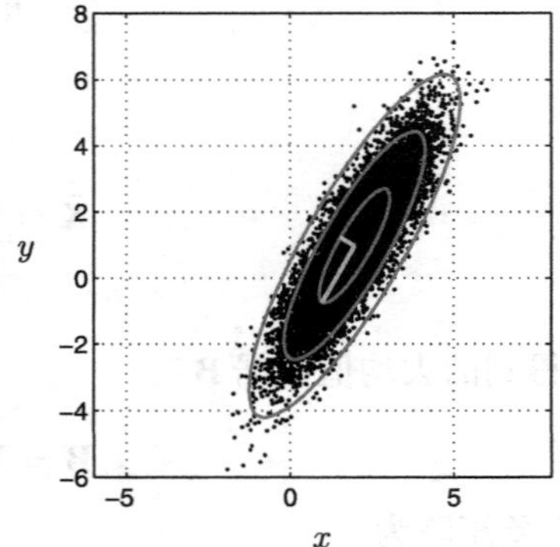

b）按奇异值（$\sigma_1 u_1 + x_C$ 和 $\sigma_2 u_2 + x_C$，黑色）缩放的前三个标准差椭球（灰色）和两个左奇异向量

图1.13　噪声数据云和使用多标准差绘制置信区间

使用代码 1.10 执行 PCA，并使用多标准差绘制置信区间，如图 1.13b 所示。表 1.1 所示的奇异值与数据缩放相匹配。直到列上的符号发生变化为止，SVD 中的矩阵 U 也与旋转

22 矩阵紧密匹配：

$$\mathbf{R}_{\pi/3} = \begin{bmatrix} 0.5 & -0.8660 \\ 0.8660 & 0.5 \end{bmatrix}, \qquad \mathbf{U} = \begin{bmatrix} -0.4998 & -0.8662 \\ -0.8662 & 0.4998 \end{bmatrix}$$

代码 1.9　生成噪声数据云来说明 PCA。

```
xC = [2; 1;];                    % Center of data (mean)
sig = [2; .5;];                  % Principal axes

theta = pi/3;                    % Rotate cloud by pi/3
R = [cos(theta) -sin(theta);     % Rotation matrix
     sin(theta) cos(theta)];

nPoints = 10000;                 % Create 10,000 points
X = R*diag(sig)*randn(2,nPoints) + diag(xC)*ones(2,nPoints);
scatter(X(1,:),X(2,:),'k.','LineWidth',2)
```

代码 1.10　计算 PCA 并绘制置信区间。

```
Xavg = mean(X,2);                % Compute mean
B = X - Xavg*ones(1,nPoints);    % Mean-subtracted Data
[U,S,V] = svd(B/sqrt(nPoints),'econ'); % PCA via SVD
scatter(X(1,:),X(2,:),'k.','LineWidth',2) % Plot data
```

23

```
theta = (0:.01:1)*2*pi;
Xstd = U*S*[cos(theta); sin(theta)]; % 1-std conf. interval
```

```
plot(Xavg(1)+Xstd(1,:),Xavg(2) + Xstd(2,:),'r-')
plot(Xavg(1)+2*Xstd(1,:),Xavg(2) + 2*Xstd(2,:),'r-')
plot(Xavg(1)+3*Xstd(1,:),Xavg(2) + 3*Xstd(2,:),'r-')
```

最后，也可以使用 pca 命令进行计算：

```
>> [V,score,s2] = pca(X);
>> norm(V*score' - B)

ans =
   2.2878e-13
```

示例：卵巢癌数据

Matlab 中内建的卵巢癌数据集提供了一个更为现实的示例来说明 PCA 的好处。本示例包含 216 位患者的基因数据，其中 121 位为卵巢癌，95 位为非卵巢癌。每位患者都有一个包含 4000 个基因表示的数据向量。这种类型的数据存在多种挑战，即高维数据特征。我们从图 1.14 可以看出，前几个 PCA 模式中捕获到了显著的差异。换句话说，基因数据是高度相关的，因此许多患者的基因表示有明显的重叠。在高维数据中能够可视化数据模式和相关性的能力是使用 PCA 的一个重要原因，因而 PCA 已被广泛用于高维生物和遗传数据来查找模式 [448]。

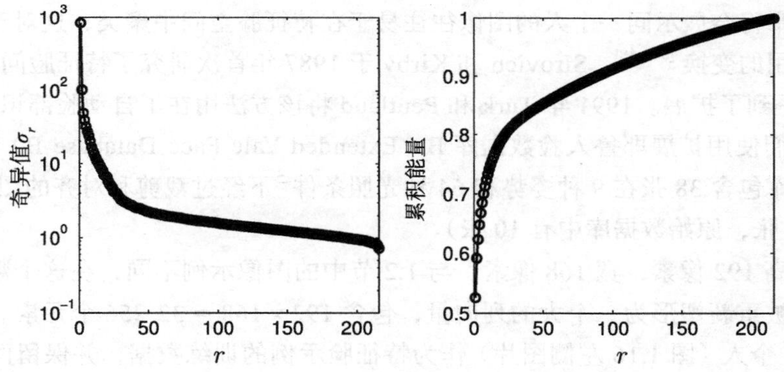

图1.14　卵巢癌数据的奇异值

更为重要的是，当在前三种 PCA 模式张成的空间中绘制时，卵巢癌患者与未患癌症的患呈现独立聚类的情况，如图 1.15 所示，由代码 1.11 生成。这种按类别生成的 PCA 数据空间中的内在聚类特性是机器学习和模式识别的基本要素。例如，在 1.6 节中将看到不同人脸的图像在 PCA 空间中形成集群。第 5 章将更详细地探讨这些集群的使用。 24

代码 1.11　计算卵巢癌数据的 PCA。

```
load ovariancancer;  % Load ovarian cancer data
[U,S,V] = svd(obs,'econ');
for i=1:size(obs,1)
    x = V(:,1)'*obs(i,:)';
    y = V(:,2)'*obs(i,:)';
    z = V(:,3)'*obs(i,:)';
    if(grp{i}=='Cancer')
        plot3(x,y,z,'rx','LineWidth',2);
    else
        plot3(x,y,z,'bo','LineWidth',2);
    end
end
```

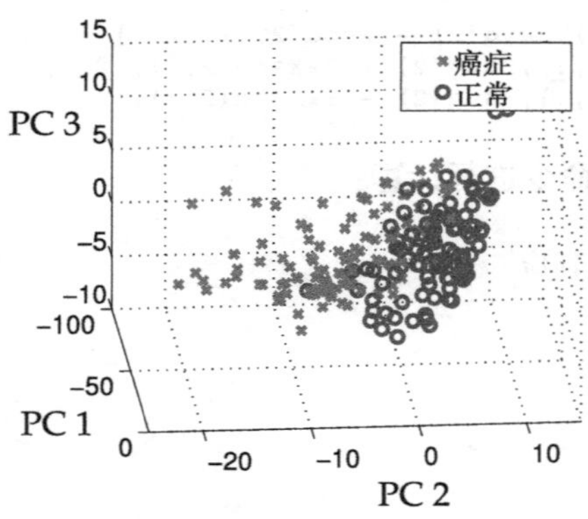

图1.15　在前三个主成分坐标中正常的和有癌症的样本的聚类情况

1.6　特征脸示例

SVD/PCA 最引人注目的演示之一是所谓的特征脸示例。在这个问题中，PCA（即去均值数据的 SVD）被应用到一个很大的面部图像库中，以提取图像之间最主要的相关性。分解的结果是一组定义了新的坐标系的特征脸。图像可以在这些坐标中通过与每个主成分的点积来表示。第 5 章将会展示同一个人的图像往往易于在特征脸空间中聚类，这对于脸部识别和分类是一个有用的变换 [510,48]。Sirovich 和 Kirby 于 1987 年首次研究了特征脸问题 [491]，并在文献 [291] 中得到了扩展。1991 年 Turk 和 Pentland 将该方法用在了自动脸部识别上 [537]。

下面，我们使用扩展耶鲁人脸数据库 B（Extended Yale Face Database B）[203] 来演示该算法，该数据库包含 38 张在 9 种姿势和 64 种光照条件⊖下经过裁剪和对齐的图像 [327]（扩展
25 数据库中有 28 张，原始数据库中有 10 张）。

每张图片高 192 像素，宽 168 像素。与 1.2 节中的图像示例不同，在这个数据库中的每个面部图像都被重新塑形为一个大的列向量，包含 192 × 168 = 32 256 个元素。我们使用数据库中的前 36 个人（图 1.16 左侧图片）作为特征脸示例的训练数据，并保留两个人作为测试集。图 1.16 右侧图片显示了某个特定人的全部 64 张图像的示例。左侧图片是用代码 1.12 加载和绘制的。

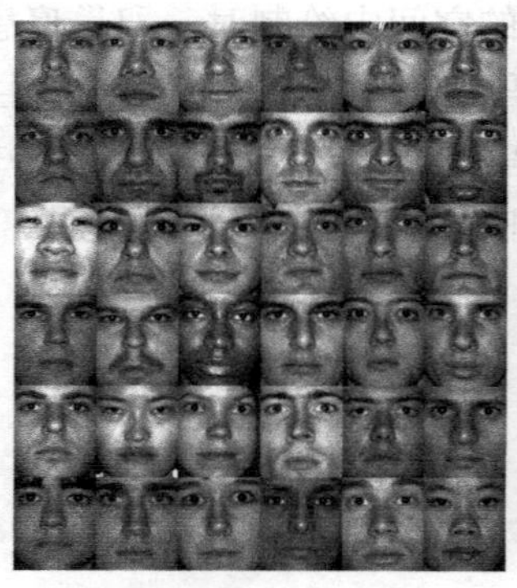

耶鲁数据库中每个人的单张图像

某一特定人的所有图像

图1.16　耶鲁数据库中人脸图像示例

⊖ 该数据库可以从 http://vision.ucsd.edu/~iskwak/ExtYaleDatabase/ExtYaleB.html 下载。

代码 1.12　绘制耶鲁数据库中每个人的图像（图 1.16 左侧）。

```
load ../DATA/allFaces.mat
allPersons = zeros(n*6,m*6);          % Make an array to fit all
   faces
count = 1;
for i=1:6          % 6 x 6 grid of faces
    for j=1:6
        allPersons(1+(i-1)*n:i*n,1+(j-1)*m:j*m) ...
            =reshape(faces(:,1+sum(nfaces(1:count-1))),n,m);
        count = count + 1;
    end
end
imagesc(allPersons), colormap gray
```

代码 1.13　根据去均值数据计算特征脸。

```
% We use the first 36 people for training data
trainingFaces = faces(:,1:sum(nfaces(1:36)));
avgFace = mean(trainingFaces,2);  % size n*m by 1;

% Compute eigenfaces on mean-subtracted training data
X = trainingFaces-avgFace*ones(1,size(trainingFaces,2));
[U,S,V] = svd(X,'econ');

imagesc(reshape(avgFace,n,m)) % Plot avg face
imagesc(reshape(U(:,1),n,m))  % Plot first eigenface
```

如前所述，每个图像都被重塑成一个大的列向量，然后计算平均面部并从每个列向量中减去它。接下来，将去均值的图像向量水平堆积并构成数据矩阵 $\mathbf{X}$ 的列，如图 1.17 所示。这样，对去均值矩阵 $\mathbf{X}$ 进行 SVD 操作就得到 PCA。$\mathbf{U}$ 的列是特征脸，它们可以被重塑成 192×168 的图像。如代码 1.13 所示。 26

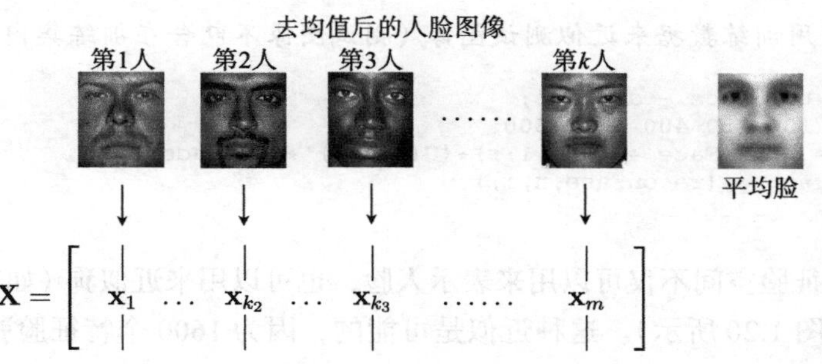

$$\mathbf{X}=\mathbf{U}\boldsymbol{\Sigma}\mathbf{V}^*\approx\tilde{\mathbf{U}}\tilde{\boldsymbol{\Sigma}}\tilde{\mathbf{V}}^*\quad(\text{>>[U,S,V]=svd(X,'econ');})$$

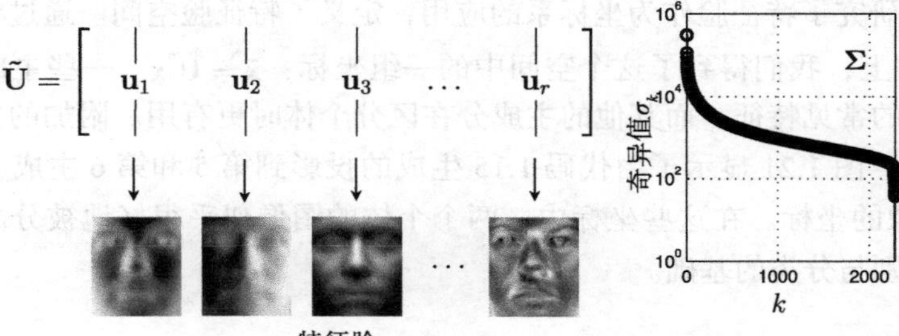

图1.17　从人脸库中获取特征脸的示意图

使用特征脸数据库，通过这段代码得到的 $\tilde{\mathbf{U}}$，我们可以尝试用它近似地表示训练数据中没有的图像。在开始的时候，我们保留了两个人的图像（第 37、38 号），现在我们使用他们两个当中的一个图像作为测试图像 $\mathbf{x}_{\text{test}}$。我们将看到使用如下投影（秩 r SVD 基能很好地逼近该图像）：

27

$$\tilde{\mathbf{x}}_{\text{test}} = \tilde{\mathbf{U}}\tilde{\mathbf{U}}^{*}\mathbf{x}_{\text{test}}$$

各种 r 值对应的特征脸近似图像如图 1.18 所示，这些图像通过代码 1.14 计算得到。对于 $r \leqslant 200$，近似效果相对较差，尽管对于 $r > 400$，它收敛于测试图像的一个合格表示。

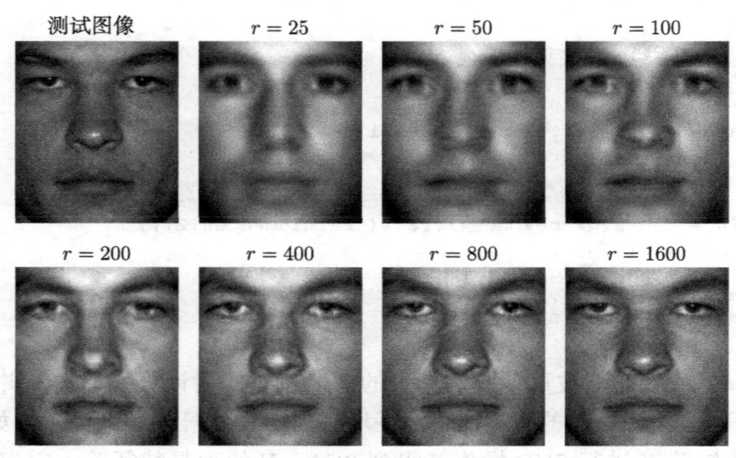

图1.18　利用不同阶r值对应的特征脸基得到的测试图像近似表示。测试图像不包含在训练集内

代码 1.14　利用训练数据来近似测试图像（测试图像不包含在训练集内）。

```
testFaceMS = testFace - avgFace;
for r=[25 50 100 200 400 800 1600]
    reconFace = avgFace + (U(:,1:r)*(U(:,1:r)'*testFaceMS));
    imagesc(reshape(reconFace,n,m))
end
```

有趣的是，特征脸空间不仅可以用来表示人脸，也可以用来近似狗（如图 1.19 所示）或卡布奇诺咖啡（如图 1.20 所示）。这种近似是可能的，因为 1600 个特征脸张成了 32 256 维图像空间的一个大子空间，这些子空间特征对应于宽阔、光滑、非局部的空间特征，如脸颊、前额、嘴巴等。

我们进一步研究了特征脸作为坐标系的应用，定义了特征脸空间。通过将图像 $\mathbf{x}$ 投影到前 r 个 PCA 模式上，我们得到了这个空间中的一组坐标：$\tilde{\mathbf{x}} = \tilde{\mathbf{U}}^{*}\mathbf{x}$。一些主成分可能会捕捉到所有人脸共有的常见特征，而其他的主成分在区分个体时更有用。附加的主成分可以捕捉光线角度的差异。图 1.21 显示了由代码 1.15 生成的投影到第 5 和第 6 主成分上的两个个体
28~29 的全部 64 张图像的坐标。在这些坐标中，两个个体的图像似乎很好地被分离开了。这将是第 5 章中图像识别与分类的基础。

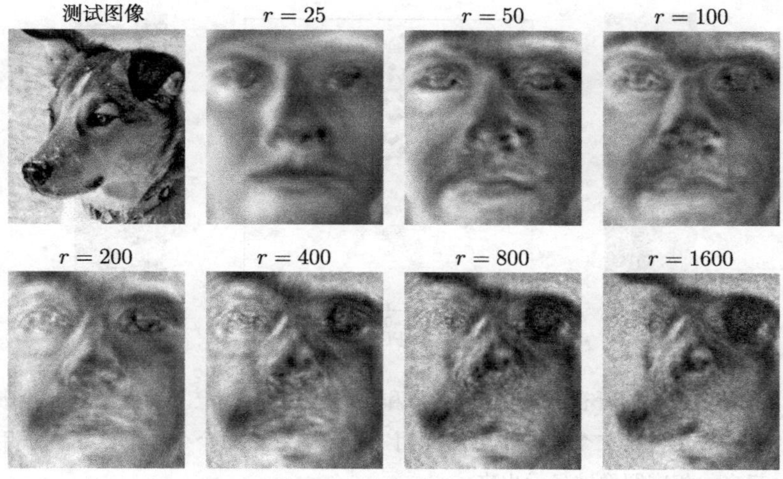

图1.19 利用特征脸对狗图像的近似表示

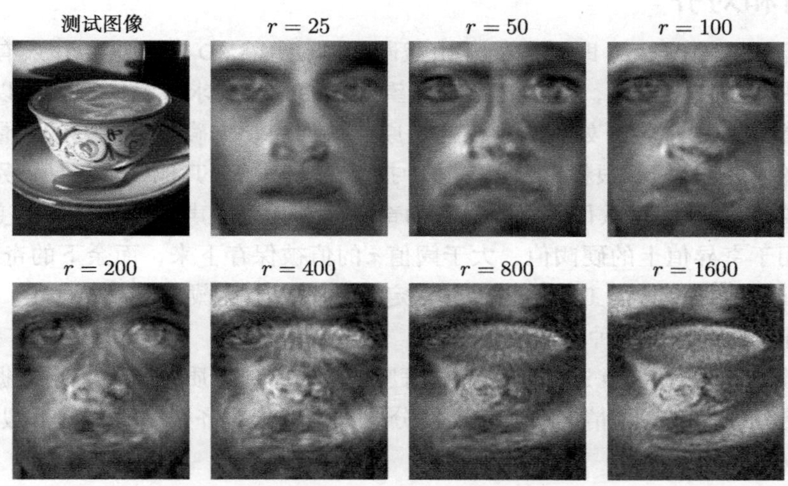

图1.20 利用特征脸对卡布奇诺咖啡图像的近似表示

代码 1.15 将两个特定人的图像投影到第5和第6特征脸上，以说明具备自动分类的潜力。

```
P1num = 2;  % Person number 2
P2num = 7;  % Person number 7

P1 = faces(:,1+sum(nfaces(1:P1num-1)):sum(nfaces(1:P1num)));
P2 = faces(:,1+sum(nfaces(1:P2num-1)):sum(nfaces(1:P2num)));

P1 = P1 - avgFace*ones(1,size(P1,2));
P2 = P2 - avgFace*ones(1,size(P2,2));

PCAmodes = [5 6];     % Project onto PCA modes 5 and 6
PCACoordsP1 = U(:,PCAmodes)'*P1;
PCACoordsP2 = U(:,PCAmodes)'*P2;

plot(PCACoordsP1(1,:),PCACoordsP1(2,:),'kd')
plot(PCACoordsP2(1,:),PCACoordsP2(2,:),'r^')
```

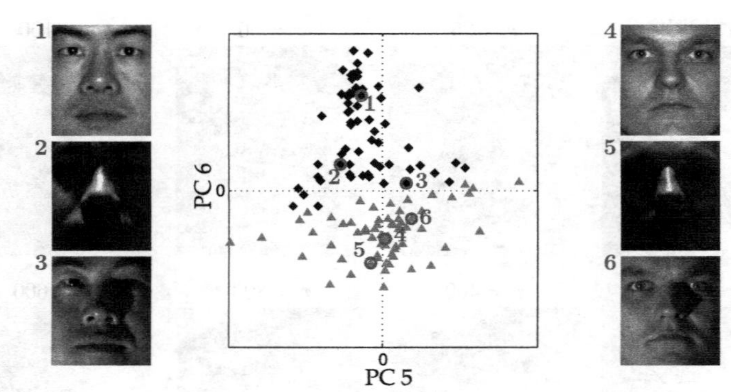

图1.21　将两个个体的所有图像投影到第5和第6主成分模式上。第一个人的投影图像用菱形表示，第二个人的投影图像用三角形表示。每个个体的三个例子用圆形圈起来，相应图像被显示出来

1.7　截断和对齐

决定保留多少奇异值，即在何处开始截断，是使用SVD时最重要和最有争议的决策之一。这其中涉及许多因素，包括对系统期望的秩的具体要求、噪声的大小以及奇异值的分布等。通常将SVD在秩 r 处截断，以捕获原始数据中预先确定的方差或能量的数量，例如90%或99%截断。虽然很粗糙，但是这种技术是常用的。其他技术包括识别奇异值分布
30 中的“肘”或“膝”，表示从代表重要模式的奇异值到代表噪声的奇异值的转变。截断可被视为一种作用于奇异值上的硬阈值，大于阈值 τ 的值被保存下来，而余下的奇异值被截断。Gavish 和 Donoho[200] 最近的工作给出了在一定条件下的最优截断值或硬阈值，为使用SVD获得低秩矩阵近似提供了一种原则性方法。

此外，数据对齐对SVD近似的秩有显著影响㊀。SVD本质上是依赖于数据矩阵的列和行之间的变量分离。在许多情况下，例如在分析行波或未对齐数据时，这种假设会被打破，从而人为导致秩偏高。

最优硬阈值

在假设矩阵具有被高斯白噪声污染的低秩结构的情况下，最近的理论突破确定了奇异值截断的最优硬阈值 τ[200]。这项工作是建立在大量围绕奇异值的硬阈值和软阈值的各种技术文献基础之上的。本节将对主要结果进行总结，并通过各种示例说明阈值的选择。更多详细信息请参见文献[200]。

首先，我们假设数据矩阵 $\mathbf{X}$ 是潜在低秩或近似低秩矩阵 $\mathbf{X}_{\text{true}}$ 与噪声矩阵 $\mathbf{X}_{\text{noise}}$ 之和：

$$\mathbf{X}=\mathbf{X}_{\text{true}}+\gamma\mathbf{X}_{\text{noise}} \tag{1.30}$$

假设 $\mathbf{X}_{\text{noise}}$ 的各项是独立同分布的（i.i.d.）、具有零均值和单位方差的高斯随机变量。噪声的大小由 γ 表示，它与文献[200]中的表示法有所不同㊁。

㊀　对齐是指各类型数据按照一定的规则在空间上排列，而不是按顺序地一个个排放。——译者注

㊁　在文献[200]中，σ 表示标准差，y_k 表示第 k 个奇异值。

当 γ 已知时，存在针对最优硬阈值 τ 的封闭解或解析解：

1. 如果 $\mathbf{X}\in\mathbb{R}^{n\times n}$ 是方阵，则有：

$$\tau=(4/\sqrt{3})\sqrt{n}\gamma \tag{1.31}$$

2. 如果 $\mathbf{X}\in\mathbb{R}^{n\times m}$ 是矩形的或非方阵，$m\ll n$，则常数 $4/\sqrt{3}$ 被纵横比为 $\beta=m/n$ 的某一函数所替换：

$$\tau=\lambda(\beta)\sqrt{n}\gamma \tag{1.32}$$

$$\lambda(\beta)=\left(2(\beta+1)+\frac{8\beta}{(\beta+1)+\left(\beta^2+14\beta+1\right)^{1/2}}\right)^{1/2} \tag{1.33}$$

注意到当 $\beta=1$ 时，该表达式约简为式（1.31）。如果 $n\ll m$，则有 $\beta=n/m$。

当 γ 未知时，这在实际应用中比较典型，那么可以通过使用中位数奇异值 σ_{med} 来估计噪声的大小并校定奇异值的分布。在这种情况下，τ 没有封闭解，只能求其数值近似解。 31

3. 对于未知 γ，以及非方阵 $\mathbf{X}\in\mathbb{R}^{n\times m}$，最优硬阈值由如下式给出：

$$\tau=\omega(\beta)\sigma_{\text{med}} \tag{1.34}$$

这里，$\omega(\beta)=\lambda(\beta)/\mu_\beta$，其中 μ_β 是如下问题的解：

$$\int_{(1-\beta)^2}^{\mu_\beta}\frac{\left[\left((1+\sqrt{\beta})^2-t\right)\left(t-(1-\sqrt{\beta})^2\right)\right]^{1/2}}{2\pi t}\mathrm{d}t=\frac{1}{2}$$

上述表达式的解必须数值近似。文献 [200] 中有 MATLAB 代码附录 [151] 来近似 μ_β。

如下面的示例所示，新的最优硬阈值方法运行效果非常好。

示例 1：玩具问题

如图 1.22 所示，我们人为地构造了一个秩为 2 的矩阵（代码 1.16），并用高斯白噪声污染信号（代码 1.17）。然后，用式（1.31）的阈值（代码 1.18）以及使用 90% 的能量截断（代码 1.19）来获得去噪降维矩阵。显然，硬阈值能够更有效地滤除噪声。图 1.23 中绘制了奇异值（代码 1.20），从中可以清楚地看到有两个值大于阈值。

代码 1.16　计算潜在的低秩信号，如图 1.22a 所示。

```
clear all, close all, clc

t = (-3:.01:3)';

Utrue = [cos(17*t).*exp(-t.^2) sin(11*t)];
Strue = [2 0; 0 .5];
Vtrue = [sin(5*t).*exp(-t.^2) cos(13*t)];

X = Utrue*Strue*Vtrue';
figure, imshow(X);
```

代码 1.17　用噪声污染信号，如图 1.22b 所示。

```
sigma = 1;
Xnoisy = X+sigma*randn(size(X));
figure, imshow(Xnoisy);
```

代码 1.18 用最优硬阈值截断，如图 1.22c 所示。

```
[U,S,V] = svd(Xnoisy);

N = size(Xnoisy,1);
cutoff = (4/sqrt(3))*sqrt(N)*sigma; % Hard threshold
r = max(find(diag(S)>cutoff)); % Keep modes w/ sig > cutoff
32 Xclean = U(:,1:r)*S(1:r,1:r)*V(:,1:r)';
figure, imshow(Xclean)
```

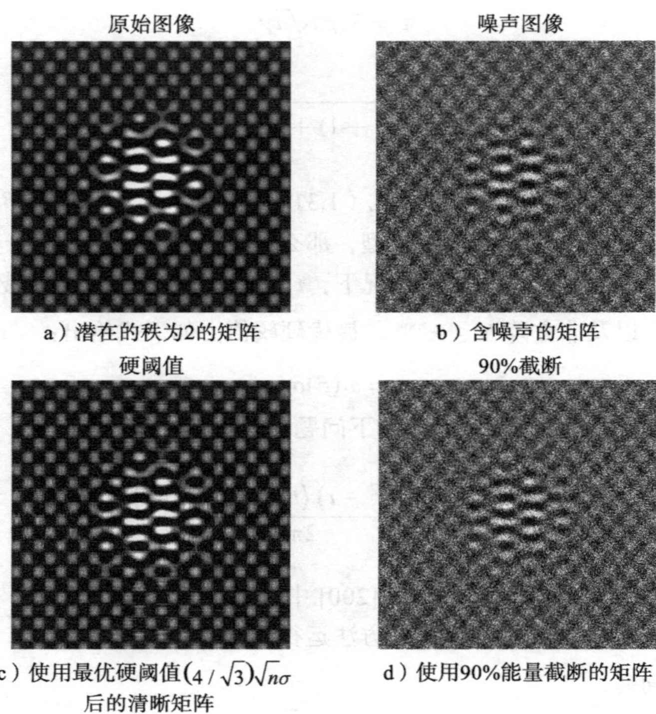

a）潜在的秩为2的矩阵　b）含噪声的矩阵

c）使用最优硬阈值$(4/\sqrt{3})\sqrt{n}\sigma$后的清晰矩阵　d）使用90%能量截断的矩阵

图1.22 潜在的秩为2的矩阵、含噪声的矩阵、处理后的清晰矩阵和使用90%能量截断的矩阵

代码 1.19 使用 90% 能量指标截断，如图 1.22d 所示。

```
cdS = cumsum(diag(S))./sum(diag(S)); % Cumulative energy
r90 = min(find(cdS>0.90)); % Find r to capture 90% energy

X90 = U(:,1:r90)*S(1:r90,1:r90)*V(:,1:r90)';
figure, imshow(X90)
```

代码 1.20 绘制硬阈值示例中的奇异值，如图 1.23 所示。

```
semilogy(diag(S),'-ok','LineWidth',1.5), hold on, grid on
semilogy(diag(S(1:r,1:r)),'or','LineWidth',1.5)
```

示例 2：特征脸

我们回顾 1.6 节中的特征脸问题。这里提供一个更为典型的例子，因为数据矩阵 **X** 是长方形的，纵横比 $\beta = 3/4$，噪声大小是未知的。同时，还不清楚这些数据是否受到了白噪声的污染。尽管如此，所用的方法确定了一个阈值 τ，大于该阈值的 **U** 的列都有很强的面部特征，小于该阈值的 **U** 的列主要由噪声组成，如图 1.24 所示。 33

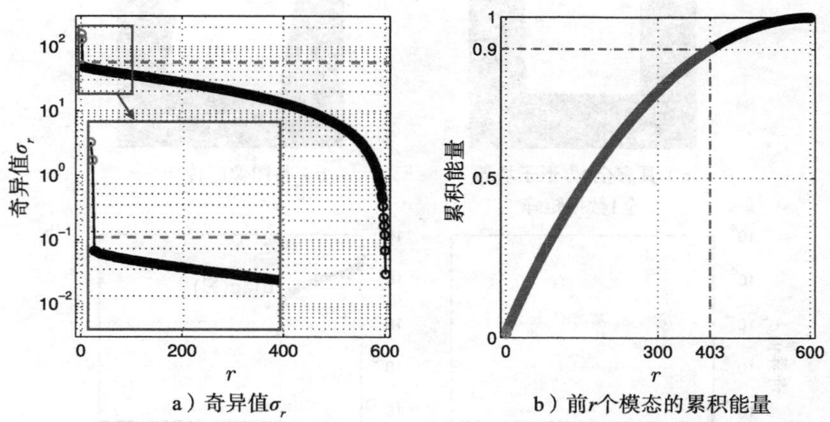

a）奇异值σ_r　　b）前r个模态的累积能量

图1.23　奇异值σ_r和前r个模态的累积能量。最优硬阈值$\tau = (4/\sqrt{3})\sqrt{n}\sigma$和90%的截止点用虚线（--）表示，分别见图a和b。在$n = 600$和$\sigma = 1$的情况下，最优截止点近似为$\tau = 56.6$

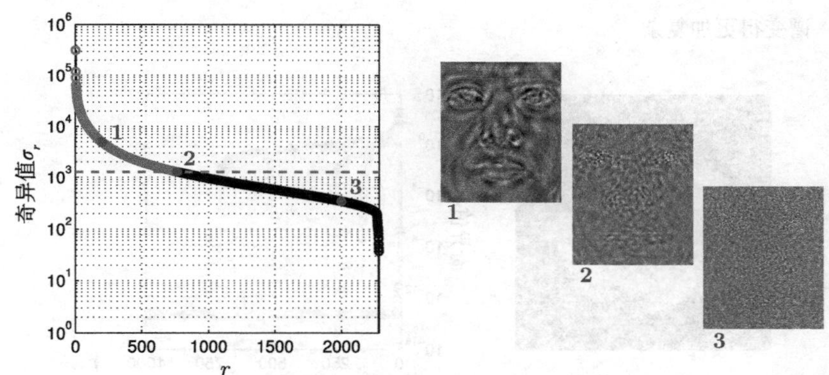

图1.24　特征脸的硬阈值示例

数据对齐的重要性

在这里，我们讨论与未对齐数据相关的 SVD 常见缺陷。下面的例子说明了 SVD 在数据降维和相干特征提取方面的一个主要不足。考虑一个全 0 组成的矩阵，其中有一个矩形子块矩阵是由全 1 组成。作为一个图像，它看起来好像一个白色矩形放在黑色背景上（如图 1.25a 所示）。如果矩形完全与图像的 x 轴和 y 轴对齐，那么 SVD 的计算很简单，只有一个非零奇异值 σ_1（如图 1.25c 所示）和对应的奇异向量 $\mathbf{u}_1$ 及 $\mathbf{v}_1$，$\mathbf{u}_1$ 和 $\mathbf{v}_1$ 分别定义了白色矩形的宽度和高度。 34

当开始旋转内部矩形使其不再与图像各轴对齐时，频谱中开始出现额外的非零奇异值（如图 1.25b、d 和图 1.26 所示）。

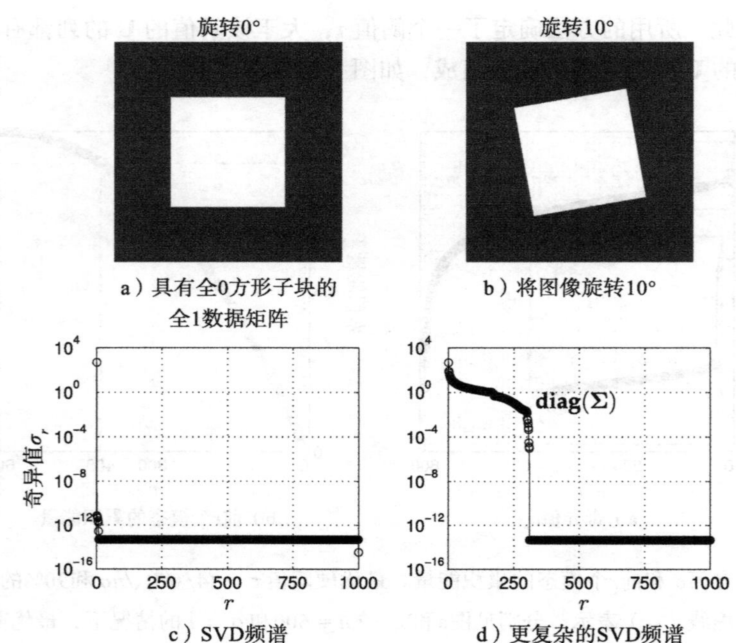

图1.25　具有全1方形子块的全0数据矩阵及其SVD频谱。如果将图像旋转10°，则SVD频谱变得更加复杂

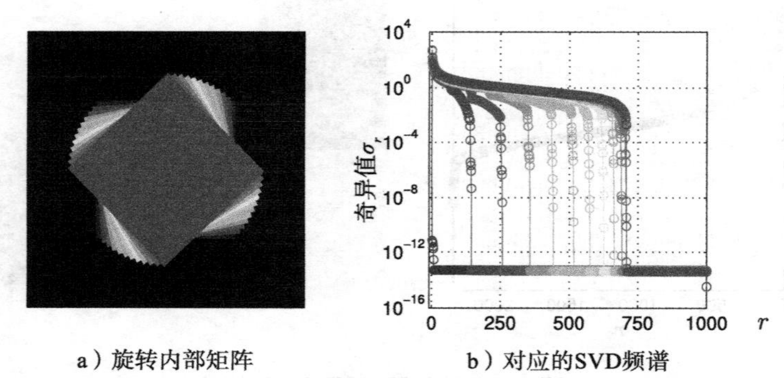

图1.26　由全0组成的数据矩阵，其中有经过不同旋转角度的全1组成的方形子块矩阵，以及对应的SVD频谱**diag(S)**

代码 1.21　计算完全对齐和发生旋转的方阵 SVD，如图 1.25 所示。

```
n = 1000;     % 1000 x 1000 square
X = zeros(n,n);
X(n/4:3*n/4,n/4:3:n/4) = 1;
imshow(X);

Y = imrotate(X,10,'bicubic');  % rotate 10 degrees
Y = Y - Y(1,1);
nY = size(Y,1);
startind = floor((nY-n)/2);
Xrot = Y(startind:startind+n-1, startind:startind+n-1);
imshow(Xrot);
[U,S,V] = svd(X);       % SVD well-aligned square
[U,S,V] = svd(Xrot);    % SVD rotated square
```

```
semilogy(diag(S),'-ko')
semilogy(diag(S),'-ko')
```

35

代码 1.22　对不同角度旋转的方阵采用 SVD，如图 1.26 所示。

```
nAngles = 12;  % sweep through 12 angles, from 0:4:44
Xrot = X;
for j=2:nAngles
    Y = imrotate(X,(j-1)*4,'bicubic'); % rotate (j-1)*4
    startind = floor((size(Y,1)-n)/2);
    Xrot1 = Y(startind:startind+n-1, startind:startind+n-1);
    Xrot2 = Xrot1 - Xrot1(1,1);
    Xrot2 = Xrot2/max(Xrot2(:));
    Xrot(Xrot2>.5) = j;

    [U,S,V] = svd(Xrot1);
    subplot(1,2,1), imagesc(Xrot), colormap([0 0 0; cm])
    subplot(1,2,2), semilogy(diag(S),'-o','color',cm(j,:))
end
```

36

该示例失败的原因是 SVD 从根本上讲是几何表示的，这意味着它依赖于表示数据的坐标系。正如我们前面看到的，SVD 只对酉变换具有一般不变性，这意味着该变换保持了内积不变性。这个事实既可被视为该方法的优点，也可视其缺点。首先，对于各种有用的几何解释来说，SVD 对内积的依赖性是必不可少的。其次，SVD 分解中的各个分解单元和维度都是有特定意义的。这使得 SVD 对数据对齐情况非常敏感。实际上，当列中的对象进行平移、旋转或缩放时，SVD 的秩就会激增，这严重限制了它对未进行大量预处理的数据的使用。

例如，特征脸示例是建立在图像库的基础上，这些图像经过精心裁剪、居中并根据模板对齐。如果不采取这些重要的预处理步骤，其特征和聚类性能将会乏善可陈。

无法捕获数据的平移和旋转是 SVD 的一个主要限制。例如，SVD 仍然是偏微分方程（PDE）数据低秩分解的首选方法，我们将在第 11 章和第 12 章中讨论。然而，SVD 基本上是一种数据驱动的变量分离，这对于许多类型的 PDE（例如那些呈现出行波的 PDE）是不适用的。保留有利特性并适用于具有对称特性数据的广义分解是该领域面临的重大挑战。

1.8　随机奇异值分解

大数据矩阵的精确高效分解是现代计算数学和数据科学的基石之一。在许多情况下，矩阵分解明确地集中于提取矩阵中占优的低秩结构，本章的所有例子都说明了这一点。最近的研究表明，如果一个矩阵 **X** 具有低秩结构，那么存在非常有效的基于随机抽样理论的矩阵分解算法。这与稀疏性思想和稀疏向量的高维几何密切相关，这些将在第 3 章中进行探讨。这些称作随机化的数值方法具有改造计算线性代数的潜力，能够以确定性方法的一小部分计算成本来提供精确的矩阵分解。此外，随着测量值越来越多（例如，4K 和 8K 视频、物联网等），通常数据固有的秩不会明显增加，即使环境测量空间的维度在增长。因此，未来随着海量数据的涌现，随机化方法的高效计算性能只会变得更加重要。

随机线性代数

随机线性代数是一个比 SVD 更为普遍的概念。除了随机 SVD[464, 371] 外，还开发了用于主成分分析 [454, 229]、旋转 LU 分解 [485]、旋转 QR 分解 [162] 和动态模态分解 [175] 的随机化算法。大多数随机矩阵分解可以分为如下几个常见步骤。在文献 [354，228，334，177] 中也有一些关于这个主题的优秀综述。尽管这个理论很容易被推广到矮胖矩阵，但我们假设处理的是高瘦矩阵，即 $n > m$。

步骤 0：确定目标秩，$r < m$。

步骤 1：利用随机投影 $\mathbf{P}$ 对列空间采样，找到一个矩阵 $\mathbf{Q}$ 使得它的列近似等于 $\mathbf{X}$ 的列空间，也就是 $\mathbf{X} \approx \mathbf{Q}\mathbf{Q}^*\mathbf{X}$。

步骤 2：将 $\mathbf{X}$ 投影到 $\mathbf{Q}$ 子空间上，$\mathbf{Y} = \mathbf{Q}^*\mathbf{X}$，然后在 $\mathbf{Y}$ 上计算矩阵分解。

步骤 3：利用 $\mathbf{Q}$ 和由 $\mathbf{Y}$ 计算出的模态重构高维模态 $\mathbf{U} = \mathbf{Q}\mathbf{U}_{\mathbf{Y}}$。

随机 SVD 算法

在过去的 20 年中，已经出现了几种计算低秩 SVD 的随机算法，包括 Monte Carlo SVD [190] 和大量基于随机投影的鲁棒方法 [464,335,371]。这些方法通过合并结构化采样矩阵进行改进，实现了更快的矩阵乘法 [559]。在这里，我们使用 Halko、Martinsson 和 Tropp 的随机 SVD 算法 [228]，
37 该算法结合并扩展了之前的算法，提供了良好的误差范围。更多的分析和数值实现细节可参见 Voronin 和 Martinsson 的文献 [544]。随机 SVD（rSVD）算法的原理如图 1.27 所示。

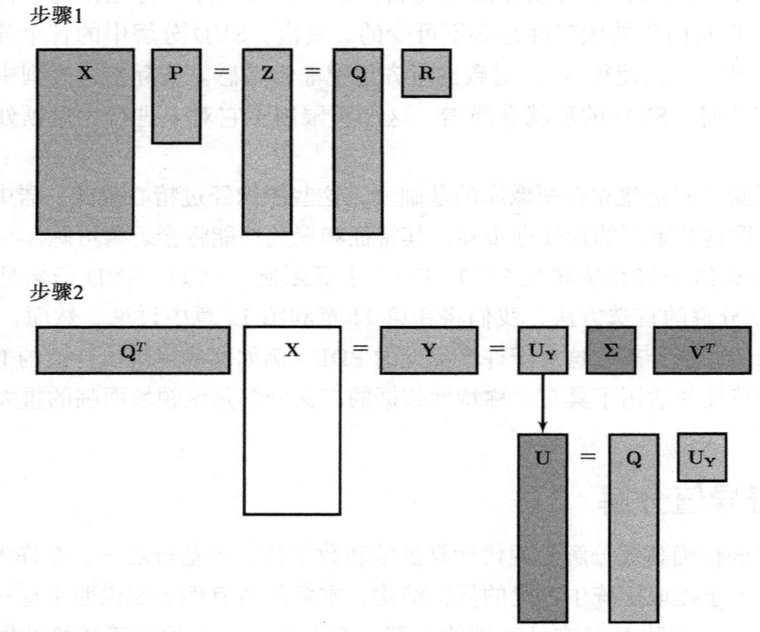

图1.27　随机SVD算法的示意图。这个算法需要对X两次操作

步骤 1：构建一个随机投影 $\mathbf{P} \in \mathbb{R}^{m\times r}$ 对 $\mathbf{X} \in \mathbb{R}^{n\times m}$ 的列空间进行采样：

$$\mathbf{Z} = \mathbf{X}\mathbf{P} \tag{1.35}$$

矩阵 $\mathbf{Z}$ 可能比 $\mathbf{X}$ 小得多，特别是对于 $r \ll m$ 的低秩矩阵情况。一个随机的投影矩阵 $\mathbf{P}$ 不太可能投影出 $\mathbf{X}$ 的重要分量，因此 $\mathbf{Z}$ 可在大概率情况下逼近 $\mathbf{X}$ 的列空间。这样，可以计算 $\mathbf{Z}$ 的低秩 QR 分解得到 $\mathbf{X}$ 的一组正交基：

$$\mathbf{Z} = \mathbf{QR} \tag{1.36}$$ 38

步骤 2：利用低秩基 $\mathbf{Q}$ 可以将 $\mathbf{X}$ 投影到更小的空间中：

$$\mathbf{Y} = \mathbf{Q}^*\mathbf{X} \tag{1.37}$$

由此也近似得到 $\mathbf{X} \approx \mathbf{QY}$，尤其在 $k > r$ 的情况下奇异值 σ_k 迅速衰减的时候，逼近程度更高。

现在可以计算 $\mathbf{Y}$ 上的奇异值分解：

$$\mathbf{Y} = \mathbf{U_Y\Sigma V}^* \tag{1.38}$$

因为 $\mathbf{Q}$ 是正交的并且近似于 $\mathbf{X}$ 的列空间，所以如 1.3 节所述，对于 $\mathbf{Y}$ 和 $\mathbf{X}$，矩阵 $\mathbf{\Sigma}$ 和 $\mathbf{V}$ 是相同的。

步骤 3：最后，利用 $\mathbf{U_Y}$ 和 $\mathbf{Q}$ 重构高维的左奇异向量 $\mathbf{U}$：

$$\mathbf{U} = \mathbf{QU_Y} \tag{1.39}$$

过采样

大多数矩阵 $\mathbf{X}$ 都不具有由 r 模态给出的精确的低秩结构。相反，对于 $k > r$ 的情况存在非零奇异值 σ_k，且草图矩阵 $\mathbf{Z}$ 不会精确地张成 $\mathbf{X}$ 的列空间。一般来说，将 $\mathbf{P}$ 中的列数从 r 增加到 $r + p$，即使 $\mathbf{P}$ 只增加了 5 或 10 列左右，结果也会得到显著改善[370]。这就是所谓的过采样。增加 p 值可以减小草图矩阵奇异值频谱的方差⊖。

幂迭代

使用随机算法的第二个挑战是当奇异值频谱缓慢衰减时，剩余的截断奇异值包含数据 $\mathbf{X}$ 中的显著方差。在这种情况下，可以通过 q 次幂迭代[454,228,224]对 $\mathbf{X}$ 进行预处理，得到一个奇异值衰减更快的新矩阵 $\mathbf{X}^{(q)}$：

$$\mathbf{X}^{(q)} = \left(\mathbf{XX}^*\right)^q \mathbf{X} \tag{1.40}$$

随着 $\mathbf{X}^{(q)}$ 的奇异值频谱衰减得更快，幂迭代大大提高了随机分解的质量：

$$\mathbf{X}^{(q)} = \mathbf{U\Sigma}^{2q-1}\mathbf{V}^* \tag{1.41}$$

然而，幂迭代的计算量是非常大的，需要对数据 $\mathbf{X}$ 进行 q 次额外操作。在一些极端情况下，$\mathbf{X}$ 中的数据可能存储在分布式架构中，以至于对 $\mathbf{X}$ 的每一次操作都会增加相当大的计算量。

保证误差界限

随机 SVD 的最重要性质之一是存在可调误差界限，它是奇异值频谱、期望秩 r、过采样参数 p 和幂次迭代次数 q 的显式函数。对于一个确定性算法，它的最佳可达误差界限为：

$$\|\mathbf{X} - \mathbf{QY}\|_2 \geqslant \sigma_{r+1}(\mathbf{X}) \tag{1.42}$$ 39

换句话说，用可能的最佳秩 r 子空间 $\mathbf{Q}$ 进行近似，产生的误差将大于或等于下一个 $\mathbf{X}$ 的截断奇异值产生的误差。对于随机化方法，可以界定误差的期望：

⊖ 通过采样来调整数据的不平衡，是一种有效解决途径，如过采样和欠采样，一般可以提升模型的泛化能力，但也存在一定的过拟合风险。过采样和欠采样本质都是要改变训练数据的分布，让采样数据和真实数据分布一致。

$$\mathbb{E}\left(\|\mathbf{X}-\mathbf{QY}\|_2\right) \leqslant \left(1+\sqrt{\frac{r}{p-1}}+\frac{e\sqrt{r+p}}{p}\sqrt{m-r}\right)^{\frac{1}{2q+1}} \sigma_{k+1}(\mathbf{X}) \tag{1.43}$$

其中 e 是 Euler（欧拉）数。

随机矩阵 P 的选择

随机矩阵 **P** 有几种合适的选择。高斯随机投影（例如，**P** 的元素是独立同分布的高斯随机变量）经常被使用，因为其良好的数学性质和在草图矩阵 Z 中提取丰富的信息。特别地，随意地选择高斯随机矩阵 **P** 希望投影出 **X** 中的重要信息是不太可能的。然而，高斯投影的生成、存储和计算等成本都是非常大的。均匀随机矩阵也经常被使用，并且有类似的局限性。还有几种替代方法，如 Rademacher 矩阵，其中的元素可以等概率是 +1 或 −1[532]。结构化随机投影矩阵可以提供有效的草图，将计算复杂度降低到 $\mathcal{O}(nm\log(r))$[559]。另一种选择是采用稀疏投影矩阵 **P**，它提高了存储和计算能力，但代价是在草图矩阵中包含了更少的信息。在极端情况下，当对矩阵 **X** 的单次操作的代价都高得离谱的时候，矩阵 **P** 可以选择为 $m\times m$ 单位矩阵的随机列，这样就可以为草图 Z 随机选择 **X** 的列。这是最快速的选择，但是应该谨慎使用，因为如果 **X** 的结构过于集中在列的子集中，列采样可能不会采集到这些子集，进而信息可能会丢失。

随机 SVD 示例

为了演示随机 SVD 算法，我们将分解一幅高分辨率图像。该示例只是出于说明目的，因为它尚未针对速度、数据传输或准确性进行优化。在实际应用中应谨慎[228, 177]。

代码 1.23 计算矩阵 **X** 的随机 SVD，代码 1.24 使用该函数获得高分辨率图像的秩 400 近似，如图 1.28 所示。

图1.28 原始高分辨率（左），SVD进行秩400近似（中），rSVD进行秩400近似（右）

代码 1.23 随机 SVD 算法。

```
function [U,S,V] = rsvd(X,r,q,p);

% Step 1: Sample column space of X with P matrix
ny = size(X,2);
P = randn(ny,r+p);
Z = X*P;
for k=1:q
```

```
    Z = X*(X'*Z);
end
[Q,R] = qr(Z,0);

% Step 2: Compute SVD on projected Y=Q'*X;
Y = Q'*X;
[UY,S,V] = svd(Y,'econ');
U = Q*UY;
```

40

代码 1.24 计算高分辨率图像的随机 SVD。

```
clear all, close all, clc
A=imread('jupiter.jpg');
X=double(rgb2gray(A));
[U,S,V] = svd(X,'econ');    % Deterministic SVD

r = 400; % Target rank
q = 1;   % Power iterations
p = 5;   % Oversampling parameter
[rU,rS,rV] = rsvd(X,r,q,p); % Randomized SVD

%% Reconstruction
XSVD = U(:,1:r)*S(1:r,1:r)*V(:,1:r)';        % SVD approx.
errSVD = norm(X-XSVD,2)/norm(X,2);
XrSVD = rU(:,1:r)*rS(1:r,1:r)*rV(:,1:r)'; % rSVD approx.
errrSVD = norm(X-XrSVD,2)/norm(X,2);
```

1.9 张量分解和 *N* 路数据数组

低秩分解可以推广到矩阵之外。这一点很重要，因为 SVD 要求将不同类型的数据平展成单个向量，以便评估其相关结构。例如，矩阵不同时刻的快照（列）可能包括温度、压力、物质浓度等多种测量值，可能还有分类数据。向量化这些数据通常是没有意义的。我们最终需要的是保留各种数据结构和类型的本身信息，并要独立于排列方向。矩阵可以推广到 *N* 路数组或张量，在这种情况下，数据更能合理地排列而无须强制进行数据扁平化处理⊖。 41

构造数据张量要求我们重新回顾一下与张量加法、乘法和内积相关的标记法 [299]。用 $\mathbf{a}_r$ 表示矩阵 $\mathbf{A}$ 的第 r 列。给定矩阵 $\mathbf{A}\in\mathbb{R}^{I\times K}$ 以及 $\mathbf{B}\in\mathbb{R}^{J\times K}$，它们的 Khatri-Rao 积表示为 $\mathbf{A}\odot\mathbf{B}$，且被定义为列式 Kronecker 积的 $IJ\times K$ 矩阵，即

$$\mathbf{A}\odot\mathbf{B}=\begin{pmatrix}\mathbf{a}_1\otimes\mathbf{b}_1 & \cdots & \mathbf{a}_K\otimes\mathbf{b}_K\end{pmatrix}$$

对于一个大小为 $I_1\times I_2\times\cdots\times I_N$ 的 N 路张量 $\mathcal{A}$，用 a_i 表示其第 $\mathbf{i}-(i_1, i_2, \cdots, i_N)$ 项。

具有相容维数的两个 N 路张量 $\mathcal{A}$ 和 $\mathcal{B}$ 之间的内积为：

$$\langle\mathcal{A},\mathcal{B}\rangle=\sum_{\mathbf{i}}a_{\mathbf{i}}b_{\mathbf{i}}$$

张量 $\mathcal{A}$ 的 Frobenius 范数表示为 $\|\mathcal{A}\|_F$，是 $\mathcal{A}$ 与其自身的内积的平方根，即 $\|\mathcal{A}\|_F=\sqrt{\langle\mathcal{A},\mathcal{A}\rangle}$。张量 $\mathcal{A}$ 的模态 n 矩阵化或展开用 $\mathbf{mA}^{(n)}$ 表示。

令 $\mathcal{M}$ 表示一个大小为 $I_1\times I_2\times\cdots\times I_N$ 的 N 路数据张量。我们对 R 分量的 CANDECOMP/PARAFAC（CP，平行因子分解）[124, 235, 299] 因子模型感兴趣：

⊖ 数组扁平化就是将一个嵌套多层的数组转换为只有一层的数组。 ——译者注

42

$$\mathcal{M} = \sum_{r=1}^{R} \lambda_r \, \mathbf{ma}_r^{(1)} \circ \cdots \circ \mathbf{ma}_r^{(N)} \tag{1.44}$$

其中，$\circ$ 表示外积，$\mathbf{ma}_r^{(n)}$ 表示大小为 $I_n \times R$ 的因子矩阵 $\mathbf{mA}^{(n)}$ 的第 r 列。CP 分解是指 CANDECOMP/PARAFAC，分别代表平行因子分析（parallel factors analysis，PARAFAC）和典型分解（canonical decomposition，CANDECOMP）。我们把每一个直和项称为一个分量。假设每个因子矩阵都经过列规范化以具有单位欧几里得长度，将 λ_r 称为权重。我们将使用缩写符号，其中 $\lambda_r = (\lambda_1, \cdots, \lambda_R)^{\mathrm{T}}$[25]。具有 CP 分解的张量有时被称为 Kruskal 张量。

在本章的其余部分，我们考虑一个 3 路 CP 张量分解（如图 1.29 所示），其中两种模态表示状态变化，第三种模态表示时间变化：

$$\mathcal{M} = \sum_{r=1}^{R} \lambda_r \, \mathbf{A}_r \circ \mathbf{B}_r \circ \mathbf{C}_r$$

令 $\mathbf{A} \in \mathbb{R}^{I_1 \times R}$ 以及 $\mathbf{B} \in \mathbb{R}^{I_2 \times R}$ 表示与两种状态模态相对应的因子矩阵，$\mathbf{C} \in \mathbb{R}^{I_3 \times R}$ 表示与时间模态相对应的因子矩阵。该 3 路 CP 张量分解与 SVD 的对比如图 1.29 所示。

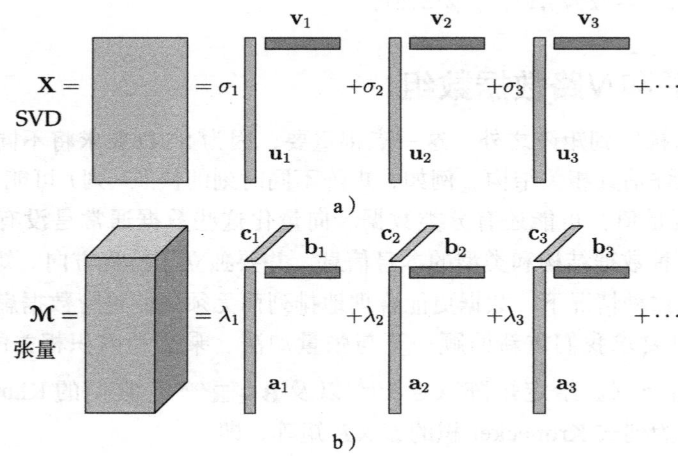

图1.29　SVD和张量分解的框架比较。两种方法都是通过外积和来近似原始数据矩阵。具体来说，张量分解将SVD的概念推广到N路数组数据，而不必将数据扁平化（向量化）

为了说明张量分解，我们使用了 Rasmus Bro 及其同事开发的 MATLAB N 路工具箱[84,15]，该工具箱可在 Mathworks 文件交换中使用。这个简单易用的工具箱提供了多种工具来提取张量分解并评估生成的因子模型。在这个示例中，我们从时空函数中生成数据（如图 1.30 所示）。

43

$$F(x, y, t) = \exp(-x^2 - 0.5y^2)\cos(2t) + \operatorname{sech}(x)\tanh(x)\exp(-0.2y^2)\sin(t) \tag{1.45}$$

该模型具有两种不同时间频率的空间模态，因此一个双因子模型应足以提取潜在的空间模态和时间模态。在 MATLAB 中构造此函数，可使用如下代码：

代码 1.25 创建张量数据。

```
x=-5:0.1:5; y=-6:0.1:6; t=0:0.1:10*pi;
[X,Y,T]=meshgrid(x,y,t);
A=exp(-(X.^2+0.5*Y.^2)).*(cos(2*T))+ ...
    (sech(X).*tanh(X).*exp(-0.2*Y.^2)).*sin(T);
```

需要说明的是，**meshgrid** 命令能够生成 N 路数组。MATLAB 在指定高维数组和张量方面没有困难，可以很容易地生成具有任意维度的 N 路数据矩阵。命令 **A = randn (10, 10, 10, 10, 10)** 生成一个 5 路超立方体，在数组的 5 个方向上都有随机值。

图 1.30 显示了使用上述代码离散化的函数（1.45）的 8 个快照。由 MATLAB 代码生成 N 路数组数据 $\mathbf{A} \in \mathbb{R}^{121\times101\times315}$，其维数高达 10^6。CP 张量分解可以用来提取该 3 路数组的双因子模型，从而在空间 x、空间 y 和时间 t 的每个方向上产生两个向量。

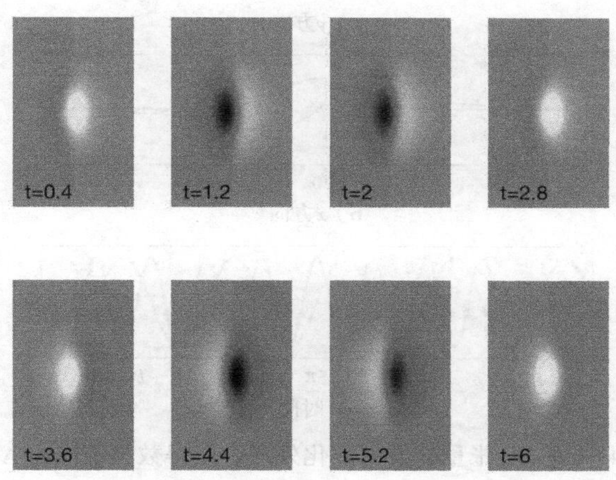

图1.30 根据函数（1.45）创建的N路数组数据集示例

N 路工具箱为执行张量分解提供了一个简单的架构。PARAFAC 命令结构可以很容易地获取上述代码中离散化的输入函数（1.45），并提供一个双因子模型，如下代码所示： 44

代码 1.26 双因子张量模型。

```
model=parafac(A,2);
[A1,A2,A3]=fac2let(model);
subplot(3,1,1), plot(y,A1,'Linewidth',[2])
subplot(3,1,2), plot(x,A2,'Linewidth',[2])
subplot(3,1,3), plot(t,A3,'Linewidth',[2])
```

注意到，在这段代码中，fac2let 命令将模型中的因子转换为其分量矩阵。还要注意的是，由于 x 和 y 的方向已经切换，因此数据的 meshgrid 排列与 parafac 的排列有所不同。

图 1.31 显示了指定的双因子模型的 N 路张量分解结果。具体而言，就是将这两个向量沿着各自数组的三个方向进行展示。对于本例，由于数据是根据秩 2 模型（1.45）构建的，因此确切的答案是已知的。第一组两种模态（沿原 y 方向）是指定的高斯模态。第二组两种模态（沿原 x 方向）包括用于第一个函数的高斯模态和用于第二个函数的反对称 $\mathrm{sech}(x)\tanh(x)$ 模态。第三组两种模态分别对应于 $\cos(2t)$ 和 $\sin(t)$ 这两个函数的时间动态。因此，由 CP 张量分解产生的双因子模型返回产生高维数据矩阵 $\mathbf{A}$ 的期望的低秩函数。

在N路分解方面的最新理论和计算进展为张量分解在许多领域的应用挖掘出了巨大潜能。对于N大的情况，由于数据的规模，这种分解在计算上可能是棘手的。的确，即使在图 1.30 和图 1.31 所示的简单示例中，也有 10^6 个数据点。最终，CP 张量分解不能对额外的数据维度进行很好的缩放。然而，随机化技术有助于解决不易处理的计算问题，即使对大型数据集[158, 175]也没有问题。与 SVD 一样，随机方法利用数据的潜在低秩结构，通过秩 1 外积和能够产生精确的近似。另外，张量分解可以与作用在平行因子上的约束相结合，从而产生更容易解释的结果[348]。这为N路数组生成可解释和可扩展的计算提供了一个框架。

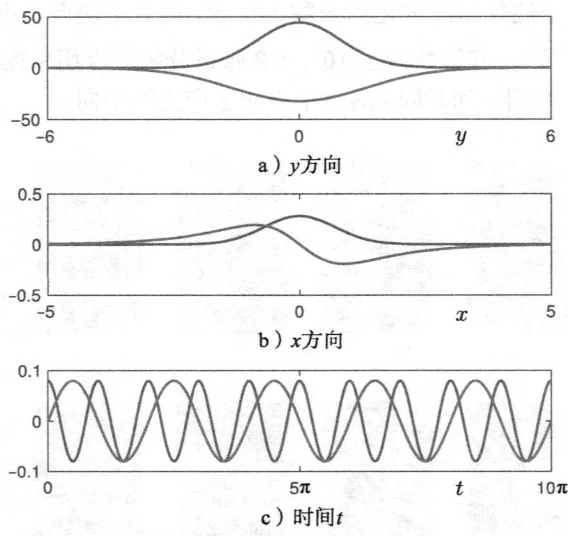

图1.31 函数（1.45）的3路张量分解离散化处理，使得数据矩阵为 $\mathbf{A} \in \mathbb{R}^{121\times101\times315}$。CP 张量分解可以用来提取产生数据的两个潜在结构

推荐阅读

教材

(1) **Matrix computations**, by G. H. Golub and C. F. Van Loan, 2012 [214].

论文和综述

(1) **Calculating the singular values and pseudo-inverse of a matrix**, by G. H. Golub and W. Kahan, *Journal of the Society for Industrial & Applied Mathematics, Series B: Numerical Analysis*, 1965 [212].

(2) **A low-dimensional procedure for the characterization of human faces**, by L.
45 Sirovich and M. Kirby, *Journal of the Optical Society of America A*, 1987 [491].

(3) **Finding structure with randomness: Probabilistic algorithms for constructing approximate matrix decompositions**, by N. Halko, P.-G. Martinsson, and J. A. Tropp, *SIAM Review*, 2011 [230].

(4) **A randomized algorithm for the decomposition of matrices**, by P.-G. Martinsson, V. Rokhlin, and M. Tygert, *Applied and Computational Harmonic Analysis*, 2011 [371].

46 (5) **The optimal hard threshold for singular values is** $4/\sqrt{3}$, by M. Gavish and D. L. Donoho, *IEEE Transactions on Information Theory*, 2014 [200].

第2章　傅里叶变换与小波变换

数学物理和工程数学的一个核心问题是将方程转换成坐标系统，在这个系统中表达式可以简化、解耦，并且便于进行计算和分析。这是贯穿本书的共同主题，涉及数据分析（例如SVD）、动力学系统（例如将频谱分解为特征值和特征向量）和控制（例如通过能控性和能观性定义坐标系统）等众多领域。最基本和最普遍的坐标变换是由傅里叶在19世纪初期引入的，主要用于研究热理论[185]。傅里叶引入了这样一种概念，即频率增加的正弦函数和余弦函数为解函数空间提供了正交基。实际上，正弦和余弦的傅里叶变换基是热方程或热传导方程的特征函数，特定的频率是特征值，特征函数由几何形状决定，振幅由边界条件决定。

傅里叶的开创性工作为Hilbert空间、算子理论、近似理论以及随后的分析和计算数学革命提供了数学基础。目前，快速傅里叶变换已经成为计算数学的基石，使得实时图像和音频压缩、全球通信网络、现代设备和硬件、大规模的数值物理和工程以及先进的数据分析成为可能，在塑造现代世界方面的作用比任何其他算法都更为重要和深远。

随着越来越复杂的问题、数据集和计算几何的出现，简单的傅里叶正弦和余弦基已经让位于定制基，比如数据驱动的SVD。事实上，SVD基可以直接模拟作为求解具有复杂几何形状的PDE的傅里叶基，稍后将对此进行讨论。此外，还开发了被称为小波的相关函数，用于高级信号处理和压缩。在这一章中，我们将演示傅里叶变换和小波变换的众多用途中的几种。

2.1　傅里叶级数和傅里叶变换

在描述对数据向量进行傅里叶变换的计算实现之前，我们先介绍为连续函数定义的解析傅里叶级数和傅里叶变换。离散和连续描述在具有无限精细分辨率的数据极限下相匹配。傅里叶级数和变换与无限维函数空间或Hilbert空间的几何密切相关，将向量空间的概念推广到包含无穷多个自由度的函数空间。因此，我们首先介绍函数空间。 47

函数和向量的内积

在本节中，我们将使用函数的内积和范数。特别地，对定义在$x \in [a,b]$上的关于x的函数$f(x)$和$g(x)$，对它们采用常见的Hermite内积：

$$\langle f(x), g(x) \rangle = \int_a^b f(x)\bar{g}(x)\,\mathrm{d}x \tag{2.1}$$

其中$\bar{g}$表示复共轭。

函数的内积最初看起来可能很奇怪或不明确，但是当考虑数据向量的内积时，这个定义就变得清晰了。如果将函数$f(x)$和$g(x)$离散成数据向量，如图2.1所示，我们会看到随着采样分辨率的提高，向量内积能够收敛于函数内积。数据向量$\mathbf{f} = [f_1 \quad f_2 \quad \cdots \quad f_n]^T$与

$\mathbf{g}=[g_1 \quad g_2 \quad \cdots \quad g_n]^T$ 的内积定义为：

$$\langle \mathbf{f}, \mathbf{g} \rangle = \mathbf{g}^* \mathbf{f} = \sum_{k=1}^{n} f_k \bar{g}_k = \sum_{k=1}^{n} f(x_k) \bar{g}(x_k) \tag{2.2}$$

随着更多数据点的增加，也就是 n 的增加，这个内积的大小也会增加。因此，可以用 $\Delta x=(b-a)\quad(n-1)$ 来归一化：

$$\frac{b-a}{n-1} \langle \mathbf{f}, \mathbf{g} \rangle = \sum_{k=1}^{n} f(x_k) \bar{g}(x_k) \Delta x \tag{2.3}$$

这就是连续函数内积的黎曼近似。显然，当取极限 $n \to \infty$ 时（即无限数据分辨率，$\Delta x \to 0$），
48 向量内积收敛于式（2.1）中的函数内积。

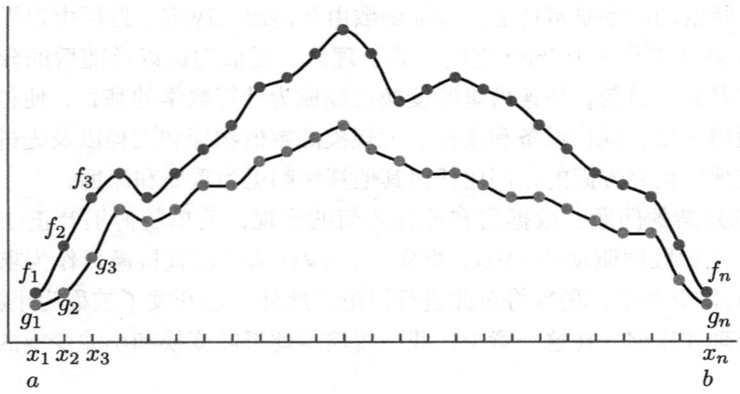

图2.1　用于说明内积的离散函数

该内积还能诱导出一个关于函数的范数，定义如下：

$$\|f\|_2 = (\langle f, f \rangle)^{1/2} = \sqrt{\langle f, f \rangle} = \left(\int_a^b f(x) \bar{f}(x) \, \mathrm{d}x \right)^{1/2} \tag{2.4}$$

具有有界范数的所有函数的集合定义了平方可积函数的集合，表示为 $L^2([a,b])$，也被称为 Lebesgue 可积函数集合。区间 $[a, b]$ 可以选为无穷区间（例如 $(-\infty, \infty)$）、半无穷区间（例如 $[a, \infty)$）或周期区间（例如 $[-\pi, \pi)$）。在 $L^2([1, \infty))$ 上的一个有趣的函数例子是 $f(x) = 1/x$。f 的平方存在从 1 到 ∞ 的有限积分，尽管函数本身的积分是发散的。通过围绕 x 轴旋转这个函数得到的形状称为 Gabriel 号，其体积是有限的（与 f^2 的积分有关），而表面积是无限的（与 f 的积分有关）。

与在有限维向量空间中一样，内积也被用于将函数投影到由正交函数基定义的新坐标系中。函数 f 的傅里叶级数表示恰好就是这个函数在区间 $[a, b]$ 上具有整数周期的正弦和余弦函数的正交集合上的投影。这是以下各节的主题。

傅里叶级数

傅里叶分析的一个基本结果是，如果 $f(x)$ 是周期的、分段光滑的，那么它可以写成傅

里叶级数的形式，该级数是频率递增的余弦函数和正弦函数的无穷和。特别地，如果 $f(x)$ 为 2π 周期，则可以写成：

$$f(x)=\frac{a_0}{2}+\sum_{k=1}^{\infty}\left(a_k\cos(kx)+b_k\sin(kx)\right) \tag{2.5}$$

系数 a_k 和 b_k 由下列式子给出：

$$a_k=\frac{1}{\pi}\int_{-\pi}^{\pi}f(x)\cos(kx)\,\mathrm{d}x \tag{2.6a}$$

$$b_k=\frac{1}{\pi}\int_{-\pi}^{\pi}f(x)\sin(kx)\,\mathrm{d}x \tag{2.6b}$$

这些可以看作是通过将函数投影到正交的余弦和正弦基 $\{\cos(kx),\sin(kx)\}_{k=0}^{\infty}$ 上得到的坐标。也就是说，式（2.6）中的积分可以写成内积的形式：

$$a_k=\frac{1}{\|\cos(kx)\|^2}\langle f(x),\cos(kx)\rangle \tag{2.7a}$$

$$b_k=\frac{1}{\|\sin(kx)\|^2}\langle f(x),\sin(kx)\rangle \tag{2.7a}$$

其中 $\|\cos(kx)\|^2=\|\sin(kx)\|^2=\pi$。很容易验证，对 $\cos(x)^2$ 和 $\sin(x)^2$ 从 $-\pi$ 到 π 进行积分就可得到因子 $1/\pi$。

同样，针对区间 $[0,L)$ 上的 L 周期函数，其傅里叶级数可表示如下：

$$f(x)=\frac{a_0}{2}+\sum_{k=1}^{\infty}\left(a_k\cos\left(\frac{2\pi kx}{L}\right)+b_k\sin\left(\frac{2\pi kx}{L}\right)\right) \tag{2.8}$$ 49

系数 a_k 和 b_k 由下列式子给出：

$$a_k=\frac{2}{L}\int_0^L f(x)\cos\left(\frac{2\pi kx}{L}\right)\mathrm{d}x \tag{2.9a}$$

$$b_k=\frac{2}{L}\int_0^L f(x)\sin\left(\frac{2\pi kx}{L}\right)\mathrm{d}x \tag{2.9b}$$

因为我们是用正弦和余弦函数来展开函数的，所以可用欧拉公式 $e^{ikx}=\cos(kx)+i\sin(kx)$ 写出含复系数 $c_k=\alpha_k+i\beta_k$ 的复数形式傅里叶级数：

$$\begin{aligned}f(x)=\sum_{k=-\infty}^{\infty}c_ke^{ikx}&=\sum_{k=-\infty}^{\infty}(\alpha_k+i\beta_k)(\cos(kx)+i\sin(kx))\\&=(\alpha_0+i\beta_0)+\sum_{k=1}^{\infty}\left[(\alpha_{-k}+\alpha_k)\cos(kx)+(\beta_{-k}-\beta_k)\sin(kx)\right]\\&\quad+i\sum_{k=1}^{\infty}\left[(\beta_{-k}+\beta_k)\cos(kx)-(\alpha_{-k}-\alpha_k)\sin(kx)\right]\end{aligned} \tag{2.10}$$

如果 $f(x)$ 是实值函数，则有 $\alpha_{-k}=\alpha_k$ 和 $\beta_{-k}=\beta_k$，于是有 $c_{-k}=\overline{c}_k$ 。

因此，对于 $k\in\mathbb{Z}$（即对于整数 k），函数 $\psi_k=e^{ikx}$ 为区间 $[0,2\pi)$ 上的周期复值函数提供了一个基，这些函数是正交的：

$$\langle\psi_j,\psi_k\rangle=\int_{-\pi}^{\pi}e^{ijx}e^{-ikx}\mathrm{d}x=\int_{-\pi}^{\pi}e^{i(j-k)x}\mathrm{d}x=\left[\frac{e^{i(j-k)x}}{i(j-k)}\right]_{-\pi}^{\pi}=\begin{cases}0 & 若\ j\neq k\\ 2\pi & 若\ j=k\end{cases}$$

所以有 $\langle\psi_j,\psi_k\rangle=2\pi\delta_{jk}$，其中 δ 是 Kronecker δ 函数。类似地，函数 $e^{i2\pi kx/L}$ 为 $L^2([0,L))$ 空间上的函数提供了一个基，其中 $L^2([0,L))$ 是定义在 $x\in[0,L)$ 上的平方可积函数的空间。

原则上，傅里叶级数就是一个坐标变换，将函数 $f(x)$ 变换到一个由正弦和余弦（即 $\psi_k=e^{ikx}=\cos(kx)+i\sin(kx)$）张成的无穷维正交函数空间：

$$f(x)=\sum_{k=-\infty}^{\infty}c_k\psi_k(x)=\frac{1}{2\pi}\sum_{k=-\infty}^{\infty}\langle f(x),\psi_k(x)\rangle\psi_k(x) \tag{2.11}$$

系数由 $c_k=\dfrac{1}{2\pi}\langle f(x),\psi_k(x)\rangle$ 给出。$1/2\pi$ 因子通过 ψ_k 范数的平方归一化投影得到，即 $\|\psi_k\|^2=2\pi$，如图 2.2 所示，这与我们关于基底变换的标准有限维的概念相一致。借助在这些正交基上的投影，向量 $\vec{f}$ 可以在 $(\vec{x},\vec{y})$ 或 $(\vec{u},\vec{v})$ 坐标系中表示如下：

$$\vec{f}=\langle\vec{f},\vec{x}\rangle\frac{\vec{x}}{\|\vec{x}\|^2}+\langle\vec{f},\vec{y}\rangle\frac{\vec{y}}{\|\vec{y}\|^2} \tag{2.12a}$$

50

$$=\langle\vec{f},\vec{u}\rangle\frac{\vec{u}}{\|\vec{u}\|^2}+\langle\vec{f},\vec{v}\rangle\frac{\vec{v}}{\|\vec{v}\|^2} \tag{2.12b}$$

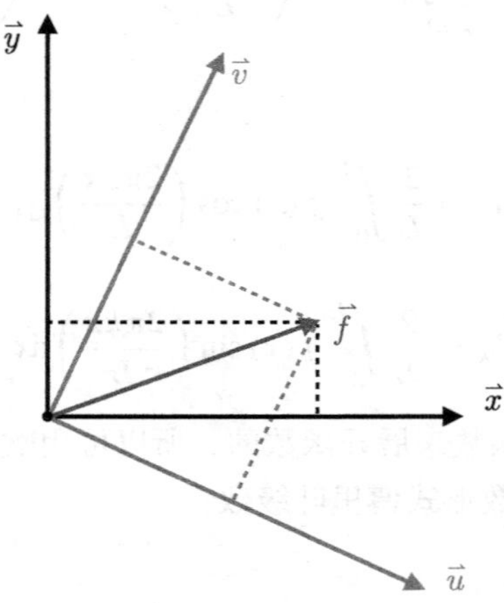

图2.2 二维空间中向量的坐标变换

示例 1：连续帽形函数的傅里叶级数

我们将演示如何使用傅里叶级数来近似一个连续的帽形函数，该函数定义在 $-\pi$ 到 π 上：

$$
f(x)=\begin{cases}0 & x\in[-\pi,\pi/2)\\ 1+2x/\pi & x\in[-\pi/2,0)\\ 1-2x/\pi & x\in[0,\pi/2)\\ 0 & x\in[\pi/2,\pi)\end{cases} \tag{2.13}
$$

因为这个函数是偶函数，所以它可以只用余弦函数来近似。随着余弦函数数量的增加，$f(x)$ 的傅里叶级数的变化情况如图 2.3 所示。

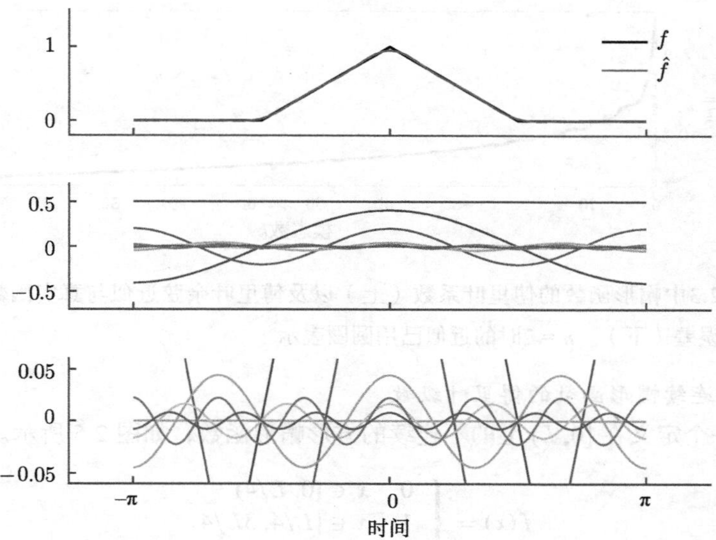

图2.3　（上）帽形函数和$n=7$时的傅里叶余弦函数近似。（中）用来近似帽形函数的傅里叶余弦。（下）小振幅和高频率放大后的模态

图 2.4 展示了随模态数目增加时，偶余弦函数的系数 a_k 和近似误差的变化情况。如预期那样，误差单调递减。与奇正弦函数对应的系数 b_k 没有展示出来，因为帽形函数是偶函数，所以它们都是 0。

代码 2.1　利用傅里叶级数近似帽形函数。

```
% Define domain
dx = 0.001;
L = pi;
x = (-1+dx:dx:1)*L;
n = length(x);    nquart = floor(n/4);

% Define hat function
f = 0*x;
f(nquart:2*nquart) = 4*(1:nquart+1)/n;
f(2*nquart+1:3*nquart) = 1-4*(0:nquart-1)/n;
plot(x,f,'-k','LineWidth',1.5), hold on

% Compute Fourier series                                    51
CC = jet(20);
A0 = sum(f.*ones(size(x)))*dx;
fFS = A0/2;
for k=1:20
    A(k) = sum(f.*cos(pi*k*x/L))*dx; % Inner product
    B(k) = sum(f.*sin(pi*k*x/L))*dx;
    fFS = fFS + A(k)*cos(k*pi*x/L) + B(k)*sin(k*pi*x/L);
    plot(x,fFS,'-','Color',CC(k,:),'LineWidth',1.2)
end
```

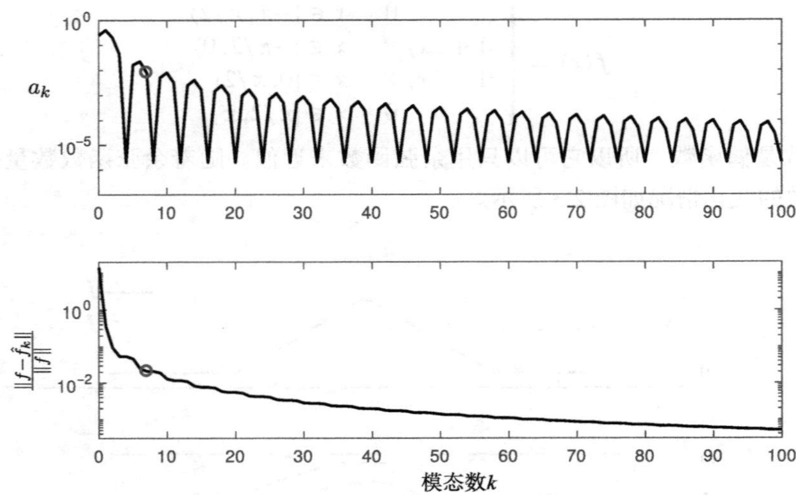

图2.4 图2.3中帽形函数的傅里叶系数（上）以及傅里叶余弦近似与真实函数之间的相对误差（下）。$n = 7$时的近似已用圆圈表示

示例 2：不连续帽形函数的傅里叶级数

现在考虑一个定义在 $[0, L)$ 上的不连续的方形帽形函数，如图 2.5 所示。其函数为：

$$f(x) = \begin{cases} 0 & x \in [0, L/4) \\ 1 & x \in [L/4, 3L/4) \\ 0 & x \in [3L/4, L) \end{cases} \tag{2.14}$$

在阶跃函数的尖角周围，截断的傅里叶级数受到振铃振荡影响（称为吉布斯现象）。此例突
52 出了将傅里叶级数应用于不连续函数存在的挑战。

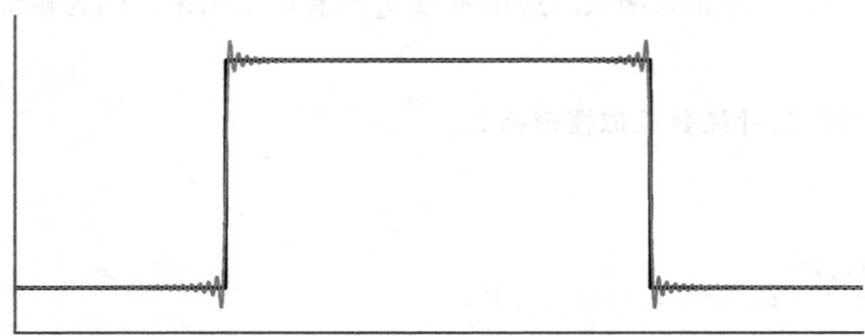

图2.5 吉布斯现象由不连续附近的高频振荡来刻画

```
dx = 0.01;  L = 10;
x = 0:dx:L;
n = length(x); nquart = floor(n/4);

f = zeros(size(x));
f(nquart:3*nquart) = 1;

A0 = sum(f.*ones(size(x)))*dx*2/L;
fFS = A0/2;
for k=1:100
    Ak = sum(f.*cos(2*pi*k*x/L))*dx*2/L;
53  Bk = sum(f.*sin(2*pi*k*x/L))*dx*2/L;
```

```
    fFS = fFS + Ak*cos(2*k*pi*x/L) + Bk*sin(2*k*pi*x/L);
end

plot(x,f,'k','LineWidth',2), hold on
plot(x,fFS,'r-','LineWidth',1.2)
```

傅里叶变换

傅里叶级数是为周期性函数定义的，因此在定义域之外，函数会无限重复自身。当定义域的长度趋近于无穷时，傅里叶变换积分本质上是傅里叶级数的极限，这样就可以在 $(-\infty, \infty)$ 上定义一个函数而无须重复自身，如图 2.6 所示。我们首先考虑 $x \in [-L, L)$ 时的傅里叶级数，然后再考虑 $L \to \infty$ 的情况。在此定义域上，傅里叶级数为：

$$f(x) = \frac{a_0}{2} + \sum_{k=1}^{\infty}\left[a_k \cos\left(\frac{k\pi x}{L}\right) + b_k \sin\left(\frac{k\pi x}{L}\right)\right] = \sum_{k=-\infty}^{\infty} c_k e^{ik\pi x/L} \tag{2.15}$$

且系数为

$$c_k = \frac{1}{2L}\langle f(x), \psi_k\rangle = \frac{1}{2L}\int_{-L}^{L} f(x) e^{-ik\pi x/L}\, \mathrm{d}x \tag{2.16}$$

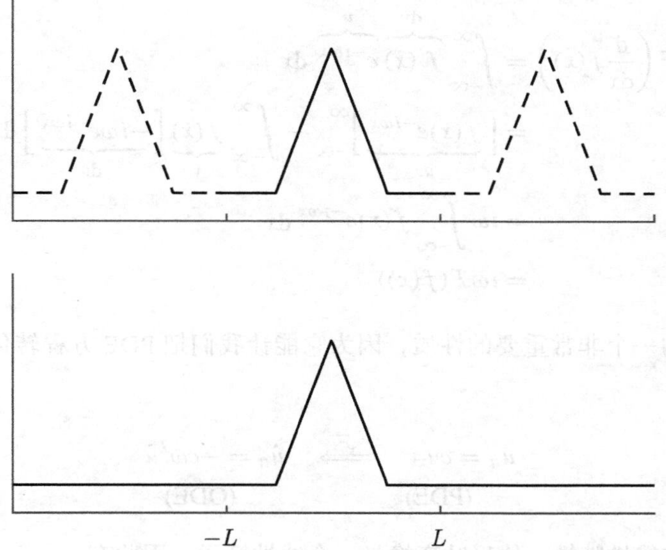

图2.6　（上）傅里叶级数只适用于定义域为 $[-L, L)$ 的周期函数。（下）傅里叶变换对于一般的非周期函数是有效的　54

重申之前的结果，$f(x)$ 现在由一组离散的频率为 $\omega_k = k\pi/L$ 的正弦和余弦的累加和表示。取极限 $L \to \infty$，这些离散的频率变成了一个连续的频率范围。定义 $\omega = k\pi/L$，$\Delta\omega = \pi/L$，取极限 $L \to \infty$，使得 $\Delta\omega \to 0$：

$$f(x)=\lim_{\Delta\omega\to 0}\sum_{k=-\infty}^{\infty}\frac{\Delta\omega}{2\pi}\underbrace{\int_{-\pi/\Delta\omega}^{\pi/\Delta\omega}f(\xi)e^{-ik\Delta\omega\xi}\,\mathrm{d}\xi}_{\langle f(x),\psi_k(x)\rangle}\ e^{ik\Delta\omega x} \tag{2.17}$$

当我们取极限时，表达式$\langle f(x),\psi_k(x)\rangle$将变成$f(x)$的傅里叶变换，表示成$f(x)\triangleq\mathcal{F}(f(x))$。此外，带有权重$\Delta\omega$的求和变成了黎曼积分，所得结果如下：

$$f(x)=\mathcal{F}^{-1}\left(\hat{f}(\omega)\right)=\frac{1}{2\pi}\int_{-\infty}^{\infty}\hat{f}(\omega)e^{i\omega x}\,\mathrm{d}\omega \tag{2.18a}$$

$$\hat{f}(\omega)=\mathcal{F}(f(x))=\int_{-\infty}^{\infty}f(x)e^{-i\omega x}\,\mathrm{d}x \tag{2.18b}$$

这两个积分称为傅里叶变换对。只要有$\int_{-\infty}^{\infty}|f(x)|\,\mathrm{d}x<\infty$和$\int_{-\infty}^{\infty}|\hat{f}(\omega)|\,\mathrm{d}\omega<\infty$，两个积分都会收敛，即只要这两个函数都属于傅里叶可积函数空间$f,\hat{f}\in L^1(-\infty,\infty)$即可。

由于傅里叶变换具有线性特性以及能够在傅里叶变换域中展示函数导数等一系列特性，所以傅里叶变换特别有用。这些特性被广泛地用于数据分析和科学计算（例如准确而有效地求解 PDE），这将在本章中进行探讨。

函数导数 函数导数的傅里叶变换由下式给出：

$$\begin{aligned}
\mathcal{F}\left(\frac{\mathrm{d}}{\mathrm{d}x}f(x)\right)&=\int_{-\infty}^{\infty}\overbrace{f'(x)}^{\mathrm{d}v}\overbrace{e^{-i\omega x}}^{u}\,\mathrm{d}x && (2.19\mathrm{a})\\
&=\Big[\underbrace{f(x)e^{-i\omega x}}_{uv}\Big]_{-\infty}^{\infty}-\int_{-\infty}^{\infty}\underbrace{f(x)}_{v}\Big[\underbrace{-i\omega e^{-i\omega x}}_{\mathrm{d}u}\Big]\mathrm{d}x && (2.19\mathrm{b})\\
&=i\omega\int_{-\infty}^{\infty}f(x)e^{-i\omega x}\,\mathrm{d}x && (2.19\mathrm{c})\\
&=i\omega\mathcal{F}(f(x)) && (2.19\mathrm{d})
\end{aligned}$$

这是傅里叶变换的一个非常重要的性质，因为它能让我们把 PDE 方程转化为 ODE，这与分离变量密切相关：

$$\underset{\text{(PDE)}}{u_{tt}=cu_{xx}}\ \stackrel{\mathcal{F}}{\Longrightarrow}\ \underset{\text{(ODE)}}{\hat{u}_{tt}=-c\omega^2\hat{u}} \tag{2.20}$$

傅里叶变换的线性特性 傅里叶变换是一个线性算子，因此有：

55

$$\mathcal{F}(\alpha f(x)+\beta g(x))=\alpha\mathcal{F}(f)+\beta\mathcal{F}(g) \tag{2.21}$$

$$\mathcal{F}^{-1}(\alpha\hat{f}(\omega)+\beta\hat{g}(\omega))=\alpha\mathcal{F}^{-1}(\hat{f})+\beta\mathcal{F}^{-1}(\hat{g}) \tag{2.22}$$

帕塞瓦尔（Parseval）定理

$$\int_{-\infty}^{\infty}|\hat{f}(\omega)|^2\,\mathrm{d}\omega=2\pi\int_{-\infty}^{\infty}|f(x)|^2\,\mathrm{d}x \tag{2.23}$$

换句话说，在常数意义下傅里叶变换体现了 L_2 范数，这与幺正性⊖密切相关。因此，两个函数在傅里叶变换前后具有内积不变性，此特性在近似和截断中非常有用，能提供在给定截断下界定误差的能力。

卷积 两个函数的卷积特别适合在傅里叶域中表示，是两个傅里叶变换函数的乘积。定义两个函数 $f(x)$ 和 $g(x)$ 的卷积为 $f * g$：

$$(f*g)(x)=\int_{-\infty}^{\infty} f(x-\xi)g(\xi)\,\mathrm{d}\xi. \tag{2.24}$$

如果令 $\hat{f}=\mathcal{F}(f)$ ，$\hat{g}=\mathcal{F}(g)$ ，则有：

$$\mathcal{F}^{-1}\left(\hat{f}\hat{g}\right)(x)=\frac{1}{2\pi}\int_{-\infty}^{\infty}\hat{f}(\omega)\hat{g}(\omega)e^{i\omega x}\,\mathrm{d}\omega \tag{2.25a}$$

$$=\int_{-\infty}^{\infty}\hat{f}(\omega)e^{i\omega x}\left(\frac{1}{2\pi}\int_{-\infty}^{\infty}g(y)e^{-i\omega y}\,\mathrm{d}y\right)\mathrm{d}\omega \tag{2.25b}$$

$$=\frac{1}{2\pi}\int_{-\infty}^{\infty}\int_{-\infty}^{\infty}g(y)\hat{f}(\omega)e^{i\omega(x-y)}\,\mathrm{d}\omega\mathrm{d}y \tag{2.25c}$$

$$=\int_{-\infty}^{\infty}g(y)\underbrace{\left(\frac{1}{2\pi}\int_{-\infty}^{\infty}\hat{f}(\omega)e^{i\omega(x-y)}\,\mathrm{d}\omega\right)}_{f(x-y)}\mathrm{d}y \tag{2.25d}$$

$$=\int_{-\infty}^{\infty}g(y)f(x-y)\,\mathrm{d}y=g*f=f*g \tag{2.25e}$$

因此，频域内的乘法函数与空间域内的卷积函数是一样的，这一点对于与 Laplace 变换相关的控制系统和传递函数特别有用。

2.2　离散傅里叶变换和快速傅里叶变换

到目前为止，我们已经考虑了连续函数 $f(x)$ 的傅里叶级数和傅里叶变换，但是在计算或处理实际数据时，需要对离散数据向量的傅里叶变换进行近似。所得到的离散傅里叶变换（DFT）本质上是数据向量 $\mathbf{f}=[f_1\quad f_2\quad f_3\quad\cdots\quad f_n]^T$ 的傅里叶级数的离散化版本，该数据向量是将函数 $f(x)$ 按一定的间隔 Δx 离散化得到的，如图 2.7 所示。

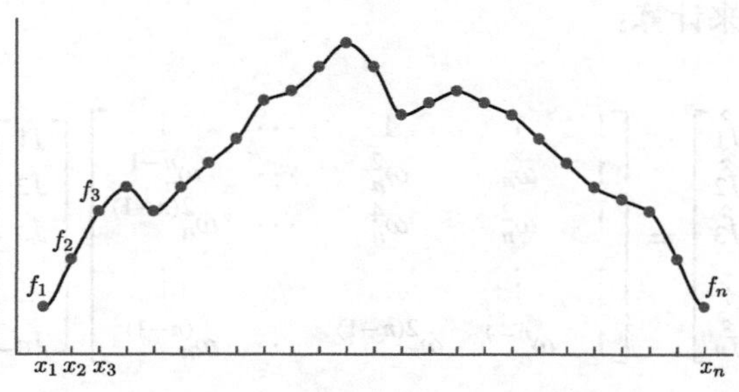

图2.7　离散傅里叶变换的离散数据采样

⊖ 在物理学中它叙述的是微观过程物质不灭的原理；数学上与酉矩阵的性质相对应，如正交不变性。——译者注

DFT 对于数值逼近和计算非常有用，但它不能很好地推广到 $n \gg 1$ 非常大的情况，因为
56 涉及一个稠密的 $n \times n$ 矩阵相乘，需要 $\mathcal{O}(n^2)$ 次运算。1965 年，IBM 的 James W. Cooley 和 Princeton 的 John W. Tukey 开发了革命性的快速傅里叶变换（FFT）算法[137, 136]，它仅需要 $\mathcal{O}(n\log(n))$ 次运算。当 n 变得非常大时，$\log(n)$ 分量增长缓慢，算法接近线性规模。他们的算法基于傅里叶变换中的分形对称性，这种分形对称性使得一个 n 维的 DFT 变换可以通过一些更小维度的 DFT 计算来求解。尽管 DFT 和 FFT 实现之间的不同计算规模可能看起来差别不大，但 FFT 的 $\mathcal{O}(n\log(n))$ 运算规模使得 FFT 在基于音频和图像压缩的实时通信中得到广泛应用[539]。

值得注意的是，尽管 Cooley 和 Tukey 提供了目前使用的 FFT 一般表示，但是 Cooley 和 Tukey 并没有发明 FFT 的概念，因为之前几十年中已经发展出了一些 FFT 的特例。FFT 算法是由高斯（1777—1855）在 1805 年提出的，目的是根据测量数据来近似小行星 Pallas 和 Juno 的轨道，起因是他需要一个高度精确的插值方案[239]。然而，高斯并不认为这是一个重大突破，FFT 的相关阐述直到 1866 年才出现在他的编撰文集[198]中。高斯的发现比 1807 年傅里叶宣布的傅里叶级数展开的时间还要早，傅里叶级数展开的成果在 1822 年发表[186]。

离散傅里叶变换

尽管我们总是使用 FFT 进行计算，但是从 DFT 最简单的表达开始更具有说明性。离散傅里叶变换由下式给出：

$$\hat{f}_k = \sum_{j=0}^{n-1} f_j e^{-i2\pi jk/n} \tag{2.26}$$

逆离散傅里叶变换（iDFT）由下式给出：

57

$$f_k = \frac{1}{n}\sum_{j=0}^{n-1} \hat{f}_j e^{i2\pi jk/n} \tag{2.27}$$

因此，DFT 是一个线性算子（即一个矩阵），将 $\mathbf{f}$ 中的数据点映射到频域 $\hat{\mathbf{f}}$ 中：

$$\{f_1, f_2, \cdots, f_n\} \xrightarrow{\text{DFT}} \{\hat{f}_1, \hat{f}_2, \cdots, \hat{f}_n\} \tag{2.28}$$

对于给定数目的点 n，DFT 采基频整数倍的正弦和余弦函数来表示数据，$\omega_n = e^{-2\pi i/n}$。DFT 可以通过矩阵乘法来计算：

$$\begin{bmatrix}\hat{f}_1\\ \hat{f}_2\\ \hat{f}_3\\ \vdots\\ \hat{f}_n\end{bmatrix} = \begin{bmatrix}1 & 1 & 1 & \cdots & 1\\ 1 & \omega_n & \omega_n^2 & \cdots & \omega_n^{n-1}\\ 1 & \omega_n^2 & \omega_n^4 & \cdots & \omega_n^{2(n-1)}\\ \vdots & \vdots & \vdots & & \vdots\\ 1 & \omega_n^{n-1} & \omega_n^{2(n-1)} & \cdots & \omega_n^{(n-1)^2}\end{bmatrix}\begin{bmatrix}f_1\\ f_2\\ f_3\\ \vdots\\ f_n\end{bmatrix} \tag{2.29}$$

输出向量 $\hat{\mathbf{f}}$ 包含输入向量 $\mathbf{f}$ 的傅里叶系数，而 DFT 矩阵 $\mathbf{F}$ 是酉范德蒙矩阵。矩阵 $\mathbf{F}$ 是复值的，所以输出 $\hat{\mathbf{f}}$ 有幅值和相位，这两者都具有实用的物理解释。

当 $n = 256$ 时，DFT 矩阵 $\mathbf{F}$ 的实部如图 2.8 所示。代码 2.2 生成并绘制这个矩阵。从图

像中可以看出，F是一个分层的、高度对称的多尺度结构，每一行和每一列都是一个随频率递增的余弦函数。 

图2.8 $n = 256$时DFT矩阵的实部

代码 2.2 生成离散傅里叶变换矩阵

```
clear all, close all, clc
n = 256;
w = exp(-i*2*pi/n);

% Slow
for i=1:n
    for j=1:n
        DFT(i,j) = w^((i-1)*(j-1));
    end
end

% Fast
[I,J] = meshgrid(1:n,1:n);
DFT = w.^((I-1).*(J-1));
imagesc(real(DFT))
```

快速傅里叶变换

如前所述，乘以DFT矩阵F涉及$\mathcal{O}(n^2)$次运算。快速傅里叶变换的运算规模为$\mathcal{O}(n\log(n))$，能够适应大量应用，包括MP3和JPG格式的音频和图像压缩、流媒体视频、卫星通信和蜂窝网络等，这些只是众多应用中的一小部分。例如，音频通常的采样频率为44.1kHz，或者说每秒44 100个样本。对于一段长度为10s的音频，向量f的维度为$n = 4.41\times10^5$。使用矩阵乘法计算DFT大约需要2×10^{11}次即2000亿次乘法。而使用FFT大约需要6×10^6次，这相当于超过30 000倍的加速。因此，FFT已经成为DFT的同义词，并且FFT库几乎被内置到所有执行数字信号处理的设备和操作系统中。

我们可以从音频信号的传输、存储和解码等方面来了解FFT的巨大好处。稍后我们将看到，许多信号在傅里叶变换域是高度可压缩的，这意味着大多数$\hat{\mathbf{f}}$的系数很小，可以被丢弃。由于只有非零的傅里叶系数才被传输，因此可以使压缩信号的存储和传输更有效。但不论怎样，随后都要通过 FFT 和逆 FFT（iFFT）计算对压缩的傅里叶信号进行快速编码和解码。这是通过一行命令完成的：

```
>>fhat = fft(f);   % Fast Fourier transform
>>f = ifft(fhat); % Inverse fast Fourier transform
```

FFT 背后的基本思想是，如果数据点 n 是 2 的幂次方，那么 DFT 的实现可能会更有效。例如，考虑 $n = 1024 = 2^{10}$，此时，DFT 矩阵 $\mathbf{F}_{1024}$ 可表示为：

59

$$\hat{\mathbf{f}} = \mathbf{F}_{1024}\mathbf{f} = \begin{bmatrix} \mathbf{I}_{512} & -\mathbf{D}_{512} \\ \mathbf{I}_{512} & -\mathbf{D}_{512} \end{bmatrix} \begin{bmatrix} \mathbf{F}_{512} & \mathbf{0} \\ \mathbf{0} & \mathbf{F}_{512} \end{bmatrix} \begin{bmatrix} \mathbf{f}_{\text{even}} \\ \mathbf{f}_{\text{odd}} \end{bmatrix} \tag{2.30}$$

其中，$\mathbf{f}_{\text{even}}$ 是 **f** 的偶索引元素，$\mathbf{f}_{\text{odd}}$ 是 **f** 的奇索引元素，$\mathbf{I}_{512}$ 是维度 512×512 的单位矩阵，$\mathbf{D}_{512}$ 表示为：

$$\mathbf{D}_{512} = \begin{bmatrix} 1 & 0 & 0 & \cdots & 0 \\ 0 & \omega & 0 & \cdots & 0 \\ 0 & 0 & \omega^2 & \cdots & 0 \\ \vdots & \vdots & \vdots & & \vdots \\ 0 & 0 & 0 & \cdots & \omega^{511} \end{bmatrix} \tag{2.31}$$

对式（2.26）和式（2.29）中的项进行仔细核算和重组，这个表达式就可以得到。如果 $n = 2^p$，这个过程可以重复，$\mathbf{F}_{512}$ 可以用 $\mathbf{F}_{256}$ 表示，然后可以依次用 $\mathbf{F}_{128} \rightarrow \mathbf{F}_{64} \rightarrow \mathbf{F}_{32} \rightarrow \cdots$ 表示。如果 $n \neq 2^p$，向量可以用 0 填充，直到它是 2 的幂次方。然后，FFT 引入 **f** 的子向量的奇偶索引项的有效交错，以及几个较小的 2×2 的 DFT 计算。

FFT 示例：噪声滤波

为了熟悉如何使用和解释 FFT，我们将从一个简单的示例开始，该示例使用 FFT 对信号去噪。我们考虑时间函数 $f(t)$：

$$f(t) = \sin(2\pi f_1 t) + \sin(2\pi f_2 t) \tag{2.32}$$

其中频率为 $f_1 = 50$，$f_2 = 120$。然后，我们向该信号添加大量高斯白噪声，如图 2.9 的顶部图片所示。

可以使用 **fft** 命令计算此噪声信号的快速傅里叶变换。功率谱密度（PSD）是正常化的 $\hat{\mathbf{f}}$ 的幅值大小的平方，它表示信号在每个频率中包含多少功率。从图 2.9 中部图片中可以清楚地看到，噪声信号在 50Hz 和 120Hz 处包含两个大峰值。可以将功率低于某一阈值的成分归零，以消除信号中的噪声。对滤波后的信号进行逆变换，我们发现纯净的时间序列和滤波后的时间序列吻合得很好（如图 2.9 底部图片所示）。代码 2.3 执行每个步骤并绘制出结果。

代码 2.3　快速傅里叶变换对信号去噪。

```
dt = .001;
t = 0:dt:1;
f = sin(2*pi*50*t) + sin(2*pi*120*t); % Sum of 2 frequencies
f = f + 2.5*randn(size(t));   % Add some noise

%% Compute the Fast Fourier Transform FFT
n = length(t);
```

```
fhat = fft(f,n);           % Compute the fast Fourier transform
PSD = fhat.*conj(fhat)/n; % Power spectrum (power per freq)
freq = 1/(dt*n)*(0:n); % Create x-axis of frequencies in Hz
L = 1:floor(n/2);      % Only plot the first half of freqs

%% Use the PSD to filter out noise
indices = PSD>100;  % Find all freqs with large power
PSDclean = PSD.*indices;   % Zero out all others
fhat = indices.*fhat;  % Zero out small Fourier coeffs. in Y
ffilt = ifft(fhat); % Inverse FFT for filtered time signal
%% PLOTS
subplot(3,1,1)
plot(t,f,'r','LineWidth',1.2), hold on
plot(t,f,'k','LineWidth',1.5)
legend('Noisy','Clean')

subplot(3,1,2)
plot(t,f,'k','LineWidth',1.5), hold on
plot(t,ffilt,'b','LineWidth',1.2)
legend('Clean','Filtered')

subplot(3,1,3)
plot(freq(L),PSD(L),'r','LineWidth',1.5), hold on
plot(freq(L),PSDclean(L),'-b','LineWidth',1.2)
legend('Noisy','Filtered')
```

60

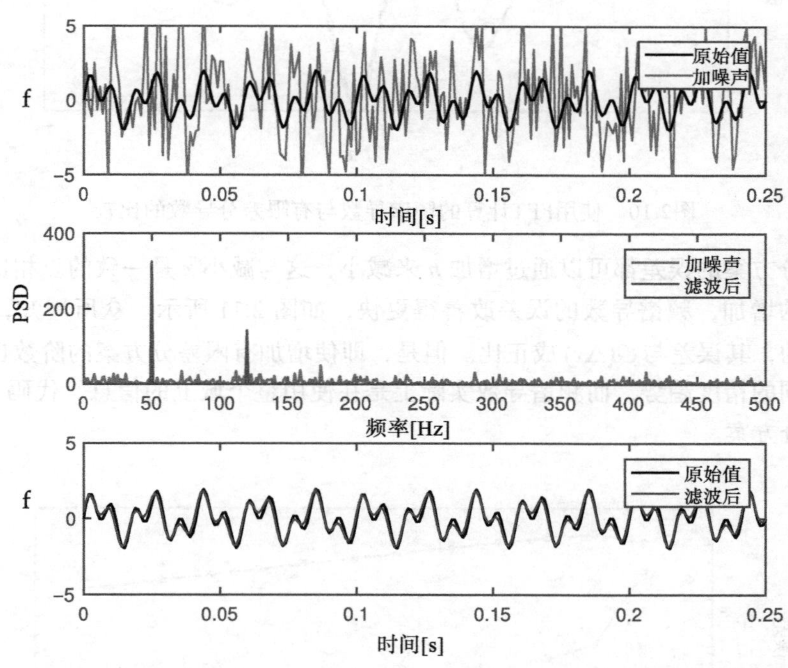

图2.9 使用FFT进行去噪。（上）将噪声添加到由两个正弦波之和产生的简单信号上。（中）在傅里叶域中，可以选择主峰并过滤噪声。（下）通过对两个主峰进行逆傅里叶变换来获得去噪信号

FFT 示例：频谱导数

在这个示例中，我们将演示如何使用 FFT 快速准确地计算导数。正如我们在式（2.19）中看到的，连续傅里叶变换具有$\mathcal{F}(\mathrm{d}f/\mathrm{d}x)=i\omega\mathcal{F}(f)$的性质。类似地，对向量$\hat{\mathbf{f}}$的离散傅里叶 61

变换的每个分量乘以 $i\kappa$，可以很好地近似离散化数据向量的数值导数，其中 $\kappa = 2\pi k/n$ 是与该分量相关的离散波数。频谱导数的准确性和效率在求解偏微分方程方面特别有用，这将在下一节中进行探讨。

为了演示这种所谓的频谱导数，我们从函数 $f(x)$ 开始，可以计算解析导数以进行比较：

$$f(x) = \cos(x)e^{-x^2/25} \quad \Longrightarrow \quad \frac{\mathrm{d}f}{\mathrm{d}x}(x) = -\sin(x)e^{-x^2/25} - \frac{2}{25}xf(x) \tag{2.33}$$

图 2.10 对频谱导数、解析导数以及基于 $n = 128$ 个离散点的前向 Euler 有限差分导数进行了比较：

$$\frac{\mathrm{d}f}{\mathrm{d}x}(x_k) \approx \frac{f(x_{k+1}) - f(x_k)}{\Delta x} \tag{2.34}$$

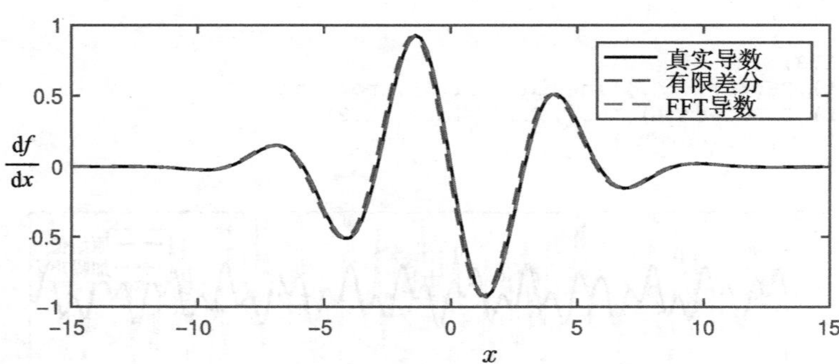

图2.10 使用FFT计算的频谱导数与有限差分导数的比较

两种微分方案的误差都可以通过增加 n 来减小，这与减小 x 是一致的。相比有限差分方案，随着 n 的增加，频谱导数的误差改善得更快，如图 2.11 所示。众所周知，前向欧拉差分是不准确的，其误差与 $\mathcal{O}(\Delta x)$ 成正比。但是，即使增加有限差分方案的阶数也不会产生与频谱导数相同的精度趋势，而频谱导数实际上是在使用整个域上的信息。代码 2.4 计算并比较了两种微分方案。

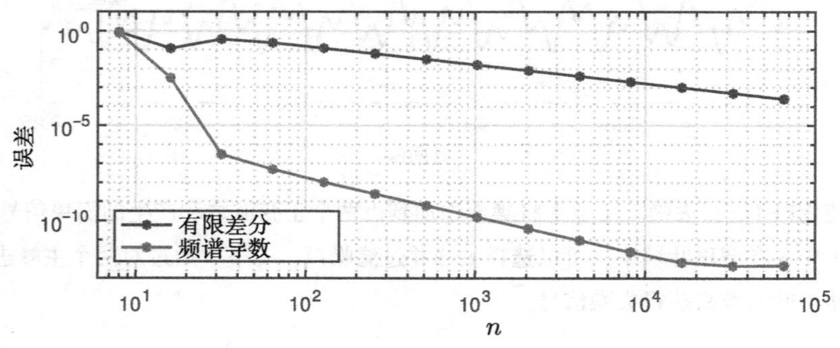

图2.11 不同数据分辨率的频谱导数的测试

代码 2.4 快速傅里叶变换计算导数。

```
n = 128;
L = 30;
dx = L/(n);
x = -L/2:dx:L/2-dx;
f = cos(x).*exp(-x.^2/25);                          % Function
df = -(sin(x).*exp(-x.^2/25) + (2/25)*x.*f);        % Derivative

%% Approximate derivative using finite Difference...
for kappa=1:length(df)-1
    dfFD(kappa) = (f(kappa+1)-f(kappa))/dx;
end
dfFD(end+1) = dfFD(end);

%% Derivative using FFT (spectral derivative)
fhat = fft(f);
kappa = (2*pi/L)*[-n/2:n/2-1];
kappa = fftshift(kappa);  % Re-order fft frequencies
dfhat = i*kappa.*fhat;
dfFFT = real(ifft(dfhat));

%% Plotting commands
plot(x,df,'k','LineWidth',1.5), hold on
plot(x,dfFD,'b--','LineWidth',1.2)
plot(x,dfFFT,'r--','LineWidth',1.2)
legend('True Derivative','Finite Diff.','FFT Derivative')
```
62

如果函数的导数是不连续的，那么它的频谱导数就会出现吉布斯现象，如图 2.12 所示。

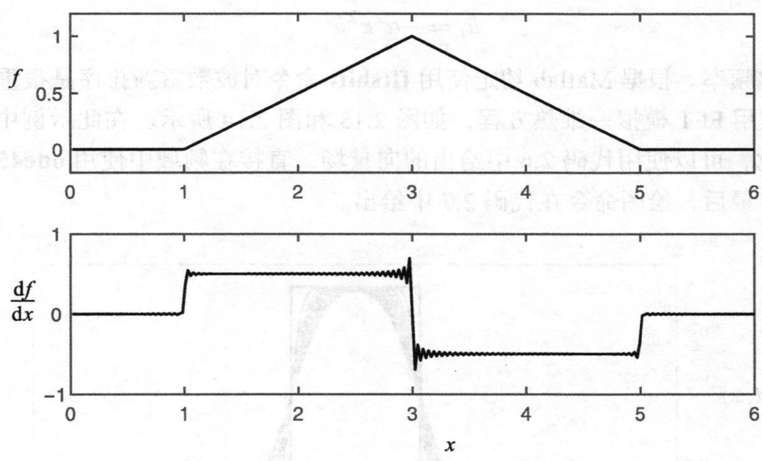

图2.12 具有不连续导数的函数频谱导数的吉布斯现象

2.3 偏微分方程的变换

傅里叶变换最早是在 19 世纪被提出的，它将热方程的坐标变换为一个特征函数坐标系，从而使其动力学解耦。通常，傅里叶变换可用于将偏微分方程（PDE）转换为常微分方程（ODE），如式（2.20）所示。在这里，我们将演示 FFT 在数值求解若干 PDE 方面的效用。对于经典的处理 PDE 的频谱方法可参见 Trefethen 的文献 [523]，扩展到刚性 PDE 的方法可参见文献 [282]。

热方程

傅里叶变换是求解热方程的理想方法。在一维空间中，热方程为：

63
$$u_t = \alpha^2 u_{xx} \tag{2.35}$$

其中 $u(t,x)$ 表示温度在时间和空间上的分布。如果我们在空间上进行傅里叶变换，则有 $\mathcal{F}(u(t,x)) = \hat{u}(t,\omega)$。式（2.35）中的 PDE 变成：

$$\hat{u}_t = -\alpha^2\omega^2\hat{u} \tag{2.36}$$

因为这两个空间导数在傅里叶变换域中提供了 $(i\omega)^2 = -\omega^2$。因此，通过傅里叶变换，对于每个固定频率 ω，式（2.35）中的 PDE 成为 ODE。其解为：

$$\hat{u}(t,\omega) = e^{-\alpha^2\omega^2 t}\hat{u}(0,\omega) \tag{2.37}$$

函数 $\hat{u}(0,\omega)$是初始温度分布 $u(0,x)$ 的傅里叶变换。很明显，随着时间推移，更高频率（对应于更大的 ω 值）会更快地衰减，因此温度分布中的尖角会迅速消除。我们可以利用式（2.24）中的卷积性质进行逆傅里叶变换，得到：

$$u(t,x) = \mathcal{F}^{-1}(\hat{u}(t,\omega)) = \mathcal{F}^{-1}\left(e^{-\alpha^2\omega^2 t}\right) * u(0,x) = \frac{1}{2\alpha\sqrt{\pi t}}e^{-\frac{x^2}{4\alpha^2 t}} * u(0,x) \tag{2.38}$$

为了对这种 PDE 进行数值模拟，使用 FFT 将其先转换到频域会更简单、更准确。在这种情况下式（2.36）变成：

$$\hat{u}_t = -\alpha^2\kappa^2\hat{u} \tag{2.39}$$

其中 κ 是离散化频率。根据 Matlab 约定使用 **fftshift** 命令对波数重新排序是很重要的。

代码 2.5 使用 FFT 模拟一维热方程，如图 2.13 和图 2.14 所示。在此示例中，由于 PDE
64 是线性的，因此，可以使用代码 2.6 中给出的向量场，直接在频域中使用 **ode45** 命令来推进系统仿真运行。最后，绘图命令在代码 2.7 中给出。

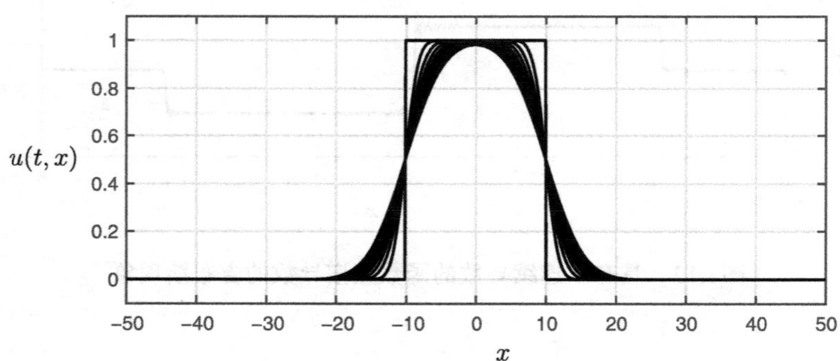

图2.13　方帽形函数给定的初始条件下，一维热方程在时间上的解。随着时间的推移，尖角迅速变平滑，并且解近似于高斯函数

图 2.13 和图 2.14 显示了温度分布 $u(t, x)$ 随时间变化的几种不同视图。图 2.13 显示了多次叠加的分布，同样的数据在图 2.14 中分别以瀑布图和 $x - t$ 图形象化显示。在所有的图像中，很明显，尖角扩散得很快，因为它们对应着最高的波数。最终，最低的波数变化也会衰减，直到温度达到恒定的稳态分布为止，这就是 Laplace 方程 $u_{xx} = 0$ 的解。当使用 FFT 求解

这个 PDE 时，我们假设解的域是周期性的，这样就可以确定左右边界，并且该域形成一个环。然而，如果域足够大，那么边界的影响会很小。 65

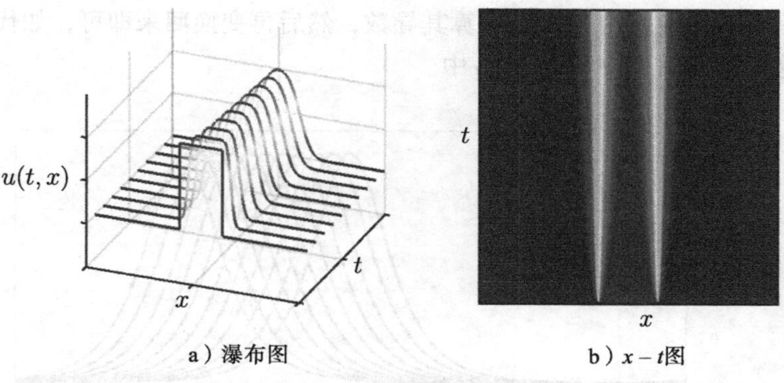

a）瀑布图　　b）x – t图

图2.14　一维热方程随时间的演变

代码 2.5　使用傅里叶变换模拟一维热方程。

```
a = 1;          % Thermal diffusivity constant
L = 100;        % Length of domain
N = 1000;       % Number of discretization points
dx = L/N;
x = -L/2:dx:L/2-dx; % Define x domain

% Define discrete wavenumbers
kappa = (2*pi/L)*[-N/2:N/2-1];
kappa = fftshift(kappa);     % Re-order fft wavenumbers

% Initial condition
u0 = 0*x;
u0((L/2 - L/10)/dx:(L/2 + L/10)/dx) = 1;

% Simulate in Fourier frequency domain
t = 0:0.1:10;
[t,uhat]=ode45(@(t,uhat)rhsHeat(t,uhat,kappa,a),t,fft(u0));

for k = 1:length(t) % iFFT to return to spatial domain
    u(k,:) = ifft(uhat(k,:));
end
```

代码 2.6　傅里叶域中一维热方程的右侧项，du/dt。

```
function duhatdt = rhsHeat(t,uhat,kappa,a)
duhatdt = -a^2*(kappa.^2)'.*uhat;  % Linear and diagonal
```

代码 2.7　绘制一维热方程解的代码。

```
figure, waterfall((u(1:10:end,:)));
figure, imagesc(flipud(u));
```

单程波动方程

第二个示例是单程方程的简单线性 PDE：

$$u_t + cu_x = 0 \tag{2.40}$$

任意初始条件 $u(0,x)$ 都会以速度 c 在时间上向右传播，因为 $u(t,x)=u(0,x-ct)$ 是它的解。代码 2.8 在给定的高斯脉冲初始条件下对该 PDE 进行了模拟。同之前一样，可以使用代码 2.9 给出的向量场，在傅里叶变换域中对这个方程进行积分。同样，也可以在空间域中对这个方程进行积分，只需简单地使用 FFT 来计算其导数，然后再变换回来即可，如代码 2.10 所示。解 $u(t, x)$ 的图像绘制在图 2.15 和图 2.16 中。

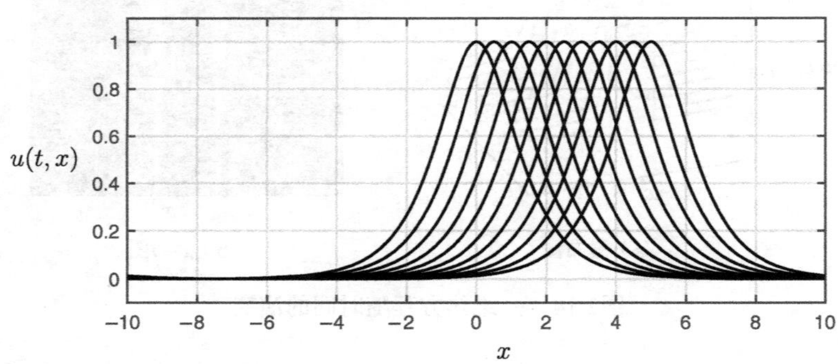

图2.15　一维波动方程在时间上的解。随着时间的推移，高斯初始条件以恒定的波速从左向右移动

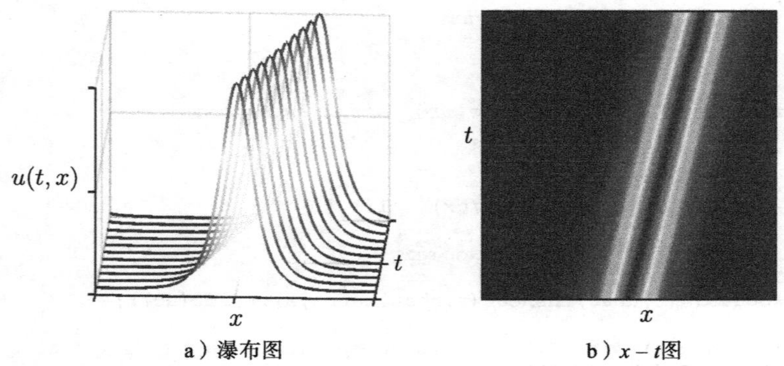

a）瀑布图　　b）$x-t$图

图2.16　一维波动方程随时间的演变

代码 2.8　使用傅里叶变换模拟单程波动方程。

```
c = 2;                % Wave speed
L = 20;               % Length of domain
N = 1000;             % Number of discretization points
dx = L/N;
x = -L/2:dx:L/2-dx; % Define x domain

% Define discrete wavenumbers
```

66

```
kappa = (2*pi/L)*[-N/2:N/2-1];
kappa = fftshift(kappa');     % Re-order fft wavenumbers

% Initial condition
u0 = sech(x);
uhat0 = fft(u0);

% Simulate in Fourier frequency domain
dt = 0.025;
```

```
t = 0:dt:100*dt;
[t,uhat] = ode45(@(t,uhat)rhsWave(t,uhat,kappa,c),t,uhat0);

% Alternatively, simulate in spatial domain
[t,u] = ode45(@(t,u)rhsWaveSpatial(t,u,kappa,c),t,u0);
```

代码 2.9 傅里叶变换域中一维波动方程的右侧项。

```
function duhatdt = rhsWave(t,uhat,kappa,c)
duhatdt = -c*i*kappa.*uhat;
```

67

代码 2.10 空间域中一维波动方程的右侧项。

```
function dudt = rhsWaveSpatial(t,u,kappa,c)
uhat = fft(u);
duhat = i*kappa.*uhat;
du = ifft(duhat);
dudt = -c*du;
```

Burgers 方程

最后一个示例，我们考虑非线性 Burgers（伯格斯）方程：

$$u_t + uu_x = \nu u_{xx} \tag{2.41}$$

这是非线性对流和扩散的简单一维示例，在流体中能引起冲击波 [253]。非线性对流 uu_x 本质上能引起冲击波变陡，其中振幅较大的 u 的部分能更快速地对流循环，从而形成冲击波阵面。

代码 2.11 模拟了 Burgers 方程，得到图 2.17 和图 2.18。用 FFT 求解 Burgers 方程是一个有趣的示例，因为非线性特性要求我们在每个时间步长内都要将其映射到傅里叶域，然后再从傅里叶域映射出来，如代码 2.12 中的向量场所示。在此示例中，我们将其映射到傅里叶变换域以计算 u_x 和 u_{xx}，然后再映射回空间域来计算乘积 uu_x。图 2.17 和图 2.18 清楚地显示了冲击波形变陡的行为，由此产生冲击波阵面。如果没有阻尼项 u_{xx}，这个冲击面将会变得无限陡峭，但是在有阻尼的情况下，它将保持有限的宽度。

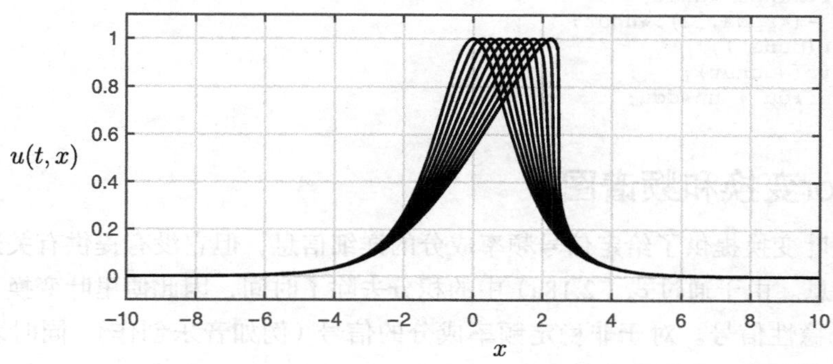

图2.17 Burgers方程在时间上的解

代码 2.11 使用傅里叶变换模拟 Burgers 方程。

```
clear all, close all, clc
nu=0.001;    % Diffusion constant
```

```
% Define spatial domain
L = 20;                  % Length of domain
N = 1000;                % Number of discretization points
dx = L/N;
x = -L/2:dx:L/2-dx; % Define x domain

% Define discrete wavenumbers
kappa = (2*pi/L)*[-N/2:N/2-1];
kappa = fftshift(kappa');     % Re-order fft wavenumbers

% Initial condition
u0 = sech(x);

% Simulate PDE in spatial domain
dt = 0.025;
t = 0:dt:100*dt;
[t,u] = ode45(@(t,u)rhsBurgers(t,u,kappa,nu),t,u0);
```

68

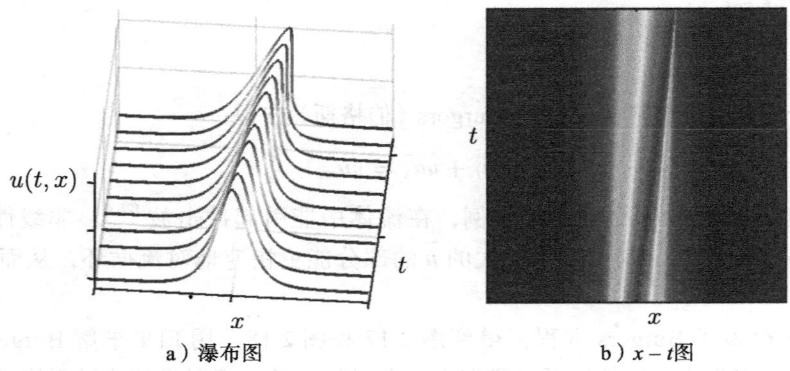

a）瀑布图　　b）$x-t$图

图2.18　Burgers方程随时间的演变

代码 2.12　傅里叶变换域中 Burgers 方程的右侧项。

```
function dudt = rhsBurgers(t,u,kappa,nu)
uhat = fft(u);
duhat = i*kappa.*uhat;
dduhat = -(kappa.^2).*uhat;
du = ifft(duhat);
ddu = ifft(dduhat);
dudt = -u.*du + nu*ddu;
```

2.4　Gabor变换和频谱图

尽管傅里叶变换提供了给定信号频率成分的详细信息，但它没有提供有关这些频率何时出现的任何信息。由于通过式（2.18a）中的积分去除了时间，因此傅里叶变换只能真正地表征周期性和平稳性信号。对于非稳定频率成分的信号（例如音乐创作），同时表征频率成分及其随时间的变化情况是很重要的。

Gabor 变换，也称为短时傅里叶变换（STFT），在移动窗口中计算加窗 FFT[437, 262, 482]，
69 如图 2.19 所示。

STFT 可以在时间上对频率成分进行定位，从而得到频谱图，该频谱图是频率与时间的关系图，如图 2.21 和图 2.22 所示。STFT 由下式给出：

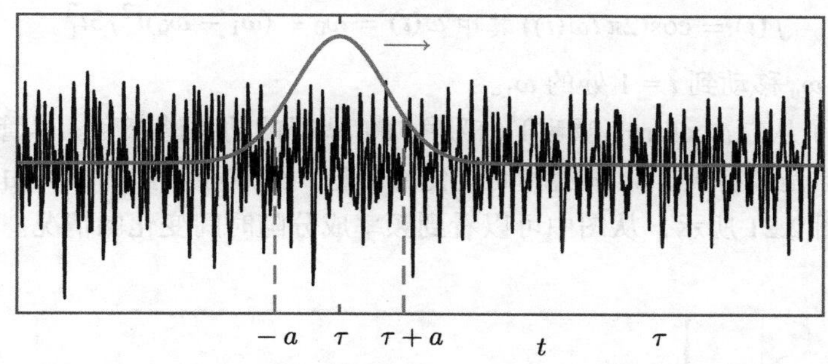

图2.19　对于短时傅里叶变换，带有平移高斯窗口的Gabor变换

$$\mathcal{G}(f)(t,\omega)=\hat{f}_g(t,\omega)=\int_{-\infty}^{\infty} f(\tau)e^{-i\omega\tau}\bar{g}(\tau-t)\,\mathrm{d}\tau=\langle f, g_{t,\omega}\rangle \tag{2.42}$$

其中 $g_{t,\omega}$ 定义为：

$$g_{t,\omega}(\tau)=e^{i\omega\tau}g(\tau-t) \tag{2.43}$$

函数 $g(t)$ 是核函数，常被选为高斯函数：

$$g(t)=e^{-(t-\tau)^2/a^2} \tag{2.44}$$

参数 a 确定傅里叶变换的短时窗口的宽度，而 τ 确定移动窗口的中心。

逆 STFT 由下式给出：

$$f(t)=\mathcal{G}^{-1}\left(\hat{f}_g(t,\omega)\right)=\frac{1}{2\pi\,\|g\|^2}\int_{-\infty}^{\infty}\int_{-\infty}^{\infty}\hat{f}_g(\tau,\omega)g(t-\tau)e^{i\omega t}\,\mathrm{d}\omega\mathrm{d}t \tag{2.45}$$

离散 Gabor 变换

一般来说，同 FFT 一样，Gabor 变换将在离散信号上执行。在这种情况下，需要对时间和频率进行离散化：

$$\nu=j\Delta\omega \tag{2.46}$$

$$\tau=k\Delta t \tag{2.47}$$

离散化的核函数变为：

$$g_{j,k}=e^{i2\pi j\Delta\omega t}g(t-k\Delta t) \tag{2.48}$$ 70

离散 Gabor 变换为：

$$\hat{f}_{j,k}=\langle f, g_{j,k}\rangle=\int_{-\infty}^{\infty} f(\tau)\bar{g}_{j,k}(\tau)\,\mathrm{d}\tau \tag{2.49}$$

该积分可以对离散函数 f 和 $\bar{g}_{j,k}$ 使用有限的黎曼和来近似。

示例：二次啁啾信号

作为一个简单的示例，我们构造了一个振荡余弦函数，其振荡频率随着时间的二次函数增加：

$$f(t)=\cos(2\pi t\omega(t))\text{ 其中 }\omega(t)=\omega_0+(\omega_1-\omega_0)t^2/3t_1^2 \tag{2.50}$$

频率从 $t=0$ 处的 ω_0 移动到 $t=1$ 处的 ω_1。

图 2.20 显示了从二次 chirp（啁啾）信号[⊖] FFT 获得的功率谱密度。尽管在 50Hz 处有一个明显的峰值，但是没有关于频率随时间变化的信息。生成频谱图的代码由代码 2.13 给出，得到的频谱图如图 2.21 所示，从图中可以看到频率成分随时间变化的情况。

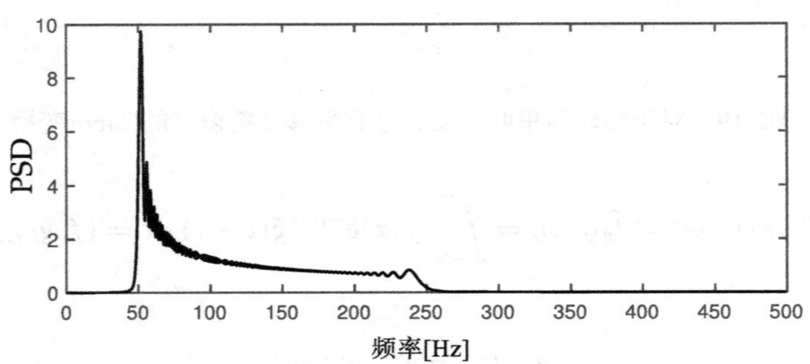

图2.20　二次啁啾信号的功率谱密度

代码 2.13　二次啁啾信号的频谱图，如图 2.21 所示。

```
t = 0:0.001:2;
f0 = 50;
f1 = 250;
t1 = 2;
x = chirp(t,f0,t1,f1,'quadratic');
x = cos(2*pi*t.*(f0 + (f1-f0)*t.^2/(3*t1^2)));
% There is a typo in Matlab documentation...
% ... divide by 3 so derivative amplitude matches frequency
```

71

```
spectrogram(x,128,120,128,1e3,'yaxis')
```

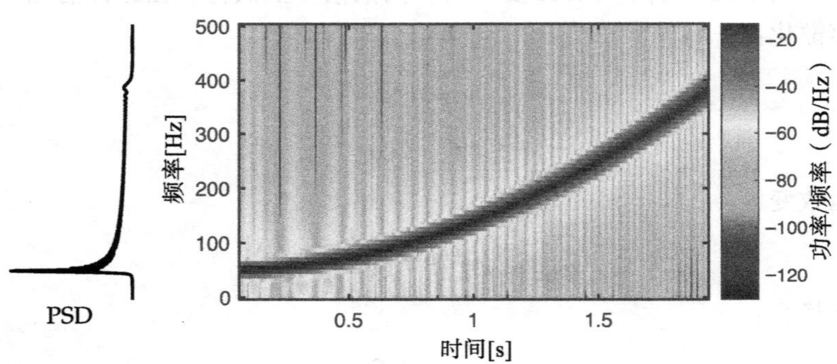

图2.21　二次啁啾信号的频谱图。功率谱密度PSD在左侧显示，对应频谱图中各行积分功率

示例：贝多芬奏鸣曲《悲怆》

可以使用频谱图分析更丰富的信号，如图 2.22 所示的贝多芬（Beethoven）奏鸣曲《悲

⊖ chirp（啁啾）信号，典型的非平稳信号，是频率随着时间增加或减小的信号。后来将脉冲传输时中心波长发生偏移的现象也叫作“啁啾”。——译者注

怆》。频谱图被广泛用于分析音乐，最近在 Shazam 算法中得到了应用，该算法搜索歌曲谱图中的关键点标记，从而能够对录制音乐的短片段进行快速分类 [545]。

图 2.22 展示了贝多芬奏鸣曲《悲怆》的前两小节以及频谱图。在频谱图中，可以清楚地看到各种和弦和声。对频率界面进行放大可显示两个八度音阶，以及如何干脆利落地激发各种音符。代码 2.14 进行加载数据、计算频谱图并绘制结果。

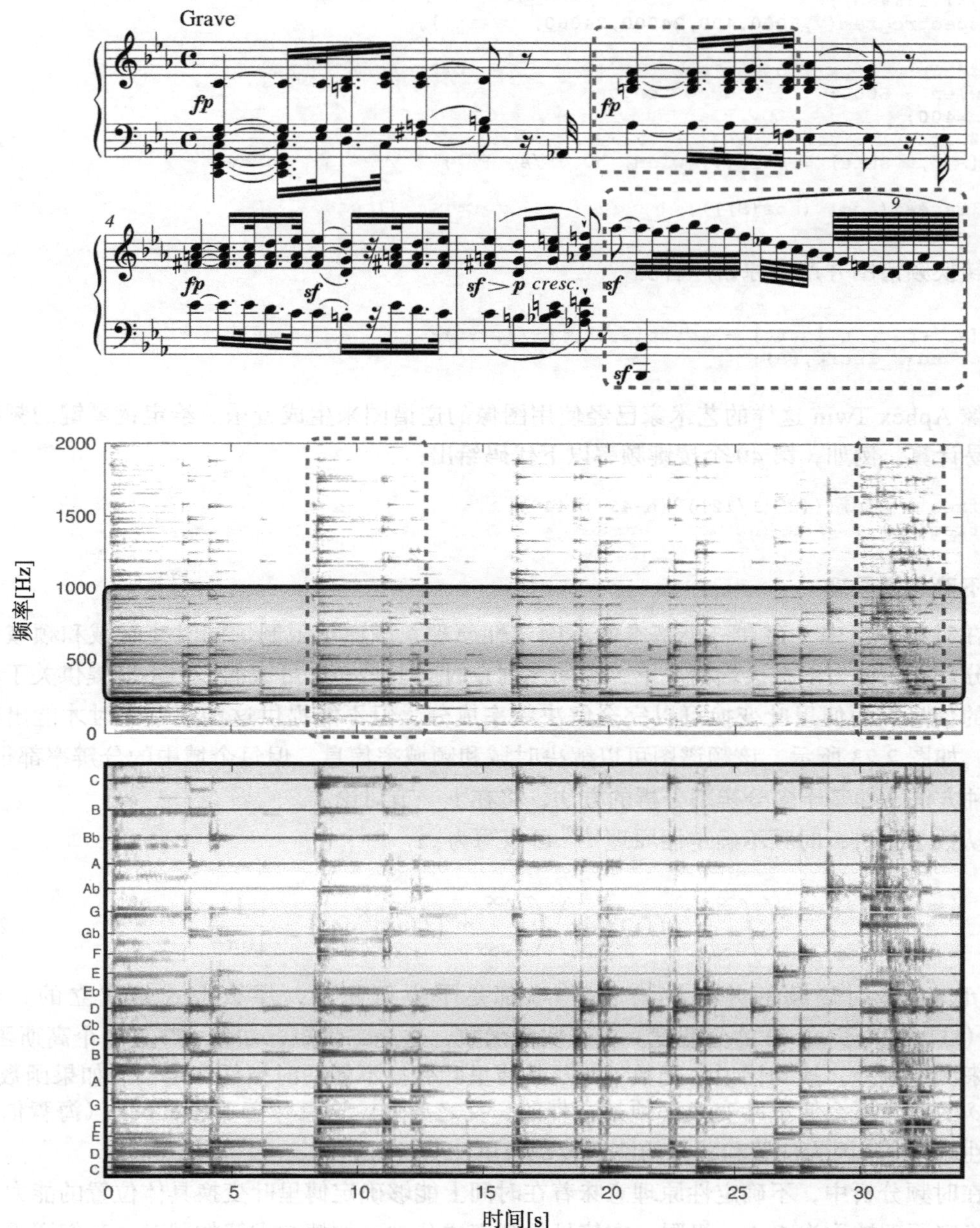

图2.22　贝多芬奏鸣曲《悲怆》（No. 8，C小调，Op. 13）的前两小节以及频谱图

代码 2.14 计算贝多芬奏鸣曲《悲怆》的频谱图，如图 2.22 所示。

```
% Download mp3read from http://www.mathworks.com/matlabcentral/
    fileexchange/13852-mp3read-and-mp3write
[Y,FS,NBITS,OPTS] = mp3read('beethoven.mp3');

%% Spectrogram using 'spectrogram' comand
T = 40;                 % 40 seconds
y=Y(1:T*FS);            % First 40 seconds
spectrogram(y,5000,400,24000,24000,'yaxis');

%% Spectrogram using short-time Fourier transform 'stft'
wlen = 5000;    % Window length
h=400;          % Overlap is wlen - h
% Perform time-frequency analysis
[S,f,t_stft] = stft(y, wlen, h, FS/4, FS); % y axis 0-4000HZ

imagesc(log10(abs(S)));    % Plot spectrogram (log-scaled)
```

转换频谱图并产生原始声音：

```
[x_istft, t_istft] = istft(S, h, FS/4, FS);
sound(x_istft,FS);
```

像 Aphex Twin 这样的艺术家已经使用图像的逆谱图来生成音乐。给定钢琴键的频率也
72~73 很容易计算。例如，第 40 个按键频率以下代码给出：

```
freq = @(n)(((2^(1/12))^(n-49))*440);
freq(40) % frequency of 40th key = C
```

不确定性原理

在时频分析中，存在一个基本的不确定性原理，该原理限制了同时在时域和频域中获得高分辨率的能力。在极端情况下，时间序列在时间上是完全可解的，但不能提供关于频率成分的信息。而傅里叶变换可以完全解决频率成分，但不能提供这些频率何时才能出现的信息。如图 2.23 所示，该频谱图可以解决时域和频域率信息，但每个域中的分辨率都很低。另一种方法，即基于多分辨率分析的方法，将在下一节讨论。

从数学上讲，时频不确定性原理 [429] 可以写为：

$$\left(\int_{-\infty}^{\infty} x^2|f(x)|^2\,\mathrm{d}x\right)\left(\int_{-\infty}^{\infty} \omega^2|\hat{f}(\omega)|^2\,\mathrm{d}\omega\right) \geqslant \frac{1}{16\pi^2} \tag{2.51}$$

如果 $f(x)$ 是绝对连续的并且 $xf(x)$ 和 $f'(x)$ 都是平方可积的，那么上式是成立的。函数 $x^2|f(x)|^2$ 是关于 $x=0$ 的分散度。对于实值函数，这是二阶矩，如果 $f(x)$ 是一个高斯函数，它用来测量方差。换句话说，函数 $f(x)$ 及其傅里叶变换不能同时被任意定位。如果函数 f 趋近于 δ 函数，那么傅里叶变换必须是宽带的，反之亦然。这意味着 Heisenberg（海森伯）不确定性原理 [240] 因为位置和动量的波函数是傅里叶变换对。

在时频分析中，不确定性原理意味着在时间上能够确定傅里叶变换具体位置的能力。这些不确定原理被称为 Gabor 极限。在信号的频率成分被更加精细求解的同时，我们会丢失有关这些事件何时发生的信息，反之亦然。因此，在时域和频域同时获得高分辨率之间存在着折中。不确定原理的另一个含义是，函数 f 和它的傅里叶变换不能同时具有有限的支撑，这意味着它们是局部的，可参见 Benedick 定理内容 [8, 51]。

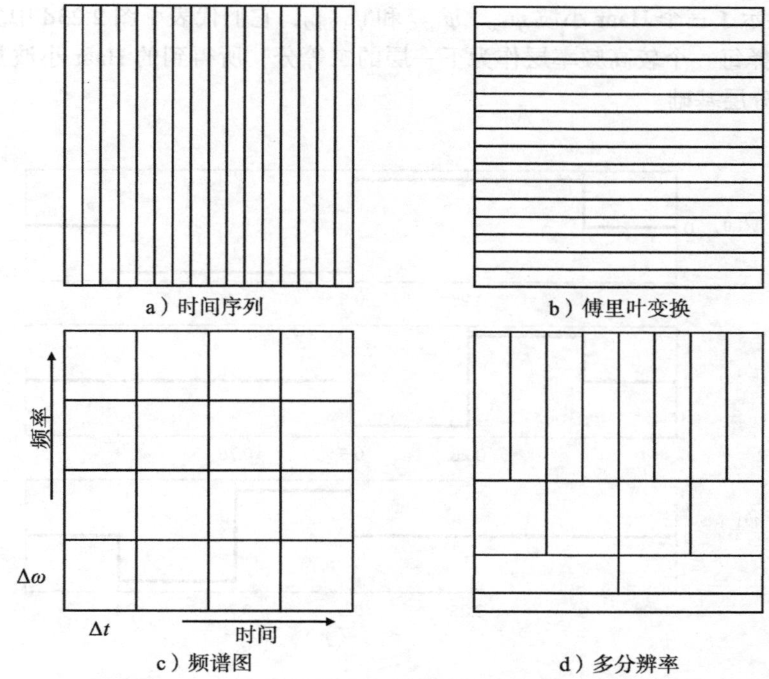

a）时间序列　b）傅里叶变换　c）频谱图　d）多分辨率

图 2.23　在时频分析中的关于分辨率限制和不确定性的图示 74

2.5　小波和多分辨率分析

小波[359, 145]将傅里叶分析中的概念扩展到更为一般的正交基，并利用多分辨率分解，部分解决了上述不确定性原理的局限，如图 2.23d 所示。在不同频带中，这种多分辨率方法能够使不同的时间和频率保持高准确性，在分解多尺度过程产生的复杂信号方面特别有用，这些多尺度过程包括气候学、神经科学、流行病学、金融和湍流等领域。图像和音频信号也适用于小波分析，这是当前图像压缩的主要方法[16]，后面的章节将对此进行讨论。此外，可以使用类似文献 [58] 中的快速方法对小波变换进行计算，从而使其可以扩展到高维数据。除了主要参考文献 [359，145] 外，还有许多关于小波的优秀书籍[521, 401, 357]。

小波分析的基本思想是从一个被称为母小波的函数 $\psi(t)$ 开始，并生成该函数的一系列缩放和平移版本：

$$\psi_{a,b}(t)=\frac{1}{\sqrt{a}}\psi\left(\frac{t-b}{a}\right) \tag{2.52}$$

参数 a 和 b 分别负责缩放和平移函数 ψ。例如，可以想象选择 a 和 b 来缩放并平移函数以适合图 2.23d 中的每个片段。如果这些函数是正交的，则可以像傅里叶变换中那样将正交基用于投影。

关于小波的最简单且最早的例子是哈尔（Haar）小波，于 1910 年被提出[227]：

$$\psi(t)=\begin{cases}1 & 0\leqslant t<1/2\\ -1 & 1/2\leqslant t<1\\ 0 & \text{其他}\end{cases} \tag{2.53}$$

图 2.24 显示了三个 Haar 小波 $\psi_{1,0}$、$\psi_{1/2,0}$ 和 $\psi_{1/2,1/2}$，它们代表了图 2.23d 中多分辨率的前两层。通过选择每一个较高频率层作为下一层的二等分，所得到的 Haar 小波是正交的，这为信号提供了分层基础。

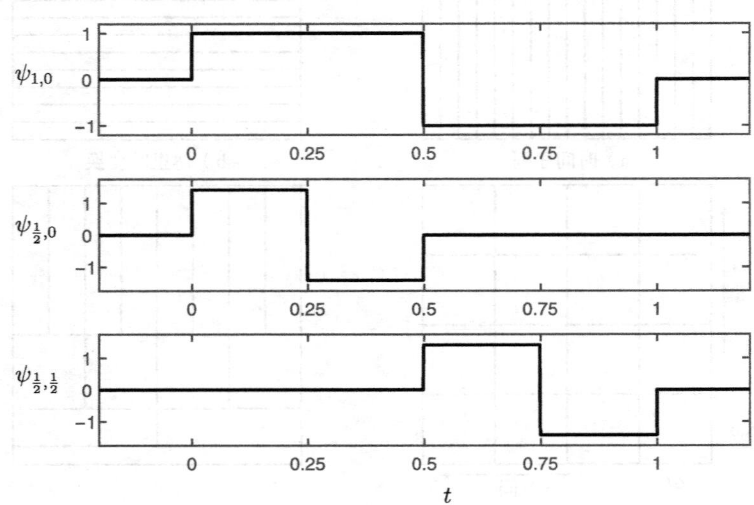

图2.24　图2.23d中多分辨率前两层的三个Haar小波

75 上述小波的正交性对于离散小波变换（DWT）的发展至关重要。但是，我们先从连续小波变换（CWT）开始，它由下式给出：

$$\mathcal{W}_{\psi}(f)(a,b)=\langle f,\psi_{a,b}\rangle=\int_{-\infty}^{\infty}f(t)\bar{\psi}_{a,b}(t)\,\mathrm{d}t \tag{2.54}$$

其中 $\bar{\psi}_{a,b}$表示的$\psi_{a,b}$是复共轭。这仅对满足以下有界属性的函数$\psi(t)$有效：

$$C_{\psi}=\int_{-\infty}^{\infty}\frac{|\hat{\psi}(\omega)|^2}{|\omega|}\,\mathrm{d}\omega<\infty \tag{2.55}$$

逆连续小波变换（iCWT）由下式给出：

$$f(t)=\frac{1}{C_{\psi}}\int_{-\infty}^{\infty}\int_{-\infty}^{\infty}\mathcal{W}_{\psi}(f)(a,b)\psi_{a,b}(t)\frac{1}{a^2}\,\mathrm{d}a\mathrm{d}b \tag{2.56}$$

如果 ψ 是一个小波，且 ϕ 是一个有界且可积分的函数，则也可以通过卷积 $\psi*\phi$ 生成新的小波。除 Haar 小波之外还有许多其他流行的母小波 ψ，它们被设计为具有各种属性。例如，墨西哥帽小波由下式给出：

$$\psi(t)=(1-t^2)e^{-t^2/2} \tag{2.57a}$$

76

$$\hat{\psi}(\omega)=\sqrt{2\pi}\,\omega^2e^{-\omega^2/2} \tag{2.57b}$$

离散小波变换

与傅里叶变换和 Gabor 变换一样，在对数据计算小波变换时，有必要引入离散化版本。

离散小波变换（DWT）由下式给出：

$$\mathcal{W}_{\psi}(f)(j,k)=\langle f,\psi_{j,k}\rangle=\int_{-\infty}^{\infty} f(t)\bar{\psi}_{j,k}(t)\,\mathrm{d}t \tag{2.58}$$

其中 $\psi_{j,k}(t)$ 是离散的小波族：

$$\psi_{j,k}(t)=\frac{1}{a^{j}}\psi\left(\frac{t-kb}{a^{j}}\right) \tag{2.59}$$

同样，如果这个小波族是正交的，如同前面所述的离散 Haar 小波的情况，可以在此基础上唯一地扩展出一个函数 $f(t)$：

$$f(t)=\sum_{j,k=-\infty}^{\infty}\langle f(t),\psi_{j,k}(t)\rangle\psi_{j,k}(t) \tag{2.60}$$

DWT 的显式计算已成为一些优秀论文和教材的主题[359, 145, 521, 401, 357]。然而，这里的目标不是提供计算细节，而是给出小波变换实现的高级思想。在信号上通过缩放和平移给定的形状，就可能在有效的层次结构中高效地提取多尺度结构，从而在时间分辨率和频率分辨率之间提供最优折中。这个过程已广泛应用于音频和图像处理及压缩、科学计算和机器学习等领域。

2.6　二维变换和图像处理

尽管我们对一维信号同时分析了傅里叶变换和小波变换，但这两种方法都可以很容易地推广到更高的空间维度，如二维和三维信号。傅里叶变换和小波变换对图像处理和压缩产生了巨大的影响，这为研究高维变换提供了令人信服的示例。

图像的二维傅里叶变换

数据矩阵 $\mathbf{X}\in\mathbb{R}^{n\times m}$ 的二维傅里叶变换是通过如下方式实现的：首先对矩阵的每一行应用一维傅里叶变换，然后再对中间矩阵的每一列应用一维傅里叶变换。这种有顺序的逐行和逐列的傅里叶变换如图 2.25 所示。改变行和列的傅里叶变换顺序不会改变结果。

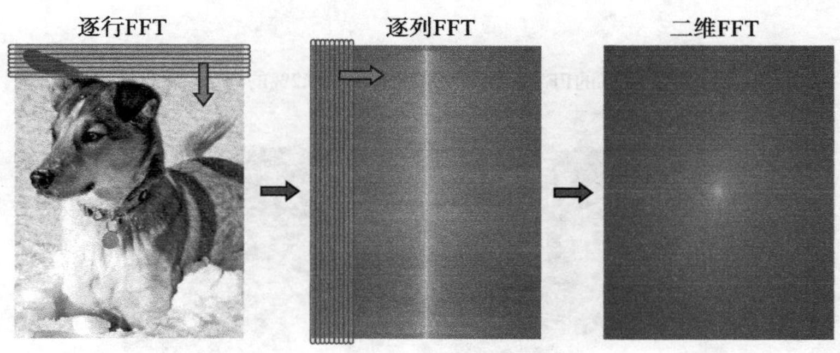

图2.25　二维FFT原理图

二维傅里叶变换对于图像压缩是有效的，这是因为许多傅里叶系数很小，可以忽略不计而且不影响图像质量。因此，只需存储和传输几个较大的傅里叶系数即可。

代码 2.15 通过一维逐行和逐列 FFT 实现二维傅里叶变换。

```
A = imread('../../CH01_SVD/DATA/dog.jpg');
B = rgb2gray(A);     % Convert to grayscale image
subplot(1,3,1), imagesc(B);              % Plot image

77 for j=1:size(B,1);  % Compute row-wise FFT
    Cshift(j,:) = fftshift(fft(B(j,:)));
    C(j,:) = (fft(B(j,:)));
end
subplot(1,3,2), imagesc(log(abs(Cshift)))

for j=1:size(C,2);  % Compute column-wise FFT
    D(:,j) = fft(C(:,j));
end
subplot(1,3,3), imagesc(fftshift(log(abs(D))))

D = fft2(B); % Much more efficient to use fft2
```

代码 2.16 通过 FFT 进行图像压缩，如图 2.26 所示。

```
Bt=fft2(B);     % B is grayscale image from above
Btsort = sort(abs(Bt(:)));  % Sort by magnitude

% Zero out all small coefficients and inverse transform
for keep=[.1 .05 .01 .002];
    thresh = Btsort(floor((1-keep)*length(Btsort)));
    ind = abs(Bt)>thresh;          % Find small indices
    Atlow = Bt.*ind;               % Threshold small indices
    Alow=uint8(ifft2(Atlow));  % Compressed image
    figure, imshow(Alow)         % Plot Reconstruction
end
```

图2.26 使用不同阈值时的压缩图像，保留最大傅里叶系数的5%、1%和0.2%

FFT 被广泛应用于信号的去噪和滤波，因为它可以直接隔离和操作特定的频带。代码 2.17 和图 2.27 演示了使用 FFT 阈值滤波器对添加高斯噪声的图像进行去噪。在这个例子中，可以观察到噪声在高频模态中特别明显，因此我们将包含低频的给定半径之外的所有傅里叶系数归零。 78

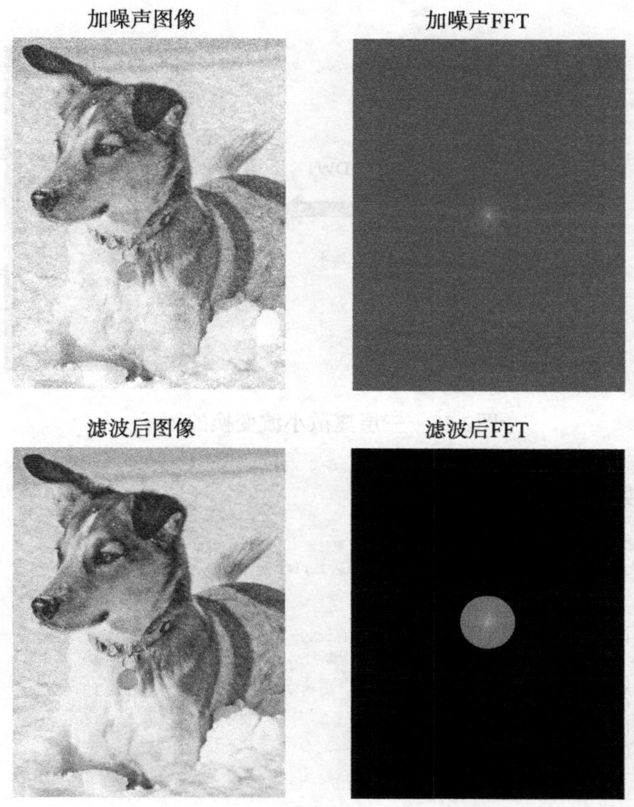

图2.27　消除了给定半径之外的高频傅里叶系数后的图像去噪（右下）

代码 2.17　通过 FFT 进行图像去噪。

```
Bnoise = B + uint8(200*randn(size(B)));  % Add some noise
Bt=fft2(Bnoise);
F = log(abs(Btshift)+1);          % Put FFT on log-scale

subplot(2,2,1), imagesc(Bnoise) % Plot image
subplot(2,2,2), imagesc(F)      % Plot FFT

[nx,ny] = size(B);
[X,Y] = meshgrid(-ny/2+1:ny/2,-nx/2+1:nx/2);
R2 = X.^2+Y.^2;
ind = R2<150^2;
Btshiftfilt = Btshift.*ind;
Ffilt = log(abs(Btshiftfilt)+1);  % Put FFT on log-scale
subplot(2,2,4), imagesc(Ffilt)    % Plot filtered FFT

Btfilt = ifftshift(Btshiftfilt);
Bfilt = ifft2(Btfilt);
subplot(2,2,3), imagesc(uint8(real(Bfilt))) % Filtered image
```

79

图像的二维小波变换

与FFT类似，离散小波变换被广泛应用于图像处理和压缩。代码2.18用来计算图像的
80 小波变换，前三层分解如图2.28所示，从图中可以看出小波分解的层次性。DWT图像的左上角是图像的低分辨率版本，随后的操作为图像添加了详细特征。

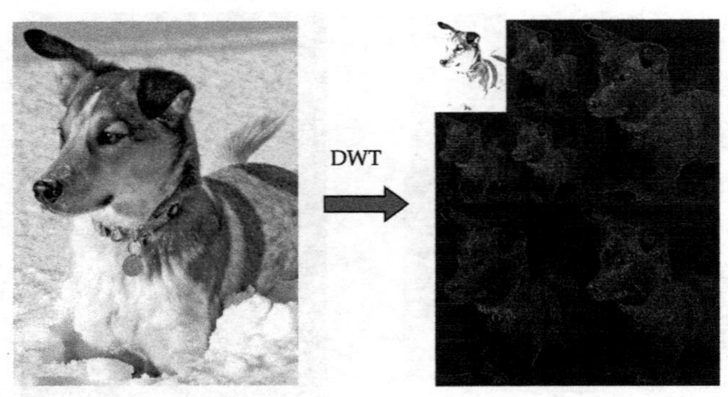

图2.28　三层离散小波变换的图示

代码 2.18　两层小波分解的示例。

```
%% Wavelet decomposition (2 level)
n = 2; w = 'db1'; [C,S] = wavedec2(B,n,w);

% LEVEL 1
A1 = appcoef2(C,S,w,1); % Approximation
[H1 V1 D1] = detcoef2('a',C,S,k); % Details
A1 = wcodemat(A1,128);
H1 = wcodemat(H1,128);
V1 = wcodemat(V1,128);
D1 = wcodemat(D1,128);

% LEVEL 2
A2 = appcoef2(C,S,w,1); % Approximation
[H2 V2 D2] = detcoef2('a',C,S,k); % Details
A2 = wcodemat(A2,128);
H2 = wcodemat(H2,128);
V2 = wcodemat(V2,128);
D2 = wcodemat(D2,128);

dec2 = [A2 H2; V2 D2];
dec1 = [imresize(dec2,size(H1)) H1 ; V1 D1];
image(dec1);
```

图2.29显示了在不同压缩比下压缩图像的几个版本，它们是由代码2.19计算得到的。小波变换中数据的分层表示是图像压缩的理想方法。即使进行了过度的截断，如仅保留
81 0.5%的DWT系数，图像的粗糙特征仍然保留了下来。这样，在传输数据时，即使带宽受限并且许多DWT信息被截断，数据最重要的特征也会被传输出去。

代码 2.19　用于图像压缩的小波分解。

```
[C,S] = wavedec2(B,4,'db1');
Csort = sort(abs(C(:))); % Sort by magnitude

for keep = [.1 .05 .01 .005]
    thresh = Csort(floor((1-keep)*length(Csort)));
```

```
    ind = abs(C)>thresh;
    Cfilt = C.*ind;       % Threshold small indices
    % Plot Reconstruction
    Arecon=uint8(waverec2(Cfilt,S,'db1'));
    figure, imagesc(uint8(Arecon))
end
```

82

图2.29 使用不同阈值来压缩图像，保留最大小波系数的5%、1%和0.5%

推荐阅读

教材

(1) **The analytical theory of heat**, by J.-B. J. Fourier, 1978 [185].

(2) **A wavelet tour of signal processing**, by S. Mallat, 1999 [357].

(3) **Spectral methods in MATLAB**, by L. N. Trefethen, 2000 [523].

论文和综述

(1) **An algorithm for the machine calculation of complex Fourier series**, by J. W. Cooley and J. W. Tukey, *Mathematics of Computation*, 1965 [137].

(2) **The wavelet transform, time-frequency localization and signal analysis**, by I. Daubechies, *IEEE Transactions on Information Theory*, 1990 [145].

(3) **An industrial strength audio search algorithm**, by A. Wang et al., *Ismir*, 2003 [545]. 83

第3章 稀疏性和压缩感知

在自然数据中观察到的固有结构意味着该数据可以在适当的坐标系中进行稀疏表示。换句话说，如果以精心选择的坐标基来表达自然数据，那么只需几个参数就可以描述有效的模式以及它们所占的比例。所有数据压缩都依赖于稀疏性，从而可以在诸如傅里叶或小波基等通用变换基上，根据系数的稀疏向量更有效地表示信号。最近在数学方面的进展已经使这一范式发生了变化。现在可以获得压缩后的测量值并求解与测量值一致的最稀疏的高维信号，而不是先收集高维测量值然后再进行压缩。所谓的压缩感知是一种有价值的新方法，与工程中的复杂系统相关，具有革新数据采集和处理的潜力。在本章中，我们将讨论稀疏性和压缩的基本原理，以及压缩感知相关的数学理论，所有这些都是通过生动的示例来实现的。

我们对稀疏性和压缩感知的讨论涉及优化和统计这两个至关重要的领域。稀疏性是促进简化模型的一个有用方法，这些模型可以避免过拟合并保持可解释性，这是因为它们只需要最少的项用于解释数据。这与奥卡姆剃刀原理有关，它认为最简单的解释通常是正确的解释。稀疏优化还有助于增加对异常值和缺失数据的鲁棒性，这些异常值和缺失数据通常会偏离最小二乘回归的结果，例如 SVD。本章的主题与 1.8 节中讨论的随机线性代数密切相关，是学习后续章节的基础。稀疏回归将在第 4 章中进一步探讨，并将在 7.3 节中用来从数据中辨识可解释的、简化的非线性动力系统模型。

3.1 稀疏性和压缩

大多数自然信号，例如图像和音频，都是高度可压缩的。这种可压缩性意味着，当以适当的方式写入信号时，只有少数几种模态有效，从而减少了为准确表示而必须存储的数据数量。换句话说，可压缩信号 $\mathbf{X}\in\mathbb{R}^n$ 基于变换基 $\mathbf{\Psi}\in\mathbb{R}^{n\times n}$ 能够写成一个稀疏向量 $\mathbf{s}\in\mathbb{R}^n$（主要包含零）：

84

$$\mathbf{x}=\mathbf{\Psi}\mathbf{s} \tag{3.1}$$

特别地，如果恰好有 K 个非零元素，则将向量 $\mathbf{s}$ 称为 K 稀疏的。如果基底 $\mathbf{\Psi}$ 是通用的，例如傅里叶或小波基，则仅需要 $\mathbf{s}$ 中的几个有效项即可重构原始信号 $\mathbf{x}$，从而减少存储或传输信号所需的数据。

图像和音频信号在傅里叶或小波基中都是可压缩的，在进行傅里叶或小波变换后，大多数系数都很小，可以将这些系数都设置为零，质量损失可忽略不计。这几个有效系数可以进行存储和传输，而不是原始的高维信号。为了在周围空间中（如在图像的像素空间中）重构原始信号，仅需要进行逆变换即可。如第 2 章所述，快速傅里叶变换是一种使能技术，可以根据 $\mathbf{s}$ 中的稀疏系数有效地重构图像 $\mathbf{x}$。这是用于图像的 JPEG 压缩和用于音频的 MP3 压缩的基础。

傅里叶模式和小波是一般或通用基，几乎所有自然图像或音频信号在这些基上都是稀疏的。因此，一旦信号被压缩，仅需要存储或发送稀疏向量 **s** 而不是整个矩阵 **Ψ**，因为大多数机器上的傅里叶和小波变换已经被硬编码了。在第 1 章中，我们发现还可以使用 SVD 压缩信号，从而获得定制基。使用 SVD 压缩图像有两种方法：1）直接获取图像的 SVD，而仅保留 **U** 和 **V** 的主要列（1.2 节）；2）将图像表示成特征图像的线性组合，如特征脸示例中所述（1.6 节）。第一种方法相对来说效率低下，因为必须存储基向量 **U** 和 **V**。第二种方法可以一次性计算和存储定制基 **U**，然后用来压缩一整类图像，例如人脸。这种定制基具有额外的优势，即模式可以解释为相关特征，被广泛用于机器学习领域。需要重点注意的是，傅里叶基 $\mathcal{F}$ 和 SVD 基 **U** 都是酉变换，在接下来的部分中将变得很重要。

尽管大多数压缩理论是由音频、图像和视频应用驱动的，但对工程系统仍有许多启示。高维微分方程组的解通常在低维流形上演化，这表明存在有助于稀疏表示的相干结构。即使是宽带现象，例如湍流，也能在瞬间用稀疏表示来刻画。这对于如何进行感知和计算具有深远影响，这些内容将在本章及本书其余部分中进行介绍。

示例　图像压缩

对图像进行压缩操作相对简单，如 2.6 节中所述，在此将重新介绍，如图 3.1 所示。首先，我们加载图像，转换为灰度图像并进行绘制：

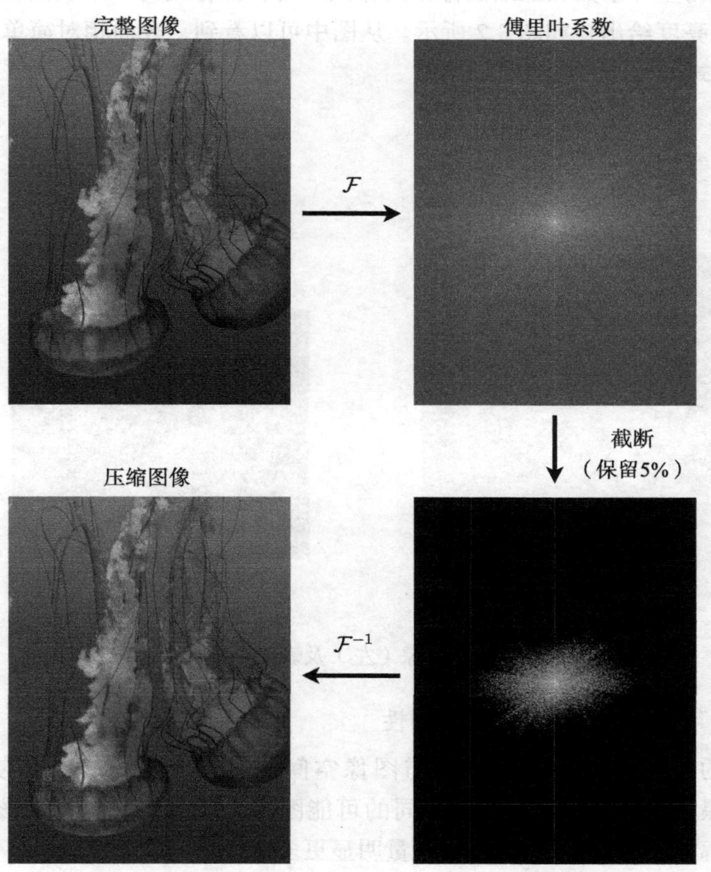

图3.1　利用快速傅里叶变换（FFT）$\mathcal{F}$ 进行压缩的图示

```
A=imread('jelly', 'jpeg'); % Load image
Abw=rgb2gray(A);           % Convert image to grayscale
imshow(Abw).               % Plot image
```

接下来，我们进行快速傅里叶变换，并在对数坐标系上绘制系数：

```
At=fft2(Abw);
F = log(abs(fftshift(At))+1);  % put FFT on log-scale
85 imshow(mat2gray(F),[]);
```

为了压缩图像，我们首先将所有的傅里叶系数按大小顺序排列，然后决定保留的百分比（在本例中为 5%）。这样设置了截断的阈值：

```
Bt = sort(abs(At(:)));
keep = 0.05;
thresh = Bt(floor((1-keep)*length(Bt)));
ind = abs(At)>thresh;
86 Atlow = At.*ind;
```

最后，我们通过逆 FFT（iFFT）绘制压缩后的图像：

```
Alow=uint8(ifft2(Atlow));
imshow(Alow)
```

要了解稀疏傅里叶系数在压缩图像中的作用，可将图像视为一个表面，其中每个点的高度由相应像素的亮度给出，如图 3.2 所示。从图中可以看到，表面相对简单，可以表示为几个空间傅里叶模式的总和。

```
Anew = imresize(Abw,.2);
surf(double(Anew));
shading flat, view(-168,86)
```

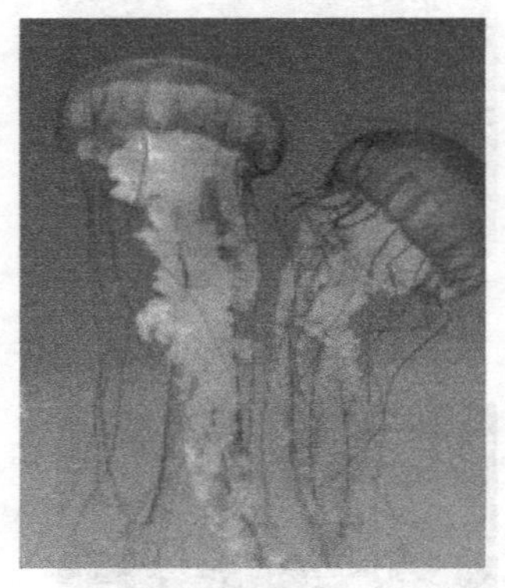

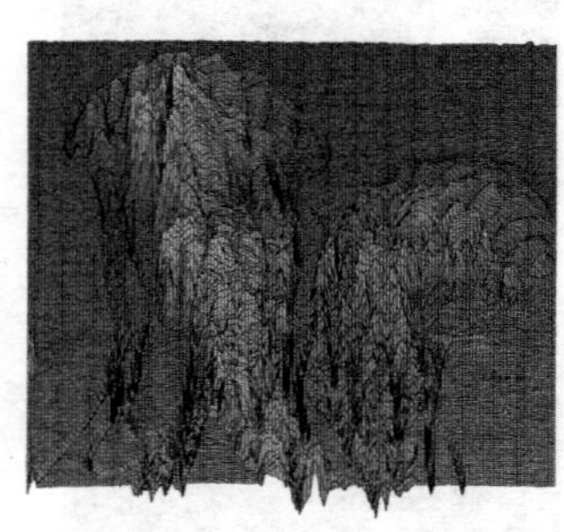

图3.2　压缩图像（左）及表面视图（右）

为什么信号可压缩：图像空间的广阔性

需要注意的是，图像的可压缩性与图像空间的巨大维度有关。即使是一个简单的 20×20 像素的黑白图像，也有 2^{400} 个不同的可能图像，比已知宇宙中的核子数目还要多。具有较大色深的高分辨率图像，其图像数量明显更多。

在一个百万像素的图像（即 1000×1000 像素）空间中，有我们每个人出生的图像、我录入句子的图像以及你阅读的图像。尽管这些自然图像的空间很大，但它们只占整个图像空间的很小一部分。图像空间中的大多数图像代表的是随机噪声，类似于电视的静态噪声。为简单起见，考虑灰度图像，并想象为每个像素的灰度值绘制一个随机数，在非常高的概率下，得到的图像看起来像噪声，没有明显的意义。你可能绘制一辈子这些随机图像，但永远找不到一座山、一个人或任何可识别的物理图像⊖。 87

换句话说，在广阔的图像空间中，自然图像极为罕见，如图3.3所示。由于许多图像是非结构化或随机的，因此用于编码图像的大多数维数仅对于这些随机图像是必需的。如果我们关心的只是对自然图像进行编码，那么这些维度是多余的。如果我们找到了一个易于识别冗余维度的合适的变换基，那么我们关注的图像（即自然图像）是高度可压缩的。

图3.3 图像（像素）空间广阔性，自然图像仅占空间的一小部分

3.2 压缩感知

尽管压缩在实际应用中取得了巨大的成功，但它仍然依赖于获得完整的高维测量结果。近年来出现的压缩感知[150, 112, 111, 113, 115, 109, 39, 114, 40]颠覆了压缩模式：不用收集高维数据来压缩和丢弃大部分信息，而是通过收集极少的压缩或随机测量数据，由此推断出在变换基中稀疏表示指代的是什么。压缩感知背后的思想在数学上来讲相对简单，但是直到最近才发现，与测量值相一致的最稀疏向量还是一个不确定多项式（NP）难题。在工程学和应用科学 88
领域中，压缩传感的快速采用都依赖于坚实的数学架构⊜，该架构为何时使用凸算法以高概率重构完整信号提供了条件。

从数学上讲，压缩感知利用信号在通用基上的稀疏性，从极少的测量值中实现信号的完整重构。如果信号 $\mathbf{x}$ 在 $\boldsymbol{\Psi}$ 上是 K 稀疏的，则不用直接测量 $\mathbf{x}$（n 个测量值）再进行压缩，而

⊖ Borges（博尔赫斯）在1944年的小说 *The Library of Babel* 中描述了信号空间的广阔性。他在书中描述了一个包含所有可能被书写成书籍的图书馆，其中真实有条理的书籍却只占据了很小一部分[69]。在Borges的图书馆中，关于这本奇书有数百万个副本，只是这句话的形式有所不同。关于此主题的另一种著名版本认为，如果有足够多的猴子在足够多的打字机上打字，那么最终人们会重新创作莎士比亚的全部作品。有关这些组合大空间的最古老的相关描述可以追溯到亚里士多德：无数多的人员和无数多的时间能产生所有东西。

⊜ 有趣的是，Emmanuel Candès 和 Terrance Tao 之间非常重要的合作始于在他们孩子的托儿所讨论信号重构的奇怪特性。

是收集更少的随机选择或压缩的测量值，然后在变换坐标系中求解 $\mathbf{s}$ 的非零元素。测量值 $\mathbf{y}\in\mathbb{R}^p$，$K<p\ll n$ 由下式给出：

$$\mathbf{y}=\mathbf{C}\mathbf{x} \tag{3.2}$$

测量矩阵⊖ $\mathbf{C}\in\mathbb{R}^{p\times n}$ 表示对状态 $\mathbf{x}$ 的一组 p 个线性测量值。测量矩阵 $\mathbf{C}$ 的选择在压缩感知中至关重要，将在 3.4 节中讨论。通常，测量值可能由状态的随机投影组成，在这种情况下，$\mathbf{C}$ 的各项是满足高斯或伯努利分布的随机变量。还可以测量 $\mathbf{x}$ 的各个项（即如果 $\mathbf{x}$ 是图像，则为单个像素），在这种情况下，$\mathbf{C}$ 由单位矩阵的随机行组成。

利用稀疏向量 $\mathbf{s}$ 的知识，就有可能从式（3.1）中重构信号 $\mathbf{x}$。因此，压缩感知的目标是找到与测量值 $\mathbf{y}$ 一致的最稀疏向量 $\mathbf{s}$：

$$\mathbf{y}=\mathbf{C}\mathbf{\Psi}\mathbf{s}=\mathbf{\Theta}\mathbf{s} \tag{3.3}$$

式（3.3）中的方程组是欠定的，因为其存在无穷多个相容解 $\mathbf{s}$。最稀疏解 $\hat{\mathbf{s}}$ 满足如下优化问题：

$$\hat{\mathbf{s}}=\underset{\mathbf{s}}{\operatorname{argmin}}\|\mathbf{s}\|_0 \text{ 满足 } \mathbf{y}=\mathbf{C}\mathbf{\Psi}\mathbf{s} \tag{3.4}$$

其中 $\|\cdot\|_0$ 表示 ℓ_0 伪/拟范数，由非零元素的个数确定，也称为 $\mathbf{s}$ 的基数。

式（3.4）中的优化是非凸的，通常只能通过对 n 和 K 的组合进行穷举搜索来找到解。要注意，必须检查 $\mathbb{R}^n$ 中所有可能的 K 稀疏向量，如果稀疏度 K 的确切水平未知，则搜索的范围会更广。由于该搜索是组合搜索，即使对于中等大小的 n 和 K，求解式（3.4）也是棘手的，并且根据 Moore 定律计算能力呈指数增长，解决更大问题的可能性并未得到改善。

幸运的是，在测量矩阵 $\mathbf{C}$ 满足某些条件时，可以将式（3.4）中的优化问题放宽为凸的 ℓ_1 最小化问题 [112, 150]：

$$\hat{\mathbf{s}}=\underset{\mathbf{s}}{\operatorname{argmin}}\|\mathbf{s}\|_1 \text{ 满足 } \mathbf{y}=\mathbf{C}\mathbf{\Psi}\mathbf{s} \tag{3.5}$$

其中 $\|\cdot\|_1$ 表示 ℓ_1 范数，由下式给出：

89
$$\|\mathbf{s}\|_1=\sum_{k=1}^{n}|s_k| \tag{3.6}$$

ℓ_1 范数也被称作出租车范数或是 Manhattan 范数，因为它代表的是出租车在矩形网格上两点之间的距离。压缩感知的概况如图 3.4 所示。ℓ_1 最小范数解是稀疏的，而 ℓ_2 最小范数解不是稀疏的，如图 3.5 所示。

要使式（3.5）中的 ℓ_1 最小化，必须要满足一些非常特殊的条件，才能以高概率收敛到式（3.4）中的最稀疏解 [109, 111, 39]。这些将在 3.4 节中详细讨论，但这里可对它们概括如下：

1. 测量矩阵 $\mathbf{C}$ 必须与稀疏基 $\mathbf{\Psi}$ 非相干，这意味着 $\mathbf{C}$ 的行与 $\mathbf{\Psi}$ 的列不相关。

2. 测量值 p 必须足够大，大约为：

$$p\approx\mathcal{O}(K\log(n/K))\approx k_1K\log(n/K) \tag{3.7}$$

90　常数乘子 k_1 取决于 $\mathbf{C}$ 和 $\mathbf{\Psi}$ 的非相干程度。

⊖ 在压缩感知文献中，测量矩阵通常表示为 $\mathbf{\Phi}$；相反，我们使用 $\mathbf{C}$ 来与控制理论中的输出方程保持一致。在第 7 章中，$\mathbf{\Phi}$ 也用于表示 DMD 模态。

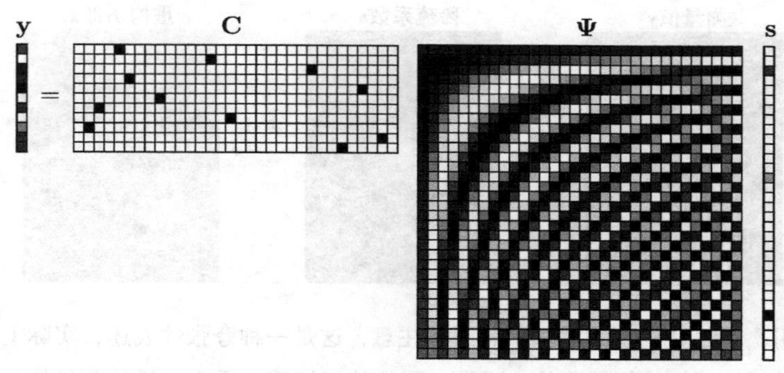

图3.4 压缩感知框架中的测量示意图

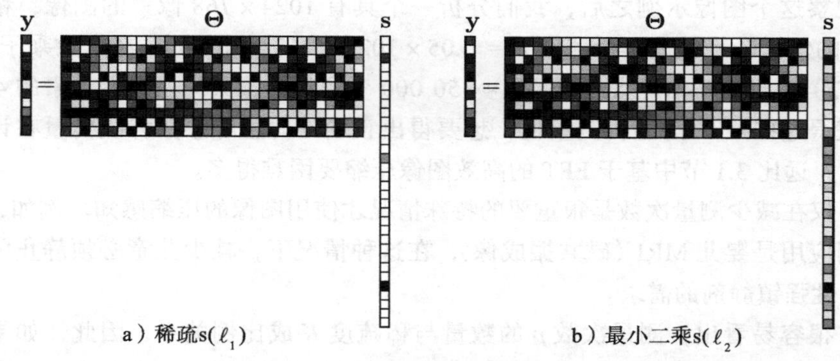

a）稀疏s(ℓ_1) b）最小二乘s(ℓ_2)

图3.5 压缩感知问题的 ℓ_1 和 ℓ_2 最小范数解

粗略地说，这两个条件保证了矩阵 **CΨs** 对 K 稀疏向量 **s** 是一个酉变换，保留了向量之间的相对距离，并且能使几乎确定的信号在 ℓ_1 凸最小化性能下进行重构。这一问题可根据 3.4 节中的受限等距性质（RIP）来精确阐述。

压缩感知的想法起初可能是与直觉相悖的，特别是面对精确信号重构对采样要求的那些经典结果。例如，Shannon-Nyquist（香农－奈奎斯特）采样定理[486, 409] 指出，信号的准确恢复需要以当前最高频率的两倍的速率对其进行采样。但是，此结果仅对具有宽带频率成分的信号所需的采样速率提供了严格的界限。通常，只有真正的宽带信号才是那些已经被压缩的信号。由于未压缩的信号在变换基上通常是稀疏的，因此可以放宽香农－奈奎斯特采样定理，并且可以用比采用奈奎斯特速率给出的测量值少得多的测量值来重构信号。然而，尽管可以减少测量的次数，但我们也将看到，压缩感知仍旧依赖于测量值的精确时间。此外，严格来说，通过压缩感知进行信号恢复是不能得到保证的，但是在高概率下却是可行的，这使它成为最重要的一个统计理论。不论怎样，对于中等规模的问题，成功恢复的概率会变得非常大。

免责声明

压缩感知的粗略示意图如图 3.6 所示。然而，该示意图是有些夸大的，实际上该图并不是基于压缩感知计算得到的，因为使用压缩感知进行图像重构在计算上是难以实现的。需要注意的是，对于大多数的成像应用而言，压缩感知是不实用的。然而，由于图像的易操作性和我们对图片的直觉，图像仍经常被用来说明和解释压缩感知。事实上，我们现在正在为这种误导而感到内疚。

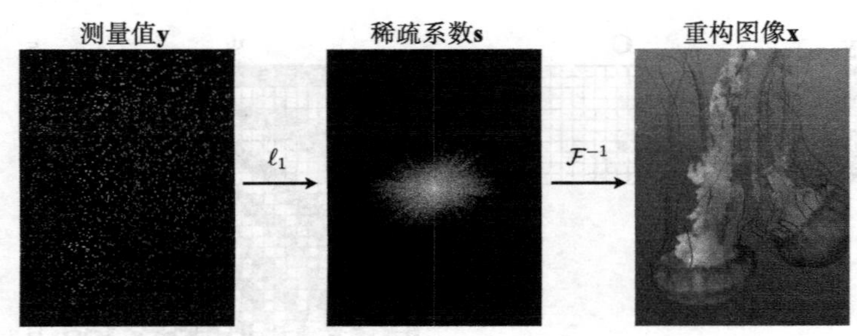

图3.6　使用ℓ_1最小化的压缩感知示意图（注意，这是一种夸张性表述，实际上它并不是基于压缩感知计算得到的。通常，图像的压缩感知需要大量的测量值，并且在计算上是难以实现的）

仔细观察这个图像示例之后，我们分析一个具有 1024×768 像素的图像，精确压缩大
91 约需要 5% 的傅里叶系数使得稀疏度 $K = 0.05 \times 1024 \times 768 \approx 40\ 000$。在常数乘子 $k_1 = 3$ 时，使用式（3.7）进行粗略估计大约需要 $p \approx 350\ 000$ 个测量值，大约是原始像素的 45%。即使我们能够获得这些 45% 的随机测量值，想要得出正确的傅里叶系数稀疏向量在计算上也是难以实现的，远比 3.1 节中基于 FFT 的高效图像压缩要困难得多。

通常，仅在减少测量次数是很重要的特殊情况才使用图像的压缩感知。例如，压缩感知技术的早期应用是婴儿 MRI（磁共振成像），在这种情况下，减少儿童必须静止的时间可以减少对危险性强镇静剂的需求。

然而，很容易看出，测量次数 p 的数量与稀疏度 K 成比例关系，因此，如果信号更稀疏，则需要测量的次数就更少。这种稀疏性的观点仍然是有价值的，并且与对图像的压缩感知相比，将组合困难的凸 ℓ_0 问题放宽至凸 ℓ_1 问题的数学创新得到了更加广泛的应用。

替代表述

除了式（3.5）中的 ℓ_1 最小化之外，还有其他基于贪婪算法的替代方法 [525, 526, 528, 527, 530, 243, 529, 207, 531, 205, 398, 206]，通过求解迭代匹配追踪问题来确定式（3.3）的稀疏解。例如，压缩感知匹配追踪（CoSaMP）[398] 具有计算效率高、易于实现且可免费获得的优点。

当测量值 $\mathbf{y}$ 中含有加性噪声（例如，幅度为 ε 的白噪声）时，式（3.5）存在如下变体形式，它们更具有鲁棒性：

$$\hat{\mathbf{s}} = \underset{\mathbf{s}}{\operatorname{argmin}} \|\mathbf{s}\|_1 \text{满足} \|\mathbf{C\Psi s} - \mathbf{y}\|_2 < \varepsilon \tag{3.8}$$

相关的凸优化可表示如下：

$$\hat{\mathbf{s}} = \underset{\mathbf{s}}{\operatorname{argmin}} \|\mathbf{C\Psi s} - \mathbf{y}\|_2 + \lambda \|\mathbf{s}\|_1 \tag{3.9}$$

其中 $\lambda \geqslant 0$ 是衡量稀疏性重要度的加权参数。式（3.8）与式（3.9）密切相关 [528]。

3.3　压缩感知示例

本节探讨压缩感知用于稀疏信号恢复的具体示例。第一个示例表明，在求解通用的欠定系统方程组时，ℓ_1 范数会促进稀疏性。第二个示例探讨了具有压缩感知的稀疏双音音频信号的恢复。

欠定系统的 ℓ_1 和稀疏解

为了观察 ℓ_1 范数的稀疏性提升效应，我们考虑一个通用的欠定系统方程组。建立一个矩阵方程组 $\mathbf{y}=\mathbf{\Theta s}$，其中 $p=200$ 行（测量值），$n=1000$ 列（未知量）。通常，存在无穷多 92
个与这些方程式相容的解 $\mathbf{s}$，除非这些行方程是线性相关的，而测量值与这些行不相容。实际上，一个压缩感知中更常用的概率思维是：如果我们随机生成一个线性方程组，其未知数比已知数多得多，则所得方程在高概率下将有无穷多个解。

在 MATLAB 中，很容易求解欠定线性系统的最小 ℓ_1 范数解和最小 ℓ_2 范数解。最小 ℓ_2 范数解可以使用伪逆（与第 1 章和第 4 章的 SVD 有关）获得，最小 ℓ_1 范数解可以通过 cvx（ConVeX）优化包获得。图 3.7 显示了 ℓ_1 最小解实际上是稀疏的（大多数元素几乎为零），而 ℓ_2 最小解是稠密的，且在每个向量系数中都有一点能量。

代码 3.1 欠定线性系统 $\mathbf{y}=\mathbf{\Theta s}$ 的解。

```
% Solve y = Theta * s for "s"
n = 1000;  % dimension of s
p = 200;   % number of measurements, dim(y)
Theta = randn(p,n);
y = randn(p,1);

% L1 minimum norm solution s_L1
cvx_begin;
    variable s_L1(n);
    minimize( norm(s_L1,1) );
    subject to
        Theta*s_L1 == y;
cvx_end;

s_L2 = pinv(Theta)*y;  % L2 minimum norm solution s_L2
```

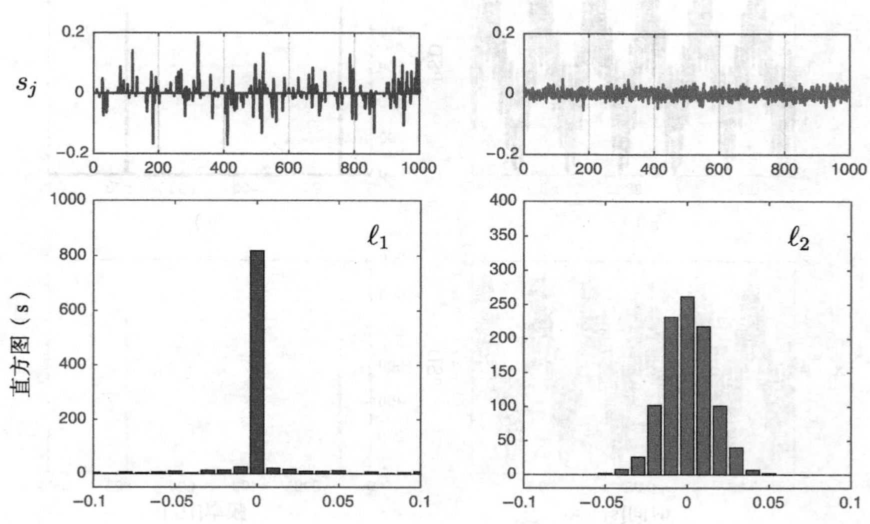

图3.7 欠定线性系统的 ℓ_1 最小范数解（左）和 ℓ_2 最小范数解（右）的比较 93

从稀疏测量值中恢复音频信号

为了说明使用压缩感知从一组稀疏的随机测量集中重构高维信号，我们考虑一个由双音音频信号组成的信号：

$$x(t)=\cos(2\pi\times 97t)+\cos(2\pi\ \times 777t) \tag{3.10}$$

该信号显然在频域中是稀疏的，因为它由两个余弦波之和定义。其最高频率为 777 Hz，因此奈奎斯特采样率为 1554 Hz。利用频域中信号的稀疏性，我们可以使用随机采样准确地重构信号，这些随机采样的平均采样率为 128 Hz，远低于奈奎斯特采样率。图 3.8 显示了压缩感知结果，并在代码 3.2 中实现。在此示例中，完整信号是从 $t=0$ 到 $t=1$ 生成的，分辨率为 $n=4096$，然后在 $p=128$ 个时间点随机采样。在离散余弦变换（DCT）基中求解系数的稀疏向量用来实现匹配追踪。

代码 3.2 压缩感知重构两音余弦信号。

```
%% Generate signal, DCT of signal
n = 4096;     % points in high resolution signal
t = linspace(0, 1, n);
x = cos(2* 97 * pi * t) + cos(2* 777 * pi * t);
xt = fft(x); % Fourier transformed signal
PSD = xt.*conj(xt)/n;  % Power spectral density

%% Randomly sample signal
p = 128; % num. random samples, p=n/32
perm = round(rand(p, 1) * n);
y = x(perm); % compressed measurement

%% Solve compressed sensing problem
Psi = dct(eye(n, n));  % build Psi
Theta = Psi(perm, :);  % Measure rows of Psi

s = cosamp(Theta,y',10,1.e-10,10); % CS via matching pursuit
xrecon = idct(s);       % reconstruct full signal
```

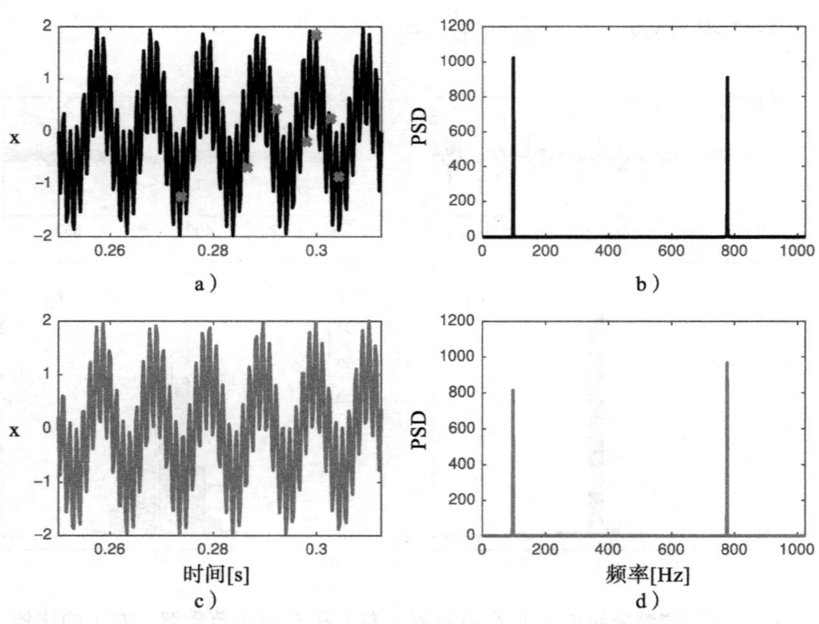

图3.8 两音音频信号$x(t)=\cos(2\pi\times 97t)+\cos(2\pi\times 777t)$的压缩感知重构。全信号和功率谱密度分别显示在图a和图b中。时间轴上，在随机稀疏位置处测量信号，并在图a中用红点标出，这些测量值用于建立图c和图d中的压缩感知估计。图a和图c中显示的时间序列是从$t=0$到$t=1$的整个时间范围的放大图（附彩图）

需要注意的是，$p = 128$ 个测量值是从 4096 个分辨率信号中随机选择的。因此，我们知道稀疏测量的精确时序比我们的采样率具有更高的分辨率。如果我们在时间上均匀选择 $p = 128$ 个测量值，则压缩感知算法将会失败。具体来说，如果我们直接从这些均匀的测量结果中计算 PSD，则高频信号将被混叠，从而导致错误的频率峰值。

最后，还可以把匹配追踪算法

```
s = cosamp(Theta,y',10,1.e-10,10); % CS via matching pursuit
```

用如下的算法替代，该算法是通过使用 **CVX** 包 [218] 将 ℓ_1 最小化来实现的：

```
%% L1-Minimization using CVX
cvx_begin;
    variable s(n);
    minimize( norm(s,1) );
    subject to
        Theta*s == y';
cvx_end;
```

在压缩感知匹配追踪（CoSaMP）代码中，必须指定所需的期望稀疏度 K，并且可能无法提前知道该数值。尽管收敛到最稀疏的解依赖于具有足够多的测量值 p(其间接取决于 K)，但是 ℓ_1 最小化过程并不需要先验地知道期望的稀疏度。

3.4 压缩几何

压缩感知可以概括为一个相对简单的表述：如果存在足够多的测量值且这些测量值是足够随机的，那么给定信号（如果在已知基上足够稀疏）可以（在高概率意义下）使用比信号长度少得多的测量值来恢复。该表述在描述稀疏向量的几何结构以及如何通过随机测量值变换这些向量的总体框架上，每一部分都是精确的且在数学上是严格的。具体来说，足够好的测量结果将形成矩阵

$$\mathbf{\Theta} = \mathbf{C}\mathbf{\Psi} \tag{3.11}$$ 95

其保留了稀疏向量 $\mathbf{s}$ 的距离和内积结构。换句话说，我们寻求一个测量矩阵 $\mathbf{C}$，使得 $\mathbf{\Psi}$ 作为稀疏向量上的一个近似等距映射。“等距”字面意思是相同的距离，并且与幺正性 / 单一性密切相关，它不仅保留距离，而且还保留向量之间的夹角。当 $\mathbf{\Psi}$ 用作近似等距时，可以使用凸 ℓ_1 最小化来求解如下方程的最稀疏向量 $\mathbf{s}$：

$$\mathbf{y} = \mathbf{\Theta}\mathbf{s} \tag{3.12}$$

本节的余下部分描述测量矩阵 $\mathbf{C}$ 所需满足的条件，这些条件能使得 $\mathbf{\Psi}$ 在高概率意义下作为近似等距映射。各种范数的几何特性如图 3.9 所示。

确定要进行多少次测量相对而言是简单的。如果信号在基 $\mathbf{\Psi}$ 上是 K 稀疏的，意味着除了 K 个系数外，其余系数均为零，则测量数量的规模 $p \sim \mathcal{O}(K \log (n/K)) = k_1 K\log(n/K)$，如式（3.7）所示。常数乘子 k_1 精确定义了需要进行多少次测量，而这取决于测量的质量。粗略地讲，如果测量结果与稀疏基的列非相干，则表示测量结果是良好的，意味着测量矩阵 $\mathbf{C}$ 的行与 $\mathbf{\Psi}$ 的列有很小的内积。如果测量结果与稀疏基的列相干，则测量结果将提供很少的信息，除非基底模态碰巧在 $\mathbf{s}$ 中不为零。相对应，任意有效模态都会激发非相干测量，从而

可以推断出有效模态。δ 函数与傅里叶模态是非相干的，因为它们激发了宽带频率响应。测
96 量值越是非相干的，所需的测量次数 p 越小。

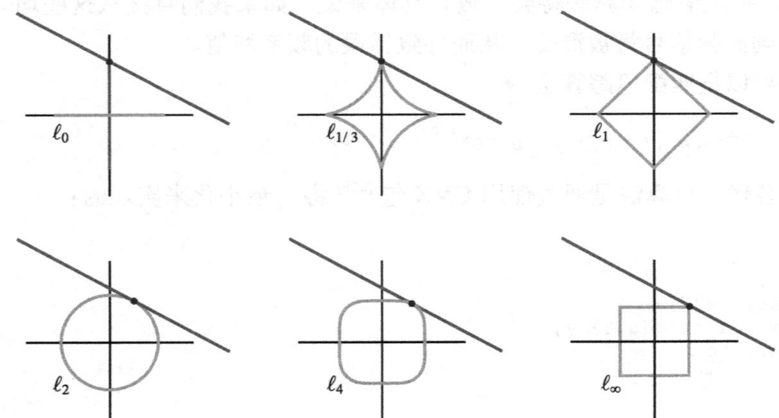

图3.9　不同 ℓ_p 范数在直线上的最小范数点。深色直线表示欠定系统方程组的解集，浅色曲线表示不同范数与该直线相交的最小范数水平集。在 ℓ_0 和 ℓ_1 之间的范数中，最小范数解也对应于最稀疏解，其中只有一个坐标是有效的。在 ℓ_2 和更高的范数中，最小范数解不是稀疏的，但所有坐标都是有效的

测量矩阵 $\mathbf{C}$ 与基底 $\mathbf{\Psi}$ 的非相干性由 $\mu(\mathbf{C}, \mathbf{\Psi})$ 给出：

$$\mu(\mathbf{C}, \Psi) = \sqrt{n} \max_{j,k} |\langle \mathbf{c}_k, \boldsymbol{\psi}_j \rangle| \tag{3.13}$$

其中 $\mathbf{c}_k$ 是测量矩阵 $\mathbf{C}$ 的第 k 行，Ψ_j 是矩阵 $\mathbf{\Psi}$ 的第 j 列。非相干系数 μ 的范围在 1 和 $\sqrt{n}$ 之间。

受限等距性质（RIP）

如果测量值是非相干的，则对于稀疏向量 $\mathbf{s}$ 矩阵 $\mathbf{C\Psi}$ 满足受限等距性质（RIP）

$$(1-\delta_K)\|\mathbf{s}\|_2^2 \leqslant \|\mathbf{C\Psi s}\|_2^2 \leqslant (1+\delta_K)\|\mathbf{s}\|_2^2$$

其中 δ_K 是受限等距常数 [114]。对于所有 K 稀疏向量 $\mathbf{s}$，常数 δ_K 定义为满足上述不等式的最小值。当 δ_K 很小时，$\mathbf{C\Psi}$ 作为 K 稀疏向量 $\mathbf{s}$ 的近似等距。实际上，很难直接计算 δ_K。此外，测量矩阵 $\mathbf{C}$ 可能是随机选择的，因此，对于一族测量矩阵 $\mathbf{C}$，更希望得出有关 δ_K 边界的统计特性，而不是为特定 $\mathbf{C}$ 计算 δ_K。通常，增加测量次数将减小常数 δ_K，从而改善 $\mathbf{C\Psi}$ 作用于稀疏向量上的等距特性。如上所述，当有足够多的非相干测量值时，可以精确地确定长度为 n 的向量 $\mathbf{s}$ 的 K 个非零元素。在这种情况下，常数 δ_K 存在一定的界限，由此可以保证对无噪声数据的精确信号重构。对非相干性和 RIP 的深入讨论可参见文献 [39，114]。

非相干性与测量矩阵

压缩感知的另一个重要结果是，存在这样的通用采样矩阵 $\mathbf{C}$，它与所有的变换基都是充分不相干的。具体来说，对于通用的基 $\mathbf{\Psi}$，伯努利和高斯随机测量矩阵在高概率意义下满足 RIP [113]。还有其他结果拓展了 RIP 并研究了稀疏矩阵的非相干性，可参见文献 [205]。

在许多工程应用中，以傅里叶或小波等作为通用基来表示信号 $\mathbf{x}$ 存在很多优势。一个主

要优点是，单点测量与这些基是非相干的，从而可激发宽带频率响应。在单独测量成本很高的应用（例如海洋监测）中，随机点位置采样极具吸引力。随机测量矩阵的示例很多，包括单像素随机、高斯随机、伯努利随机和稀疏随机等，如图 3.10 所示。

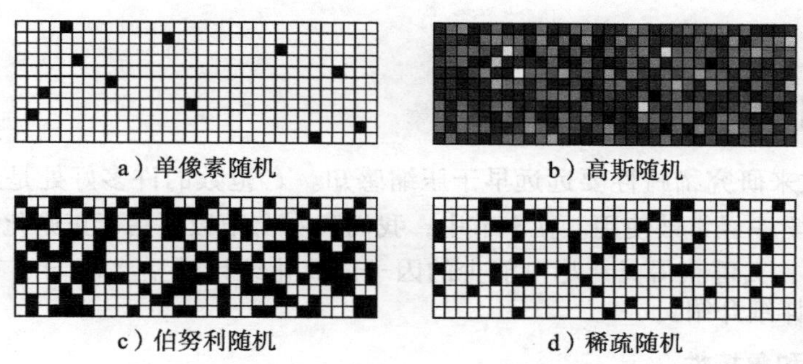

图 3.10　良好随机测量矩阵C的示例

压缩感知的一个特别有用的变换基可通过 SVD⊖获得，进而形成一个定制基，在该基上数据是最佳稀疏的[316, 80, 81, 31, 98]。截断 SVD 基可以从较少的测量结果中更有效地恢复信号。基于约翰逊–林登施特劳斯（Johnson-Lindenstrauss, JL）引理[267, 187, 436, 206]的压缩 SVD 和 PCA 研究已经取得了一定进展。JL 引理与 RIP 密切相关，表明一个高维空间中的点集可以被线性地镶嵌到低维空间中，同时其空间结构只遭受比较小的形变，进而保持频谱特性不变。 97

不好的测量矩阵

到目前为止，我们已经描述了如何进行良好的压缩测量。图 3.11 显示了一个特别差的

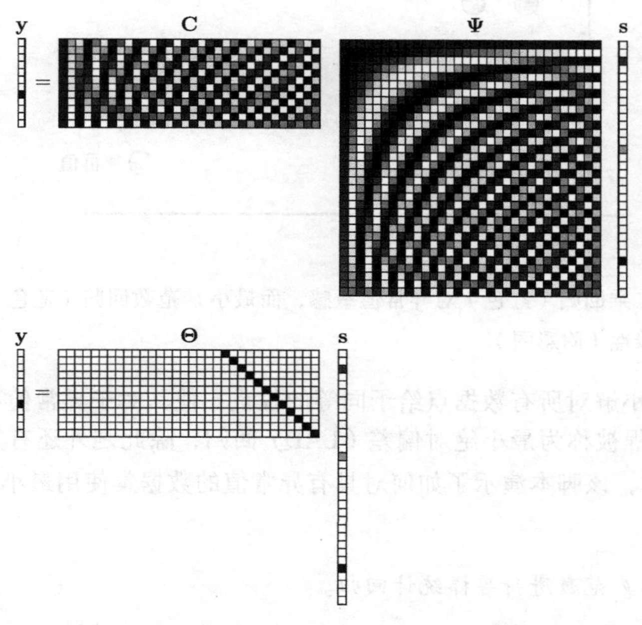

图3.11　不好的测量矩阵C的示例

⊖ SVD 提供了最佳的低秩矩阵逼近，并且应用于主成分分析（PCA）和本征正交分解（POD）。

测量矩阵 **C** 的情况，该矩阵对应于稀疏基 $\mathbf{\Psi}$ 的最后 p 列。乘积 $\mathbf{\Theta}=\mathbf{C\Psi}$ 是一个 $p\times p$ 的、左侧用零填充的单位矩阵。在 $\mathbf{\Psi}$ 的最后 p 列中不起作用的任何信号 **s** 都在 $\mathbf{\Theta}$ 的零空间中，并且在测量值 **y** 中是完全不可见的。在这种情况下，这些测量结果会导致许多稀疏向量的重要信息丢失。

3.5　稀疏回归

利用 ℓ_1 范数来研究稀疏性要远远早于压缩感知。ℓ_1 范数的许多好处是众所周知的，几十年前就在统计学中经常被使用。在本节中，我们表明 ℓ_1 范数可用于正则化统计回归，既可惩罚统计异常值，又可获得具有尽可能少的因子的简化统计模型。ℓ_2 与 ℓ_1 范数在回归中的作用将在第 4 章详细介绍。

异常值剔除和鲁棒性

最小二乘回归可能是用于数据拟合的最常见的统计模型。但是，回归拟合可能会被数据中的单个大异常值任意破坏。在最小二乘回归中，异常值的权重更大，因为它们与拟合线的距离是平方关系。图 3.12 是其示意图。

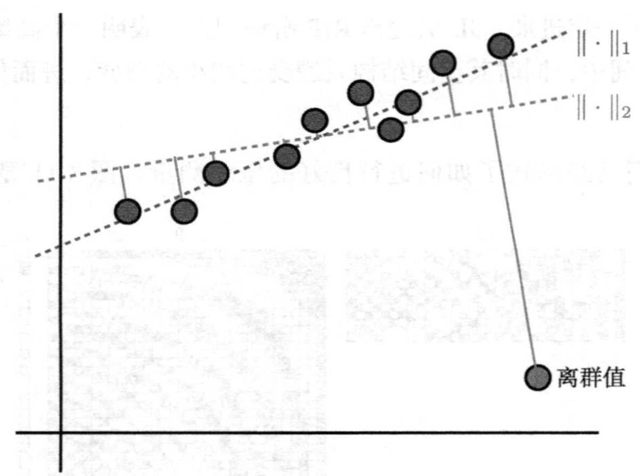

图3.12　最小二乘回归（红色）对异常值敏感，而最小 ℓ_1 范数回归（蓝色）对异常值具有鲁棒性（附彩图）

相对应，ℓ_1 最小解对所有数据点给予同等的权重，使其对于异常值和损坏的数据可能更具鲁棒性。此过程被称为最小绝对偏差（LAD）回归，除此之外还有其他的称谓。代码
98 3.3 给出了一个脚本，该脚本演示了如何对具有异常值的数据集使用最小二乘回归（ℓ_2）和 LAD（ℓ_1）回归。

代码 3.3　使用 ℓ_1 范数进行鲁棒统计回归。

```
x = sort(4*(rand(25,1)-.5)); % Random data from [-2,2]
b = .9*x + .1*randn(size(x)); % Line y=.9x with noise
atrue = x\b;            % Least-squares slope (no outliers)

b(end) = -5.5;                  % Introduce outlier
```

```
acorrupt = x\b;                    % New slope

cvx_begin;          % L1 optimization to reject outlier
    variable aL1;       % aL1 is slope to be optimized
    minimize( norm(aL1*x-b,1) );      % aL1 is robust
cvx_end;
```
99

特征选择和 LASSO 回归

可解释性在统计模型中是很重要的，因为这些模型通常会传达给非技术人员，包括业务负责人和决策者。如果回归模型具有较少的项来影响结果，则更易于解释，这激发了人们对稀疏性的另一种认知观点。

最小绝对收缩和选择算子（LASSO）是一种 ℓ_1 惩罚回归技术，可在模型复杂性和描述能力之间取得平衡 [518]。模型中的简化原则也反映了奥卡姆剃刀理论，即在所有可能的描述中，最简单的正确模型可能就是真正的模型。自从 Tibshirani 在 1996 年 [518] 提出 LASSO 以来，LASSO 已经成为统计建模的基石，目前已有许多现代的版本和相关技术 [236, 558, 264]。LASSO 与 Breimen 早期的非负参数推断 [76] 密切相关，也与 Donoho 和 Johnstone 早期关于软阈值的工作 [153, 154] 有关。LASSO 可以被认为是一种稀疏性提升回归，得益于 ℓ_2 正则化岭回归的稳定性 [249]，也被称为 Tikhonov 正则化。弹性网络是一种常用的回归技术，它结合了 LASSO 的 ℓ_1 和 ℓ_2 惩罚项以及岭回归 [573]。稀疏回归将在第 4 章中详细介绍。

给定一个观测系统的若干预测值和输出值，按行排列构成矩阵 **A** 和向量 **b**，通过回归分析寻求 **A** 的列与 **b** 中的结果之间的相容关系。从数学上讲，这可以写成：

$$\mathbf{A}\mathbf{x} = \mathbf{b} \tag{3.14}$$
100

最小二乘回归往往会导致向量 **x** 的所有项的系数都不为零，这表明必须使用 **A** 的所有列来预测 **b**。但是，我们通常认为统计模型应该更简单，这表明 **x** 可能是稀疏的。LASSO 添加了 ℓ_1 惩罚项来正则化最小二乘回归问题，即为了防止过拟合：

$$\mathbf{x} = \underset{\mathbf{x}'}{\operatorname{argmin}} \|\mathbf{A}\mathbf{x}' - \mathbf{b}\|_2 + \lambda\|\mathbf{x}\|_1 \tag{3.15}$$

通常，参数 λ 在一系列值中变化，并且拟合在保留数据的测试集上。如果没有足够多的数据来提供充分大的训练集和测试集，通常会在随机选择数据的情况下重复训练和测试模型（80% 用于训练，20% 用于测试），从而得到交叉验证的性能。这种交叉验证过程可以选择具有相对较少项的简化模型，并避免过拟合。

许多统计系统都被高估了，因为观察结果多于候选预测因子。因此，不可能使用标准的压缩感知，因为测量噪声将确保不存在将 $\|\mathbf{A}\mathbf{x}-\mathbf{b}\|_2$ 最小化的精确稀疏解。然而，LASSO 回归可以很好地解决超定问题，使其成为通用回归方法。Tibshirani 在 1996 年的论文 [518] 中提出了图 3.9 中几何图形的早期版本，以解释 ℓ_1 范数的稀疏提升特性。

LASSO 回归通常用于建立与疾病相关的统计模型，例如癌症和心力衰竭，因为这些都存在许多可能的预测因素，包括人口统计特征、生活方式、生物特征和遗传信息等。因此，LASSO 代表了厨房水槽方法㊀的一个精致版本，把几乎所有可能的预测信息都扔进去，然后逐渐筛选出真正相关的预测因子。

举一个简单示例，我们考虑一个由 100 个输出观测值组成的人工数据集，并排列成向量

㊀ 厨房水槽方法或模型可理解为追求宁滥勿缺、把能用上的元素都用上的方法。——译者注

$\mathbf{b} \in \mathbb{R}^{100}$。**b** 中的每个输出值准确地由 10 个候选预测因子中的 2 个组合来给出，这些预测观测值按行排列构成矩阵 $\mathbf{A} \in \mathbb{R}^{100\times10}$。

```
A = randn(100,10);        % Matrix of possible predictors
x = [0; 0; 1; 0; 0; 0; -1; 0; 0; 0]; % 2 nonzero predictors
b = A*x + 2*randn(100,1);      % Observations (with noise)
```

向量 **x** 构造成稀疏的，只有两个非零元素，并且我们还向 **b** 中的输出观测值添加了噪声。对应的最小二乘回归为：

```
>>xL2 = pinv(A)*b

xL2 = -0.0232
      -0.3395
       0.9591
      -0.1777
       0.2912
      -0.0525
      -1.2720
      -0.0411
       0.0413
      -0.0500
```

101

注意到所有的参数都是非零的。

使用 10 倍交叉验证，在 MATLAB 中实现 LASSO 仅需一个简单命令：

```
[XL1 FitInfo] = lasso(A,b,'CV',10);
```

lasso 命令扫过 λ 的一系列值，并将所得的 **x** 分别存储为 **XL1** 矩阵中的列。为了选择描述数据的最简化的模型，同时避免过拟合，我们可以将交叉验证误差绘制为关于 λ 的函数，如图 3.13 所示。

```
lassoPlot(XL1,FitInfo,'PlotType','CV')
```

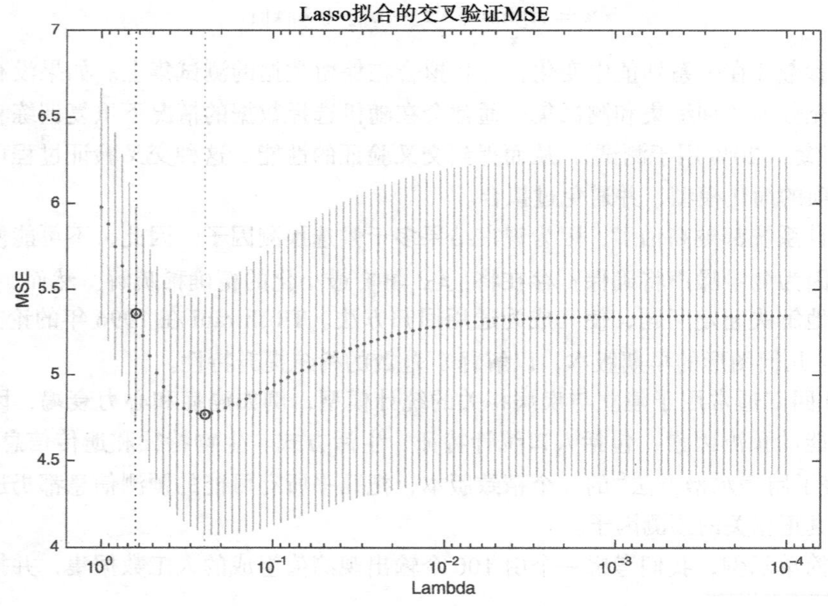

图3.13　**lassoPlot**命令的输出，交叉验证均方误差（MSE）可视化为λ的函数

右侧的点是使交叉验证均方误差最小化的 λ 值，左侧的点是最小交叉验证误差加上一个标准差的值。通过 **FitInfo.Index1SE** 可找到生成的模型：

```
>> xL1 = XL1(:,FitInfo.Index1SE)

  xL1 =      0
             0
        0.7037
             0
             0
             0
       -0.4929
             0
             0
             0
```

102

生成的模型是稀疏的，并且正确项是起作用的。但是，这些项的回归值并不准确，因此，有必要应用最小二乘回归对非零系数进行辨识，以此对 LASSO 去偏。

```
>>xL1DeBiased = pinv(A(:,abs(xL1)>0))*b
  xL1DeBiased =  1.0980
                -1.0671
```

3.6　稀疏表示

在对稀疏性的讨论中隐含的事实是，当高维信号表现出低维结构时，在适当的基或字典中，它们会容许稀疏表示。除了以 SVD 或傅里叶为基的信号是稀疏的之外，在超完备字典中信号也可能是稀疏的，此时字典中的列由训练数据本身组成。本质上，除了在 SVD 的通用特征库 **U** 中测试信号是稀疏的之外，$\mathbf{X} = \mathbf{U\Sigma V}^*$，在字典 **X** 中它也可能具有稀疏表示。

Wright 等人 [560] 展示了测试信号字典中稀疏表示具有人脸鲁棒分类的能力，尽管存在明显的噪声和遮挡。所谓的稀疏表示分类（SRC）已广泛用于图像处理中，最近已用于对非线性微分方程的动态区域进行分类 [98, 433, 191, 308]。

SRC 的基本原理图如图 3.14 至图 3.18 所示，其中使用人脸图像库来构建超完备库 $\mathbf{\Theta}$。在此示例中，Yale B 数据库中的 20 个人中的每一个人都使用 30 张图像，由此使得 $\mathbf{\Theta}$ 中有 600 列。为使用压缩感知（即 ℓ_1 最小化），需要保证 $\mathbf{\Theta}$ 是欠定的，因此我们将每个图像从 192×168 到 12×10 降采样（又称为下采样，是将采样率降低整数倍以缩小图像），从而使扁平化的图像成为含 120 个成分的向量。图像降采样的算法对分类精度有影响⊖。然后，对于类 c 的、经适当降采样来匹配 $\mathbf{\Theta}$ 的列的新测试图像 $\mathbf{y}$，使用压缩感知算法可将该测试图像稀疏表示为 $\mathbf{\Theta}$ 列的和。所得系数向量 $\mathbf{s}$ 应该是稀疏的，理想情况下，在与类 c 中正确人员相对应的库的区域内，该向量具有较大的系数。算法的最终分类阶段是利用向量 $\mathbf{s}$ 中的系数来计算 ℓ_2 重构误差。向量 $\mathbf{s}$ 中的系数分别对应于每一个类别，选择能使 ℓ_2 重构误差最小化的类别作为测试图像。

⊖ 一般来说，对图像的缩放操作并不能带来更多关于该图像的信息，图像的质量将不可避免地受到影响。——译者注

代码 3.4 加载 Yale 人脸数据并构建训练集和测试集。

```
load ../../CH01_SVD/DATA/allFaces.mat
X = faces;
%% Build Training and Test sets
nTrain = 30;  nTest = 20;  nPeople = 20;
Train = zeros(size(X,1),nTrain*nPeople);
Test = zeros(size(X,1),nTest*nPeople);
for k=1:nPeople
    baseind = 0;
    if(k>1) baseind = sum(nfaces(1:k-1));
    end
    inds = baseind + (1:nfaces(k));
103 Train(:,(k-1)*nTrain+1:k*nTrain)=X(:,inds(1:nTrain));
    Test(:,(k-1)*nTest+1:k*nTest)=X(:,inds(nTrain+1:nTrain+nTest
        ));
end
```

代码 3.5 降采样训练图像以建立 Θ 库。

```
M = size(Train,2);
Theta = zeros(120,M);
for k=1:M
    temp = reshape(Train(:,k),n,m);
    tempSmall = imresize(temp,[12 10],'lanczos3');
    Theta(:,k) = reshape(tempSmall,120,1);
end
for k=1:M  % Normalize columns of Theta
    Theta(:,k) = Theta(:,k)/norm(Theta(:,k));
104 end
```

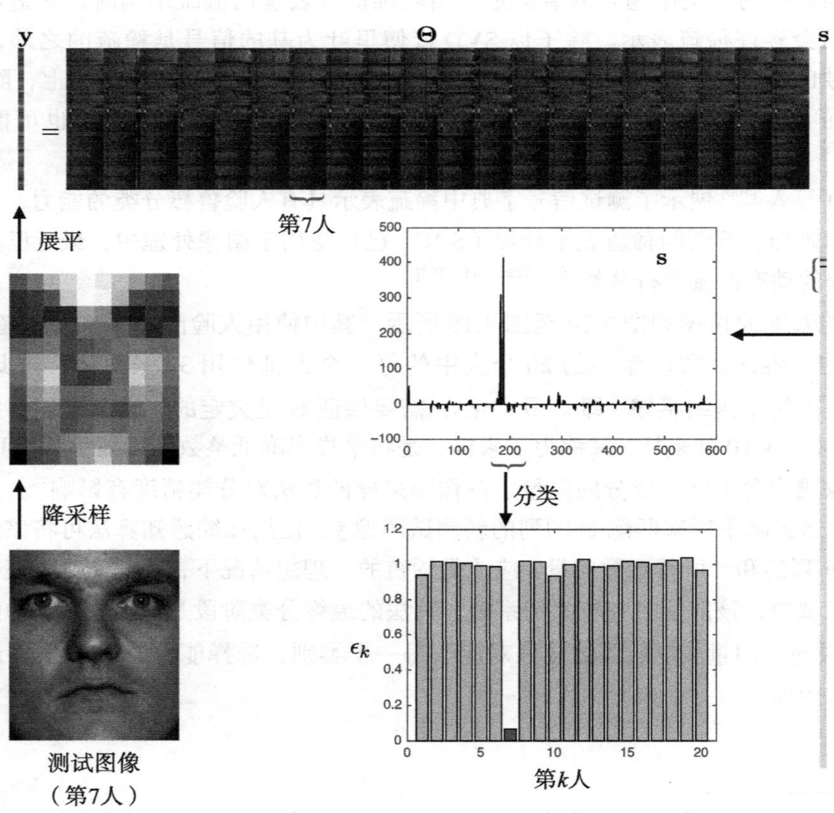

图3.14 稀疏表示分类示意图

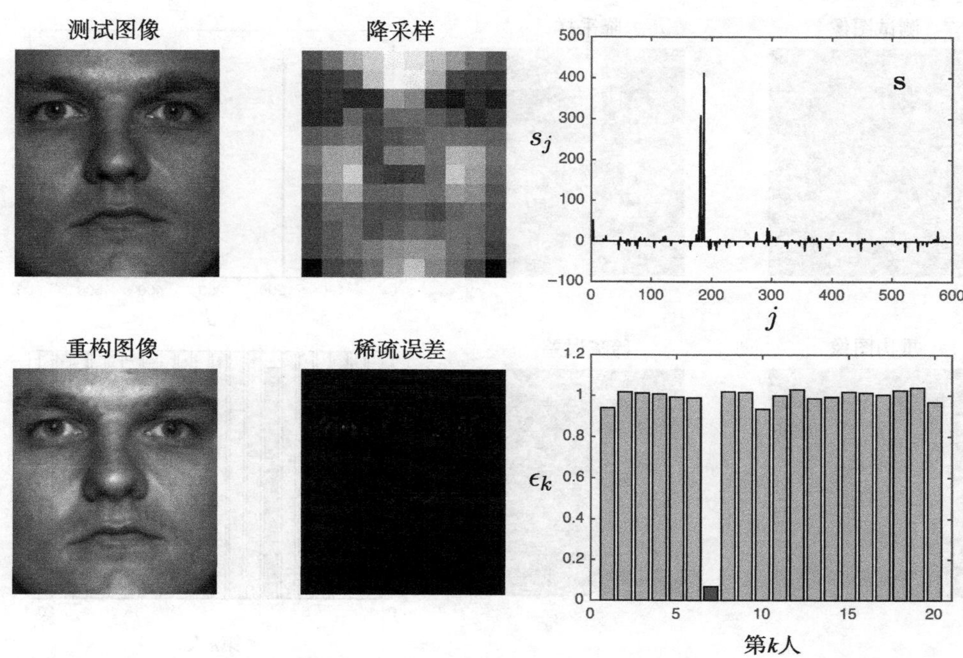

图3.15 使用人脸库演示稀疏表示分类。干净的测试图像被正确标识为库中的第7人

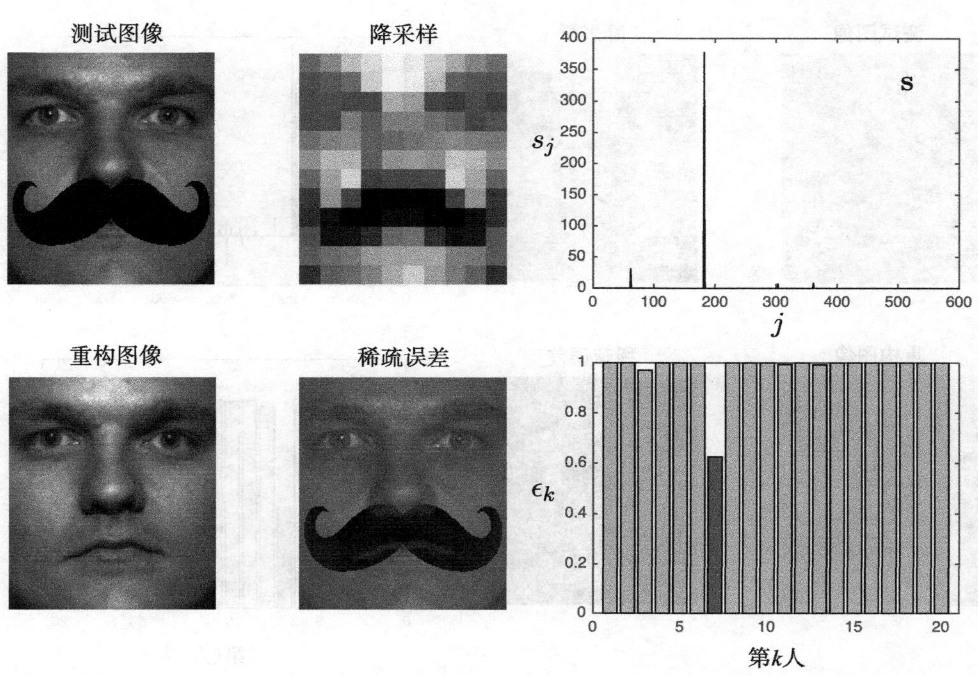

图3.16 用被假胡须遮挡的第7人的人脸示例演示稀疏表示分类 105

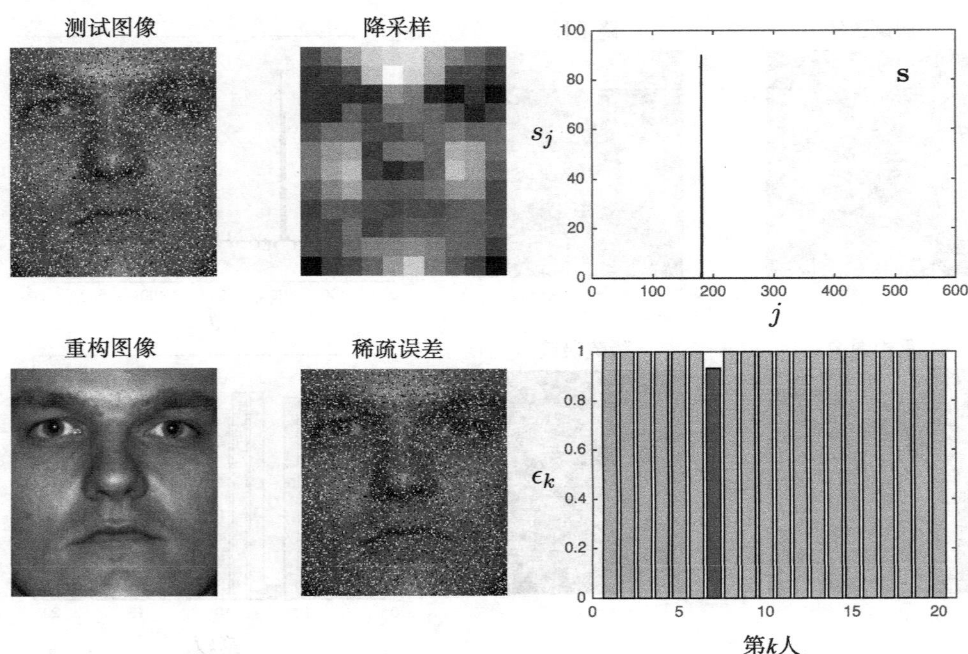

图 3.17　用具有30%遮挡像素（随机选择且均匀分布）的图像示例演示稀疏表示分类

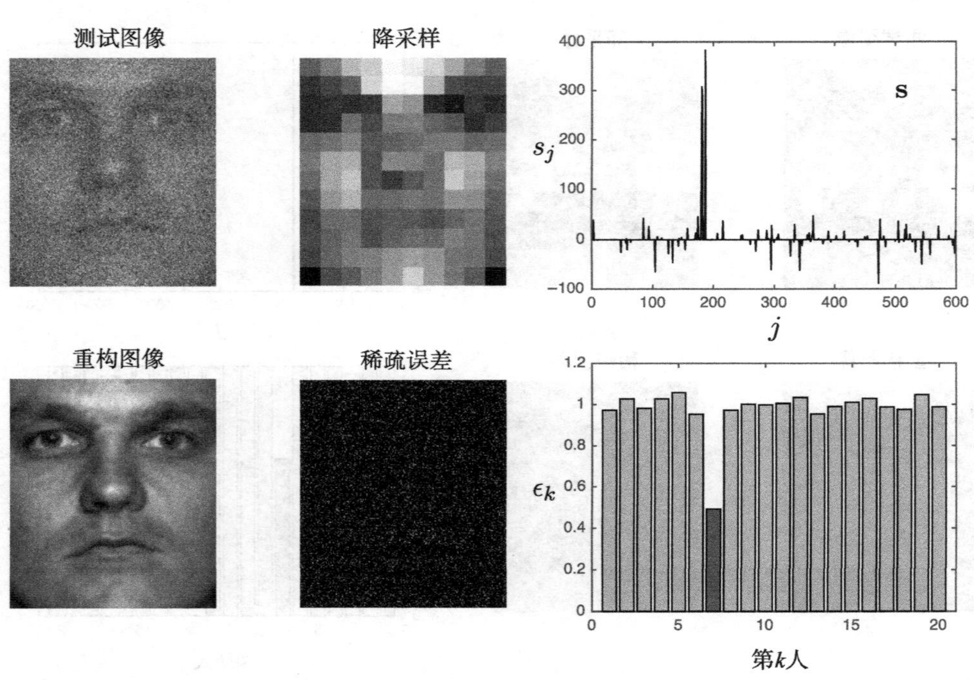

106

图3.18　图像上添加了白噪声的示例演示稀疏表示分类

代码 3.6 建立测试图像并降采样以获得 **y**。

```
x1 = Test(:,126);  % clean image
mustache = double(rgb2gray(imread('mustache.jpg'))/255);
x2 = Test(:,126).*reshape(mustache,n*m,1); % mustache
randvec = randperm(n*m);
first30 = randvec(1:floor(.3*length(randvec)));
vals30 = uint8(255*rand(size(first30)));
x3 = x1;
x3(first30) = vals30; % 30% occluded
x4 = x1 + 50*randn(size(x1));  % random noise

%% DOWNSAMPLE TEST IMAGES
X = [x1 x2 x3 x4];
Y = zeros(120,4);
for k=1:4
    temp = reshape(X(:,k),n,m);
    tempSmall = imresize(temp,[12 10],'lanczos3');
    Y(:,k) = reshape(tempSmall,120,1);
end

%% L1 SEARCH, TESTCLEAN
```

代码 3.7 搜索测试图像的稀疏表示。对于每个测试图像 **y1** 到 **y4** 使用相同的代码。

```
y1 = Y(:,1);
eps = .01;
cvx_begin;
    variable s1(M);    % sparse vector of coefficients
    minimize( norm(s1,1) );
    subject to
        norm(Theta*s1 - y1,2) < eps;
cvx_end;
plot(s1)
imagesc(reshape(Train*(s1./normTheta'),n,m))
imagesc(reshape(x1-(Train*(s1./normTheta')),n,m))

binErr = zeros(nPeople,1);
for k=1:nPeople
    L = (k-1)*nTrain+1:k*nTrain;
    binErr(k)=norm(x1-(Train(:,L)*(s1(L)./normTheta(L)')))/norm(
        x1)
end
bar(binErr)
```

3.7 鲁棒主成分分析

如 3.5 节所述，最小二乘回归模型极易受到异常值和损坏数据的影响。主成分分析（PCA）也有同样的缺点，使其在异常值方面非常脆弱。为了改善这种敏感性，Candès 等人 [110] 开发了一种鲁棒主成分分析（RPCA）方法，将数据矩阵 **X** 分解为结构化的低秩矩阵 **L** 和包含异常值和损坏数据的稀疏矩阵 **S**：

$$\mathbf{X} = \mathbf{L} + \mathbf{S} \tag{3.16}$$ 107

L 的主成分对 **S** 中的异常值和损坏数据具有鲁棒性。这种分解对许多现代热点问题都具有深远的影响，包括视频监视（背景对象出现在 **L** 中，前景对象出现在 **S** 中）、人脸识别（特征脸出现在 **L** 中，阴影遮挡等出现在 **S** 中）、自然语言处理和潜在语义索引以及排序问题[⊖]等。

从数学上讲，RPCA 的目标是找到满足以下条件的 **L** 和 **S**：

$$\min_{\mathbf{L},\mathbf{S}} \operatorname{rank}(\mathbf{L}) + \|\mathbf{S}\|_0 \text{ 满足 } \mathbf{L}+\mathbf{S}=\mathbf{X} \tag{3.17}$$

然而，$\operatorname{rank}(\mathbf{L})$ 和 $\|\mathbf{S}\|_0$ 项都不是凸的，这不是一个容易处理的优化问题。与压缩感知问题类似，可以使用式（3.17）的凸松弛关系在高概率意义下求解最优的 **L** 和 **S**：

$$\min_{\mathbf{L},\mathbf{S}} \|\mathbf{L}\|_* + \lambda\|\mathbf{S}\|_1 \text{ 满足 } \mathbf{L}+\mathbf{S}=\mathbf{X} \tag{3.18}$$

其中，$\|\cdot\|_*$ 表示核范数，由奇异值的和给出，它也代表秩的大小。值得注意的是，式（3.18）的解在高概率意义下收敛于式（3.17）的解。如果 $\lambda = 1/\sqrt{\max(n,m)}$，其中 n 和 m 是 **X** 的维度，并假定 **L** 和 **S** 满足以下条件：

（1）**L** 不是稀疏的。

（2）**S** 不是低秩的。我们假设各元素是随机分布的，它们没有低维的列空间。

式（3.17）中的凸问题称为主成分追踪（PCP），可以使用增广拉格朗日乘子（ALM）算法解决。具体来说，可以构造增广拉格朗日（augmented Lagrangian）：

$$\mathcal{L}(\mathbf{L},\mathbf{S},\mathbf{Y}) = \|\mathbf{L}\|_* + \lambda\|\mathbf{S}\|_1 + \langle \mathbf{Y}, \mathbf{X}-\mathbf{L}-\mathbf{S}\rangle + \frac{\mu}{2}\|\mathbf{X}-\mathbf{L}-\mathbf{S}\|_F^2 \tag{3.19}$$

一般解决方案是求解使 $\mathcal{L}$ 最小的 $\mathbf{L}_k$ 和 $\mathbf{S}_k$，更新拉格朗日乘子 $\mathbf{Y}_{k+1} = \mathbf{Y}_k + \mu(\mathbf{X}-\mathbf{L}_k-\mathbf{S}_k)$，然后迭代直至解收敛。对于此特定系统，交替方向方法（ADM）[337, 566] 提供了查找 **L** 和 **S** 的简单过程。

首先，构造一个收缩算子 $\mathcal{S}_\tau = \operatorname{sign}(x)\max(|x|-\tau, 0)$（MATLAB 函数 **shrink** 如下所示）。

```
function out = shrink(X,tau)
    out = sign(X).*max(abs(X)-tau,0);
end
```

接下来，构造一个奇异值阈值算子 $\mathbf{SVT}_\tau(\mathbf{X}) = \mathbf{U}\mathcal{S}_\tau(\mathbf{\Sigma})\mathbf{V}^*$（MATLAB 函数 **SVT** 如下所示）。

```
function out = SVT(X,tau)
    [U,S,V] = svd(X,'econ');
    out = U*shrink(S,tau)*V';
end
```

108

最后，可以迭代使用 $\mathcal{S}_\tau$ 和 **SVT** 算子来求解 **L** 和 **S**。

代码 3.8　使用交替方向方法（ADM）的 RPCA。

```
function [L,S] = RPCA(X)
[n1,n2] = size(X);
mu = n1*n2/(4*sum(abs(X(:))));
```

⊖ 排序问题可以从矩阵完备（矩阵完备化，又称矩阵填充（英文为 Matrix completion）。其定义为：对于一个元素缺失的矩阵，通过对其有效位置的元素进行采样，进而恢复缺失的元素。——译者注）的 Netflix Prize（Netflix Prize 是一个旨在解决电影评分预测问题的机器学习和数据挖掘的比赛。——译者注）的角度来考虑。在 Netflix Prize 数据库中，构建了一个基于用户偏好或倾向的大型矩阵，其中行对应于用户，列对应于电影。该矩阵是稀疏的，因为大多数用户只对少数电影打分。Netflix Prize 大赛旨在准确补充矩阵的缺失项，以揭示用户对未看过电影的打分。

```
lambda = 1/sqrt(max(n1,n2));
thresh = 1e-7*norm(X,'fro');

L = zeros(size(X));
S = zeros(size(X));
Y = zeros(size(X));
count = 0;
while((norm(X-L-S,'fro')>thresh)&&(count<1000))
    L = SVT(X-S+(1/mu)*Y,1/mu);
    S = shrink(X-L+(1/mu)*Y,lambda/mu);
    Y = Y + mu*(X-L-S);
    count = count + 1
end
```

在特征脸示例中使用以下代码进行了对此演示：

```
load allFaces.mat
X = faces(:,1:nfaces(1));
[L,S] = RPCA(X);
```

在此示例中，**X** 的原始列及其低阶和稀疏分量如图 3.19 所示。在此示例中，RPCA 有效填充了与阴影相对应的图像遮挡区域。在低秩分量 **L** 中，阴影被去除并用特征面上最一致的低秩特征进行了填充。此技术还可用于消除诸如假胡须、太阳镜或噪声等其他遮挡物。 109

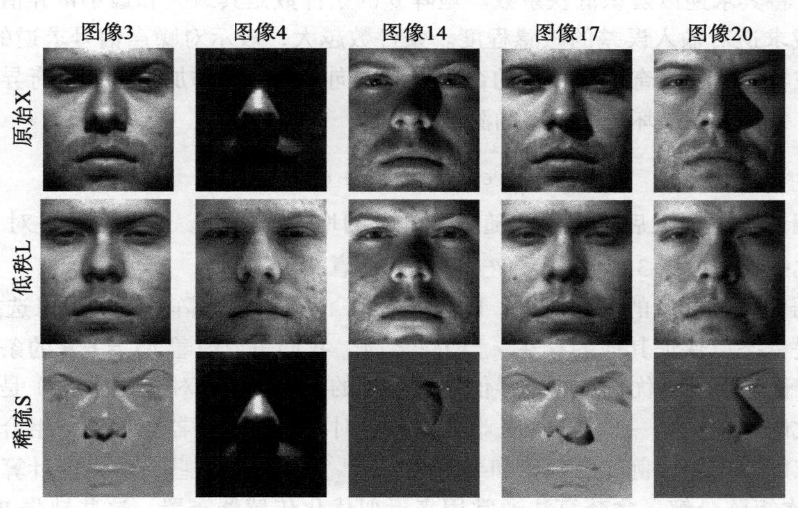

图3.19　Yale B数据库中图像使用RPCA的输出结果

3.8　稀疏传感器布置

到目前为止，我们已经在具有随机测量的通用基上研究了信号重构，例如傅里叶或小波。这提供了相当大的灵活性，因为除了假定信号在已知基上是稀疏的，没有假定的先验结构。例如，压缩感知同样适用于重构山脉、人脸或咖啡的图像等。但是，如果我们知道将要重构人脸的话，就可以通过优化针对由 SVD 构建的特定特征库 $\mathbf{\Psi}_r = \tilde{\mathbf{U}}$ 的传感器来大量减少重构或分类所需的传感器数量。

因此，可以为特定特征库设计特制的传感器，而不是像以前那样在常规库中使用随机传感器方法。近似最优的传感器位置可以通过能够很好适应大信号维数变化的快速贪婪算法来获得，例如矩阵 QR 分解等。下面的讨论将紧随着 Manohar 等人[366]和 B. Brunton 等人[89]的研究成果，并鼓励读者到那些文献中查找更多的细节。类似的方法也将用在第 12 章中的降阶模型的有效采样，在那里被称为超约简。根据第 9 章中讨论的平衡转换，相关研究还对控制系统中的传感器和执行器布置进行了扩展[365]。

优化传感器位置对于几乎所有的下游任务都很重要，包括分类、预测、估计、建模和控制等。但是，确定最优位置需要采用穷举搜索对空间中的 n 个可能位置中的 p 个传感器进行组合选择。近年来，贪婪方法和稀疏方法使这种搜索变得易于处理并且可扩展到大型问题。当传感器价格昂贵时，通过原则性选择来减少传感器的数量可能至关重要，并且还可以为低延迟、高带宽控制提供更快的状态估计。

用于重构的稀疏传感器布置

在定制库 $\mathbf{\Psi}_r \in \mathbb{R}^{n\times r}$ 中优化传感器布置的目的是设计稀疏测量矩阵 $\mathbf{C} \in \mathbb{R}^{p\times n}$，使得线性方程组的逆：

$$\mathbf{y} = \mathbf{C}\mathbf{\Psi}_r\mathbf{a} = \boldsymbol{\theta}\mathbf{a} \tag{3.20}$$

尽可能是良态的。换句话说，我们将设计 $\mathbf{C}$ 来最小化 $\mathbf{C}\mathbf{\Psi}_r = \boldsymbol{\theta}$ 的条件数，以便在给定噪声测量 $\mathbf{y}$ 的情况下将其求逆以辨识低秩系数。矩阵 $\boldsymbol{\theta}$ 的条件数是其最大和最小奇异值的比值，表示矩阵乘法或求逆对输入误差的敏感程度。条件数越大，表示对噪声信号求逆的性能越差。当信号 $\mathbf{a}$ 处在与 $\boldsymbol{\theta}$ 的最小奇异值相关的奇异向量方向上，并且添加了与最大奇异向量成一直线的噪声时，条件数是最坏情况误差的测度：

$$\boldsymbol{\theta}(\mathbf{a} + \epsilon_{\mathbf{a}}) = \sigma_{\min}\mathbf{a} + \sigma_{\max}\epsilon_{\mathbf{a}} \tag{3.21}$$

因此，通过 $\boldsymbol{\theta}$ 映射之后，信噪比随着条件数的增大而降低。所以，通过对 $\mathbf{C}$ 的原则性选择来最小化条件数。图 3.20 给出了 $p=r$ 时的示意图。

当传感器的个数同库的秩相等时，即 $p=r$ 时，$\boldsymbol{\theta}$ 是一个方阵，我们可以选择 $\mathbf{C}$ 来使该
110 矩阵尽可能是良态以保证其逆的存在。当 $p>r$ 时，我们争取改善 $\mathbf{M}=\boldsymbol{\theta}^T\boldsymbol{\theta}$ 的条件，这与伪逆有关。建立优化准则以优化最小奇异值、迹或 $\boldsymbol{\theta}$ 的行列式（相对于 $\mathbf{M}$ 而言）是可能的。但是，这些优化问题中的每一个都是 NP 难题，需要对可能的传感器布置进行组合搜索。迭代方法可用来求解该问题，例如凸优化和半定规划[74, 269]，尽管这些方法可能计算量很大，需要迭代 $n\times n$ 次矩阵分解。贪婪算法通常用来近似优化传感器布置。这些缺失 POD（gappy POD）[179]方法最初依赖于随机下采样（又称为信号抽取，即在原序列中每隔 M 个点抽取一个点，等效于在其频域上做了频道扩展）。但是，在流体动力学[555]和海洋模型[565]中，使用降阶模型（ROM）[53]的原则性采样策略展示了缺失 POD 性能的显著提升。最近，所谓的经验插值方法的多个变体（如 EIM、DEIM 和 Q-DEIM）[41, 127, 159]为降阶模型中非线性项的插值重构提供了近似最优的采样。

随机传感器。通常，可以使用随机布置的传感器来估计模态系数 $\mathbf{a}$。但是，当 $p=r$ 且传感器数等于模态数时，条件数通常会很大。实际上，矩阵 $\mathbf{\Theta}$ 通常在数值上是奇异的，而条件数接近 10^{16}。如 1.8 节所述，过采样可以快速地改进条件数，甚至在 $p=r+10$ 的情况通常也具有更好的重构性能。

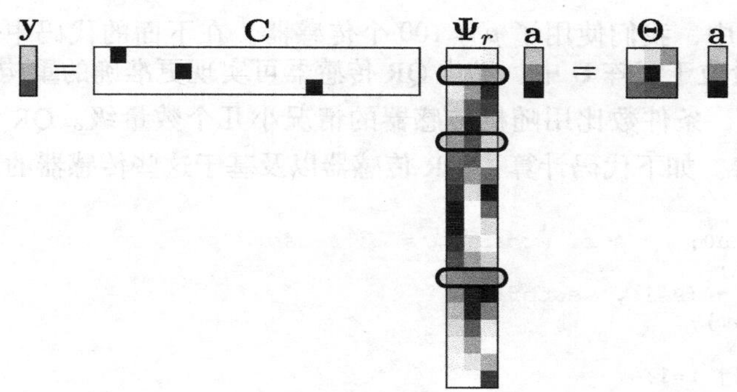

图3.20　具有r个稀疏传感器下的最小二乘提供了$\mathbf{a}$的唯一解，即$\mathbf{x}$（经Manohar等人[366]许可后复制）

稀疏传感器的 QR 旋转。Drmac 和 Gugercin [159] 针对降阶建模探索了带有列旋转 $\mathbf{\Psi}_r^T$ 的贪婪矩阵 QR 分解，它为传感器优化提供了一种特别简单有效的方法。QR 旋转方法快速、易于实现，为特定的 SVD/POD 基提供近似最优的定制传感器。QR 分解在大多数科学计算库（包括 MATLAB、LAPACK 和 NumPy）中都是优化的。另外，在获得前 p 个枢轴后就结束进程可加快 QR 分解速度。111

具有列旋转的约简矩阵 QR 分解将矩阵 $\mathbf{A} \in \mathbb{R}^{m\times n}$ 分解为一个酉矩阵 $\mathbf{Q}$、一个上三角矩阵 $\mathbf{R}$ 和一个列置换矩阵 $\mathbf{C}^T$，于是有 $\mathbf{AC}^T = \mathbf{QR}$。旋转过程提供了一种近似的贪婪解法来最小化矩阵体积（矩阵体积是行列式的绝对值）。QR 列旋转通过选择一个具有最大 2 范数的新的旋转列，然后从其他每一列中减去其在旋转列上的正交投影，以此来增加由旋转列构成的子矩阵的体积。

因此，通过列旋转进行 QR 分解可得到 r 个点传感器（枢轴），这些点可对 r 个基模态 $\mathbf{\Psi}_r$ 进行最佳采样：

$$\mathbf{\Psi}_r^T \mathbf{C}^T = \mathbf{QR} \tag{3.22}$$

基于旋转 QR 的相同原理，即通过最小化矩阵体积来控制条件数，通过对 $\mathbf{\Psi}_r\mathbf{\Psi}_r^T$ 进行旋转 QR 分解，过采样的情况得到解决：

$$(\mathbf{\Psi}_r \mathbf{\Psi}_r^T)\mathbf{C}^T = \mathbf{QR} \tag{3.23}$$

处理这两种情况的代码如下：

```
if (p==r)     % QR sensor selection, p=r
    [Q,R,pivot] = qr(Psi_r','vector');
elseif (p>r) % Oversampled QR sensors, p>r
    [Q,R,pivot] = qr(Psi_r*Psi_r','vector');
end
C = zeros(p,n);
for j=1:p
    C(j,pivot(j))=1;
end
```

示例：应用稀疏传感器重构人脸

为了在定制基上演示信号重构的概念，我们将对 1.6 节介绍的特征脸数据库设计优化的稀疏传感器。图 3.21 显示了 QR 传感器的布置和重构，以及使用随机传感器的重构情况。

112　在 $r=100$ 的模态库中，我们使用了 $p=100$ 个传感器。在下面的代码中假定已加载了人脸数据，并且奇异向量位于矩阵 $\mathbf{U}$ 中。优化 QR 传感器可实现更准确的重构，且重构误差减少为原来的 1/3。另外，条件数比用随机传感器的情况小几个数量级。QR 和随机传感器均可通过过采样得到改善。如下代码计算了 QR 传感器以及基于这些传感器的近似重构。

```
r = 100; p = 100;  % # of modes r, # of sensors p
Psi = U(:,1:r);
[Q,R,pivot] = qr(Psi','vector');
C = zeros(p,n*m);
for j=1:p
    C(j,pivot(j))=1;
end
%
Theta = C*Psi;
y = faces(pivot(1:p),1); % Measure at pivot locations
a = Theta\y;              % Estimate coefficients
faceRecon = U(:,1:r)*a;   % Reconstruct face
```

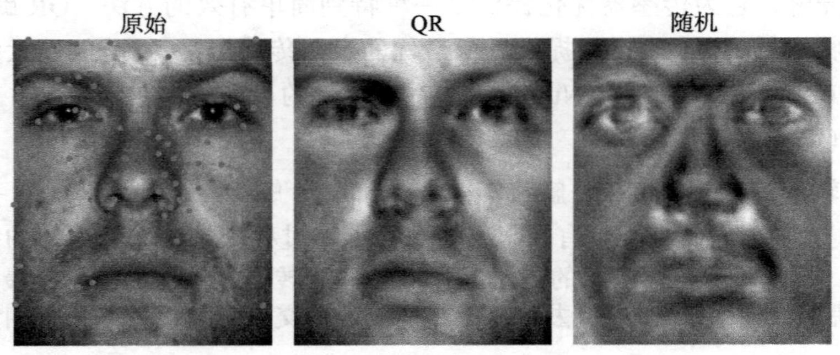

图3.21　（左）原始图像，$r=100$的模态库，$p=100$个QR传感器位置；（中）使用QR传感器进行重构；（右）使用随机传感器进行重构

稀疏分类

对于图像分类，与重构相比甚至可能需要更少的传感器。例如，可以选择包含最具鉴别信息的稀疏传感器来表征两类数据[89]。给定一个含有 r 个 SVD 模态 $\mathbf{\Psi}_r$ 的库，通过最大程度地区分两类数据，一般可以在此子空间中识别向量 $\mathbf{w}\in\mathbb{R}^r$，如 5.6 节所述和图 3.22 所示。能够映射到鉴别方向并投影出所有其他信息的稀疏传感器 $\mathbf{s}$，可通过以下方式找到：

$$\mathbf{s}=\underset{\mathbf{s}'}{\operatorname{argmin}}\|\mathbf{s}'\|_1 \quad \text{满足}\ \mathbf{\Psi}_r^T\mathbf{s}'=\mathbf{w} \tag{3.24}$$

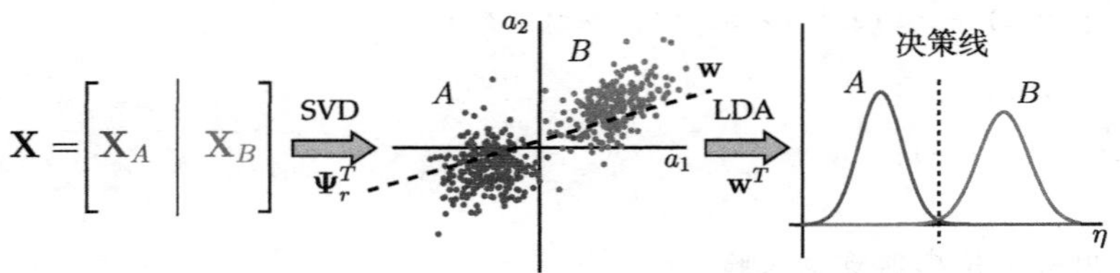

图3.22　图示SVD用于特征提取，之后LDA用于将数据自动分类为A和B两类（经Bai等人[29]许可后复制）

图 3.23 通过对狗与猫的分类，展示了稀疏传感器布置优化分类（SSPOC）的思想。库 $\mathbf{\Psi}_r$ 包含前 r 个特征码，向量 $\mathbf{w}$ 标识出猫和狗之间的关键区别。需指出的是，此向量并不关心表征狗类或猫类自身各种特征的自由度，而仅关心这两个类别之间的差异。优化的传感器与感兴趣的区域相对齐或相对应，例如眼睛、鼻子、嘴巴和耳朵等。 113

图3.23　稀疏传感器布置优化分类（SSPOC）用于优化传感器实现对狗和猫分类的示意图（经B. Brunton等人[89]许可后复制）

推荐阅读

论文和综述

(1) **Regression shrinkage and selection via the lasso**, by R. Tibshirani, *Journal of the Royal Statistical Society B*, 1996 [518].

(2) **Robust uncertainty principles: exact signal reconstruction from highly incomplete frequency information**, by E. J. Candès, J. Romberg, and T. Tao, *IEEE Transactions on Automatic Control*, 2006 [111].

(3) **Compressed sensing**, by D. L. Donoho, *IEEE Transactions on Information Theory*, 2006 [150].

(4) **Compressive sensing**, by R. G. Baraniuk, *IEEE Signal Processing Magazine*, 2007 [39].

(5) **Robust face recognition via sparse representation**, by J. Wright, A. Yang, A. Ganesh, S. Sastry, and Y. Ma, *IEEE Transactions on Pattern Analysis and Machine Intelligence*, 2009 [560].

(6) **Robust principal component analysis?**, by E. J. Candès, X. Li, Y. Ma, and J. Wright, *Journal of the ACM*, 2011 [110].

(7) **Signal recovery from random measurements via orthogonal matching pursuit**, by J. A. Tropp and A. C. Gilbert, *IEEE Transactions on Information Theory*, 2007 [529].

(8) **Data-driven sparse sensor placement**, by K. Manohar, B. W. Brunton, J. N. Kutz, and S. L. Brunton, *IEEE Control Systems Magazine*, 2018 [366]. 114

第二部分　机器学习和数据分析

第4章　回归和模型选择

所有的机器学习都是围绕优化进行的，包括回归和模型选择框架，旨在为数据提供简化的和可解释性的模型[266]。曲线拟合是回归技术的最基本方法，利用多项式和指数拟合就可得到如下线性方程组的解：

$$\mathbf{A}\mathbf{x} = \mathbf{b} \tag{4.1}$$

如果未指定模型，则可使用优化方法来选择最佳模型。这将函数拟合的潜在数学问题转化为如下线性系统的超定或欠定优化问题：

$$\underset{\mathbf{x}}{\operatorname{argmin}}\,(\|\mathbf{A}\mathbf{x}-\mathbf{b}\|_2 + \lambda g(\mathbf{x})) \tag{4.2a}$$

或

$$\underset{\mathbf{x}}{\operatorname{argmin}}\, g(\mathbf{x}) \text{ subject to } \|\mathbf{A}\mathbf{x}-\mathbf{b}\|_2 \leqslant \epsilon \tag{4.2b}$$

其中 $g(\mathbf{x})$ 是一个给定的惩罚项（对于超定系统有惩罚参数 λ）。对于超定和欠定线性方程组，这将会导致式（4.1）要么没有解要么有无穷多个解。必须合理选择约束或惩罚才能保证式（4.1）有解，这一过程也被称为正则化。例如，针对一个欠定系统，我们可以强制求取最小 ℓ_2 范数的解使得 $g(\mathbf{x}) = \min \|\mathbf{x}\|_2$。一般来说，当考虑非线性回归模型时，整体数学框架采用更通用的形式：

$$\underset{\mathbf{x}}{\operatorname{argmin}}\,(f(\mathbf{A},\mathbf{x},\mathbf{b}) + \lambda g(\mathbf{x})) \tag{4.3a}$$

或

$$\underset{\mathbf{x}}{\operatorname{argmin}}\, g(\mathbf{x}) \text{ subject to } f(\mathbf{A},\mathbf{x},\mathbf{b}) \leqslant \epsilon \tag{4.3b}$$

上述问题通常采用梯度下降算法求解。实际上，这个通用框架也是深度学习算法的核心。

图 4.1a 对于过拟合，在训练数据上增加模型复杂性或训练周期（迭代次数）会使得拟合误差减少，而在保留数据或者测试数据上拟合误差将会增大。图 4.1b 对于欠拟合，由于模型复杂性的限制，拟合误差性能是受限的。这些典型图在数据科学中无处不在，并且在评估模型时至关重要。

除了优化策略外，数据科学中的一个关注焦点是所提出的模型对数据来说是否过拟合或欠拟合。因此，交叉验证策略对于评估任何模型都是至关重要的。下面将详细讨论交叉验证，主要概念可以从图 4.1 中理解。给定的数据集必须划分为训练集、验证集和测试集 /

保留集。一个模型是根据训练数据和验证数据进行构建的，最后在测试集 / 保留集上进行测试。对于过拟合，增加模型的复杂性或训练周期（迭代次数）可改善在训练集上的误差，同
115~117 时会导致在测试集 / 保留集上的误差增加。图 4.1a 显示了数据过拟合的典型行为，该图表明，为了避免过拟合，模型复杂度和 / 或训练周期的作用是有限的。相比较，欠拟合限制了获得良好模型的能力，如图 4.1b 所示。但是，人们并不总是很清楚所建立的模型是否欠拟合，或者所建立的模型是否仍需要改进，此时交叉验证就显得极为重要。交叉验证已经自动包含在 MATLAB 的大多数机器学习算法内。

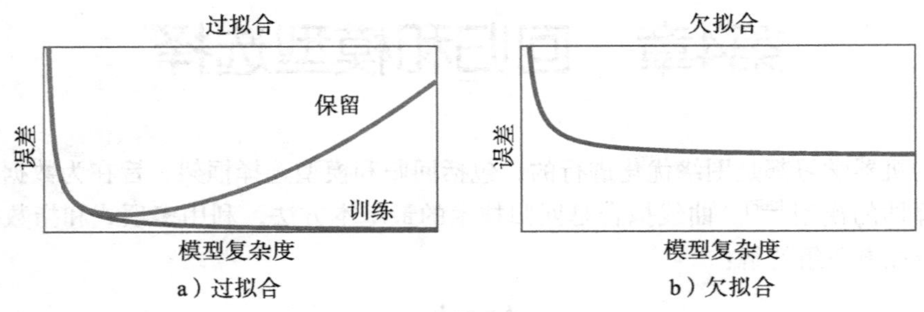

a）过拟合　　b）欠拟合

图4.1　数据过拟合和欠拟合时的典型行为

接下来的几章将概述如何在实践中进行优化和交叉验证，并将重点介绍如何选择对 $g(\mathbf{x})$ 有意义的约束和结构，以获得可解释的解。实际上，目标（损失）函数 $f(\cdot)$ 和正则化 $g(\cdot)$ 在确定易于计算的优化策略时同等重要。大部分时候会选择适当的代理损失函数和正则化函数，以实现对真正优化目标的近似。这些选择在很大程度上取决于应用领域和所考虑的数据。

4.1　经典曲线拟合

曲线拟合是数据科学中最基础和最基本的工具之一。从我们在工程学和物理科学方面的早期教育经验来看，提倡使用最小二乘多项式拟合来理解实际数据的主要趋势。勒让德（Andrien-Marie Legendre）早在 1805 年就使用最小二乘法来拟合天文数据 [328]，高斯在 1821 年的开创性贡献中更加充分地将最小二乘理论发展成为一个最优化问题 [197]。鉴于行星和彗星表现出简单的椭圆轨道（二次多项式函数），曲线拟合在这种天文应用中是非常有效的。因此，我们可以说，数据科学长期以来一直是科学发展的基石。实际上，开普勒正是通过第谷·布拉赫最新的天文数据，经过 11 年的研究后，他能够为行星运动定律奠定基础，并假设行星轨道具备椭圆性质，这些显然是对现有数据的最佳拟合解 [285]。

118 在本书中，曲线拟合的一个广义数学观点即是回归。像曲线拟合一样，回归尝试使用各种统计工具来估计变量之间的关系。具体来说，可以考虑自变量 **X**、因变量 **Y** 和某些未知参数 $\boldsymbol{\beta}$ 之间的一般关系：

$$\mathbf{Y} = f(\mathbf{X}, \boldsymbol{\beta}) \tag{4.4}$$

其中通常规定了回归函数 $f(\cdot)$，并且通过优化该函数对数据的拟合优度来找到参数 $\boldsymbol{\beta}$。接下来，我们将曲线拟合视为回归的一种特殊情况。重要的是，回归和曲线拟合可通过优化发现变量之间的关系。广义上讲，机器学习是围绕回归技术构建的，回归技术本身则是围绕基于数据的优化而构建的。因此，从绝对的数学核心上来讲，机器学习和数据科学都是围绕

一个假定的优化问题而展开的。当然，优化问题本身的成功关键取决于定义一个待优化的目标函数。

最小二乘拟合方法

为了说明回归的概念，我们可以用经典的最小二乘多项式拟合来表征数据趋势。这个概念很简单：通过最小化所选函数 $f(\cdot)$ 及其对数据的拟合之间的平方和误差，可用一个简单的函数来描述数据趋势。如此，经典曲线拟合可表述为 $\mathbf{Ax} = \mathbf{b}$ 的简单解。

考虑一组 n 个数据点：

$$(x_1, y_1),\ (x_2, y_2),\ (x_3, y_3),\ \cdots,\ (x_n, y_n) \tag{4.5}$$

此外，假设我们希望找到一条通过这些点的最佳拟合直线，可以用如下函数来近似这条直线：

$$f(x) = \beta_1 x + \beta_2 \tag{4.6}$$

其中，常数 β_1 和 β_2 是式（4.4）向量 $\boldsymbol{\beta}$ 中的参数，用来最小化与拟合相关的误差。直线拟合给出了线性回归模型 $\mathbf{Y} = f(\mathbf{A}, \boldsymbol{\beta}) = \beta_1\mathbf{X} + \beta_2$。因此，该函数提供了一个线性模型来拟合数据，每个点的逼近误差为：

$$f(x_k) = y_k + E_k \tag{4.7}$$

其中 y_k 是数据的真值，E_k 是该值的拟合误差。

使用给定函数 $f(x)$ 进行逼近时，可以将各种误差度量最小化。在本章中，选择合适的误差度量或范数用于计算拟合优度是至关重要的。通常考虑三类标准的误差度量，分别与 ℓ_2（最小二乘）范数、ℓ_1 范数和 ℓ_∞ 范数相关。这些误差度量定义如下：

$$E_\infty(f) = \max_{1<k<n} |f(x_k) - y_k|, \qquad \text{最大误差}（\ell_\infty） \tag{4.8a}$$

$$E_1(f) = \frac{1}{n}\sum_{k=1}^{n} |f(x_k) - y_k|, \qquad \text{平均绝对误差}（\ell_1） \tag{4.8b}$$

$$E_2(f) = \left(\frac{1}{n}\sum_{k=1}^{n} |f(x_k) - y_k|^2\right)^{1/2}, \qquad \text{最小二乘误差}（\ell_2） \tag{4.8c}$$ 119

这些回归误差指标尽管已在第 1 章中进行过讨论，但在这里的模型选择框架中将再次考虑。除上述范数外，还可以根据 ℓ_p 范数考虑更广义的误差度量：

$$E_p(f) = \left(\frac{1}{n}\sum_{k=1}^{n} |f(x_k) - y_k|^p\right)^{1/p} \tag{4.9}$$

对于不同的 p 值，所得到的最佳拟合曲线也是不同的。在大多数情况下，这种差别很小。然而，当数据中含有异常值时，范数的选择对曲线拟合将会产生重要的影响。

在将曲线拟合到一组数据时，通常选择均方根（RMS）误差（4.8c）并对其最小化。这一过程称为最小二乘拟合。图 4.2 描绘了三种直线拟合情况，它们分别使先前列出的误差 E_∞、E_1 和 E_2 最小化。满足 E_∞ 误差的直线拟合明显受一个不符合数据趋势的数据点的影响；满足 E_1 和 E_2 的直线可以很好地拟合大部分数据，尽管与数据没异常值时相比它们的斜率有很大不同。满足这三个误差度量的线性模型可使用 MATLAB 中的 **fminsearch** 命令来构建。这三个线性拟合的代码如下所示：

代码 4.1 线性拟合回归。

```
% The data
x=[1 2 3 4 5 6 7 8 9 10]
y=[0.2 0.5 0.3 3.5 1.0 1.5 1.8 2.0 2.3 2.2]

p1=fminsearch('fit1',[1 1],[],x,y);
120 p2=fminsearch('fit2',[1 1],[],x,y);
p3=fminsearch('fit3',[1 1],[],x,y);

xf=0:0.1:11
y1=polyval(p1,xf); y2=polyval(p2,xf); y3=polyval(p3,xf);

subplot(2,1,2)
plot(xf,y1,'k'), hold on
plot(xf,y2,'k--','Linewidth',[2])
plot(xf,y3,'k','Linewidth',[2])
plot(x,y,'ro','Linewidth',[2]), hold on
```

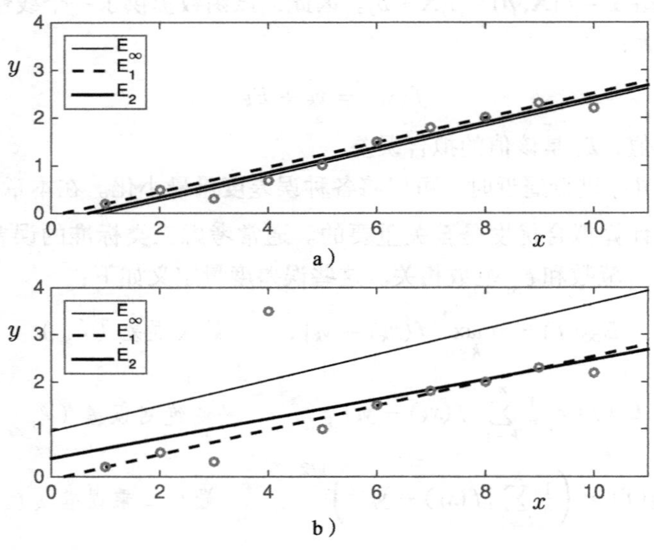

a)

b)

图4.2 对应三种不同误差度量 E_∞、E_1 和 E_2 的直线拟合情况。图a中，数据没有异常值，并且尽管三个线性模型各不相同，但产生的模型大致相同。对于有异常值的情况，图b中表明预测模型存在显著差异

对于每个误差度量，必须计算误差度量（4.8）。**fminsearch** 命令要求必须先给出最小化的目标函数。对于所考虑的三个误差度量，将为 **fminsearch** 产生如下一组函数。

代码 4.2 最大误差 ℓ_∞。

```
function E=fit1(x0,x,y)
E=max(abs( x0(1)*x+x0(2)-y ));
```

代码 4.3 绝对误差和 ℓ_1。

```
function E=fit2(x0,x,y)
E=sum(abs( x0(1)*x+x0(2)-y ));
```

代码 4.4　最小二乘误差 ℓ_2。

```
function E=fit3(x0,x,y)
E=sum(abs( x0(1)*x+x0(2)-y ).^2 );
```

最后，对于异常值数据，则是在数据中添加了一个额外的点，以此来帮助说明误差度量对生成线性回归模型的影响。

代码 4.5　包含异常值的数据。

```
x=[1 2 3 4 5 6 7 8 9 10]
y=[0.2 0.5 0.3 0.7 1.0 1.5 1.8 2.0 2.3 2.2]
```

最小二乘直线

线性模型的最小二乘拟合比其他范数和度量具有显著优势。具体来说，由于误差可以解析计算，因此优化过程很简便。为了明确说明这一点，可考虑将最小二乘拟合判据用于数据点 (x_k, y_k)，$k=1,2,3,\cdots,n$。为了用如下曲线：

$$f(x)=\beta_1 x+\beta_2 \tag{4.10}$$

拟合这些数据，通过最小化下式得到误差 E_2：

$$E_2(f)=\sum_{k=1}^{n}|f(x_k)-y_k|^2=\sum_{k=1}^{n}(\beta_1 x_k+\beta_2-y_k)^2 \tag{4.11}$$

最小化式（4.11）求和需要进行微分运算。具体来说，选择常数 β_1 和 β_2 使最小值出现。因此，我们要求：$\partial E_2/\partial\beta_1=0$，并且 $\partial E_2/\partial\beta_2=0$。请注意，尽管零导数可以表示最小值或最大 121
值，但我们知道这必须是误差的最小值，因为没有最大误差，即我们总能选择一条误差较大的直线。最小化条件为：

$$\frac{\partial E_2}{\partial\beta_1}=0:\quad \sum_{k=1}^{n}2(\beta_1 x_k+\beta_2-y_k)x_k=0 \tag{4.12a}$$

$$\frac{\partial E_2}{\partial\beta_2}=0:\quad \sum_{k=1}^{n}2(\beta_1 x_k+\beta_2-y_k)=0 \tag{4.12b}$$

重新排列后，得到关于 A 和 B 的 2×2 线性方程组：

$$\begin{pmatrix}\sum_{k=1}^{n}x_k^2 & \sum_{k=1}^{n}x_k\\ \sum_{k=1}^{n}x_k & n\end{pmatrix}\begin{pmatrix}\beta_1\\ \beta_2\end{pmatrix}=\begin{pmatrix}\sum_{k=1}^{n}x_k y_k\\ \sum_{k=1}^{n}y_k\end{pmatrix}\longrightarrow \mathbf{Ax}=\mathbf{b} \tag{4.13}$$

可以使用 MATLAB 中的反斜杠命令来求解此线性方程组。因此，优化过程是不需要的，从 2×2 矩阵可精确地计算出该解。

此方法可以轻松地推广到高阶多项式拟合。特别地，对一组数据进行抛物线拟合需要如下拟合函数：

$$f(x)=\beta_1 x^2+\beta_2 x+\beta_3 \tag{4.14}$$

其中，必须要确定三个常数 β_1、β_2 和 β_3。这三个常数可以求解使误差 $E_2(\beta_1,\beta_2,\beta_3)$ 最小化的 3×3 系统来得到，即

$$\frac{\partial E_2}{\partial \beta_1}=0 \tag{4.15a}$$

$$\frac{\partial E_2}{\partial \beta_2}=0 \tag{4.15b}$$

$$\frac{\partial E_2}{\partial \beta_3}=0 \tag{4.15c}$$

实际上，任何 k 次多项式拟合都会产生一个 $(k+1)\times(k+1)$ 的线性方程组 $\mathbf{Ax}=\mathbf{b}$，进而可得到该解。

数据线性化

尽管最小二乘是一种强有力的方法，但是对任意函数的通用拟合的最小化过程会导致方程组的求解是非平凡的。具体来说，考虑将数据拟合到指数函数：

$$f(x)=\beta_2\exp(\beta_1 x) \tag{4.16}$$

要最小化的误差是：

$$E_2(\beta_1,\beta_2)=\sum_{k=1}^{n}(\beta_2\exp(\beta_1 x_k)-y_k)^2 \tag{4.17}$$

应用最小化条件会得到：

122

$$\frac{\partial E_2}{\partial \beta_1}=0:\quad \sum_{k=1}^{n}2(\beta_2\exp(\beta_1 x_k)-y_k)\beta_2 x_k\exp(\beta_1 x_k)=0 \tag{4.18a}$$

$$\frac{\partial E_2}{\partial \beta_2}=0:\quad \sum_{k=1}^{n}2(\beta_2\exp(\beta_1 x_k)-y_k)\exp(\beta_1 x_k)=0 \tag{4.18b}$$

进而产生 2×2 系统：

$$\beta_2\sum_{k=1}^{n}x_k\exp(2\beta_1 x_k)-\sum_{k=1}^{n}x_k y_k\exp(\beta_1 x_k)=0 \tag{4.19a}$$

$$\beta_2\sum_{k=1}^{n}\exp(2\beta_1 x_k)-\sum_{k=1}^{n}y_k\exp(\beta_1 x_k)=0 \tag{4.19b}$$

该方程组是非线性的，不能直接求解。实际上，可能甚至不存在解，或可能存在许多解。4.2节中描述了一种可能的迭代过程，称为梯度下降，可用于求解这类非线性方程组。

为了避免求解这个非线性系统的困难，可以通过如下变换将指数拟合线性化：

$$Y=\ln(y) \tag{4.20a}$$

$$X=x \tag{4.20b}$$

$$\beta_3=\ln\beta_2 \tag{4.20c}$$

然后拟合函数：

$$f(x)=y=\beta_2\exp(\beta_1 x) \tag{4.21}$$

可以通过对其两边取自然对数来线性化：

$$\ln y = \ln(\beta_2 \exp(\beta_1 x)) = \ln \beta_2 + \ln(\exp(\beta_1 x)) = \beta_3 + \beta_1 x \Longrightarrow Y = \beta_1 X + \beta_3 \tag{4.22}$$

通过拟合 y 数据的自然对数：

$$(x_i, y_i) \to (x_i, \ln y_i) = (X_i, Y_i) \tag{4.23}$$

则指数函数的曲线拟合成为易于解决的线性拟合问题。因此，如果存在使数据线性化的变换，则可以使用标准多项式拟合方法来求解所得到的线性系统 $\mathbf{Ax} = \mathbf{b}$。

4.2 非线性回归与梯度下降

多项式拟合和指数曲线拟合能够得到易于分析、最佳拟合的最小二乘解，但是这样的曲线拟合是高度专业的，而且为解决更广泛的问题需要更综合的数学知识框架。例如，希望将形如 $f(x) = \beta_1\cos(\beta_2 x + \beta_3) + \beta_4$ 的非线性函数拟合到数据集。一般的非线性曲线拟合得到的不是线性方程组，而是非线性方程组。非线性回归的一般理论假设拟合函数具用如下一般形式：

$$f(x) = f(x, \boldsymbol{\beta}) \tag{4.24}$$ 123

其中 $m < n$ 个拟合系数 $\boldsymbol{\beta} \in \mathbb{R}^n$ 用于最小化误差。均方根误差则定义为：

$$E_2(\boldsymbol{\beta}) = \sum_{k=1}^{n} (f(x_k, \boldsymbol{\beta}) - y_k)^2 \tag{4.25}$$

考虑针对每个参数 β_j 最小化而生成的 $m \times m$ 系统，上式可以被最小化：

$$\frac{\partial E_2}{\partial \beta_j} = 0,\ j = 1, 2, \cdots, m \tag{4.26}$$

这给出了非线性方程组：

$$\sum_{k=1}^{n} (f(x_k, \boldsymbol{\beta}) - y_k) \frac{\partial f}{\partial \beta_j} = 0,\ j = 1, 2, 3, \cdots, m \tag{4.27}$$

目前，还没有求解此类非线性系统的通用方法。实际上，非线性系统可能没有解，也可能有几个解，甚至可能有无穷多个解。求解非线性系统的大多数尝试都是基于迭代方案，这些方案需要一个很好的初始猜测才能收敛到全局最小误差。一般的拟合过程是直接的，可以构建最佳拟合曲线以匹配数据。在这样的求解过程中，用户必须提供合理的初始猜测。否则，可能无法快速收敛到期望的根。

凸函数有许多收敛性的保证，而非凸函数有很多陷阱，可能会限制梯度下降算法的成功求解。对于非凸函数，局部极小值和无法计算梯度方向（导数接近为零）使优化具有挑战性。

图 4.3 给出了两个需要最小化的函数示例。第一个是凸函数，如图 4.3a 所示。凸函数是理想的，因为它保证了许多算法存在收敛性，并且对这些凸函数可以调节梯度下降算法使其表现更加出色。第二个是非凸函数，如图 4.3b 所示，展示了许多与梯度下降相关的典型问题，包括函数具有多个局部最小值，以及梯度难以实际计算（即梯度近似为零）的平坦区
域。优化此类非凸函数需要对梯度下降算法的初始条件有一个很好的猜测，目前在重新表述 124
梯度下降算法并确保其不陷入局部极小等方面已经取得许多进展。近年来，深度神经网络的

训练算法已经极大地促进了梯度下降算法的创新，这将在第 6 章中关于神经网络的部分进一步讨论。

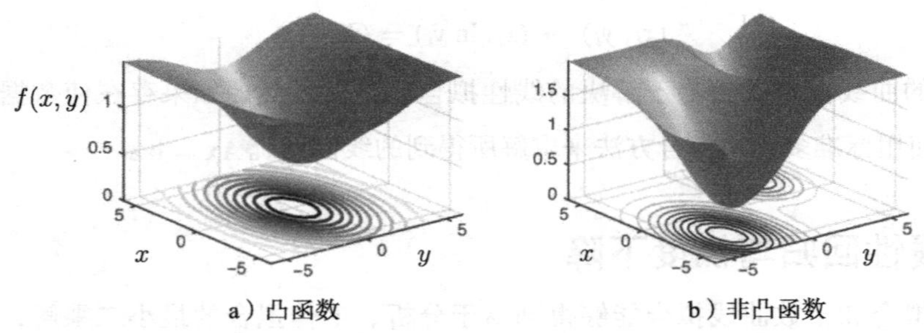

a）凸函数　　b）非凸函数

图 4.3　表示凸函数和非凸函数的两个目标函数图

梯度下降

对于高维系统，我们推广了最小值或最大值的概念，即多维函数 $f(\mathbf{x})$ 的极值。在极值处，梯度必须为零，这样有：

$$\nabla f(\mathbf{x}) = \mathbf{0} \tag{4.28}$$

由于鞍点存在于较高维度的空间中，因此必须测试极值点是最小值还是最大值。梯度下降或最陡下降算法背后的思想是，使用导数信息作为迭代算法的基础，由此逐渐收敛到 $f(\mathbf{x})$ 的局部最小值。

为了说明如何进行实际操作，考虑简单的二维表面：

$$f(x, y) = x^2 + 3y^2 \tag{4.29}$$

它在原点 $(x, y) = 0$ 处有且仅有一个最小值。这个函数的梯度为：

$$\nabla f(\mathbf{x}) = \frac{\partial f}{\partial x}\hat{\mathbf{x}} + \frac{\partial f}{\partial y}\hat{\mathbf{y}} = 2x\hat{\mathbf{x}} + 6y\hat{\mathbf{y}} \tag{4.30}$$

其中，$\hat{\mathbf{x}}$ 和 $\hat{\mathbf{y}}$ 分别是 x 和 y 方向上的单位向量。

在图片上方，在给定初始猜测值 $(x, y) = (3,2)$ 情况下，绘制了迭代算法中每一个连续值 (x, y) 的等高线。值得注意的是，最陡下降算法中每个相继的梯度都是正交的。图片底部演示了误差（E）快速收敛到最小（最优）解的过程。

图 4.4 展示了梯度最陡下降算法。在初始猜测点，梯度 $\nabla f(\mathbf{x})$ 被计算出来，由此给出了朝向 $f(\mathbf{x})$ 的最小值的最陡下降方向，即最小值位于由 $-\nabla f(\mathbf{x})$ 给出的方向上。请注意，梯度并不是指向最小值，而是给出了使 $f(\mathbf{x})$ 最小的局部最陡路径。最陡下降的几何形状给出了算法的一种构造方法，即迭代中的下一个点遵循最陡下降来选择，从而有：

$$\mathbf{x}_{k+1}(\delta) = \mathbf{x}_k - \delta\nabla f(\mathbf{x}_k) \tag{4.31}$$

其中，参数 δ 决定了沿梯度下降曲线可移动多远。此公式是牛顿法的推广，其中导数用来计算迭代方案中的更新信息。在梯度下降中，至关重要的是根据计算出的梯度确定前进多少步，以使算法始终以最佳方式下山。这需要确定算法中正确的 δ 值。

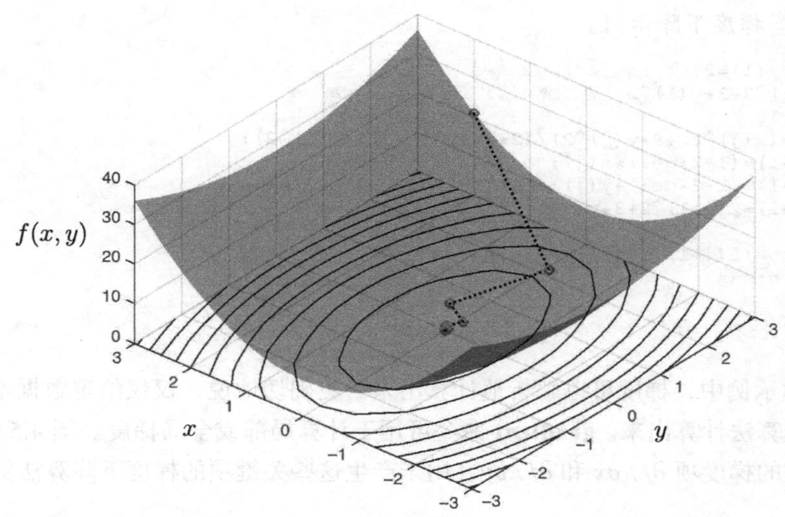

图4.4 梯度下降算法用于函数 $f(x)=x^2+3y^2$

为了计算 δ 的值，构造一个新的函数：

$$F(\delta)=f(\mathbf{x}_{k+1}(\delta)) \tag{4.32}$$

对其最小化以求取 δ 的函数，这是通过计算 $\partial F/\partial\delta=0$ 来实现的。因此，我们得到：

$$\frac{\partial F}{\partial\delta}=-\nabla f(\mathbf{x}_{k+1})\nabla f(\mathbf{x}_k)=0 \tag{4.33}$$ 125

该结果的几何解释如下：$\nabla f(\mathbf{x}_k)$ 是当前迭代点的梯度方向，而 $\nabla f(\mathbf{x}_{k+1})$ 是未来点的梯度方向，这样可通过选择 δ 以使两个梯度方向是正交的。

对于上面给出的示例 $f(x)=x^2+3y^2$，我们可以根据下式计算此条件：

$$\mathbf{x}_{k+1}=\mathbf{x}_k-\delta\nabla f(\mathbf{x}_k)=(1-2\delta)x\ \hat{\mathbf{x}}+(1-6\delta)y\ \hat{\mathbf{y}} \tag{4.34}$$

该表达式用于计算：

$$F(\delta)=f(\mathbf{x}_{k+1}(\delta))=(1-2\delta)^2x^2+3(1-6\delta)^2y^2 \tag{4.35}$$

从而它对 δ 的导数为：

$$F'(\delta)=-4(1-2\delta)x^2-36(1-6\delta)y^2 \tag{4.36}$$

令 $F'(\delta)=0$，则有：

$$\delta=\frac{x^2+9y^2}{2x^2+54y^2} \tag{4.37}$$

作为最优下降步长。请注意，δ 的长度会随着算法的进行而更新。这为我们用最速下降搜索算法求取给定函数的最小值提供了所有必要信息。 126

很明显，这种基于导数信息的下降搜索算法与用来在一维和高维空间寻根的牛顿法很类似。图 4.4 展示了该凸函数快速收敛到最小值的情况。此外，梯度下降算法是高级迭代求解器的核心算法，例如双共轭梯度下降方法（BICGSTAB）和广义残差方法（GMRES）等[220]。

代码 4.6　梯度下降示例。

```
x(1)=3; y(1)=2; % initial guess
f(1)=x(1)^2+3*y(1)^2; % initial function value
for j=1:10
    del=(x(j)^2 +9*y(j)^2)/(2*x(j)^2 + 54*y(j)^2);
    x(j+1)=(1-2*del)*x(j); % update values
    y(j+1)=(1-6*del)*y(j);
    f(j+1)=x(j+1)^2+3*y(j+1)^2;

    if abs(f(j+1)-f(j))<10^(-6) % check convergence
        break
    end
end
```

在上面的示例中，梯度可以解析地计算出来。更确切地说，仅仅给定数据本身，梯度就可以使用数值算法计算出来。**gradient** 命令可用于计算局部或全局梯度。图 4.5 给出了图 4.3 所示两个函数的梯度项 $\partial f/\partial x$ 和 $\partial f/\partial y$。用于产生这些关键项的梯度下降算法的代码如下：

```
[dfx,dfy]=gradient(f,dx,dy);
```

其中函数 $f(x,y)$ 是根据已知函数或直接依靠数据而计算得到的二维函数，输出是离散域上包含 $\partial f/\partial x$ 和 $\partial f/\partial y$ 信息值的矩阵。可以使用该梯度来近似局部或全局梯度以执行梯度下降。下面的代码（其输出结果如图 4.6 所示）使用 **interp2** 函数来提取图 4.3b 中的函数值和函数的梯度。

代码 4.7　利用插值法计算梯度下降示例。

```
x(1)=x0(jj); y(1)=y0(jj);
f(1)=interp2(X,Y,F,x(1),y(1));
dfx=interp2(X,Y,dFx,x(1),y(1));
dfy=interp2(X,Y,dFy,x(1),y(1));

for j=1:10
    del=fminsearch('delsearch',0.2,[],x(end),y(end),dfx,dfy,X,Y,
        F); % optimal tau
    x(j+1)=x(j)-del*dfx; % update x, y, and f
    y(j+1)=y(j)-del*dfy;
    f(j+1)=interp2(X,Y,F,x(j+1),y(j+1));
    dfx=interp2(X,Y,dFx,x(j+1),y(j+1));
    dfy=interp2(X,Y,dFy,x(j+1),y(j+1));

    if abs(f(j+1)-f(j))<10^(-6) % check convergence
        break
    end
end
```

127 在这段代码中，**fminsearch** 命令用于找到正确的 δ 值。优化迭代步长大小的函数由如下代码给出：

```
function mindel=delsearch(del,x,y,dfx,dfy,X,Y,F)
x0=x-del*dfx;
y0=y-del*dfy;
mindel=interp2(X,Y,F,x0,y0);
```

这个讨论只对梯度下降法提供了的基本介绍。更广泛的创新已经被尝试用来加速这一主要的非线性优化过程，如交替下降法等。一些创新性内容将在神经网络相关章节中进一步讨论，梯度下降算法在神经网络训练中将起到关键作用。目前，人们可以发现，这种非线性优化过程存在许多重要议题，包括如何确定初始猜测值和步长 δ 以及更有效地计算梯度等。

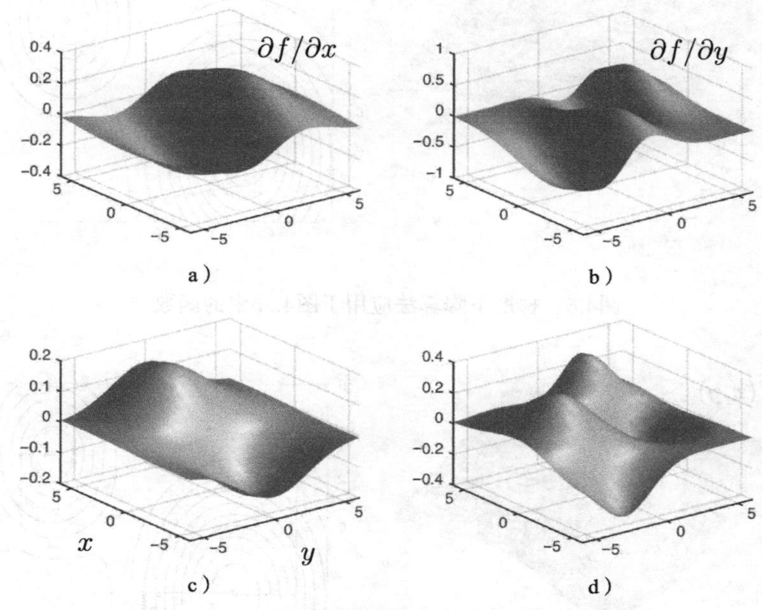

图4.5　图4.3中所示的两个函数的梯度计算

图 4.5 左侧图片中，图 a 和图 c 分别绘制出了图 4.3a 中计算得到的梯度项 $\partial f / \partial x$ 和 $\partial f / \partial y$，而在右侧图片中，图 b 和图 d 分别绘制出了图 4.3b 中计算得到的相应梯度项。**gradient** 命令以数值方式生成梯度。

交替下降法

优化多变量非线性函数的另一种常用技术是交替下降方法（ADM），无须在多个变量中计算梯度，而是一次只对一个变量进行迭代优化。对于刚刚演示的示例而言，进行梯度计算是不必要的。基本策略很简单：一次只对一个变量优化，在保持其他变量不变的情况下寻找其最小值。在遍历每个变量一次之后，重复该过程，直至达到所需的收敛为止。下面的代码
显示了图 4.6 示例的部分迭代过程。该方法替代了梯度计算以产生迭代更新。 128

代码 4.8　交替下降法用于更新求解。

```
fx=interp2(X,Y,F,xa(1),y); xa(2)=xa(1); [~,ind]=min(fx); ya(2)=y
    (ind);
fy=interp2(X,Y,F,x,ya(2)); ya(3)=ya(2); [~,ind]=min(fy); xa(3)=x
    (ind);
```

图 4.6 中，三个初始条件分别为：$(x_0, y_0) = \{(4, 0), (0, -5), (-5, 2)\}$。第一个初始条件（右上圆圈）陷入局部最小值，而其他两个初始条件（左下圆圈）则找到了全局最小值。图 4.5 中的梯度函数插值法用于更新求解。

图 4.7 中，三个初始条件分别为：$(x_0, y_0) = \{(4, 0), (0, -5), (-5, 2)\}$。第一个初始条件（右上圆圈）陷入局部最小值，而其他两个初始条件（左下圆圈）则找到全局最小值。不用计算梯度就能更新求解。与图 4.6 相比，本方法能快速收敛。

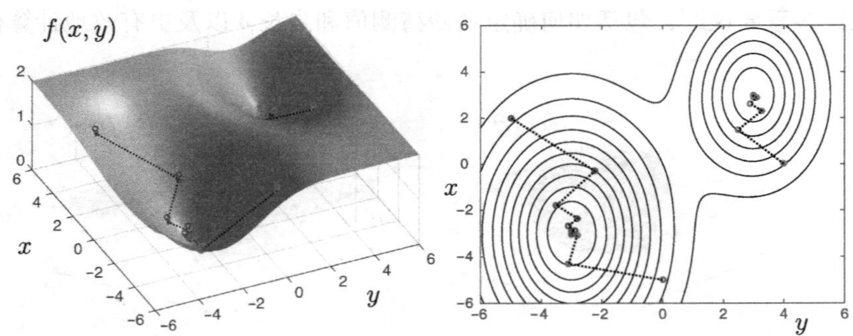

图4.6 梯度下降算法应用于图4.3b中的函数

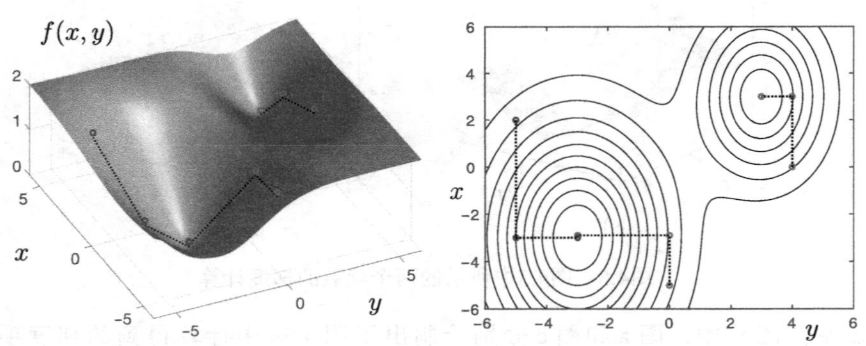

图4.7 交替下降法用于图4.3b中的函数

由于交替下降法仅需要一次沿一个变量进行直线搜索，这样无形中加快了计算速度，而
129 且该方法是无须求导数的，这在许多应用中更具有吸引力。

4.3 回归与方程组Ax = b：超定和欠定系统

如前两节所示，曲线拟合会导致优化问题。在许多情况下，优化问题数学上可描述为求解线性方程组 $\mathbf{Ax} = \mathbf{b}$。在继续讨论模型选择和相应的各种优化方法之前，考虑到在现代数据科学中的许多情况下，线性系统 $\mathbf{Ax} = \mathbf{b}$ 通常为大规模超定或欠定系统，这是具有启发意义的。超定系统的约束（方程）个数比未知变量多，而欠定系统的未知变量个数比约束多。因此，在前一种情况下，通常没有满足线性方程组的解，需要找到近似解以最小化给定误差。在后一种情况下，解的个数有无穷多个，但为了选择一个合适的唯一解必须对约束做出一些取舍。本节重点介绍用于优化的两个不同范数（ℓ_2 和 ℓ_1），它们被用于求解超定和欠定情况下的 $\mathbf{Ax} = \mathbf{b}$。范数的选取对获得的最优解有着深刻的影响。

在继续讨论之前应注意，此处考虑的系统 $\mathbf{Ax} = \mathbf{b}$ 是式（4.4）中 $\mathbf{Y} = f(\mathbf{X}, \boldsymbol{\beta})$ 的受限情况，因此，解 $\mathbf{x}$ 包含了与输入数据 $\mathbf{A}$ 和输出数据 $\mathbf{b}$ 相关的载荷或杠杆分数。解决此线性问题的一个简单方法是使用 1.4 节的 Moose-Penrose 伪逆 $\mathbf{A}^\dagger$：

$$\mathbf{x} = \mathbf{A}^\dagger \mathbf{b} \tag{4.38}$$

这个算子可用 MATLAB 中的 pinv（A）命令来计算。然而，这样的解是受限的，并且需要为计算求解寻求更大程度的灵活性。本节的主要目的是演示在使用 ℓ_1 和 ℓ_2 范数求解超定系统和欠定系统时的相互作用。

超定系统

图 4.8 展示了超定系统的一般结构。如上所述，通常没有满足 $\mathbf{Ax} = \mathbf{b}$ 的解。因此，要解决的优化问题就是需要通过找到适当的 $\hat{\mathbf{x}}$ 值来使误差最小，例如最小二乘 ℓ_2 的误差 E_2：

$$\hat{\mathbf{x}} = \underset{\mathbf{x}}{\operatorname{argmin}} \|\mathbf{Ax} - \mathbf{b}\|_2 \tag{4.39}$$

这种基本优化结构没有明确地对载荷 $\mathbf{x}$ 施加任何约束。为同时最小化误差并对解施加约束，可以将基本优化结构修改为如下形式：

$$\hat{\mathbf{x}} = \underset{\mathbf{x}}{\operatorname{argmin}} \|\mathbf{Ax} - \mathbf{b}\|_2 + \lambda_1 \|\mathbf{x}\|_1 + \lambda_2 \|\mathbf{x}\|_2 \tag{4.40}$$

其中，参数 λ_1 和 λ_2 分别控制着 ℓ_1 和 ℓ_2 范数的惩罚项。这就明确地对解向量本身施加了约束，而不仅仅是对误差施加了约束。通过添加正则化约束来设计惩罚的能力对于理解下面的模型选择是至关重要的。

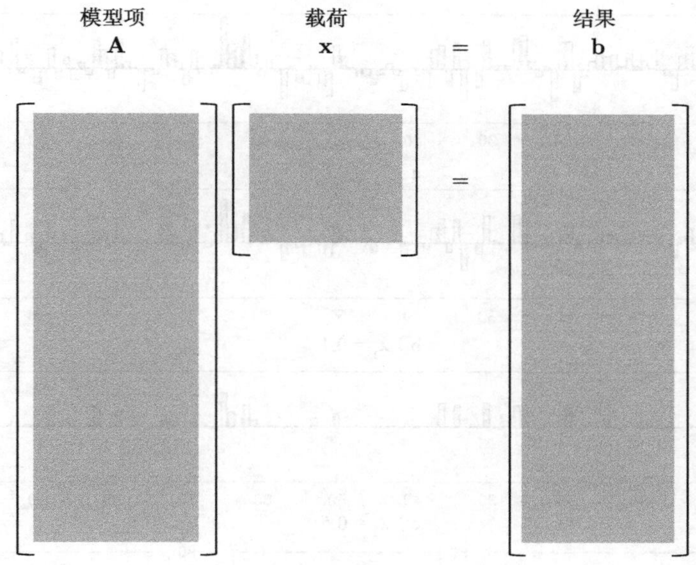

图4.8　超定系统的回归框架

在图 4.8 中这种情况下，通常不能满足 $\mathbf{Ax} = \mathbf{b}$。因此，找到该系统的解涉及最小化最小二乘误差 $\|\mathbf{Ax} - \mathbf{b}\|_2$ 以及解 $\mathbf{x}$ 需满足一定的约束，如解的 ℓ_2 范数 $\|\mathbf{x}\|_2$ 最小化。

在下面的示例中，将特别关注 ℓ_1 范数的作用。如第 3 章所述，ℓ_2 范数提升了稀疏性， 130
因此解 $\mathbf{x}$ 的许多载荷为零，这将在下一节的变量和模型选择中起到重要作用。现在，考虑求解 $\lambda_2 = 0$ 时的优化问题（4.40）。我们使用 MATLAB 中的开源凸优化软件包 **cvx**[218] 来计算式（4.40）的解。下面的代码考虑了多种 ℓ_1 惩罚的值，并获得了具有 500 个约束和 100 个未知数的超定系统的解。

代码 4.9　超定系统的解。

```
n=500; m=100;
A=rand(n,m);
b=rand(n,1);
xdag=pinv(A)*b;

lam=[0 0.1 0.5];
for j=1:3

    cvx_begin;
    variable x(m)
    minimize( norm(A*x-b,2) + lam(j)*norm(x,1) );
131 cvx_end;

    subplot(4,1,j),bar(x)
    subplot(4,3,9+j), hist(x,20)
end
```

图 4.9 将优化过程的结果作为参数 λ_1 的函数凸显出来。应当注意，$\lambda_1 = 0$ 的解等于通过计算矩阵 **A** 的伪逆而产生的解 **xdag**。需说明的是，ℓ_1 范数会提升稀疏解，使得解向量 **x** 的许多分量变为零。图 4.9d ～图 4.9f 中 **x** 解值的直方图特别具有启发性，因为它们显示了稀疏化过程随着 λ_1 的增加而增加。

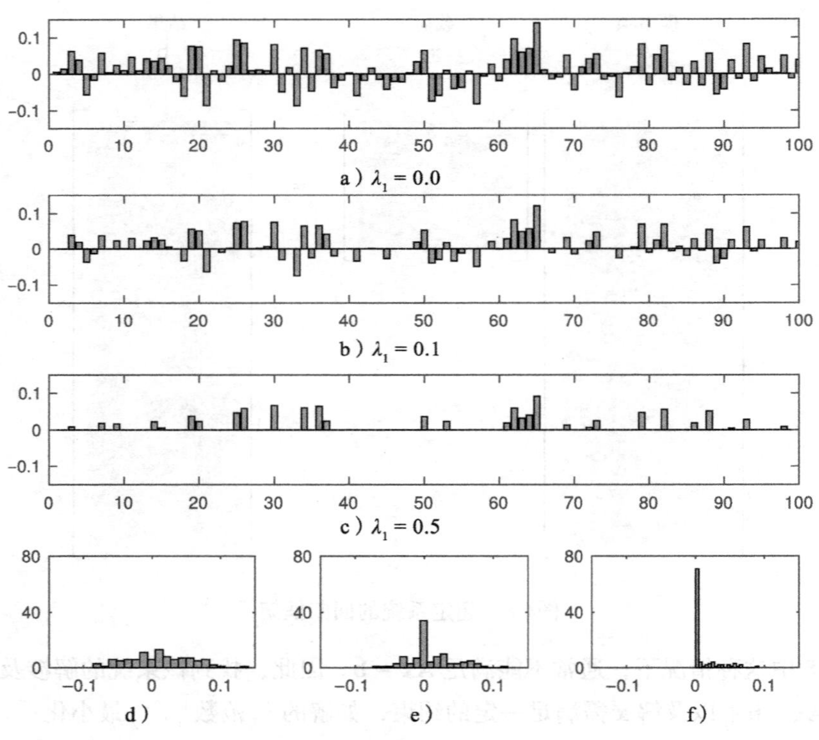

a）$\lambda_1 = 0.0$

b）$\lambda_1 = 0.1$

c）$\lambda_1 = 0.5$

d）　e）　f）

图4.9　具有500个约束和100个未知数的超定系统的解

图 4.10a ～图 4.10c 显示了向量 **x** 的载荷值的柱状图。注意到，随着 ℓ_1 惩罚从 a λ_1= 0 增加到 b λ_1= 0.1 再到 c λ_1= 0.5，向量的零元素的个数在增加，即它变得更加稀疏。图 4.10a ～图 4.10c 的载荷值的直方图分别显示在图 4.10d ～图 4.10f 中。这凸显了 ℓ_1 范数在提升解的稀疏性方面的作用。

超定系统的回归可以被推广到如图 4.8 所示的矩阵系统上。在这种情况下，**cvx** 命令结构仅修改了矩阵 **b** 和解矩阵 **x** 的大小。考虑如下代码生成的一个超定系统的两个解。

代码 4.10　超定矩阵系统的解。

```
n=300; m=60; p=20;
A=rand(n,m); b=rand(n,p);

lam=[0 0.1];
for j=1:2
    cvx_begin;
    variable x(m,p)
    minimize(norm(A*x-b,2) + lam(j)*norm(x,1));
    cvx_end;
    subplot(2,1,j), pcolor(x.'), colormap(hot), colorbar
end
```
132

对于具有两个不同添加 ℓ_1 惩罚值的情况，图 4.10 显示了该超定系统的运行结果图 4.10a 和图 4.10b 分别展示了 ℓ_1 惩罚值从 a $\lambda_1=0$ 增加到 b$\lambda_1=0.1$ 时的矩阵 **x** 的载荷值。要注意到，ℓ_1 范数的添加使解变得稀疏，并产生了一个以含零项为主的矩阵。图 4.9 和图 4.10 中的两个示例说明 ℓ_2 和 ℓ_1 范数在生成不同类型的解方面的重要作用。在本书接下来的章节中，这些范数将被用来从数据中生成简化的模型。

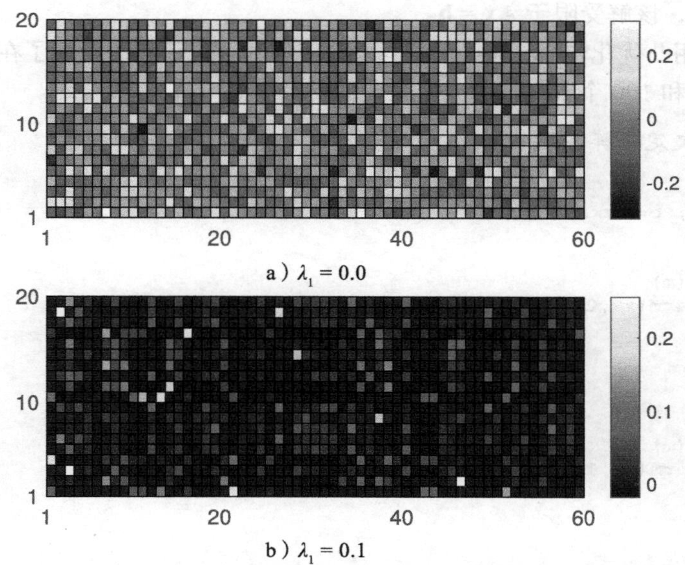

a）$\lambda_1=0.0$

b）$\lambda_1=0.1$

图 4.10　具有300个约束和60×20个未知数的超定系统$\mathbf{Ax}=\mathbf{b}$的解

欠定系统

对于欠定系统，可能有无穷多个解满足 $\mathbf{Ax}=\mathbf{b}$。在这种情况下，研究目标就是在施加一个附加约束或一组约束下，如何从无穷多个解中获得唯一的解。基本的数学结构如图 4.11 133
所示。作为一种优化，欠定系统的解可以表示为：

$$\min\|\mathbf{x}\|_p \text{ 满足 } \mathbf{Ax}=\mathbf{b} \tag{4.41}$$

其中 p 表示向量 **x** 的 p 范数。为简单起见，我们仅考虑 ℓ_2 范数和 ℓ_1 范数。正如前面对超定系统所展示的那样，ℓ_1 范数能提升解的稀疏性。

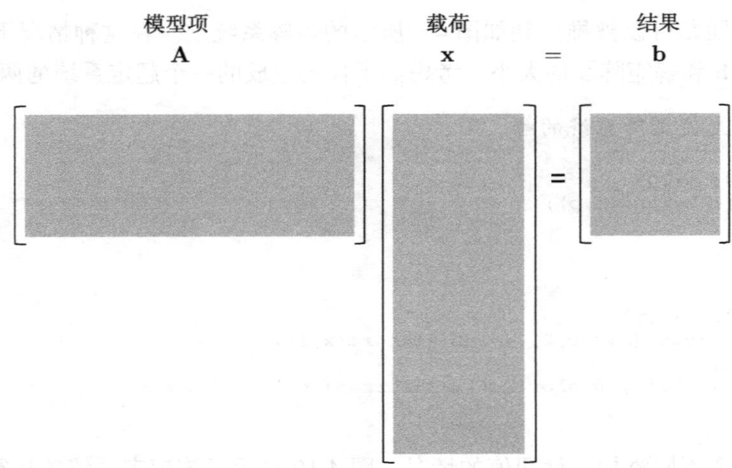

图4.11　欠定系统的回归框架

在图 4.11 中这种情况下，通常能够满足 **Ax** = **b**。事实上，它的解有无穷多个。因此，确定这个系统的唯一解需要对约束进行最小化。例如，从无穷多个解中选出一个能使 ℓ_2 范数 $\|\mathbf{x}\|_2$ 最小的解，该解受限于 **Ax** = **b**。

我们再次使用凸优化包 **cvx** 来计算式（4.41）的解。以下代码考虑了在 ℓ_2 和 ℓ_1 惩罚作用下具有 20 个约束和 100 个未知数的欠定系统的解。

代码 4.11　欠定矩阵系统的解。

```
n=20; m=100
A=rand(n,m); b=rand(n,1);

cvx_begin;
variable x2(m)
minimize( norm(x2,2) );
subject to
A*x2 == b;
cvx_end;

cvx_begin;
variable x1(m)
minimize( norm(x1,1) );
subject to
A*x1 == b;
cvx_end;
```

134

该代码分别最小化 ℓ_2 和 ℓ_1 范数得到了两个解向量 **x2** 和 **x1**。需说明一下，**cvx** 允许在优化进程中施加约束。图 4.12 展示了所得到的两种解的柱状图和直方图。如前所述，稀疏提升 ℓ_1 范数产生了一个以零为主的解向量。实际上，对于这种情况，该线性系统确实有 80 个零，因为在 100 个未知数中只有 20 个约束。

与超定系统一样，可以修改优化程序以处理更为一般的欠定矩阵方程组，如图 4.11 所示。在这种情况下，cvx 优化包可以像用于超定系统一样使用。该软件引擎还可以求解更为一般的 p 范数，并同时最小化 ℓ_1 和 ℓ_2 惩罚。例如，一个常见的优化将式（4.41）修改为如下形式：

$$\min (\lambda_1\|\mathbf{x}\|_1 + \lambda_2\|\mathbf{x}\|_2) \text{ 满足 } \mathbf{Ax} = \mathbf{b} \tag{4.42}$$

其中 λ_1 和 λ_2 之间的权重可用来提升解的期望稀疏性。这些不同的优化策略是常见的，后面将进一步考虑。

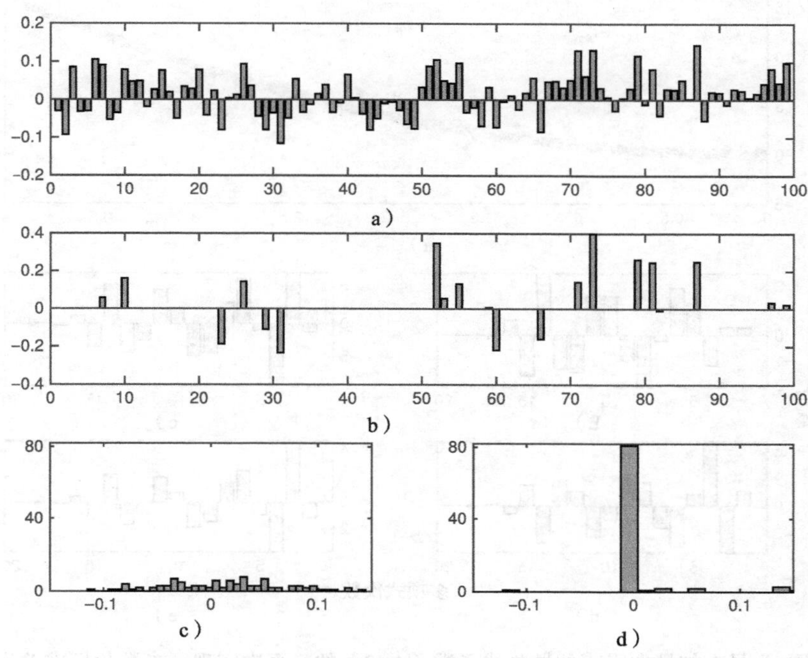

图4.12 具有20个约束和100个未知数的欠定系统的解

图 4.12a 和图 4.12b 显示了向量 $\mathbf{x}$ 的载荷值的柱状图。在前一个图片中，优化是在最小化解的 ℓ_2 范数约束下进行的，而后一个图片中则是在最小化解的 ℓ_1 范数约束下进行的优化。注意到，ℓ_1 惩罚产生了一个稀疏解向量。图 4.12a 和图 4.12b 中的载荷值的直方图分别显示在图 4.12c 和图 4.12d 中。 135

4.4 优化是回归的基石

在本章的前两节中，拟合函数 $f(x)$ 是指定的。例如，期望产生一个线性拟合使得 $f(x) = \beta_1 x + \beta_2$，然后通过已经讨论过的回归和优化方法找到这些系数。接下来，我们的目标是开发一种技术，使我们能够客观地选择一个合适的模型来拟合数据，即应该是使用二次拟合还是三次拟合？误差度量本身并不能决定一个好的模型选择，因为选择的拟合项越多，就会获得越多的参数来降低误差，而不管附加项是否有任何意义或可解释性。

从数据提取可解释的结果和有意义的模型中，优化策略将起到基础性作用。如前几节所述，ℓ_2 和 ℓ_1 范数的相互作用对优化结果具有重要影响。为了进一步说明优化的作用和各种可能的结果，考虑一个简单示例，数据是抛物线系统含有噪声的测量值： 136

$$f(x) = x^2 + \mathcal{N}(0, \sigma) \tag{4.43}$$

其中 $\mathcal{N}(0,\sigma)$ 是均值为零且标准差为 σ 的正态分布随机变量。图 4.13a 展示了式（4.43）的

100 次随机测量的示例。尽管测量中增加了噪声，但抛物线结构仍然清晰可见。实际上，使用 4.1 节中阐述的经典最小二乘拟合方法来计算抛物线拟合是平凡的。

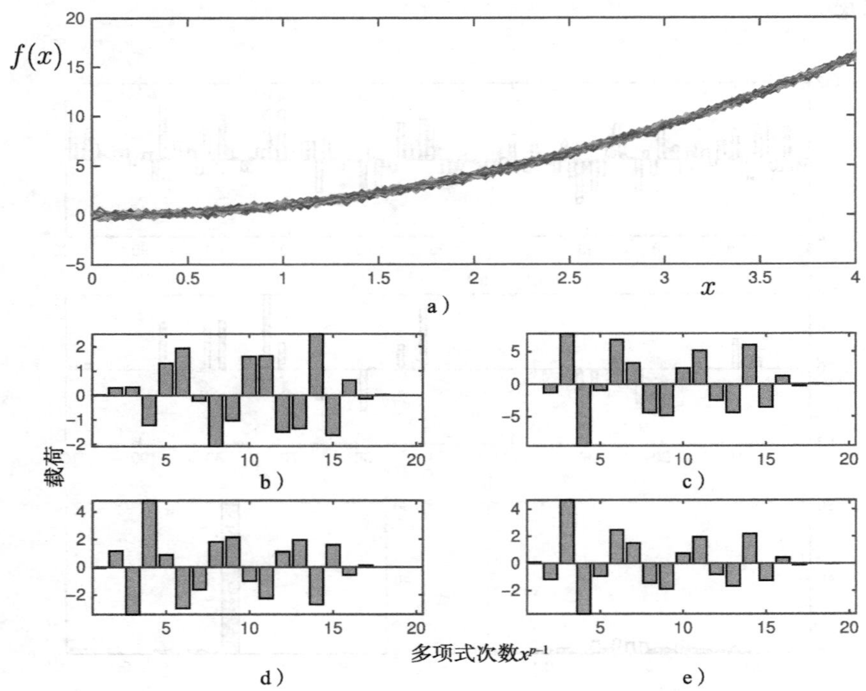

图4.13　图a为具有加性白噪声的抛物线函数（4.43）的一百次实现，参数化标准差为$\sigma = 0.1$

尽管噪声很小，但是用最小二乘拟合方法对二十阶次多项式进行拟合时却产生了很大的变化。图 4.13b ～图 4.13e 展示了针对四种噪声实现的不同多项式系数的载荷（系数）值。这里展示的模型多样性表达了模型选择的架构。

拟合的目标就是对给定的数据发现最佳模型。因此，在实际中不用预先指定一个模型，一般不知道函数是什么，这需要我们去发现。我们假定对一组多项式模型建立回归，考虑将模型选择问题 $\mathbf{Y} = f(\mathbf{X}, \boldsymbol{\beta})$ 式（4.4）表示为如下系统 $\mathbf{Ax} = \mathbf{b}$：

$$\begin{bmatrix} | & | & | & \cdots & | \\ 1 & x_j & x_j^2 & \cdots & x_j^{p-1} \\ | & | & | & \cdots & | \end{bmatrix} \begin{bmatrix} \beta_1 \\ \vdots \\ \beta_p \end{bmatrix} = \begin{bmatrix} f(x_1) \\ f(x_2) \\ \vdots \\ f(x_{100}) \end{bmatrix} \tag{4.44}$$

其中，矩阵 $\mathbf{A}$ 包含高达 $p-1$ 次的多项式模型且每行代表一组测量，β_k 是每个多项式的系数，矩阵 $\mathbf{b}$ 包含输出结果（数据）$f(x_j)$。下面将考虑 100 次测量数据和 20 项（19 阶次）多项式的拟合情况。因此，矩阵系统 $\mathbf{Ax} = \mathbf{b}$ 是超定的，如图 4.8 所示。

以下代码通过 **pinv** 函数使用最小二乘回归对超定系统（4.44）求解。对于这种情况，为了说明少量噪声对回归过程的影响，运行了四次实现。

代码 4.12　最小二乘多项式拟合带噪声的抛物线。

```
n=100; L=4;
x=linspace(0,L,n);
f=(x.^2).';                    % parabola with 100 data points

M=20;                          % polynomial degree
for j=1:M
  phi(:,j)=(x.').^(j-1);              % build matrix A
end

for j=1:4
    fn=(x.^2+0.1*randn(1,n)).';
    an=pinv(phi)*fn; fna=phi*an;      % least-square fit
    En=norm(f-fna)/norm(f);
    subplot(4,2,4+j),bar(an)
end
```

图 4.13b ～图 4.13e 展示了根据回归程序计算出的四个典型载荷 $\boldsymbol{\beta}$。可以注意到，尽管添加的噪声很小，但载荷彼此之间仍然存在显著差异。这样，每种噪声实现都会产生一个非常不同的模型来解释数据。

不同的回归结果对于模型选择来说是有问题的，即使少量的测量噪声也会对潜在模型产生显著的不同。接下来，我们在对这种可变性进行量化的同时，还考虑了各种回归过程 137
来求解超定线性系统 $\mathbf{Ax} = \mathbf{b}$。这里重点介绍了五种标准方法：最小二乘回归（**pinv**）、反斜杠运算符（\）、LASSO（最小绝对收缩和选择算子）（**lasso**）、鲁棒拟合（**robustfit**）和岭回归（**ridge**）。返回 4.3 节并参照式（4.40），有助于构建这些不同的 $\mathbf{Ax} = \mathbf{b}$ 求解器的数学体系结构。具体来说，Moore-Penrose 伪逆（**pinv**）在 $\lambda_1 = \lambda_1 = 0$ 时求解式（4.40）。反斜杠命令（\）通过 QR 分解求解线性系统[524]。LASSO（**lasso**）在 $\lambda_1 > 0$ 且 $\lambda_2 = 0$ 时求解式（4.40）。岭回归（**ridge**）在 $\lambda_1 = 0$ 且 $\lambda_2 > 0$ 时求解式（4.40）。但是，MATLAB 中岭回归的实现更加微妙，流行的弹性网络算法同时权衡了 ℓ_2 和 ℓ_1 惩罚，从而提供了岭回归和 LASSO 之间的可调混合模型回归。鲁棒拟合（**robustfit**）通过加权最小二乘拟合求解式（4.40），而且鲁棒拟合允许利用鲁棒统计方法，并根据 Huber 范数㊀进行惩罚，以促进异常值的剔除[260]。在此处考虑的数据中，没有对数据施加异常值，因此没有利用鲁棒拟合的能力。

图 4.14 展示了 100 个数据实现的一系列箱线图，这些图说明了各种回归技术之间的区别。该图还强调了基于范数 ℓ_2 和 ℓ_1 的优化策略的重要差异。从模型选择的角度来看，最小二乘拟合过程会在载荷参数 β 上产生明显的变化，如图 4.14 的 a、b 和 e 所示。最小二乘拟合分别通过 Moore-Penrose 伪逆或 QR 分解来实现。如果允许某个 ℓ_1 惩罚（正则化），则如图 4.14 中的 d、e 和 f 所示，选择的模型更简洁、变异性更低。这是预期的结果，因为 ℓ_1 范数稀疏了载荷值 β 的解向量。标准 LASSO 回归正确地选择了二次多项式作为对数据拟合的主要模型。以下代码用于生成此数据。

代码 4.13　回归方法对比。

```
lambda=0.1; phi2=phi(:,2:end);
for jj=1:100
  f=(x.^2+0.2*randn(1,n)).';
  a1=pinv(phi)*f; f1=phi*a1; E1(jj)=norm(f-f1)/norm(f);
  a2=phi\f; f2=phi*a2; E2(jj)=norm(f-f2)/norm(f);
  [a3,stats]=lasso(phi,f,'Lambda',lambda); f3=phi*a3; E3(jj)=
```

㊀　实质上可以理解为 ℓ_2 和 ℓ_1 范数的混合。——译者注

```
        norm(f-f3)/norm(f);
    [a4,stats]=lasso(phi,f,'Lambda',lambda,'Alpha',0.8); f4=phi*a4
        ; E4(jj)=norm(f-f4)/norm(f);
  a5=robustfit(phi2,f);f5=phi*a5;E5(jj)=norm(f-f5)/norm(f);
  a6=ridge(f,phi2,0.5,0);f6=phi*a6;E6(jj)=norm(f-f6)/norm(f);

    A1(:,jj)=a1;A2(:,jj)=a2;A3(:,jj)=a3;A4(:,jj)=a4;A5(:,jj)=a5;A6
        (:,jj)=a6;
    plot(x,f), hold on
  end
  Err=[E1; E2; E3; E4; E5; E6];
  Err2=[E1; E2; E3; E4; E5];
```

138 该代码还产生了图 4.13a 所示的 100 次实现。

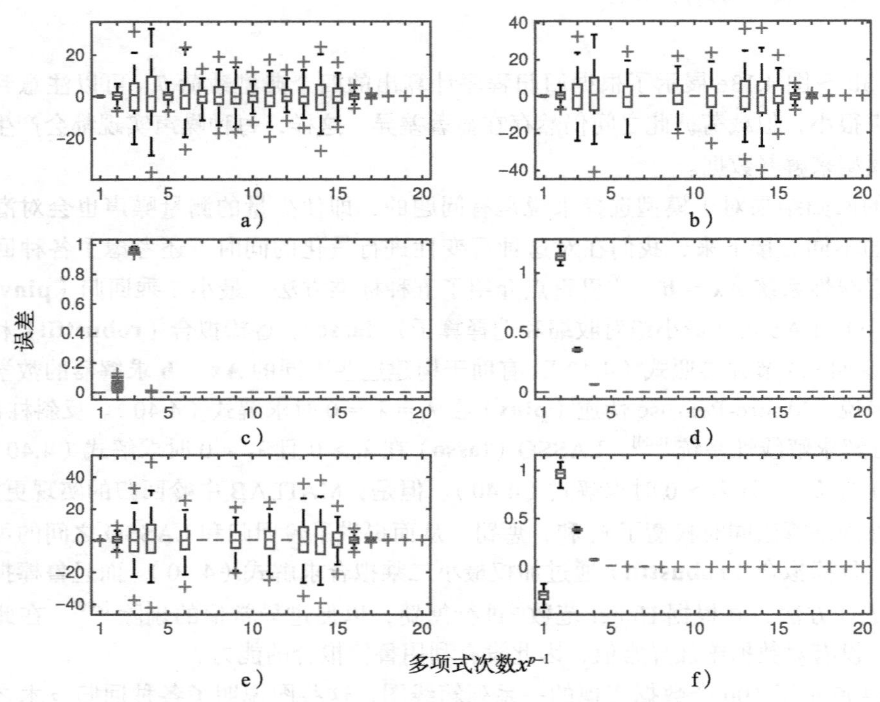

图4.14　对超定线性方程组**Ax** = **b**的回归方法进行比较

100 组数据是通过简单的抛物线式（4.43）生成的，通过式（4.44）拟合到一个 20 次多项式。箱线图展示了图 4.14a 通过 Moore-Penrose 伪逆（**pinv**）进行的最小二乘回归，图 4.14b 反斜杠命令（\），图 4.14cLASSO 回归（**lasso**），图 4.14d 具有不同 ℓ_2 与 ℓ_1 惩罚的 LASSO 回归，图 4.14e 鲁棒拟合和图 4.14f 岭回归。注意到，严格基于 ℓ_2 的方法（如图 4.14a，b 和 e 所示）载荷值存在明显变化，而对于 ℓ_1 的加权方法（如图 4.14c，d 和 f）载荷值的变化很小。只有标准 LASSO（图 4.14c）辨识出了抛物线的主导项。

图 4.14 展示了采用不同的回归技术对大多数载荷值进行回归产生的显著变化，但在拟合过程中产生的误差却几乎没什么变化。此外，各种方法都会产生具有类似误差的回归，这样，尽管它们在优化框架方面存在差异，但拟合带来的误差与所用方法无关。这表明，仅使用误差作为模型选择的度量标准存在潜在的问题，因为任何方法都可以生成可靠的、低误差的模型。图 4.15a 展示了使用图 4.14 的回归方法产生的误差箱线图。使用不同的策略，所有的回归技术都可产生低误差、低变化性的结果。

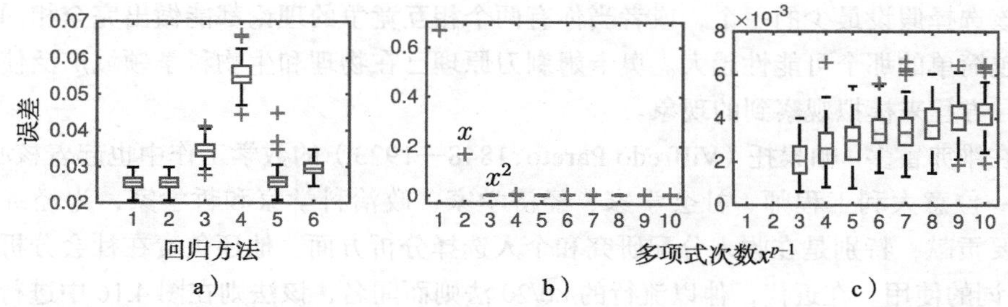

图4.15 图a为图4.14中使用的六种回归方法的误差比较。尽管优化方法之间存在差异，但所有方法都可以产生低误差的解。图b为使用最小二乘回归的误差作为多项式阶次增加的函数，误差迅速下降，直到在回归中使用二次项。图c为误差变化图，用高阶多项式来拟合数据，误差实际上会稍微增加

作为本节和所提供代码的最后注释，我们可以考虑将回归过程作为式（4.44）中多项式个数的函数。在图 4.14 的示例中，考虑了阶次高达 20 次的多项式。如果遍历多项式的阶次，则将发生一些重要的事情，如图 4.15 中的 b ～ c 所示。具体而言，如图 4.15b 所示，在添加二次项后，回归的误差会降至 10^{-3}。这种情况是可以预见的，因为原始模型是具有少量噪声的二次函数。值得注意的是，随着多项式项的增加，在回归过程中集成误差实际上会增加，如图 4.15c 所示。因此，简单地添加更多的项数并不能改善误差。产生这些结果的代码如下。 139

代码 4.14 对不同阶次的多项式进行模型拟合。

```
En=zeros(100,M);
for jj=1:M
  for j=1:jj
    phi(:,j)=(x.').^(j-1);
  end
  f=(x.^2).';
  for j=1:100
    fn=(x.^2+0.1*randn(1,n)).';
    an=pinv(phi)*fn; fna=phi*an;
    En(j,jj)=norm(f-fna)/norm(f);
  end
end
```

请注意，我们只对多项式遍历到第 10 阶次。进一步注意到，图 4.15c 是对图 4.15b 的细节展示。一个简单抛物线拟合产生的误差大约是 10 阶多项式拟合产生的误差的两倍。这些结果将对余下部分的模型选择框架的构建有帮助。

4.5 帕累托边界和简约原则

前面的章节表明，与单纯选择模型并进行最小二乘拟合相比，回归更加微妙。最小二乘拟合不仅存在众多用于约束解的度量标准，而且还应仔细选择模型本身，以实现对数据更好的、更具可解释的描述。这种在适当的模型上进行的考虑可以追溯到威廉·奥卡姆（William of Occam，1287—1347），他是英国方济会修道士，经院哲学家和神学家。奥卡姆提出了他的简约原则（拉丁语为 *lex parsimoniae*），通常被称为奥卡姆剃刀。他指出，在相互竞争的假 140

设中，应该选择假设最少的一个，或者当你有两个相互竞争的理论都能做出完全相同的预测时，选择越简单的那个可能性越大。奥卡姆剃刀原理已在物理和生物科学领域广泛使用，用于建立主导方程来模拟观察到的现象。

简约在维弗雷多·帕累托（Vilfredo Pareto,1848—1923）的数学工作中也起着核心作用。帕累托是一位意大利工程师、社会学家、经济学家、政治科学家和哲学家，为经济学做出了几项重要贡献，特别是在收入分配研究和个人选择分析方面。他还负责在社会分析中普及“精英”一词的使用。在近代，他以流行的80/20法则而闻名，该法则在图4.16中进行了定性说明。该法则在1941年被管理顾问约瑟夫·朱兰⊖以帕累托的名字命名为帕累托法则。这是一个在商业和咨询管理领域通用的法则，例如他们发现80%的销售额来自20%的客户。这个概念在理查德·科克（Richard Koch）的著作《80/20法则》[294]（以及后续几本书籍[295, 296, 297]）中得到了普及推广，书中阐明了帕累托法则在企业管理和生活中的许多实际应用。

帕累托和奥卡姆最终倡导了相同的哲学：用简化模型解释大多数观察到的数据。重要的是，模型选择不仅仅是简单地减少误差，还在于生成的模型具有高度可解释性、泛化性和预
141 测能力。图4.16展示了帕累托边界和帕累托最优解的基本概念。具体来说，对于所考虑的每个模型，都要计算项数和数据匹配误差。对于给定的项数，具有最低误差的解定义了帕累托边界。那些在误差和复杂度之间取得最佳平衡的简化解位于阴影区域中，代表了帕累托最优解。在博弈论中，帕累托最优解被认为是一种策略，它不可能在与一种相竞争的策略比较时表现得更好，但又不可能在与另一种策略对抗时表现得更差（这种情况下指的是误差和复杂性比较）。在经济学中，它描述了这样一种情况，在不减少另一方利润的情况下，一方的利润不可能增加。我们的目标是按照一定的规则从帕累托最优解空间中选择最优模型，为此，将使用信息准则从帕累托最优区域的候选模式里选择最优模型，这将在后面的章节中讨论。

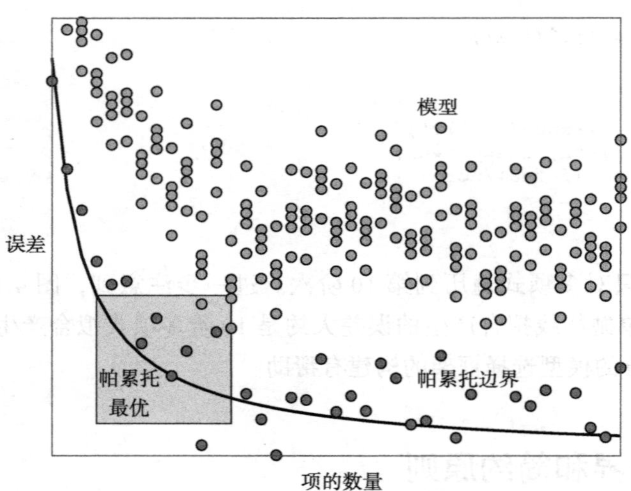

图4.16　对于模型选择，准确性的标准（低误差）是与简约性相平衡的。可以有多个具有相同项数的模型（浅色和深色点），但对于给定的项数，帕累托边界（深色点）是由产生最低误差的模型的包络线定义的。实线提供了帕累托边界的近似值。帕累托最优解（阴影区域）是那些既能产生精确模型，同时又保持简化的模型

⊖ Joseph M. Juran，他是举世公认的现代质量管理的领军人物。——译者注

过拟合

帕累托概念在用于实际数据时，需要进行修改。具体来说，在构建具有多自由参数的模型时，在具有高维数据的机器学习应用中，很容易出现将模型与数据过拟合的情况。图 4.15c 所示的误差随模型复杂度的增加而增加就说明了这一点。因此，与图 4.16 所示的误差随模型项数（参数）的个数增加而趋于零的情况不同，当考虑具有更多项数和 / 或参数的模型时，误差实际上可能会增大。为了确定正确的模型，有必要使用各种交叉验证和模型选择算法。

为了说明实际数据发生的过拟合，我们再回顾一下上一节（4.43）示例。在这个示例中，我们只是试图通过测量含加性噪声式（4.43）的数据找到正确的抛物线模型。图 4.15b 和图 4.15c 的结果已经表明，在多项式模型超过二阶时发生过拟合。下面的 MATLAB 示例突出了过拟合的影响。如下代码为抛物线式（4.43）生成训练集和测试集。训练集位于 $x \in [0,4]$ 上，而测试集（外推区域）位于 $x \in [4,8]$ 上。

代码 4.15　带有训练 x 数据和测试数据的抛物线模型。

```
n=200; L=8;
x=linspace(0,L,n);
x1=x(1:100);    % train
x2=x(101:200); % test
n1=length(x1);
n2=length(x2);
ftrain=(x1.^2).';     % train parabola x=[0,4]
ftest=(x2.^2).';      % test parbola x=[4,5]
figure(1), subplot(3,1,1),
plot(x1,ftrain,'r',x2,ftest,'b','Linewidth',[2])
```

此代码在两个不同的区域上生成理想模型：$x \in [0,4]$ 和 $x \in [4,8]$。一旦将测量噪声添加到模型中，多项式拟合的参数将不再产生精确的抛物线模型。对于给定的含有噪声的测量值，我们可以计算两个插值误差，即在 $x \in [0,4]$ 的数据范围下测量的内插误差和在 $x \in [4,8]$ 的数据范围下测量的外推误差。对于此示例，使用 MATLAB 的伪逆（**pinv**）执行最小二乘回归。 142

代码 4.16　过拟合一个二次模型。

```
M=30; % number of model terms
Eni=zeros(100,M); Ene=zeros(100,M);
for jj=1:M
    for j=1:jj
        phi_i(:,j)=(x1.').^(j-1); % interpolation key
        phi_e(:,j)=(x2.').^(j-1); % extrapolation key
    end

    f=(x.^2).';
    for j=1:100
        fni=(x1.^2+0.1*randn(1,n1)).'; % interpolation
        fne=(x2.^2+0.1*randn(1,n2)).'; % extrapolation

        ani=pinv(phi_i)*fni; fnai=phi_i*ani;
        Eni(j,jj)=norm(ftrain-fnai)/norm(ftrain);

        fnae=phi_e*ani;  % use loadings from x in [0,4]
        Ene(j,jj)=norm(ftest-fnae)/norm(ftest);
    end
end
```

这个简单的示例展示了与模型过拟合相关的一些最基本和常见的特性。具体来说，过拟合不具有泛化能力。由上述代码生成的图 4.17 中，对于 $x\in[0,4]$ 范围内的数据，使用伪逆来计算多项式的最小二乘载荷式（4.44）。图 4.17b 和图 4.17c 展示了这些载荷的插值误差。注意一下多项式过拟合对数据插值的影响。具体而言，插值拟合的误差在超过二阶多项式的时候开始增加，过拟合模型的外推会产生显著的误差。图 4.17d 和图 4.17e 展示了误差增长作为最小二乘拟合 p 次多项式模型的函数。由于误差增大到 10^{13}，图 4.17e 中的误差体现在对数图上。这表明过拟合模型显然没有能力泛化到 $x\in[4,8]$ 范围内。只有具有二次多项式的简化模型才可以容易地泛化到 $x\in[4,8]$ 范围内，并保持较小的误差。

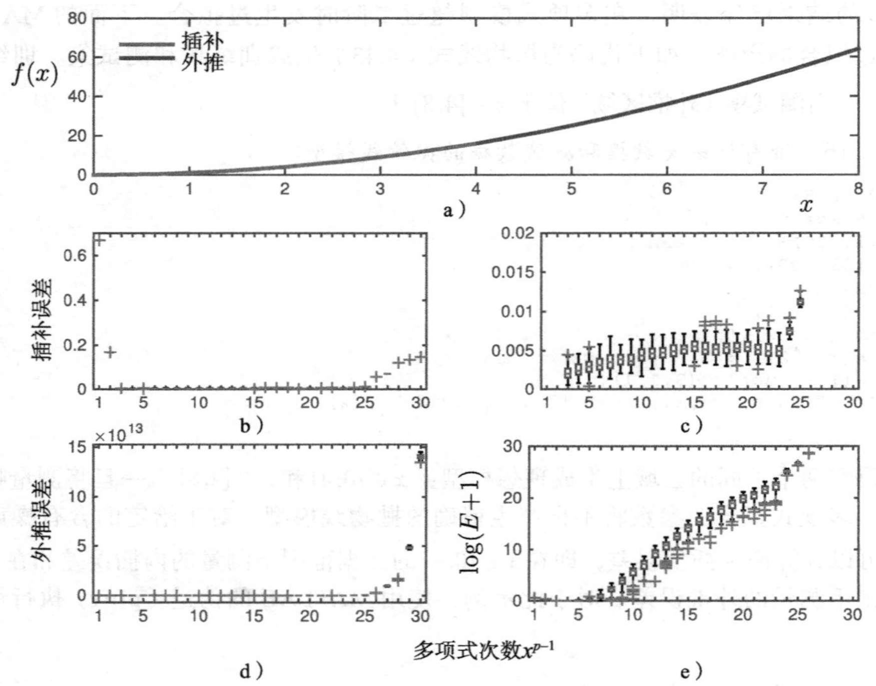

图4.17　图a为在区间 $x\in[0,8]$ 上的理想模型 $f(x)=x^2$。为了建立随多项式次数增加的多项式回归模型式（4.44），收集区间 $x\in[0,4]$ 中的数据。在插值范围 $x\in[0,4]$ 中，模型拟合误差受到约束，对大于2阶的多项式会产生过拟合并导致误差增加。图b展示了该误差，图c展示了放大后的该误差。对于外推方案 $x\in[4,8]$，误差呈指数增长，超出了抛物线拟合。在图d中，误差显示增长到10^{13}。在误差的对数坐标$\log(E+1)$上的区域放大图显示误差呈指数增长（在对数变换中增加单位1，即$\log(E+1)$，可使得对数坐标中零误差对应零值），如图e所示。这清楚地表明，在区间 $x\in[0,4]$ 上训练得到的模型不能够泛化（外推）到区间 $x\in[4,8]$ 上。该示例应作为模型拟合中的一个严重警告和注意事项

上面的示例表明，为了产生能够泛化到数据集之外的切实可行的模型，选择某些能够系统地推断出简化模型的模型方法具有至关重要的作用。很多机器学习都围绕使用数据生成预测模型，以及使用交叉验证技术来消除过拟合的最有害影响进行研究。如果没有交叉验证策

略，可以肯定会产生一个没有泛化能力的模型，如图 4.17 所示。接下来，我们将考虑一些用于生成合理模型的标准策略。

4.6 模型选择：交叉验证

上一节重点介绍了回归的许多基本问题。很容易出现模型与数据过拟合的情况，从而导致模型无法进行外推或泛化。在训练深度神经网络时，这是一个特别有害的问题。为了克服过拟合，人们提出了各种技术来更恰当地选择仅有几个参数的简化模型，从而用一个更容易泛化或外推的模型来平衡误差。这可以对图 4.16 中帕累托边界进行重新解释。具体来说，由于过拟合，特别是用于外推时，误差随着项数的增加而急剧增加。 143

有两种常见的数学策略可以避免模型选择中过拟合的影响：交叉验证和计算信息准则。本节考虑前者，下一节将考虑后一种方法。交叉验证策略可能是所有机器学习算法中最常见、最关键的技术。除非经过适当的交叉验证，否则永远不要信任模型。交叉验证可以很简单地表述为：从数据中随机抽取一部分，然后构建模型。这样做 k 次，然后平均参数得分（回归载荷）以生成交叉验证的模型。根据保留的（外延的）数据测试模型预测，并评估模型是否确实有效。这种常用的策略称为 k 折交叉验证。它简单、直观，并且 k 折模型建立过程可生成基于统计的评估模型。 144

为了说明交叉验证的概念，我们再次对简单函数 $f(x)=x^2$ 进行多项式模型拟合（见图 4.18）。本章的前面各节已经详细地讲述了这个问题，内容包括从各种可用的回归框架（伪逆、LASSO、鲁棒拟合等）以及用于内插和外推数据的准确生成模型的能力。下面的 MATLAB 代码考虑了三种回归技术（基于伪逆的最小二乘拟合、基于 QR 的反斜杠命令和稀疏度提高的 LASSO）进行 k 折交叉验证（k = 2、20 和 100）。在这种情况下，可以将 k 个数据快照视为试验测量。正如人们期望的那样，进行更多次试验是有利的，将 k = 100 个模型的平均值作为最终模型。 145

代码 4.17 *100 次折叠的 k 折交叉验证。*

```
n=100; L=4;
x=linspace(0,L,n);
f=(x.^2).'; % parabola with 100 data points

M=21; % polynomial degree
for j=1:M
    phi(:,j)=(x.').^(j-1); % build matrix A
end

trials=[2 10 100];
for j=1:3
    for jj=1:trials(j)
        f=(x.^2+0.2*randn(1,n)).';
        a1=pinv(phi)*f; f1=phi*a1; E1(jj)=norm(f-f1)/norm(f);
        a2=phi\f; f2=phi*a2; E2(jj)=norm(f-f2)/norm(f);
        [a3,stats]=lasso(phi,f,'Lambda',0.1); f3=phi*a3; E3(jj)=
            norm(f-f3)/norm(f);
        A1(:,jj)=a1; A2(:,jj)=a2; A3(:,jj)=a3;
    end
    A1m=mean(A1.'); A2m=mean(A2.'); A3m=mean(A3.');
    Err=[E1; E2; E3];

    subplot(3,3,j), bar(A1m), axis([0 21 -1 1.2])
    subplot(3,3,3+j), bar(A2m), axis([0 21 -1 1.2])
    subplot(3,3,6+j), bar(A3m), axis([0 21 -1 1.2])
end
```

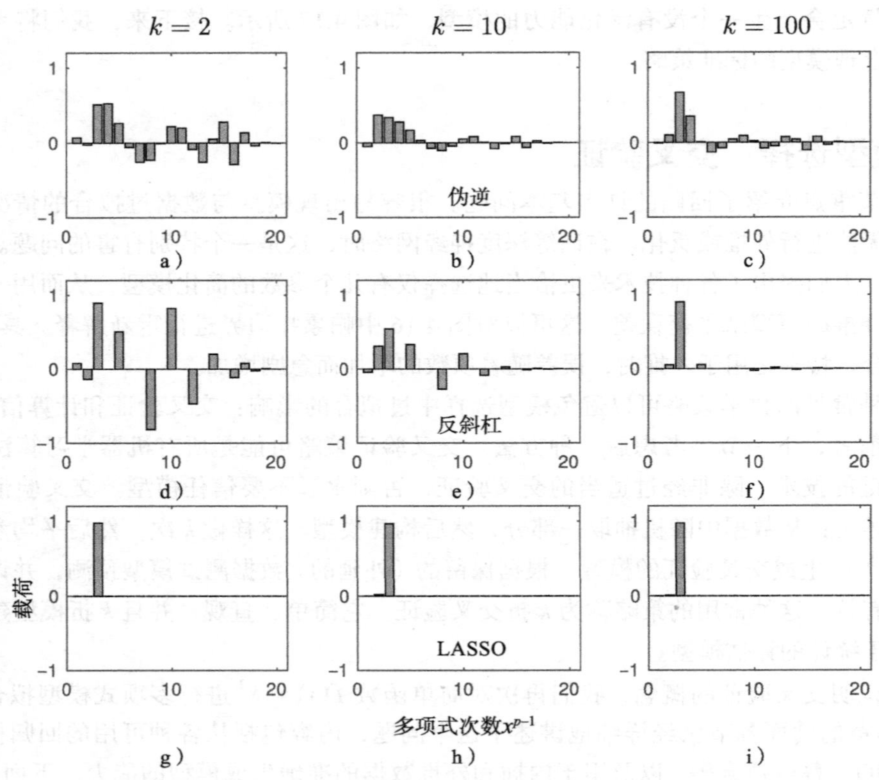

图4.18 k折策略交叉验证

k = 2、20 和 100（分别对应左，中和右列）。三种不同的回归策略进行了交叉验证：基于伪逆的最小二乘拟合，基于 QR 的反斜杠命令和稀疏度提升的 LASSO。 需注意，此例中的 LASSO 算法仅在一两次折叠验证中就生成了二次模型。基于 QR 的反斜杠算法在 100 次折叠交叉验证后具有很强的明显特征，而最小二乘拟合算法表明，即使在 100 次交叉验证后，二次项和三次项也都很重要。

图 4.18 展示了 k 折交叉验证的计算结果。通过提高稀疏性（简约性），LASSO 仅仅在 $k = 1$ 次折叠后就获得期望的二次模型（此时甚至不需要交叉验证），而最小二乘回归（伪逆）和基于 QR 的回归都需要大量的折叠才能生成主导二次项。即使在 $k = 100$ 次折叠之后，最小二乘回归仍然包括二次项和三次项。

在 k 折交叉验证下的最终模型选择过程通常会涉及对回归中较小的项进行阈值处理。上面的代码演示了三种回归策略。尽管 LASSO 看起来几乎是理想的，但它仍有很小的线性成分；基于 QR 的反斜杠策略会产生许多小分量，它们散布在拟合多项式之间；最小二乘回归具有主导的二次项和三次项，并且有大量的非零系数散布在多项式中。如果对载荷施加限制，则 LASSO 和反斜杠能精确地生成二次模型，而最小二乘拟合将生成一个二次和三次混合模型。下面的代码对载荷系数进行了门限值处理，并最终生成了交叉验证模型。然后可以针对内插和外推数据区域对这个模型进行评估，如图 4.19 所示。

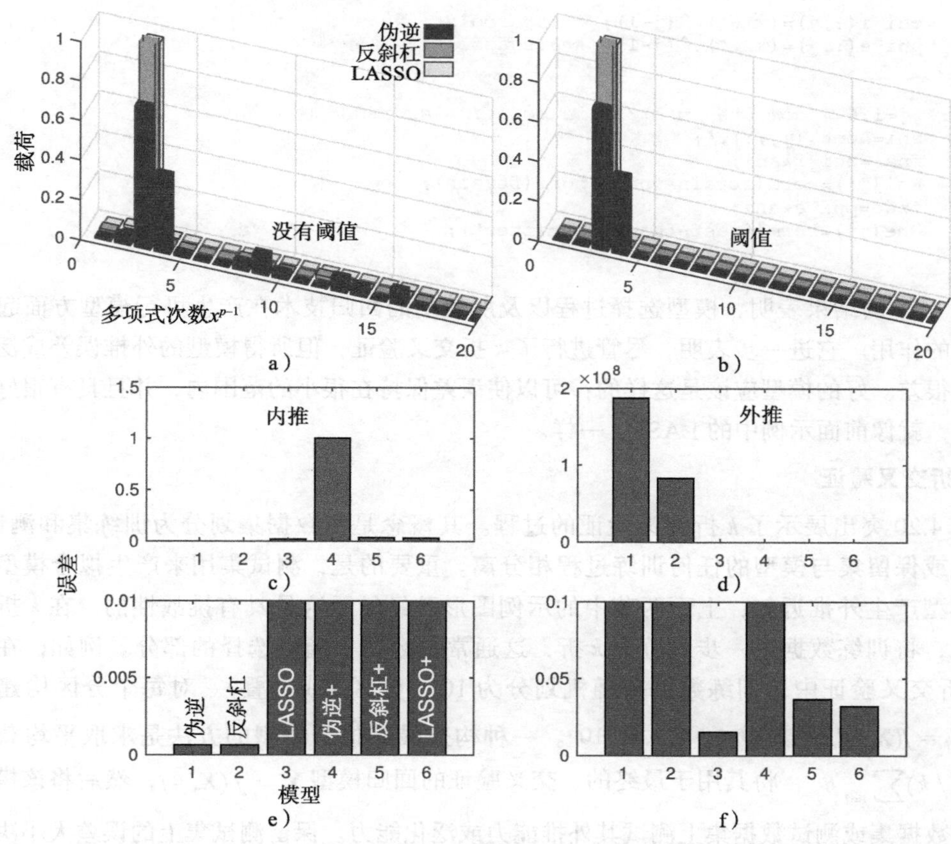

图4.19 $k=100$折交叉验证的误差和载荷结果

图 4.19 显示了基于伪逆的最小二乘拟合，基于 QR 的反斜杠命令和基于稀疏度提升的 LASSO（见图 4.18）的 k 折交叉验证的载荷值（b 中均为有门限阈值的情况，用下标 + 表示，a 中为没有门限阈值的情况）。c 计算了插值误差（细节见 e）以及 d 计算了外推误差（细节见 f）。LASSO 在插值和外推方面均表现良好，而最小二乘拟合在外推情况下的性能较差。所考虑的 6 个模型为：1. 伪逆，2. 反斜杠，3. LASSO，4. 带门限阈值的伪逆，5. 带门限阈值的反斜杠命令，6. 带门限阈值的 LASSO。

代码 4.18 交叉验证模型的对比。

```
Atot=[A1m; A2m; A3m];  % average loadings of three methods
Atot2=(Atot>0.2).*Atot; % threshold
Atot3=[Atot; Atot2];     % combine both thresholded and not

figure(3), bar3(Atot.')
figure(4), bar3(Atot2.')

n=200; L=8;
x=linspace(0,L,n);
x1=x(1:100);    % train (interpolation)
x2=x(101:200); % test (extrapolation)

ftrain=(x1.^2).';   % interpolated parabola x=[0,4]
ftest=(x2.^2).';    % extrapolated parbola x=[4,5]

for j=1:M
```
146

```
    phi_i(:,j)=(x1.').^(j-1); % interpolation key
    phi_e(:,j)=(x2.').^(j-1); % extrapolation key
end

for jj=1:6 % compute inter/extra-polation scores
    ani=Atot3(jj,:).';
```

147

```
    fnai=phi_i*ani;
    Eni(jj)=norm(ftrain-fnai)/norm(ftrain);
    fnae=phi_e*ani;
    Ene(jj)=norm(ftest-fnae)/norm(ftest);
end
```

图 4.19 的结果表明，模型选择过程以及所使用的回归技术在产生可行模型方面起着至关重要的作用。它进一步表明，尽管进行了 k 折交叉验证，但所得模型的外推误差或泛化能力仍然很差。好的模型应该是这样的：可以使误差保持在很小的范围内，并且具有很好的泛化能力，就像前面示例中的 LASSO 一样。

k 折交叉验证

图 4.20 突出展示了 k 折交叉验证的过程。其概念是将数据集划分为训练集和测试集。测试集或保留集与模型的任何训练过程相分离。重要的是，测试集用来产生拟合模型，并用此模型产生外推近似，上面两节中的示例图形已经显示这是具有挑战性的。在 k 折交叉验证中，将训练数据进一步划分为 k 折，这通常是数据中随机选择的部分。例如，在标准的 10 折交叉验证中，训练数据被随机划分为 10 个分区（或折叠）。对每个分区构建回归模型 $\mathbf{Y}_j = f(\mathbf{X}_j, \boldsymbol{\beta}_j)$，其中 $j = 1, 2, \cdots, 10$ 。一种构造最终拟合模型的方法是求取平均载荷值 $\bar{\boldsymbol{\beta}} = (1/k)\sum_{j=1}^{k}\boldsymbol{\beta}_j$ ，将其用于最终的、交叉验证的回归模型 $\mathbf{Y} = f(\mathbf{X}, \bar{\boldsymbol{\beta}})$，然后将该模型用在保留数据集或测试数据集上测试其外推能力或泛化能力。保留测试集上的误差大小决定了拟合模型的有效性。通常有很多种方法来选择最佳模型，例如可简单地从 k 折模型中选择最佳模型。对于划分数据分区，一种常见的策略是将数据分为 70% 的训练数据，20% 的验证数据和 10% 的保留数据。对于非常大的数据集，如果有足够的数据来准确评估构建的模型，则可以减少验证集和保留集。

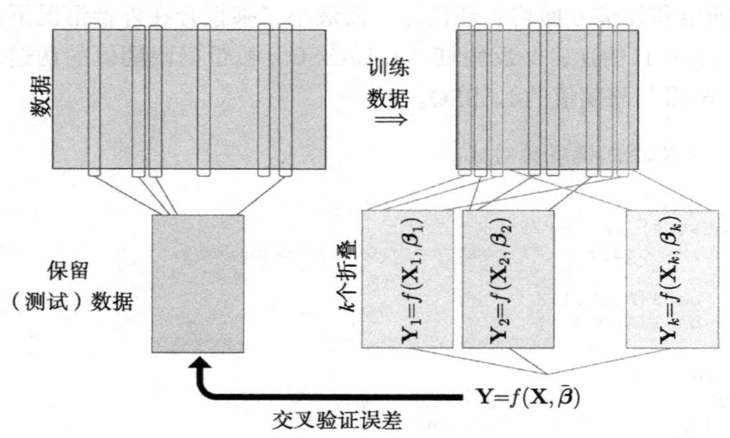

图4.20　模型的k折交叉验证过程

最初将数据划分为训练和测试（保留）集。通常，保留集是从总体数据的样本中随机生成的。将训练数据划分为 k 组，从而对随机二次选择的训练数据建立回归模型 $\mathbf{Y}_j = f(\mathbf{X}_j, \boldsymbol{\beta}_j)$。重要的是，每个模型都会生成载荷参数 $\boldsymbol{\beta}_j$。在生成 k 折模型之后，最佳模型 $\mathbf{Y} = f(\mathbf{X}, \bar{\boldsymbol{\beta}})$ 也就得到了。获得最佳模型的方法有多种，在某些情况下，对模型参数求平均值可能是合适的，于是有 $\bar{\boldsymbol{\beta}} = (1/k)\sum_{j=1}^{k} \boldsymbol{\beta}_j$。也可以简单地从 k 折交叉验证中选择最佳参数。无论哪种情况，之后都会用保留数据测试最佳拟合模型，以评估其可行性。

留 p 交叉验证

交叉验证的另一种标准技术是所谓的留 p 交叉验证（LpO CV）。将训练数据的 p 个样本从数据中移除，并作为验证集保留，在剩余的训练数据上建立拟合模型，并在 p 个保留样本上测试模型的准确性。重新选择 p 个样本并重复此操作，直到所有训练数据都成为验证数据集的一部分。然后，在保留测试集上通过对模型的准确性以及对不同划分数据产生的载荷值取平均，以此来评估模型的准确性。

4.7 模型选择：信息准则

接下来介绍的模型选择方法与上一节中的交叉验证策略不同。实际上从 20 世纪 50 年代初期开始，模型选择就有一套严密的数学创新。Kullback-Leibler（KL）散度⊖ [314] 测量了两个概率密度分布（或代表真值和拟合模型的数据集）之间的距离，并且是现代信息论评估模型可行性的核心标准。KL 散度与路德维希 · 玻尔兹曼（Ludwig E. Boltzmann，1844—1906）提出的描述熵的统计方法有着深厚的数学联系，并且与克劳德 · 香农（Claude Shannon）[486] 提出的信息论也有联系。模型选择是一个很成熟的领域，有大量的文献资料，Burnham 和 Anderson [105] 对其中大部分文献都进行了详细回顾和高度评价。下面仅对一些标准方法进行简要介绍。 148

两个模型 $f(\mathbf{X}, \boldsymbol{\beta})$ 和 $g(\mathbf{X}, \boldsymbol{\mu})$ 之间的 KL 散度定义为：

$$I(f, g) = \int f(\mathbf{X}, \boldsymbol{\beta}) \log \left[\frac{f(\mathbf{X}, \boldsymbol{\beta})}{g(\mathbf{X}, \boldsymbol{\mu})} \right] \mathrm{d}\mathbf{X} \tag{4.45}$$

其中 $\boldsymbol{\beta}$ 和 $\boldsymbol{\mu}$ 分别是模型 $f(\cdot)$ 和 $g(\cdot)$ 的参数化。从信息论的角度来看，用 g 表示 f 时量值 $I(f,g)$ 衡量的是所丢失的信息。如果 $f = g$，则对数项为零（即 $\log(1) = 0$）且 $I(f,g) = 0$，因此不会丢失任何信息。f 表示真值或实验的测量值，而 g 是用来描述 f 的模型。

与先前回归和交叉验证算法不同，计算 KL 散度时必须指定一个模型。回想一下，我们之前使用不同的回归策略进行交叉验证来得到拟合模型（如图 4.20 所示），而这里将假设有一些模型，并对每个模型计算信息损失量或 KL 散度。信息丢失量最少的模型通常被认为是最佳模型。因此，给定 M 个提出的模型 $g_j(\mathbf{X}, \boldsymbol{\mu}_j)$，其中 $j = 1, 2, \cdots, M$，我们可以为每个模型计算 $I_j(f, g_j)$。正确的模型或最佳模型是使信息损失量最小，$\min_j I_j(f, g_j)$。 149

图 4.21 展示了三种与真值数据进行比较的模型。为了生成该图，使用了如下代码。图中对 KL 散度值的计算也作了展示。为了避免被零除，每个概率分布中都添加了一个恒定偏移量，生成的真值数据 $f(x)$ 是一个简单的正态分布变量。所给出的三种模型都是不同形式的正态分布和均匀分布函数。

⊖ 也被称作信息散度、相对熵。——译者注

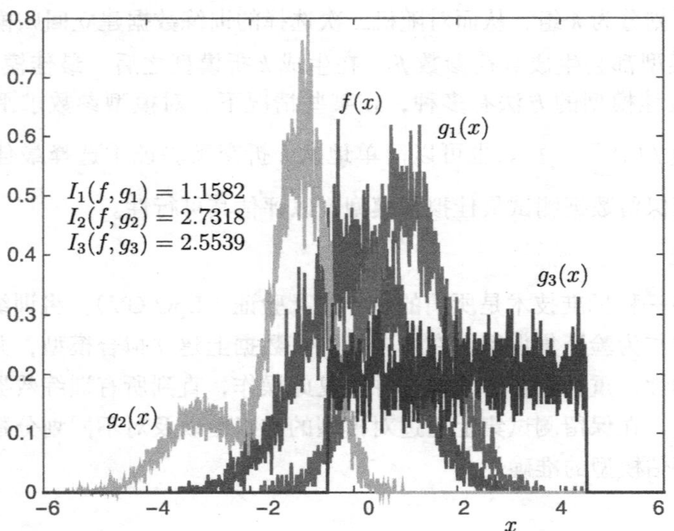

图4.21　三个假设模型$g_1(x)$，$g_2(x)$和$g_3(x)$与真实模型$f(x)$进行比较。计算每个模型的KL散度$I_j(f, g_j)$，这表明模型$g_1(x)$最接近统计意义上代表的真实数据

代码 4.19　计算 KL 散度

```
n=10000;
x1=randn(n,1);   % "truth" model (data)
x2=0.8*randn(n,1)+1; % model 1
x3=0.5*randn(n,1)-1; % model 3 components
x4=0.7*randn(n,1)-3;
x5=5*rand(n,1)-0.5;
x=-6:0.01:6;   % range for data

f=hist(x1,x)+0.01;   % generate PDFs
g1=hist(x2,x)+0.01;
150 g2a=hist(x3,x); g2b=hist(x4,x); g2=g2a+0.3*g2b+0.01;
g3=hist(x5,x)+0.01;

f=f/trapz(x,f);   % normalize data
g1=g1/trapz(x,g1); g2=g2/trapz(x,g2); g3=g3/trapz(x,g3);
plot(x,f,x,g1,x,g2,x,g3,'Linewidth',[2])

% compute integrand
Int1=f.*log(f./g1); Int2=f.*log(f./g2); Int3=f.*log(f./g3);

% use if needed
%Int1(isinf(Int1))=0; Int1(isnan(Int1))=0;
%Int2(isinf(Int2))=0; Int2(isnan(Int2))=0;

% KL divergence
I1=trapz(x,Int1); I2=trapz(x,Int2); I3=trapz(x,Int3);
```

信息准则：AIC 和 BIC

这个示例展示了模型选择背后的基本思想：计算假设模型输出 $g_j(x)$ 与测量真值 $f(x)$ 之间的距离。在 20 世纪 70 年代早期，赤池弘次（Akaike Hirotugu）将 Fisher 的极大似然计算 [183] 与 KL 散度评分相结合，产生了现在的赤池信息准则（AIC）[7]。后来，吉迪恩 · 施瓦兹（Gideon Schwarz）将其修改为贝叶斯（Bayesian）信息准则（BIC）[480]。该准则提供了一

个信息评分，只要候选模型集合中包含了正确模型，则该信息评分就可以保证在大数据极限下收敛到正确的模型。

我们介绍一下赤池的开创性贡献[7]。赤池意识到，在实践中无法计算 KL 散度，因为它需要真值模型 $f(x)$ 以及假设模型 $g_j(x)$ 中所有参数的全部统计信息。为此，赤池提出了一种基于经验对数似然函数在其最大值点估计 KL 散度的方法。这在实践中是可计算的，并且对于严格的模型选择方法来说至关重要。赤池在技术方面的工作连接了对数似然估计和 KL 散度[7, 105]，这是一个改变数学成就的典范，从而导致了 AIC 准则的发展。

$$AIC = 2K - 2\log\left[\mathcal{L}(\hat{\boldsymbol{\mu}}|\mathbf{x})\right] \tag{4.46}$$

其中 K 是模型中使用的参数数量，$\hat{\boldsymbol{\mu}}$ 是根据极大似然估计（MLE）计算的 $g(\mathbf{X}, \boldsymbol{\mu})$ 中使用的最佳参数（即最低 KL 散度）的估计，而 $\mathbf{x}$ 是拟合数据的独立样本。因此，AIC 不是直接测量两个模型之间的距离，而是估算近似模型和真实模型或数据之间的相对距离。当所假设的模型中项数变大时，AIC 值随着斜率 $2K$ 的增加而增加，从而对非简化模型施加惩罚作用。由于它是相对测量的关系，其结果往往得到具有最低 AIC 值的客观“最优”模型，但该最佳模型在数据的预测和重构能力上可能仍然很差。

AIC 是目前使用的标准模型选择准则之一，当然还有其他的准则。这里重点介绍的是由施瓦兹对 AIC 的修改而构建的 BIC[480]。BIC 与 AIC 几乎相同，除了 BIC 的惩罚项的个数比
AIC 的大之外。具体来说，BIC 定义为： 151

$$BIC = \log(n)K - 2\log\left[\mathcal{L}(\hat{\boldsymbol{\mu}}|\mathbf{x})\right] \tag{4.47}$$

其中，n 是考虑的数据点个数或样本大小。施瓦兹的开创性贡献是要证明：如果正确的模型包括在一组候选模型中，则从理论上可以保证对于足够大的数据集 $\mathbf{x}$，基于 BIC 准则正确模型将被选为最佳模型。这与 AIC 相反，在某些病态情况下，AIC 可能选择错误的模型。

计算 AIC 和 BIC 分数

MATLAB 允许我们使用 aicbic 命令直接计算 AIC 和 / 或 BIC 的分数值。该计算工具嵌入在经济计量学（econometrics）工具箱中，它允许人们对一组模型与另一组模型进行评估。评估是根据所考虑模型的对数似然估计进行的，可以对任意数量的模型进行比较。

在此处具体示例中，我们考虑根据一个自回归模型构造的真实模型：

$$x_n = -4 + 0.2x_{n-1} + 0.5x_{n-2} + \mathcal{N}(0,2) \tag{4.48}$$

其中 x_n 为 t_n 时刻的时间序列值，$\mathcal{N}(0,2)$ 是均值为 0、方差为 2 的白噪声过程。我们根据数据拟合了三个自回归整合移动平均（ARIMA）模型。这三个 ARIMA 模型分别有一个、两个和三个时滞，下面的代码计算了它们的对数似然值和相对应的 AIC 和 BIC 的分数值。

代码 4.20　计算 AIC 和 BIC 的分数值

```
T = 100; % Sample size
DGP = arima('Constant',-4,'AR',[0.2, 0.5],'Variance',2);
y = simulate(DGP,T);

EstMdl1 = arima('ARLags',1);
EstMdl2 = arima('ARLags',1:2);
EstMdl3 = arima('ARLags',1:3);

logL = zeros(3,1); % Preallocate loglikelihood vector
[~,~,logL(1)] = estimate(EstMdl1,y,'print',false);
```

```
[~,~,logL(2)] = estimate(EstMdl2,y,'print',false);
[~,~,logL(3)] = estimate(EstMdl3,y,'print',false);

[aic,bic] = aicbic(logL, [3; 4; 5], T*ones(3,1))
```

最好的模型，即同时具有最低 AIC 和 BIC 分数值的模型，是具有两个时滞的第二种模型。这是可以预见的，因为它与真实模型相对应，此时给出如下的输出：

```
aic =
  381.7732
  358.2422
  358.8479
```

152

```
bic =
  389.5887
  368.6629
  371.8737
```

最低的 AIC 和 BIC 分数值分别为 358.2422 和 368.6629。请注意，尽管选择了正确的模型，但从 AIC 分数值看不出模型之间有什么不同，特别是对于带有两个和三个时滞的模型。

推荐阅读

教材

(1) **Model selection and multimodel inference**, by K. P. Burnham and D. R. Anderson [105].

(2) **Multivariate analysis**, by R. A. Johnson and D. Wichern, 2002 [266].

(3) **An introduction to statistical learning**, by G. James, D. Witten, T. Hastie and R. Tibshirani, 2013 [264].

论文和综述

(1) **On the mathematical foundations of theoretical statistics.**, by R. A. Fischer, *Philosophical Transactions of the Royal Society of London*, 1922 [183].

(2) **A new look at the statistical model identification.**, by H. Akaike, *IEEE Transactions on Automatic Control*, 1974 [7].

(3) **Estimating the dimension of a model.**, by G. Schwarz et al., *The annals of statistics*, 1978 [480].

(4) **On information and sufficiency.**, by S. Kullback and R. A. Leibler, *The annals of statistics*, 1951 [314].

(5) **A mathematical theory of communication.**, by C. Shannon, *ACM SIGMOBILE*
153 *Mobile Computing and Communications Review*, 2001 [480].

第5章 聚类和分类

机器学习是基于数据的优化技术，目标是找到低秩子空间来最优嵌入数据，以及找到一些回归方法对不同数据类型进行聚类和分类。因此，机器学习提供了一套有原则的数学方法用于从数据中提取有意义的特征（即数据挖掘），以及将数据分为不同的、有意义的模式用于决策。具体来说，机器学习从数据中学习并做出预测。对于商业应用，这通常称为预测分析，它处于现代数据驱动决策的最前沿。在诸如自主机器人等集成系统中，可以集成各种机器学习组件（例如用于处理视觉和触觉刺激）以形成我们现在所说的人工智能（AI）。AI 是建立在集成机器学习算法基础之上的，而机器学习算法从根本上又植根于优化算法。

机器学习大致分为两大类：有监督的机器学习和无监督的机器学习。在前一种算法中，算法是用标签数据集表示的。如上一章的交叉验证方法中所述，训练数据是由教师 / 专家标记的，因此，输入样本和期望模型的输出都是明确给定的，并使用回归方法通过优化为给定标签的数据找到最佳模型，然后利用该模型对新数据进行预测和分类。监督学习算法有很多重要的变体，例如半监督学习，由于不完全的训练导致某些输入 / 输出关系的缺失，即对于某些输入数据，实际的输出是缺失的。主动学习是监督方法的另一个常见子类，这类算法只能基于预算为一组有限的实例获取训练标签，并且还必须优化其选择对象以获取标签。在交互式框架中，可以将这些呈现给用户进行标记。强化学习采用奖励或惩罚作为训练标签，用以帮助塑造回归结构以建立最佳模型。无监督学习算法没有给出标签，因此，无监督学习必须以一种原则性的方式在数据中找到模式，以确定如何对数据进行聚类并生成用于预测和分类新数据的标签。在无监督学习中，目标本身可能会发现嵌入在低秩子空间的数据中的模式，以便使用特征工程或特征提取来构建合适的模型。

在本章中，我们将考虑一些最常用的有监督和无监督机器学习方法，目标是突出强调数据挖掘如何产生重要的数据特征（特征工程），以供在后面的模型构建中使用。我们还将展 154
示机器学习方法可广泛用于聚类和分类，以及建立用于预测的回归模型。对于所有机器学习架构而言，关键是找到信息丰富且可解释的低秩特征空间。

5.1 特征选择和数据挖掘

利用数据进行诊断、预测和控制，必须提取数据的主要特征。在本书的开篇中，介绍了 SVD 和 PCA 作为确定数据集中包含的主要相关结构的方法。例如，在 1.6 节的特征脸示例中，展示了大量裁剪后的脸部图像的主要特征。这些特征脸根据它们在脸部数据库中的通用性（相关性）来排序，从而保证了提供最好的 r 个特征集，以便使用秩 r 截断来重构 ℓ_2 意义上的给定脸部。特征脸部模式为识别人脸提供了清晰和可解释的特征，包括突出了眼睛、鼻子和嘴巴等区域。重要的是，不用在高维测量空间操作，特征空间允许人们考虑一个显著降维 / 约简的子空间，并在此子空间上进行诊断。

数据挖掘和机器学习的目标是构造和利用给定数据集的固有低秩特征空间。可以通过算法以无监督的方式找到特征空间，或者可以通过专家知识和 / 或数据之间的关联来明确构造特征空间。对于特征脸，其特征是利用 SVD 生成的 PCA 模式，每个 PCA 模式都是高维的，但是在特征空间中唯一重要的量却是在表示一个给定脸部图像中那个特定模式的权重。如果执行一个秩 r 截断，则任何脸部仅需要 r 个特征就可以在特征空间中表示它，最终会在可解释的 r 个特征中得到一个数据的低秩嵌入，这些特征可用于诊断、预测、重构和控制。

我们从 MATLAB 附带的标准数据集中举几个示例来说明如何生成特征空间。

示例 1，Fisher 鸢尾花卉数据集（Fisher iris data set），包括三个鸢尾花品种——山鸢尾（setosa）、变色鸢尾（versicolor）和弗吉尼亚鸢尾（virginica）的 150 个测量值。每种花 50 个样品，包括以厘米为单位的萼片长度、萼片宽度、花瓣长度和花瓣宽度的测量值。对于此数据集，已经根据植物生物学的可解释特性定义了四个特征。出于可视化目的，图 5.1 仅考虑了其中的前三个特性。以下代码访问 Fisher 鸢尾花卉数据集：

代码 5.1　Fisher 鸢尾花的特征

```
load fisheriris;
x1=meas(1:50,:);      % setosa
x2=meas(51:100,:);    % versicolor
x3=meas(101:150,:);   % virginica

plot3(x1(:,1),x1(:,2),x1(:,4),'go'), hold on
plot3(x2(:,1),x2(:,2),x2(:,4),'mo')
plot3(x3(:,1),x3(:,2),x3(:,4),'ro')
```

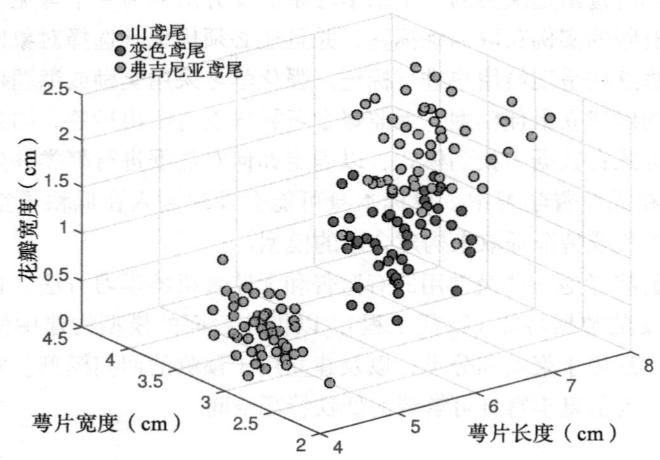

图5.1　Fisher鸢尾花卉数据集

155 图 5.1 的数据集有 150 个测量值，其中包括三个品种——山鸢尾、变色鸢尾和弗吉尼亚鸢尾的各 50 个测量值。每朵花都包括对其萼片长度，萼片宽度，花瓣长度和花瓣宽度的测量。这里展示其中的前三个特征，这些简单的生物学特征足以表明，在物种之间数据具有明显的，可量化的区别。

从图 5.1 中可以看出，所测量的属性可以用作聚类和分类的良好特征集合，即这三个鸢尾花品种在此特征空间中能被很好地分离开。山鸢尾的特征轮廓最为鲜明，而变色鸢尾和弗吉尼亚鸢尾在所采集的样本中有很小的重叠。对于这个数据集，不需要机器学习即可生成良好的分类。然而，数据通常不能轻易地简化为简单的二维和三维视觉信号。更确切地说，在特征空间中聚类的决策会需要更多的变量，因此需要借助计算方法来提供良好的分类策略。

示例 2，在有 80 只狗和 80 只猫的图像数据库中进行分类，如图 5.2 所示。该数据集的一个特定目标是开发一种自动分类方法，利用计算机可以区分猫和狗。在这个数据集中，每只猫和狗的图像数据都是 64 × 64 像素空间，因此每个图像具有 4096 个测量值，而在鸢尾花卉数据集中每个花卉只有 4 个测量值。与处理特征脸一样，我们使用 SVD 提取图像之间的主导相关性。下面的代码加载数据并在减去平均值后对数据执行奇异值分解，SVD 产生一组有序的模态用以表征所有狗和猫图像之间的相关性。图 5.3 展示了 160 张图像（80 只狗和 80 只猫）的前四种 SVD 模态。

代码 5.2 狗和猫的特征

```
load dogData.mat
load catData.mat
CD=double([dog cat]);
[u,s,v]=svd(CD-mean(CD(:)),'econ');
```
156

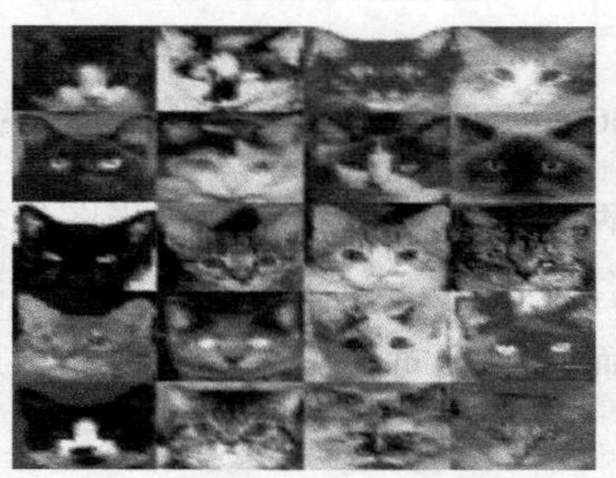

图5.2 狗（左）和猫（右）的示例图像。我们的目标是构建一个能够有效计算这些图像自动分类的特征空间

原始图像空间或像素空间只是一组可能使用的数据集，数据可以转换为小波表示以凸显图像的边缘。下面的代码加载图像的小波表示形式，并计算新的低秩嵌入空间。 157

代码 5.3 狗和猫的小波特征。

```
load catData_w.mat
load dogData_w.mat
CD2=[dog_wave cat_wave];
[u2,s2,v2]=svd(CD2-mean(CD2(:)),'econ');
```

图 5.3 在小波空间中的等价关系如图 5.4 所示。请注意，小波表示有助于重点强调许多关键特征，例如眼睛、鼻子和耳朵，从而可能更容易做出分类决策。生成能够进行分类的特征空间是构建有效的机器学习算法的关键。

无论是直接使用图像空间表示还是使用小波表示，目标都是将数据投影到各自生成的特征空间中，分别如图 5.3 和图 5.4 所示。良好的特征空间有助于找到显著的特征，从而使人们可以执行各种任务，包括聚类、分类和预测等。每个特征相对于单个图像的重要性由 SVD 中的 **V** 矩阵给出，**V** 矩阵的每一列确定了每个特征在特定图像上的载荷或权重，然后可以使用这些载荷的直方图来形象地显示。如何根据彼此之间的特征来区分猫和狗如图5.5所示。以下代码生成了狗和猫的载荷分布的直方图（分别对应为前80个图像和后80个图像）。

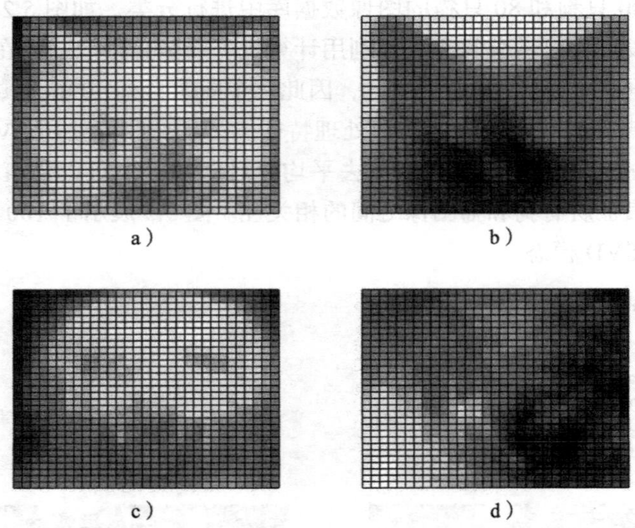

图5.3　由160幅狗和猫的图像经过SVD生成的前四个特征，即这些都是SVD的**U**矩阵的前四列

注意，前两种模态a和b表明，当图像相关时，三角耳是重要的特征，这是猫的一个显著特征，而狗往往没有这个特征。因此，在特征空间中，猫一般会加入这两种主导模式来提升这一特征，而狗则倾向于减去这些特征，从它们的表示中去除三角耳。

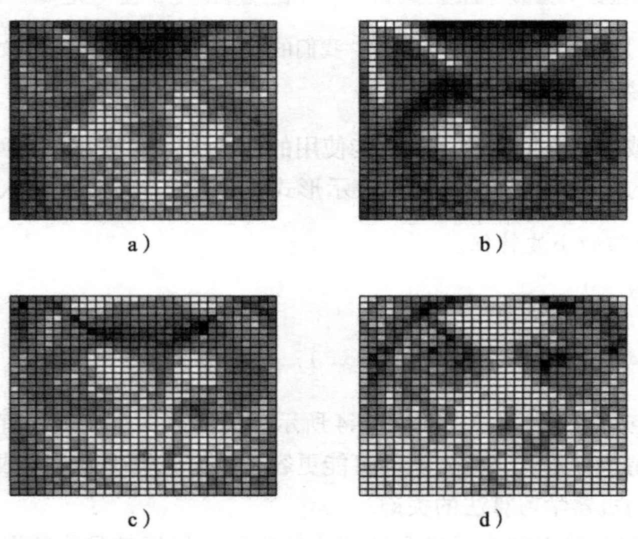

图5.4　小波域中160幅狗和猫的图像经过SVD生成的前四个特征。和图5.3一样，前两种模态图a和图b表明三角耳很重要。这是狗和猫的另一种表示形式，可以更好地帮助对狗和猫进行分类

代码 5.4　狗和猫的特征直方图。

```
xbin=linspace(-0.25,0.25,20);
for j=1:4
    subplot(4,2,2*j-1)
    pdf1=hist(v(1:80,j),xbin)
    pdf2=hist(v(81:160,j),xbin)
    plot(xbin,pdf1,xbin,pdf2,'Linewidth',[2])
end
```

158

图 5.5 展示了原始图像和小波变换图像的前四个模态的载荷值分布。对于这两组图像，第二种模式下的载荷分布清楚地表明了狗和猫之间的强可分性。经小波处理的图像在第四种模态下也显示出良好的可分离性。请注意，两组图像的第一种模态在分布上几乎没有区别，因此对于分类和聚类没有用处。

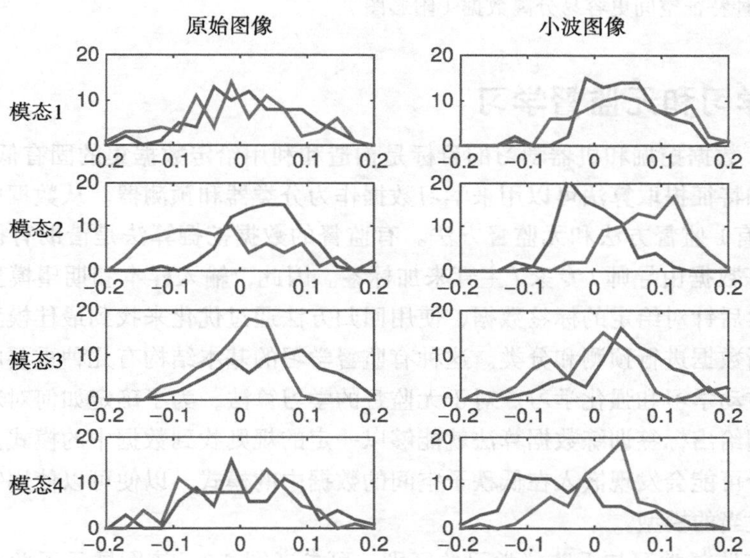

图5.5　前四个主导SVD模态中狗（蓝色）和猫（红色）的载荷分布直方图。左侧图片展示的是原始图像的分布（参见图5.3），而右侧图片展示的是小波变换图像的分布（参见图5.4）。载荷来自SVD的 **V** 矩阵的列。注意使用第二种模式时，狗和猫之间具有良好的可分性（附彩图）

能够为不同类型数据之间（例如狗和猫）提供强可分离性的特性通常被用在机器学习任务中。这个简单的示例说明，特征工程是一个过程，借此可以使用初始数据探索来帮助识别潜在的预处理方法。这些特征能帮助计算机识别高维空间中的高度可分性特征，从而进行准确的聚类、分类和预测。最后要注意的是，在图 5.6 中，将狗和猫的数据投影到前三个 PCA 模态（SVD 模态）上，这一点从原始图像或其小波变换图像中可以发现。稍后将会看到的，小波变换图像提供了更高的可分离度，从而改善了分类性能。 159

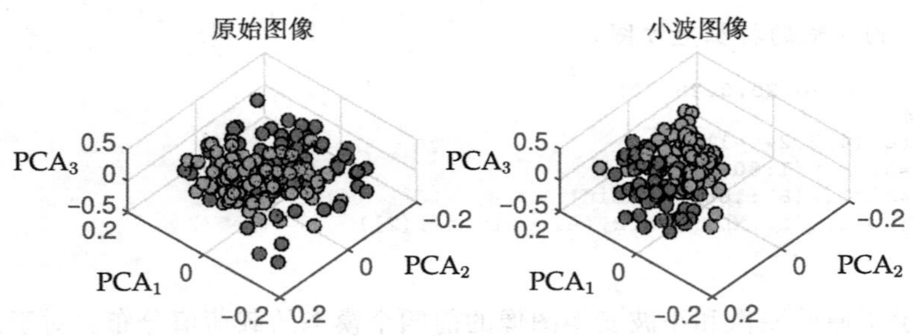

图5.6 将狗（绿色）和猫（洋红色）的图像投影到特征空间中。请注意，原始图像及其对应的小波图像会产生不同的数据嵌入。两者都在它们标记的状态周围表现出聚类。这一点可以用在随后的学习算法中。小波图像特别适合于聚类和分类，因为这种特征空间更容易分离数据（附彩图）

5.2 监督学习和无监督学习

如前所述，数据挖掘和机器学习的目标是构造和利用给定数据集的固有低秩特征空间。好的特征工程和特征提取算法可以用来学习数据作为分类器和预测器。从数据中学习存在两种主要范式：(有）监督方法和无监督方法。有监督的数据挖掘算法是借助有标签的数据集来表示的，训练数据由导师 / 专家 / 主管来加标签。因此，输入样本和期望模型的输出都是明确给定的，然后针对给定的标签数据，使用回归方法通过优化来找到最佳模型。这个模型然后被用来对新数据进行预测和分类。这种有监督学习的基本结构有几种重要的变体，包括半监督学习、主动学习和强化学习。对于无监督的学习算法，为了确定如何对新数据进行聚类和分类，不用给出标签训练数据算法就能够以一定的规则找到数据中的模式。在无监督学习中，目标本身可能会发现嵌入在低秩子空间的数据中的模式，以便可以使用特征工程或特征提取来构建适当的模型。

为了说明有监督学习与无监督学习的区别，可参考图 5.7。该图展示了两个高斯分布的散点图。在第一种情况下，数据被很好地分离，它们的均值相距足够远，并且可观察到两个不同的聚类。在第二种情况下，两个分布靠得很近，分离这些数据是一项艰巨的任务。无监督学习的目的是发现数据中的聚类。只要两个分布足够分开，可以通过目测进行区分。否则很难区分数据中的聚类。监督学习为某些数据提供标签。在这种方法中，点用绿色圆点或洋红色圆点标记，任务是将未标记的数据（灰色圆点）分类为绿色或洋红色。与无监督体系结
160 构非常相似，如果生成数据的统计分布分离得很好，则将标签与数据结合使用，提供一种简单的方法来对所有未标签的数据点进行分类。如果数据分布有很大的重叠，则监督算法的性能也会很差。

有监督和无监督的学习可以用数学方式来表述。令：

$$\mathcal{D} \subset \mathbb{R}^n \tag{5.1}$$

其中，$\mathcal{D}$ 一个是维数为 n 的有界开集合。进一步令：

$$\mathcal{D}' \subset \mathcal{D} \tag{5.2}$$

分类的目标是建立一个分类器，将 $\mathcal{D}'$ 中给定的数据从 $\mathcal{D}$ 的所有数据中标识出来。

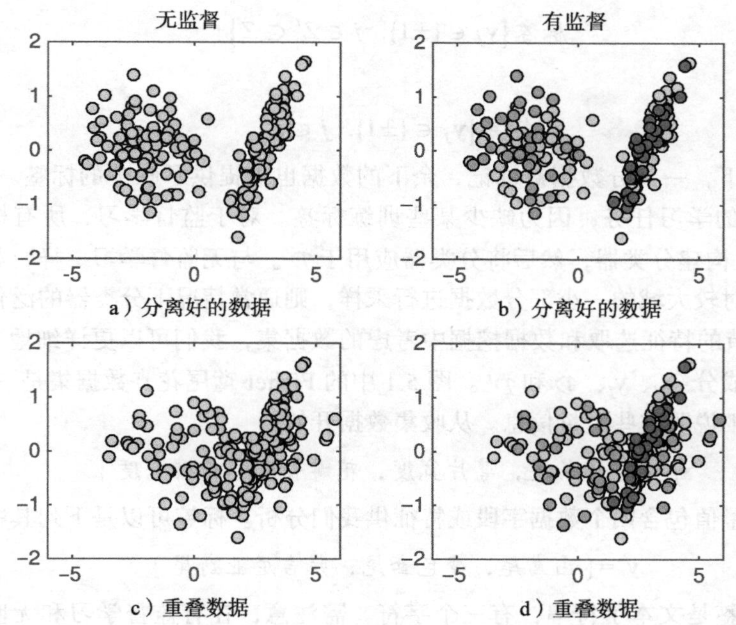

图5.7 无监督与有监督学习示意图（附彩图）

为了使问题陈述地更精确，考虑一组数据点 $\mathbf{x}_j \in \mathbb{R}^n$，对每个点标签 $\mathbf{y}_j$，$j = 1, 2, \cdots, M$。数据的标签可以有多种形式，从数值（包括整数标签）到文本字符串。为简单起见，我们以二进制方式将数据标记为 +1 或者 −1，于是有 $\mathbf{y}_j \in \{\pm 1\}$。 161

在图 5.7a 和 c 中，无监督学习尝试找到数据的聚类以便将其分为两类。对于分离好的数据（a），任务很简单并且可以很轻松地生成标签。对于重叠数据（c），无监督算法很难完成分离。在图 5-7b 和 d 中，监督学习提供了许多标签：绿色球和洋红色球。随后将其余未标记的数据分类为绿色或洋红色。对于分离好的数据（b），标记数据很容易，而对于重叠数据则面临着巨大挑战。

对于无监督学习，下述输入和输出与这种学习分类任务相关：

输入

$$\text{数据}\left\{\mathbf{x}_j \in \mathbb{R}^n,\ j \in Z := \{1, 2, \cdots, m\}\right\} \tag{5.3a}$$

输出

$$\text{标签}\{\mathbf{y}_j \in \{\pm 1\},\ j \in Z\} \tag{5.3b}$$

无监督学习的数学框架集中在为所有数据生成标签 $\mathbf{y}_j$ 上。通常，用于训练分类器的数据 $\mathbf{x}_j$ 来自 $\mathcal{D}'$，该分类器更广泛地应用（即延拓或泛化）于有界开区域 $\mathcal{D}$。如果用于构建分类器的数据仅是对较大域的一小部分数据进行采样，通常情况下该分类器不具有很好的泛化能力。

有监督学习在训练阶段提供了标签，这种学习分类任务的输入和输出可叙述如下：

输入

$$\text{数据}\left\{\mathbf{x}_j \in \mathbb{R}^n,\ j \in Z := \{1, 2, \cdots, m\}\right\} \tag{5.4a}$$

$$\text{标签}\left\{\mathbf{y}_j \in \{\pm 1\},\ j \in Z' \subset Z\right\} \tag{5.4b}$$

输出

$$\text{标签}\left\{\mathbf{y}_j \in \{\pm 1\},\ j \in Z\right\} \tag{5.4c}$$

在这种情况下，一部分数据被标记，余下的数据也被提供了缺少的标签。从技术上讲，这是一个半监督的学习任务，因为缺少某些训练标签。对于监督学习，所有标签都是已知的，以便在 $\mathcal{D}'$ 上构建分类器，然后将分类器应用于 $\mathcal{D}$。与无监督学习一样，如果用于构建分类器的数据仅对较大域的一小部分数据进行采样，则通常情况下分类器的泛化效果不佳。

对于在 5.1 节的特征选取和数据挖掘中考虑的数据集，我们可以更详细地考虑构建分类模型所需的关键成分：$\mathbf{x}_j$、$\mathbf{y}_j$、$\mathcal{D}$ 和 $\mathcal{D}'$。图 5.1 中的 Fisher 鸢尾花卉数据集是一个经典示例，我们可以借此详细说明这些定量信息。从收集数据开始：

$$\mathbf{x}_j=\{\text{萼片长度，萼片宽度，花瓣长度，花瓣宽度}\} \tag{5.5}$$

每个鸢尾花的测量值包含四个数据字段或特征供我们分析。标签可以是下列其中之一：

$$\mathbf{y}_j=\{\text{山鸢尾，变色鸢尾，弗吉尼亚鸢尾}\} \tag{5.6}$$

在该示例中，标签是文本字符串，有三个字符。需注意，在有监督学习和无监督学习的表述中，只有两个输出（二进制），被标记为 ± 1。通常，可以有很多标签，一般都是文本字符串。最后，还有数据定义域：

162 $$\mathcal{D}' \in \{150\text{ 个鸢尾花样本：}50\text{ 朵山鸢尾，}50\text{ 朵变色鸢尾，}50\text{ 个弗吉尼亚鸢尾}\} \tag{5.7}$$

和

$$\mathcal{D} \in \{\text{山鸢尾，变色鸢尾和弗吉尼亚鸢尾的论域}\} \tag{5.8}$$

我们可以类似地评估狗和猫的数据，如下式所示：

$$\mathbf{x}_j=\{64\times 64\text{ 图像 }=4096\text{ 像素}\} \tag{5.9}$$

每个狗和猫都被标签为：

$$\mathbf{y}_j=\{\text{狗，猫}\}=\{1,-1\} \tag{5.10}$$

在这种情况下，标签是文本字符串，也可以转换为数值。这与有监督学习和无监督学习的表述是一致的，其中只有两个输出（二进制）并被标记为 ± 1。最后，数据定义域为：

$$\mathcal{D}' \in \{160\text{ 个图像样本：}80\text{ 只狗，}80\text{ 只猫}\} \tag{5.11}$$

和

$$\mathcal{D} \in \{\text{狗和猫的域}\} \tag{5.12}$$

有监督和无监督的学习方法旨在创建用于分类、聚类或回归的算法。分类和回归这两个任务的目标都是基于 $\mathcal{D}'$ 上的数据建立拟合模型，并将其泛化到数据集 $\mathcal{D}$ 上。如前一章有关回归的内容所示，泛化可能非常困难，并且交叉验证策略至关重要。深度神经网络是用于回归和分类的最先进的机器学习算法，通常也难以泛化。创建强大的泛化学习策略是机器学习研究的前沿。

泛化中的一些困难可在图 5.8 中说明。这些数据集尽管很容易通过视觉检查进行分类和聚类，但对于许多回归和分类方案而言可能是困难的。从本质上讲，数据之间的边界形成了一个非线性流形，通常很难表征。此外，如果采样数据 $\mathcal{D}'$ 仅捕获流形的一部分，那么分类或回归模型几乎肯定无法表征 $\mathcal{D}$。这些只是分类问题的二维描述，可以想象如果这样的数据嵌入在高维空间中会有多么复杂。在这种情况下，可视化基本上是不可能的，并且必须依靠算法提取有意义的边界来分隔数据。本章余下部分和下一章介绍 $\mathcal{D}'$ 上的标签或未标签的给定数据的分类和回归方法，有相当多的数学方法可用于执行此类任务。 163

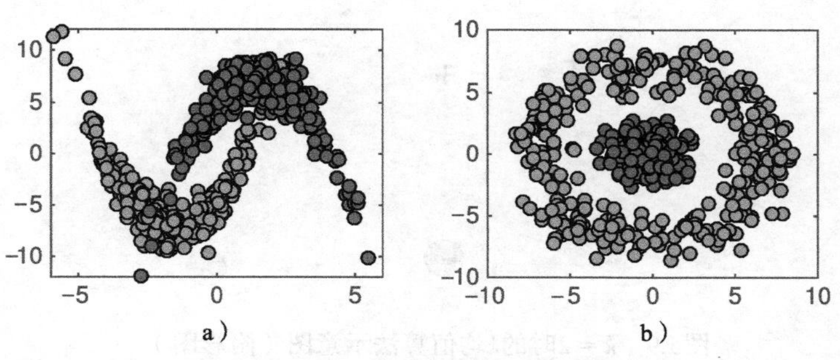

图5.8　泛化中的困难（附彩图）

当数据用非线性函数分开彼此时，数据分类算法和回归模型可能会很困难。在图 5.8 这种情况下，分离绿色和洋红色球的非线性函数可能很难被提取出来。此外，如果仅数据 $\mathcal{D}'$ 的一小部分样本可用，则可能无法为 $\mathcal{D}$ 构建一个泛化模型。左边的数据集 a 表示两个刚刚重叠的半月形，而 b 中的同心环需要一个圆环作为数据之间的分隔边界。实际上两者都难以生成。

5.3　无监督学习：*k* 均值聚类

本章将重点介绍几种有监督和无监督的算法。我们将从当前使用的最著名的无监督算法之一——*k* 均值聚类算法开始讲起。*k* 均值聚类算法假设给定了一组向量值数据，目的是将 *m* 个观测值划分为 *k* 个聚类。每个观测值都被标记为属于具有最接近均值的聚类，充当该聚类的代理（原型），这导致将数据空间划分到维诺单元（Voronoi cell）中。

尽管观测的数量和系统的维数是已知的，但分区的数量 *k* 通常是未知的，而且必须确定，或者用户只需选择一些聚类即可从数据中提取该值。*k* 均值算法是迭代的，首先为每个聚类的均值假设初始值，然后更新均值，直到算法收敛为止。图 5.9 描述了 *k* 均值算法的更新规则。算法流程如下：（i）给定 *k* 个不同均值的初始值，计算每个观测值 $\mathbf{x}_j$ 到每个 *k* 均值的距离。（ii）将每个观察结果标记为属于最接近的均值。（iii）标记完成后，找到每组标记点的质心（均值），这些新的均值再返回到步骤（i）重新开始计算。这是一种启发式算法，最早由斯图尔特·劳埃德（Stuart Lloyd）在 1957 年提出 [339]，直到 1982 年才发布。 164

k 均值目标可用优化问题的形式规范地表示出来。如下的最小化描述了这个过程：

$$\underset{\boldsymbol{\mu}_j}{\operatorname{argmin}} \sum_{j=1}^{k} \sum_{\mathbf{x}_j \in \mathcal{D}'_j} \|\mathbf{x}_j - \boldsymbol{\mu}_j\|^2 \tag{5.13}$$

其中 $\boldsymbol{\mu}_j$ 表示第 j 个聚类的均值，$\mathcal{D}'_j$ 表示与该聚类相关的数据的子域。这样可以最小化聚类内的平方和。通常，求解上述优化问题是NP难的⊖，从而使其在计算上难以处理。然而，仍有许多启发式算法可以提供良好的性能，尽管这些算法无法保证会收敛到全局最优解。

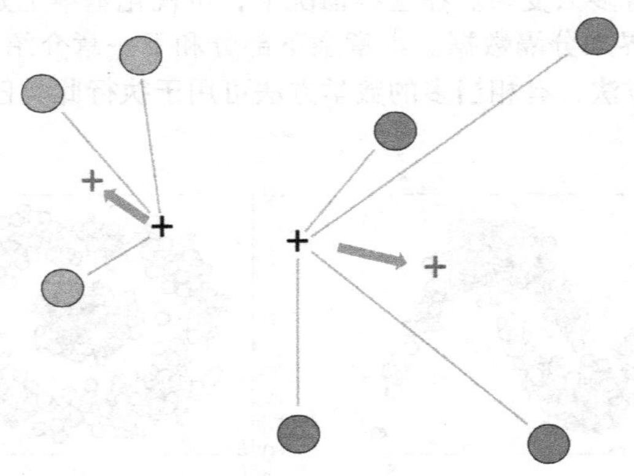

图5.9　$k=2$时的k均值算法示意图（附彩图）

图5.9给出两个初始启动均值（黑色+）。每个点都被标记为属于两个均值中的一个。这样，绿色的球被标记为左侧+的聚类的一部分，而洋红的球被标记为右侧+的聚类的一部分。标记后，重新计算两个聚类的均值（红色+）。重复这一过程，直到两个均值趋于一致。

k均值算法以及任何机器学习算法的交叉验证对于确定其有效性是至关重要的。如果没有标签，则交叉验证过程会更加微妙，因为没有可以比较的基本事实。前面章节中介绍的交叉验证方法仍然可以使用，可以通过k折交叉验证来测试分类器对数据的不同二次选择的鲁棒性。下面的部分代码生成劳埃德的k均值聚类算法。我们首先考虑创建两个数据聚类，然后将数据划分为训练集和测试集。

代码 5.5　生成k均值数据。

```
% training & testing set sizes
n1=100;  % training set size
n2=50;   % test set size

% random ellipse 1 centered at (0,0)
x=randn(n1+n2,1); y=0.5*randn(n1+n2,1);

% random ellipse 2 centered at (1,-2) and rotated by theta
x2=randn(n1+n2,1)+1; y2=0.2*randn(n1+n2,1)-2; theta=pi/4;
A=[cos(theta) -sin(theta); sin(theta) cos(theta)];
x3=A(1,1)*x2+A(1,2)*y2; y3=A(2,1)*x2+A(2,2)*y2;
subplot(2,2,1)
plot(x(1:n1),y(1:n1),'ro'), hold on
plot(x3(1:n1),y3(1:n1),'bo')

% training set:  first 200 of 240 points
X1=[x3(1:n1) y3(1:n1)];
```

⊖ NP-hard，即non-deterministic polynomial，非确定性多项式。P问题可以在多项式级时间复杂度内解决，NP问题可以在多项式级时间复杂度内被验证。NP难问题，指满足任何NP问题都可以在多项式级时间复杂度内被归约为问题S，即被归约的NP问题与S的答案相同。当解决了S时，就同时解决了所有的NP问题。可以将NP难问题理解为是一个比所有NP问题都难的问题）。——译者注

```
X2=[x(1:n1) y(1:n1)];

Y=[X1; X2]; Z=[ones(n1,1); 2*ones(n1,1)];

% test set:  remaining 40 points
x1test=[x3(n1+1:end) y3(n1+1:end)];
x2test=[x(n1+1:end) y(n1+1:end)];
```

图 5.10 展示了从两个不同的高斯分布生成的数据。在这种情况下，我们有真值数据来检查 k 均值聚类，但通常情况并非如此。劳埃德算法猜测聚类的数量和初始聚类均值，然后以迭代方式进行更新。k 均值对初始猜测值很敏感，并且该算法的许多现代版本还提供了初始化的原则性策略。 165

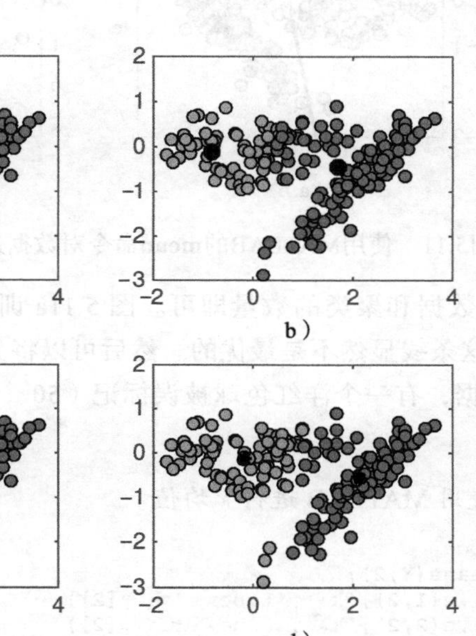

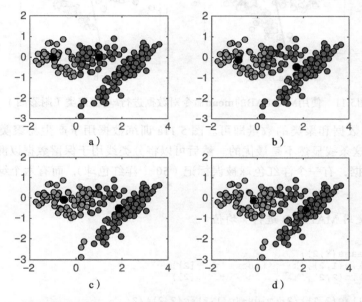

图5.10　基于劳埃德算法[339]的k均值迭代过程的示意图。寻找两个聚类，$k=2$

图 5.10 根据每个初始猜测与均值之间的距离，用初始猜测值（图 5.10a 中的黑圈）对所有数据进行初始标记。然后通过计算新标记的数据的均值来更新均值。经过大约 4 次迭代，此两阶段启发式算法收敛。

代码 5.6　*k 均值的劳埃德算法。*

```
g1=[-1 0]; g2=[1 0]; % Initial guess
for j=1:4
    class1=[]; class2=[];
    for jj=1:length(Y)
        d1=norm(g1-Y(jj,:));
        d2=norm(g2-Y(jj,:));
        if d1<d2
          class1=[class1; [Y(jj,1) Y(jj,2)]];
        else
          class2=[class2; [Y(jj,1) Y(jj,2)]];
        end
    end
    g1=[mean(class1(1:end,1)) mean(class1(1:end,2))];
    g2=[mean(class2(1:end,1)) mean(class2(1:end,2))];
end
```

图 5.11 展示了 k 均值聚类的迭代过程。两个初始猜测值被用来初始标记所有数据点（图 5.11a），然后计算新的均值并重新标记数据。仅经过四次迭代，聚类便收敛。在这里，该算
166 法展示了迭代过程如何快速地为所有数据提供无监督标签。MATLAB 内置有 k 均值算法，该算法仅需要一个数据矩阵和期望的聚类数，使用简单，并为数据提供了有价值的诊断工具。下面的代码使用 MATLAB 的 **mean** 命令，并且还提取了决策线，该决策线是从分离两个聚类的算法中生成的。

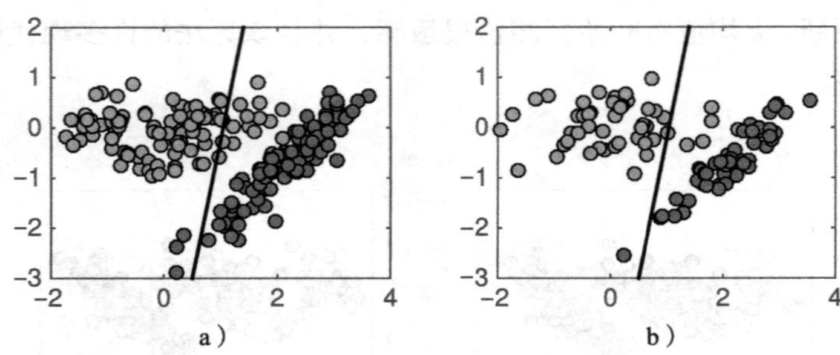

图5.11　使用MATLAB的**mean**命令对数据进行k均值聚类（附彩图）

只需要指定数据和聚类的数量即可。图 5.11a 训练数据用于产生将聚类分开的决策线（黑线）。注意，这条线显然不是最优的。然后可以将分类线用于保留数据以测试算法的准确性。对于测试数据，有一个洋红色球被误标记（50 个洋红色球），而有六个绿色球被误标记（50 个绿色球）。

代码 5.7　使用 MATLAB 进行 k 均值。

```
% kmeans code
[ind,c]=kmeans(Y,2);
plot(c(1,1),c(1,2),'k*','Linewidth',[2])
plot(c(2,1),c(2,2),'k*','Linewidth',[2])

midx=(c(1,1)+c(2,1))/2; midy=(c(1,2)+c(2,2))/2;
slope=(c(2,2)-c(1,2))/(c(2,1)-c(1,1)); % rise/run
b=midy+(1/slope)*midx;
xsep=-1:0.1:2; ysep=-(1/slope)*xsep+b;

figure(1), subplot(2,2,1), hold on
plot(xsep,ysep,'k','Linewidth',[2]),axis([-2 4 -3 2])

% error on test data
figure(1), subplot(2,2,2)
plot(x(n1+1:end),y(n1+1:end),'ro'), hold on
plot(x3(n1+1:end),y3(n1+1:end),'bo')
plot(xsep,ysep,'k','Linewidth',[2]), axis([-2 4 -3 2])
```

图 5.11 展示了 k 均值算法的结果，并描绘了将数据分为两个聚类的决策线。绿色和洋红色的球表示数据的真实标签，表明 k 均值线无法正确提取标签。事实上，一种有监督的算法会更熟练地提取真值结果，可使大多数数据获得正确标记，将在本章后面进行介绍。

k 均值的成功取决于两个因素：1）不需要监督；2）这是一种快速的启发式算法。上述的示例显示该方法不是很准确，但是在无监督方法中通常如此，因为该算法对数据知识的了
167 解有限。交叉验证的工作（例如 k 折交叉验证）可以帮助改进模型并提高无监督学习的准确性，但通常不如有标签数据的有监督算法准确。

5.4 无监督层次聚类：树状图

另一种常用的无监督数据聚类算法是树状图。同 k 均值聚类一样，树状图是由一种简单的分层算法创建的，如果没有任何标签或监督，可以有效地可视化聚类的数据。该分层方法应用于如图 5.12 所示的数据，其中真值数据是已知的。层次聚类方法是根据自底向上或自顶向下的方法生成的，具体来说是如下两种类型之一。

凝聚： 每个数据点 $\mathbf{x}_j$ 最初都是其自身的聚类，在创建层次聚类时数据是成对合并的。一旦所有数据都合并到一单个 über 聚类 / 簇，数据的合并才最终停止。这是层次聚类中自底向上的方法。

分裂： 所有的观测值 $\mathbf{x}_j$ 最初都是单个巨大聚类的一部分，然后将数据递归地分割成越来越小的聚类 / 簇，直到用户指定的目标停止为止。分裂方法可以拆分数据，直到每个数据点都是它自身的节点。这是层次聚类中的自顶向下方法。

一般来说，数据的合并和分割是通过启发式贪婪算法完成的，该算法在计算上很容易执行。层次聚类的结果通常用树状图表示。

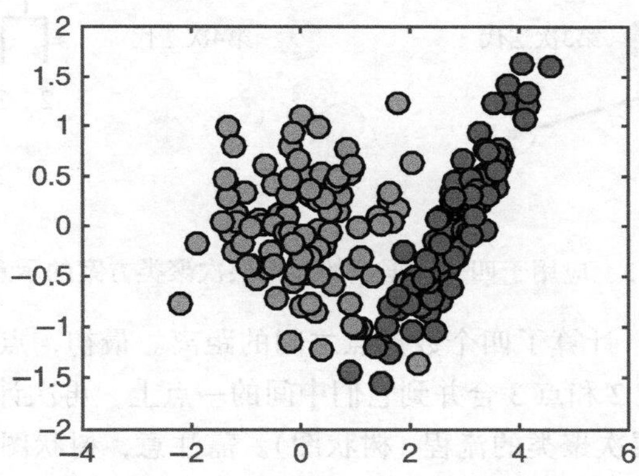

图5.12　用于构建树状图的示例数据（附彩图）

图 5.12 中数据由两个高斯分布（每个有 50 个点）构造而成，这些分布通过目测检查就可以辨别。树状图将产生一个层次结构，理想情况下将会使绿色球与洋红色球分开。

在本节中，我们将重点介绍凝聚层次聚类和 MATLAB 的 dendrogram 命令。同 k 均值聚类的劳埃德算法一样，树状图的构建是从一个简单的计算数据点之间距离的算法结构开始的。尽管我们通常使用欧几里得距离，但是对于不同类型的数据，可能有许多重要的距离度量需要考虑。一些典型的距离列写如下：

$$\text{欧几里得距离}\ \|\mathbf{x}_j - \mathbf{x}_k\|_2 \tag{5.14a}$$

$$\text{平方欧几里得距离}\ \|\mathbf{x}_j - \mathbf{x}_k\|_2^2 \tag{5.14b}$$

$$\text{曼哈顿（Manhattan）距离}\ \|\mathbf{x}_j - \mathbf{x}_k\|_1 \tag{5.14c}$$

$$\text{最大距离}\ \|\mathbf{x}_j - \mathbf{x}_k\|_\infty \tag{5.14d}$$

$$\text{马哈拉诺比斯（Mahalanobis）距离（或马氏距离）}\ \sqrt{(\mathbf{x}_j - \mathbf{x}_k)^T\mathbf{C}^{-1}(\mathbf{x}_j - \mathbf{x}_k)} \tag{5.14e}$$

其中，$\mathbf{C}^{-1}$ 是协方差矩阵。如前一章中所示，范数的选择对于展现数据中用来进行聚类和分类的模式有很大的差异。

树状图算法如图 5.13 所示。该算法如下：1）计算所有 m 个数据点 $\mathbf{x}_j$ 之间的距离（该图说明了欧几里得距离的使用）；2）最近的两个数据点在它们原始位置中间的地方合并为一个
169 新的数据点；3）用 $m-1$ 个新的数据点重复计算。该算法持续进行，直到数据已分层合并到单个数据点时为止。

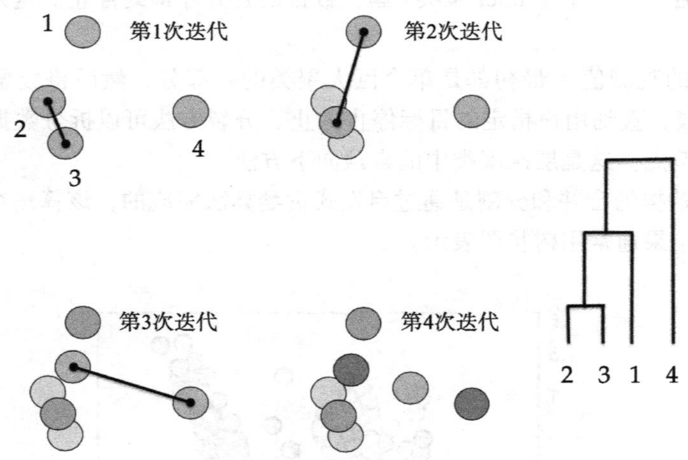

图5.13　应用于四个数据点的凝聚层次聚类方案的示意图

在图 5.13 的算法中，计算了四个数据点之间的距离。最初，点 2 和点 3 之间的欧几里得距离最接近。然后将点 2 和点 3 合并到它们中间的一点上，再次计算距离。右边的树状图显示了该过程如何生成层次聚类的流程（树状图）。需注意，树状图中树分支的长度与合并点之间的距离直接相关。

下面的代码使用来自 MATLAB 的 dendrogram 命令执行层次聚类。我们使用的示例与 k 均值聚类考虑的示例相同。图 5.12 展示了所用示例的数据，目视显示有两个清晰易辨的聚类。与 k 均值一样，我们的目标是查看树状图如何提取这两个聚类。

代码 5.8　无监督聚类的树状图。

```
Y3=[X1(1:50,:); X2(1:50,:)];
Y2 = pdist(Y3,'euclidean');
Z = linkage(Y2,'average');
thresh=0.85*max(Z(:,3));
[H,T,O]=dendrogram(Z,100,'ColorThreshold',thresh);
```

图 5.14 展示了与图 5.12 中的数据相关的树状图。算法的结构显示了哪些点被合并以及点与点之间的距离。阈值命令对于标记分层算法中每个点所属的位置非常重要，通过将阈值
170 设置为不同水平，树状图中可能存在更多或更少的聚类 / 簇。下面的代码使用树状图的输出来显示如何标记数据。如前所述，前 50 个数据点来自浅色聚类 / 簇，后 50 个数据点来自深色聚类 / 簇。

代码 5.9　猫和狗的柱状图标签。

```
bar(O), hold on
plot([0 100],[50 50],'r:','Linewidth',2)
plot([50.5 50.5],[0 100],'r:','Linewidth',2)
```

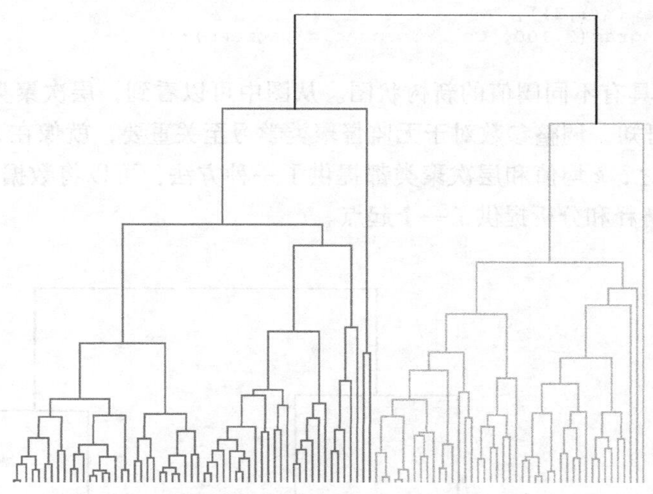

图5.14　由图5.12中的数据产生的树状图结构。在这个阈值水平下生成了两个聚类

图 5.15 展示了数据如何在树状图中聚类。如果实现了理想的聚类，那么前 50 个点将在水平的红色虚线下方，而后 50 个点将在水平的红色虚线上方。 垂直的红色虚线是将左侧的绿色圆点与右侧的洋红色圆点分隔开的线。

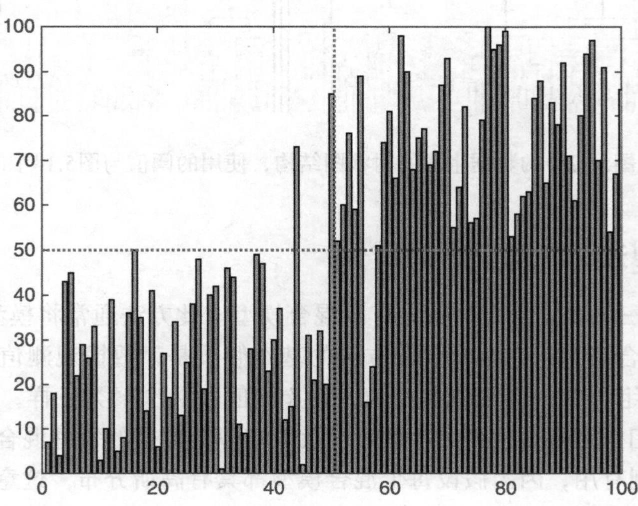

图5.15　执行树状图算法的聚类结果。这是对图5.14的总结，展示了如何通过距离度量对每个点进行聚类。水平红色虚线表示理想的分离位置。对前50个点（图5.12中的绿色圆点）进行了分类，使其在左下象限的红色水平线下方。对后50个点（图5.12中的洋红色圆点）进行了分类，使其在右上象限的红色水平线上方。总之，树状图仅误分了两个绿点和两个洋红色点（附彩图）

以下代码展示了如何通过调整 dendrogram 命令中的阈值来生成更多数量的聚类，等效于将 k 均值中的聚类数设置为大于 2 的值。如前所述，在进行无监督聚类时，很少有与之相比的真值，因此调整阈值变得很重要。

171
```
thresh=0.25*max(Z(:,3));
[H,T,O]=dendrogram(Z,100,'ColorThreshold',thresh);
```

图 5.16 显示了具有不同阈值的新树状图。从图中可以看到，层次聚类产生了一打以上的聚类 / 簇。由此可知，调整参数对于无监督聚类学习至关重要，就像在 k 均值聚类中选择聚类个数一样。总之，k 均值和层次聚类都提供了一种方法，可以将数据自动解析为聚类，这为数据挖掘中的解释和分析提供了一个起点。

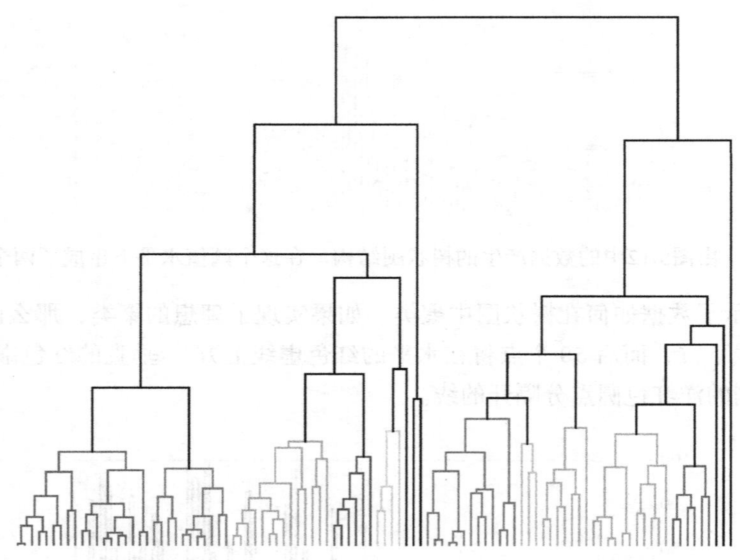

图5.16　由图5.12中的数据生成的树状图结构，使用的阈值与图5.14中的阈值不同

5.5　混合模型和期望最大化算法

我们考虑的第三个无监督方法称为有限混合模型。此方法通常将模型假定为高斯分布，因此又称为高斯混合模型（GMM）。此方法的基本假设是，数据观测值 $\mathbf{x}_j$ 是一组 k 个过程的混合，这些过程组合在一起形成测量值。与 k 均值和层次聚类一样，对数据进行拟合的 GMM 模型要求我们指定混合模型的个数 k 以及最佳拟合数据的每种混合模型的单独统计特性。GMM 算法特别有用，因为假设每个混合模型都具有高斯分布，这意味着它可以完全由
172 两个参数来描述：均值和方差。

使用 Dempster、Laird 和 Rubin[148] 著名的期望最大（EM）算法计算极大似然参数能够实现 GMM 算法。EM 算法就是找出统计模型的最大似然参数。通常，该算法的迭代结构会找到局部最大似然参数，从而估计出无法直接求解的真实参数。与大多数数据一样，观察到的数据中包含许多隐藏或不可测量的变量以及未知参数，交替迭代构造的算法可从初始猜测中递归估计出可能的最佳参数。EM 算法的操作过程与 k 均值算法类似，对于假定的 k 分布

需要给出均值和方差的初始猜测，然后该算法根据每个混合模型的参数递归更新混合模型的权重。这两种过程交替进行直到达到收敛。

在任何这样的迭代方案中，都不清楚解会不会收敛或解是不是好的，因为它通常会陷入极大似然的局部值。但是可以证明，在这种情况下它确实收敛，并且似然导数在那个点处任意接近零，这反过来说明该点是最大值点或鞍点[561]。通常，可能会出现多个最大值，但不能保证会找到全局最大值。一些似然函数也具有奇异性，即无意义的最大值。例如，在一个混合模型中利用 EM 可以找到这样一个解，该解可使一个分量的方差为零而均值等于某一个数据点。交叉验证可以缓解一些常见的陷阱，这些陷阱是由某些不好的初始猜测值对算法初始化时产生的。

混合模型的基本假设是，观察数据 $\mathbf{x}_j$ 的概率密度函数（PDF）是一组未知分布的加权线性和：

$$f(\mathbf{x}_j, \boldsymbol{\Theta}) = \sum_{p=1}^{k} \alpha_p f_p(\mathbf{x}_j, \boldsymbol{\Theta}_p) \tag{5.15}$$

其中 $f(\cdot)$ 是测量 PDF，$f_p(\cdot)$ 是混合模型 j 的 PDF，k 是混合模型的总数。每个 PDF $f(\cdot)$ 的加权值为 $\alpha_p(\alpha_1 + \alpha_2 + \cdots + \alpha_k = 1)$，并由一组未知参数向量 $\boldsymbol{\Theta}_p$ 进行参数化。为了更精确地陈述混合模型的目标，表达如下：给定观察到的 PDF $f(\mathbf{x}_j, \boldsymbol{\Theta})$，估计混合权值 α_p 和分布参数 $\boldsymbol{\Theta}_p$。注意到，$\boldsymbol{\Theta}$ 是一个包含所有参数 $\boldsymbol{\Theta}_p$ 的向量。使得这项任务变得更加容易是基于这样的事实：我们假定了 PDF 分布的形式 $f_p(\cdot)$。

对于 GMM，向量 $\boldsymbol{\Theta}_p$ 中的参数是已知的，包含两个变量：均值 μ_p 和方差 σ_p 而且 $f_p(\cdot)$ 是一个正态分布，进而式（5.15）变为：

$$f(\mathbf{x}_j, \boldsymbol{\Theta}) = \sum_{p=1}^{k} \alpha_p \mathcal{N}_p(\mathbf{x}_j, \mu_p, \sigma_p) \tag{5.16}$$

这提供了一个更加容易处理的框架，因为现在仅存在有限个参数。由此，一旦假定了混合模型的个数 k，任务就变成了对每个混合模型确定 α_p、μ_p 和 σ_p。除了施加的高斯分布以外，还有很多其他的分布形式，但是 GMM 是通用的，因为在没有先验知识的情况下，通常会假定满足高斯分布。 173

可以使用 Fisher 的极大似然估计（MLE）来计算参数向量 $\boldsymbol{\Theta}$ 的估计。MLE 利用下式中的根来计算 $\boldsymbol{\Theta}$ 的值：

$$\frac{\partial L(\boldsymbol{\Theta})}{\partial \boldsymbol{\Theta}} = 0 \tag{5.17}$$

其中对数似然函数 L 为：

$$L(\boldsymbol{\Theta}) = \sum_{j=1}^{n} \log f(\mathbf{x}_j | \boldsymbol{\Theta}) \tag{5.18}$$

且是对所有 n 个数据向量 $\mathbf{x}_j$ 的求和。这个优化问题的解，即当导数为零时，会产生一个局部最大值。可以使用 EM 算法来计算此最大值，因为如果没有解析形式就无法显式计算导数。

EM 算法首先假定一个参数向量 $\boldsymbol{\Theta}$ 的初始估计（猜测），然后再用这个初始估计值来估计下式：

$$\tau_p(\mathbf{x}_j, \boldsymbol{\Theta}) = \frac{\alpha_p f_p(\mathbf{x}_j, \boldsymbol{\Theta}_p)}{f(\mathbf{x}_j, \boldsymbol{\Theta})} \tag{5.19}$$

这是在第 p 个分布中 $\mathbf{x}_j$ 的分量隶属度的后验概率，换句话说就是 $\mathbf{x}_j$ 是否属于第 p 个混合模型。EM 算法的 E 步（E-step）使用此后验概率来计算隶属度。对于 GMM，算法按以下步骤进行：给定 $\boldsymbol{\Theta}$ 和 α_p 的初始参数化，计算：

$$\tau_p^{(k)}(\mathbf{x}_j) = \frac{\alpha_p^{(k)} \mathcal{N}_p(\mathbf{x}_j, \mu_p^{(k)}, \sigma_p^{(k)})}{\mathcal{N}(\mathbf{x}_j, \boldsymbol{\Theta}^{(k)})} \tag{5.20}$$

借助一个估计的后验概率，算法的 M 步如下更新参数和混合权值：

$$\alpha_p^{(k+1)} = \frac{1}{n}\sum_{j=1}^{n} \tau_p^{(k)}(\mathbf{x}_j) \tag{5.21a}$$

$$\mu_p^{(k+1)} = \frac{\sum_{j=1}^{n} \mathbf{x}_j \tau_p^{(k)}(\mathbf{x}_j)}{\sum_{j=1}^{n} \tau_p^{(k)}(\mathbf{x}_j)} \tag{5.21b}$$

$$\boldsymbol{\Sigma}_p^{(k+1)} = \frac{\sum_{j=1}^{n} \tau_p^{(k)}(\mathbf{x}_j)\left(\mathbf{x}_j - \mu_p^{(k+1)}\right)\left(\mathbf{x}_j - \mu_p^{(k+1)}\right)^T}{\sum_{j=1}^{n} \tau_p^{(k)}(\mathbf{x}_j)} \tag{5.21c}$$

其中 $\boldsymbol{\Sigma}_p^{(k+1)}$ 是包含方差参数的协方差矩阵。E 步和 M 步交替进行，直到收敛到指定的范围内。回顾一下，为了初始化 GMM 算法，必须指定混合模型的个数 k，分布的初始参数化（猜测值）也必须给定。这与 k 均值算法类似，因为 k 均值算法中聚类个数 k 需预先指定，聚类中心的初始猜测值也需先指定。

GMM 算法很受欢迎，因为它只是简单地将 k 个高斯分布拟合到数据中，这对于无监督
174 学习是合理的。与大多数无监督方法相比，GMM 算法还具有更强的理论基础，因为 k 均值和层次聚类这两种方法只是被简单地定义为算法。GMM 算法中的主要假设是聚类个数和分布形式 $f(\cdot)$。

下面的代码对图 5.4 ～图 5.6 中介绍的狗和猫小波图像数据的第二和第四主成分执行 GMM 模型，由此，特征是 SVD 右奇异向量的第二和第四列，使用 **fitgmdist** 命令提取混合模型。

代码 5.10 猫相对于狗的高斯混合模型。

```
dogcat=v(:,2:2:4);
GMModel=fitgmdist(dogcat,2)
AIC= GMModel.AIC

subplot(2,2,1)
h=ezcontour(@(x1,x2)pdf(GMModel,[x1 x2]));
subplot(2,2,2)
h=ezmesh(@(x1,x2)pdf(GMModel,[x1 x2]));
```

为了视觉分辨可以绘制出算法的运行结果，并给出与每个高斯模型相关的参数，也就是说给出了每个模型的混合比例以及二维特征空间中每个模型的均值。屏幕上显示以下内容。

```
Component 1:
Mixing proportion: 0.355535
Mean:    -0.0290   -0.0753

Component 2:
Mixing proportion: 0.644465
Mean:     0.0758    0.0076

AIC =

  -792.8105
```

为了说明混合高斯模型如何很好地解释数据，该代码还生成了 AIC 分数值。这为交叉验证提供了一种指导性方法，以便确定描述数据所需的混合模型的数量。 175

图 5.17 展示了 GMM 的拟合过程以及猫和狗的原始数据，并显示了对拟合过程产生的高斯模型。**fitgmdist** 命令也可以与 cluster 一起使用，根据 GMM 发现的特征分离来标记新数据。

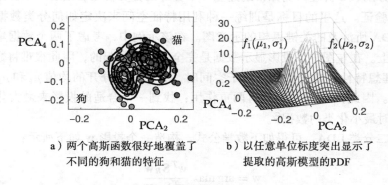

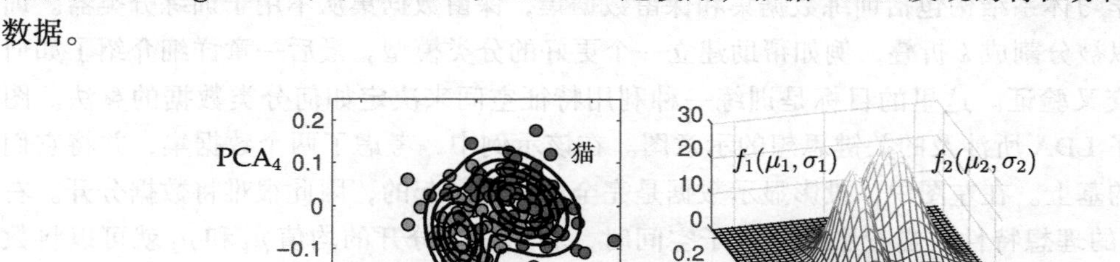

a）两个高斯函数很好地覆盖了不同的狗和猫的特征　　b）以任意单位标度突出显示了提取的高斯模型的PDF

图5.17　对狗和猫小波图像数据的第二和第四个主成分的GMM拟合

5.6　监督学习和线性判别

现在我们把注意力转向监督学习方法。一个最早的数据分类监督方法是 Fisher 于 1936 年在分类学的背景下建立的 [182]，他提出的线性判别分析（LDA）目前仍然是分类的标准技术之一。C. R. Rao 于 1948 年将其推广到多类数据 [446]。这些算法的目标是找到特征的线性组合，以描述或分离数据中两类或更多类对象或事件。对于这种监督技术，我们标记了数据用于指导分类算法。图 5.18 说明了寻找数据的最优低维嵌入以进行分类的概念。LDA 算法的目的是求解一个优化问题来找到一个子空间，使得不同的标记数据在数据分布点能够被明显地分离。由于选择了一个最优特征空间，使得分类更为容易。

LDA 优化方法为用于分类的决策线提供了最优降维。图 5.18 展示了将数据投影到图 5.4 中狗和猫小波数据的第二和第四个主成分模式上的情况。如果不进行优化，则一般的投影会导致数据之间的判别度很差。LDA 以最优的方式分离概率分布函数。

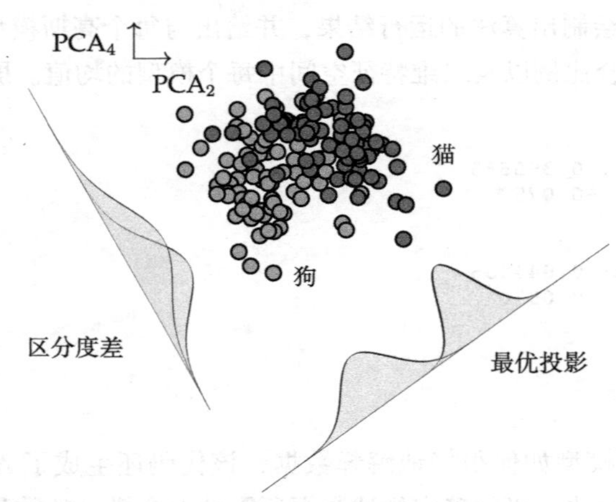

图5.18　线性判别分析（LDA）示意图

监督学习体系结构包括训练数据集和保留数据集，保留数据集从不用于训练分类器。训
176 练数据可以被分割成 k 折叠，例如帮助建立一个更好的分类模型。最后一章详细介绍了如何正确使用交叉验证。这里的目标是训练一种利用特征空间来决定如何分类数据的算法。图 5.18 给出了 LDA 所涉及的关键思想的示意图。在该示例中，考虑了两个数据集，并将它们投射到新的基上。在左图中，投影显示数据是完全混合在一起的，因此很难将数据分开。右图是 LDA 的理想特性，当投影到所选子空间时，利用适当分开的均值 μ_1 和 μ_2 就可以将数据很好地分离。因此，LDA 的目标有两重作用：找到一个合适的投影来最大化类间数据之间的距离，同时最小化类内数据㊀。

对于一个二分类 LDA，可得如下数学公式。构造一个投影 $\mathbf{w}$ 如下所示：

$$\mathbf{w} = \arg\max_{\mathbf{w}} \frac{\mathbf{w}^T \mathbf{S}_B \mathbf{w}}{\mathbf{w}^T \mathbf{S}_W \mathbf{w}} \tag{5.22}$$

其中，类间散布（散度）矩阵 $\mathbf{S}_B$ 和类内散布（散度）矩阵 $\mathbf{S}_W$ 由下式给出：

$$\mathbf{S}_B = (\mu_2 - \mu_1)(\mu_2 - \mu_1)^T \tag{5.23}$$

$$\mathbf{S}_W = \sum_{j=1}^{2} \sum_{\mathbf{x}} (\mathbf{x} - \mu_j)(\mathbf{x} - \mu_j)^T \tag{5.24}$$

这些量实质上度量了数据集的方差以及均值差的方差。式（5.22）中的准则通常称为广义瑞利（Rayleigh）商，其解可以通过广义特征值问题求得

$$\mathbf{S}_B \mathbf{w} = \lambda \mathbf{S}_W \mathbf{w} \tag{5.25}$$

其中最大特征值 λ 及其相关特征向量提供了感兴趣的量和投影基。因此，一旦构造了散布矩阵，就可以使用 MATLAB 构造广义特征向量。

在 MATLAB 中执行 LDA 分析很简单，只需要将数据组织到带有标签的训练集中，然后就可以将其应用于测试数据集。给定一组数据 $\mathbf{x}_j$ 并带有相应的标签 $\mathbf{y}_j$，其中 $j = 1, 2, \cdots,$

㊀ LDA 的思想可以用一句话概括，投影后类内方差最小，类间方差最大。——译者注

m，该算法将找到最优分类空间，如图 5.18 所示。之后，新数据 $\mathbf{x}_k$ 可以被评估和标记，其中 $k=m+1, m+2,\cdots,m+n$。我们使用 5.1 节中介绍的狗和猫的数据集来说明数据分类。具体而言，考虑小波域中的狗和猫图像，并对其进行标记，使得 $\mathbf{y}_j \in \{\pm 1\}$（$\mathbf{y}_j=1$ 是狗，$\mathbf{y}_j=-1$ 是猫）。下面的代码在狗和猫的前 60 个图像上进行训练，然后在余下的 20 只狗和猫的图像上测试分类器。为简单起见，我们对第二和第四个主成分进行训练，因为它们显示出对狗和猫的良好判别性（如图 5.5 所示）。

代码 5.11　狗相对于猫的 LDA 分析。

```
load catData_w.mat
load dogData_w.mat
CD=[dog_wave cat_wave];
[u,s,v]=svd(CD-mean(CD(:)));

xtrain=[v(1:60,2:2:4); v(81:140,2:2:4)];
label=[ones(60,1); -1*ones(60,1)];
test=[v(61:80,2:2:4); v(141:160,2:2:4)];

class=classify(test,xtrain,label);
truth=[ones(20,1); -1*ones(20,1)];
E=100-sum(0.5*abs(class-truth))/40*100
```

177

MATLAB 中的 **classify** 命令中包含三个矩阵：训练数据、测试数据和训练数据用的标签。命令的输出是测试集的标签，从这个命令中也可以提取在线使用的决策线。图 5.19 展示了对 40 个测试数据样本的分类结果，这种分类仅针对图 5.18 所示聚类的第二和第四个 PCA 模态进行操作。返回的标签为 ±1 中的任一个，取决于标记的是猫还是狗。测试数据的真实标签对于前 20 个测试集应当返回 +1（狗），而对于第二个测试集应当返回 –1（猫）。此次实现的分类准确度为 82.5%（20 只猫中错误标记 2 只，20 只狗中错误标记 5 只）。将小波图像与原始图像进行比较，可以看到原始图像中的特征选择不是很好，对于相同的两个主成分，20 只猫中错误标记 9 只，20 只狗中错误标记 4 只。

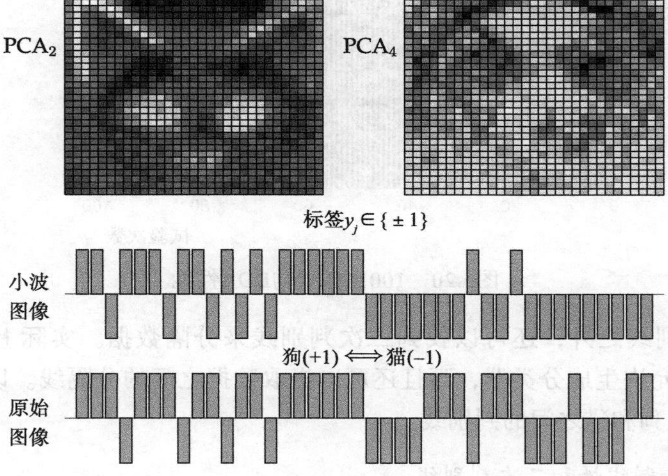

图5.19　用第二和第四个主成分模态实现分类所获得的性能展示。上方两张图片是PCA模态（特征）用以构建分类器。返回的标签为 $\mathbf{y}_j \in \{\pm 1\}$，真实答案是生成20个+1然后是20个–1组成的向量

当然，数据是相当有限的，应该始终执行交叉验证来评估分类器。以下代码使用 classify 命令进行了 100 次试验，其中随机选择了 60 张狗和猫的图像，并针对其余的 20 张图像进行

178 了测试。

代码 5.12 LDA 分析的交叉验证。

```
for jj=1:100;
    r1=randperm(80); r2=randperm(80);
    ind1=r1(1:60); ind2=r2(1:60)+60;
    ind1t=r1(61:80); ind2t=r2(61:80)+60;

    xtrain=[v(ind1,2:2:4); v(ind2,2:2:4)];
    test=[v(ind1t,2:2:4); v(ind2t,2:2:4)];

    label=[ones(60,1); -1*ones(60,1)];
    truth=[ones(20,1); -1*ones(20,1)];
    class=classify(test,xtrain,label);
    E(jj)=sum(abs(class-truth))/40*100;
end
```

图 5.20 展示了 100 次试验的交叉验证结果。需注意每次试验出现的变化，分类性能可以达到 100%，但也可以低至 40%，这比掷硬币的准确率还差。平均分类分数（虚线）约为 70%。正如在第 4 章中已经强调的那样，交叉验证对于测试模型和提高模型的鲁棒性至关重要。回想一下，用于生成分类器的方法是基于优化和回归的，因此所有的交叉验证方法都可以移植到聚类和分类问题中。

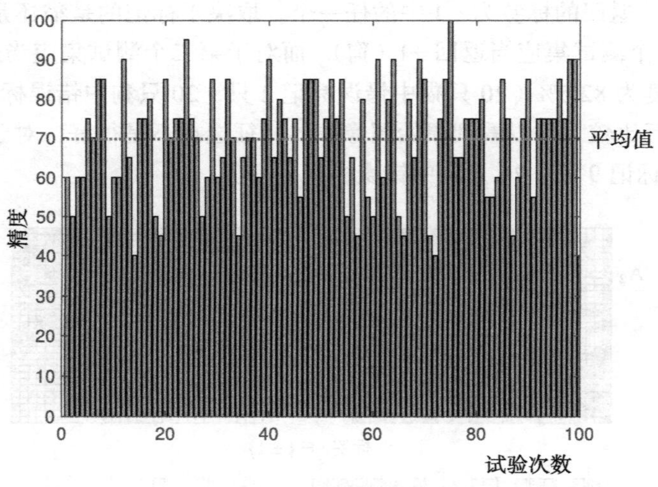

图5.20 100次试验的LDA性能

除了线性判别线之外，还可以找到二次判别线来分隔数据。实际上，MATLAB 中的

179 **classify** 命令不仅允许生成分类器，而且还可以提取数据之间的分隔线。以下命令用于产生新数据的标签以及狗和猫之间的判别线。

代码 5.13 绘制线性和二次判别线。

```
subplot(2,2,1)
[class,~,~,~,coeff]=classify(test,xtrain,label);
K = coeff(1,2).const;
L = coeff(1,2).linear;
```

```
f = @(x,y) K + [x y]*L;
h2 = ezplot(f,[-.15 0.25 -.3 0.2]);
subplot(2,2,2)
[class,~,~,~,coeff]=classify(test,xtrain,label,'quadratic');
K = coeff(1,2).const;
L = coeff(1,2).linear;
Q = coeff(1,2).quadratic;
f = @(x,y) K + [x y]*L + sum(([x y]*Q) .* [x y], 2);
h2 = ezplot(f,[-.15 0.25 -.3 0.2]);
```

图 5.21 展示了狗和猫的数据以及将它们分开的直线和二次曲线。这种线性或二次拟合可以在结构变量 **coeff** 中找到，该变量随 classify 命令返回得到。当试图拟合分离数据的边界时，二次分离曲线通常可以提供更多的灵活性。基于 LDA 的分类方法的主要优点是易于解释和易于计算，因此，它们在许多交叉学科中被广泛用于数据分类。

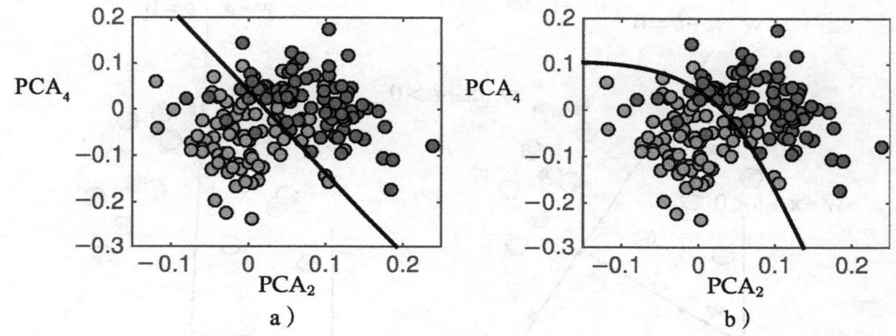

图5.21　投影到第二和第四个主成分上的狗（绿色圆点）和猫（洋红色圆点）数据的线性判别（LDA，见图a）和二次判别（QDA，见图b）的分类线。这种二维特征空间允许对数据进行良好的判别。对于给定的训练样本，两条线分别代表分隔数据的最佳直线和抛物线（附彩图）

5.7　支持向量机

迄今为止开发得成功的数据挖掘方法之一是支持向量机（SVM）。它是一种核心机器学习工具，广泛用于工业和科学领域，通常提供比同类方法更好的结果。连同随机森林算法一起，它们在过去的几十年中已经成为机器学习的支柱。有了足够的训练数据，就可以将 180
SVM 替换为深度神经网络。在其他方面，如对于需要获得最佳分类分数的应用，SVM 和随机森林仍旧是常用的算法。

最初的 SVM 算法是从 1963 年的统计学习文献中发展而来的，其中对超平面进行了优化以将数据拆分为不同的聚类。将近 30 年后，Boser、Guyon 和 Vapnik 通过将内核（kernel）技巧应用于最大边际 / 边缘 / 间隔（margin）超平面，创建了非线性分类器 [70]。当前的标准算法（软边际 / 边缘 / 边距，soft margin）是由 Cortes 和 Vapnik 在 20 世纪 90 年代中期提出来的 [138]。

线性 SVM

线性 SVM 方法的关键思想是构造一个超平面

$$\mathbf{w}\cdot\mathbf{x}+b=0 \tag{5.26}$$

其中向量 $\mathbf{w}$ 和常数 b 用于参数化超平面。图 5.22 展示了两个潜在的超平面分割一组数据，每个超平面具有不同的 $\mathbf{w}$ 和常数 b。与 SVM 相关的优化问题不仅优化决策线，使数据的标记错误最少，而且还优化数据之间的最大间隔，如图 5.22 中的灰色区域。确定间隔边界的向量，即接触灰色区域边缘的向量，称为支持向量。给定超平面（5.26），可以通过简
181 单计算（$\mathbf{w}\cdot\mathbf{x}_j+b$）的符号来对新数据点 $\mathbf{x}_j$ 进行分类。具体来说，对于分类标签 $\mathbf{y}_j\in\{\pm1\}$，超平面左侧或右侧的数据给定为：

$$\mathbf{y}_j(\mathbf{w}\cdot\mathbf{x}_j+b)=\operatorname{sign}(\mathbf{w}\cdot\mathbf{x}_j+b)=\begin{cases}+1 & \text{深色球}\\ -1 & \text{浅色球}\end{cases} \tag{5.27}$$

因此，分类器 $\mathbf{y}_j$ 明显依赖于 $\mathbf{x}_j$ 的位置。

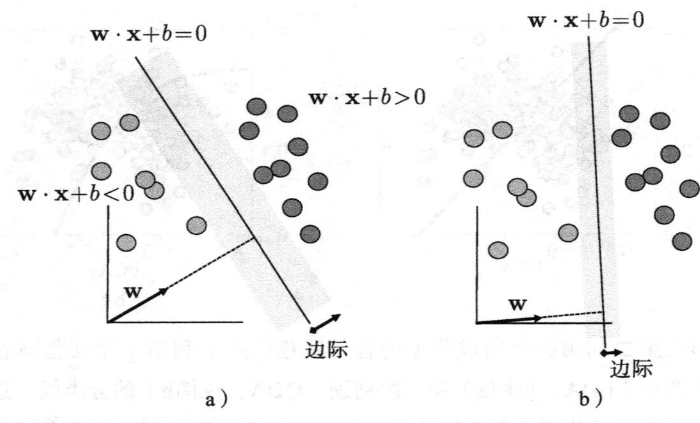

图5.22 SVM分类方案构造了一个最优分离标记数据的超平面 $\mathbf{w}\cdot\mathbf{x}+b=0$

在图 5.22a 中分隔标记数据的边际区域最大，而在图 5.22b 中则小得多。确定向量 $\mathbf{w}$ 和参数 b 是 SVM 优化的目标。注意，对于超平面右侧的数据 $\mathbf{w}\cdot\mathbf{x}+b>0$，而对于左侧数据 $\mathbf{w}\cdot\mathbf{x}+b<0$。因此，超平面左侧或右侧数据的分类标签 $\mathbf{y}_j\in\{\pm1\}$ 由 $\mathbf{y}_j(\mathbf{w}\cdot\mathbf{x}+b)=\operatorname{sign}(\mathbf{w}\cdot\mathbf{x}+b)$ 给出。因此，仅需确定 $\mathbf{w}\cdot\mathbf{x}+b$ 的符号即可标记数据。接触到灰色区域边缘的向量称为支持向量。

SVM 成功的关键在于有原则性的方式确定 $\mathbf{w}$ 和 b。同所有机器学习方法一样，必须制定适当的优化方法。优化的目的在于最大限度地减少错误分类的数据点的数量以及创造最大可能边际。为了构造优化目标函数，我们定义如下损失函数：

$$\ell(\mathbf{y}_j,\bar{\mathbf{y}}_j)=\ell(\mathbf{y}_j,\operatorname{sign}(\mathbf{w}\cdot\mathbf{x}_j+b))=\begin{cases}0 & \text{如果}\ \mathbf{y}_j=\operatorname{sign}(\mathbf{w}\cdot\mathbf{x}_j+b)\\ +1 & \text{如果}\ \mathbf{y}_j\neq\operatorname{sign}(\mathbf{w}\cdot\mathbf{x}_j+b)\end{cases} \tag{5.28}$$

更简单地表述则是：

$$\ell(\mathbf{y}_j,\bar{\mathbf{y}}_j)=\begin{cases}0 & \text{如果数据被正确标记}\\ +1 & \text{如果数据被错误标记}\end{cases} \tag{5.29}$$

每个错误标记的点都会造成整体性能损失，在 m 个数据点上的训练误差是损失函数 $\ell(\mathbf{y}_j,\bar{\mathbf{y}}_j)$ 的总和。

除了最小化损失函数外，优化目标还包括使间隔 / 边际尽可能的大。我们可以将线性

SVM 优化问题陈述为：

$$\underset{\mathbf{w},b}{\operatorname{argmin}} \sum_{j=1}^{m} \ell(\mathbf{y}_j, \bar{\mathbf{y}}_j) + \frac{1}{2}\|\mathbf{w}\|^2 \text{ 满足 } \min_j |\mathbf{x}_j \cdot \mathbf{w}| = 1 \tag{5.30}$$

尽管这是对优化问题的简要说明，但损失函数是离散的并且由 1 和 0 构成，这使得实际优化非常困难。大多数优化算法都基于某种形式的梯度下降，该梯度下降需要平滑的目标函数才能计算导数或梯度以更新解。因此，更常见的表述如下所示：

$$\underset{\mathbf{w},b}{\operatorname{argmin}} \sum_{j=1}^{m} H(\mathbf{y}_j, \bar{\mathbf{y}}_j) + \alpha\|\mathbf{w}\|^2 \text{ 满足 } \min_j |\mathbf{x}_j \cdot \mathbf{w}| = 1 \tag{5.31}$$

其中 α 是损失函数的权重，$H(z) = \max(0, 1 - z)$ 称为合页 / 铰链（Hinge）损失函数。这是一个分段可微的光滑函数，并以线性方式计算错误的个数，进而可以使用标准的优化流程。

非线性 SVM

线性分类器虽然易于解释，但其应用价值有限。对于嵌入在高维空间中的数据，它们的限制性太强，并且可能具有如图 5.8 所示的结构化分离。要构建更复杂的分类曲线，必须丰富 SVM 的特征空间。利用非线性特征并在新空间中构建超平面，SVM 实现了此目的。为此，只需将数据映射到非线性的高维空间：

$$\mathbf{x} \mapsto \mathbf{\Phi}(\mathbf{x}) \tag{5.32}$$ 182

我们可以将 $\mathbf{\Phi}(\mathbf{x})$ 称为数据的新可观察值。现在，SVM 算法可以学习超平面，该超平面可以在新的特征空间中将数据最优地划分为不同聚类。由此，考虑超平面函数：

$$f(\mathbf{x}) = \mathbf{w} \cdot \mathbf{\Phi}(\mathbf{x}) + b \tag{5.33}$$

其中每个点 $f(\mathbf{x}_j)$ 具有相应的标签 $\mathbf{y}_j \in \{\pm 1\}$。

这种通过定义数据 $\mathbf{x}$ 的新函数来丰富特征空间的简单想法，对于聚类和分类来说异常强大。作为一个简单示例，考虑二维数据 $\mathbf{x} = (x_1, x_2)$。通过考虑数据的多项式，可以轻松地丰富特征空间：

$$(x_1, x_2) \mapsto (z_1, z_2, z_3) := (x_1, x_2, x_1^2 + x_2^2) \tag{5.34}$$

这在 x_1 和 x_2 中提供了一组新的多项式坐标，可用于嵌入数据。这种原理很简单：将数据嵌入到更高维度的空间中，它更可能被超平面分离。以图 5.8b 中所示的数据为例，$x_1 - x_2$ 平面上的线性分类器（或超平面）显然将无法分离数据。然而如图 5.23 所示，将嵌入关系式（5.34）投影到一个三维空间中，则数据很容易被超平面分割。

SVM 嵌入高维非线性空间的能力使其成为最成功的机器学习算法之一。基本优化算法式（5.31）保持不变，之前的标签函数 $\bar{\mathbf{y}}_j = \operatorname{sign}(\mathbf{w} \cdot \mathbf{x}_j + b)$ 现在变为：

$$\bar{\mathbf{y}}_j = \operatorname{sign}(\mathbf{w} \cdot \mathbf{\Phi}(\mathbf{x}_j) + b) \tag{5.35}$$

函数 $\mathbf{\Phi}(\mathbf{x})$ 指定了可观测值的丰富空间。一般来说，越多的特征越有利于分类。

SVM 的核方法

尽管 SVM 方法很有前途，但这种通过丰富高维空间来构建非线性分类器的方法导致了一个计算上难以解决的优化问题——大量的附加特征导致了维数灾难。因此，计算向量 $\mathbf{w}$

的开销非常大，甚至可能在内存中都无法明确表示。内核技巧解决了这个问题。在这种情况下，**w** 向量表示如下：

$$\mathbf{w}=\sum_{j=1}^{m}\alpha_j\boldsymbol{\Phi}(\mathbf{x}_j) \tag{5.36}$$

其中 α_j 是对不同的非线性观测函数 $\boldsymbol{\Phi}(\mathbf{x}_j)$ 进行加权的参数。因此，向量 **w** 在可观测的函数集中得到扩展。然后可以将式（5.33）延拓到如下：

183 $$f(\mathbf{x})=\sum_{j=1}^{m}\alpha_j\boldsymbol{\Phi}(\mathbf{x}_j)\cdot\boldsymbol{\Phi}(\mathbf{x})+b \tag{5.37}$$

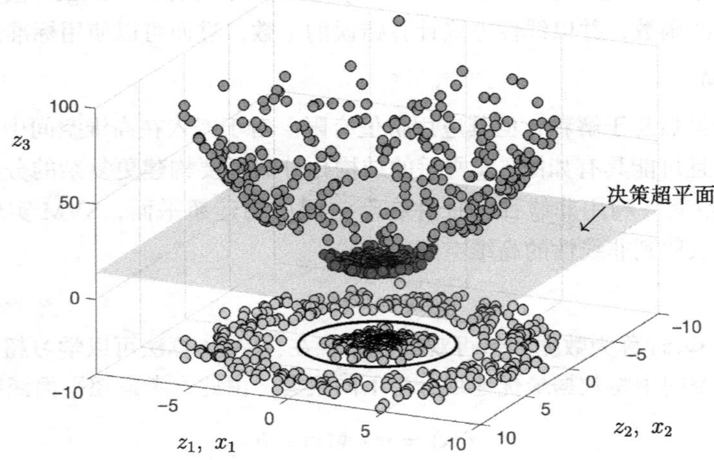

图5.23　图5.8b的非线性嵌入是基于式（5.34）中的变量 $(x_1,x_2)\mapsto(z_1,z_2,z_3):=(x_1,x_2,x_1^2+x_2^2)$ 得到的（附彩图）

现在，超平面可以轻松地将绿色与洋红色的球分开，这表明只需丰富数据的测量空间即可完成线性分类。仅凭视觉检查就可看到，使用平面 $z_3\approx 14$（阴影灰色平面）就实现了近似最优的分离。在原始坐标系中，这给出了一个半径为 $r=\sqrt{z_3}=\sqrt{x_1^2+x_2^2}\approx\sqrt{14}$ 的圆形分类线（平面 x_1 和 x_2 上的黑线）。这个示例使得高维空间中的超平面如何在原始数据空间中产生弯曲的分类线变得很清晰。

核函数 [479] 则被定义为：

$$K(\mathbf{x}_j,\mathbf{x})=\boldsymbol{\Phi}(\mathbf{x}_j)\cdot\boldsymbol{\Phi}(\mathbf{x}) \tag{5.38}$$

借助于 **w** 的新定义，优化式（5.31）为：

$$\underset{\boldsymbol{\alpha},b}{\operatorname{argmin}}\sum_{j=1}^{m}H(\mathbf{y}_j,\bar{\mathbf{y}}_j)+\frac{1}{2}\|\sum_{j=1}^{m}\alpha_j\boldsymbol{\Phi}(\mathbf{x}_j)\|^2 \text{ 满足 } \min_j|\mathbf{x}_j\cdot\mathbf{w}|=1 \tag{5.39}$$

其中，$\boldsymbol{\alpha}$ 是 α_j 系数的向量，在最小化过程中是必须确定的。有不同的约定来表示最小化，但在此描述中，最小化的是 $\boldsymbol{\alpha}$ 而不是 **w**。

在这种描述中，核函数 $K(\mathbf{x}_j,\mathbf{x})$ 本质上允许我们能够以紧凑的方式将大量（无限）的可观测量表示成泰勒（Taylor）级数展开形式 [479]。核函数使我们可以在高维的、隐式特征空间中进行操作，而无须计算该空间中的数据坐标，只需简单地计算特征空间中所有数据对之间的内积。例如，两个最常用的核函数是：

$$\text{径向基函数 (RBF)}: \quad K(\mathbf{x}_j, \mathbf{x}) = \exp\left(-\gamma \|\mathbf{x}_j - \mathbf{x}\|^2\right) \tag{5.40a}$$ 184

$$\text{多项式核}: \quad K(\mathbf{x}_j, \mathbf{x}) = (\mathbf{x}_j \cdot \mathbf{x} + 1)^N \tag{5.40b}$$

其中，N 是要考虑的多项式的阶次，在不使用内核技巧的情况下其评估值异常大，而 γ 是测量各个数据点 $\mathbf{x}_j$ 与分类线之间距离的高斯核宽度。为了优化式（5.39），这些函数通常是可微的。

上面表述了 SVM 方法的主要理论基础，它允许我们使用核函数生成的可观察值来构造高维空间也使得优化问题在计算上易于处理。下面代码以狗和猫的分类数据为例，展示了核方法的基本工作原理。在第一个示例中，使用标准线性 SVM；在第二个示例中，RBF 作为一个选项被执行。

代码 5.14 SVM 分类。

```
load catData_w.mat
load dogData_w.mat
CD=[dog_wave cat_wave];
[u,s,v]=svd(CD-mean(CD(:)));

features=1:20;
xtrain=[v(1:60,features); v(81:140,features)];
label=[ones(60,1); -1*ones(60,1)];
test=[v(61:80,features); v(141:160,features)];
truth=[ones(20,1); -1*ones(20,1)];

Mdl = fitcsvm(xtrain,label);
test_labels = predict(Mdl,test);

Mdl = fitcsvm(xtrain,label,'KernelFunction','RBF');
test_labels = predict(Mdl,test);
CMdl = crossval(Mdl);          % cross-validate the model
classLoss = kfoldLoss(CMdl)    % compute class loss
```

请注意，在这段代码中，我们演示了 MATLAB 中 SVM 方法的一些诊断特性，包括与训练相关的交叉验证和类损失分数计算等，这些都是 SVM 的基础操作。总的来说，SVM 是 MATLAB 中最复杂的机器学习工具之一，有许多可执行的选项来调整性能并提取精度 / 交叉验证指标。

5.8 分类树和随机森林

决策树在商业中很常见，它基于被认为是重要的且与期望结果相关的标准来建立算法流程图，以便进行决策。决策树通常是由具有决策过程中所涉及的工作流程知识的专家进行构建的。决策树学习提供了一种基于数据的指导性方法，用来创建预测模型用于分类和 / 或回归。与 SVM 一样，分类树和回归树被应用于工业上的核心机器学习和数据挖掘算法。Leo Breiman 及其同事 [79] 的工作建立了当今被用于数据挖掘的许多理论基础。 185

决策树是一种层次结构，它寻求最佳的方法来分割数据以提供鲁棒分类和回归，与先前演示的无监督树状图层次聚类方法相反。在这种情况下，我们的目标不是在聚类过程中从底向上移动，而是从顶往下移动，以便为分类创建最佳分割。决策树是一种监督算法，使用带标签的数据，允许我们可以相应地分割数据。

建立用于分类和回归的决策树具有显著优势：1）产生可解释性的结果，这些结果可以以图形方式显示，即使对于非专业人士来说也很容易解释；2）可以很好地处理数值或分类数据；3）可以对其进行统计验证，以便评估模型的可靠性；4）在大规模数据集上表现良好；5）反映了人为的决策，使它们更具解释性和实用性。

正如可期望的那样，决策树学习的成功为如何最佳地分割数据产生了大量的创新和算法。这里所涉猎的范围是有限的，但是我们将重点介绍数据分割和树构建的基本架构。回想一下，我们有以下内容：

$$\text{数据}\left\{\mathbf{x}_j \in \mathbb{R}^n,\ j \in Z := \{1, 2, \cdots, m\}\right\} \tag{5.41a}$$

$$\text{标签}\left\{\mathbf{y}_j \in \{\pm 1\},\ j \in Z' \subset Z\right\} \tag{5.41b}$$

基本的决策树算法非常简单：1）扫描向量 $\mathbf{x}_j$ 的每一个分量（特征）$\mathbf{x}_k\,(k = 1, 2, \cdots, n)$，找出 x_j 的值，该值给出 $\mathbf{y}_j$ 的最佳标记预测；2）比较特征 x_j 上每个分割的预测精度，选择提供最佳数据分割的特征作为树的划分；3）创建树的两个新分支后，在每个分支上重复此过程。一旦每个单独的数据点是树的新分支上的唯一聚类（称为叶），该算法就会终止。这实质上是树状图的逆过程。

第一个示例，以图 5.1 中的 Fisher 鸢尾花卉数据集为例。此数据中，每朵花具有四个特征（花瓣的宽度和长度，萼片的宽度和长度）和三个标签（山鸢尾、变色鸢尾和弗吉尼亚鸢尾）。每个品种有 50 朵花，总计 150 个数据点。对于此数据，向量 $\mathbf{x}_j$ 具有四个分量：

$$x_1 = \text{萼片宽度} \tag{5.42a}$$

$$x_2 = \text{萼片长度} \tag{5.42b}$$

$$x_3 = \text{花瓣宽度} \tag{5.42c}$$

$$x_4 = \text{花瓣长度} \tag{5.42d}$$

决策树算法扫描这四个特征，以决定如何最好地分割数据。图 5.24 展示了在四个变量 x_1 到 x_4 的空间中的分割过程。图中给出了 x_1 和 x_2（b））以及 x_3 和 x_4（a））的两个数据平面。通过目视检查可见，x_3 变量（花瓣长度）最大限度地分隔了数据。首先，决策树在 $x_3 = 2.35$ 处执行数据的第一次分割，此时无须进一步分割即可预测山鸢尾，因为第一次分割就足够了。然后，变量 x_4 在 $x_4 = 1.75$ 处提供下一个最有希望的分割。最后，在 $x_3 = 4.95$ 处执行第三次分割。这里仅展示了三次分割。这一过程表明，分割过程具有直观的吸引力，因为最优
186 分离数据的数据分割点是清楚可见的。此外，因为不能提供清晰的数据分离，在 x_1 和 x_2（宽度和长度）变量上没有出现分割情况。图 5.25 展示了用于图 5.24 的决策树。

下面的代码用树拟合了 Fisher 鸢尾数据。请注意，**fitctree** 命令允许多个选项，包括交
187 叉验证过程（已在代码中使用）和参数调整（在代码中未使用）。

代码 5.15　Fisher 鸢尾花卉数据的决策树分类。

```
load fisheriris;
tree=fitctree(meas,species,'MaxNumSplits',3,'CrossVal','on')
```

```
view(tree.Trained{1},'Mode','graph');
classError = kfoldLoss(tree)

x1=meas(1:50,:);      % setosa
x2=meas(51:100,:);    % versicolor
x3=meas(101:150,:);   % virginica
```

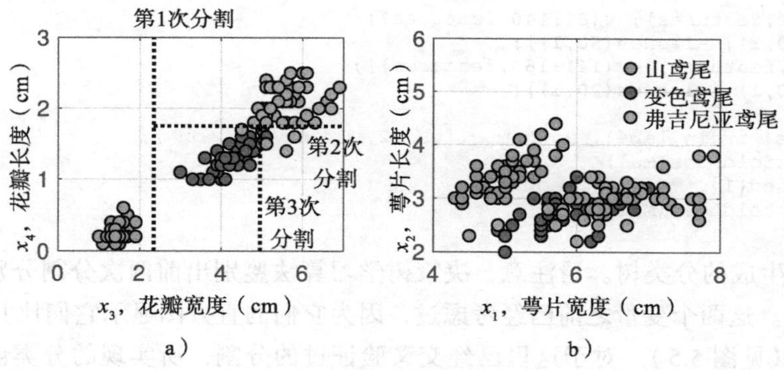

图5.24 在Fisher鸢尾花卉数据集上执行决策树学习的分割过程示意图

扫描每个变量 x_1 到 x_4，确定数据的最佳分割，并保留标签数据在分割中的最佳正确分类。在变量 $x_3 = 2.35$ 处提供了用于构建分类树的第一次数据分割。接下来是 $x_4 = 1.75$ 处的第二次分割和 $x_3 = 4.95$ 处的第三次分割。这里仅展示了三次分割。三次分割后的分类树如图 5.25 所示。请注意，尽管 x_1 和 x_2 方向上的山鸢尾数据似乎沿对角线很好地分开了，但决策树只能沿水平线和垂直线进行分割。

分割过程的结果如图 5.25 所示。**view** 命令生成一个显示树结构的交互式窗口，可以对树进行修剪，并以这种交互式图形格式显示其他诊断信息。Fisher 鸢尾花卉数据的分类误差为 4.67%。

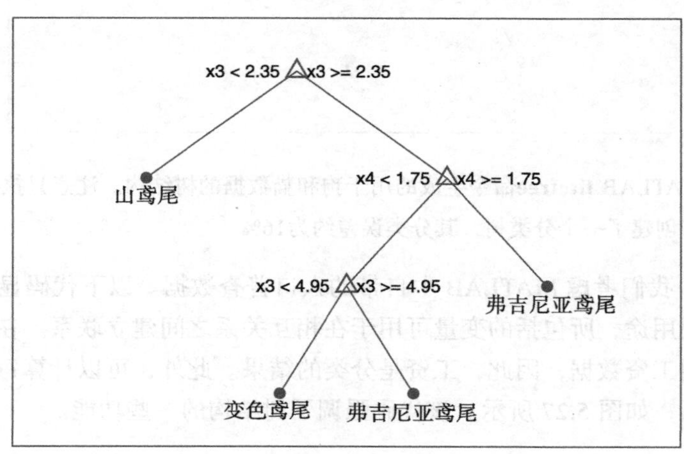

图5.25 MATLAB **fitctree**命令生成的树结构。请注意，这里仅进行了三次分割，从而创建了一个分类树，该分类树产生的分类误差为4.67%

第二个示例，我们使用先前考虑的小波图像构建决策树，对狗和猫进行分类。以下代码加载并分割数据。

代码 5.16 猫相对于狗的决策树分类。

```
load catData_w.mat
load dogData_w.mat
CD=[dog_wave cat_wave];
[u,s,v]=svd(CD-mean(CD(:)));

features=1:20;
xtrain=[v(1:60,features); v(81:140,features)];
label=[ones(60,1); -1*ones(60,1)];
test=[v(61:80,features); v(141:160,features)];
truth=[ones(20,1); -1*ones(20,1)];

Mdl = fitctree(xtrain,label,'MaxNumSplits',2,'CrossVal','on');
classError = kfoldLoss(Mdl)
view(Mdl.Trained{1},'Mode','graph');
classError = kfoldLoss(Mdl)
```

图 5.26 给出了生成的分类树。请注意，决策树学习算法鉴别出前两次分割分别是沿着变量 x_2 和 x_4 出现的。这两个变量之前已经考虑过，因为它们的直方图显示它们比其他 PCA 成分更具可区分性（见图 5.5）。对于这里已经交叉验证过的分割，所实现的分类误差约为 16%，与 LDA 的分类误差（30%）形成鲜明对比。

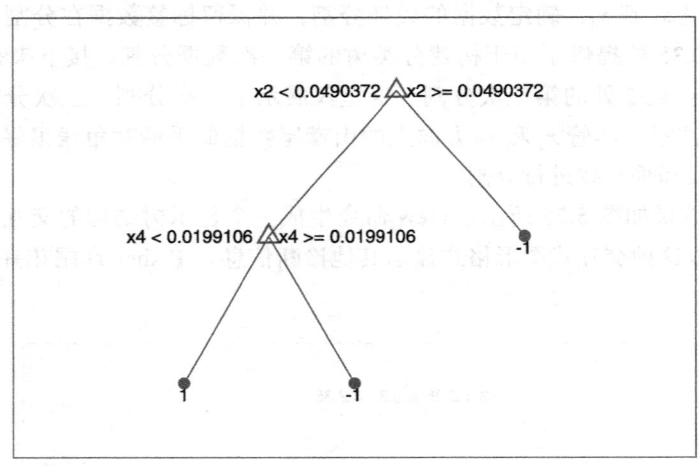

图5.26 由MATLAB **fitctree**命令生成的用于狗和猫数据的树结构。注意只执行了两次分割，创建了一个分类树，其分类误差约为16%

第三个示例，我们考虑 MATLAB 中自带的人口普查数据。以下代码显示了分类和回归树结构的一些重要用途，所包括的变量可用于在相互关系之间建立联系。在这种情况下，各种数据将用于预测工资数据，因此，工资是分类的结果。此外，可以计算每个变量的重要性及其与工资的关系，如图 5.27 所示。该代码强调了树结构的一些功能。

代码 5.17 人口普查数据的决策树分类。

188

```
load census1994
X = adultdata(:,{'age','workClass','education_num','
    marital_status','race','sex','capital_gain',...
    'capital_loss','hours_per_week','salary'});
```

```
Mdl = fitctree(X,'salary','PredictorSelection','curvature',
    Surrogate','on');

imp = predictorImportance(Mdl);

bar(imp,'FaceColor',[.6 .6 .6],'EdgeColor','k');
title('Predictor Importance Estimates');
ylabel('Estimates'); xlabel('Predictors'); h = gca;
h.XTickLabel = Mdl.PredictorNames;
h.XTickLabelRotation = 45;
```

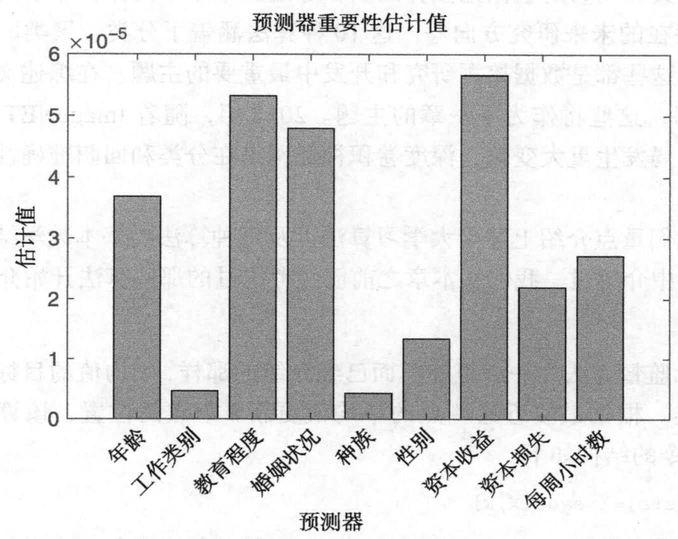

图5.27　1994年美国人口普查用于预测工资数据的变量重要性。分类树结构允许对数据进行复杂处理，包括了解每个变量如何在统计学上有助于预测分类结果

同SVM算法一样，分类树也存在各种各样的调整参数，这里只是简单介绍。总的来说，这类分类树是MATLAB中最复杂的机器学习工具之一，可以执行许多选项来调整性能并提取精度/交叉验证指标。

随机森林算法

在结束本节之前，有必要提到Breiman的随机森林[77]对于决策学习树的创新。随机森林或随机决策森林是一种用于分类和回归的集成学习方法。这是一项重要的创新，因为通过分割创建的决策树通常对不同的数据样本不具有鲁棒性，因此，可以使用两个数据子样本生成两个明显不同的分类树，这为交叉验证提出了重大挑战。在集成学习中，大量的决策树在训练过程中被构造出来。随机决策森林纠正了决策树对其训练集过拟合的特性，从而为分类提供了更为鲁棒的框架。 189

随机森林架构有许多形式，包括带有提升（算法）和装袋（算法）的变体。除了提到的MATLAB中**figctree**命令通过其选项利用了许多这些技术之外，这些将不在这里考虑理解集成学习的一种方法是鲁棒分类树。集成学习通常将训练重点集中在难以分类的数据上，而不是在易于分类的数据上。随机森林，装袋（算法）和提升（算法）本身都有很广泛的题材，已经被纳入构建决策学习树的先进软件中。

5.9 2008年数据挖掘十大算法

本章展示了可用于数据分析的多种有监督方法和无监督方法。尽管现在可以通过许多商业和开源软件包轻松获取这些算法，但困难在于如何评估对给定的问题采用的方法。2006年12月，参加IEEE国际数据挖掘会议（ICDM）的各种机器学习专家确定了数据挖掘的十大算法[562]：C4.5、k均值（k-Means）、SVM、Apriori（关联分析算法）、EM、PageRank（网
190 页排名）、AdaBoost、kNN、朴素贝叶斯（Naive Bayes）和CART。这十大算法在当时被认为是研究领域中最具影响力的数据挖掘算法。在综述文章中，简要介绍了每种算法，包括它们的影响力以及潜在的未来研究方向等。这10种算法涵盖了分类、聚类、统计学习、关联分析和链接挖掘，这些都是数据挖掘研究和开发中最重要的主题。在综述文章中并未提及深度学习和神经网络，这些将作为下一章的主题。2012年，随着ImageNET图像数据集的出现，数据科学的格局发生重大变化，深度卷积神经网络在分类和回归准确性的度量方面开始占据主导地位。

在本节中，我们重点介绍上述十大学习算法以及每种算法的基本数学结构，其中一些算法内容已经在本章中介绍过。我们从本章之前已经考虑过的那些算法开始介绍。

k均值

这是主要的无监督算法之一。正如前面已经介绍的那样，k均值的目标只是通过接近一组k个点进行聚类。根据最接近这些点的平均值更新k个点的位置，该算法可迭代到k均值。MATLAB命令的结构如下：

```
[labels,centers]=kmeans(X,k)
```

means命令接收数据**X**和指定聚类的个数k，返回的信息是每个点的标签**labels**及其位置中心**centers**。

EM（混合模型）

混合模型是用于无监督学习的第二种主要算法。其基本假设是：观测数据是由权重未知的不同概率分布函数的混合函数产生的。此外，必须对参数进行估计，因此需要期望最大化（EM）算法。MATLAB命令的结构如下：

```
Model=fitgmdist(X,k)
```

其中，**fitgmdist**在默认情况下将高斯混合函数与k个聚类的数据**X**进行拟合。**Model**输出是一个结构化的变量，包含了关于概率分布（均值、方差等）和拟合优度/拟合度的信息。

支持向量机（SVM）

SVM是20世纪90年代和21世纪初使用的最强大、最灵活的监督学习算法之一，是一种特别流行的分类和回归方法。其主要思想是：将数据投影到更高的维度，并使用超平面来分割数据。在实践中，有效地评估高维空间中函数内积的内核技巧是该算法的关键。MATLAB命令的结构如下：

191
```
Model = fitcsvm(xtrain,label);
test_labels = predict(Model,test);
```

其中，**fitcsvm** 命令接收由 **train** 和 **label** 表示的带标签的训练数据，并得到结构化的输出 **Model**。结构化输出 **Model** 可与 **predict** 命令一起使用，接收测试数据 **test** 并生成标签（$\mathbf{test}_{\mathbf{label}}$）。**fitcsvm** 有许多选项和调整参数。

CART（分类和回归树）

这是上一节的主题，是一种强大的有监督学习技术。其基本思想是：以一种有原则和有见地的方式对数据进行分割，产生可解释的数据聚类。数据分割每次只沿着一个单变量发生，产生树结构的分支。MATLAB 命令的结构如下：

```
tree = fitctree(xtrain,label);
```

其中，**fitctree** 命令接收由 **train** 和 **label** 表示的带标签的训练数据，并生成结构化的输出 **tree**。**fitctree** 有许多选项和调整参数。

***k* 最近邻算法（kNN）**

这也许是最容易理解的有监督学习算法，具有高度的可解释性且易于执行。给定一个没有标签的新数据点 $\mathbf{x}_k$，只需找到带有标签 $\mathbf{y}_j$ 的 k 个最近邻 $\mathbf{x}_j$ 即可。新点 $\mathbf{x}_k$ 的标签由 kNN 的多数表决法来决定。给定数据模型，执行 kNN 搜索的 MATLAB 命令如下：

```
label = knnsearch(Mdl,test)
```

其中 **knnsearch** 使用 **Mdl** 来标记测试数据 **test**。

朴素贝叶斯法

朴素贝叶斯算法为有监督学习提供了一个直观的框架。与 SVM 和 / 或分类树方法类似，朴素贝叶斯法构造简单且不需要任何复杂的参数估计。它还提供了高度可解释的结果，这在实践中非常受欢迎。该方法基于贝叶斯定理和条件概率的计算，因此可以基于被标记数据的先验概率分布来估计新数据点的标签。构建朴素贝叶斯模型的 MATLAB 命令结构如下：

```
Model = fitNaiveBayes(xtrain,label)
```

其中，**fitcNativeBayes** 命令接收由 **train** 和 **label** 表示的带标签的训练数据，并生成结构化的输出 **Model**。结构化输出可与 **predict** 命令一起使用，以标记测试数据 **test**。

AdaBoost（集成学习和提升算法）

AdaBoost 是集成学习算法的一个例子 [188]。广义上讲，AdaBoost 是一种随机森林 [77]，它考虑了决策树模型的组合。所有提升算法的工作方式是：首先考虑所有训练数据 $\mathbf{x}_j$ 的权重相等，然后根据数据分类的难易程度提升算法重新加权数据的重要性。这样，该算法侧重于难以分类的数据。因此，通过提升难以分类的数据的重要性，可以通过训练一群弱学习者得到一个强学习者 [470]。这个概念及其使用是基于 Kearns 和 Valiant [283] 的开创性理论贡献。MATLAB 命令的结构如下： 192

```
ada = fitcensemble(xtrain,label,'Method','AdaBoostM1')
```

其中，**fitcensemble** 命令是一个通用的集成学习器，可以完成的工作比 AdaBoost 要多，包括鲁棒提升和梯度提升。梯度提升是最强大的集成学习技术之一 [189]。

C4.5（决策树的集成学习）

该算法是由 J. R. Quinlan[443，444] 开发的决策树学习的另一种变体。该算法的核心是根据信息熵的值对数据进行分割。在最新版本中，它支持提升功能以及许多其他的功能来提高算法性能。大体上，我们可以认为这是 CART 的强大版本。由 AdaBoost 加强的 **fitcensemble** 算法提供了一种通用的集成学习架构，该架构可以合并决策树，也将类似于 C4.5 的算法考虑在内。

Apriori 算法

在 Apriori 算法中，目标是从数据中找到频繁项目集。尽管这听起来简单，但事实并非如此。由于算法的组合性质，数据集往往非常庞大，很容易产生 NP-hard 计算。Apriori 算法提供了一种使用候选生成体系结构 [4] 来查找频繁项目集的有效算法，该算法可用于数据中关联规则的快速学习。

网页排名算法

Sergey Brin 和 Larry Page 创立的 Google（搜索引擎）是围绕网页排名算法 [82] 展开的。网页排名算法通过计算每个不依赖于搜索查询的变量的离线值，生成诸如网页（web pages）之类变量的静态排名。网页排名算法与图论相关联，因为它最初以投票的形式解释了从一页到另一页的超链接。之后对原始算法进行了各种修改，可以计算每个变量的重要性分数，并提供有序的排名列表。目前，此类算法的改进数量非常大，生成变量（web 页面）的准确顺
193 序及其重要性分值仍然是研究的活跃课题。

推荐阅读

教材

(1) **Machine learning: a probabilistic perspective**, by K. P. Murphy, 2012 [396].
(2) **Pattern recognition and machine learning**, by C. M. Bishop, 2006 [64].
(3) **Pattern classification**, by R. O. Duda, P. E. Hart, and D. G. Stork, 2000 [161].
(4) **An introduction to statistical learning**, by G. James, D. Witten, T. Hastie and R. Tibshirani, 2013 [264].
(5) **Learning with kernels: support vector machines, regularization, optimization, and beyond**, by B. Schölkopf and A. J. Smola, 2002 [479].
(6) **Classification and regression trees**, by L. Breiman, J. Friedman, C. J. Stone and R. A. Olshen, 1984 [79].
(7) **Random forests**, by L. Breiman, 2001 [77].

论文和综述

(1) **Top 10 algorithms in data mining**, by X. Wu et al., *Knowledge and information systems*, 2008 [562].
(2) **The strength of weak learnability**, by R. E. Schapire, *Machine Learning*, 1990 [470].
(3) **Greedy function approximation: a gradient boosting machine**, by J. H. Fried-
194 man, *Annals of Statistics*, 2001 [189].

第6章 神经网络和深度学习

神经网络（NN）的灵感来自 Hubel 和 Wiesel 在猫的初级视觉皮层上获得诺贝尔奖的工作[259]。他们的开创性实验表明，神经元网络形成在细胞的分层结构中，用于处理视觉刺激。NN 的第一个数学模型——1980 年称其为神经认知机（Neocognitron）[193]，已具有当今深度卷积神经网络（DCNN）的许多特征，包括多层结构、卷积、最大池化和非线性动力学节点等。 深度卷积神经网络（DCNN）最近在计算机视觉领域的成功得益于两个关键部分：计算能力的持续增长以及能利用深度多层结构能力的超大标签数据集。尽管 NN 的理论诞生已经有近 40 年的历史，但 2012 年对 ImageNet 数据集的分析[310]为 NN 和深度学习提供了一个分水岭[324]。在 ImageNet 数据集之前，存在许多可用的数据集，其中包含成千上万个带标签的图像，而 ImageNet 数据集却提供了超过 1500 万个带标签的高分辨率图像，并包含 22 000 多个类别。DCNN 仅仅是一种具有潜力的 NN，但从此改变了计算机视觉领域，在用于分类和识别的所有有意义的计算机视觉任务中占据主导地位。

尽管 ImageNet 已为该领域提供了至关重要的支持，但是在 20 世纪 90 年代初，NN 通常只是作为具有几个中间层的教材内容使用。关键的机器学习任务，例如主成分分析（PCA），已被证实与具有反向传播的网络紧密相连。许多关键的创新将所建立的多层前馈网络作为一类通用 / 万能逼近器[255]。在过去的五年中，NN 架构取得了巨大的进步，其中许多架构是针对特定应用领域进行设计和定制的。创新来自算法上的修改，这些修改给许多领域带来了显著的性能提升。创新包括预训练（pretraining）、丢弃（dropout）、初始模块（inception module）、带有虚拟样本的数据增广、批处理标准化和残差学习（有关 NN 的详细说明，见参考文献 [216]），等等。值得注意的是，NN 没有被列为 2008 年数据挖掘的十大算法之一[562]。但是十年之后，NN 在挑战数据集上取得的不可否认和不断增长的成功，使其成为未来一代科学家和工程师最重要的数据挖掘工具。 195

如前两章所述，所有的机器学习从根本上都是围绕优化展开的。NN 专门针对组合函数进行优化：

$$\underset{\mathbf{A}_j}{\operatorname{argmin}}\left(f_M(\mathbf{A}_M, \cdots, f_2(\mathbf{A}_2, f_1(\mathbf{A}_1, \mathbf{x}))\cdots) + \lambda g(\mathbf{A}_j)\right) \quad (6.1)$$

它通常使用随机梯度下降和反向传播算法进行求解，每个矩阵 $\mathbf{A}_k$ 表示从第 k 层到第（$k+1$）层连接神经网络的权重，这是一个由 $g(\mathbf{A}_j)$ 正则化的大规模欠定系统。组合和正则化对于分别生成数据的表示形式和防止过拟合至关重要。这个通用的优化框架是深度学习算法的核心，本章将介绍它的解。NN 在过拟合数据方面具有巨大的潜力，因此必须仔细考虑交叉验证。

6.1　神经网络：单层网络

多层 NN 的通用架构如图 6.1 所示。对于分类任务，NN 的目标是将一组输入数据映射到分类上。具体来说，我们训练 NN 以便将数据 $\mathbf{x}_j$ 准确地映射到其正确的标签 $\mathbf{y}_j$ 上。如图 6.1 所示，输入空间的大小为原始数据 $\mathbf{x}_j \in \mathbb{R}^n$，输出层具有被设计分类空间的维数。下面进一步讨论输出层的构造。

关于 NN 的设计问题有很多：应该使用多少层？每层的维数应该是多少？输出层应该如何设计？各层之间应该使用全部连接还是稀疏连接？各层之间的映射应该是线性映射还是非线性映射？与 SVM 和分类树上的调整选项非常相似，NN 具有大量的可以调整的设计选项来提高性能。

首先，考虑图 6.1 中的各层之间的映射。我们将输入和输出之间的不同层表示为 $\mathbf{x}^{(k)}$，其中 k 是层数。对于各层之间是线性映射情况，则下列关系成立：

$$\mathbf{x}^{(1)} = \mathbf{A}_1\mathbf{x} \tag{6.2a}$$

$$\mathbf{x}^{(2)} = \mathbf{A}_2\mathbf{x}^{(1)} \tag{6.2b}$$

$$\mathbf{y} = \mathbf{A}_3\mathbf{x}^{(2)} \tag{6.2c}$$

这形成了一个组合结构，进而输入和输出之间的映射可以表示为：

$$\mathbf{y} = \mathbf{A}_3\mathbf{A}_2\mathbf{A}_1\mathbf{x} \tag{6.3}$$

这个基本结构可以扩展到 M 层，这样，对于线性 NN，输入数据和输出层之间的一般表示形式为：

$$\mathbf{y} = \mathbf{A}_M\mathbf{A}_{M-1}\cdots\mathbf{A}_2\mathbf{A}_1\mathbf{x} \tag{6.4}$$

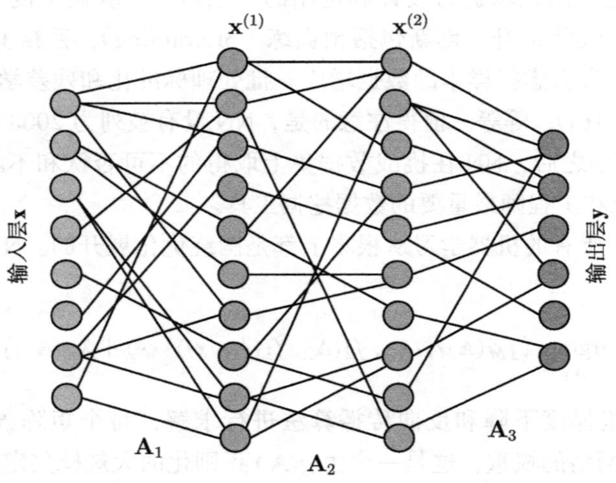

图6.1　将输入层x映射到输出层y的神经网络架构示意图

图 6.1 中中间（隐藏）层表示为 $\mathbf{x}^{(j)}$，其中 j 确定了它们的依次顺序。矩阵 $\mathbf{A}_j$ 包含将每个变量从一层映射到下一层的系数。尽管输入层的维数 $\mathbf{x}_j \in \mathbb{R}^n$ 是已知的，但是在选择内部层的维数以及如何构造输出层方面具有很大的灵活性。网络的层数以及如何在各层之间进行映射也由用户来选择。这种灵活的体系结构为构建良好的分类器提供了极大的自由。

这是一个极度欠定的系统，需要对解进行一些约束才能选择出一个唯一解。一个约束是显而易见：映射必须生成 M 个不同的矩阵才能提供最佳映射。应当注意的是，即使具有组合结构的线性映射，由于线性本身的限制，也只能产生有限范围的功能反应。 196

在构造 NN 时，非线性映射也是可能的并且通常也被使用。实际上，与线性激活函数相比，非线性激活函数可以提供更多的功能反应。在这种情况下，各层之间的连接为：

$$\mathbf{x}^{(1)} = f_1(\mathbf{A}_1, \mathbf{x}) \tag{6.5a}$$

$$\mathbf{x}^{(2)} = f_2(\mathbf{A}_2, \mathbf{x}^{(1)}) \tag{6.5b}$$

$$\mathbf{y} = f_3(\mathbf{A}_3, \mathbf{x}^{(2)}) \tag{6.5c}$$

请注意，我们在各层之间使用了不同的非线性函数 $f_{j1}(\cdot)$。通常只使用单个函数；但是没有必要要求这种限制。根据 M 层上的输入和输出之间的数据映射，可得到以下关系：

$$\mathbf{y} = f_M(\mathbf{A}_M, \cdots, f_2(\mathbf{A}_2, f_1(\mathbf{A}_1, \mathbf{x}))\cdots) \tag{6.6}$$

这可以与式（6.1）进行比较，通过构建 NN 来实现一般的优化。作为一个高度欠定的系统，应施加约束以提取期望的解的类型，如式（6.1）所示。对于诸如 ImageNET 和计算机视觉任务之类的大数据应用，在给定必须确定的变量数量情况下，与此组合框架相关的优化成本很高。但是，对于中等规模的网络，可以在工作站和笔记本电脑上执行该操作。现代随机梯度下降法和反向传播算法可实现这种优化，这两者都将在后面的部分中介绍。 197

单层网络

为了深入了解 NN 的构造方式，我们以前一章中狗和猫的示例为例对单层网络进行优化，以在狗和猫之间建立分类器。狗和猫示例在前一章中被广泛地讨论过。回想一下，我们得到的是狗和猫的图像，或者是小波形式的狗和猫的图像。图 6.2 展示了构造方案。

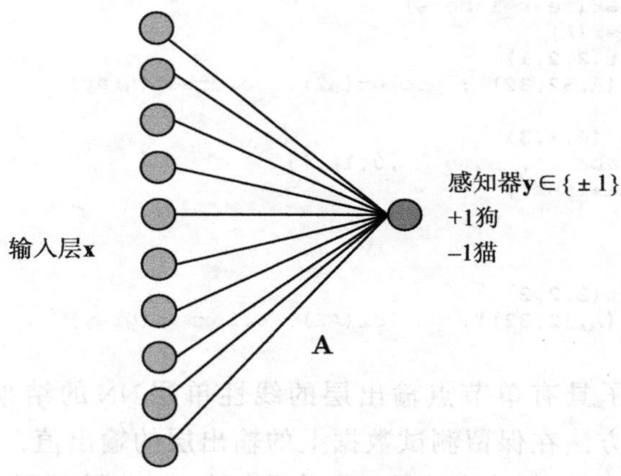

图6.2 用于猫和狗之间二元分类的单层网络

在这种情况下，输出层是具有 $\mathbf{y} \in \{\pm 1\}$ 的感知器。可以通过求解 $\mathbf{A} = \mathbf{Y}\mathbf{X}^{\dagger}$ 来为训练数据构造输入图像空间和输出层的输出之间的线性映射。这给出了将图像映射到标签空间的矩阵 $\mathbf{A}$ 的最小二乘回归。

为了使其尽可能简单，我们考虑简单的 NN 输出：

$$\mathbf{y} = \{\text{狗}, \text{猫}\} = \{+1, -1\} \tag{6.7}$$

它用输出 $\mathbf{y} \in \{\pm 1\}$ 标记每个数据向量。在这种情况下，输出层是单个节点。像以前的监督学习算法一样，其目标是确定映射，以便每个数据向量 $\mathbf{x}_j$ 都由 $\mathbf{y}_j$ 正确标记。

最简单的映射是输入图像 $\mathbf{x}_j \in \mathbb{R}^n$ 与输出层之间的线性映射，得到了如下形式的线性系统：

198

$$\mathbf{AX} = \mathbf{Y} \rightarrow [a_1\ a_2\ \cdots\ a_n]\begin{bmatrix} | & | & & | \\ \mathbf{x}_1 & \mathbf{x}_2 & \cdots & \mathbf{x}_p \\ | & | & & | \end{bmatrix} = [+1\ +1\ \cdots\ -1\ -1] \tag{6.8}$$

其中矩阵 $\mathbf{X}$ 的每一列都是狗或猫的图像，而 $\mathbf{Y}$ 的列则是其相应的标签。由于输出层是单个节点，则 $\mathbf{A}$ 和 $\mathbf{Y}$ 都简化为向量。我们的目标是确定具有分量 a_j 的矩阵（向量）$\mathbf{A}$，最简单的解决方案是取数据矩阵 $\mathbf{X}$ 的伪逆：

$$\mathbf{A} = \mathbf{YX}^{\dagger} \tag{6.9}$$

这样，单个输出层允许使用最小二乘拟合来构建 NN。当然，我们还可以采用其他多种方法来求解此线性系统，包括使用稀疏度提升的方法。下面的代码通过最小二乘拟合（**pinv**）和 LASSO 解决了此问题。

代码 6.1 单层线性神经网络。

```
load catData_w.mat; load dogData_w.mat; CD=[dog_wave cat_wave];
train=[dog_wave(:,1:60) cat_wave(:,1:60)];
test=[dog_wave(:,61:80) cat_wave(:,61:80)];
label=[ones(60,1); -1*ones(60,1)].';

A=label*pinv(train); test_labels=sign(A*test);
subplot(4,1,1), bar(test_labels)
subplot(4,1,2), bar(A)
figure(2), subplot(2,2,1)
A2=flipud(reshape(A,32,32)); pcolor(A2), colormap(gray)

figure(1), subplot(4,1,3)
A=lasso(train.',label.','Lambda',0.1).';
test_labels=sign(A*test);
bar(test_labels)
subplot(4,1,4)
bar(A)
figure(2), subplot(2,2,2)
A2=flipud(reshape(A,32,32)); pcolor(A2), colormap(gray)
```

图 6.3 和 6.4 给出了具有单节点输出层的线性单层 NN 的结果。图 6.3 的四行显示了伪逆方法和 LASSO 方法在保留测试数据上的输出层的输出值，以及矩阵 $\mathbf{A}$ 的 32×32（1024 像素）权重的条形图。需注意的是，在伪逆方法中，矩阵的所有元素都是非零的，而 LASSO 方法突出显示了仅使用一小部分像素就可以达到用所有像素对图片进行分类的效果。图 6.4 展示了这两种求解策略得到的矩阵 $\mathbf{A}$ 重塑为 32×32 图像。注意，伪逆方法的矩阵元素 $\mathbf{A}$ 的权重显示了猫脸和狗脸的许多特征，而 LASSO 方法仅需要聚集在眼睛和耳朵附近的几个像素。因此，对于该单层网络，通过查看矩阵 $\mathbf{A}$ 中生成的权重便可获得可解释的结果。

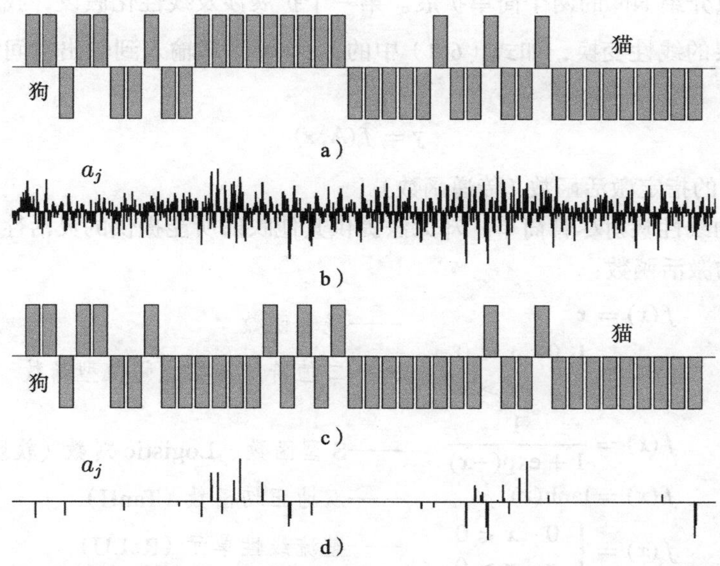

图6.3 在保留数据上对训练好的输入（像素空间）和单个输出之间是线性映射的单层网络进行测试的分类结果

图 6.3a 和图 6.3c 分别是使用伪逆方法和 LASSO 方法训练的单层网络在保留数据上测试得到的输出层中输出值 $\mathbf{y} \in \{\pm 1\}$ 的柱状图。结果表明，在这两种情况下，狗比猫更容易被错误地分类。图 6.3b 和图 6.3d 分别展示了伪逆方法和 LASSO 方法的矩阵 **A** 的系数。LASSO 仅具有少量非零元素，这意味着 NN 是高度稀疏的。

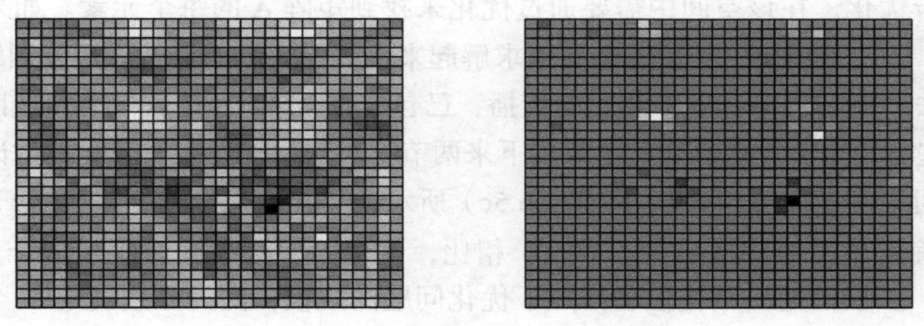

图6.4 将矩阵A的权重塑为32×32数组

图 6.4 左侧矩阵显示的是通过最小二乘回归（伪逆方法）计算得到的矩阵 **A**，右侧矩阵显示的是通过 LASSO 方法计算得到的矩阵 **A**。这两种矩阵在保留数据上都提供了相似的分类分数，在一定意义上也进一步提供了很多可解释性，即伪逆方法得到的结果能够展示狗和猫的许多特征，而 LASSO 方法仅对眼睛和耳朵附近进行测量就可以提供区分狗和猫所需的特征。

6.2 多层网络和激活函数

在上一节中构建是最简单的 NN，是线性的，具有单层和单个输出层神经元。在本节

199~200 中，我们将重点介绍 NN 的两个简单扩展。第一个扩展涉及线性化假设，我们假设存在从图像空间到输出层的线性变换，如式（6.8）中的 $\mathbf{Ax}=\mathbf{y}$。从输入到输出空间常见的非线性变换表示如下：

$$\mathbf{y}=f(\mathbf{A},\mathbf{x}) \tag{6.10}$$

其中 $f(\cdot)$ 为映射的指定激活函数（传递函数）。

以前使用的线性映射尽管简单，却无法提供其他映射所能提供的灵活性和性能。下面给出了一些标准的激活函数：

$$f(x)=x \quad \text{——线性函数} \tag{6.11a}$$

$$f(x)=\begin{cases}0 & x\leqslant 0\\ 1 & x>0\end{cases} \quad \text{——二值阶跃函数或阈值型函数} \tag{6.11b}$$

$$f(x)=\frac{1}{1+\exp(-x)} \quad \text{——S 型函数、Logistic 对数（软阶跃）} \tag{6.11c}$$

$$f(x)=\tanh(x) \quad \text{——双曲正切函数（TanH）} \tag{6.11d}$$

$$f(x)=\begin{cases}0 & x\leqslant 0\\ x & x>0\end{cases} \quad \text{——整流线性单元（ReLU）} \tag{6.11e}$$

此外，还有其他的激活函数，但是上述这些函数在实践中经常被用到的。而且重要的是，所选择的函数 $f(x)$ 是可微分的，以便在梯度下降算法中用于优化。上面的每个函数或者是可微的或者分段可微的。也许目前最常用的激活函数是 ReLU，我们将其表示为 $f(x)=\mathrm{ReLU}(x)$。

如果使用非线性激活函数 $f(x)$，或者如果存在不止一个层，那么如伪逆和 LASSO 等标准的线性优化流程则无法再使用。尽管这看起来似乎并不重要，但请记住，我们正在一个高维空间中进行优化，在该空间中需要通过优化来找到矩阵 **A** 的每个元素。如果不使用专业的优化方法，即使是规模中等偏下的问题求解起来也需要大量的计算。用于训练 NN 的两个主要优化方法——随机梯度下降和反向传播，已包含在 MATLAB 软件的神经网络函数调用中。由于这些方法至关重要，因此本章接下来两节将对这两种方法进行详细讨论。

我们也可以考虑如式（6.4）和式（6.5c）所示的多层网络。在这种情况下，与线性激活函数下仅确定单个矩阵 $\bar{\mathbf{A}}=\mathbf{A}_M\cdots\mathbf{A}_2\mathbf{A}_1$ 相比，优化问题必须同时识别多个连接矩阵 $\mathbf{A}_1$，$\mathbf{A}_2$，…，$\mathbf{A}_M$。多层的网络结构显著增加了优化问题的规模，因为必须确定 M 个矩阵的每个矩阵元素。即使对于单层网络结构，当考虑非线性传递函数时，诸如 **fminsearch** 之类的常规优化方法，也将面临严峻挑战，此时需转向基于梯度下降的算法。

MATLAB 的神经网络工具箱，就像 Python 中的 TensorFlow 一样，具有广泛的功能，使其异常强大且方便构建 NN。在下面的代码中，像前面的示例一样我们将训练 NN 来对猫和狗进行分类。但是在这种情况下，我们允许单层网络具有将输入映射到输出层的非线性传
201 递函数。此示例的输出层将修改为以下：

$$\mathbf{y}=\begin{bmatrix}1\\0\end{bmatrix}=\{\text{狗}\}\ \text{和}\ \mathbf{y}=\begin{bmatrix}0\\1\end{bmatrix}=\{\text{猫}\} \tag{6.12}$$

提取一半的数据进行训练，另一半数据用来测试结果。下面的代码使用 **train** 命令建立了一个神经网络来分类这些图像。

代码 6.2 具有非线性传递函数的神经网络。

```
load catData_w.mat; load dogData_w.mat;
CD=[dog_wave cat_wave];

x=[dog_wave(:,1:40) cat_wave(:,1:40)];
x2=[dog_wave(:,41:80) cat_wave(:,41:80)];
label=[ones(40,1)  zeros(40,1);
       zeros(40,1) ones(40,1)].';

net = patternnet(2,'trainscg');
net.layers{1}.transferFcn = 'tansig';

net = train(net,x,label);
view(net)
y = net(x);
y2= net(x2);
perf = perform(net,label,y);
classes2 = vec2ind(y);
classes3 = vec2ind(y2);
```

上述代码中，**patternnet** 命令构建了一个有两个输出的分类网络（6.12）。它也用选项 **trainscg** 来优化，该选项为缩放共轭梯度反向传播。**net.layers** 命令允许我们指定传递函数，在这种情况下指定的是双曲正切函数（6.11d）。**view(net)** 命令产生一个诊断工具，如图 6.5 所示，其中对优化选项和 NN 进行了总结。

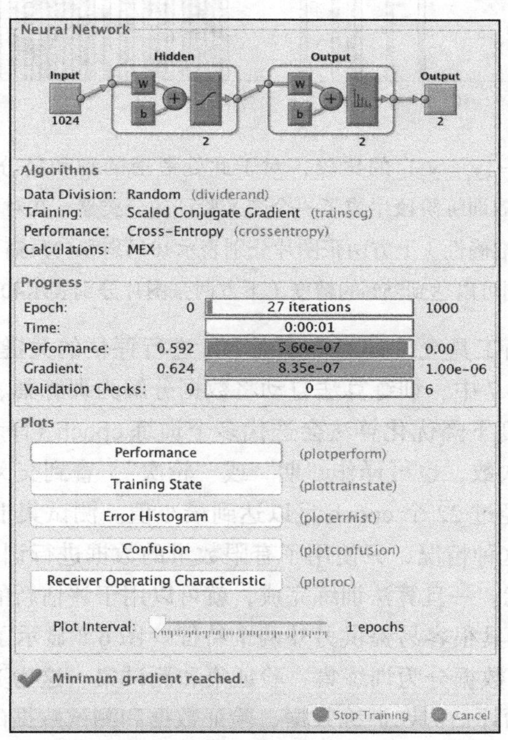

图6.5 MATLAB神经网络可视化工具。迭代次数和性能都可以从交互式图形工具中访问。通过“Performance”（性能）“Error Histogram”（误差直方图）和“Confusion”（混淆）按钮分别生成图6.7至图6.9

交叉验证的训练集以及保留集的分类结果如图 6.6 所示，期望输出由向量（6.12）给出。对于训练集和保留集，分别针对 80 幅训练图像（40 只猫和 40 只狗）和 80 幅保留图像（40 只猫和 40 只狗）显示了向量的两个分量。训练集使用具有双曲正切传递函数（6.11d）的一层网络就生成了完美的分类器。在保留数据上，它错误地识别了 40 只狗 / 猫中的 6 只，对新数据的准确度约为 85%。

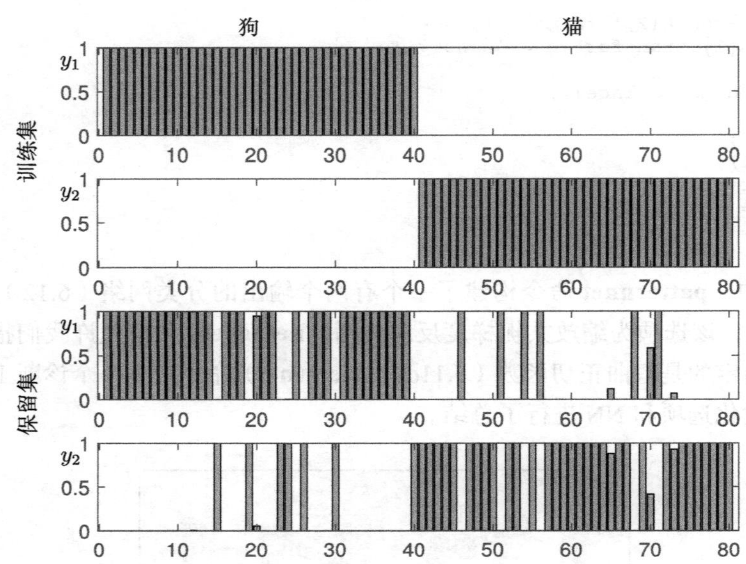

图6.6　输出向量 $\mathbf{y}=[\mathbf{y}_1 \quad \mathbf{y}_2]^T$ 的比较，对于此处考虑的狗和猫分类结果是理想的式（6.12）。NN训练阶段生成了一个交叉验证的分类器，在对训练数据进行分类时达到100%的准确性（上方两张图片分别表示40只狗和40只猫）。如果将其应用到保留集中，则可以达到85%的精度（下方两张图片分别表示40只狗和40只猫）

图 6.5 中所示的诊断工具允许访问许多对 NN 进行评估的关键特征，图 6.7 总结了 NN 训练工具的性能。在图 6.7 中，训练算法自动将数据分解为训练集、验证集和测试集，然后启用反向传播，随机梯度下降优化算法会迭代多个训练 epoch（译者注：epoch 就是整个训练集被训练算法遍历的次数，也可译作“期”或“轮次”）直到交叉验证的误差达到最小值为止。在这种情况下，经过 22 个 epoch 足以达到最小值。测试集上的误差明显高于交叉验证所达到的误差。对于这种情况，只使用了有限数量的数据进行训练（40 只狗和 40 只猫），因此很难取得更好的性能。一旦算法训练完成，就可以用于评估新的数据，如图 6.7 所示。

202～203 图 6.5 的 NN 诊断工具很容易提供另外两个特征。图 6.8 显示了与训练网络相关的误差直方图。与图 6.7 一样，数据分为训练集、验证集和测试集。这为 NN 训练算法所能达到的分类质量提供了一个全面评估。在训练数据、验证数据和测试数据的混淆矩阵中可以看到性能的另一种表现形式，如图 6.9 所示。总的来说，在图 6.7 ～ 6.9 中，可以使用高质量的诊断工具来评估 NN 能够多好地完成分类任务，在这些图中很容易看出性能的极限。

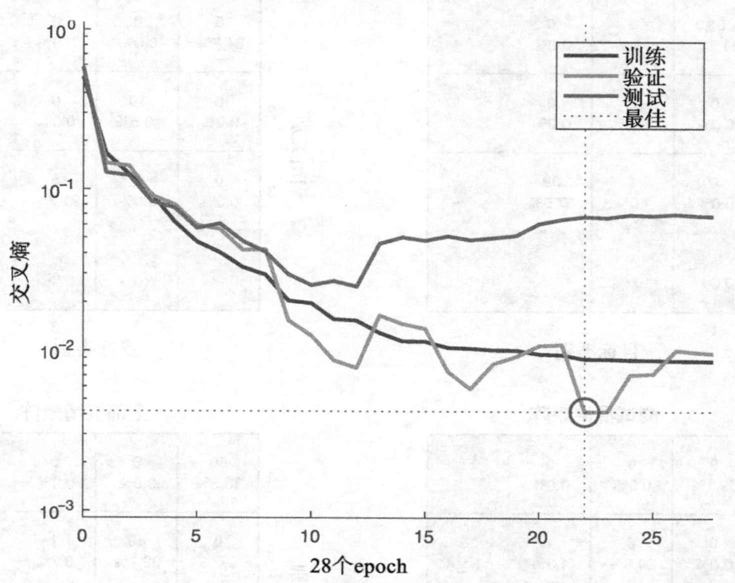

图6.7 经过多个epoch的NN训练总结。NN结构自动将数据分为训练集、验证集和测试集。训练继续（最多1000个epoch）直到验证误差曲线达到最小值，然后停止训练，将训练后的算法用于测试集来评估性能。这里仅针对有限的数据量来训练NN（40只狗和40只猫），因此限制了网络性能。可通过图6.5展示的NN交互工具上的“Performance”（性能）按钮来获得此图

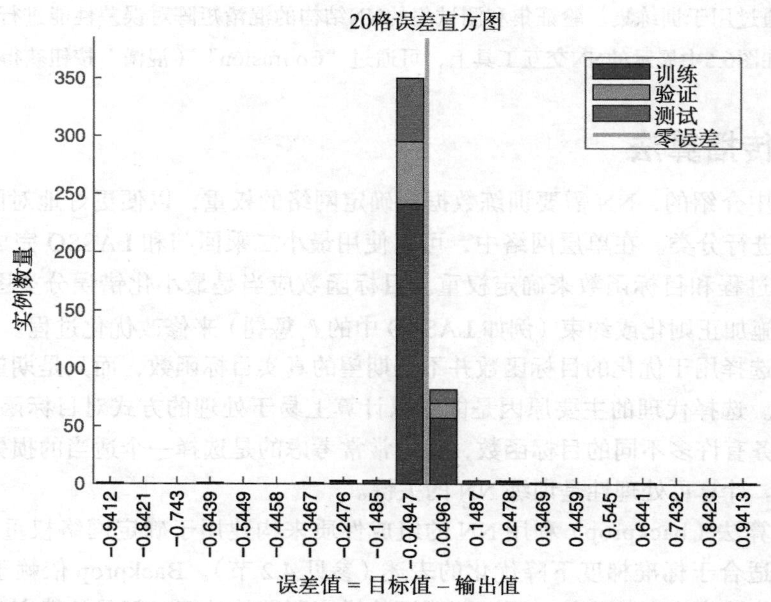

图6.8 用于训练集、验证集和测试集的NN结构的误差性能总结。在图6.5中展示的NN交互工具上，可通过“Error Histogram”（误差直方图）按钮可获得该图

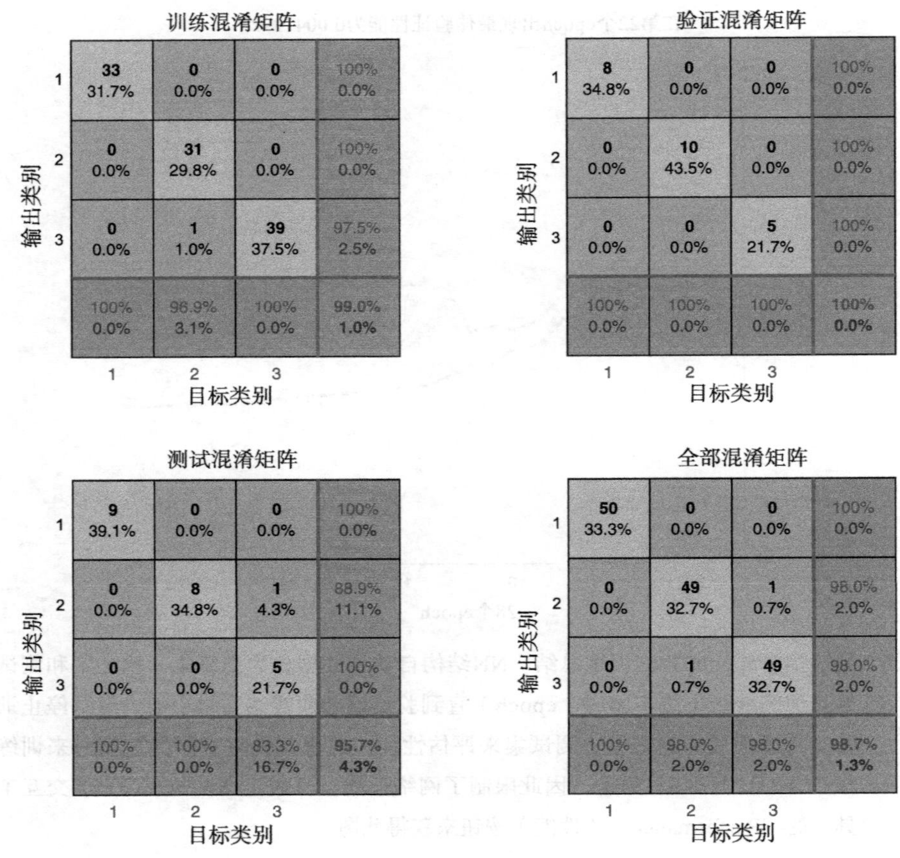

图6.9 通过用于训练集、验证集和测试集的NN结构的混淆矩阵对误差性能进行总结。在图6.5中展示的NN交互工具上，可通过“Confusion”（混淆）按钮获得该图

6.3 反向传播算法

如前两节中介绍的，NN 需要训练数据来确定网络的权重，以便更好地对图像（例如狗和猫的图像）进行分类。在单层网络中，可以使用最小二乘回归和 LASSO 完成，但核心是需要通过优化过程和目标函数来确定权重。目标函数应当是最小化错误分类图像的某一度量，可以通过施加正则化或约束（例如 LASSO 中的 ℓ_1 惩罚）来修改优化过程。

实际上，选择用于优化的目标函数并不是期望的真实目标函数，而只是期望目标函数的一个代理而已。选择代理的主要原因是能够以计算上易于处理的方式对目标函数进行微分。
204 对于不同的任务有许多不同的目标函数，我们常常考虑的是选择一个适当的损失函数，以便逼近真实目标。计算可处理性是训练 NN 的关键。

反向传播算法（backprop）利用 NN 的组成性质来构建用于确定网络权重的优化问题，即它产生一个适合于标准梯度下降优化的表述（参见 4.2 节）。Backprop 依赖于一个简单的数学原理：微分链式法则。此外，可以证明评价梯度所需的计算时间是计算实际函数本身所需时间的五倍以内 [44]。这就是著名的 Baur-Strassen 定理。图 6.10 给出了 backprop 的一个最简单示例，并展示了梯度下降是如何执行的。这个单节点、单隐含层网络的输入输出关系为：

$$y = g(z, b) = g(f(x, a), b). \tag{6.13}$$

给定具有权重常数 a 和 b 的函数 $f(\cdot)$ 和 $g(\cdot)$，可以根据真值计算网络产生的输出误差：

$$E = \frac{1}{2}(y_0 - y)^2 \tag{6.14}$$ 205

其中，y_0 是正确的输出，y 是 NN 对输出的近似值。目标是找到 a 和 b，使误差最小化。最小化需要满足：

$$\frac{\partial E}{\partial a} = -(y_0 - y)\frac{\mathrm{d}y}{\mathrm{d}z}\frac{\mathrm{d}z}{\mathrm{d}a} = 0 \tag{6.15}$$

一个重要的观察结果是，网络的组合特性以及链式法则会迫使优化过程通过网络反向传播误差，$\mathrm{d}y/\mathrm{d}z \ \ \mathrm{d}z/\mathrm{d}a$ 项展示了这种 backprop 是如何发生的。给定函数 $f(\cdot)$ 和 $g(\cdot)$，可以显式计算链式法则。

backprop 得到一个迭代的、梯度下降的更新规则：

$$a_{k+1} = a_k + \delta\frac{\partial E}{\partial a_k} \tag{6.16a}$$

$$b_{k+1} = b_k + \delta\frac{\partial E}{\partial b_k} \tag{6.16b}$$

其中 δ 是所谓的学习率，并且可以使用式（6.15）显式计算 $\partial E\,/\,\partial a$ 和 $\partial E\,/\,\partial b$。执行迭代算法直至收敛。与所有迭代优化一样，良好的初始猜测对于在合理的计算时间内获得良好的解至关重要。

backprop 工作流程如下：1）指定一个 NN 和一个带标签的训练集。2）将网络的初始权重设置为随机值，注意不能将权重初始化为零。如果权重初始化为零，则在每次更新之后， 206
每个神经元的输出权重将相同，因为梯度是相同的。此外，神经网络经常卡在梯度为零但不是全局最小值的局部最优值上，因此随机权重初始化使得有机会从许多不同的随机值开始来规避这个问题。3）训练数据通过网络运行以产生输出 **y**，其理想的真值输出是 $\mathbf{y}_0$，然后使用反向传播公式（6.15）计算关于每个网络权重的导数。4）对于给定的学习率 δ，网络权重如式（6.16）中所示进行更新。5）返回到步骤 3）并继续进行迭代，直到达到最大迭代次数或达到收敛为止。

举一个简单示例，考虑线性激活函数：

$$f(\xi, \alpha) = g(\xi, \alpha) = \alpha\xi \tag{6.17}$$

在这种情况下，在图 6.10 中有：

$$z = ax \tag{6.18a}$$

$$y = bz \tag{6.18b}$$ 207

我们现在可以显式地计算梯度，如式（6.15）所示，可得：

$$\frac{\partial E}{\partial a} = -(y_0 - y)\frac{\mathrm{d}y}{\mathrm{d}z}\frac{\mathrm{d}z}{\mathrm{d}a} = -(y_0 - y)\cdot b\cdot x \tag{6.19a}$$

$$\frac{\partial E}{\partial b} = -(y_0 - y)\frac{\mathrm{d}y}{\mathrm{d}b} = -(y_0 - y)z = -(y_0 - y)\cdot a\cdot x \tag{6.19b}$$

利用 a 和 b 的当前值、输入–输出对 x 和 y 以及目标真值 y_0，可以计算每个导数，提供了更新式（6.16）所需的信息。

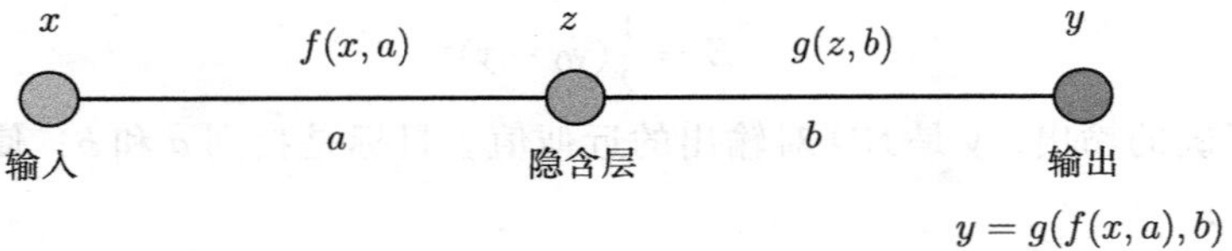

图6.10　单个节点、单隐含层网络上的反向传播算法的示意图。网络的组成性质给出了输入输出关系为 $y=g(z,b)=g(f(x,a),b)$ 。通过最小化输出 y 和其期望的输出 y_0 之间的误差，该组合与链式法则一起产生了用于更新权值的式（6.15）。请注意，链式法则将误差一路传播到整个网络。这样，通过最小化输出，链式法则作用于组合函数上，进而产生了一个通过网络推进反向传播的导数项的乘积

对于深度网络的 backprop 也可以类似的方式进行。考虑一个深度网络，其中有 M 个隐含层，标记为 $z_1 \sim z_m$，第一个连接权重 a 位于 x 和 z_1 之间。图 6.10 和式（6.15）可以延拓为如下形式：

$$\frac{\partial E}{\partial a}=-(y_0-y)\frac{\mathrm{d}y}{\mathrm{d}z_m}\frac{\mathrm{d}z_m}{\mathrm{d}z_{m-1}}\cdots\frac{\mathrm{d}z_2}{\mathrm{d}z_1}\frac{\mathrm{d}z_1}{\mathrm{d}a} \tag{6.20}$$

由组合和链式法则引起的级联导数突显了在最小化分类误差时发生的误差反向传播。

backprop 的全面延拓包含多个隐含层，每层有多个节点，如图 6.1 所示。目标是确定每个矩阵 $\mathbf{A}_j$ 的矩阵元素，因此，大量的网络参数需要在梯度下降中进行更新。事实上，即使各个权重的更新规则并不困难，但训练网络通常在计算上也是不可行的。假设两个相连的层均为 n 维，从一个层到另一个层的每个矩阵都需要为 n 维输入更新 n^2 个系数，因此，NN 可能会遭受维数灾难问题。

将准备更新的所有的权重表示为向量 $\mathbf{w}$，$\mathbf{w}$ 包含了图 6.1 中所示矩阵 $\mathbf{A}_j$ 的所有元素，则：

$$\mathbf{w}_{k+1}=\mathbf{w}_k+\delta\nabla E \tag{6.21}$$

其中，误差 ∇E 的梯度通过组合和链式法则生成了用于更新权重和减少误差的反向传播算法，以分量的形式表示为：

208

$$w_{k+1}^j=w_k^j+\delta\frac{\partial E}{\partial w_k^j} \tag{6.22}$$

该等式对于向量 $\mathbf{w}$ 的第 j 个分量成立。$\partial E/\partial w^j$ 项通过链式法则产生反向传播，即产生如式（6.20）中所示的一系列待计算的函数。

6.4　随机梯度下降算法

由于被训练的 NN 的规模大小原因，训练神经网络的计算量是非常大的。如果对用于训练的优化过程不是足够的熟悉，那么即使是中等规模的 NN 其计算量也难以承受。随机梯度

下降（SGD）和 backprop 这两种算法对于神经网络的训练尤为关键。backprop 可以有效地计算目标函数的梯度，而 SGD 可以更快速地计算最优网络权重。尽管用于训练 NN 的其他优化方法也能提供计算方面的改进，但此处只考虑 backprop 和 SGD 算法，为读者提供构建 NN 的核心结构思想。

在 4.2 节中考虑过梯度下降，该算法是为非线性回归开发的，其中数据拟合采用如下形式：

$$f(x)=f(x,\boldsymbol{\beta}) \tag{6.23}$$

其中 $\boldsymbol{\beta}$ 是用于最小化误差的拟合系数。在神经网络中，参数 $\boldsymbol{\beta}$ 是网络权重，因此可以将其改写为：

$$f(\mathbf{x})=f(\mathbf{x},\mathbf{A}_1,\mathbf{A}_2,\cdots,\mathbf{A}_M) \tag{6.24}$$

其中 $\mathbf{A}_j$ 是 NN 中从一层到下一层的连接矩阵，因此，$\mathbf{A}_1$ 连接第一层和第二层，并且共有 M 个隐含层。

训练 NN 的目标是使网络和数据之间的误差最小，因此，标准均方根误差定义为：

$$\underset{\mathbf{A}_j}{\operatorname{argmin}}\, E(\mathbf{A}_1,\mathbf{A}_2,\cdots,\mathbf{A}_M)=\underset{\mathbf{A}_j}{\operatorname{argmin}}\sum_{k=1}^{n}(f(\mathbf{x}_k,\mathbf{A}_1,\mathbf{A}_2,\cdots,\mathbf{A}_M)-\mathbf{y}_k)^2 \tag{6.25}$$

它可以通过将每个矩阵分量的偏导数设置为零来最小化，即要求 $\partial E/\partial(a_{ij})_k=0$，其中 $(a_{ij})_k$ 是第 k 个矩阵（$k=1,2,\cdots,M$）的第 i 行第 j 列。因为没有最大误差，零导数对应的是最小值，这样就给出了相对于 NN 参数的函数梯度 $\nabla f(\cdot)$。还要注意，函数 $f(\cdot)$ 在 n 个数据点中的每一个点处都要计算。

如 4.2 节中所示，可以得到牛顿 – 拉夫逊（Newton-Raphson）迭代方法来寻求最小值：

$$\mathbf{x}_{j+1}(\delta)=\mathbf{x}_j-\delta\nabla f(\mathbf{x}_j) \tag{6.26}$$ 209

其中 δ 是确定沿梯度方向每步走多远的参数，称为学习率。与标准梯度下降不同，求解一个最优学习率在计算上是不可行的。

尽管优化公式很容易构建，但是对于 NN 求解式（6.25）在计算上通常难以实现。这有两个原因：①每个 $\mathbf{A}_j$ 的矩阵加权参数的数量很大；②数据点 n 的数量通常也很大。

为了使计算式（6.25）变得易于处理，SGD 没有使用所有 n 个数据点来估计式（6.26）中的梯度，仅使用单个随机选择的数据点或者批量梯度下降的子集来近似每一步迭代中的梯度。因此，我们可以重新表述式（6.25）的最小二乘拟合，有：

$$E(\mathbf{A}_1,\mathbf{A}_2,\cdots,\mathbf{A}_M)=\sum_{k=1}^{n}E_k(\mathbf{A}_1,\mathbf{A}_2,\cdots,\mathbf{A}_M) \tag{6.27}$$

和

$$E_k(\mathbf{A}_1,\mathbf{A}_2,\cdots,\mathbf{A}_M)=(f_k(\mathbf{x}_k,\mathbf{A}_1,\mathbf{A}_2,\cdots,\mathbf{A}_M)-\mathbf{y}_k)^2 \tag{6.28}$$

其中 $f_k(\cdot)$ 为每个数据点的拟合函数，矩阵 $\mathbf{A}_j$ 的元素由优化过程来确定。

梯度下降迭代算法式（6.26）可以更新为：

$$\mathbf{w}_{j+1}(\delta)=\mathbf{w}_j-\delta\nabla f_k(\mathbf{w}_j) \tag{6.29}$$

其中 $\mathbf{w}_j$ 是在第 j 次迭代中来自 $\mathbf{A}_j$ (j = 1, 2, …, M) 的所有网络权重的向量，并且仅使用第 k 个数据点和 $f_k(\cdot)$ 来计算梯度。在下一次迭代中，将使用另一个随机选择的点来计算梯度并更新解。该算法需要多次遍历所有数据才能收敛，但是相对于求解梯度需要大量的雅可比（Jacobian）计算来说，现在的每一步计算都很容易。如果不使用单点而是使用数据点的子集，则有以下批量梯度下降算法：

$$\mathbf{w}_{j+1}(\delta) = \mathbf{w}_j - \delta \nabla f_K(\mathbf{w}_j) \tag{6.30}$$

其中 $K \in [k_1, k_2, \cdots, k_p]$，表示随机选择的 p 个数据点 k_j 用于近似梯度。

下面的代码是对 4.2 节中梯度下降代码的修改，涉及对数据进行一定量的下采样来近似梯度。具体来说，下面的代码展示了一个具有固定学习率 δ = 2 的批量梯度下降算法，每一步中使用十个点来近似函数的梯度。

代码 6.3　随机梯度下降算法。

```
h=0.1; x=-6:h:6; y=-6:h:6; n=length(x);
[X,Y]=meshgrid(x,y); clear x, clear y

F1=1.5-1.6*exp(-0.05*(3*(X+3).^2+(Y+3).^2));
F=F1 + (0.5-exp(-0.1*(3*(X-3).^2+(Y-3).^2)));
210 [dFx,dFy]=gradient(F,h,h);

x0=[4  0 -5]; y0=[0 -5  2]; col=['ro','bo','mo'];
for jj=1:3
  q=randperm(n); i1=sort(q(1:10));
  q2=randperm(n); i2=sort(q2(1:10));
  x(1)=x0(jj); y(1)=y0(jj);
  f(1)=interp2(X(i1,i2),Y(i1,i2),F(i1,i2),x(1),y(1));
  dfx=interp2(X(i1,i2),Y(i1,i2),dFx(i1,i2),x(1),y(1));
  dfy=interp2(X(i1,i2),Y(i1,i2),dFy(i1,i2),x(1),y(1));

  tau=2;
  for j=1:50
    x(j+1)=x(j)-tau*dfx; % update x, y, and f
    y(j+1)=y(j)-tau*dfy;
    q=randperm(n); ind1=sort(q(1:10));
    q2=randperm(n); ind2=sort(q2(1:10));
    f(j+1)=interp2(X(i1,i2),Y(i1,i2),F(i1,i2),x(j+1),y(j+1))
    dfx=interp2(X(i1,i2),Y(i1,i2),dFx(i1,i2),x(j+1),y(j+1));
    dfy=interp2(X(i1,i2),Y(i1,i2),dFy(i1,i2),x(j+1),y(j+1));
    if abs(f(j+1)-f(j))<10^(-6) % check convergence
        break
    end
  end
  if jj==1; x1=x; y1=y; f1=f; end
  if jj==2; x2=x; y2=y; f2=f; end
  if jj==3; x3=x; y3=y; f3=f; end
  clear x, clear y, clear f
end
```

图 6.11 展示了三个初始条件下 SGD 的收敛性。与梯度下降一样，SGD 算法可以停留在局部最小值中，但是现在 SGD 仅使用 100 个点而不是全部 10^4 个点来近似梯度，这样可以进行三个数量级以下的计算。更重要的是，SGD 是一种可扩展的算法，即使数据增长为高
211 维数据，也可以节省大量的计算。基于此，SGD 已成为 NN 训练中至关重要的一部分。请注意，学习率、批量大小和数据采样在该方法的收敛性中都起着重要作用。

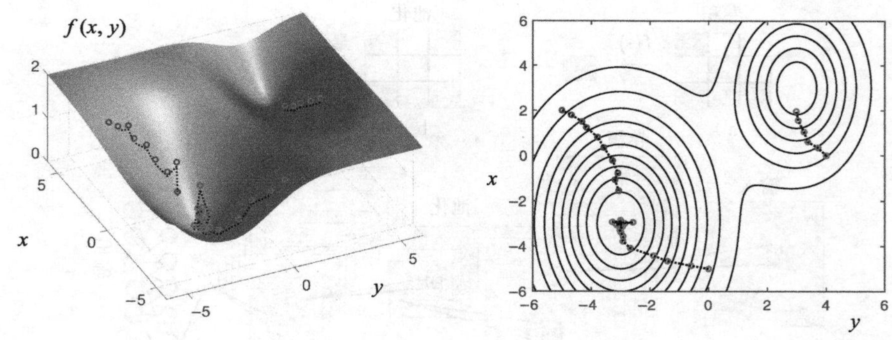

图6.11 随机梯度下降应用于图4.3b中所示的函数（附彩图）

可以将收敛性与如图 4.6 所示的全梯度下降算法进行比较。随机（批量）梯度下降的每一步选择 100 个数据点来近似梯度，而不是全部的 10^4 个数据点。三个初始条件分别为：$(x_0, y_0) = \{(4, 0), (0, -5), (-5, 2)\}$。第一个初始条件（红色圆圈）陷入局部最小值，而其他两个初始条件（蓝色和洋红色）则找到全局最小值。图 4.5 的梯度函数的插值用来更新解。

6.5 深度卷积神经网络

在掌握了 NN 结构的基础知识，以及理解了如何制定优化框架（backprop）和如何实际有效地计算梯度下降（SGD）之后，我们准备构建深度卷积神经网络（DCNN）即深度学习方法的基本组成部分。事实上，今天当从业者谈论实际使用的 NN 时，通常是在谈论 DCNN。尽管我们非常希望有一个原则性的方法来构建 DCNN，但仍然需要大量的技巧和专家直觉来生成性能最好的网络。此外，DCNN 特别容易过度训练，因此需要特别注意用交叉验证来验证所得结果。Goodfellow 等人 [216] 最近出版的关于深度学习的教科书详细介绍了 DCNN 中的最新发展状况，突出展示了许多特别有用的用于训练有效 DCNN 的经验法则和技巧。

像 SVM 和随机森林算法一样，用于构建 NN 的 MATLAB 软件包中具有大量的功能和可调参数。这种灵活性既是有利的，同时又是压倒性的。如本章开头所指出的，很明显，关于 NN 有很多设计问题。应该使用几层？各层的维数应该是多少？输出层应当如何设计？各层之间应该使用的是全部连接还是稀疏连接？各层之间的映射应如何执行，是线性映射还是非线性映射？等等。

DCNN 的典型结构如图 6.12 所示，其中包括许多常用的卷积层和池化层，每个层都可以用来构建多个下游层或特征空间，这些下游层或特征空间可以通过选择激活函数和 / 或网络参数化来设计，所有这些层最终都合并到输出层中。需要通过 backprop 和 SGD 更新的连接数量可能非常高，因此，即使规模不是很大的网络和训练数据也可能需要大量的计算资源。典型的 DCNN 由许多层构成，通常有 7 到 10 层。最近的研究已经考虑了具有大约 100 层的真正的深度网络，但是这种架构的优点尚不完全清楚。以下段落将重点介绍组成 DCNN 的一些突出的元素，包括卷积层、池化层、全连接层和丢弃（dropout）层。

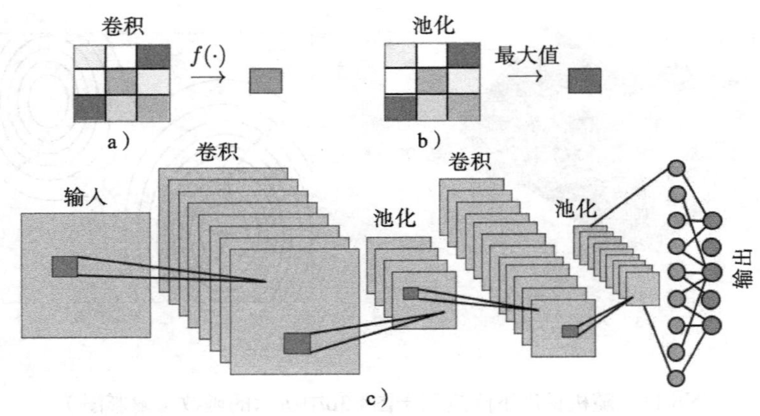

图6.12 典型的包含常用的卷积层和池化层的DCNN架构。深灰色的方框显示了从一层到另一层的卷积采样（请注意，对于每个层可以使用许多函数变换来生成各种特性空间。网络最终将所有这些信息集成到输出层上）

卷积层

卷积层类似于第 2 章中的加窗（Gabor）傅里叶变换或小波变换，一小部分的全高维输入空间被提取出来并被用于特征工程。图 6.12 展示了在整个层（浅灰色框）上滑动的卷积
212 窗口（深灰色框），每个卷积窗口都通过给定的激活函数将数据转换为新节点，如图 6.12a 所示，因此，特征空间是由较小的数据块构建而成的。卷积层对图像特别有用，因为它可以提取重要的特征，比如图像边缘。小波也被认为可以有效地提取这些特征，且小波与 DCNN 之间存在着深层的数学联系，这一点已被 Mallat 及其同事所证明 [358, 12]。请注意，在图 6.12 中，通过简单地操作激活函数 $f(\cdot)$ 到下一层以及卷积窗口的大小，输入层就可用来构造许多层。

池化层

在 DCNN 架构中，通常在连续的卷积层之间周期性地插入池化层。它的作用是逐渐减小表示的空间大小，以减少网络中的参数和计算量。这是一种有效的策略，可以帮助控制过拟合且适合在内存中计算。池化层在输入的每个深度切片上独立运行，并在空间上调整它们的大小。使用最大操作，即卷积窗口中所有节点的最大值，被称为最大池化。在图像处理中，最大池化的常见形式是池化层在输入的每个深度切片上具有大小为 2×2 的滤波器、步幅为 2 的降采样，而输入是图像宽度和高度的 2 倍，并丢弃了 75% 的激活值。在这种情况下，每个最大池化操作都将占用最多 4 个数（在某个深度切片中为 2x2 区域），深度尺寸保持不变。最大池化操作示例如图 6.12b 所示，其中将 3×3 卷积单元转换为单个数字，该数
213 字是 9 个数字中的最大值。

全连接层

有时，全连接层会嵌入到 DCNN 中，以便可以连接不同的区域。池化层和卷积层仅仅是局部连接，而全连接层将恢复全局连接。这是 DCNN 架构中另一个经常使用的层，提供了潜在的重要特征空间来提高性能。

丢弃层

过拟合是 DCNN 中的一个严重问题，是 DCNN 经常无法展示出良好可泛化性的原因（参见第 4 章有关回归部分的介绍），大型 DCNN 使用起来速度也很慢，通过将许多不同的大型神经网络的预测组合起来在线实现的方式很难处理过拟合。Dropout 是一种有助于解决此类问题的技术。其核心思想是在训练过程中，从 DCNN 中随机删除网络中的节点（及其连接），即在 SGD / backprop 的更新网络权重期间进行操作，这样可以防止单元之间过多的相互适应[⊖]。在训练期间，丢弃样本会形成指数数量级的不同“瘦”网络，这个想法类似于构建随机森林的集成方法。在测试时，只需通过使用一个权重较小的未变“瘦”网络，就可以近似出所有这些“瘦”网络预测的平均效果。这显著减少了过拟合，并证明是对其他正则化方法的重大改进[499]。

还有许多其他的技术已经被设计用于训练 DCNN，但是上述方法是最常用的。这些技术最成功的应用往往是在计算机视觉任务中，与其他机器学习方法相比，DCNN 具有无与伦比的性能。更重要的是，ImageNET 数据集允许这些 DCNN 层被最大化地利用以实现人类级别的识别性能。

为了说明如何训练和执行 DCNN，我们使用了 MATLAB 中的数据，数据集是包含字母字符 A、B 和 C 图像的训练集和测试集。下面的代码加载数据集并绘制图 6.13 中字符的代表性样本。

代码 6.4　加载字母图像。

```
load lettersTrainSet
perm = randperm(1500,20);
for j = 1:20
    subplot(4,5,j);
    imshow(XTrain(:,:,:,perm(j)));
end
```

这段代码加载训练数据 XTrain，它包含一个 4-D 数组中字母 A、B 和 C 的 1500 张 28 × 28 灰度图像，数据集中每个字母的数量相等。变量 TTrain 包含字母标签的分类数组，即真值标签。下面的代码构造并训练了一个 DCNN。

代码 6.5　训练 DCNN。

```
layers = [imageInputLayer([28 28 1]);
          convolution2dLayer(5,16);
          reluLayer();
          maxPooling2dLayer(2,'Stride',2);
          fullyConnectedLayer(3);
          softmaxLayer();
          classificationLayer()];
options = trainingOptions('sgdm');
rng('default') % For reproducibility
net = trainNetwork(XTrain,TTrain,layers,options);
```

214

请注意，不同的网络层很容易组合在一起。上面的代码中还指定了 ReLu 激活层以及随机梯度下降（sgdm）的训练方法。**trainNetwork** 命令集成了选项和层的规格以构建可能的最佳分类器，得到的训练网络可以在测试数据集上使用。

⊖ dropout 是指在深度学习网络的训练过程中，对于神经网络单元按照一定的概率将其暂时从网络中有取舍地放弃，是防止过拟合的一种有效方法。——译者注

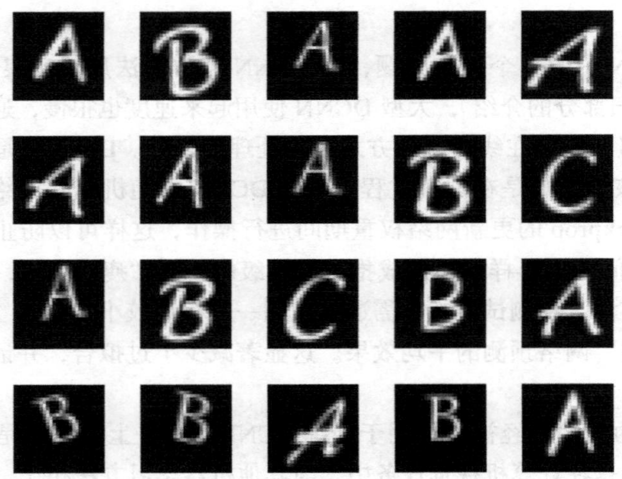

图6.13　字母字符A、B、C的代表性图像（总共有1500幅28×28的字母灰度图像（XTrain）被标记（TTrain））

代码 6.6　测试 DCNN 性能。

```
load lettersTestSet;
YTest = classify(net,XTest);
accuracy = sum(YTest == TTest)/numel(TTest)
```

最终的分类性能约为 93%。从这个代码结构可以看出，修改网络结构和规格是很容易的。事实上，人们可能很轻松地构建一个网络来超越 DCNN。如前所述，技巧和专家直觉对于建立最高性能的网络是至关重要的。

215

6.6　神经网络动力系统

神经网络为执行不同的数学任务提供了惊人的灵活性。让我们回顾 S. Mallat 的观点：监督学习是一个高维插值问题 [358]。因此，如果能够获得足够丰富的数据，NN 就能够为各种以分类和预测为中心的任务提供查询数据的能力。到目前为止，所演示的任务主要与计算机视觉有关，但是 NN 也可以对动态系统的未来状态进行预测（参见第 7 章）。

为了展示神经网络在动力系统中的应用，考虑如下微分方程表示的 Lorenz 系统 [345]：

$$\dot{x} = \sigma(y - x) \tag{6.31a}$$

$$\dot{y} = x(\rho - z) - y \tag{6.31b}$$

$$\dot{z} = xy - \beta z \tag{6.31c}$$

其中，系统状态为 $\mathbf{x} = [x\ \ y\ \ z]^T$，参数 $\sigma = 10$，$\rho = 28$，$\beta = 8/3$。该系统将在下一章中进一步详细讨论。目前我们要模拟该非线性系统，并用其演示如何训练神经网络来表征动态系统。具体来说，本节的目标就是演示一下可以训练一个 NN 来学习一个更新规则，该规则将状态空间从 $\mathbf{x}_k$ 向前推进到 $\mathbf{x}_{k+1}$，其中 $\mathbf{x}_k$ 表示时间 t_k 时刻的系统状态。由于 Lorenz 本身是非线性的，因此在时间上准确地求解需要一个非线性传递函数。

NN 所需要的训练数据是由 Lorenz 系统的高精度仿真结果构成的。下面的代码产生了不同的初始条件。为了产生 100 条轨迹，考虑了 100 个初始条件，采样时间固定为 $\Delta t = 0.01$。请注意，采样时间与四阶龙格 – 库塔（Runge-Kutta）方法 [316] 采用的时间步长不同，对于本示例，时间步长是自适应选择的，以满足严格的精度公差。

代码 6.7　创建 Lorenz 轨迹的训练数据。

```
% Simulate Lorenz system
dt=0.01; T=8; t=0:dt:T;
b=8/3; sig=10; r=28;

Lorenz = @(t,x)([ sig * (x(2) - x(1))          ; ...
                  r * x(1)-x(1) * x(3) - x(2) ; ...
                  x(1) * x(2) - b*x(3)         ]);
ode_options = odeset('RelTol',1e-10, 'AbsTol',1e-11);

input=[]; output=[];
for j=1:100  % training trajectories
    x0=30*(rand(3,1)-0.5);
    [t,y] = ode45(Lorenz,t,x0);
    input=[input; y(1:end-1,:)];
    output=[output; y(2:end,:)];
    plot3(y(:,1),y(:,2),y(:,3)), hold on
    plot3(x0(1),x0(2),x0(3),'ro')
end
```

216

Lorenz 系统的仿真产生了关键矩阵 **input** 和 **output**，前者是系统在 $\mathbf{x}_k$ 处的矩阵，后者是经过时间前移 $\Delta t = 0.01$ 后所对应的系统状态 $\mathbf{x}_{k+1}$。

NN 必须学习从 $\mathbf{x}_k$ 到 $\mathbf{x}_{k+1}$ 的非线性映射。图 6.14 显示了用于训练 NN 的不同轨迹，注意初始条件的多样性和 Lorenz 系统的潜在吸引子。

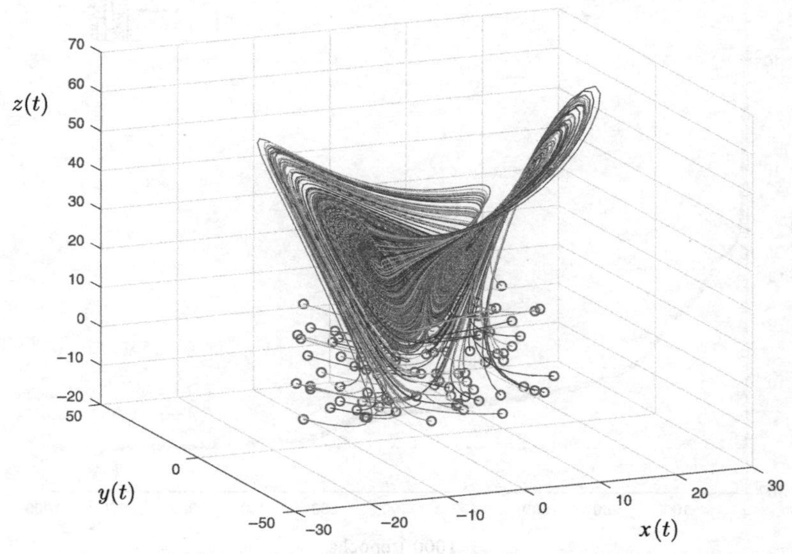

图6.14　随机选取100个初始条件（灰色圆圈）的Lorenz动力学方程的演化过程。对于参数$\sigma = 10$，$\rho = 28$，$\beta = 8/3$，所有的轨迹都坍缩为一个吸引子。这些由不同的初始数据生成的轨迹用于训练神经网络，并用来学习从$\mathbf{x}_k$到$\mathbf{x}_{k+1}$的非线性映射

现在，我们在图 6.14 的轨迹上建立一个训练好的 NN，并从任意初始条件下将解在时间上以 $\Delta t = 0.01$ 向前推进。在此构建了一个三层网络，每层有 10 个节点，每层有一个不同的激活单元。激活函数类型、层中的节点和层数的选择都是任意的，很容易使网络变得更深更宽，并强制使用不同的激活单元。对于这些任意选择参数，NN 的性能都非常出色，并且不需要额外调整。NN 是使用以下几行代码构建的。

代码 6.8 建立 Lorenz 系统的神经网络。

```
net = feedforwardnet([10 10 10]);
net.layers{1}.transferFcn = 'logsig';
net.layers{2}.transferFcn = 'radbas';
net.layers{3}.transferFcn = 'purelin';
217 net = train(net,input.',output.');
```

该代码产生了一个函数 **net**，该函数 **net** 可以与一组新数据一同使用，以产生对未来的预测。具体来说，函数 **net** 给出了从 $\mathbf{x}_k$ 到 $\mathbf{x}_{k+1}$ 的非线性映射。图 6.15 显示了 net 的结构以及超过 1000 个 epoch 的训练性能。交叉验证的结果也得到了展示，NN 稳定收敛到一个能产生精度为 10^{-5} 的网络。

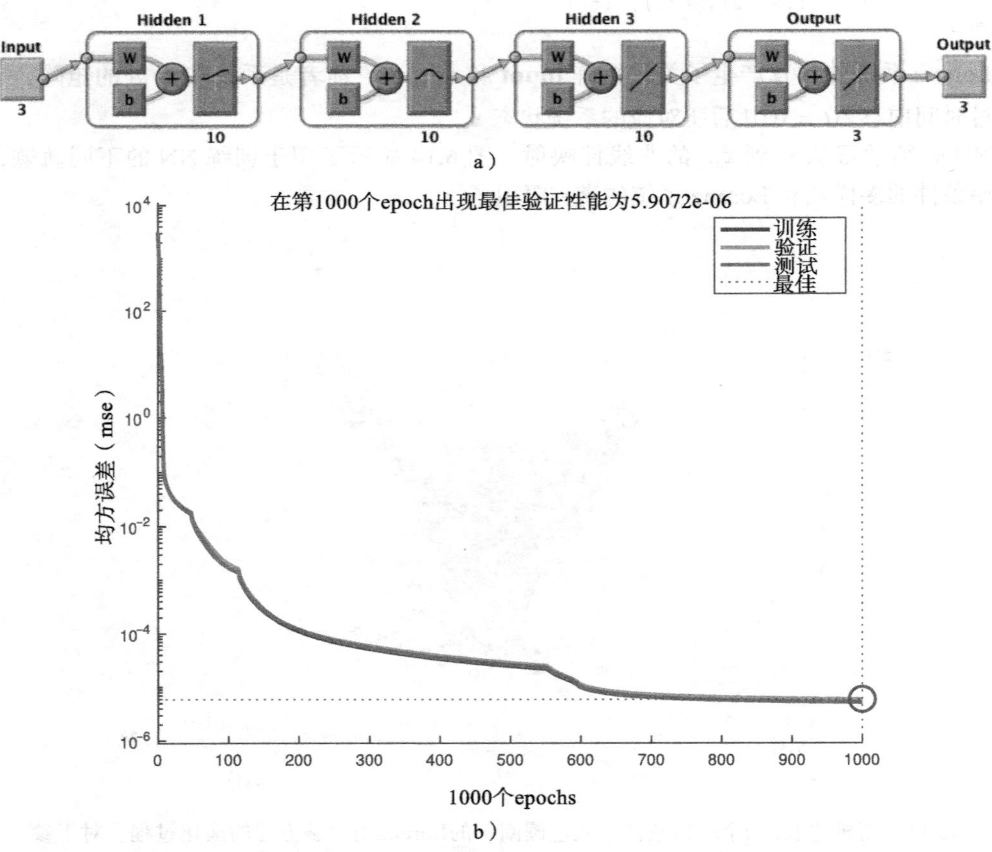

图6.15 图a为在图6.14的轨迹数据上训练NN的网络结构。构建了一个三层网络，每层有10个节点以及一个不同的激活单元。图b为NN优化算法的性能总结。超过1000个epoch的训练，产生的精度约为10^{-5}。NN在此过程中也进行了交叉验证

一旦在轨迹数据上对 NN 进行了训练，就可以使用将 $\mathbf{x}_k$ 映射到 $\mathbf{x}_{k+1}$ 的非线性模型对系统的未来状态从一个初始条件来预测。在下面的代码中，使用训练过的函数 **net** 来获取初始条件并使解以时间步长 Δt 向前推进，该输出再嵌入到 **net** 函数中来估计未来 $2\Delta t$ 的解。这种迭代映射可以根据期望的需要产生对未来状态的预测。接下来，应用这个映射来预测一个给定初始条件下未来八个时间单位的 Lorenz 系统的解，然后可以将其与使用四阶 Runge-Kutta 方法获得的真值进行比较。下面的迭代方案给出了对动力学的神经网络近似。 218

代码 6.9　神经网络预测。

```
ynn(1,:)=x0;
for jj=2:length(t)
    y0=net(x0);
    ynn(jj,:)=y0.'; x0=y0;
end
plot3(ynn(:,1),ynn(:,2),ynn(:,3),':','Linewidth',[2])
```

图 6.16 展示了两条随机绘制的轨迹（实线）与 NN 预测的轨迹（虚线）相比较的演化情况。NN 预测结果与高精度仿真结果非常接近，这表明用于训练的数据能够产生将 $\mathbf{x}_k$ 映射到 $\mathbf{x}_{k+1}$ 的高质量非线性模型。NN 预测的近似质量更加清楚地展示在图 6.17 中，其中 $\mathbf{x}$ 的各个分量的时间演化情况与 NN 预测的结果相互对应。更多详细信息参见 7.5 节。

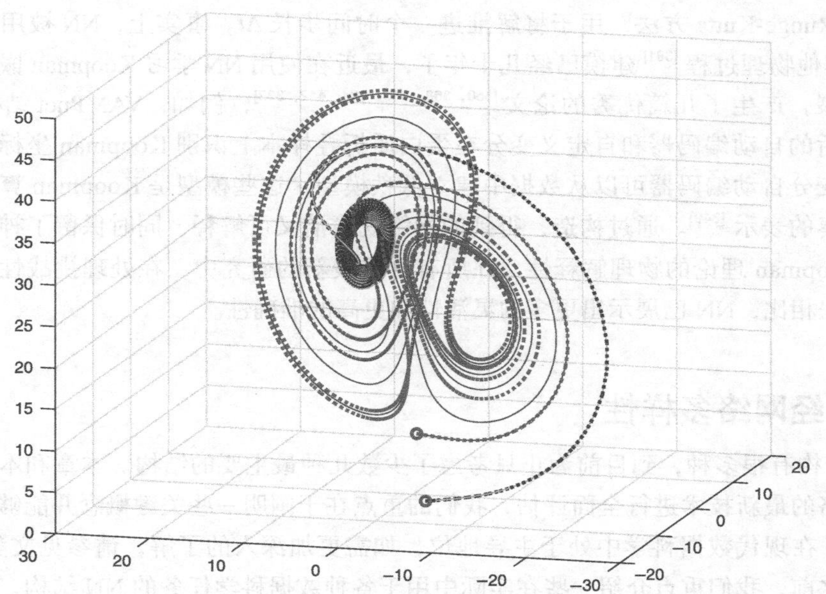

图6.16　Lorenz系统（实线）与在两个随机选择的初始条件（灰色圆点）下NN预测结果（虚线）的时间演化比较

NN 预测结果能够保持紧跟 Lorenz 模型的动力学轨迹。图 6.17 给出了更详细的比较。

图 6.17 左列表明，Lorenz 微分方程的演化与神经网络映射得到的结果一致，直到 $t \approx 5.5$ 时为止，在此点以后它们两者发散。右列表明 NN 预测在整个时间窗口内都停留在第二个初始条件的轨迹上。

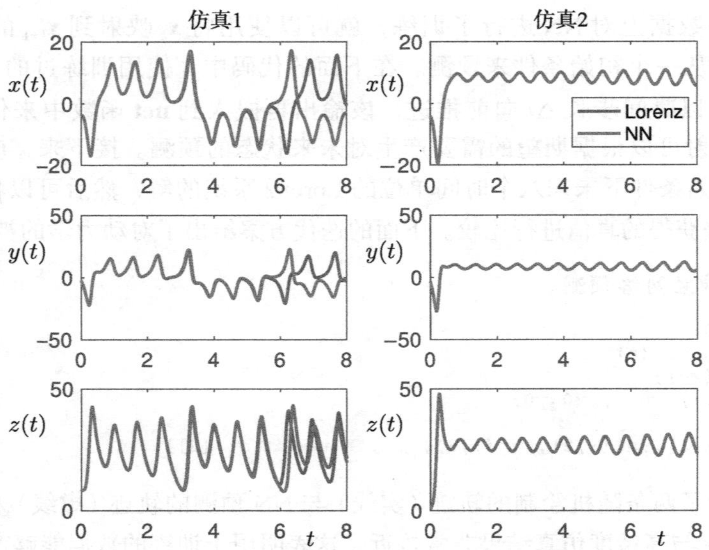

图6.17　比较Lorenz系统在两个随机选择的初始条件下的时间演化（也在图6.16中展示）

总之，可以训练 NN 来学习动力学。更准确地说，NN 学习了一种算法，该算法大致等效于四阶 Runge-Kutta 方法，用于将解推进一个时间步长 Δt。事实上，NN 被用来对动力系统 [215] 和其他物理过程 [381] 建模已经几十年了，最近在使用 NN 学习 Koopman 嵌入方面取得
219 了巨大进展，产生了几篇优秀的论文 [550, 368, 513, 564, 412, 332]，例如，VAMPnet 结构 [550, 368] 使用时间滞后的自动编码器和自定义变分在蛋白质折叠样本上识别 Koopman 坐标。在另一种表述中，变分自动编码器可以从数据中建立低秩模型，这些模型是 Koopman 算子在数据中高效、紧凑的表示 [349]。通过构造，得到的网络既简洁又可解释，同时保留了神经网络的灵活性和 Koopman 理论的物理解释性。在所有这些最新的研究中，在处理挑战性问题时与其他主流方法相比，NN 已展示出更多的灵活性和更高的准确性。

6.7　神经网络多样性

NN 结构有很多种，到目前为止只考虑了少数几种最主要的结构。本章和本书并未尝试对神经网络的最新技术进行全面评估，我们的重点在于阐明一些关键概念并能够建立数学结构，使 NN 在现代数据科学中处于主导地位，如需更加深入的了解，请参见文献 [216]。在
220 结束本章之前，我们重点介绍一些在实际中用于各种数据科学任务的 NN 结构。这个概述启发于 Asimov 研究所的 Fjodor Van Veen 强调的神经网络动物园。

神经网络动物园突出展示了围绕 NN 的一些不同结构。某些突出展示的网络通常在整个行业中使用，而其他网络则在特定的应用中充当固定的角色。无论如何，这都表明了巨大的变化性和研究努力集中于 NN，使其成为核心数据科学工具。图 6.18 重点展示了下面将要讨论的典型网络结构。请注意，底部图片有关于网络中不同类型节点的说明，包括输入单元、输出单元和隐藏单元。另外，隐含层 NN 单元可以具有存储记忆效果、核结构和 / 或卷积 / 池化。对于每种 NN 架构，下面都会对其进行简要说明并给出提出这项技术的原始论文。

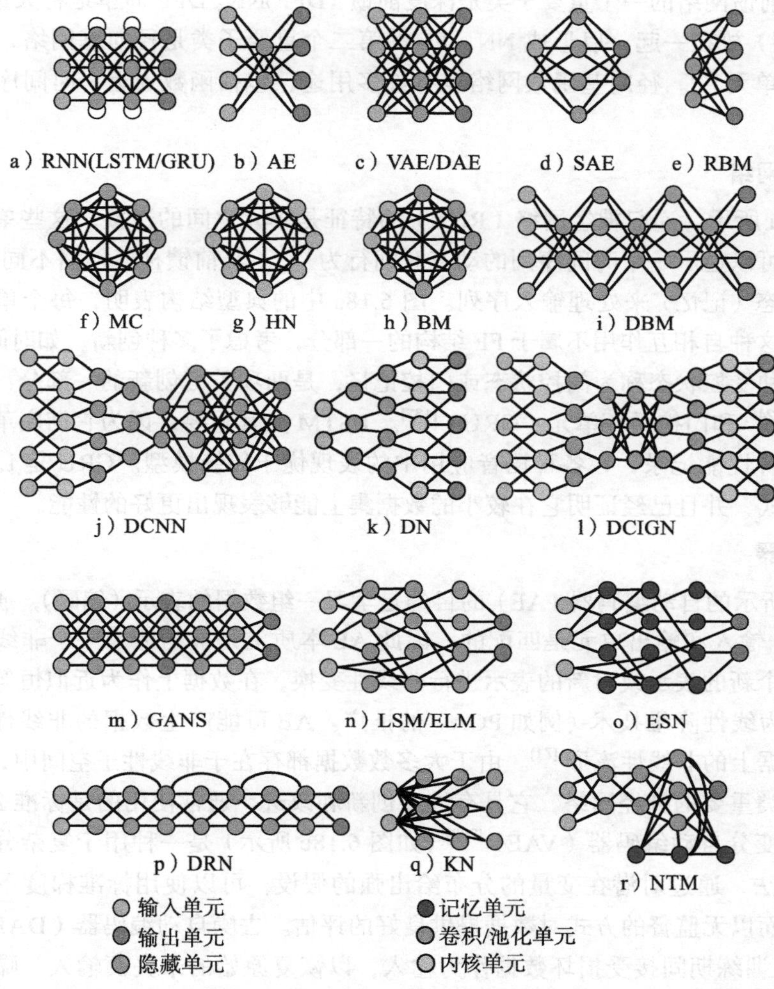

图6.18 文献中通常考虑的神经网络结构。NN由输入节点，输出节点和隐含节点组成。另外，节点可以具有记忆、执行卷积和/或池化以及执行核转换功能。每个网络及其缩写在文中都有解释

感知器

由 Fukushima 提出的第一个 NN 的数学模型在 1980 年被称为神经认知机（Neocognitron）[193]。只具有单层和一个输出单元的模型称为感知器，这类模型根据输出的符号做出分类决策。图 6.2 展示了用于对狗和猫进行分类的结构。感知器是一种用于二元分类器的有监督学习算法。

前馈

前馈（FF）网络通过在单元之间形成连接而将输入层连接到输出层，这样它们就不会形成循环。图 6.1 展示了该结构的一种版本，其中信息只是在网络中从左向右传播。前馈网络通常是监督学习的主要网络，通过对权重的训练以便更好地对给定数据集进行分类。前馈网络分别应用在图 6.5 和图 6.15 中并对其训练作为狗和猫的分类器，以及预测 Lorenz 吸引子

的时间步长。前馈网络的一个重要子类是深度前馈（DFF)NN。DFF 简单地将大量隐含层（通常为 7 ～ 10 层）放在一起，以形成 NN。FF 的第二个重要子类是径向基网络，使用径向基函数作为激活单元[87]。径向基函数网络也有许多用途，包括函数逼近、时间序列预测、分类和控制等。

递归神经网络

如图 6.18a 所示，递归神经网络（RNN）的特征是单元之间的连接，这些单元沿着序列形成有向图，可以显示一个时间序列的动态时间行为[172]。与前馈神经网络不同，RNN 可以使用其内部状态（记忆）来处理输入序列。图 6.18a 中的典型结构表明，每个单元都对其自身进行反馈。这种自相互作用不属于 FF 结构的一部分，考虑了多种创新，如时间延迟和 / 或反馈回路。这种受控状态称为门控状态或门控记忆，是两项关键创新的一部分：长短期记忆（LSTM）网络[248]和门控循环单元（GRU）[132]。LSTM 尤其重要，因为它彻底革新了语音识
221~222 别，建立了多种性能记录，在各种语音应用中的表现优于传统模型。GRU 是 LSTM 的一种变体或特殊形式，并且已经证明它在较小的数据集上能够表现出更好的性能。

自动编码器

图 6.18b 所示的自动编码器（AE）的目的是学习一组数据的表示（编码），通常是为了降维。对于 AE，输入和输出单元是匹配的，因此 AE 本质上是被构造为一个非线性变换，将输入变换成一个新的表示或对新的表示进行非线性变换，在数据上作为近似恒等映射，这样可以将 AE 视为线性降维技术（例如 PCA）的推广。AE 可能产生数据的非线性 PCA 表示，或者被嵌入数据上的非线性流形[71]。由于大多数数据都存在于非线性子空间中，因此 AE 是数据科学中一类重要的神经网络，它具有许多创新和改进。通常使用的是标准 AE 的三个重要改进形式：变分自动编码器（VAE）[290]（如图 6.18c 所示）是一种用于复杂分布的无监督学习的流行方法，通过对潜在变量的分布给出强的假设，可以使用标准梯度下降算法对其进行训练，从而以无监督的方式对数据提供良好的评估。去噪自动编码器（DAE）[541]（如图 6.18c 所示）在训练期间接受损坏数据作为输入，以恢复原始的未失真输入，噪声是有意被添加到输入中，以学习非线性嵌入。稀疏自动编码器（SAE）[432]（如图 6.18d 所示）在训练过程中对隐含单元施加了稀疏性，同时隐含单元的数量远大于输入单元，因此该自动编码器可以在输入数据中学习有用的结构。除少数最强隐含单元激活之外，稀疏性通常是通过对所有值进行阈值化来施加的。

马尔可夫链

马尔可夫链（Markov Chain，MC）是描述一系列可能事件的随机模型，其中每个事件的概率仅取决于先前事件中获得的状态。因此，尽管不是正式的 NN，但它与 RNN 具有许多共同的特征。图 6.18f 展示了马尔可夫链的基本架构，其中每个单元通过一个转移概率模型连接到其他单元。

Hopfield 网络

Hopfield 网络（HN）是 RNN 的一种形式，由 John Hopfield 于 1982 年为了理解人类记忆而提出的[254]。图 6.18g 展示了一个全连接网络的基本结构，其中每个节点都可以作为输入单元。该网络是一个可训练的、内容可寻址的、具有二进制阈值节点的联想记忆系统。给定一组输入，可在网络上迭代并保证收敛到局部最小值。有时 HN 会收敛到错误模式或者错

误记忆（错误的局部最小值）而不是存储模式（预期的局部最小值）。

玻尔兹曼机

玻尔兹曼机（Boltzmann Machine，BM）有时被称为具有隐含单元的随机 Hopfield 网络，是 Hopfield 网络的一个随机的、可生成的对应形式。它们是最早能够学习内部表示的神经网络之一，能够表示并在给定足够时间的情况下解决困难的组合问题[246]。图 6.18h 显示了 BM 的结构。请注意，与 Markov 链（没有输入单元）或 Hopfield 网络（所有单元都是输入） 223
不同，BM 是混合的，混合了输入单元和隐含单元。由于玻尔兹曼机与简单物理过程的动力学很相似，因此具有直观的吸引力。玻尔兹曼机以统计力学中的玻尔兹曼分布命名，该分布被用于采样功能。

受限玻尔兹曼机

受限玻尔兹曼机（RBM）是由 Paul Smolensky 于 1986 年以 Harmonium 的名字引入的[493]，主要用来实现降维、分类、协同滤波、特征学习和主题建模，可以进行训练实现有监督或无监督任务。 G. Hinton 通过开发快速算法来计算它们，从而帮助它们脱颖而出[397]。RBM 是 BM 的子集，通过对 NN 施加限制，使得 NN 中的节点形成二分图（见图 6.18e)。来自两组单元中任意一组的每一对节点（通常分别称为“可见”和“隐含”单元）都具有对称连接，而组内节点之间没有连接。通过堆叠 RBM 并使用梯度下降算法和反向传播算法对所得到的深度网络进行最优微调，可以将 RBM 用于深度学习网络和深度信念网络。

深度信念网络

深度信念网络（DBN）是一个可生成的图形模型，由多层潜在的隐含变量组成，层与层之间有连接，但各层内部的单元之间没有连接[52]。图 6.18i 显示了 DBN 的结构。DBN 的训练可以从 AE 层或 RBM 层逐层进行，这些层中的每一层只需学会对先前的网络进行编码，这是一种用于寻找局部最优解的贪婪训练算法。因此，DBN 可以看作是简单的、无监督的网络（例如 RBM 和 AE）的组合，其中每个子网的隐含层都作为下一个子网的可见层。

深度卷积神经网络

深度卷积神经网络（DCNN）是计算机视觉的主要方法，已经在本章中进行了讨论，抽象的表示在图 6.18j 中，而更具体的表示则在图 6.12 中。它对计算机视觉的冲击和影响是不可估量的，最初是为文档识别而开发的[325]。

反卷积网络

图 6.18k 中展示的反卷积网络（DN）本质上就是 DCNN 的反向过程[567]。DN 的数学结构允许无监督地构造分层图像表示。这些表示可用于例如去噪等低级任务，也可用于为对象识别提供特征。层次结构的每一层都对来自下一层的信息进行分组，由此在图像中形成更大范围的复杂特征。与 DCNN 一样，它非常适合于计算机视觉任务。 224

深度卷积逆图形网络

深度卷积逆图形网络（DCIGN）是 VAE 的一种形式，它使用 DCNN 进行编码和解码[313]。与 AE/VAE/SAE 结构一样，输出层受到约束来匹配输入层，如图 6.18l 所示。DCIGN 结合了 DCNN 与 VAE 的强大功能，为计算机视觉和图像处理提供了一个具有重大影响的数学结构。

生成对抗网络

如图 6.18m 所示，生成对抗网络（GAN）结构同时对两个网络进行训练[217]。生成的对抗网络通常是由 DCNN 和 / 或 FF 组合的，对其中一个网络进行训练来生成内容，而另一个网络尝试进行判断。具体而言，一个网络生成候选对象，另一个网络对其进行判断评估。生成网络对从一个潜在空间到一个特定感兴趣的数据分布映射进行学习，而判别网络则对真实数据分布的实例与生成器生成的候选对象进行判别。生成网络的训练目标是提高判别网络的错误率（即通过产生看起来像是来自真实数据分布的新颖的合成实例来“欺骗”判别网络）。GAN 结构可用于计算机视觉领域，产生诸如图像和电影等合成数据。

液体状态机

图 6.18n 所示的液体状态机（LSM）是一种特殊类型的尖峰 / 脉冲（spiking）神经网络[352]。LSM 由大量节点组成，每个节点都从外部源（输入）以及其他节点接收随时间变化的输入，节点之间是随机连接的。连接的循环特性将时变输入转化为网络节点中激活的时空模式，激活的时空模式由线性判别单元读出。这种结构是受大脑中的尖峰神经元启发产生的，因此有助于理解信息处理和识别是如何通过尖峰 / 脉冲神经元发生的。

极限学习机

与图 6.18n 所示的极限学习机（ELM）的基本结构相同，ELM 是一个 FF 网络，通过单层或多层隐含节点进行分类、回归、聚类、稀疏近似、压缩和特征学习，其中隐含节点的参数（不仅仅是将输入连接到隐藏节点的权重）不需要调整。这些隐含节点可以被随机分配，并且从不更新，也可以人为给定而不进行调整。在大多数情况下，隐含节点的输出权重是一步学习的，实际上相当于学习一个线性模型[108]。

回声状态网

回声状态网（ESN）是具有稀疏连接隐含层（通常具有 1% 的连接性）的 RNN。隐含神经元的连通性和权重具有记忆能力，并且是固定的、随机分配的，如图 6.18o 所示。因此，
225 ESN 像 LSM 和 ELM 一样，没有固定为有序的分层结构。输出神经元的权重可以学习，使得网络可以生成特定的时间模式[263]。

深度残差网络

当 Microsoft Research 发布了用于图像识别的深度残差学习[237]时，深度残差网络（DRN）席卷了深度学习领域，在 ImageNet 和 COCO 2015 竞赛的所有五个主要竞赛中均获得了第一名，这些竞赛涵盖图像分类、目标检测和语义分割。此后，ResNet 的鲁棒性已被各种视觉识别任务和涉及语音与语言的非视觉任务所证明。DRN 是非常深度的 FF 网络，存在额外的连接从一层传递到下游的二～五层，将输入从早期阶段传递到未来阶段。这些网络可以有 150 层深，图 6.18p 仅给出其抽象表示。

Kohonen 网络

Kohonen 网络（KN）也称为自组织特征映射[298]，是自组织竞争型神经网络的一种。该网络使用竞争学习来对数据进行分类，无须监督，是无监督学习网络，能够识别环境特征并自动聚类。如图 6.18q 所示，输入提交给 KN，之后网络评估哪个神经元与该输入紧密匹配。这些自组织映射不同于其他 NN，因为它们应用竞争学习而不是纠错学习（例如具有梯度下

降的反向传播），并且从某种意义上讲，它们使用邻域函数来保留输入空间的拓扑特性。KN 对于高维数据的低维可视化很有用。

神经图灵机

神经图灵机（NTM）实现与外部存储资源耦合的 NN 控制作用，如图 6.18r 所示，并通过注意力机制进行交互 [219]。所有记忆交互都是端到端可微的，因此可以使用梯度下降算法对其进行优化。具有 LSTM 控制器的 NTM 可以从输入和输出样本中推断出简单的算法，例如复制、排序和联想回忆。

推荐阅读

教材

(1) **Deep learning**, by I. Goodfellow, Y. Bengio and A. Courville, 2016 [216].
(2) **Neural networks for pattern recognition**, by C. M. Bishop, 1995 [63].

论文和综述

(1) **Deep learning**, by Y. LeCun, Y. Bengio and G. Hinton, *Nature*, 2015 [324].
(2) **Understanding deep convolutional networks**, by S. Mallat, *Phil. Trans. R. Soc. A*, 2016 [358].
(3) **Deep learning: mathematics and neuroscience**, by T. Poggio, *Views & Reviews, McGovern Center for Brains, Minds and Machines*, 2016 [430].
(4) **Imagenet classification with deep convolutional neural**, by A. Krizhevsky, I. Sutskever and G. Hinton, *Advances in neural information processing systems*, 2012 [310]. 226

第三部分　动力学与控制 227~228

第7章　数据驱动动力系统

动力系统提供了一个数学框架来描述我们周围的世界，建模在时间上共同进化的量之间的丰富相互作用。形式上，动态系统涉及对描述系统状态演化的微分方程或迭代映射系统行为的分析、预测和理解，涵盖包括在经典机械系统、电路、湍流流体、气候科学、金融、生态、社会系统、神经科学、流行病学以及所有其他随时间演化的系统中观察到的现象。

现代动力系统始于庞加莱（Poincaré）关于行星混沌运动的开创性工作。它起源于经典力学，并被视为自牛顿（Newton）和莱布尼茨（Leibniz）开始的数百年数学建模的顶峰。动力系统的完整历史太丰富，难以用有限篇幅来介绍，它吸引了几个世纪以来最伟大的思想家的兴趣和关注，并且已应用于无数领域和具有挑战性的问题。动力系统作为最完整的与数学紧密相关的研究领域之一，涵盖了线性代数、微分方程、拓扑学、数值分析和几何学等各种主题。动力系统已经成为工程、物理和生命科学领域中系统建模和分析的中心。

目前，现代动力系统正在经历一次复兴，解析推导和第一原理建模让位给了数据驱动方法。大数据和机器学习的融合正在推动科学和工程领域中动力系统分析和理解的范式转变。数据是丰富的，而物理定律或控制方程就像气候科学、金融、流行病学和神经科学的问题一样难以捉摸。即使在存在控制方程的经典领域，如光学和湍流领域，研究人员也越来越多地转向数据驱动的分析。许多关键的数据驱动问题，如预测气候变化，从神经记录中理解认知、预测和抑制疾病的传播，或控制湍流以实现能源高效生产和传输等，都会利用数据驱动发现的动力学研究成果。

此外，基于系统测量值的演化，对动力系统的经典几何和统计观点补充了第三种算子理论观点。这种所谓的 Koopman 算子理论正准备利用复杂系统中测量数据日益增加的可用性。
此外，Koopman 理论提供了一种识别固有坐标系的途径，用以表示线性框架中的非线性动 229
力学。获得强非线性系统的线性表示有可能改变我们预测和控制这些系统的能力。

本章从当前目标和开放挑战的角度对动力系统提出了现代观点。数据驱动的动力系统是一个快速发展的领域，因此，我们将重点放在驱动当前发展的既有方法和新兴方法的混合上。特别是，我们将关注从数据中发现动力学和发现使非线性系统能够进行线性分析的数据驱动表示的关键挑战。

7.1 概述、动机和挑战

在总结数据驱动动力系统的最新发展之前，有必要先对符号进行数学介绍，并总结动力系统中的主要动机和开放挑战问题。

动力系统

在本章中，我们将考虑以下形式的动力系统：

$$\frac{\mathrm{d}}{\mathrm{d}t}\mathbf{x}(t)=\mathbf{f}(\mathbf{x}(t),t;\boldsymbol{\beta}) \tag{7.1}$$

其中 $\mathbf{x}$ 是系统的状态，$\mathbf{f}$ 是一个向量场，可能取决于状态 $\mathbf{x}$、时间 t 和一组参数 $\boldsymbol{\beta}$。

例如，考虑 Lorenz 方程 [345]：

$$\dot{x}=\sigma(y-x) \tag{7.2a}$$

$$\dot{y}=x(\rho-z)-y \tag{7.2b}$$

$$\dot{z}=xy-\beta z \tag{7.2c}$$

其中参数 $\sigma=10$，$\rho=28$，$\beta=8/3$。由此，Lorenz 系统的轨迹如图 7.1 所示。在这个例子中，状态向量 $\mathbf{x}=\begin{bmatrix}x & y & z\end{bmatrix}^T$，参数向量 $\boldsymbol{\beta}=\begin{bmatrix}\sigma & \rho & \beta\end{bmatrix}^T$。

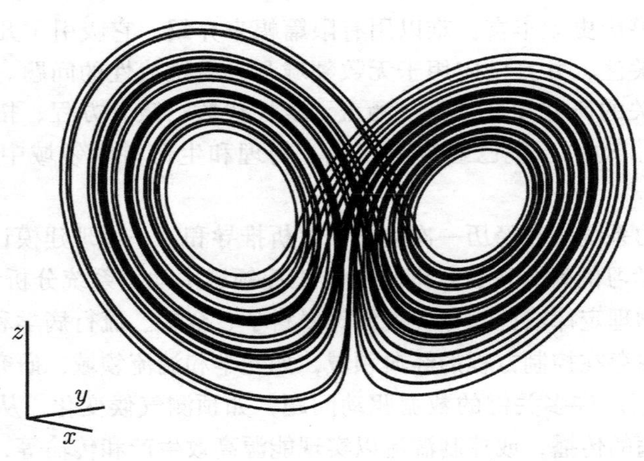

图7.1　式（7.2）表示的Lorenz系统的混沌轨迹

Lorenz 系统是最简单、研究最深入的混沌动力系统之一，其特征是对初始条件的敏感依赖性。具有相邻初始条件的两条轨迹会在行为上迅速发散，经过很长时间后，只能做出统计性的描述。

对动力系统进行仿真是很简单的，如 Lorenz 系统。首先，在函数 **lorenz** 中定义向量场 $\mathbf{f}(\mathbf{x},t;\boldsymbol{\beta})$：

```
function dx = lorenz(t,x,Beta)
dx = [
Beta(1)*(x(2)-x(1));
x(1)*(Beta(2)-x(3))-x(2);
x(1)*x(2)-Beta(3)*x(3);
];
```

接下来，定义系统参数 $\boldsymbol{\beta}$、初始条件 $\mathbf{x}_0$ 和时间长度：

```
Beta = [10; 28; 8/3]; % Lorenz's parameters (chaotic)

x0=[0; 1; 20];  % Initial condition
dt = 0.001;
tspan=dt:dt:50;
options = odeset('RelTol',1e-12,'AbsTol',1e-12*ones(1,3));
```

230

最后，用 **ode45** 对方程进行仿真，它执行的是具有自适应时间步长的四阶龙格 – 库塔 Runge Kutta 积分策略：

```
[t,x]=ode45(@(t,x) lorenz(t,x,Beta),tspan,x0,options);
plot3(x(:,1),x(:,2),x(:,3));
```

我们通常会考虑简单情况下的自治系统，它不依赖于时间或参数，即

$$\frac{\mathrm{d}}{\mathrm{d}t}\mathbf{x}(t) = \mathbf{f}(\mathbf{x}(t)) \tag{7.3}$$

通常，$\mathbf{x}(t) \in \mathbf{M}$ 是存在于光滑流形 $\mathbf{M}$ 上的 n 维状态，$\mathbf{f}$ 是 $\mathbf{M}$ 中的切线束 $\mathbf{TM}$ 的元素，使得 $\mathbf{f}(\mathbf{x}(t)) \in \mathbf{T}_{\mathbf{x}(t)}\mathbf{M}$。然而，我们通常会考虑一个更简单的情况，其中 $\mathbf{x}$ 是一个向量，$\mathbf{M} = \mathbb{R}^n$，$\mathbf{f}$ 是一个利普希茨（Lipschitz）连续函数，这保证了式（7.3）解的存在性和唯一性。更多相关表述请参见文献 [1]。

离散时间系统

我们考虑离散时间动力系统：

$$\mathbf{x}_{k+1} = \mathbf{F}(\mathbf{x}_k) \tag{7.4}$$

上式也称为映射。离散时间动力学比式（7.3）中的连续时间表述更一般，因为它也包括不连续和混合系统。

例如，考虑逻辑斯谛映射（logistic map）：

$$x_{k+1} = \beta x_k(1 - x_k) \tag{7.5}$$

231

如图 7.2 所示，随着参数 $\boldsymbol{\beta}$ 的增加，吸引集变得越来越复杂。此外，在吸引集变为分形之前会发生一系列倍周期分叉。

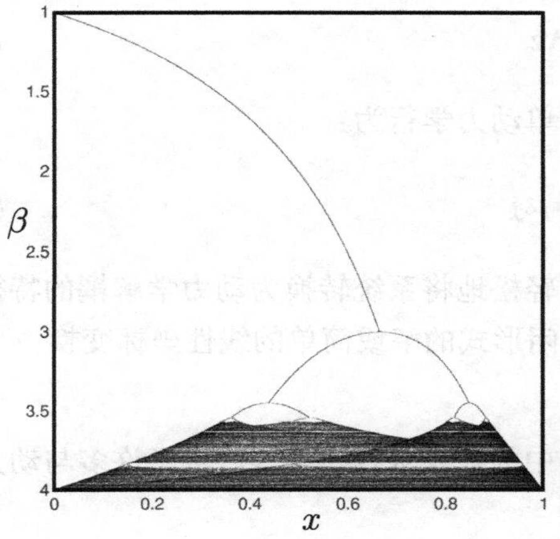

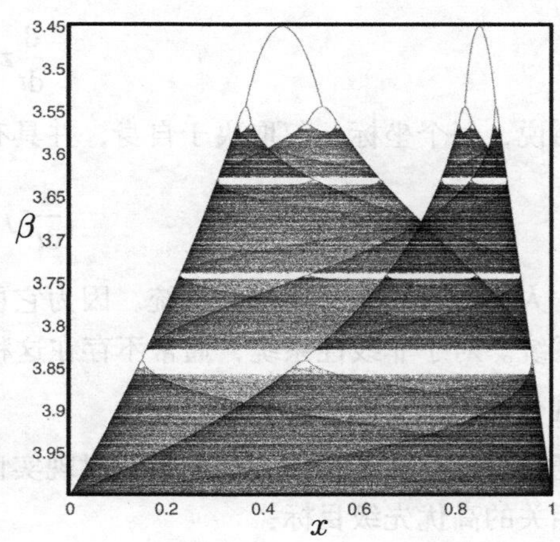

图7.2 可变参数$\boldsymbol{\beta}$的逻辑斯谛映射的吸引集

离散时间动力学可以从连续时间动力学诱导出来，其中 $\mathbf{x}_k$ 是通过在时间上离散采样式（7.3）中的轨迹获得的，$\mathbf{x}_k = \mathbf{x}(k\Delta t)$。可以通过时间步长 Δt 对离散时间传播算子 $\mathbf{F}_{\Delta t}$ 进行参数化。对于任意时间 t，流映射 $\mathbf{F}_t$ 定义为：

$$\mathbf{F}_t(\mathbf{x}(t_0)) = \mathbf{x}(t_0) + \int_{t_0}^{t_0+t} \mathbf{f}(\mathbf{x}(\tau))\,\mathrm{d}\pi \tag{7.6}$$

离散时间角度在考虑实验数据和数字控制时通常更自然一些。

线性动力学和谱分解

只要有可能，期望考虑以下形式的线性动力学：

$$\frac{\mathrm{d}}{\mathrm{d}t}\mathbf{x} = \mathbf{A}\mathbf{x} \tag{7.7}$$

线性动力系统允许封闭形式的解，并且有很多技术可对此类系统进行分析、预测、数值仿真、估计和控制。式（7.7）的解由下式给出：

$$\mathbf{x}(t_0 + t) = e^{\mathbf{A}t}\mathbf{x}(t_0) \tag{7.8}$$

可以看出，动力学完全由矩阵 $\mathbf{A}$ 的特征值和特征向量表征，且由 $\mathbf{A}$ 的谱分解（特征分解）可以给出：

$$\mathbf{A}\mathbf{T} = \mathbf{T}\mathbf{\Lambda} \tag{7.9}$$

232 当 $\mathbf{A}$ 具有 n 个不同的特征值时，则 $\mathbf{\Lambda}$ 是一个包含特征值 λ_j 的对角矩阵。$\mathbf{T}$ 是一个矩阵，其列由与特征值 λ_j 相关的线性独立特征向量 ξ_j 组成。在这种情况下，可以写成 $\mathbf{A} = \mathbf{T}\mathbf{\Lambda}\mathbf{T}^{-1}$，然后式（7.8）中的解变为：

$$\mathbf{x}(t_0 + t) = \mathbf{T}e^{\mathbf{\Lambda}t}\mathbf{T}^{-1}\mathbf{x}(t_0) \tag{7.10}$$

更一般地，在有重复特征值的情况下，矩阵 $\mathbf{\Lambda}$ 将由约当（Jordan）块组成 [427]。有关控制系统的上述论述的详细推导请参见 8.2 节。注意，连续时间系统产生了离散时间动力系统，其中 $\mathbf{F}_t$ 由式（7.8）的解映射 exp(At) 给出。在这种情况下，离散时间特征值由 $e^{\lambda t}$ 给出。

矩阵 $\mathbf{T}^{-1}$ 定义了一个变换 $\mathbf{z} = \mathbf{T}^{-1}\mathbf{x}$，将 $\mathbf{x}$ 变换到固有特征向量坐标 $\mathbf{z}$，此时动力学被解耦：

$$\frac{\mathrm{d}}{\mathrm{d}t}\mathbf{z} = \mathbf{\Lambda}\mathbf{z} \tag{7.11}$$

换句话说，每个坐标 z_j 仅取决于自身，并具有简单动力学行为：

$$\frac{\mathrm{d}}{\mathrm{d}t}z_j = \lambda_j z_j \tag{7.12}$$

因此，人们非常期望使用线性系统，因为它可以轻松地将系统转换为动力学解耦的特征向量坐标系统。对于非线性系统，通常不存在这种封闭形式的解或简单的线性坐标变换。

现代动力系统的目标与挑战

通常情况下，我们使用动力系统对现实世界中的现象进行建模，产生了许多与动力系统分析相关的高优先级目标：

1. 未来状态预测。在许多情况下，例如气象学和气候学，我们寻求对系统未来状态的预测。长期的预测可能仍然充满挑战。

2. 设计和优化。我们可能会调整系统的参数以提高性能或稳定性，例如调节火箭上翼的位置以提高系统性能。

3. 估计和控制。通常可以通过反馈来主动控制动力系统，利用系统的测量值来影响执行器以修改系统行为。在这种情况下，有必要从有限的测量值中估计出系统的全状态。

4. 可解释性和物理意义。也许动力系统的一个更基本目标是，通过分析运动控制方程的轨迹和解来提供对系统行为的物理洞察力和可解释性。

现实世界的系统通常是非线性的，在空间和时间上都表现出多尺度行为。必须假设运动方程、参数说明和系统测量中存在不确定性。一些系统对这种不确定性比其他系统更敏感， 233
需要使用概率方法。越来越多的情况是，基本运动方程没有具体说明，从第一原理推导起来可能很难。

本章将介绍辨识和分析动力系统的最新数据驱动技术，大部分内容涉及了现代动力系统的两个主要挑战：

1. 非线性。非线性仍然是分析和控制动力系统的主要挑战，使系统产生复杂的全局动力学行为。从上面我们可以看到，线性系统可以由矩阵 **A** 的谱分解（即特征值和特征向量）完全表征，从而可以得到用于预测、估计和控制的一般过程。对于非线性系统，不存在这样的总体框架，建立这种总体框架是 21 世纪数学上的巨大挑战。

非线性动力系统的主要观点考虑了不动点和周期轨道周围局部线性化子空间的几何、连接这些结构的全局异宿和同宿轨道，以及更一般的吸引子 [252]。这种起源于庞加莱的几何理论改变了我们对复杂系统建模的方式，它的成功在很大程度上可以归功于理论结果，例如哈特曼 – 格罗伯曼（Hartman-Grobman）定理，该定理确定了何时何地可以用线性动力学来近似非线性系统。因此，在不动点或周期轨道的一个小邻域中，通常可以应用大量的线性分析技术。尽管几何观点提供了定量的局部线性模型，但全局分析在很大程度上仍停留在定性和计算上，限制了远离不动点和周期轨道的非线性预测、估计和控制理论。

2. 未知动力学。也许一个更为核心的挑战来自许多现代感兴趣的系统缺乏已知的控制方程。越来越多的研究人员正在研究更复杂、更现实的系统，如神经科学、流行病学和生态学。在这些领域中，缺乏已知的物理定律来提供第一原理，从而难以导出运动方程。即使在确实知道控制方程的系统中，如湍流、蛋白质折叠和燃烧，我们也很难在这些高维系统中找到模式来揭示主导行为演化的固有坐标和粗粒度变量。

传统上，物理系统是采用理想近似进行分析，然后利用牛顿第二定律推导出简单的微分方程模型。如拉格朗日动力学和哈密顿动力学的成功所示，利用对称性和巧妙的坐标系可以大幅度简化系统 [2, 369]。随着系统日益复杂，研究范式正从这种经典方法向数据驱动方法转变，以发现控制方程。

所有模型都是近似模型，并且随着复杂度的增加，这些近似模型经常会变得不可信。确定什么是正确的模型变得更加主观，并且对能够阐明基本物理机制的自动模型发现技术的需求也在不断增长。此外，模型还存在与动态相关但又可能无法测量的隐藏变量。对于数据驱动方法来说，发现这些隐藏的影响因素是一项重大挑战。 234

从数据中辨识未知动力学并学习使非线性系统能够线性表示的固有坐标是现代动力学

系统中两个最紧迫的目标。克服未知动力学和非线性的挑战，有望改变我们对复杂系统的理解，对几乎所有科学和工程领域都有巨大的潜在好处。

在本章中，我们将更详细地探讨这些问题，并介绍一些解决这些挑战的新兴技术。特别地，有两个关键的方法用来定义现代数据驱动的动力系统：

1. 算子理论表示。为了解决非线性问题，动力系统的算子理论方法正得到越来越多的应用。用无限维的线性算子来表示非线性动力系统是可能的，例如 7.4 节中的 Koopman 算子推进了测量函数的演化，Perron-Frobenius（佩龙 – 弗罗贝尼乌斯）算子通过动力学推进了概率密度和集成的演化。

2. 数据驱动的回归和机器学习。随着数据变得越来越丰富以及对那些不符合第一原理分析的系统继续研究，回归和机器学习正成为从数据中发现动力系统的重要工具。这是本章描述的许多技术的基础，包括 7.2 节中的动态模态分解（DMD）、7.3 节中非线性动力学的稀疏辨识（SINDy）、7.5 节中数据驱动的 Koopman 方法，以及利用遗传规划从数据中识别动力学 [68, 477]。

需要重点注意的是，本章中描述的许多方法和观点是相互关联的，并且继续加强和揭示这些关系是正在进行研究的主题。值得一提的是，第三个主要挑战是与许多现代动力系统相关的高维性，这可以在人口动力学、大脑模拟和偏微分方程的高保真数值离散化中找到。在随后的降阶模型（ROM）章节中，将广泛讨论高维性问题。

7.2　动态模态分解

Schmid[474, 472] 在流体动力学领域提出了动态模态分解（DMD），并将它用于从高维数据识别时空相干结构。DMD 是在本征正交分解（POD）的基础上，利用了计算效率高的奇异值分解（SVD），这使 DMD 具有良好的可扩展性，从而为高维系统提供有效的降维。与 SVD/POD 形成完全基于空间相关性和能量含量的模态层次不同，DMD 在很大程度上忽略了时间信息，它提供了一种模态分解，其中每个模态由在时间上具有相同线性行为的空间相关结构组成，例如在给定频率下的振荡增长或衰变。因此，DMD 不仅提供了一组简化模态的降维，而且还提供了这些模态如何随时间演化的模型。

235 在最初的 DMD 算法 [474, 472] 提出后不久，Rowley、Mezić 和其他合作者在 DMD 和 Koopman 理论 [456] 之间建立了重要的联系（参见 7.4 节）。DMD 可以表述为一种算法，用于识别最优拟合的线性动力系统，该系统在时间上向前推进高维测量 [535]。这样，DMD 近似于 Koopman 算子，仅限于对高维系统状态的一组直接测量。这种在计算上简单直接的线性 DMD 框架与非线性动力系统之间的联系引起了人们对这些方法的极大兴趣 [317]。

在短时间内，DMD 已成为用于高维系统的数据驱动表征的主要算法。DMD 对于实验和仿真数据同样有效，因为它不是基于控制方程的知识，而是完全基于测量数据。DMD 算法也可以看作是结合了用于稀疏空间降维的 SVD（参见第 1 章）和用于时域频率辨识的 FFT（参见第 2 章）的优势 [129, 317]。这样，每个 DMD 模态都与特定的特征值 $\lambda = a + ib$ 相关联，其中 b 为特定的振荡频率，a 为增长或衰减率。

DMD 有许多变体，它与系统辨识和模态提取的现有技术有关。DMD 在最近几年特别受欢迎，很大程度上是因为 DMD 的数值实现简单以及借助于 Koopman 谱理论 DMD 建立了与非线性动力系统的紧密联系。DMD 是一个非常灵活的平台，无论是在数学上还是在数值上，都促进了与压缩感知、控制理论和多分辨率技术有关的创新。这些联系和扩展将在本节的最后进行讨论。

DMD 算法

目前提出了几种 DMD 的算法，在这里我们将介绍 Tu 等人建立的精确 DMD 框架 [535]。尽管早期的表述需要在时间上对动力学进行均匀采样，但此处介绍的方法可以处理不规则的采样数据以及来自几个不同实验或数值仿真的串联数据。此外，Tu 等人的精确表述为 DMD 提供了严谨的数学定义，使得理论结果更加严谨。精确 DMD 是基于高效的、数值条件良好的奇异值分解得到的，正如 Schmid 的原始表述那样 [472]。

DMD 本质上是数据驱动的，第一步是随着时间的推移收集系统状态的多个快照对。这些快照对可以用 $\{(\mathbf{x}(t_k), \mathbf{x}(t'_k))\}_{k=1}^{m}$ 表示，其中 $t'_k = t_k + \Delta t$，时间步长 Δt 要足够小，以求解动力学中的最高频率。与前面一样，快照可以是系统的状态，例如在许多离散位置采样得到的三维流体速度场，并被重塑造为高维列向量。然后，这些快照对被排列成两个数据矩阵 $\mathbf{X}$ 和 $\mathbf{X}'$：

$$\mathbf{X} = \begin{bmatrix} | & | & & | \\ \mathbf{x}(t_1) & \mathbf{x}(t_2) & \cdots & \mathbf{x}(t_m) \\ | & | & & | \end{bmatrix} \tag{7.13a}$$

$$\mathbf{X}' = \begin{bmatrix} | & | & & | \\ \mathbf{x}(t'_1) & \mathbf{x}(t'_2) & \cdots & \mathbf{x}(t'_m) \\ | & | & & | \end{bmatrix} \tag{7.13b}$$
236

Schmid[472] 和 Rowley 等人 [456] 在原始表述中假设在时间上进行均匀采样，因此 $t_k = k\Delta t$，$t'_k = t_k + \Delta t = t_{k+1}$。如果假设在时间上进行均匀采样，则采用 $\mathbf{x}_k = \mathbf{x}(k\Delta t)$ 表示。

DMD 算法寻求在时间上与两个快照矩阵相关的最佳拟合线性算子 $\mathbf{A}$ 的主导谱分解（即特征值和特征向量）：

$$\mathbf{X}' \approx \mathbf{A}\mathbf{X} \tag{7.14}$$

最佳拟合算子 $\mathbf{A}$ 建立了一个线性动力系统，在时间上可以最佳地向前推进快照测量。如果假设在时间上进行均匀采样，上式将变为：

$$\mathbf{x}_{k+1} \approx \mathbf{A}\mathbf{x}_k \tag{7.15}$$

数学上，最佳拟合算子 $\mathbf{A}$ 定义为：

$$\mathbf{A} = \underset{\mathbf{A}}{\operatorname{argmin}} \|\mathbf{X}' - \mathbf{A}\mathbf{X}\|_F = \mathbf{X}'\mathbf{X}^\dagger \tag{7.16}$$

其中 $\|\cdot\|_F$ 是 Frobenius 范数，† 表示伪逆。优化的 DMD 算法推广了精确 DMD 的优化框架，对指数时间动力学进行了回归，从而改进了 DMD 模态及其特征值的计算 [20]。

在这一点上值得注意的是，如果我们选择状态的直接线性测量使得 $\mathbf{g}(\mathbf{x}) = \mathbf{x}$，则式（7.15）中的矩阵 $\mathbf{A}$ 与式（7.53）中的 Koopman 算子类似。这种联系最初是由 Rowley、Mezić 和合作者 [456] 建立的，引起了人们对 DMD 和 Koopman 理论的极大兴趣。这些联系将在下面进行深入探讨。

对于高维状态向量 $\mathbf{x} \in \mathbb{R}^n$，矩阵 $\mathbf{A}$ 具有 n^2 个元素，表示该算子可能是困难的，更不用说计算它的谱分解。相反，DMD 算法利用降维来计算 $\mathbf{A}$ 的主要特征值和特征向量，无须直接使用 $\mathbf{A}$ 进行任何显式计算。特别地，计算式（7.16）中的伪逆 $\mathbf{X}^{\dagger}$ 可通过矩阵 $\mathbf{X}$ 的奇异值分解来完成。由于此矩阵的列通常比行少得多，即 $m \ll n$，因此最多有 m 个非零的奇异值和对应的奇异向量，因此矩阵 $\mathbf{A}$ 的秩最大是 m。不直接计算 $\mathbf{A}$，而是计算 $\mathbf{A}$ 在这些主导奇异向量上的投影，从而得到维度最大为 $m \times m$ 的小矩阵 $\tilde{\mathbf{A}}$。Schmid [472] 的主要贡献是给出了从约简矩阵 $\tilde{\mathbf{A}}$ 和数据矩阵 $\mathbf{X}$ 来近似高维 DMD 模态（$\mathbf{A}$ 的特征向量）的设计步骤，而不需要计算全矩阵 A。Tu 等人 [535] 后来证明，在某些条件下，这些近似模态实际上是全矩阵 $\mathbf{A}$ 的精确特征向量。Tu 等人 [535] 的精确 DMD 算法可由下面步骤给出：

步骤 1　计算 $\mathbf{X}$ 的奇异值分解（参见第 1 章）：

237

$$\mathbf{X} \approx \tilde{\mathbf{U}}\tilde{\mathbf{\Sigma}}\tilde{\mathbf{V}}^* \tag{7.17}$$

其中 $\tilde{\mathbf{U}} \in \mathbb{C}^{n\times r}$，$\tilde{\mathbf{\Sigma}} \in \mathbb{C}^{r\times r}$，$\tilde{\mathbf{V}} \in \mathbb{C}^{m\times r}$，且 $r \leqslant m$ 表示数据矩阵 $\mathbf{X}$ 的精确或近似秩。实际上，在 DMD 和降维中选择近似秩 r 通常是一个最重要的主观步骤。我们建议使用 Gavish 和 Donoho[200] 的有原则性的硬阈值算法从噪声数据中确定 r（参见 1.7 节）。矩阵 $\tilde{\mathbf{U}}$ 的列也称为 POD 模态，它们满足 $\tilde{\mathbf{U}}^*\tilde{\mathbf{U}} = \mathbf{I}$。同样，$\tilde{\mathbf{V}}$ 的列是正交的且满足 $\tilde{\mathbf{V}}^*\tilde{\mathbf{V}} = \mathbf{I}$。

步骤 2　根据式（7.16），可以通过计算 $\mathbf{X}$ 的伪逆来获得全矩阵 $\mathbf{A}$：

$$\mathbf{A} = \mathbf{X}'\tilde{\mathbf{V}}\tilde{\mathbf{\Sigma}}^{-1}\tilde{\mathbf{U}}^* \tag{7.18}$$

但是，我们只关心 $\mathbf{A}$ 的 r 个主导特征值和特征向量，因此，可以将 $\mathbf{A}$ 投影到 $\mathbf{U}$ 中的 POD 模态上：

$$\tilde{\mathbf{A}} = \tilde{\mathbf{U}}^*\mathbf{A}\tilde{\mathbf{U}} = \tilde{\mathbf{U}}^*\mathbf{X}'\tilde{\mathbf{V}}\tilde{\mathbf{\Sigma}}^{-1} \tag{7.19}$$

由上式可以看出，约简矩阵 $\tilde{\mathbf{A}}$ 具有与全矩阵 $\mathbf{A}$ 相同的非零特征值。因此，我们只需要直接计算约简矩阵 $\tilde{\mathbf{A}}$，而无须计算高维矩阵 $\mathbf{A}$。降阶矩阵 $\tilde{\mathbf{A}}$ 为 POD 系数向量 $\tilde{\mathbf{x}}$ 的动力学定义了一个线性模型：

$$\tilde{\mathbf{x}}_{k+1} = \tilde{\mathbf{A}}\tilde{\mathbf{x}}_k \tag{7.20}$$

注意，矩阵 $\tilde{\mathbf{U}}$ 提供了一个从约简状态 $\tilde{\mathbf{x}} : \mathbf{x} = \tilde{\mathbf{U}}\tilde{\mathbf{x}}$ 重构全状态 $\mathbf{x}$ 的映射。

步骤 3　计算 $\tilde{\mathbf{A}}$ 的谱分解：

$$\tilde{\mathbf{A}}\mathbf{W} = \mathbf{W}\mathbf{\Lambda} \tag{7.21}$$

对角矩阵 $\mathbf{\Lambda}$ 的对角项是 DMD 特征值，它也对应于全矩阵 $\mathbf{A}$ 的特征值。$\mathbf{W}$ 的列是 $\tilde{\mathbf{A}}$ 的特征向量，并提供了一种坐标变换来对角线化矩阵。这些列向量可视为 POD 模态振幅的线性组合，这些模态振幅行为与由 λ 给出的单个时间模式线性相关。

步骤 4　根据约简系统的特征向量 $\mathbf{W}$ 和时移快照矩阵 $\mathbf{X}'$ 重构高维 DMD 模式 $\mathbf{\Phi}$，即

$$\mathbf{\Phi} = \mathbf{X}'\tilde{\mathbf{V}}\tilde{\mathbf{\Sigma}}^{-1}\mathbf{W} \tag{7.22}$$

值得注意的是，这些 DMD 模态是对应于 $\mathbf{\Lambda}$ 的特征值的高维 A 矩阵的特征向量，证明如下 [535]：

$$\begin{aligned}\mathbf{A}\mathbf{\Phi} &= (\mathbf{X}'\tilde{\mathbf{V}}\tilde{\mathbf{\Sigma}}^{-1}\underbrace{\tilde{\mathbf{U}}^*)(\mathbf{X}'\tilde{\mathbf{V}}\tilde{\mathbf{\Sigma}}^{-1}}_{\tilde{\mathbf{A}}}\mathbf{W})\\ &= \mathbf{X}'\tilde{\mathbf{V}}\tilde{\mathbf{\Sigma}}^{-1}\tilde{\mathbf{A}}\mathbf{W}\\ &= \mathbf{X}'\tilde{\mathbf{V}}\tilde{\mathbf{\Sigma}}^{-1}\mathbf{W}\mathbf{\Lambda}\\ &= \mathbf{\Phi}\mathbf{\Lambda}\end{aligned}$$

238

在 Schmid 的原始论文[472]中，DMD 模态是采用 $\boldsymbol{\Phi}=\tilde{\mathbf{U}}\mathbf{W}$ 来计算的，这就是有名的投影模态。但是，不能保证这些模态是 $\mathbf{A}$ 的精确特征向量。因为 $\mathbf{A}$ 定义为 $\mathbf{A}=\mathbf{X}'\mathbf{X}^{\dagger}$，所以 $\mathbf{A}$ 的特征向量应该在 $\mathbf{X}'$ 的列空间中，这和精确的 DMD 定义相一致，而不是在原始 DMD 算法中的 $\mathbf{X}$ 的列空间。实际上，对于具有低秩结构的动力系统，$\mathbf{X}$ 和 $\mathbf{X}'$ 的列空间几乎趋于相同，因此投影模态和精确 DMD 模态通常会收敛。

为了找到与零特征值 $\lambda=0$ 相对应的 DMD 模态，如果 $\boldsymbol{\phi}=\mathbf{X}'\tilde{\mathbf{V}}\tilde{\boldsymbol{\Sigma}}^{-1}\mathbf{w}\neq 0$，就可以使用精确表示。但是，如果没有该表达式，则应使用投影模态 $\boldsymbol{\Phi}=\tilde{\mathbf{U}}\mathbf{W}$。

历史批注

在最初的表述中，快照矩阵 $\mathbf{X}$ 和 $\mathbf{X}'$ 是由一系列在时间上均匀分布的连续快照组成的，即

$$\mathbf{X}=\begin{bmatrix} | & | & & | \\ \mathbf{x}_1 & \mathbf{x}_2 & \cdots & \mathbf{x}_m \\ | & | & & | \end{bmatrix} \tag{7.23a}$$

$$\mathbf{X}'=\begin{bmatrix} | & | & & | \\ \mathbf{x}_2 & \mathbf{x}_3 & \cdots & \mathbf{x}_{m+1} \\ | & | & & | \end{bmatrix} \tag{7.23b}$$

这样，矩阵 $\mathbf{X}$ 可以表示为矩阵 $\mathbf{A}$ 的迭代形式：

$$\mathbf{X}\approx\begin{bmatrix} | & | & & | \\ \mathbf{x}_1 & \mathbf{A}\mathbf{x}_1 & \cdots & \mathbf{A}^{m-1}\mathbf{x}_1 \\ | & | & & | \end{bmatrix} \tag{7.24}$$

所以，矩阵 $\mathbf{X}$ 的列属于由传播算子 $\mathbf{A}$ 和初始条件 $\mathbf{x}_1$ 生成的 Krylov 子空间。另外，矩阵 $\mathbf{X}'$ 可通过移位算子与 $\mathbf{X}$ 建立关系：

$$\mathbf{X}'=\mathbf{X}\mathbf{S} \tag{7.25}$$

其中 $\mathbf{S}$ 定义为：

$$\mathbf{S}=\begin{bmatrix} 0 & 0 & 0 & \cdots & 0 & a_1 \\ 1 & 0 & 0 & \cdots & 0 & a_2 \\ 0 & 1 & 0 & \cdots & 0 & a_3 \\ \vdots & \vdots & \vdots & & \vdots & \vdots \\ 0 & 0 & 0 & \cdots & 1 & a_m \end{bmatrix} \tag{7.26}$$

这样，$\mathbf{X}'$ 的前 $m-1$ 列可以通过移动 $\mathbf{X}$ 的对应列直接获得，而最后一列则是通过最小化残差由 $\mathbf{X}$ 的 m 列最佳拟合组合得到的。这样，类似于 Arnoldi 算法，DMD 算法可以通过迭代找到矩阵 $\mathbf{A}$ 的主导特征值和特征向量。矩阵 $\mathbf{S}$ 将与高维 $\mathbf{A}$ 矩阵共享特征值，因此可以利用 $\mathbf{S}$ 的分解获得动态模态和特征值。然而，基于 $\mathbf{S}$ 的计算并不像上面的精确算法那样是数值稳定的。 239

谱分解和 DMD 扩展

DMD 最重要方面之一是能够根据数据驱动的谱分解来扩展系统状态的能力：

$$\mathbf{x}_k = \sum_{j=1}^{r} \boldsymbol{\phi}_j \lambda_j^{k-1} b_j = \mathbf{\Phi} \mathbf{\Lambda}^{k-1} \mathbf{b} \tag{7.27}$$

其中 $\boldsymbol{\phi}_j$ 是 DMD 模态（$\mathbf{A}$ 矩阵的特征向量），λ_j 是 DMD 特征值（$\mathbf{A}$ 矩阵的特征值），b_j 是模态振幅。表示模态振幅的向量 $\mathbf{b}$ 通常由下式计算：

$$\mathbf{b} = \mathbf{\Phi}^{\dagger} \mathbf{x}_1 \tag{7.28}$$

选择主模态和稀疏模态更原则性的方法可参见文献 [129，270]。但是，即使采用式（7.28）中的简单定义，计算模态振幅的工作量通常也是很大的。相反，可以使用 POD 投影数据来计算这些振幅：

$$\mathbf{x}_1 = \mathbf{\Phi b} \tag{7.29a}$$

$$\Longrightarrow \quad \tilde{\mathbf{U}}\tilde{\mathbf{x}}_1 = \mathbf{X}'\tilde{\mathbf{V}}\tilde{\mathbf{\Sigma}}^{-1}\mathbf{Wb} \tag{7.29b}$$

$$\Longrightarrow \quad \tilde{\mathbf{x}}_1 = \tilde{\mathbf{U}}^{*}\mathbf{X}'\tilde{\mathbf{V}}\tilde{\mathbf{\Sigma}}^{-1}\mathbf{Wb} \tag{7.29c}$$

$$\Longrightarrow \quad \tilde{\mathbf{x}}_1 = \tilde{\mathbf{A}}\mathbf{Wb} \tag{7.29d}$$

$$\Longrightarrow \quad \tilde{\mathbf{x}}_1 = \mathbf{W\Lambda b} \tag{7.29e}$$

$$\Longrightarrow \quad \mathbf{b} = (\mathbf{W\Lambda})^{-1}\,\tilde{\mathbf{x}}_1 \tag{7.29f}$$

其中矩阵 $\mathbf{W}$ 和 $\mathbf{\Lambda}$ 的大小都是 $r \times r$，而不是大矩阵 $\mathbf{\Phi}$ 的维数 $n \times r$。

通过引入连续特征值 $\omega = \log(\lambda)/\Delta t$，上述谱扩展可以写成连续时间形式：

$$\mathbf{x}(t) = \sum_{j=1}^{r} \boldsymbol{\phi}_j e^{\omega_j t} b_j = \mathbf{\Phi} \exp(\mathbf{\Omega} t)\mathbf{b} \tag{7.30}$$

其中 $\mathbf{\Omega}$ 是包含连续时间特征值 ω_j 的对角矩阵。

示例和代码

一个基本的 DMD 代码如下所示：

```
function [Phi, Lambda, b] = DMD(X,Xprime,r)

[U,Sigma,V] = svd(X,'econ');        % Step 1
Ur = U(:,1:r);
Sigmar = Sigma(1:r,1:r);
Vr = V(:,1:r);

Atilde = Ur'*Xprime*Vr/Sigmar;      % Step 2
[W,Lambda] = eig(Atilde);           % Step 3

Phi = Xprime*(Vr/Sigmar)*W;         % Step 4
alpha1 = Sigmar*Vr(1,:)';
b = (W*Lambda)\alpha1;
```

240

此 DMD 代码基于圆柱体直径，展示了 Reynolds 数为 100 的情况下流体流过一个圆柱体的情况，如图 7.3 所示。基于 Taira 和 Colonius 的快速多域方法，我们使用浸入边界投影法（IBPM）求解器⊖来模拟二维 Navier-Stokes 方程 [511，135]。示例所需的数据可以直接下载而无须在 dmdbook.com 上运行 IBPM 代码。

⊖ IBPM 代码可在以下网址公开获得：https://github.com/cwrowley/ibpm。

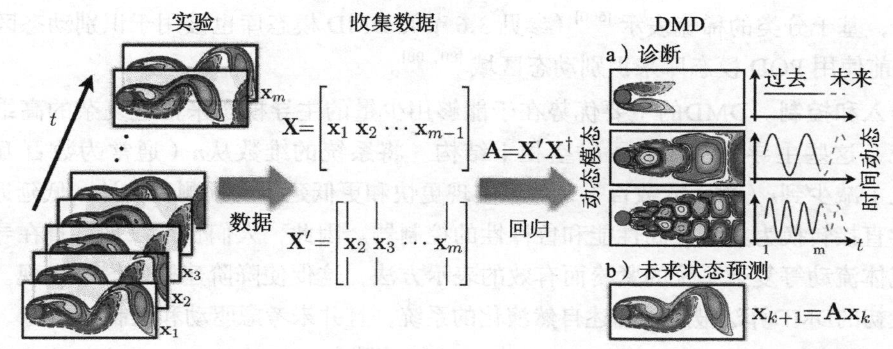

图7.3　在Reynolds数为100流过一个圆柱体的流体上的DMD示意图。摘录自文献[317]

使用此数据，可以轻松计算动态模态分解：

```
% VORTALL contains flow fields reshaped into column vectors
X = VORTALL;
[Phi, Lambda, b] = DMD(X(:,1:end-1),X(:,2:end),21);
```

扩展、应用和局限性

动态模态分解的主要优点之一是基于线性回归的简单框架。DMD 不需要知道控制方程式，因此迅速发展起来，包含了多种方法论创新，并已广泛应用于流体动力学以外的领域 [317]。在这里，我们将介绍一些主要的算法扩展和有前景的领域应用，并且介绍 DMD 理论当前的局限性，这些局限性必须在未来的研究中加以解决。

方法扩展

- **压缩和随机化线性代数**。DMD最初是为流体动力学中的高维数据集而设计的，如流体速度或涡度场，它们可能包含数百万个自由度。但是，DMD通常会在这些高维数据中发现低维结构，这意味着：基于稀疏性原理，可能会存在更有效的测量和计算策略（参见第3章）。为了利用低秩结构和稀疏性，已经有多个独立且非常成功的DMD扩展和修改。 241

2014 年，Jovanovic 等人 [270] 使用稀疏性提升优化，识别描述数据集所需的最少 DMD 模态，本质上是识别 **b** 中的几个主要 DMD 模态振幅。另一种方法是测试和比较 DMD 模态的所有子集，此类方法代表了一类在计算上难以处理的蛮力搜索法。

另一项工作是基于如下这一事实：DMD 模态通常接受以傅里叶或小波基的稀疏表示。此外，每种模态的时间动力学都是简单的纯音谐波，它们是在傅里叶基上的稀疏定义。这种稀疏性促进了几种有效的测量策略，基于压缩感知，这些策略减少了时间 [536] 和空间 [96, 225, 174] 中所需的测量数量。这种方法具有广泛的潜力，能使低分辨率测量的系统具有高分辨率的特性。

与压缩感知的使用相关，在全状态数据可获得时，随机化线性代数最近被用来加速 DMD 计算。事实上，随机化方法不收集下采样测量数据，也不使用压缩感知来推断高维结构，而是从全数据开始并随机投影到低维子空间，这样可以进行更加高效的计算。Bistrian 和 Navon [66] 已使用随机化奇异值分解成功地加速了 DMD，此外 Erichson 等人 [175] 演示了如何在投影子空间中执行所有大量的 DMD 计算。

最后，基于分类的稀疏表示[560]（参见 3.6 节），DMD 模态库也被用于识别动态区域[308]，该方法先前使用 POD 模态库来识别动态区域[80, 98]。

- **输入和控制**。DMD的主要优势在于能够用少量的主导模态来描述复杂的高维动力系统，这些主导模态代表了时空相干结构。将系统的维数从n（通常为数百万或数十亿）减少到r（数十或数百），可以实现更快和更低延迟的预测和估计。低延迟预测通常直接转换为具有更高性能和鲁棒性的控制器。因此，人们长期以来一直在寻找诸如流体流动等复杂系统的紧凑而有效的表示方法，这促使降阶建模领域的出现。但是，最初的DMD算法被用来描述自然演化的系统，且并未考虑驱动和控制的影响。

在最初的 DMD 算法提出后不久，Proctor 等人[434]扩展了该算法，新算法消除了自然非强迫动力学和驱动（控制）效果之间的歧义。这本质上相当于一个广义演化方程：

$$\mathbf{x}_{k+1} \approx \mathbf{A}\mathbf{x}_k + \mathbf{B}\mathbf{u}_k \tag{7.31}$$

上述方程会产生另一个线性回归问题（参见 10.1 节）。

在 DMD 中施加控制（DMDc）的最初动机是使用 DMD 来表征流行病学系统（例如，疟疾在欧洲大陆的传播），在该系统中不能停止干预工作（如接种疫苗和蚊帐），以此来表征非
242 强迫动力学[433]。

从最初的 DMDc 算法开始，压缩传感 DMD 和 DMDc 算法就结合在一起，形成了一个新的压缩系统识别框架[30]。在此框架下，可以收集被驱动系统的欠采样测量值，并识别一个与 DMD 和特征系统实现算法有关的准确、高效的低阶模型（ERA，参见 9.3 节）[272]。

最近，为了增强对非线性系统的控制，Korda 和 Mezić 将基于线性和非线性系统测量的 DMDc 模型与模型预测控制（MPC）结合起来[302]。随后 Kaiser 等人[277]将基于 DMDc 模型的 MPC 与基于完全非线性模型的 MPC 进行了比较，结果表明，即使对于强非线性系统，DMDc 模型的效果也非常好。

- **非线性测量**。围绕DMD的许多成果可以归因于Koopman算子[456]与非线性动力学的紧密联系。实际上，只要收集了足够的数据，即使在非线性系统中，DMD也能够准确地表征周期性和准周期性行为。但是，基本的DMD算法是使用系统的线性测量值，这些测量值通常不足以表征真正的非线性现象，例如瞬态、间歇性现象或宽带频率串扰。为此，Williams等人[556]对DMD测量进行了增广，包含了系统的非线性测量，丰富了用于表示Koopman算子的基。扩展DMD（eDMD）算法是寻求获得一个线性模型$\mathbf{A}_\mathbf{Y}$以提升非线性测量$\mathbf{y} = \mathbf{g}(\mathbf{x})$：

$$\mathbf{y}_{k+1} \approx \mathbf{A}_\mathbf{Y}\mathbf{y}_k \tag{7.32}$$

对于高维系统，这个增广状态 $\mathbf{y}$ 可能会大得难以驾驭，因而推动了使用核方法来近似演化算子 $\mathbf{A}_\mathbf{Y}$[557]。此后，这种核 DMD 得到了扩展，并包括了字典学习技术[332]。

最近有研究表明，eDMD 相当于构象动力学（conformation dynamics）的变分方法（VAC）[405, 407, 408]，2013 年 Noé 和 Nüske 首次推导出这种方法来模拟具有时间尺度广泛分离的分子动力学。最近的一篇综述探讨了 eDMD 与 VAC 以及 DMD 与时间滞后独立分量分析（TICA）之间的进一步联系[293]。VAC 的一个关键贡献是变分，可以通过交叉验证对 Koopman 模型进行客观评估。

扩展 DMD 以后的研究表明，获得包含系统原始状态的线性回归模型存在相对严格的

条件[92]。对于具有多个不动点、周期轨道和其他吸引结构的非线性系统，不存在状态 **x** 与非线性系统拓扑共轭的有限维线性系统。相反，确定由 Koopman 算子的特征函数张成的 Koopman 不变子空间是重要的。一般来说，尽管可能通过一个唯一的逆来识别 **x**，但不可能直接写出这些特征向量张成的空间中的状态 **x**。Kaiser 等人[276]提出了一种实用的特征函数识别算法。 243

- **去噪**。DMD算法纯粹是数据驱动的，因此同样适用于实验数据和数值数据。在用DMD描述实验数据时，必须考虑传感器噪声和随机扰动的影响。最初的DMD算法对噪声特别敏感，其结果表明特征值分布存在显著的系统偏差[164, 28, 147, 241]。虽然增加采样减少了特征值分布的方差，但并没有消除偏差[241]。

有几种方法可以校正传感器噪声和扰动的影响。Hemati 等人[241]使用整体最小二乘回归来考虑噪声测量和状态扰动的可能性，从而替代了原始的最小二乘回归法。Dawson 等人[147]对前后时间的数据进行了 DMD 计算，然后对得到的算子进行平均，消除了系统偏差。该研究也深入讨论了噪声来源和各种去噪算法的比较。

最近，Askham 和 Kutz[20]引入了优化的 DMD 算法，该算法使用非线性最小二乘的变量投影法来计算不均匀时间样本的 DMD，从而显著降低了噪声带来的偏差。Takeishi 等人[514]的子空间 DMD 算法通过计算未来快照映射到先前快照空间上的正交投影，构造一个线性模型来补偿测量噪声。同时还出现了 DMD 与贝叶斯方法相结合的相关研究[512]。

- **多分辨率**。DMD常被应用于复杂的高维动力系统，如流体湍流或流行病学系统，这些系统在空间和时间上都表现出多尺度动力学。许多多尺度系统表现出瞬态现象或间歇现象，如在全球气候数据中观察到的厄尔尼诺现象。这些瞬态动力学不能被DMD准确地捕获，因为DMD寻找的是在整个数据时间序列中全局一致的时空模态。为了解决这一问题，多分辨率DMD（mrDMD）算法被引入[318]，该算法能有效地将动态分解为不同的时间尺度，从而隔离了瞬态和间歇模式。Manohar等人[367]最近证明了多分辨率DMD模态对于稀疏传感器布置是有利的。
- **延迟测量**。虽然DMD是针对高维数据提出的，这里假设可以获取系统的全部状态，但是通常希望DMD能够表征不完整测量系统的时空相干结构。举一个极端的例子，考虑一个以正弦形式振荡的单一测量信号$x(t) = \sin(\omega t)$。虽然这似乎是DMD的理想选择，但是该算法错误地标识了一个实特征值，因为数据没有足够的秩来提取特征值的复共轭对$\pm i\omega$。Tu等人[535]首次探索了这一悖论，他们发现解决方案是将延迟测量堆叠成一个更大的矩阵以增加数据矩阵的秩，从而提取相位信息。延迟坐标已被有效地用于神经记录中相干模式的提取[90]。延迟DMD和Koopman[91, 18, 144]之间的联系将在7.5节中进一步讨论。
- **串流和并行代码**。由于在高分辨率数据上处理DMD的计算量很大，因此在串流应用和并行算法中加速DMD方面取得了一些进展。DMD通常用于串流设置，在该设置中 244
DMD连续处理快照的移动窗口，从而会在有新数据可用时产生冗余计算。目前存在几种串流DMD算法，例如，基于增量SVD的方法[242]、快照SVD的串流方法[424]以及对DMD矩阵的秩1更新方法[569]。DMD算法也很容易并行化，因为它是基于SVD的。目前，基于QR[466]和SVD[175, 177, 176]有几种并行代码可用。

应用

- **流体动力学**。DMD起源于流体动力学领域[472]，此后广泛应用于各种流动几何（射流、空腔流、尾迹、通道流、边界层等），研究混合、声学和燃烧等现象。在Schmid[474，472]的原创论文中，考虑了空腔流和射流。在Rowley等人[456]的原创论文中，研究了横流中的射流。随后DMD广泛应用于空腔流[472，350，481，43，42]和射流[473，49，483，475]中。

DMD 也已应用于尾流的研究，包括频率锁定[534]、经过格尼（Gurney）襟翼的尾流[415]、汽缸尾流[28]和动态失速[166]等。利用 DMD，边界层也已被广泛研究[411，465，383]。在声学方面，DMD 用于捕获近场和远场声波，这些声波是由剪切流中观察到的不稳定性引起的[495]。在燃烧现象中，DMD 用于了解湍流旋涡火焰中的相干热释放[387]，并用于分析火箭燃烧器[258]。DMD 还被用来分析 Rijke 管中热声相互作用中的非正常生长机制。文献 [459] 将 DMD 与 POD 进行了反应流的比较。文献 [392] 利用 DMD 分析更多的外来流，包括一个高速列车的仿真模型。文献 [222] 研究了激波湍流边界层的相互作用（STBLI），其中 DMD 用于识别一个伴随着激波运动的脉动分离泡。文献 [373] 通过 DMD 研究了爆炸波中的自激波动。此外，其他相关的研究问题有：识别发夹涡流[516]、分解流经表面安装立方体的流体[393]、建模浅水方程[65]、研究通过方柱的纳米流体[463]以及测量环形液膜的不稳定性增长率[163]。

- **流行病学**。Proctor和Eckhoff[435]最近将DMD用于研究流行病学系统。这是一个特别可解释的应用，因为模态频率通常对应于年度或季节波动。此外，DMD模态的相位可以洞察疾病如何在空间上传播，从而为干预工作提供信息。DMD在疾病系统中的应用也促进了具有控制的DMD的研究[434]，因为停止疫苗接种以识别非强迫/控制动力学是不可行的。
- **神经科学**。随着硬件的进步推动数据收集的发展，神经记录的复杂信号具有越来越高的保真度和维度。最近的一项研究证明，DMD有可能改变这种神经记录的分析方
245 式，该研究动态地识别了睡眠患者ECOG数据中的相关特征[90]。由此，一些工作已经将DMD应用于神经记录或提出了可能在硬件上实现的想法[3，85，520]。
- **视频处理**。分离视频中前景和背景对象是监控应用的一项常见任务。实时分离是一个挑战，并且该挑战会因为不断提高的视频分辨率而加剧。DMD为视频分离提供了一个灵活的平台，因为背景可以用零特征值的DMD模态近似[223，174，424]。
- **其他应用**。DMD已经应用于越来越多的问题，包括机器人技术[56]、金融[363]和等离子体物理学[517]。预计未来将DMD应用到其他问题的趋势会增加。

挑战

- **行波**。DMD是基于数据矩阵 $\mathbf{X}=\mathbf{U}\boldsymbol{\Sigma}\mathbf{V}^*$ 的SVD，其列的空间尺寸是随时间演变的。在这种情况下，SVD是变量的时空分离，由U的列给出空间模态，由V的列给出时间动力学。与POD一样，DMD对呈现行波的问题是有局限的，在这种情况下，变量的分离是失败的。
- **瞬态**。许多系统都具有瞬态和间歇现象的特征。目前提出了几种方法来识别这些特征，例如多分辨率DMD和使用延迟坐标的方法。然而，计算DMD仍然需要规范化地选择相关时间尺度和窗口大小。

- **连续谱**。许多系统的特征在于宽带频率成分，而不是几个不同的离散频率。这种宽带频率成分也被称为连续谱，在其连续范围内的每个频率都可以被观察到。例如，简单的钟摆具有一个连续谱，这是由于该系统有一个小偏转的固有频率，这个频率会随着能量添加到摆上不断地变形和变慢。其他系统（如非线性光学和宽带湍流）给DMD带来了严峻的挑战，因为即使动力学是由一些少数主导模态的非线性相互作用产生的，这些系统也会产生大量的模态。

最近，有几种数据驱动方法被提出来处理具有连续谱的系统。将 DMD 应用于系统的延迟测量向量——如 7.5 节中所谓的 HAVOK 分析——可以近似混沌系统的动力学，如具有连续谱的 Lorenz 系统。此外，Lusch 等人证明了可以设计一个带有辅助网络的深度学习架构，以参数化连续谱 [349]。

- **强非线性和测量选择**。尽管将DMD与非线性系统联系起来取得了重大进展[557]，但选择非线性测量来增强DMD回归仍然不是一门精确的科学。辨识在Koopman算子下保持封闭的度量子空间是一个持续的挑战[92]。最近在深度学习方面的进展可能使从数据中表示极其复杂的特征函数成为可能[550, 368, 513, 564, 412, 349]。 246

7.3　非线性动力学的稀疏辨识

从数据中发现动力系统模型是数学物理学中的一个核心挑战，其丰富的历史至少可以追溯到开普勒（Kepler）和牛顿时代以及行星运动定律的发现。历史上，这个过程依赖于高质量的测量和专家的直觉。随着数据量的增大和计算能力的提高，自动发现控制方程和动力系统是一个新的科学范式。

候选模型的形式要么受控制方程的先验知识约束，如 Galerkin 投影 [402, 455, 471, 404, 119, 549, 32, 118]（参见第 12 章），要么测试一些启发式模型并优化参数以拟合数据。另外，可以使用 DMD 或 ERA 获得最佳拟合的线性模型。从数据中辨识模型的非线性结构和参数更具有挑战性，因为有许多可能的模型结构组合在一起。

非线性动力学的稀疏辨识（SINDy）算法 [95] 回避了在所有可能的模型结构中进行复杂的组合搜索，该算法利用了这样一个事实，即许多动力系统

$$\frac{\mathrm{d}}{\mathrm{d}t}\mathbf{x} = \mathbf{f}(\mathbf{x}) \tag{7.33}$$

的动力学 $\mathbf{f}$ 在右侧函数空间中可能只有几个起作用的项。例如式（7.2）中的 Lorenz 方程，每个方程只有几个线性和二次相互作用项。

我们通过如下广义线性模型来逼近 $\mathbf{f}$：

$$\mathbf{f}(\mathbf{x}) \approx \sum_{k=1}^{p} \theta_k(\mathbf{x})\xi_k = \mathbf{\Theta}(\mathbf{x})\boldsymbol{\xi} \tag{7.34}$$

其中，$\boldsymbol{\xi}$ 的非零项要尽可能少，这样就有可能使用稀疏回归来解决动力学中起作用的相关项 [518, 573, 236, 264]。稀疏回归减少了动力学中项的数量，并能很好地解决一些大型问题。

首先，从式（7.33）收集时序数据并形成一个数据矩阵：

$$\mathbf{X} = \begin{bmatrix} \mathbf{x}(t_1) & \mathbf{x}(t_2) & \cdots & \mathbf{x}(t_m) \end{bmatrix}^T \tag{7.35}$$

同时也形成了类似的导数矩阵：

$$\dot{\mathbf{X}} = \begin{bmatrix} \dot{\mathbf{x}}(t_1) & \dot{\mathbf{x}}(t_2) & \cdots & \dot{\mathbf{x}}(t_m) \end{bmatrix}^T \tag{7.36}$$

实际上，这可以直接从 $\mathbf{X}$ 中的数据计算得出。对于有噪声的数据，全变分正则化导数往往提供数值上鲁棒的导数[125]。同样，对于离散时间系统 $\mathbf{x}_{k+1} = \mathbf{F}(\mathbf{x}_k)$，也可以用公式表示 SINDy 算法，就像 DMD 算法那样，完全避免求导数。

可以从 $\mathbf{X}$ 中的数据构建候选非线性函数 $\mathbf{\Theta}(\mathbf{X})$ 的库：

$$\mathbf{\Theta}(\mathbf{X}) = \begin{bmatrix} \mathbf{1} & \mathbf{X} & \mathbf{X}^2 & \cdots & \mathbf{X}^d & \cdots & \sin(\mathbf{X}) & \cdots \end{bmatrix} \tag{7.37}$$

在这里，矩阵 $\mathbf{X}^d$ 的列向量是由状态 $\mathbf{x}$ 中所有可能的时间序列的 d 次多项式给出。通常，此
247 候选函数库只受人的想象力限制。

利用式（7.36）和式（7.37）中的数据矩阵，式（7.33）中的动力系统可以表示为：

$$\dot{\mathbf{X}} = \mathbf{\Theta}(\mathbf{X})\mathbf{\Xi} \tag{7.38}$$

$\mathbf{\Xi}$ 中的每一列 $\boldsymbol{\xi}_k$ 是一个系数向量，用于确定式（7.33）中第 k 行中的有效项。简约模型将提供式（7.38）中的精确模型拟合，其中 $\mathbf{\Xi}$ 中的项应尽可能少。可以使用凸 ℓ_1 正则化稀疏回归来识别这种模型：

$$\boldsymbol{\xi}_k = \operatorname{argmin}_{\boldsymbol{\xi}'_k} \|\dot{\mathbf{X}}_k - \mathbf{\Theta}(\mathbf{X})\boldsymbol{\xi}'_k\|_2 + \lambda\|\boldsymbol{\xi}'_k\|_1 \tag{7.39}$$

这里，$\dot{\mathbf{X}}_k$ 是 $\dot{\mathbf{X}}$ 的第 k 列，而 λ 是稀疏度提升旋钮。稀疏回归，例如 LASSO[518] 或 SINDy[95] 中使用的序贯阈值最小二乘（STLS）算法，提高了识别噪声超定问题的数值鲁棒性，这与较早使用的压缩感知方法[548]形成了对比[150,109,112,111,113,39,529]。我们建议使用 STLS（代码 7.1）来选择有效项。

代码 7.1　*序贯阈值最小二乘法。*

```
function Xi = sparsifyDynamics(Theta,dXdt,lambda,n)
% Compute Sparse regression: sequential least squares
Xi = Theta\dXdt;  % Initial guess: Least-squares

% Lambda is our sparsification knob.
for k=1:10
    smallinds = (abs(Xi)<lambda);  % Find small coefficients
    Xi(smallinds)=0;               % and threshold
    for ind = 1:n                  % n is state dimension
        biginds = ~smallinds(:,ind);
% Regress dynamics onto remaining terms to find sparse Xi
        Xi(biginds,ind) = Theta(:,biginds)\dXdt(:,ind);
    end
end
```

稀疏向量 $\boldsymbol{\xi}_k$ 可合成为一个动力学系统：

$$\dot{x}_k = \mathbf{\Theta}(\mathbf{x})\boldsymbol{\xi}_k \tag{7.40}$$

请注意，与数据矩阵 $\mathbf{\Theta}(\mathbf{X})$ 相反，x_k 是 $\mathbf{x}$ 的第 k 个元素，而 $\mathbf{\Theta}(\mathbf{x})$ 是 $\mathbf{x}$ 的符号函数的行向量。图 7.4 显示了如何使用 SINDy 从数据中发现 Lorenz 方程。代码 7.2 生成数据并为 Lorenz 系统执行 SINDy 回归。

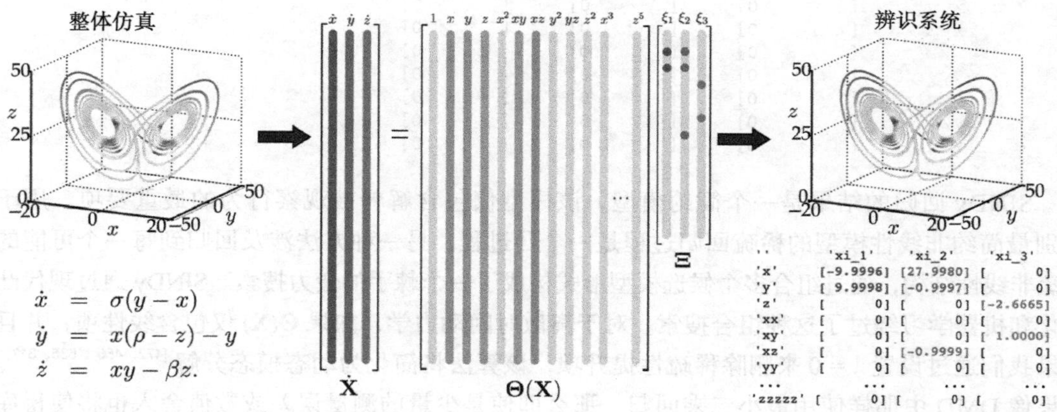

图7.4　非线性动力学的稀疏辨识（SINDy）算法示意图[95]。使用稀疏回归从候选非线性项的库中选择简约模型。该库 $\Theta(\mathbf{X})$ 可以完全由测量数据构成。改编自Brunton等人工作[95]

代码 7.2　从数据中识别 Lorenz 系统的 SINDy 回归。

```
%% Generate Data
Beta = [10; 28; 8/3]; % Lorenz's parameters (chaotic)
n = 3;
x0=[-8; 8; 27];  % Initial condition
tspan=[.01:.01:50];
options = odeset('RelTol',1e-12,'AbsTol',1e-12*ones(1,n));
[t,x]=ode45(@(t,x) lorenz(t,x,Beta),tspan,x0,options);

%% Compute Derivative
for i=1:length(x)
    dx(i,:) = lorenz(0,x(i,:),Beta);
end

%% Build library and compute sparse regression
Theta = poolData(x,n,3);  % up to third order polynomials
lambda = 0.025;      % lambda is our sparsification knob.
Xi = sparsifyDynamics(Theta,dx,lambda,n)
```

248

此代码还依赖于生成库 Θ 的函数 **poolData**。在本例中，使用了不超过三阶的多项式。此代码可在线获得。

SINDy 算法的输出是系数 Ξ 的稀疏矩阵：

```
  ''          'xdot'         'ydot'        'zdot'
  '1'       [        0]    [       0]    [       0]
  'x'       [-10.0000]     [28.0000]     [       0]
  'y'       [ 10.0000]     [-1.0000]     [       0]
  'z'       [        0]    [       0]    [-2.6667]
  'xx'      [        0]    [       0]    [       0]
  'xy'      [        0]    [       0]    [ 1.0000]
  'xz'      [        0]    [-1.0000]     [       0]
  'yy'      [        0]    [       0]    [       0]
  'yz'      [        0]    [       0]    [       0]
  'zz'      [        0]    [       0]    [       0]
  'xxx'     [        0]    [       0]    [       0]
  'xxy'     [        0]    [       0]    [       0]
  'xxz'     [        0]    [       0]    [       0]
```

```
'xyy'    [      0]    [      0]    [      0]
'xyz'    [      0]    [      0]    [      0]
'xzz'    [      0]    [      0]    [      0]
'yyy'    [      0]    [      0]    [      0]
'yyz'    [      0]    [      0]    [      0]
'yzz'    [      0]    [      0]    [      0]
'zzz'    [      0]    [      0]    [      0]
```

SINDy 回归的结果是一个简约模型，该模型仅包含解释被观察行为的最重要项。用于
249 识别最简约非线性模型的稀疏回归过程是一个凸过程。另一种方法涉及回归到每一个可能的稀疏非线性结构，通过组合多个候选模型形式构成了一个棘手的蛮力搜索。SINDy 通过现代凸优化和机器学习绕过了这种组合搜索。对于离散时间动力学，如果 $\mathbf{\Theta}(\mathbf{X})$ 仅包含线性项，并且如果我们通过设置 $\lambda = 0$ 来删除稀疏性提升项，该算法将简化为动态模态分解 [472, 456, 535, 317]。如果像 DMD 中那样使用最小二乘回归，那么即使是少量的测量误差或数值舍入也将使得库中的每个项在动力学中都是有效的，这是非物理的。SINDy 体系结构的主要优点是具有识别仅包含所需非线性项的简约模型的能力，从而产生避免过拟合的可解释模型。

应用、扩展和历史背景

最近，SINDy 算法被应用于基于 POD 系数识别高维动力系统，如流体流动 [95, 341, 342]。图 7.5 展示了 SINDy 在流过一个圆柱体的流体中的应用，其中广义平均场模型是 Noack 等人 [402] 从数据中发现的。SINDy 还被用于识别非线性光学 [497] 和等离子体物理学 [141] 中的模型。

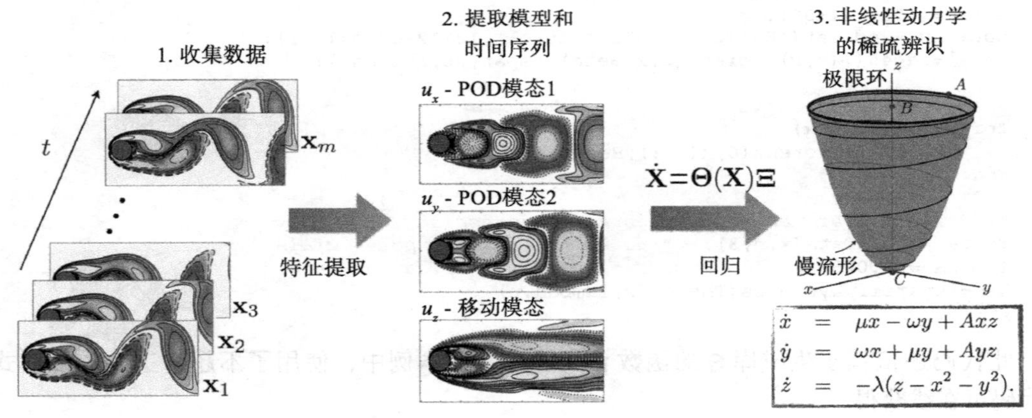

图7.5　使用非线性动力学的稀疏识别（SINDy）从高维数据中识别非线性模型的示意图[95]。此过程是模块化的，因此可以将不同的技术用于特征提取和回归步骤。在流过一个圆柱体的流体示例中，SINDy得到了Noack等人的模型[402]。改编自Brunton等人工作[95]

因为 SINDy 是用非线性库中的线性回归表示的，所以它是高度可扩展的。最近，SINDy 框架被 Loiseau 和 Brunton[341] 推广，通过执行一个有约束的序贯阈值最小二乘优化，将已知的物理约束和对称性合并到方程中。特别是，Navier-Stokes 方程中的二次非线性的能量守恒约束被用于识别流体系统 [341]，众所周知，这里的约束提升了流体系统的稳定性 [355, 32, 118]。这项工作还表明，根据 POD 系数，多项式库对于建立流体流动模型特别有

用，从而产生了与经典 Galerkin 投影相关的可解释模型[95, 341]。Loiseau 等人[342]也证明了 250
SINDy 能够通过一些物理传感器测量数据，如图 7.5 中圆柱体的升力和阻力测量数据，来识别高维系统的动力系统模型，例如流体流动。对于驱动系统，SINDy 已经被推广到辨识包括输入和控制的系统模型[100]，这些模型对于模型预测控制非常有效[277]。SINDy 算法也可以用来识别具有有理函数非线性[361]、积分项[469]、基于高度损坏和不完整数据的动力学[522]。最近，SINDy 的研究也被扩展到包括目标模型选择的信息准则[362]，并使用延迟坐标来辨识带有隐藏变量的模型[91]。SINDy 框架还被推广到包含偏导数，使得偏微分方程模型的辨识成为可能[460, 468]。下面将更详细地探讨这些最近的创新工作。

一般来说，稀疏提升方法在动力学中的应用是最近的研究[548, 467, 414, 353, 98, 433, 31, 29, 89, 364, 366]。其他的动力系统研究技术包括从时间序列中发现方程[140]、无方程建模[288]、经验动力学建模[503, 563]、紧急行为建模[452]、带有外部输入的非线性自回归模型（NARMAX）[208, 571, 59, 484]以及动力学的自动推理[478, 142, 143]等。广义地说，这些技术都可以被归类为系统辨识，使用统计学和机器学习中的方法从数据中辨识动力系统。几乎所有的系统辨识方法都涉及数据到动力学的某种形式的回归，不同技术之间的主要区别在于这种回归的受限制程度。例如，动态模态分解产生最佳拟合线性模型。最近的非线性回归技术产生了保留物理约束（如能量守恒）的非线性动力模型。Bongard 和 Lipson[68]以及 Schmidt 和 Lipson[477]在非线性系统自动辨识方面取得了重大突破，他们使用遗传算法来辨识非线性动力学的结构。这些方法具有很高的灵活性，并且对所辨识的动力学形式几乎没有施加任何限制。此外，SINDy 与 NARMAX[59]密切相关，NARMAX 通过正交最小二乘法从时间序列数据中辨识模型的结构。

发现偏微分方程

SINDy 建模框架的一个主要扩展是将库扩展为包含偏导数，从而能够识别偏微分方程（PDE）[460, 468]，由此产生的算法被称为非线性动力学偏微分方程泛函辨识（PDE-FIND），该算法可以成功地从噪声数据中辨识出经典物理中几个典型的 PDE。这些偏微分方程包括 Navier-Stokes、Kuramoto-Sivashinsky、Schrödinger（薛定谔）、反应扩散、Burgers、Korteweg-de Vries 和布朗运动的扩散方程[460]。

PDE-FIND 类似于 SINDy，因为它是基于由测量数据构建的库中的稀疏回归得到的。稀疏回归发现方法如图 7.6 所示。下面对单变量 PDE 的 PDE-FIND 算法进行概述，尽管该理
论很容易推广到高维的 PDE。空间时间序列数据排列成一个列向量 $\boldsymbol{\Upsilon}\in\mathbb{C}^{mn}$，代表在 m 个时 251
间点和 n 个空间位置上收集的数据。附加输入，例如 Schrödinger 方程的已知电势或复杂数据的振幅，被排成列向量 $\mathbf{Q}\in\mathbb{C}^{mn}$。接下来，构建 PDE 的 D 个候选线性和非线性项以及偏导数的库 $\boldsymbol{\Theta}(\boldsymbol{\Upsilon},\mathbf{Q})\in\mathbb{C}^{mn\times D}$。对于干净的数据，可以使用有限差分进行求导，或者在添加噪声时使用多项式插值进行求导。然后将候选线性和非线性项以及偏导数组合成矩阵 $\boldsymbol{\Theta}(\boldsymbol{\Upsilon},\mathbf{Q})$，其形式为：

$$\boldsymbol{\Theta}(\boldsymbol{\Upsilon},\mathbf{Q})=\begin{bmatrix}\mathbf{1} & \boldsymbol{\Upsilon} & \boldsymbol{\Upsilon}^2 & \cdots & \mathbf{Q} & \cdots & \boldsymbol{\Upsilon}_x & \boldsymbol{\Upsilon}\boldsymbol{\Upsilon}_x & \cdots\end{bmatrix} \tag{7.41}$$

$\boldsymbol{\Theta}$ 的每一列包含收集数据的所有 mn 时空网格点上特定候选函数的所有值，时间导数 $\boldsymbol{\Upsilon}_t$ 也得到计算并重塑为一个列向量。图 7.6 描述了数据收集和处理过程。例如，$\boldsymbol{\Theta}(\boldsymbol{\Upsilon},\mathbf{Q})$ 的一列可能是 qu_x^2。

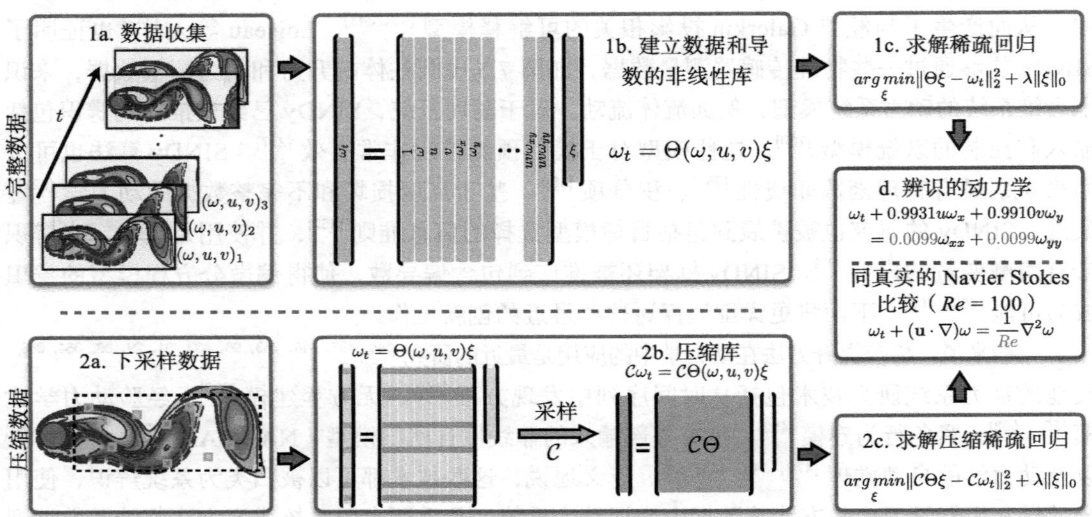

1a. 收集数据作为 PDE 解的快照。1b. 求取数值导数，并将数据编译成一个大矩阵 Θ，这里合并了 PDE 的候选项。1c. 用稀疏回归辨识 PDE 中的有效项。2a. 对于大型数据集，可以使用稀疏采样来减小问题的大小。2b. 对数据集进行下采样等效于从（7.42）的线性系统中提取行的子集。2c. 形成了一个相同的稀疏回归问题，但其行数更少。d. ξ 中的有效项被合并成为一个 PDE。

图7.6 非线性动力学PDE泛函辨识（PDE-FIND）算法的步骤，该算法用于从数据中推断Navier-Stokes方程（摘自Rudy等人的文献[460]）

在这个库中，PDE 的演变可表示如下：

$$\boldsymbol{\Upsilon}_t = \boldsymbol{\Theta}(\boldsymbol{\Upsilon}, \mathbf{Q})\boldsymbol{\xi} \tag{7.42}$$

$\boldsymbol{\xi}$ 中的每一项都是与 PDE 中的每一项相对应的系数，且对于典型的 PDE，向量 $\boldsymbol{\xi}$ 是稀疏的，这意味着只有几个项是有效的。

如果库 $\boldsymbol{\Theta}$ 具有足够丰富的列空间使得动力学处于其范围内，则 PDE 应该可用系数 $\boldsymbol{\xi}$ 的稀疏向量很好地表示为式（7.42）。为了辨识动力学中的几个有效项，可以用稀疏提升回归识别，如 SINDy。重要的是，式（7.42）中的回归问题可能条件数很差，当求 $\boldsymbol{\Theta}$ 的逆时，导数
252 的计算误差会被数值误差放大。因此，最小二乘回归从根本上改变了所推断的动力学性质。

一般来说，我们寻求具有较小残差且满足式（7.42）的稀疏向量 $\boldsymbol{\xi}$。一种常见的方法是将问题放松为凸 ℓ_1 正则化最小二乘，而不是对所有可能的稀疏向量结构进行棘手的组合搜索[518]。但是，对于高度相关的数据，这种方法往往表现不佳，取而代之的是带有硬阈值的岭回归，我们将其称为序贯阈值岭回归（算法 1 中的 STRidge，摘自 Rudy 等人的文献[460]）。对于给定的容许差和阈值 λ，该方法会得出 $\boldsymbol{\xi}$ 的稀疏近似。我们反复完善算法 1 的容许差，并根据如下的选择准则找到最佳预测器：

$$\hat{\boldsymbol{\xi}} = \operatorname{argmin}_{\boldsymbol{\xi}} \|\boldsymbol{\Theta}(\boldsymbol{\Upsilon}, \mathbf{Q})\boldsymbol{\xi} - \boldsymbol{\Upsilon}_t\|_2^2 + \epsilon\kappa(\boldsymbol{\Theta}(\boldsymbol{\Upsilon}, \mathbf{Q}))\|\boldsymbol{\xi}\|_0 \tag{7.43}$$

其中 $\kappa(\boldsymbol{\Theta})$ 是矩阵 $\boldsymbol{\Theta}$ 的条件数，它为不适定问题提供了更强的正则化。从帕累托边界的最佳位置中选择 $\|\boldsymbol{\xi}\|_0$ 进行惩罚会不利于拟合。

算法 1 STRidge($\boldsymbol{\Theta}$, $\boldsymbol{\Upsilon}_t$, λ, *tol*, iters)

$\hat{\boldsymbol{\xi}} = arg\,min_{\boldsymbol{\xi}} \|\boldsymbol{\Theta}\boldsymbol{\xi} - \boldsymbol{\Upsilon}_t\|_2^2 + \lambda\|\boldsymbol{\xi}\|_2^2$ % ridge regression
bigcoeffs = $\{j : |\hat{\xi}_j| \geqslant tol\}$ % select large coefficients
$\hat{\boldsymbol{\xi}}[\sim$ bigcoeffs$] = 0$ % apply hard threshold
$\hat{\boldsymbol{\xi}}$[bigcoeffs] = STRidge($\boldsymbol{\Theta}$[:, bigcoeffs], $\boldsymbol{\Upsilon}_t$, *tol*, iters − 1)
% recursive call with fewer coefficients
return $\hat{\boldsymbol{\xi}}$

与 SINDy 算法一样，提供足够丰富的训练数据来消除几个不同模型之间的歧义非常重要。例如，图 7.7 演示了使用 PDE-FIND 算法识别 Korteweg-de Vries（KdV）方程。如果仅分析单个行波，该方法就会错误地识别标准线性平流方程，因为这是描述单个行波的最简单方程。但是，如果分析两个不同振幅的行波，则可以正确辨识 KdV 方程，因为它描述了两个不同的振幅相关的波速度。

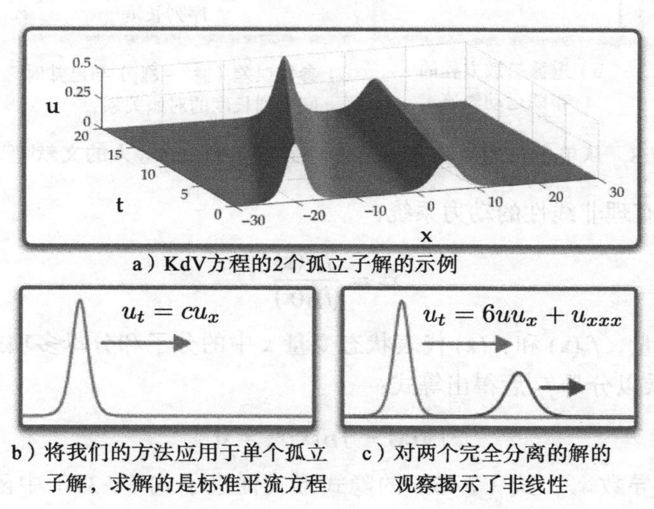

a）KdV方程的2个孤立子解的示例

b）将我们的方法应用于单个孤立子解，求解的是标准平流方程

c）对两个完全分离的解的观察揭示了非线性

图7.7 通过观察多个振幅处的解来推断非线性（摘自Rudy等人的文献[460]）

PDE-FIND 算法还可根据遵循单个粒子路径的拉格朗日测量来识别 PDE。例如，图 7.8 说明了基于粒子位置的单次长时间序列测量的扩散方程的辨识，该方程描述了粒子的布朗运动。在此示例中，时间序列分为几个短序列，并且这些位置分布的演变过程用于辨识扩散方程。

有理函数非线性的 SINDy 扩展

许多动力系统，例如生物学中的代谢和调节网络，在动力学中包含了有理函数非线性。通常，这些有理函数非线性是由于时间尺度的分离引起的。尽管就非线性库的选择而言，原始的 SINDy 算法具有很高的灵活性，但是要辨识有理函数并不是一件容易的事，因为一般的有理函数并不是一些基函数的稀疏线性组合。因此，如 Mangan 等人所述[361]，有必要用隐式常微分方程来重新构造动力学，并相应修改优化程序。 253~254

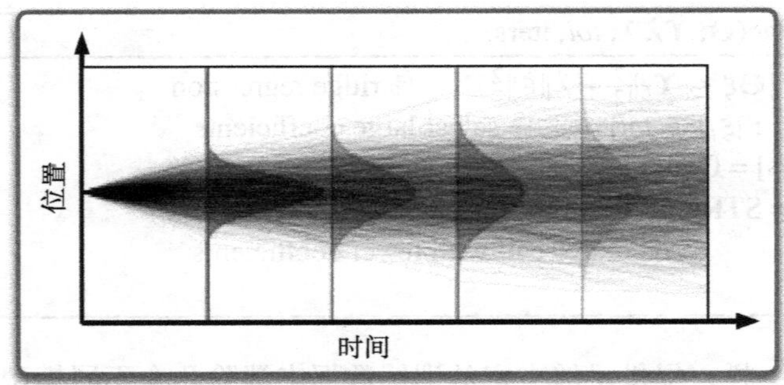

a）时间序列被分解为许多短的随机游动，用于构造位移的直方图

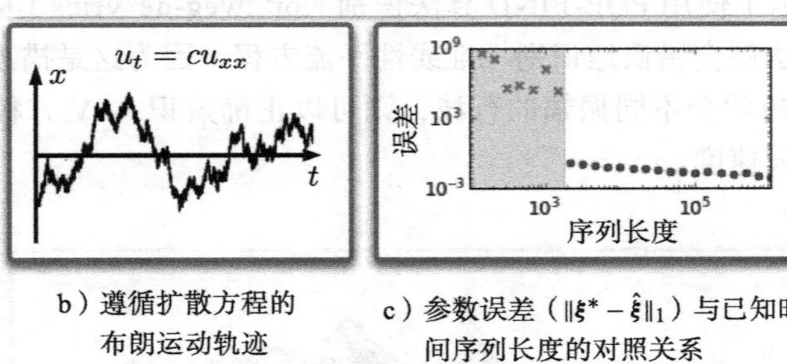

b）遵循扩散方程的布朗运动轨迹

c）参数误差（$\|\xi^* - \hat{\xi}\|_1$）与已知时间序列长度的对照关系

图7.8 从单个布朗运动推断扩散方程（摘自Rudy等人的文献[460]）

考虑如下具有有理非线性的动力系统：

$$\dot{x}_k = \frac{f_N(\mathbf{x})}{f_D(\mathbf{x})} \tag{7.44}$$

其中 x_k 是第 k 个变量，$f_N(\mathbf{x})$ 和 $f_D(\mathbf{x})$ 代表状态变量 $\mathbf{x}$ 中的分子和分母多项式。对于每个索引指数 k，将两边都乘以分母 f_D 后得出等式：

$$f_N(\mathbf{x}) - f_D(\mathbf{x})\dot{x}_k = 0 \tag{7.45}$$

根据状态 $\mathbf{x}$ 和导数 $\dot{x}_k$，式（7.45）的隐式形式促进了式（7.37）中函数库 $\boldsymbol{\Theta}$ 的推广和泛化：

$$\boldsymbol{\Theta}(\mathbf{X}, \dot{x}_k(\mathbf{t})) = \left[\boldsymbol{\Theta}_N(\mathbf{X}) \quad \text{diag}\,(\dot{x}_k(\mathbf{t}))\,\boldsymbol{\Theta}_D(\mathbf{X})\right] \tag{7.46}$$

其中，第一项 $\boldsymbol{\Theta}_N(\mathbf{X})$ 是 $\mathbf{x}$ 中的分子单项式库，如式（7.37）所示。第二项 $\text{diag}(\dot{x}_k(\mathbf{t}))\boldsymbol{\Theta}_D(\mathbf{X})$ 是通过分母多项式库 $\boldsymbol{\Theta}_D(\mathbf{X})$ 的每一列与向量 $\dot{x}_k(\mathbf{t})$ 按元素方式相乘获得的。对于单变量 x_k 可以得到如下关系：

$$\text{diag}(\dot{x}_k(\mathbf{t}))\boldsymbol{\Theta}(\mathbf{X}) = \left[\dot{x}_k(\mathbf{t}) \ (\dot{x}_k x_k)(\mathbf{t}) \ (\dot{x}_k x_k^2)(\mathbf{t}) \ \cdots\right] \tag{7.47}$$

在大多数情况下，分子和分母库使用相同的多项式次数，$\boldsymbol{\Theta}_N(\mathbf{X}) = \boldsymbol{\Theta}_D(\mathbf{X})$。因此，式（7.46）中的增广库仅是式（7.37）中原始库的两倍。

现在可以根据式（7.46）中的增广库写出式（7.45）的动力学关系：

$$\boldsymbol{\Theta}(\mathbf{X}, \dot{x}_k(\mathbf{t}))\boldsymbol{\xi}_k = \mathbf{0} \tag{7.48}$$

对于动力学中的有效项，系数 $\boldsymbol{\xi}_k$ 的稀疏向量将具有非零项。但是，不可能使用与 SINDy 中相同的稀疏回归过程，因为满足式（7.48）的最稀疏向量 $\boldsymbol{\xi}_k$ 是一般的零向量。

相反，将满足式（7.48）的最稀疏非零向量 $\boldsymbol{\xi}_k$ 确定为 $\boldsymbol{\Theta}$ 的零空间中最稀疏的向量，这通常是一个非凸问题，尽管最近 Qu 等人[440]提出了基于交替方向法（ADM）来识别子空间中的最稀疏向量。与原始 SINDy 算法不同，此过程对噪声非常敏感，因为零空间在数值上近似为与小奇异值对应的奇异向量的跨度。当噪声添加到数据矩阵 $\mathbf{X}$，并进而添加到 $\mathbf{\Theta}$ 时，奇异值分解的噪声基底会上升，从而增加数值零空间的秩。

隐式 ODE 的一般公式

除了可以包含有理函数非线性的方程组外，上述优化过程还可以推广到包括一大类隐式常微分方程组。库 $\mathbf{\Theta}(\mathbf{X}, \dot{x}_k(\mathbf{t}))$ 包含库 $\mathbf{\Theta}([\mathbf{X}\quad\dot{\mathbf{X}}])$ 的列的子集，这是通过建立状态 $\mathbf{x}$ 和导数 $\dot{\mathbf{x}}$ 的非线性函数获得的。在 $\mathbf{\Theta}([\mathbf{X}\quad\dot{\mathbf{X}}])$ 的零空间中辨识最稀疏的向量，可以更灵活地识别含有各种导数和状态组合幂的混合项的非线性方程。例如，下式给出的系统： 255

$$\dot{x}^2x^2 - \dot{x}x - x^2 = 0 \tag{7.49}$$

可以表示为 $\mathbf{\Theta}([\mathbf{X}\quad\dot{\mathbf{X}}])$ 的零空间中的稀疏向量。可以扩展此表示形式使其包括库 $\mathbf{\Theta}$ 中的高阶导数，例如，辨识二阶隐式微分方程：

$$\mathbf{\Theta}\left([\mathbf{X}\quad\dot{\mathbf{X}}\quad\ddot{\mathbf{X}}]\right) \tag{7.50}$$

这种方法的通用性能够使其辨识许多感兴趣的系统，包括那些具有有理函数非线性的系统。

模型选择的信息准则

在 SINDy 算法中执行稀疏回归时，稀疏度提升参数 λ 是一个自由变量。实际上，不同的 λ 值将产生具有不同稀疏度的不同模型，范围从非常大的 λ 对应的模型 $\dot{x}=0$ 到 $\lambda=0$ 对应的简单最小二乘解。因此，通过改变 λ 可以清除帕累托边界，在误差和复杂性之间取得平衡，如图 7.9 所示。为了确定具有低误差和合理复杂性的最简约模型，可以利用信息准则进行模型选择，如 Mangan 等人所述[362]。特别地，如果计算了惩罚模型中项数个数的 Akaike 信息准则（AIC）[6, 7]，那么最简约模型会最小化 AIC。此过程已应用于几个稀疏辨识问题，并且在每种情况下都可以正确辨识真实模型[362]。 256

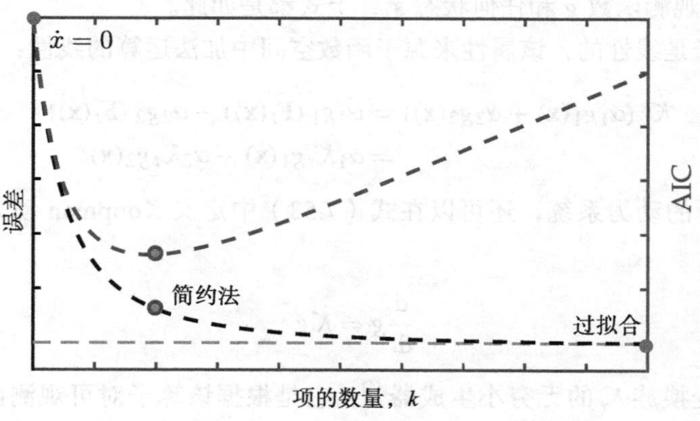

图7.9 使用SINDy和信息准则进行模型选择的示意图（摘自Mangan等人的文献[362]）。选择帕累托边界的最简约模型来最小化AIC分数值（灰底黑框圆圈），从而防止过拟合

7.4 Koopman算子理论

Koopman 算子理论是近年来从测量 $g(\mathbf{x})$ 演化的角度研究动力系统的一种新方法。1931 年，Bernard O. Koopman 证明了根据作用于系统状态测量函数的 Hilbert 空间上的无限维线性算子来表示非线性动力系统是可能的。这个所谓的 Koopman 算子是线性的，它的频谱分解完全表征了非线性系统的行为，类似于式（7.7）。然而，它也是无穷维的，因为描述状态所有可能的测量函数 g 的空间需要无限多个自由度。获得 Koopman 算子的有限维矩阵近似是目前研究的重点，并有望实现非线性动力系统的全局线性表示。在线性框架中表达非线性动力学是很有吸引力的，因为线性系统有丰富的最佳估计理论和控制技术可以利用（见第 8 章），并且具有分析预测系统未来状态的能力。在实践中，获得 Koopman 算子的有限维逼近一直是挑战课题，因为它涉及辨识由 Koopman 算子的特征函数子集张成的子空间。

Koopman 理论的数学表述

Koopman 算子利用动力学的流来推进状态测量函数向前演化。考虑实值测量函数 $g:\mathbf{M}\to\mathbb{R}$，它是无限维 Hilbert 空间的元素。函数 g 通常也被称作是可观测函数，容易与控制理论中不相关的可观测性相混淆。通常，Hilbert 空间由 $\mathbf{M}$ 上的 Lebesgue 平方可积函数给出。测量空间的其他选择也是有效的。

Koopman 算子 $\mathcal{K}_t$ 是一个无限维线性算子，它对测量函数 g 的作用如下：

$$\mathcal{K}_t g = g\circ\mathbf{F}_t \tag{7.51}$$

其中$\circ$是合成算子。对于时间步长为 Δt 的离散时间系统，上式变为：

$$\mathcal{K}_{\Delta t} g(\mathbf{x}_k) = g(\mathbf{F}_{\Delta t}(\mathbf{x}_k)) = g(\mathbf{x}_{k+1}) \tag{7.52}$$

换句话说，Koopman 算子定义了一个无限维线性动力系统，并使状态观测值 $g_k = g(\mathbf{x}_k)$ 推进到下一个时间步长：

$$g(\mathbf{x}_{k+1}) = \mathcal{K}_{\Delta t} g(\mathbf{x}_k) \tag{7.53}$$

注意，对于任何可观测函数 g 和任何状态 $\mathbf{x}_k$，上式都是如此。

Koopman 算子是线性的，该属性来源于函数空间中加法运算的线性：

$$\mathcal{K}_t\left(\alpha_1 g_1(\mathbf{x}) + \alpha_2 g_2(\mathbf{x})\right) = \alpha_1 g_1\left(\mathbf{F}_t(\mathbf{x})\right) + \alpha_2 g_2\left(\mathbf{F}_t(\mathbf{x})\right) \tag{7.54a}$$

257

$$= \alpha_1 \mathcal{K}_t g_1(\mathbf{x}) + \alpha_2 \mathcal{K}_t g_2(\mathbf{x}) \tag{7.54b}$$

对于足够光滑的动力系统，还可以在式（7.53）中定义 Koopman 动力系统的连续时间模拟：

$$\frac{\mathrm{d}}{\mathrm{d}t} g = \mathcal{K} g \tag{7.55}$$

算子 $\mathcal{K}$ 是单参数变换族 $\mathcal{K}_t$ 的无穷小生成器 [1]，它是根据该算子对可观测函数 g 的作用来定义的：

$$\mathcal{K} g = \lim_{t\to 0}\frac{\mathcal{K}_t g - g}{t} = \lim_{t\to 0}\frac{g\circ\mathbf{F}_t - g}{t} \tag{7.56}$$

式（7.55）和式（7.53）中的线性动力系统分别与式（7.3）和式（7.4）中的动力系统相似。

需要注意的是，初始状态 $\mathbf{x}$ 可能是可观测函数，无限维算子 $\mathcal{K}_t$ 将使这个函数向前演化推进。然而，一旦通过动力学迭代，在 Hilbert 空间中所选择的基，即使如可观测函数 $g=\mathbf{x}$ 这么简单的表示，都可能会变得非常复杂。换句话说，寻找 $\mathcal{K}\mathbf{x}$ 的表示可能不简单或不直接。

Koopman 特征函数和固有坐标

Koopman 算子是线性的，但它又是无限维的，这给表示和计算带来了问题。应用 Koopman 分析不是捕获 Hilbert 空间中所有测量函数的演化过程，而是尝试辨识随动力学流动线性演化的关键测量函数，Koopman 算子的特征函数正好提供了这样一组在时间上呈线性的特殊测量能力。实际上，采用 Koopman 框架的主要动机是利用算子的特征分解来简化动力学的能力。

对应于特征值 λ 的离散时间 Koopman 特征函数 $\varphi(\mathbf{x})$ 满足：

$$\varphi(\mathbf{x}_{k+1})=\mathcal{K}_{\Delta t}\varphi(\mathbf{x}_k)=\lambda\varphi(\mathbf{x}_k) \tag{7.57}$$

在连续时间情况下，Koopman 特征函数 $\varphi(\mathbf{x})$ 满足：

$$\frac{\mathrm{d}}{\mathrm{d}t}\varphi(\mathbf{x})=\mathcal{K}\varphi(\mathbf{x})=\lambda\varphi(\mathbf{x}) \tag{7.58}$$

从数据或解析表达式中获得 Koopman 特征函数是现代动力系统的一个核心应用挑战，发现这些特征函数可以实现强非线性系统的全局线性表示。

将链式法则应用于 Koopman 特征函数 $\varphi(\mathbf{x})$ 的时间导数，可得：

$$\frac{\mathrm{d}}{\mathrm{d}t}\varphi(\mathbf{x})=\nabla\varphi(\mathbf{x})\cdot\dot{\mathbf{x}}=\nabla\varphi(\mathbf{x})\cdot\mathbf{f}(\mathbf{x}) \tag{7.59}$$

结合式（7.58），得出特征函数 $\varphi(\mathbf{x})$ 的偏微分方程（PDE）：

$$\nabla\varphi(\mathbf{x})\cdot\mathbf{f}(\mathbf{x})=\lambda\varphi(\mathbf{x}) \tag{7.60}$$

使用这种非线性 PDE，可以通过求解劳伦（Laurent）级数或通过回归获得数据来近似特征函数，下面将对这两种方法进行探讨。这种表示假定动力学是连续的且可微的。式（7.4）中的离散时间动力学更为一般。在许多示例中，连续时间动力学比长时间的离散时间映射具有 258
更简单的表示，例如 Lorenz 系统具有简单的连续时间表示，但是对于中等长度的离散时间更新，通常是不可表示的。

从式（7.57）和式（7.58）得出的关键结论是，非线性动力学在由 $\varphi(\mathbf{x})$ 给出的特征函数坐标中完全变成线性。举一个简单的例子，动力系统的任何守恒量都是对应于特征值 $\lambda=0$ 的 Koopman 特征函数，这建立了著名的诺特（Noether）定理的 Koopman 扩展 [406]，意味着控制方程中的任何对称性都会产生具有特征值 $\lambda=0$ 的新 Koopman 特征函数，例如 Hamiltonian 能量函数是保守系统的 Koopman 特征函数。另外，对于每个动力系统，常数函数 $\varphi=1$ 始终是与 $\lambda=0$ 相对应的平凡特征函数。

特征值格一组 Koopman 特征函数可用于产生更多的特征函数。在离散时间内，我们发现两个特征函数 $\varphi_1(\mathbf{x})$ 和 $\varphi_2(\mathbf{x})$ 的乘积也是一个特征函数：

$$\mathcal{K}_t\left(\varphi_1(\mathbf{x})\varphi_2(\mathbf{x})\right)=\varphi_1(\mathbf{F}_t(\mathbf{x}))\varphi_2(\mathbf{F}_t(\mathbf{x})) \tag{7.61a}$$

$$=\lambda_1\lambda_2\varphi_1(\mathbf{x})\varphi_2(\mathbf{x}) \tag{7.61b}$$

其对应于由 $\varphi_1(\mathbf{x})$ 和 $\varphi_2(\mathbf{x})$ 两个特征值的乘积给出的新特征值 $\lambda_1\lambda_2$。

在连续时间内，上述关系变为：

$$\begin{aligned}\mathcal{K}(\varphi_1\varphi_2) &= \frac{\mathrm{d}}{\mathrm{d}t}(\varphi_1\varphi_2) && (7.62\text{a})\\ &= \dot{\varphi}_1\varphi_2 + \varphi_1\dot{\varphi}_2 && (7.62\text{b})\\ &= \lambda_1\varphi_1\varphi_2 + \lambda_2\varphi_1\varphi_2 && (7.62\text{c})\\ &= (\lambda_1+\lambda_2)\varphi_1\varphi_2 && (7.62\text{d})\end{aligned}$$

这意味着 Koopman 特征函数集在点乘法则下建立了一个可交换的幺半群。一个幺半群具有群的结构，但是其元素不需要具有逆。因此，可能存在一组有限的生成器特征函数单元用于构造所有其他特征函数，这取决于动力系统。基于乘积 $\lambda_1\lambda_2$ 或 $\lambda_1+\lambda_2$ 之和，相应的特征值类似地形成一个格，这取决于动力学是离散时间还是连续时间。例如，给定一个线性系统 $\dot{x}=\lambda x$，则 $\varphi(x)=x$ 是具有特征值 λ 的特征函数。此外，对于任何 α，$\varphi^{\alpha}=x^{\alpha}$ 也是特征值 $\alpha\lambda$ 的特征函数。

连续时间格和离散时间格之间的关系非常简单，如果连续时间特征值由 λ 给出，则相应的离散时间特征值由 $e^{\lambda t}$ 给出。因此，式（7.61b）和式（7.62d）中的特征值表达式具有如下关系：

$$e^{\lambda_1 t}e^{\lambda_2 t}\varphi_1(\mathbf{x})\varphi_2(\mathbf{x}) = e^{(\lambda_1+\lambda_2)t}\varphi_1(\mathbf{x})\varphi_2(\mathbf{x}) \tag{7.63}$$

作为连续时间和离散时间特征值之间关系的另一种简单演示，可考虑将式（7.56）中的连续时间定义应用于特征函数：

259

$$\lim_{t\to 0}\frac{\mathcal{K}_t\varphi(\mathbf{x})-\varphi(\mathbf{x})}{t} = \lim_{t\to 0}\frac{e^{\lambda t}\varphi(\mathbf{x})-\varphi(\mathbf{x})}{t} = \lambda\varphi(\mathbf{x}) \tag{7.64}$$

Koopman 模式分解和有限表示

到目前为止，我们已经考虑了系统的标量测量，并且发现了随时间线性变化的特殊特征测量。但是，我们经常要对系统进行多次测量。在极端情况下，我们可能会测量高维空间系统的整个状态，例如不断变化的流体流动，这些测量值可以排列成一个向量 $\mathbf{g}$：

$$\mathbf{g}(\mathbf{x}) = \begin{bmatrix} g_1(\mathbf{x})\\ g_2(\mathbf{x})\\ \vdots\\ g_p(\mathbf{x})\end{bmatrix} \tag{7.65}$$

每个单独的测量值都可以根据特征函数 $\varphi_j(\mathbf{x})$ 进行扩展，该函数为 Hilbert 空间提供了一个基：

$$g_i(\mathbf{x}) = \sum_{j=1}^{\infty} v_{ij}\varphi_j(\mathbf{x}) \tag{7.66}$$

因此，可观测向量 $\mathbf{g}$ 可以类似地扩展为：

$$\mathbf{g}(\mathbf{x}) = \begin{bmatrix} g_1(\mathbf{x})\\ g_2(\mathbf{x})\\ \vdots\\ g_p(\mathbf{x})\end{bmatrix} = \sum_{j=1}^{\infty}\varphi_j(\mathbf{x})\mathbf{v}_j \tag{7.67}$$

其中 $\mathbf{v}_j$ 是与特征函数 φ_j 相关联的第 j 个 Koopman 模式。

对于保守动力系统，例如受 Hamiltonian 动力学主导控制的动力系统，Koopman 算子是幺正的。因此，对于保守系统，Koopman 特征函数是正交的，并且可以通过投影直接计算 Koopman 模式 $\mathbf{v}_j$：

$$\mathbf{v}_j = \begin{bmatrix} \langle \varphi_j, g_1 \rangle \\ \langle \varphi_j, g_2 \rangle \\ \vdots \\ \langle \varphi_j, g_p \rangle \end{bmatrix} \tag{7.68}$$

其中 $\langle \cdot,\cdot \rangle$ 是 Hilbert 空间中函数的标准内积。在系统的直接空间测量情况下，$\mathbf{g}(\mathbf{x}) = \mathbf{x}$，这些模式具有物理解释，此时这些模式是相干的空间模式，其行为与相同的时间动力学（即振荡，可能具有线性增长或衰减）成线性关系。

给定式（7.67）中的分解，可以将测量 $\mathbf{g}$ 的动态表示如下：

$$\mathbf{g}(\mathbf{x}_k) = \mathcal{K}_{\Delta t}^k \mathbf{g}(\mathbf{x}_0) = \mathcal{K}_{\Delta t}^k \sum_{j=0}^{\infty} \varphi_j(\mathbf{x}_0)\mathbf{v}_j \tag{7.69a}$$

$$= \sum_{j=0}^{\infty} \mathcal{K}_{\Delta t}^k \varphi_j(\mathbf{x}_0)\mathbf{v}_j \tag{7.69b}$$

260

$$= \sum_{j=0}^{\infty} \lambda_j^k \varphi_j(\mathbf{x}_0)\mathbf{v}_j \tag{7.69c}$$

这个三重序列 $\left\{\left(\lambda_j,\varphi_j,\mathbf{v}_j\right)\right\}_{j=0}^{\infty}$ 被称为 Koopman 模式分解，由 Mezić 在 2005 年引入[376]。随后，Koopman 模式分解通过动态模态分解[456]与数据驱动回归建立了联系，这将在 7.2 节中讨论。

不变特征空间和有限维模型

应用 Koopman 分析不是捕获 Hilbert 空间中所有测量函数的演化，而是在由一组有限的测量函数张成的不变子空间上逼近演化。

Koopman 不变子空间定义为一组函数 $\{g_1, g_2, \cdots, g_p\}$ 张成的空间，如果子空间中的所有函数 g：

$$g = \alpha_1 g_1 + \alpha_2 g_2 + \cdots + \alpha_p g_p \tag{7.70}$$

在经过如下 Koopman 算子 $\mathcal{K}$ 作用后仍然在这个子空间中：

$$\mathcal{K} g = \beta_1 g_1 + \beta_2 g_2 + \cdots + \beta_p g_p \tag{7.71}$$

通过将 Koopman 算子限制在由有限数量的函数 $\left\{g_j\right\}_{j=0}^{p}$ 张成的不变子空间中，可以得到 Koopman 算子的有限维矩阵表示。矩阵表示 $\mathbf{K}$ 作用于向量空间 $\mathbb{R}^p$，其坐标由 $g_j(\mathbf{x})$ 的值给出，如式（7.53）和式（7.55）所示，这会产生有限维线性系统。

Koopman 算子的任何有限特征函数集合都能张成一个不变子空间，因此，发现这些特 261
征函数坐标是一个挑战，因为它们提供了固有坐标，动力学沿着这些固有坐标呈现线性关系。实际上，更有可能识别出由一组函数 $\left\{g_j\right\}_{j=0}^{p}$ 给出的近似不变的子空间，其中每个函数 g_j

都由特征函数的有限和 $g_j \approx \sum_{k=0}^{p} \alpha_k \varphi_k$ 很好地近似。如图 7.10 所示。

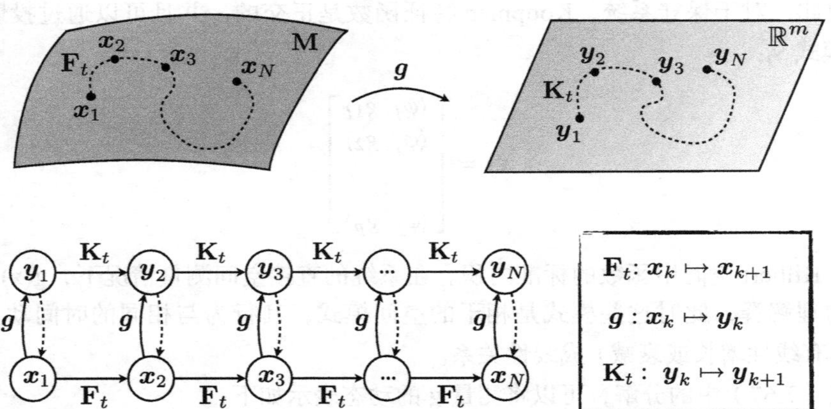

图7.10 图解说明非线性动力系统的Koopman算子。$\mathbf{y}_k \to \mathbf{x}_k$ 的虚线表示希望能恢复的原始状态

Koopman 嵌入的例子

具有单固定点和慢流形的非线性系统

在这里，我们考虑一个具有单固定点的例子，系统如下：

$$\dot{x}_1 = \mu x_1 \tag{7.72a}$$

$$\dot{x}_2 = \lambda(x_2 - x_1^2) \tag{7.72b}$$

对于 $\lambda < \mu < 0$，系统表现出由 $x_2 = x_1^2$ 给出的慢吸引流形。可以用非线性测量 $g = x_1^2$ 来扩展状态 $\mathbf{x}$，从而定义三维 Koopman 不变子空间。在这些坐标中，动力学变为线性关系：

$$\frac{\mathrm{d}}{\mathrm{d}t}\begin{bmatrix} y_1 \\ y_2 \\ y_3 \end{bmatrix} = \begin{bmatrix} \mu & 0 & 0 \\ 0 & \lambda & -\lambda \\ 0 & 0 & 2\mu \end{bmatrix}\begin{bmatrix} y_1 \\ y_2 \\ y_3 \end{bmatrix} \quad \text{其中} \quad \begin{bmatrix} y_1 \\ y_2 \\ y_3 \end{bmatrix} = \begin{bmatrix} x_1 \\ x_2 \\ x_1^2 \end{bmatrix} \tag{7.73}$$

完整的三维 Koopman 可观测向量空间如图 7.11 所示，从不变流形 $y_3 = y_1^2$ 开始的轨迹（由蓝色表面显示）被限制在这个流形上。存在一个慢子空间，它是由对应于慢特征值 μ 和 2μ 的特征向量张成的空间，这个子空间由绿色表面显示。最后，存在原系统的原渐近吸引流形 $y_2 = y_1^2$，由红色表面显示。蓝色和红色的抛物线表面总是在 $y_2 - y_3$ 方向以 45° 角倾斜的抛物线相交。随着快动态与慢动态的比率变得越来越大，绿色表面趋近于这个 45° 倾斜度。在完整的三维 Koopman 可观测空间中，随着动力学轨迹迅速吸引到绿色子空间上，然后缓慢地接近固定点，由此动力学产生一个单稳定节点。

由 Koopman 算子的特征函数定义的固有坐标 Koopman 算子的左特征向量产生 Koopman 特征函数（即特征观测值）。与特征值 μ 和 λ 对应的式（7.73）的 Koopman 特征函数为：

$$\varphi_\mu = x_1, \quad \text{和} \quad \varphi_\lambda = x_2 - bx_1^2 \quad \text{与} \quad b = \frac{\lambda}{\lambda - 2\mu} \tag{7.74}$$

其中，$b = \frac{\lambda}{\lambda - 2\mu}$。$\varphi_\lambda$ 中的常数 b 反映了这样一个事实，即对于有限比率 λ/μ，动力学仅

跟踪渐近吸引的慢流形 $x_2 = x_1^2$，而实际上跟随的是相邻的抛物线轨迹。在图 7.11 中，针对不同比率 λ/μ，不同的表面更清楚地说明了这一点。

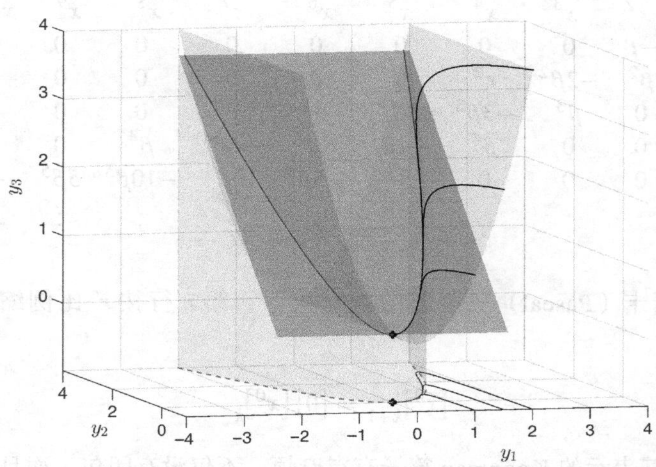

图7.11　式（7.73a）中三维线性Koopman系统的可视图以及动力学在x_1–x_2平面上的投影。红色表示吸引慢流形，蓝色表示约束 $y_3 = y_1^2$，绿色表示式（7.73a）的慢不稳定子空间。**y**中线性Koopman系统的黑色轨迹投影到y_1 – y_2平面中**x**的完全非线性系统轨迹。在这里，$\mu = -0.05$，$\lambda = 1$（摘自Brunton等人的文献[92]）（附彩图）

在这种情况下，一组固有坐标可以由不变子空间上的 Koopman 算子的左特征向量定义的可观测函数来确定：

$$\varphi_\alpha(\mathbf{x}) = \boldsymbol{\xi}_\alpha \mathbf{y}(\mathbf{x}),\ \text{其中}\ \boldsymbol{\xi}_\alpha \mathbf{K} = \alpha \boldsymbol{\xi}_\alpha \tag{7.75}$$ 262

这些特征可观测量定义了可观测子空间，这些子空间即使经过坐标变换，在 Koopman 算子下仍保持不变，它们可以被视为 Koopman 不变子空间上的固有坐标 [556]。

难以表示的示例

考虑如下逻辑斯谛（logistic）映射：

$$x_{k+1} = \beta x_k(1 - x_k) \tag{7.76}$$

令可观测子空间包含 x 和 x^2：

$$\mathbf{y}_k = \begin{bmatrix} x \\ x^2 \end{bmatrix}_k \triangleq \begin{bmatrix} x_k \\ x_k^2 \end{bmatrix} \tag{7.77}$$

写出 Koopman 算子，其第一行方程很简单：

$$\mathbf{y}_{k+1} = \begin{bmatrix} x \\ x^2 \end{bmatrix}_{k+1} = \begin{bmatrix} \beta & -\beta \\ ? & ? \end{bmatrix} \begin{bmatrix} x \\ x^2 \end{bmatrix}_k \tag{7.78}$$

但是第二行就不明显了。为了求得其表达式，将 x_{k+1}^2 展开：

$$x_{k+1}^2 = (\beta x_k(1 - x_k))^2 = \beta^2 \left(x_k^2 - 2x_k^3 + x_k^4 \right) \tag{7.79}$$ 263

需要三阶和四阶多项式项才能获得 x^2。类似地，下面这些项分别需要达到六阶和八阶的多项式才能获得，依此类推，无穷无尽：

$$
\begin{bmatrix} x \\ x^2 \\ x^3 \\ x^4 \\ x^5 \\ \vdots \end{bmatrix}_{k+1}
=
\begin{array}{c}
\begin{array}{cccccccccc} x & x^2 & x^3 & x^4 & x^5 & x^6 & x^7 & x^8 & x^9 & x^{10} \end{array} \\
\begin{bmatrix}
\beta & -\beta & 0 & 0 & 0 & 0 & 0 & 0 & 0 & 0 & \cdots \\
0 & \beta^2 & -2\beta^2 & r^2 & 0 & 0 & 0 & 0 & 0 & 0 & \cdots \\
0 & 0 & \beta^3 & -3\beta^3 & 3\beta^3 & \beta^3 & 0 & 0 & 0 & 0 & \cdots \\
0 & 0 & 0 & \beta^4 & -4\beta^4 & 6\beta^4 & -4\beta^4 & \beta^4 & 0 & 0 & \cdots \\
0 & 0 & 0 & 0 & \beta^5 & -5\beta^5 & 10\beta^5 & -10\beta^5 & 5\beta^5 & -\beta^5 & \cdots \\
\vdots & \vdots & \vdots & \vdots & \vdots & \vdots & \vdots & \vdots & \vdots & \vdots &
\end{bmatrix}
\end{array}
\begin{bmatrix} x \\ x^2 \\ x^3 \\ x^4 \\ x^5 \\ \vdots \end{bmatrix}_{k}
$$

该方程的行与帕斯卡（Pascal）三角形的行有关系，第 n 行按 r^n 比例缩放，而第一行省略，则：

$$[x^0]_{k+1} = [0]\,[x^0]_k \tag{7.80}$$

上述用多项式基表示的 Koopman 算子有点麻烦，不仅没有闭包，而且对于 $\beta > 1$，任何有限秩截断的行列式都非常大。这说明了一个与简单混沌系统无限维 Koopman 算子的朴素表示有关的陷阱。截断系统或对增大的可观测向量（即非线性测量的 DMD，参见 7.5 节）进行最小二乘拟合，会产生较差的结果。随着表示的复杂性快速增长，截断的系统仅在少数迭代中符合真实动力学：

$$
\begin{array}{c} 1 \\ x \\ x^2 \\ x^3 \\ x^4 \\ x^5 \\ x^6 \\ x^7 \\ x^8 \\ \vdots \end{array}
\begin{bmatrix} 0 \\ 1 \\ 0 \\ 0 \\ 0 \\ 0 \\ 0 \\ 0 \\ 0 \\ \vdots \end{bmatrix}
\overset{\mathcal{K}}{\Longrightarrow}
\begin{bmatrix} 0 \\ \beta \\ -\beta \\ 0 \\ 0 \\ 0 \\ 0 \\ 0 \\ 0 \\ \vdots \end{bmatrix}
\overset{\mathcal{K}}{\Longrightarrow}
\begin{bmatrix} 0 \\ \beta^2 \\ -\beta^2-\beta^3 \\ 2\beta^3 \\ -\beta^3 \\ 0 \\ 0 \\ 0 \\ 0 \\ \vdots \end{bmatrix}
\overset{\mathcal{K}}{\Longrightarrow}
\begin{bmatrix} 0 \\ \beta^3 \\ -\beta^3-\beta^4-\beta^5 \\ 2\beta^4+2\beta^5+2\beta^6 \\ -\beta^4-\beta^5-6\beta^6-\beta^7 \\ 6\beta^6+4\beta^7 \\ -2\beta^6-6\beta^7 \\ 4\beta^7 \\ -\beta^7 \\ \vdots \end{bmatrix}
\tag{7.81}
$$

特征函数的解析级数展开

考虑式（7.1）中的动力学，可以使用标准技术来求解式（7.60）中的 PDE，例如递归求解 Taylor 级数或 Laurent 级数中的项。下面将探讨许多简单的示例。

线性动力学

考虑简单的线性动力学如下：

264

$$\frac{\mathrm{d}}{\mathrm{d}t}x = x \tag{7.82}$$

假设 $\varphi(x)$ 的 Taylor 级数展开为：

$$\varphi(x) = c_0 + c_1x + c_2x^2 + c_3x^3 + \cdots$$

那么梯度和方向导数分别为：

$$\nabla\varphi = c_1 + 2c_2x + 3c_3x^2 + 4c_4x^3 + \cdots$$
$$\nabla\varphi \cdot f = c_1x + 2c_2x^2 + 3c_3x^3 + 4c_4x^4 + \cdots$$

求解 Koopman 特征函数 PDE 式（7.60）中的项，我们看到 $c_0 = 0$ 必须成立。对于式（7.60）中的任何正整数 λ，仅一个系数可以为非零。具体来说，对于 $\lambda = k \in \mathbb{Z}^+$，$\varphi(x) = cx^k$ 是任何常数 c 的特征函数，例如，如果 $\lambda = 1$，则 $\varphi(x) = x$。

二次非线性动力学

考虑非线性动力系统：

$$\frac{\mathrm{d}}{\mathrm{d}t} = x^2 \tag{7.83}$$

除了满足 $\lambda = 0$ 的平凡解 $\varphi = 0$ 之外，没有泰勒级数满足式（7.60），取而代之的是 Laurent 级数。我们假设 Laurent 级数如下：

$$\varphi(x) = \cdots + c_{-3}x^{-3} + c_{-2}x^{-2} + c_{-1}x^{-1} + c_0$$
$$+ c_1x + c_2x^2 + c_3x^3 + \cdots$$

其梯度和方向导数由下式给出：

$$\nabla\varphi = \cdots - 3c_{-3}x^{-4} - 2c_{-2}x^{-3} - c_{-1}x^{-2} + c_1 + 2c_2x$$
$$+ 3c_3x^2 + 4c_4x^3 + \cdots$$
$$\nabla\varphi \cdot f = \cdots - 3c_{-3}x^{-2} - 2c_{-2}x^{-1} - c_{-1} + c_1x^2 + 2c_2x^3$$
$$+ 3c_3x^4 + 4c_4x^5 + \cdots$$

求解满足式（7.60）的 Laurent 级数的系数，我们发现所有具有正指数的系数都为零，即对于所有 $k \geqslant 1$，$c_k = 0$。对应 $k \leqslant -1$ 的非正指数系数由递归 $\lambda c_{k+1} = kc_k$ 给出。因此，Laurent 级数为：

$$\varphi(x) = c_0\left(1 - \lambda x^{-1} + \frac{\lambda^2}{2}x^{-2} - \frac{\lambda^3}{3}x^{-3} + \cdots\right) = c_0e^{-\lambda/x}$$

这适用于所有 $\lambda \in \mathbb{C}$ 的值。此外还有其他 Koopman 特征函数可以从 Laurent 级数中辨识出来。

多项式非线性动力学

对于更一般的非线性动力系统：

$$\frac{\mathrm{d}}{\mathrm{d}t} = ax^n \tag{7.84}$$

对于所有 $\lambda \in \mathbb{C}$，$\varphi(x) = e^{\frac{\lambda}{(1-n)a}x^{1-n}}$ 是一个特征函数。 265

如上所述，也可以利用这些原始特征函数生成新的特征函数，所得的特征值在复平面上生成晶格。

历史回顾和最新进展

引入 1931 年对 Koopman 的原始分析来描述 Hamiltonian 系统的测量演化[300]，1932 年 Koopman 和 von Neumann 将这一理论推广到具有连续特征值谱的系统[301]。在 Hamiltonian 流的情况下，Koopman 算子 $\mathcal{K}_t$ 是一元的，并且构成了 Hilbert 空间中幺正变换的一个参数族。由于离散傅里叶变换（DFT）和奇异值分解（SVD）都提供了幺正坐标变换，因此我们现在对幺正算子已经很熟悉了。幺正性意味着通过 Koopman 算子的作用，任何两个可观测函数的内积保持不变，这与 Hamiltonian 系统的相空间体积保持性质相关。在原始论文[300]中，Koopman 在 Koopman 特征值谱与守恒量，可积性和遍历性之间建立了联系。Koopman 在 1931 年发表的论文占据了 Boopkhoff 和 von Neumann 证明遍历定理的中心位置[62, 399, 61, 389]。

随着 Mezić 和合作者的开创性工作[379, 376, 102, 104, 103, 377, 322]，Koopman 分析引起了人们新的兴趣。Koopman 算子也称为合成算子，在形式上，它是标量可观测函数空间上的后退算子[1]。Koopman 算子也是 Perron-Frobenius 算子或转移算子的对偶或左伴随矩阵，是概率密度函数空间上的前推算子。当选择多项式基表示 Koopman 算子时，这与 Carleman 线性化[121, 122, 123]密切相关，该线性化已广泛用于非线性控制[500, 305, 38, 509]。如文献 [487] 所述，Koopman 分析也与流体动力学的预解算子理论相关。

最近，算子理论框架已经补充了传统几何和概率的观点。例如，Koopman 特征函数的水平集形成了动力系统状态空间的不变分区[103]。特别地，Koopman 算子的特征函数可用于分析和遍历分区[380, 102]。此外，Koopman 分析将 Hartman-Grobman 定理推广到一个稳定或不稳定的平衡点，或周期轨道的整个吸引盆[322]。

目前，表示通用动力系统的 Koopman 特征函数仍然是尚未解决的挑战。大量的研究工作集中在数据驱动技术的研究上，通过数据驱动识别 Koopman 特征函数并将其用于控制，这将在以下各章节中进行讨论。最近又出现了新的研究内容，试图利用深度学习发现并表示数据中的特征函数[550, 368, 513, 564, 412, 349]。

7.5　数据驱动的Koopman分析

266 获得强非线性系统的线性表示形式可能会改变我们预测和控制这些系统的能力。长期以来，一直将定点或周期轨道附近的动力学线性化用于动力学的局部线性表示[252]。Koopman 算子之所以吸引人，是因为它提供了一个全局线性表示形式，在远离固定点和周期性轨道的地方依然有效。先前尝试获得 Koopman 算子的有限维近似值的方法取得了有限的成功。动态模态分解[472, 456, 317]试图用最合适的线性模型逼近 Koopman 算子，该模型将空间测量从一个时间推进到下一个时间，尽管这些线性测量对于许多非线性系统而言不够丰富。用非线性测量来增强 DMD 可以丰富模型，但不能保证得到的模型在 Koopman 算子下是封闭的[92]。在这里，我们将描述几种从数据中辨识 Koopman 嵌入和特征函数的方法，这些方法包括扩展动态模态分解[556]、基于 SINDy 的扩展[276]以及延迟坐标的使用[91]等。

扩展 DMD

扩展 DMD 算法[556]与标准 DMD[535]基本相同，不同之处在于，除了对状态的直接测量进行回归之外，扩展 DMD 还对包含状态的非线性测量的增强向量进行回归。如前所述，eDMD 等效于构造动力学的变分方法[405, 407, 408]，该方法由 Noé 和 Nüske 在 2013 年提出。

在这里，我们将略微修改符号以表示相关方法。在 eDMD 中，构造了增广状态如下：

$$\mathbf{y} = \boldsymbol{\Theta}^T(\mathbf{x}) = \begin{bmatrix} \theta_1(\mathbf{x}) \\ \theta_2(\mathbf{x}) \\ \vdots \\ \theta_p(\mathbf{x}) \end{bmatrix} \tag{7.85}$$

$\boldsymbol{\Theta}$ 可能包含初始状态 $\mathbf{x}$ 以及非线性测量值，因此通常 $p \gg n$。接下来类似于 DMD 构造两个数据矩阵：

$$\mathbf{Y} = \begin{bmatrix} | & | & & | \\ \mathbf{y}_1 & \mathbf{y}_2 & \cdots & \mathbf{y}_m \\ | & | & & | \end{bmatrix} \qquad \mathbf{Y}' = \begin{bmatrix} | & | & & | \\ \mathbf{y}_2 & \mathbf{y}_3 & \cdots & \mathbf{y}_{m+1} \\ | & | & & | \end{bmatrix} \tag{7.86}$$

最后，构造一个最佳拟合线性算子 $\mathbf{A_Y}$，将 $\mathbf{Y}$ 映射到 $\mathbf{Y}'$ 中：

$$\mathbf{A_Y} = \underset{\mathbf{A_Y}}{\operatorname{argmin}} \|\mathbf{Y}' - \mathbf{A_Y}\mathbf{Y}\| = \mathbf{Y}'\mathbf{Y}^\dagger \tag{7.87}$$

该回归可以用数据矩阵 $\boldsymbol{\Theta}(\mathbf{X})$ 和 $\boldsymbol{\Theta}(\mathbf{X}')$ 来表示：

$$\mathbf{A_Y} = \underset{\mathbf{A_Y}}{\operatorname{argmin}} \|\boldsymbol{\Theta}^T(\mathbf{X}') - \mathbf{A_Y}\boldsymbol{\Theta}^T(\mathbf{X})\| = \boldsymbol{\Theta}^T(\mathbf{X}')\left(\boldsymbol{\Theta}^T(\mathbf{X})\right)^\dagger \tag{7.88}$$

由于增广向量 $\mathbf{y}$ 可能显著大于状态 $\mathbf{x}$，因此常使用核方法来计算这种回归[557]。原则上，丰富的库 $\boldsymbol{\Theta}$ 提供了更大的基来近似 Koopman 算子。最近已证明，在无穷快照的极限下，扩展 DMD 算子收敛于投射到 $\boldsymbol{\Theta}$ 张成的子空间的 Koopman 算子[303]。然而，如果 $\boldsymbol{\Theta}$ 不张成一个 Koopman 不变子空间，投影算子和初始 Koopman 算子可能没有任何相似之处，因为所有的特征值和特征向量可能是不同的。事实上，如果不用 Koopman 不变子空间表示，扩展 DMD 算子会产生假特征值和假特征向量[92]。因此，必须使用验证和交叉验证技术来确保 eDMD 模型不会过拟合，这一点将在下面讨论。例如，有研究表明，eDMD 不能包含初始状态 $\mathbf{x}$ 作为测量，不能表示具有多个固定点、周期轨道或其他吸引子的系统，因为这些系统不能在拓扑上与有限维线性系统共轭[92]。 267

基于数据的 Koopman 特征函数近似

离散时间中，在 $\mathbf{X}$ 中的多个数据点处求得的 Koopman 特征函数 $\varphi(\mathbf{x})$ 将满足：

$$\begin{bmatrix} \lambda\varphi(\mathbf{x}_1) \\ \lambda\varphi(\mathbf{x}_2) \\ \vdots \\ \lambda\varphi(\mathbf{x}_m) \end{bmatrix} = \begin{bmatrix} \varphi(\mathbf{x}_2) \\ \varphi(\mathbf{x}_3) \\ \vdots \\ \varphi(\mathbf{x}_{m+1}) \end{bmatrix} \tag{7.89}$$

可以将上述特征函数近似为一组候选函数的扩展：

$$\boldsymbol{\Theta}(\mathbf{x}) = \begin{bmatrix} \theta_1(\mathbf{x}) & \theta_2(\mathbf{x}) & \cdots & \theta_p(\mathbf{x}) \end{bmatrix} \tag{7.90}$$

在此基础上，Koopman 特征函数可以近似为：

$$\varphi(\mathbf{x}) \approx \sum_{k=1}^{p} \theta_k(\mathbf{x})\xi_k = \boldsymbol{\Theta}(\mathbf{x})\boldsymbol{\xi} \tag{7.91}$$

根据此扩展，式（7.89）可以得到矩阵系统：

$$\left(\lambda\boldsymbol{\Theta}(\mathbf{X})-\boldsymbol{\Theta}(\mathbf{X}')\right)\boldsymbol{\xi}=\mathbf{0} \tag{7.92}$$

如果我们寻求对式（7.92）的最佳最小二乘拟合，将简化为扩展 DMD[557，556] 表示：

$$\lambda\boldsymbol{\xi}=\boldsymbol{\Theta}(\mathbf{X})^{\dagger}\boldsymbol{\Theta}(\mathbf{X}')\boldsymbol{\xi} \tag{7.93}$$

请注意，式（7.93）是式（7.88）的转置，因此左特征向量变为右特征向量。$\boldsymbol{\Theta}^{\dagger}\boldsymbol{\Theta}'$ 的特征向量 $\boldsymbol{\xi}$ 产生基 $\boldsymbol{\Theta}(\mathbf{x})$ 中表示的特征函数 $\varphi(x)$ 的系数，然后通过将预测的特征函数与预测的动力学 $\varphi_{k+1}=\lambda\varphi_k$ 进行比较，确认预测的特征函数在轨迹上是线性的。这是绝对必要的，因为如果基元素 θ_j 不张成一个 Koopman 不变子空间，上述回归将产生假特征值和特征向量 [92]。

特征函数的稀疏辨识

可以利用 SINDy 回归 [95] 辨识对应于特定特征值 λ 的 Koopman 特征函数，选择库 $\boldsymbol{\Theta}(\mathbf{x})$

268 中的几个有效项可以避免过拟合。在给定数据矩阵 $\mathbf{X}$ 和 $\dot{\mathbf{X}}$ 的情况下，可以构造基函数 $\boldsymbol{\Theta}(\mathbf{X})$ 的库以及方向导数的库，表示式（7.60）中 $\nabla\varphi(\mathbf{x})\cdot\mathbf{f}(\mathbf{x})$ 的可能项：

$$\boldsymbol{\Gamma}(\mathbf{x},\dot{\mathbf{x}})=\left[\nabla\theta_1(\mathbf{x})\cdot\dot{\mathbf{x}}\quad\nabla\theta_2(\mathbf{x})\cdot\dot{\mathbf{x}}\quad\cdots\quad\nabla\theta_p(\mathbf{x})\cdot\dot{\mathbf{x}}\right] \tag{7.94}$$

然后可以根据数据构造 $\boldsymbol{\Gamma}$：

$$\boldsymbol{\Gamma}(\mathbf{X},\dot{\mathbf{X}})=\begin{bmatrix}\nabla\theta_1(\mathbf{x}_1)\cdot\dot{\mathbf{x}}_1 & \nabla\theta_2(\mathbf{x}_1)\cdot\dot{\mathbf{x}}_1 & \cdots & \nabla\theta_p(\mathbf{x}_1)\cdot\dot{\mathbf{x}}_1\\ \nabla\theta_1(\mathbf{x}_2)\cdot\dot{\mathbf{x}}_2 & \nabla\theta_2(\mathbf{x}_2)\cdot\dot{\mathbf{x}}_2 & \cdots & \nabla\theta_p(\mathbf{x}_2)\cdot\dot{\mathbf{x}}_2\\ \vdots & \vdots & & \vdots\\ \nabla\theta_1(\mathbf{x}_m)\cdot\dot{\mathbf{x}}_m & \nabla\theta_2(\mathbf{x}_m)\cdot\dot{\mathbf{x}}_m & \cdots & \nabla\theta_p(\mathbf{x}_m)\cdot\dot{\mathbf{x}}_m\end{bmatrix}$$

对于给定的特征值 λ，根据数据可如下评估式（7.60）中的 Koopman PDE：

$$\left(\lambda\boldsymbol{\Theta}(\mathbf{X})-\boldsymbol{\Gamma}(\mathbf{X},\dot{\mathbf{X}})\right)\boldsymbol{\xi}=\mathbf{0} \tag{7.95}$$

式（7.95）是隐式的，因此 $\boldsymbol{\xi}$ 将位于 $\lambda\boldsymbol{\Theta}(\mathbf{X})-\boldsymbol{\Gamma}(\mathbf{X},\dot{\mathbf{X}})$ 的零空间中。对于给定的 λ，式（7.95）的右零空间是由对应于零值奇异值的 $\lambda\boldsymbol{\Theta}(\mathbf{X})-\boldsymbol{\Gamma}(\mathbf{X},\dot{\mathbf{X}})=\mathbf{U}\boldsymbol{\Sigma}\mathbf{V}^*$ 的右奇异向量（即 $\mathbf{V}$ 的列）张成的。如 7.3 节中所述的隐式 SINDy 算法 [361]，可以通过在零空间 [440] 中找到最稀疏向量来辨识特征函数中的几个有效项。在此公式中，特征值 λ 不是先验已知的，它必须通过近似特征函数来学习。Koopman 特征函数和特征值还可以确定为特征值问题 $\mathbf{A}_{\mathbf{Y}}\boldsymbol{\xi}_\alpha=\lambda_\alpha\boldsymbol{\xi}_\alpha$ 的解，其中 $\mathbf{A}_{\mathbf{Y}}=\boldsymbol{\Theta}^{\dagger}\boldsymbol{\Gamma}$ 是通过最小二乘回归获得的，这和 eDMD 在连续时间的情况一样。尽管许多特征函数是假的，但对应的微阻尼特征值函数可以被很好地近似。

从实际来看，$\mathbf{X}$ 中的数据不需要从完整轨迹中采样，而是可以通过更复杂的策略（例如 latin 超立方体采样或从相空间中的分布采样）获得。此外，可以使用再生核 Hilbert 空间（RKHS）来局部描述多块状态空间中的 $\varphi(\mathbf{x})$。

示例：杜芬（Duffing）系统（Kaiser 等人 [276]）

下面展示在无阻尼 Duffing 振子上的 Koopman 特征函数的稀疏辨识：

$$\frac{\mathrm{d}}{\mathrm{d}t}\begin{bmatrix}x_1\\x_2\end{bmatrix}=\begin{bmatrix}x_2\\x_1-x_1^3\end{bmatrix}$$

其中 x_1 代表位置，x_2 代表平衡态为（0，0）和（±1，0）的双势阱中粒子的速度。该系统是保守的，Hamiltonian 函数 $\mathcal{H}=\frac{1}{2}x_2^2-\frac{1}{2}x_1^2+\frac{1}{4}x_1^4$。Hamiltonian 函数（通常是守恒量）是一个具有零特征值的 Koopman 特征函数。

对于特征值 $\lambda=0$，式（7.95）变为 $-\boldsymbol{\Gamma}(\mathbf{X},\dot{\mathbf{X}})\boldsymbol{\xi}=\mathbf{0}$，因此要在 $-\boldsymbol{\Gamma}(\mathbf{X},\dot{\mathbf{X}})$ 的零空间中寻找稀疏量 ξ。其候选函数库是根据数据构造的，采用的多项式最高为四阶：

$$\boldsymbol{\Theta}(\mathbf{X})=\begin{bmatrix} | & | & | & | & & | \\ x_1(t) & x_2(t) & x_1^2(t) & x_1(t)x_2(t) & \cdots & x_2^4(t) \\ | & | & | & | & & | \end{bmatrix}$$ 269

和

$$\boldsymbol{\Gamma}(\mathbf{X},\dot{\mathbf{X}})=\begin{bmatrix} | & | & | & | & & | \\ \dot{x}_1(t) & \dot{x}_2(t) & 2x_1(t)\dot{x}_1(t) & x_2(t)\dot{x}_1(t)+x_1(t)+\dot{x}_2(t) & \cdots & 4x_2(t)^3\dot{x}_2(t) \\ | & | & | & | & & | \end{bmatrix}$$

下面可以确定系数 ξ 的稀疏向量，其中几个少数非零项确定 Koopman 特征函数中的有效项。与 $\lambda=0$ 相关的被辨识的辨识 Koopman 特征函数为：

$$\varphi(\mathbf{x})=-2/3x_1^2+2/3x_2^2+1/3x_1^4 \tag{7.96}$$

该特征函数与 Hamiltonian 函数完美匹配，直至达到一个恒定的比例。

数据驱动的 Koopman 和延迟坐标

与直接推进系统状态的瞬时线性或非线性测量不同，如在 DMD 中，可以基于系统的延时测量获得 Koopman 的固有测量坐标 [506, 91, 18, 144]。这种观点是数据驱动的，依赖于从以前的测量中获得的丰富信息来告知未来。与线性或弱非线性系统不同，在线性或弱非线性系统中，轨迹可能被困在不动点或周期轨道上，混沌动力学特别适合于这种分析：轨迹演化为稠密填充吸引子，因此更多的数据提供更多的信息。对于具有长期记忆效应的系统来说，延迟坐标的使用可能特别重要，最近，Koopman 方法提供了一个成功的分析工具 [508]。有趣的是，早在 2004 年 [379] 就有学者研究了 Koopman 算子和 Takens 嵌入之间的联系，定义了一个随机 Koopman 算子并证明了一个统计 Takens 定理。

图 7.12 表示了一个时间延迟测量方案。其中，在 Lorenz 系统上对 $x(t)$ 的第一变量进行了单时间序列测量，这满足了 Takens 嵌入定理的条件 [515]，因此可以获得延迟嵌入吸引子和初始坐标吸引子之间的微分同胚，然后通过获取 Hankel 矩阵 $\mathbf{H}$ 的 SVD，从单测量值 $x(t)$ 的时间序列中获得特征时间延迟坐标：

$$\mathbf{H}=\begin{bmatrix} x(t_1) & x(t_2) & \cdots & x(t_{m_c}) \\ x(t_2) & x(t_3) & \cdots & x(t_{m_c+1}) \\ \vdots & \vdots & \ddots & \vdots \\ x(t_{m_o}) & x(t_{m_o+1}) & \cdots & x(t_m) \end{bmatrix}=\mathbf{U}\boldsymbol{\Sigma}\mathbf{V}^* \tag{7.97}$$

SVD 中 $\mathbf{U}$ 和 $\mathbf{V}$ 的列分别通过它们对 $\mathbf{H}$ 的列和行的建模能力进行分层排列。通常，$\mathbf{H}$ 可能会接受 $\mathbf{U}$ 和 $\mathbf{V}$ 前 r 列的低秩近似。请注意，式（7.97）的 Hankel 矩阵是线性系统辨识中特征系统实现算法 [272]（参见 9.3 节）和气候时序分析中奇异谱分析（SSA）[88] 的基础。

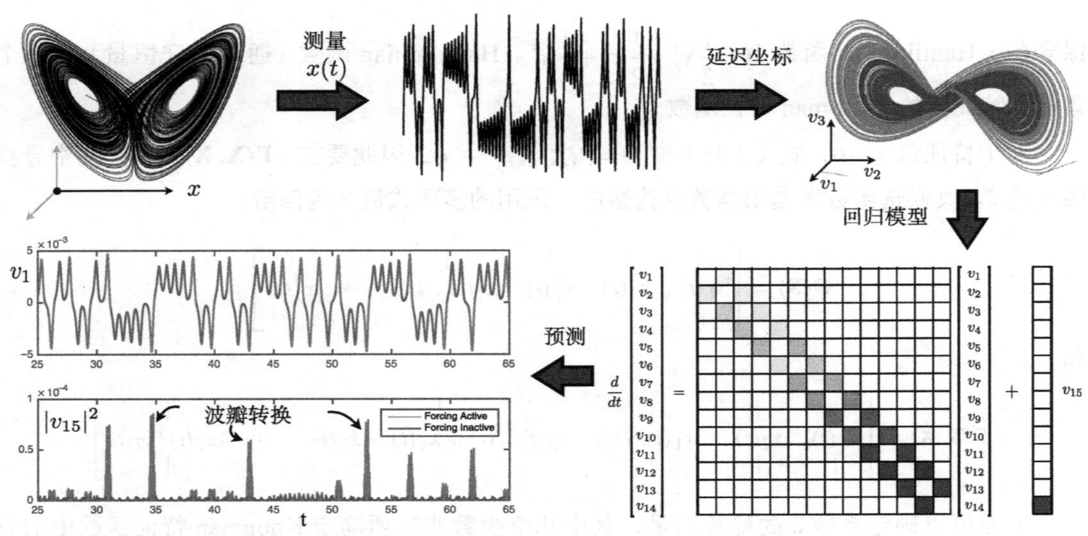

图7.12 在强制作用下将混沌分解为线性系统（改编自Brunton等人的文献[91]）

将时间序列 $x(t)$ 堆叠到 Hankel 矩阵 $\mathbf{H}$ 中。$\mathbf{H}$ 的 SVD 产生特征时间序列的层次结构，该层次产生了延迟嵌入的吸引子。在延迟坐标 $\mathbf{v}$ 上获得最佳拟合线性回归模型。前 $r-1$ 个变量的线性拟合非常好，但是最后一个坐标 v_r 并未很好地线性建模。此外，v_r 是前 $r-1$ 个变量的强制输入。很少的强制事件对应混沌动力学中的波瓣转换。这种架构被称为 Hankel 替代观点的 Koopman 分析（HAVOK）方法 [91]。

式（7.97）的低秩近似提供了一个数据驱动的测量系统，该系统的 Koopman 算子对于吸引子上的状态几乎不变。根据定义，动力学将吸引子映射到自身中，使其对流不变。换句话
270 说，$\mathbf{U}$ 的列形成一个 Koopman 不变子空间。式（7.97）可以用 Koopman 算子 $\mathcal{K}\triangleq\mathcal{K}_{\Delta t}$ 重写为：

$$\mathbf{H}=\begin{bmatrix} x(t_1) & \mathcal{K}x(t_1) & \cdots & \mathcal{K}^{m_c-1}x(t_1) \\ \mathcal{K}x(t_1) & \mathcal{K}^2x(t_1) & \cdots & \mathcal{K}^{m_c}x(t_1) \\ \vdots & \vdots & & \vdots \\ \mathcal{K}^{m_o-1}x(t_1) & \mathcal{K}^{m_o}x(t_1) & \cdots & \mathcal{K}^{m-1}x(t_1) \end{bmatrix} \tag{7.98}$$

式（7.97）的列可以由 $\mathbf{U}$ 的前 r 列很好地近似。$\mathbf{V}$ 的前 r 列提供了数据中 $\mathbf{U\Sigma}$ 的各列幅值的时间序列。通过绘制 $\mathbf{V}$ 的前三列，我们获得了 Lorenz 系统的嵌入式吸引子（如图 7.12 所示）。

式（7.97）的特征时延坐标与 Koopman 算子之间的联系激发了 $\mathbf{V}$ 中变量的线性回归模型。即使对于近似 Koopman 不变测量系统，辨识混沌系统的线性模型仍然是充满挑战的。线性模型无论多么详细，都不能捕获多个固定点或具有正 Lyapunov 指数的混沌无法预测的行为特征 [92]。我们不是为 $\mathbf{V}$ 中的前 r 个变量构造一个封闭的线性模型，而是在前 $r-1$ 个变量上构造一个线性模型，并将最后一个变量 v_r 重新作为一个强制项：

271 $$\frac{\mathrm{d}}{\mathrm{d}t}\mathbf{v}(t)=\mathbf{A}\mathbf{v}(t)+\mathbf{B}v_r(t) \tag{7.99}$$

其中 $\mathbf{v}=\begin{bmatrix}v_1 & v_2 & \cdots & v_{r-1}\end{bmatrix}^T$ 是前 $r-1$ 个特征时间延迟坐标的向量。其他工作研究了将动力学分解为确定性线性模型和混沌随机动力学 [376]。

在文献 [91] 中探讨的所有示例中，前 $r-1$ 个项的线性模型都是准确的，而 v_r 没有用线性模型表示。相反，v_r 是控制式（7.99）中线性动力学的输入，它近似非线性动力学。$v_r(t)$ 的统计量是非高斯分布的，长尾对应于 Lorenz 系统中驱动波瓣转换的罕见事件控制，这与其他人观察到并建模的罕见事件控制分布有关 [355, 461, 356]。式（7.99）中的受控线性系统是在应用 SINDy 算法 [95] 延迟 Lorenz 系统的坐标后发现的。在闭环反馈控制的背景下，继续研究延迟坐标的 Koopman 具有重大前景，可以通过将 v_r 视为干扰来控制混沌系统的行为。

此外，将延迟坐标用作 Koopman 分析的固有度量值意味着 Koopman 理论也可用于改进空间分布的传感器技术。传感器的空间阵列，例如飞虫翅膀上的应变传感器 $\mathcal{O}(100)$，可以使用相位延迟坐标提供近似最佳嵌入来检测和控制对流结构（例如阵风失速、前缘涡旋形成和对流等）。

Lorenz 系统的 HAVOK 代码

下面是生成 HAVOK 模型的代码，这里的 Lorenz 系统数据与代码 7.2 是相同的。尽管当 $\Delta t=0.001$，$m_0=100$，$r=15$ 时结果更精确，但我们在这里采用 $\Delta t=0.01$，$m_0=10$，$r=10$。

代码 7.3 用于 7.1 节中生成 Lorenz 数据的 HAVOK 代码。

```
%% EIGEN-TIME DELAY COORDINATES
stackmax = 10;    % Number of shift-stacked rows
r=10;             % Rank of HAVOK Model
H = zeros(stackmax,size(x,1)-stackmax);
for k=1:stackmax
    H(k,:) = x(k:end-stackmax-1+k,1);
end
[U,S,V] = svd(H,'econ'); % Eigen delay coordinates

%% COMPUTE DERIVATIVES (4TH ORDER CENTRAL DIFFERENCE)
dV = zeros(length(V)-5,r);
for i=3:length(V)-3
    for k=1:r
        dV(i-2,k) = (1/(12*dt))*(-V(i+2,k)+8*V(i+1,k)-8*V(i-1,k)
            +V(i-2,k));
    end
end
% trim first and last two that are lost in derivative
V = V(3:end-3,1:r);

%%  BUILD HAVOK REGRESSION MODEL ON TIME DELAY COORDINATES
Xi = V\dV;
A = Xi(1:r-1,1:r-1)';
B = Xi(end,1:r-1)';
```
272

Koopman 嵌入的神经网络

尽管 Koopman 嵌入式技术的前景很好，但是获得易于处理的表示仍然是一个挑战。回想一下，即使对于相对简单的动力学系统，Koopman 算子的特征函数也可能是任意复杂的。深度学习非常适合表示任意函数，因此，深度学习最近成为发现和表示 Koopman 特征函数 [550, 368, 513, 564, 412, 332, 349] 的一种有前途的方法，它提供了一种数据驱动的方法，将强非线性系统嵌入到固有线性坐标中。Koopman 的观点很符合第 6 章中讨论的深度自动编码器结构，该结构发现了一些关键的潜在变量 $\mathbf{y}=\varphi(\mathbf{x})$，从而对动力学进行参数化。在 Koopman 网络中施加附加约束可以使动力学在这些潜在变量上呈线性，从而控制函数 $\varphi(\mathbf{x})$ 为 Koopman 特征函数，如图 7.13 所示。线性动力学的约束由损失函数 $\left\|\varphi\left(\mathbf{x}_{k+1}\right)-\mathbf{K}\varphi\left(\mathbf{x}_{k}\right)\right\|$ 来控制，其中 $\mathbf{K}$ 为一个矩阵。通常要在多个时间步长上控制线性度，因此通过在潜在变量上迭代 $\mathbf{K}$ 可以捕获轨迹。另外，能够映射回物理变量 $\mathbf{x}$ 也是很重要的，这就是自动编码器结构受欢迎的原因 [349]。变分自动编码器也用于随机动力系统，例如分子动力学。在分子动力学中，从潜在变量回到物理配置空间的映射是概率性的 [550, 368]。

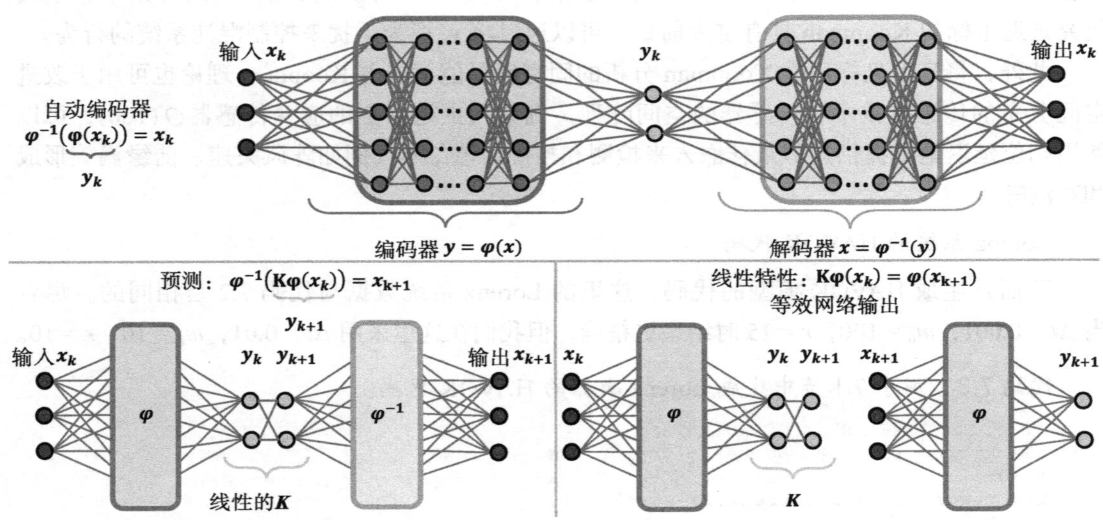

图7.13 用于辨识Koopman特征函数 $\varphi(\mathbf{x})$ 的深度神经网络架构。该网络基于深度自动编码器，该编码器可识别固有坐标 $\mathbf{y} = \varphi(\mathbf{x})$。在自动编码器变量中包括了其他损失函数来实施线性动态（经Lusch等人[349]许可复制）

对于具有离散特征值频谱的简单系统，可以使用一些自动编码器变量来获得紧表示形式。但是，具有连续特征值谱的动力学系统会使用许多现有的神经网络或 Koopman 表示来阻碍低维表示。连续谱动力学是普遍存在的，从单摆到非线性光学和宽带湍流。例如，对于

273 如下的经典单摆系统：

$$\ddot{x} = -\sin(\omega x) \tag{7.100}$$

随着单摆振动幅度的增加，系统会出现从 ω 到 0 的连续频率范围。因此，连续谱混淆了一些 Koopman 特征函数的简单描述 [378]。实际上，在远离线性区域的情况下，需要无穷的傅里叶求和来近似频率的变化。

最近在 Lusch 等人的工作中 [349]，利用一个辅助网络来参数化连续变化的特征值，使网络结构既简约又可解释。图 7.14 为参数化网络示意图，在单摆上的演示如图 7.15 所示。与其他网络结构不同，参数化的网络能够识别具有虚部变化的特征值对的特征函数的单个复共轭对，而其他网络结构需要大的自动编码器层，然后以自然频率的谐波形式渐近扩展地编码连续的频移。如果这个显式的频率依赖关系不成立，那么就需要一个高维网络来解释移位频率和特征值。

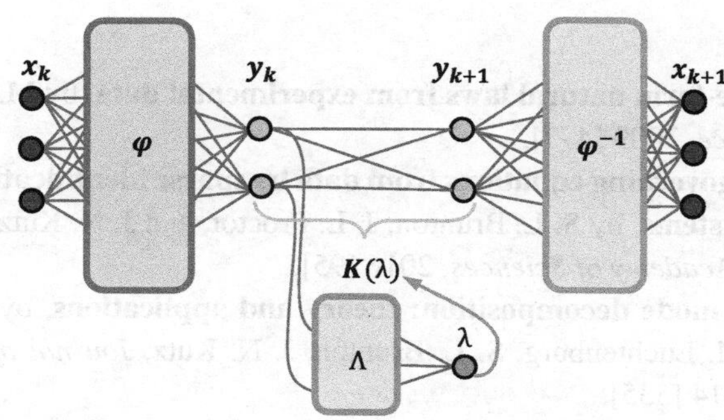

图7.14 带有辅助网络来参数化连续特征值频谱的网络结构改进。连续的特征值λ使得自动编码器的维数大大降低，避免了非线性产生的基频高次谐波的需求（经Lusch等人[349]许可复制）

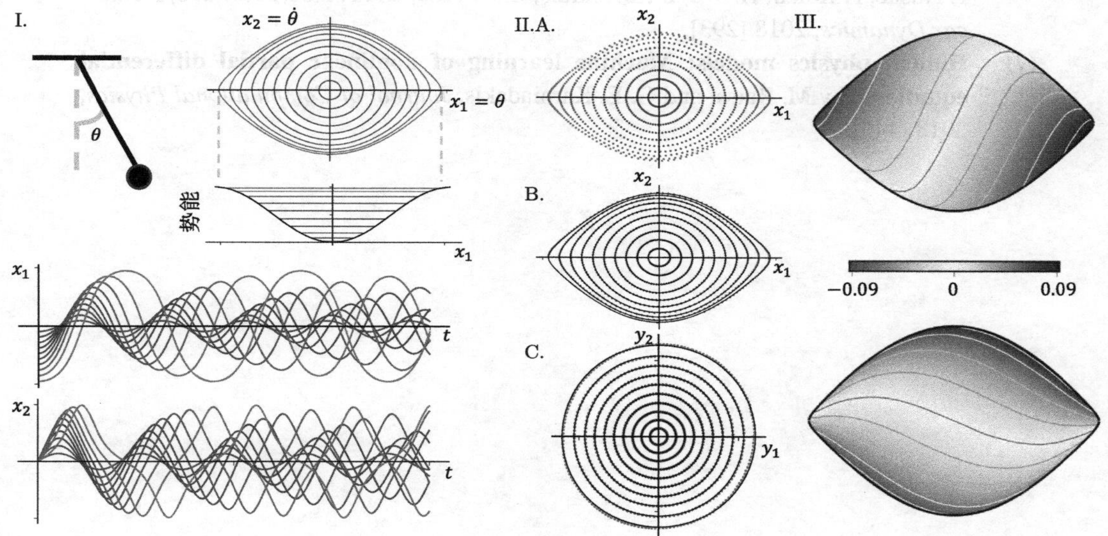

图7.15 使用图7.14中参数化网络的非线性单摆的神经网络嵌入。随着单摆振幅的增大，频率不断变化（I）。在Koopman特征函数坐标系（III）中，动力学变为线性，由理想圆给出（IIC）（经Lusch等人[349]许可复制）

可以预见，动力学系统的神经网络表示，尤其是 Koopman 嵌入，将继续成为数据驱动动力学中越来越受关注的领域。将深度学习的表示能力与 Koopman 嵌入的优雅和简单性相结合，有可能改变复杂系统的分析和控制。

推荐阅读

教材

(1) **Nonlinear oscillations, dynamical systems, and bifurcations of vector fields**, by P. Holmes and J. Guckenheimer, 1983 [252].

(2) **Dynamic mode decomposition: Data-driven modeling of complex systems**, by J. N. Kutz, S. L. Brunton, B. W. Brunton, and J. L. Proctor, 2016 [317].

(3) **Differential equations and dynamical systems**, by L. Perko, 2013 [427]. 274

论文和综述

(1) **Distilling free-form natural laws from experimental data**, by M. Schmidt and H. Lipson, *Science*, 2009 [477].

(2) **Discovering governing equations from data by sparse identification of nonlinear dynamical systems**, by S. L. Brunton, J. L. Proctor, and J. N. Kutz, *Proceedings of the National Academy of Sciences*, 2016 [95].

(3) **On dynamic mode decomposition: theory and applications**, by J. H. Tu, C. W. Rowley, D. M. Luchtenburg, S. L. Brunton, J. N. Kutz, *Journal of Computational Dynamics*, 2014 [535].

(4) **Hamiltonian systems and transformation in Hilbert Space**, by B. O. Koopman, *Proceedings of the National Academy of Sciences*, 1931 [300].

(5) **Spectral properties of dynamical systems, model reduction and decompositions**, by I. Mezić, *Nonlinear Dynamics*, 2005 [376].

(6) **Data-driven model reduction and transfer operator approximation**, by S. Klus, F. Nuske, P. Koltai, H. Wu, I. Kevrekidis, C. Schutte, and F. Noe, *Journal of Nonlinear Dynamics*, 2018 [293].

(7) **Hidden physics models: Machine learning of nonlinear partial differential equations**, by M. Raissi and G. E. Karniadakis, *Journal of Computational Physics*,
275 2018 [445].

第8章　线性控制理论

本书的重点主要是通过降维、稀疏采样和动态系统建模来描述复杂系统。然而对于许多系统来说，首要的目标是能够为给定的工程目标主动地操纵它们的行为。操纵动力系统的研究和实践被称为控制理论，是应用数学与实践工程交叉领域中最成功的领域之一。控制理论与数据科学密不可分，因为它依赖于根据系统获得的传感器测量值（数据）实现给定的目标。控制理论的成功应用改变了系统的动力学特性，控制理论处理的是实时数据，改变了测量的特性。控制理论迫使读者面对现实，因为简化假设和模型近似是要经过测试的㊀。

控制理论有助于塑造现代技术和工业景观，例如汽车的巡航控制、建筑设备的位置控制、飞机的电传自动驾驶仪、工业自动化、互联网的数据包路由、商业供热通风和冷却系统、火箭的稳定性以及现代咖啡机的 PID 温度和压力控制，等等。未来，控制理论将越来越多地应用于高维、强非线性和多尺度问题，例如湍流、神经科学、金融、流行病学、自动机器人和自动驾驶汽车，等等。在这些未来的应用中，数据驱动的建模和控制是至关重要的，这是第 7 章和第 10 章的研究主题。

本章将介绍闭环反馈控制的关键概念，目标是通过实际的现实挑战，为如何和何时使用反馈控制建立直觉。大多数理论都是针对线性系统而发展的，在线性系统中存在大量强大的技术[165, 492]。然后将在简单直观的例子中演示此理论，例如开发用于汽车的巡航控制器或控制移动小车上的稳定倒立摆。

控制类型

有许多方法可以操纵动力系统行为，图 8.1 示意性地展示了这些控制方法。被动控制不

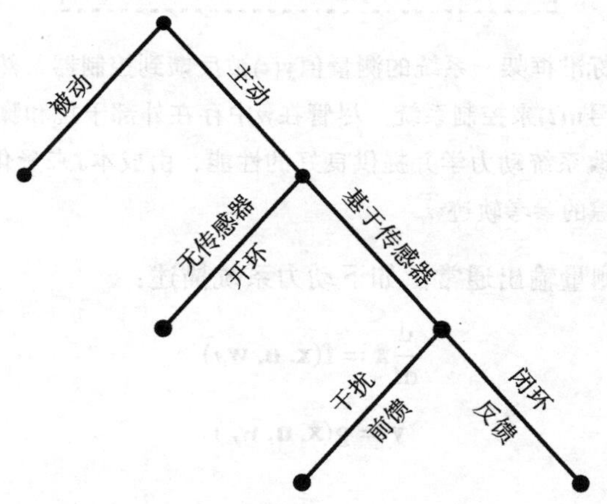

图8.1　各种控制类型的示意图

㊀ 控制理论中所需要的诸多假设和简化数学模型都需要在实践中经受检验和测试。——译者注

需要输入能量，且当能量足够时，因为其具有简单、可靠和低成本的特点，这种方法也是可取的，例如道路交叉口的停车标志可以调节交通流量。主动控制需要输入能量，根据是否使
276 用传感器通知控制器。主动控制器分为两大类。在第一类中，开环控制依赖于预编程的控制序列。在交通示例中，可以对信号进行预编程以动态地调节一天中不同时间的交通。在第二类中，主动控制使用传感器通知控制律。扰动前馈控制对系统的外部干扰进行测量，然后将其反馈到开环控制律中。前馈控制的一个例子是当一大群人要从体育场离开时，提前改变体育场附近的交通流方向。最后一类是闭环反馈控制，这将是本章的重点。闭环控制使用传感器直接测量系统，然后根据系统是否真正实现了预期的目标来确定调整控制。许多现代交通系统都有智能交通灯，其控制逻辑由路基中测量交通密度的感应传感器提供。

8.1 闭环反馈控制

闭环反馈控制具有不确定性、不稳定性和 / 或外部干扰系统可选择的特点。图 8.2 描述了一般的反馈控制框架，其中系统的传感器测量值 $\mathbf{y}$ 被反馈到控制器中，然后控制器确定驱动信号 $\mathbf{u}$ 来操纵动力学并提供鲁棒性能，尽管在这个过程中存在模型不确定性和外部干扰。在本章讨论的所有示例中，外部干扰向量都可以分解为 $\mathbf{w} = \begin{bmatrix}\mathbf{w}_d^T & \mathbf{w}_n^T & \mathbf{w}_r^T\end{bmatrix}^T$，其中 $\mathbf{w}_d$ 是对系统状态的干扰，$\mathbf{w}_n$ 是测量噪声，$\mathbf{w}_r$ 是闭环系统应跟踪的参考轨迹。

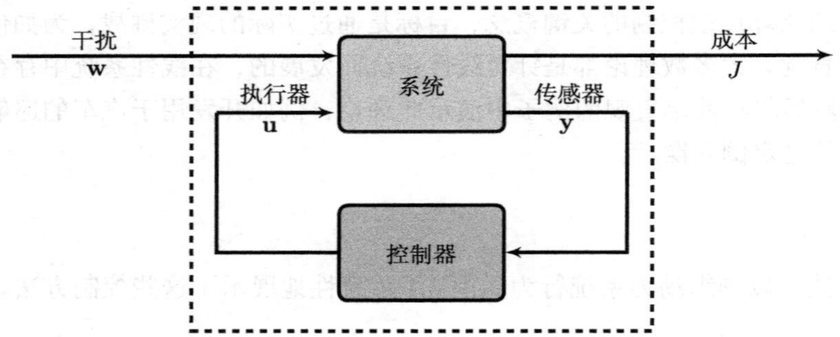

图8.2　反馈控制的标准框架。系统的测量值$\mathbf{y}(t)$被反馈到控制器，然后由控制器确定合适的驱动信号$\mathbf{u}(t)$来控制系统。尽管在$\mathbf{w}$中存在外部干扰和噪声，但控制律的设计目的是修改系统动力学并提供良好的性能，由成本J来量化。外部输入$\mathbf{w}$也可以包括被跟踪的参考轨迹$\mathbf{w}_r$

在数学上，系统和测量输出通常由如下动力系统描述：

277

$$\frac{\mathrm{d}}{\mathrm{d}t}\mathbf{x} = \mathbf{f}(\mathbf{x}, \mathbf{u}, \mathbf{w}_d) \tag{8.1a}$$

$$\mathbf{y} = \mathbf{g}(\mathbf{x}, \mathbf{u}, \mathbf{w}_n) \tag{8.1b}$$

目标是建立控制律：

$$\mathbf{u} = \mathbf{k}(\mathbf{y}, \mathbf{w}_r) \tag{8.2}$$

从而最小化成本函数：

$$J \triangleq J(\mathbf{x}, \mathbf{u}, \mathbf{w}_r) \tag{8.3}$$

现代控制在很大程度上依赖于优化技术[74]。通常，式（8.2）中的控制器是一个动力系统，而不是输入的静态函数。例如，8.5 节中的 Kalman 滤波器根据 $\mathbf{u}$ 和 $\mathbf{y}$ 的测量值动态估计全状态 $\mathbf{x}$。在这种情况下，控制律将变为 $\mathbf{u}=\mathbf{k}(\mathbf{y},\hat{\mathbf{x}},\mathbf{w}_r)$，其中 $\hat{\mathbf{x}}$ 是全状态估计。

为了深入理解基于传感器的反馈控制所增加的成本和复杂性，将其与开环控制进行比较是很有帮助的。对于参考跟踪问题，控制器设计是将系统的输出引向期望的参考输出值 $\mathbf{w}_r$ 从而使误差 $\epsilon=\mathbf{y}-\mathbf{w}_r$ 最小。开环控制如图 8.3 所示，使用系统模型来设计产生期望参考输出的驱动信号 $\mathbf{u}$。但是，这种预先计划的策略无法纠正系统的外部干扰，并且无法从根本上改变动力学。这样，不可能通过开环控制来稳定诸如倒立摆之类的不稳定系统，因为系统模型必须精确已知并且系统需要与干扰完全隔离。此外，任何模型不确定性都会直接导致开环跟踪误差的产生。

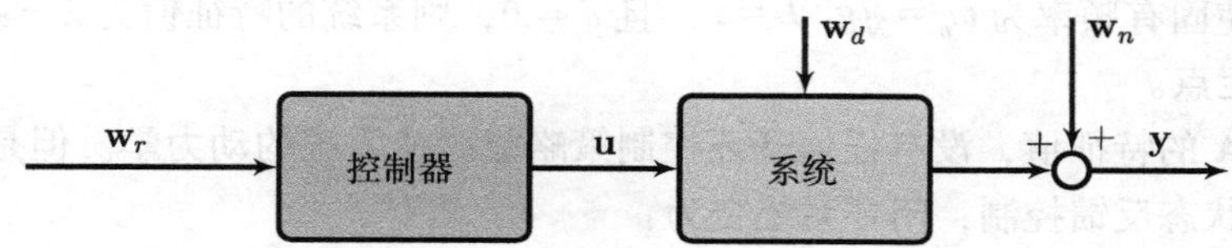

图8.3　开环控制图。给定期望的参考信号 $\mathbf{w}_r$，开环控制律根据模型构造控制协议 $\mathbf{u}$，从而驱动系统。没有考虑外部干扰（$\mathbf{w}_d$）和传感器噪声（$\mathbf{w}_n$）以及未建模动态和不确定性，进而降低了性能

相比之下，图 8.4 所示的闭环反馈控制系统利用系统的传感器测量值来通知控制器如何对系统进行实际响应。这些传感器的测量结果提供了有关未建模动态和干扰的信息，而这些信息将会降低开环控制的性能。此外，通过反馈，通常可以修改和稳定闭环系统的动态特性，这在开环控制中是不可能的。因此，对于具有不稳定动力学、模型不确定性和外部干扰的系统，闭环反馈控制通常能够保持高性能运行。 278

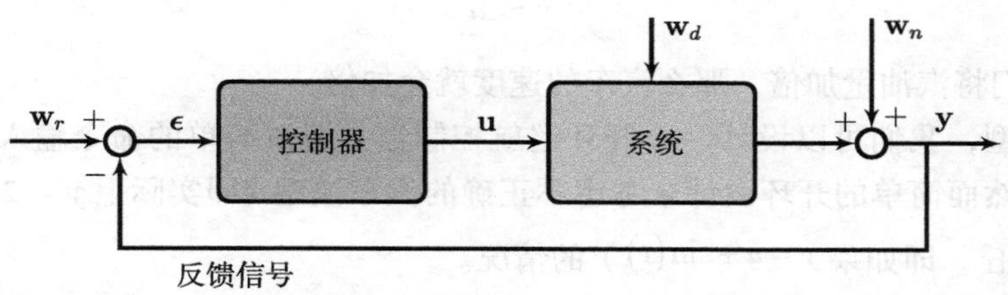

图8.4　闭环反馈控制图。传感器信号 $\mathbf{y}$ 被反馈回来并从参考信号 $\mathbf{w}_r$ 中减去，从而提供了系统如何响应驱动作用和外部干扰的信息。控制器利用所得到的误差 ϵ 来确定期望响应的正确驱动信号 $\mathbf{u}$。反馈通常能够镇定不稳定的动态，同时有效地抑制干扰 $\mathbf{w}_d$ 和衰减噪声 $\mathbf{w}_n$

示例说明采用反馈控制的好处

总而言之，闭环反馈控制比开环控制具有多个优势：

- 能镇定不稳定的系统；

- 能补偿外部干扰；
- 能校正未建模动态和模型不确定性。

下面的两个简单示例说明了这些问题。

例 1　倒立摆

考虑不稳定的倒立摆方程，该方程将在 8.2 节中进行推导。线性方程为：

$$\frac{\mathrm{d}}{\mathrm{d}t}\begin{bmatrix}x_1\\x_2\end{bmatrix}=\begin{bmatrix}0 & 1\\g/L & d\end{bmatrix}\begin{bmatrix}x_1\\x_2\end{bmatrix}+\begin{bmatrix}0\\1\end{bmatrix}u \tag{8.4}$$

其中 $x_1=\theta$，$x_2=\dot{\theta}$，u 是施加到摆臂的扭矩，g 是重力加速度，L 是摆臂的长度，d 是阻尼。

279 可以将该系统写成如下标准格式：

$$\frac{\mathrm{d}}{\mathrm{d}t}\mathbf{x}=\mathbf{A}\mathbf{x}+\mathbf{B}u$$

如果选择常数使固有频率为 $\omega_n=\sqrt{g/L}=1$，且 $d=0$，则系统的特征值为 $\lambda=\pm 1$，其对应不稳定的鞍形固定点。

如果给定 $\mathbf{A}$ 的特征值，没有任何开环控制策略能改变系统的动力学。但是，对于由 $u=-\mathbf{K}\mathbf{x}$ 给出的全状态反馈控制，闭环系统变为：

$$\frac{\mathrm{d}}{\mathrm{d}t}\mathbf{x}=\mathbf{A}\mathbf{x}+\mathbf{B}u=(\mathbf{A}-\mathbf{B}\mathbf{K})\,\mathbf{x}$$

选择 $\mathbf{K}=[4\quad 4]$，对应控制定律 $u=-4x_1-4x_2=-4\theta-4\dot{\theta}$，闭环系统（$\mathbf{A}-\mathbf{B}\mathbf{K}$）具有稳定的特征值 $\lambda=-1$ 和 $\lambda=-3$。

确定何时可以更改闭环系统的特征值，并确定适当的控制律 $\mathbf{K}$ 来实现这一点，将是之后各节的主题。

例 2　巡航控制

为了了解闭环控制补偿未建模动态和干扰的能力，我们考虑汽车中的定速巡航控制模型。假设 u 是发动机的进油速率，y 是汽车的速度。忽略瞬变，粗略模型[⊖]是：

$$y=u \tag{8.5}$$

因此，如果我们将汽油量加倍，那么汽车的速度就会加倍。

基于此模型，我们可以设计一个开环巡航控制器，通过简单的命令输入 $u=w_r$ 来跟踪参考速度 w_r。然而简单的开环设计未考虑不正确的汽车模型（即实际上 $y=2u$）或外部干扰（诸如起伏的山丘，即如果 $y=u+\sin(t)$）的情况。

相反，基于速度测量的闭环控制律可以补偿未建模动态和干扰。考虑闭环控制律 $u=K(w_r-y)$，当测得的速度太低时汽油会增加，而当速度太高时汽油会减少。如果动力学实际上是 $y=2u$ 而不是 $y=u$，则开环系统将具有 50% 的稳态跟踪误差，而对于大 K，闭环系统的性能可以得到显著改善：

$$y=2K(w_r-y)\quad\Longrightarrow\quad(1+2K)y=2Kw_r\quad\Longrightarrow\quad y=\frac{2K}{1+2K}w_r \tag{8.6}$$

⊖　更现实的模型将会有加速动态，因此有 $\dot{x}=-x+u$ 和 $y=x$。

对于 $K = 50$，闭环系统仅具有 1% 的稳态跟踪误差。类似地，增加的干扰 w_d 将被因子 $1/(2K+1)$ 衰减。

作为一个具体示例，考虑期望参考速度为 60 mph 的参考跟踪问题。模型为 $y=u$，真实系统为 $y=0.5u$。此外，还有起伏的丘陵形式的干扰，在频率为 0.5 Hz 时，速度会以 ± 10 mph 的速度增加和减少。在图 8.5 和代码 8.1 中，将 $K = 50$ 的开环控制器与闭环比例控制器进行比较。虽然闭环控制器有更好的性能，但我们稍后会看到，大比例增益可能会以鲁棒性为代价。增加一个积分项将提高性能。280

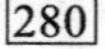

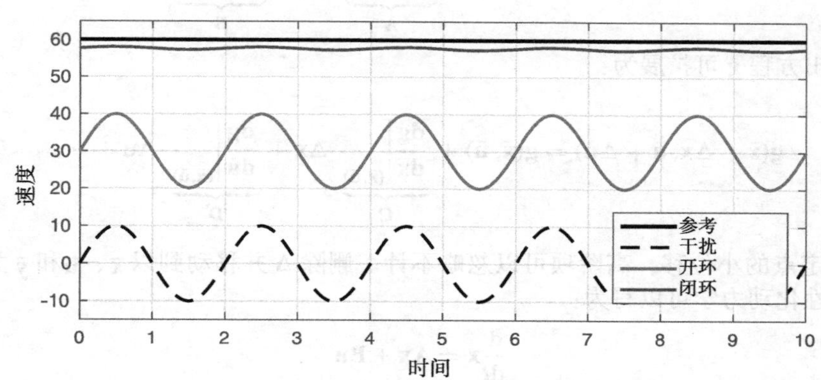

图8.5 开环与闭环巡航控制

代码 8.1 开环和闭环巡航控制比较。

```
clear all, close all, clc

t = 0:.01:10;                  % time

wr = 60*ones(size(t));  % reference speed
d = 10*sin(pi*t);           % disturbance

aModel = 1;                    % y = aModel*u
aTrue = .5;                    % y = aTrue*u

uOL = wr/aModel;             % Open-loop u based on model
yOL = aTrue*uOL + d;       % Open-loop response

K = 50;                          % control gain, u=K(wr-y);
yCL = aTrue*K/(1+aTrue*K)*wr + d/(1+aTrue*K);
```

8.2 线性时不变系统

对于线性系统，已经建立了最完整的控制理论 [492, 165, 22]。线性系统通常是通过围绕固定点或周期轨道线性化非线性系统获得的，但是不稳定性可能会迅速使轨迹远离固定点。幸运的是，有效的稳定控制器将使系统状态保持在线性逼近有效的固定点附近。例如，在控制倒立摆的情况下，反馈控制可以使摆稳定在动力学呈现线性行为的垂直位置。

非线性动态的线性化

考虑如下非线性输入输出系统：

281

$$\frac{\mathrm{d}}{\mathrm{d}t}\mathbf{x} = \mathbf{f}(\mathbf{x}, \mathbf{u}) \tag{8.7a}$$

$$\mathbf{y} = \mathbf{g}(\mathbf{x}, \mathbf{u}) \tag{8.7b}$$

可以将动力学在固定点$(\bar{\mathbf{x}},\bar{\mathbf{u}})$附近线性化，其中$\mathbf{f}(\bar{\mathbf{x}},\bar{\mathbf{u}})=0$。对于小的$\Delta\mathbf{x}=\mathbf{x}-\bar{\mathbf{x}}$，$\Delta\mathbf{u}=\mathbf{u}-\bar{\mathbf{u}}$，动力学 $\mathbf{f}$ 可以在点$(\bar{\mathbf{x}},\bar{\mathbf{u}})$进行泰勒级数展开：

$$\mathbf{f}(\bar{\mathbf{x}}+\Delta\mathbf{x}, \bar{\mathbf{u}}+\Delta\mathbf{u}) = \mathbf{f}(\bar{\mathbf{x}}, \bar{\mathbf{u}}) + \underbrace{\left.\frac{\mathrm{d}\mathbf{f}}{\mathrm{d}\mathbf{x}}\right|_{(\bar{\mathbf{x}},\bar{\mathbf{u}})}}_{\mathbf{A}} \cdot\Delta\mathbf{x} + \underbrace{\left.\frac{\mathrm{d}\mathbf{f}}{\mathrm{d}\mathbf{u}}\right|_{(\bar{\mathbf{x}},\bar{\mathbf{u}})}}_{\mathbf{B}} \cdot\Delta\mathbf{u} + \cdots \tag{8.8}$$

类似地，输出方程 $\mathbf{g}$ 可扩展为：

$$\mathbf{g}(\bar{\mathbf{x}}+\Delta\mathbf{x}, \bar{\mathbf{u}}+\Delta\mathbf{u}) = \mathbf{g}(\bar{\mathbf{x}}, \bar{\mathbf{u}}) + \underbrace{\left.\frac{\mathrm{d}\mathbf{g}}{\mathrm{d}\mathbf{x}}\right|_{(\bar{\mathbf{x}},\bar{\mathbf{u}})}}_{\mathbf{C}} \cdot\Delta\mathbf{x} + \underbrace{\left.\frac{\mathrm{d}\mathbf{g}}{\mathrm{d}\mathbf{u}}\right|_{(\bar{\mathbf{x}},\bar{\mathbf{u}})}}_{\mathbf{D}} \cdot\Delta\mathbf{u} + \cdots \tag{8.9}$$

对于围绕固定点的小位移，高阶项可以忽略不计。删除 Δ 并移动到以 $\bar{\mathbf{x}}$、$\bar{\mathbf{u}}$和 $\bar{\mathbf{y}}$ 为原点的坐标系中，线性化动力学可以写为：

$$\frac{\mathrm{d}}{\mathrm{d}t}\mathbf{x} = \mathbf{A}\mathbf{x} + \mathbf{B}\mathbf{u} \tag{8.10a}$$

$$\mathbf{y} = \mathbf{C}\mathbf{x} + \mathbf{D}\mathbf{u} \tag{8.10b}$$

注意，我们忽略了扰动和噪声输入 $\mathbf{w}_d$ 和 $\mathbf{w}_n$。这些作用将会在 8.5 节中有关 Kalman 滤波的讨论中被重新考虑。

非受迫线性系统

在没有控制（即 $\mathbf{u}=\mathbf{0}$）的情况下，且在测量全状态时（即 $\mathbf{y}=\mathbf{x}$），式（8.10）中的动力学系统变为：

$$\frac{\mathrm{d}}{\mathrm{d}t}\mathbf{x} = \mathbf{A}\mathbf{x} \tag{8.11}$$

$\mathbf{x}(t)$ 的解由下式给出：

$$\mathbf{x}(t) = e^{\mathbf{A}t}\mathbf{x}(0) \tag{8.12}$$

其中矩阵指数由下式定义：

$$e^{\mathbf{A}t} = \mathbf{I} + \mathbf{A}t + \frac{\mathbf{A}^2t^2}{2} + \frac{\mathbf{A}^3t^3}{3} + \cdots \tag{8.13}$$

式（8.12）中的解完全取决于矩阵 $\mathbf{A}$ 的特征值和特征向量。考虑 $\mathbf{A}$ 的特征分解：

$$\mathbf{A}\mathbf{T} = \mathbf{T}\mathbf{\Lambda} \tag{8.14}$$

在最简单的情况下，$\mathbf{\Lambda}$ 是具有不同特征值的对角矩阵，而 $\mathbf{T}$ 是一个矩阵，其列是 $\mathbf{A}$ 的相应线性独立特征向量。对于重复的特征值，$\mathbf{\Lambda}$ 可以写成 Jordan 形式，其中对角线上方的元素
282 表示重数 $\geqslant 2$ 的退化特征值；$\mathbf{T}$ 的对应列是广义特征向量。

无论哪种情况，计算矩阵指数 $e^{\mathbf{\Lambda}t}$ 都比 $e^{\mathbf{A}t}$ 容易。对于对角矩阵 $\mathbf{\Lambda}$，矩阵指数由下式给出：

$$e^{\mathbf{\Lambda}t}=\begin{bmatrix} e^{\lambda_1 t} & 0 & \cdots & 0 \\ 0 & e^{\lambda_2 t} & \cdots & 0 \\ \vdots & \vdots & & \vdots \\ 0 & 0 & \cdots & e^{\lambda_n t} \end{bmatrix} \tag{8.15}$$

对于对角上有元素的 $\mathbf{\Lambda}$ 中的一个非平凡的 Jordan 块，存在与幂零矩阵有关的简单扩张。（相关详细信息参见 Perko[427]。）

重新排列式（8.14）中的项，我们发现，利用特征向量和特征值来表示 $\mathbf{A}$ 的幂很简单：

$$\mathbf{A}=\mathbf{T}\mathbf{\Lambda}\mathbf{T}^{-1} \tag{8.16a}$$

$$\mathbf{A}^2=\left(\mathbf{T}\mathbf{\Lambda}\mathbf{T}^{-1}\right)\left(\mathbf{T}\mathbf{\Lambda}\mathbf{T}^{-1}\right)=\mathbf{T}\mathbf{\Lambda}^2\mathbf{T}^{-1} \tag{8.16b}$$

$$\cdots$$

$$\mathbf{A}^k=\left(\mathbf{T}\mathbf{\Lambda}\mathbf{T}^{-1}\right)\left(\mathbf{T}\mathbf{\Lambda}\mathbf{T}^{-1}\right)\cdots\left(\mathbf{T}\mathbf{\Lambda}\mathbf{T}^{-1}\right)=\mathbf{T}\mathbf{\Lambda}^k\mathbf{T}^{-1} \tag{8.16c}$$

最后，将这些表达式代入式（8.13），得出：

$$e^{\mathbf{A}t}=e^{\mathbf{T}\mathbf{\Lambda}\mathbf{T}^{-1}t}=\mathbf{T}\mathbf{T}^{-1}+\mathbf{T}\mathbf{\Lambda}\mathbf{T}^{-1}t+\frac{\mathbf{T}\mathbf{\Lambda}^2\mathbf{T}^{-1}t^2}{2}+\frac{\mathbf{T}\mathbf{\Lambda}^3\mathbf{T}^{-1}t^3}{3}+\cdots \tag{8.17a}$$

$$=\mathbf{T}\left[\mathbf{I}+\mathbf{\Lambda}t+\frac{\mathbf{\Lambda}^2t^2}{2}+\frac{\mathbf{\Lambda}^3t^3}{3}+\cdots\right]\mathbf{T}^{-1} \tag{8.17b}$$

$$=\mathbf{T}e^{\mathbf{\Lambda}t}\mathbf{T}^{-1} \tag{8.17c}$$

由此我们看到，可以根据 $\mathbf{A}$ 的特征分解来有效地计算矩阵指数。此外，特征向量矩阵 $\mathbf{T}$ 定义了坐标变化，从而极大地简化了动力学：

$$\mathbf{x}=\mathbf{T}\mathbf{z} \implies \dot{\mathbf{z}}=\mathbf{T}^{-1}\dot{\mathbf{x}}=\mathbf{T}^{-1}\mathbf{A}\mathbf{x}=\mathbf{T}^{-1}\mathbf{A}\mathbf{T}\mathbf{z} \implies \dot{\mathbf{z}}=\mathbf{\Lambda}\mathbf{z} \tag{8.18}$$

换句话说，改为特征向量坐标后，动力学变为对角线形式。将式（8.12）与式（8.17c）结合起来，可以将解 $\mathbf{x}(t)$ 写为：

$$\mathbf{x}(t)=\underbrace{\mathbf{T}\,\underbrace{e^{\mathbf{\Lambda}t}\,\underbrace{\mathbf{T}^{-1}\mathbf{x}(0)}_{\mathbf{z}(0)}}_{\mathbf{z}(t)}}_{\mathbf{x}(t)} \tag{8.19}$$

第一步，$\mathbf{T}^{-1}$ 将物理坐标中的初始条件 $\mathbf{x}(0)$ 映射到特征向量坐标 $\mathbf{z}(0)$ 中；第二步，使用对角线更新 $e^{\mathbf{\Lambda}t}$ 并推进这些初始条件，这在特征向量坐标 $\mathbf{z}$ 中要简单得多；第三步，乘以 $\mathbf{T}$ 将 $\mathbf{z}(t)$ 映射回物理坐标 $\mathbf{x}(t)$。

除了可以计算矩阵指数从而计算出解 $\mathbf{x}(t)$ 之外，$\mathbf{A}$ 的特征分解对于理解系统的动力学和稳定性更为有用。从式（8.19）中我们可以看到，解的唯一时变部分是 $e^{\mathbf{\Lambda}t}$。通常，这些特征 283
值 $\lambda=a+ib$ 可以是复数，因此解可以由 $e^{\lambda t}=e^{at}(\cos(bt)+i\sin(bt))$ 给出。因此，如果所有特征值 λ_k 都具有负实部（即 $\mathrm{Re}(\lambda)=a<0$），则系统是稳定的，并且当 $t\to\infty$ 时，所有解都衰减到 $\mathbf{x}=\mathbf{0}$。但是，即使单个特征值具有正实部，该系统也是不稳定的，并且会从固定点处沿着相应的不稳定特征向量方向发散。任何随机的初始条件都可能在这个不稳定的方向上具有分量，而且干扰可能会激发系统的所有特征向量。

受迫线性系统

在控制存在的情况下，对于零初始条件 $\mathbf{x}(0)=\mathbf{0}$，式（8.10a）的解为：

$$\mathbf{x}(t)=\int_0^t e^{\mathbf{A}(t-\tau)}\mathbf{B}\mathbf{u}(\tau)\mathrm{d}\tau \triangleq e^{\mathbf{A}t}\mathbf{B}*\mathbf{u}(t) \tag{8.20}$$

控制输入 $\mathbf{u}(t)$ 与内核 $e^{\mathbf{A}t}\mathbf{B}$ 卷积。当输出 $\mathbf{y}=\mathbf{C}\mathbf{x}$ 时，$\mathbf{y}(t)=\mathbf{C}e^{\mathbf{A}t}\mathbf{B}*\mathbf{u}(t)$。图 8.6 展示了一个单输入单输出（SISO）系统的卷积，该卷积是在 Dirac delta 输入 $u(t)=\delta(t)$ 下根据脉冲响应 $g(t)=\mathbf{C}e^{\mathbf{A}t}\mathbf{B}=\int_0^t \mathbf{C}e^{\mathbf{A}(t-\tau)}\mathbf{B}\delta(\tau)\mathrm{d}\tau$ 产生的。

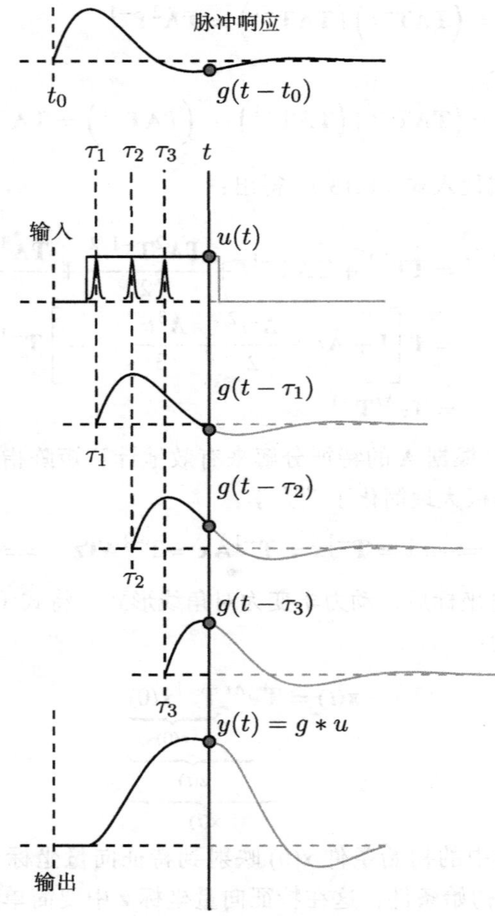

图8.6　单输入单输出（SISO）系统的卷积

离散时间系统

在许多实际应用中，系统是在时间上离散采样的，因此数字控制系统通常以离散时间动态系统的形式表示：

$$\mathbf{x}_{k+1}=\mathbf{A}_d\mathbf{x}_k+\mathbf{B}_d\mathbf{u}_k \tag{8.21a}$$

$$\mathbf{y}_k=\mathbf{C}_d\mathbf{x}_k+\mathbf{D}_d\mathbf{u}_k \tag{8.21b}$$

其中 $\mathbf{x}_k = \mathbf{x}(k\Delta t)$。式（8.21）中的系统矩阵可以从式（8.10）的连续时间系统中获得：

$$\mathbf{A}_d = e^{\mathbf{A}\Delta t} \tag{8.22a}$$

$$\mathbf{B}_d = \int_0^{\Delta t} e^{\mathbf{A}\tau}\mathbf{B}\,\mathrm{d}\tau \tag{8.22b}$$

$$\mathbf{C}_d = \mathbf{C} \tag{8.22c}$$

$$\mathbf{D}_d = \mathbf{D} \tag{8.22d}$$

此时，式（8.21）中离散时间系统的稳定性仍由 $\mathbf{A}_d$ 的特征值确定，尽管一个系统是稳定的当且仅当所有离散特征值都在复平面的单位圆内。因此，$\exp(\mathbf{A}\Delta t)$ 在复平面上定义了从连续时间到离散时间的保角映射，其中左半平面中的特征值映射到单位圆内的特征值。如图 8.7 所示。 284

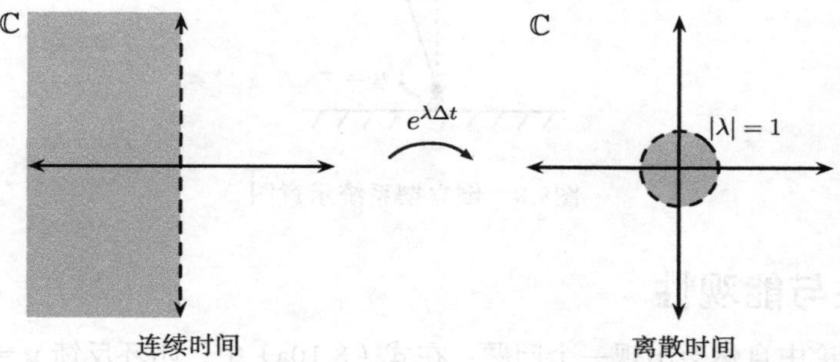

图8.7 矩阵指数定义了复平面上的保角映射，将左半平面中的稳定特征值映射到单位圆内的特征值

示例：倒立摆

考虑图 8.8 中的倒立摆，其底座处的扭矩输入为 u。使用欧拉 – 拉格朗日方程⊖得出的运动方程为：

$$\ddot{\theta} = -\frac{g}{L}\sin(\theta) + u \tag{8.23}$$

引入状态 $\mathbf{x}$，其由角位置和速度给出，我们可以把这个二阶微分方程写成一阶方程组：

$$\mathbf{x} = \begin{bmatrix} x_1 \\ x_2 \end{bmatrix} = \begin{bmatrix} \theta \\ \dot{\theta} \end{bmatrix} \implies \frac{\mathrm{d}}{\mathrm{d}t}\begin{bmatrix} x_1 \\ x_2 \end{bmatrix} = \begin{bmatrix} x_2 \\ -\frac{g}{L}\sin(x_1) + u \end{bmatrix} \tag{8.24}$$ 285

取 $\mathbf{f}(\mathbf{x}, \mathbf{u})$ 的雅可比（Jacobian）得：

$$\frac{\mathbf{df}}{\mathbf{dx}} = \begin{bmatrix} 0 & 1 \\ -\frac{g}{L}\cos(x_1) & 0 \end{bmatrix}, \quad \frac{\mathbf{df}}{\mathbf{du}} = \begin{bmatrix} 0 \\ 1 \end{bmatrix} \tag{8.25}$$

在倒立摆的向上平衡点（$x_1 = \pi, x_2 = 0$）和向下平衡点（$x_1 = 0, x_2 = 0$）处线性化可得：

⊖ 拉格朗日矩阵为 $\mathcal{L} = \frac{m}{2}L^2\dot{\theta}^2 - mgL\cos(\theta)$，欧拉 – 拉格朗日方程为 $\frac{\mathrm{d}}{\mathrm{d}t}\partial\mathcal{L}/\partial\dot{\theta} - \partial\mathcal{L}/\partial\theta = \tau$，其中 τ 为输入转矩。

$$\underbrace{\frac{\mathrm{d}}{\mathrm{d}t}\begin{bmatrix}x_1\\x_2\end{bmatrix}=\begin{bmatrix}0&1\\\frac{g}{L}&0\end{bmatrix}\begin{bmatrix}x_1\\x_2\end{bmatrix}+\begin{bmatrix}0\\1\end{bmatrix}u}_{\text{摆向上，}\ \lambda=\pm\sqrt{g/L}} \qquad \underbrace{\frac{\mathrm{d}}{\mathrm{d}t}\begin{bmatrix}x_1\\x_2\end{bmatrix}=\begin{bmatrix}0&1\\-\frac{g}{L}&0\end{bmatrix}\begin{bmatrix}x_1\\x_2\end{bmatrix}+\begin{bmatrix}0\\1\end{bmatrix}u}_{\text{摆向下，}\ \lambda=\pm i\sqrt{g/L}}$$

286 因此，我们看到向下位置是一个稳定的中心，其特征值 $\lambda=\pm i\sqrt{g/L}$ 对应于自然频率$\sqrt{g/L}$下的振荡。摆向上的位置是一个不稳定的鞍点，特征值 $\lambda=\pm\sqrt{g/L}$。

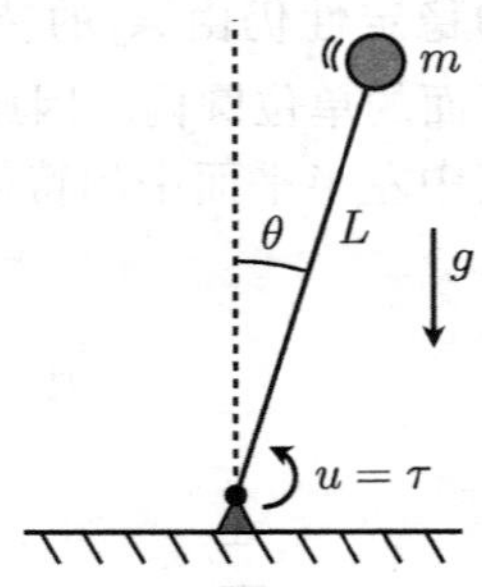

图8.8 倒立摆系统示意图

8.3 能控性与能观性

线性控制理论中自然会出现一个问题：在式（8.10a）中，闭环反馈 $\mathbf{u}=-\mathbf{Kx}$ 可以在多大程度上控制系统的行为？我们已经在 8.1 节中看到，可以通过闭环反馈来修改不稳定倒立摆系统的特征值，从而产生一个具有稳定特征值的新系统矩阵（$\mathbf{A}-\mathbf{BK}$）。本节将提供何时以及如何通过反馈控制来操纵系统动力学的具体条件，并解决关于何时可以根据测量值 $\mathbf{y}$ 估计全状态 $\mathbf{x}$ 的对偶问题。

能控性

选择 $\mathbf{K}$ 设计闭环系统特征值的能力取决于式（8.10a）中的系统是能控的。线性系统的能控性完全取决于能控矩阵 $\mathcal{C}$ 的列空间：

$$\mathcal{C}=\begin{bmatrix}\mathbf{B} & \mathbf{AB} & \mathbf{A}^2\mathbf{B} & \cdots & \mathbf{A}^{n-1}\mathbf{B}\end{bmatrix} \tag{8.26}$$

如果矩阵 $\mathcal{C}$ 具有 n 个线性独立的列，从而张成了所有$\mathbb{R}^n$，则式（8.10a）中的系统是能控的。能控矩阵 $\mathcal{C}$ 的列张成了一个 Krylov 子空间，该子空间确定 $\mathbb{R}^n$ 中的哪些状态向量方向可以通过控制进行操纵。因此，能控性除了意味着任意特征值配置之外，还意味着通过一些驱动信号 $\mathbf{u}(t)$，任何状态 $\xi\in\mathbb{R}^n$ 在一定时间内都是可达的。

以下三个条件是等价的：

（1）能控性。$\mathcal{C}$ 张成的空间为$\mathbb{R}^n$。矩阵 $\mathcal{C}$ 可以通过

```
>> ctrb(A,B)
```

生成，并且可以测试矩阵 $\mathcal{C}$ 的秩是否等于 n，即：

```
>> rank(ctrb(A,B))
```

（2）任意特征值配置。通过选择反馈 $\mathbf{u}=-\mathbf{Kx}$ 可以设计闭环系统的特征值：

$$\frac{\mathrm{d}}{\mathrm{d}t}\mathbf{x}=\mathbf{A}\mathbf{x}+\mathbf{B}\mathbf{u}=(\mathbf{A}-\mathbf{B}\mathbf{K})\,\mathbf{x} \tag{8.27}$$

给定一组期望的特征值，可以确定增益 **K**：

```
>> K = place(A,B,neweigs);
```

如何设计 **K** 以实现最佳性能将在 8.4 节中讨论。

（3）$\mathbb{R}^n$ 的可达性。可以在一定时间内通过一些驱动信号 $\mathbf{u}(t)$ 操纵系统达到任意状态 $\mathbf{x}(t)=\boldsymbol{\xi}\in\mathbb{R}^n$。

请注意，可达性也适用于开环系统。特别地，如果方向 ξ 不在 $\mathcal{C}$ 的范围内，则不论在开环还是闭环系统中，控制作用都不可能使状态朝着这个方向变化。 287

示例 通过研究一些简单的示例，能控性的概念更容易被理解。首先，考虑以下系统：

$$\frac{\mathrm{d}}{\mathrm{d}t}\begin{bmatrix}x_1\\x_2\end{bmatrix}=\begin{bmatrix}1&0\\0&2\end{bmatrix}\begin{bmatrix}x_1\\x_2\end{bmatrix}+\begin{bmatrix}0\\1\end{bmatrix}u \quad\Longrightarrow\quad \mathcal{C}=\begin{bmatrix}0&0\\1&2\end{bmatrix} \tag{8.28}$$

该系统不可控，因为能控矩阵 $\mathcal{C}$ 由两个线性相关的向量组成，并且没有张成 $\mathbb{R}^2$。即使在验证能控矩阵的秩之前，也很容易看到系统是不可控的，因为状态 x_1 和 x_2 完全解耦，并且控制输入 u 仅影响第二个状态。

修改此示例以包括两个控制输入，可以通过增加控制权限来控制系统：

$$\frac{\mathrm{d}}{\mathrm{d}t}\begin{bmatrix}x_1\\x_2\end{bmatrix}=\begin{bmatrix}1&0\\0&2\end{bmatrix}\begin{bmatrix}x_1\\x_2\end{bmatrix}+\begin{bmatrix}1&0\\0&1\end{bmatrix}\begin{bmatrix}u_1\\u_2\end{bmatrix} \quad\Longrightarrow\quad \mathcal{C}=\begin{bmatrix}1&0&1&0\\0&1&0&2\end{bmatrix} \tag{8.29}$$

由于 x_1 和 x_2 可由 u_1 和 u_2 独立控制，因此，这个完全驱动的系统显然是能控的。检查 $\mathcal{C}$ 的列确定已张成 $\mathbb{R}^2$，由此可确认该系统的能控性。

最有趣的示例没有这两个示例明显。考虑系统：

$$\frac{\mathrm{d}}{\mathrm{d}t}\begin{bmatrix}x_1\\x_2\end{bmatrix}=\begin{bmatrix}1&1\\0&2\end{bmatrix}\begin{bmatrix}x_1\\x_2\end{bmatrix}+\begin{bmatrix}0\\1\end{bmatrix}u \quad\Longrightarrow\quad \mathcal{C}=\begin{bmatrix}0&1\\1&2\end{bmatrix} \tag{8.30}$$

由于状态 x_1 和 x_2 是通过动力学耦合的，因此可以通过单个控制输入来控制这个两状态系统。同样地：

$$\frac{\mathrm{d}}{\mathrm{d}t}\begin{bmatrix}x_1\\x_2\end{bmatrix}=\begin{bmatrix}1&0\\0&2\end{bmatrix}\begin{bmatrix}x_1\\x_2\end{bmatrix}+\begin{bmatrix}1\\1\end{bmatrix}u \quad\Longrightarrow\quad \mathcal{C}=\begin{bmatrix}1&1\\1&2\end{bmatrix} \tag{8.31}$$

即使 x_1 和 x_2 的动力学解耦，$\mathcal{C}$ 还是能控的，因为执行器 $\mathbf{B}=\begin{bmatrix}1&1\end{bmatrix}^T$ 能够同时影响两个状态，并且它们具有不同的时标。

我们将在 8.3 节中看到，能控性与 **B** 的列和 **A** 的特征向量方向的对齐紧密相关。

能观性

从数学上讲，式（8.10）中系统的能观性与能控性几乎相同，尽管物理解释有所不同。如果可以根据测量值 $\mathbf{y}(t)$ 的时间历史信息估计任何状态 $\xi\in\mathbb{R}^n$，那么该系统是能观测的。

同样，系统的能观性完全由能观矩阵 $\mathcal{O}$ 的行空间确定：

$$\mathcal{O} = \begin{bmatrix} \mathbf{C} \\ \mathbf{CA} \\ \mathbf{CA}^2 \\ \vdots \\ \mathbf{CA}^{n-1} \end{bmatrix} \tag{8.32}$$

特别地，如果矩阵 $\mathcal{O}$ 的行张成 $\mathbb{R}^n$，则可根据 $\mathbf{y}(t)$ 的时间历史信息估计任何全维状态
288 $\mathbf{x} \in \mathbb{R}^n$。矩阵 $\mathcal{O}$ 由下列语句生成：

```
>> obsv(A,C);
```

进行全状态估计的动机相对简单。我们已经看到，利用全状态反馈 $\mathbf{u} = -\mathbf{Kx}$ 可以修改能控系统的行为。但是，如果无法获得 $\mathbf{x}$ 的全状态测量值，就必须根据测量值来估计 $\mathbf{x}$。当系统能测时，这是可能的。在 8.5 节中，我们将看到可以设计一个能观的动力系统，从噪声测量中估计全状态。与能控系统的情况一样，如果系统是能观的，则可以设计估计器动力系统的特征值使其具有期望的特性，例如快速估计能力和有效的噪声衰减能力。

有趣的是，能观准则在数学上是能控准则的对偶。实际上，对偶系统的能观矩阵是能控矩阵的转置：

```
>> O = ctrb(A',C')'; % 'obsv' is dual of 'crtb'
```

PBH 能控性测试

有许多测试可以确定系统是否能控，Popov–Belevitch–Hautus（PBH）测试是最有用和最有启发性的测试之一。PBH 测试指出，对于所有 $\lambda \in \mathbb{C}$，当且仅当矩阵 $[(\mathbf{A} - \lambda\mathbf{I})\ \mathbf{B}]$ 的列秩等于 n 时，$(\mathbf{A}, \mathbf{B})$ 对是能控的。该测试是特别好的方式，因为它联系了能控性[⊖]与 $\mathbf{B}$ 的列和 $\mathbf{A}$ 的特征空间之间的关系。

首先，除了 λ 是 $\mathbf{A}$ 的特征值以外，$\mathbf{A} - \lambda\mathbf{I}$ 的秩等于 n，所以 PBH 测试仅需在 $\mathbf{A}$ 的特征值 λ 处进行检查。实际上，特征方程式 $\det(\mathbf{A} - \lambda\mathbf{I}) = 0$ 也可以用于确定 $\mathbf{A}$ 的特征值，这恰好是矩阵 $\mathbf{A} - \lambda\mathbf{I}$ 变成秩亏或退化的那些值。

现在，假设（$\mathbf{A} - \lambda\mathbf{I}$）仅对特征值 λ 秩亏，那么有一个结论：$\mathbf{A} - \lambda\mathbf{I}$ 的零空间或核是由对应于该特定特征值的特征向量张成的。因此，为了使 $[(\mathbf{A} - \lambda\mathbf{I})\ \mathbf{B}]$ 的秩为 n，$\mathbf{B}$ 中的列必须有与 $\mathbf{A}$ 相关的每个特征向量方向上的某些分量，以补充 $\mathbf{A} - \lambda\mathbf{I}$ 的零空间。

如果 $\mathbf{A}$ 具有 n 个不同的特征值，则该系统可通过单个驱动输入进行控制，因为矩阵 $\mathbf{A} - \lambda\mathbf{I}$ 在零空间中最多具有一个特征向量方向。特别地，可以选择 $\mathbf{B}$ 作为所有 n 个线性独立特征向量的总和，这样可以保证在每个方向上都有一些分量。如果 $\mathbf{B}$ 是一个随机向量（≫ **B=randn(n,1);**），则（**A, B**）在大概率下是能控的，这是因为随机选择的 $\mathbf{B}$ 极不可能对任何给定特征向量的贡献为零。

如果存在重数 ≥ 2 的退化特征值，使得 $\mathbf{A} - \lambda\mathbf{I}$ 的零空间是多维的，那么驱动输入必须
289 具有尽可能多的自由度。换句话说，只有当系统具有退化特征值时，才需要多个执行器（$\mathbf{B}$ 列）。如果一个系统是高度非正常的，为了具有更好的控制权限，在实际中安装多个执行器

⊖ 对于可观性，有一个等效的 PBH 测试，其指出，$\begin{bmatrix} (\mathbf{A} - \lambda\mathbf{I}) \\ \mathbf{C} \end{bmatrix}$ 必须在所有 $\lambda \in \mathbb{C}$ 上都有行秩 n 系统才是可观的。

可能会有所帮助。由于平行的特征向量之间的破坏性干扰（通常具有相似的特征值），这种非正规系统具有大的瞬态增长特性。

凯莱－哈密顿（Cayley-Hamilton）定理和可达性

为了深入了解 $(\mathbf{A}, \mathbf{B})$ 对的能控性与通过驱动输入 $\mathbf{u}(t)$ 作用的任何向量 $\boldsymbol{\xi} \in \mathbb{R}^n$ 的可达性之间的关系，我们将利用 Cayley-Hamilton 定理。这是线性代数的精华，它提供了一种优雅的方法来表示 $\dot{\mathbf{x}} = \mathbf{A}\mathbf{x}$ 的解，用 $\mathbf{A}$ 的有限次幂和表示，而不是式（8.13）中矩阵指数所需的无穷和。

Cayley-Hamilton 定理指出，每个矩阵 $\mathbf{A}$ 都满足其自身的特征（特征值）方程，即 $\det(\mathbf{A} - \lambda\mathbf{I}) = 0$：

$$\det(\mathbf{A} - \lambda\mathbf{I}) = \lambda^n + a_{n-1}\lambda^{n-1} + \cdots + a_2\lambda^2 + a_1\lambda + a_0 = 0 \tag{8.33a}$$

$$\Longrightarrow \quad \mathbf{A}^n + a_{n-1}\mathbf{A}^{n-1} + \cdots + a_2\mathbf{A}^2 + a_1\mathbf{A} + a_0\mathbf{I} = \mathbf{0} \tag{8.33b}$$

尽管这相对来说比较简单，但却会产生深远的影响。特别地，可以将 $\mathbf{A}^n$ 表示为 $\mathbf{A}$ 的较小幂的线性组合：

$$\mathbf{A}^n = -a_0\mathbf{I} - a_1\mathbf{A} - a_2\mathbf{A}^2 - \cdots - a_{n-1}\mathbf{A}^{n-1} \tag{8.34}$$

这意味着任何更高的幂 $\mathbf{A}^{k \geqslant n}$ 也可以表示为矩阵 $\{\mathbf{I}, \mathbf{A}, \cdots, \mathbf{A}^{n-1}\}$ 的和：

$$\mathbf{A}^{k \geqslant n} = \sum_{j=0}^{n-1} \alpha_j \mathbf{A}^j \tag{8.35}$$

因此，可以将指数 $e^{\mathbf{A}t}$ 表示成无穷和：

$$e^{\mathbf{A}t} = \mathbf{I} + \mathbf{A}t + \frac{\mathbf{A}^2t^2}{2} + \cdots \tag{8.36a}$$

$$= \beta_0(t)\mathbf{I} + \beta_1(t)\mathbf{A} + \beta_2(t)\mathbf{A}^2 + \cdots + \beta_{n-1}(t)\mathbf{A}^{n-1} \tag{8.36b}$$

现在，我们将看到能控性与任意向量 $\boldsymbol{\xi} \in \mathbb{R}^n$ 的可达性之间的关系。从式（8.20）中可以看出，状态 $\boldsymbol{\xi}$ 可达，如果存在某个 $\mathbf{u}(t)$ 使得下式成立：

$$\boldsymbol{\xi} = \int_0^t e^{\mathbf{A}(t-\tau)}\mathbf{B}\mathbf{u}(\tau)\,\mathrm{d}\tau \tag{8.37}$$

根据式（8.36b）展开上式右侧的指数，我们有：

$$\begin{aligned}
\boldsymbol{\xi} &= \int_0^t [\beta_0(t-\tau)\mathbf{I}\mathbf{B}\mathbf{u}(\tau) + \beta_1(t-\tau)\mathbf{A}\mathbf{B}\mathbf{u}(\tau) + \cdots \\
&\quad \cdots + \beta_{n-1}(t-\tau)\mathbf{A}^{n-1}\mathbf{B}\mathbf{u}(\tau)]\mathrm{d}\tau \\
&= \mathbf{B}\int_0^t \beta_0(t-\tau)\mathbf{u}(\tau)\,\mathrm{d}\tau + \mathbf{A}\mathbf{B}\int_0^t \beta_1(t-\tau)\mathbf{u}(\tau)\,\mathrm{d}\tau + \cdots \\
&\quad \cdots + \mathbf{A}^{n-1}\mathbf{B}\int_0^t \beta_{n-1}(t-\tau)\mathbf{u}(\tau)\,\mathrm{d}\tau \\
&= \begin{bmatrix}\mathbf{B} & \mathbf{A}\mathbf{B} & \cdots & \mathbf{A}^{n-1}\mathbf{B}\end{bmatrix}
\begin{bmatrix} \int_0^t \beta_0(t-\tau)\mathbf{u}(\tau)\,\mathrm{d}\tau \\ \int_0^t \beta_1(t-\tau)\mathbf{u}(\tau)\,\mathrm{d}\tau \\ \vdots \\ \int_0^t \beta_{n-1}(t-\tau)\mathbf{u}(\tau)\,\mathrm{d}\tau \end{bmatrix}
\end{aligned}$$

290

注意左边的矩阵是能控矩阵 $\mathcal{C}$，同时可以看到所有 $\mathbb{R}^n$ 都可达的唯一方法是 $\mathcal{C}$ 的列空间张成整个 $\mathbb{R}^n$。有些难理解的是，如果 $\mathcal{C}$ 的秩为 n，则可以设计一个 $\mathbf{u}(t)$ 使系统状态达到任意指定状态 $\boldsymbol{\xi}\in\mathbb{R}^n$，但这依赖于一个事实：即 n 个函数 $\left\{\beta_j(t)\right\}_{j=0}^{n-1}$ 是线性独立的函数。由于有许多不同的可达路径，那么还会出现一种情况：达到给定状态 $\boldsymbol{\xi}$ 的驱动输入 $\mathbf{u}(t)$ 不唯一。

Gramian（格拉姆）矩阵和能控性度 / 能观性度

先前的能控性和能观性测试是二元的，即 $\mathcal{C}$（或 $\mathcal{O}$）的秩要么是 n，要么不是 n。但是存在能控性度和能观性度，因为某些状态 $\mathbf{x}$ 可能比其他状态更易于控制或估计。

为了确定哪些状态是能控的，必须分析如下能控 Gramian 矩阵的特征分解：

$$\mathbf{W}_c(t)=\int_0^t e^{\mathbf{A}\tau}\mathbf{B}\mathbf{B}^*e^{\mathbf{A}^*\tau}\,\mathrm{d}\tau \tag{8.38}$$

类似地，能观 Gramian 矩阵由下式给出：

$$\mathbf{W}_o(t)=\int_0^t e^{\mathbf{A}^*\tau}\mathbf{C}^*\mathbf{C}e^{\mathbf{A}\tau}\,\mathrm{d}\tau \tag{8.39}$$

这些 Gramian 矩阵通常在无穷时间上进行评估，除非另有说明，否则 $\mathbf{W}_c=\lim_{t\to\infty}\mathbf{W}_c(t)$，$\mathbf{W}_o=\lim_{t\to\infty}\mathbf{W}_o(t)$。

状态 x 的能控性通过 $\mathbf{x}^*\mathbf{W}_c\mathbf{x}$ 来衡量，$\mathbf{x}^*\mathbf{W}_c\mathbf{x}$ 对于能控性更高的状态将更大。如果 $\mathbf{x}^*\mathbf{W}_c\mathbf{x}$ 的值较大，则可以使用单位控制输入在 $\mathbf{x}$ 方向上更远的导航系统。类似地，状态的能观性由 $\mathbf{x}^*\mathbf{W}_o\mathbf{x}$ 度量。两个 Gramian 矩阵都是对称的且为正半定的，它们具有非负特征值。因此，特征值和特征向量可以被分级排序，对应于大特征值的特征向量更易于能控或能观。这样，Gramian 根据状态的能控性或能观性，在状态空间上诱导了一个新的内积。

Gramian 可以在状态空间中通过椭球体可视化，主轴根据能控性或能观性按层次顺序排列的方向给出。图 9.2 显示了这种可视化图形。实际上，可以使用 Gramian 矩阵设计高维系统的降阶模型。通过平衡转换，可以用能控和能观的模式辨识关键子空间。这些模式定义了一个良好的映射基来定义一个模型，以此来捕获主要的输入 – 输出动态。这种形式的平衡模
291 型约简将在 9.2 节中进一步研究。

Gramian 还可用于确定系统从 $\mathbf{x}(0)=\mathbf{0}$ 到时间 t_f 时的 $\mathbf{x}(t_f)$ 所需的最小能量控制 $\mathbf{u}(t)$：

$$\mathbf{u}(t)=\mathbf{B}^*\left(e^{\mathbf{A}(t_f-t)}\right)^*\mathbf{W}_c(t_f)^{-1}\mathbf{x}(t_f) \tag{8.40}$$

该控制律消耗的总能量为：

$$\int_0^{t_f}\|\mathbf{u}(\tau)\|^2\,\mathrm{d}\tau=\mathbf{x}^*\mathbf{W}_c(t_f)^{-1}\mathbf{x} \tag{8.41}$$

现在可以看出，如果能控矩阵近似奇异的，那么就有一些方向需要极高的驱动能量来操纵。相反，如果 $\mathbf{W}_c$ 的特征值都很大，则系统易于控制。

直接使用式（8.38）和式（8.39）计算 Gramian 通常是不切实际的。能控 Gramian 是以下 Lyapunov 方程的解：

$$\mathbf{A}\mathbf{W}_c + \mathbf{W}_c\mathbf{A}^* + \mathbf{B}\mathbf{B}^* = \mathbf{0} \tag{8.42}$$

而能观 Gramian 是以下方程的解：

$$\mathbf{A}^*\mathbf{W}_O + \mathbf{W}_O\mathbf{A} + \mathbf{C}^*\mathbf{C} = \mathbf{0} \tag{8.43}$$

对于高维系统，通过求解 Lyapunov 方程获得 Gramian 的成本通常非常昂贵[213, 231, 496, 489, 55]，取而代之的是 9.2 节所述的方法，Gramian 矩阵通常是使用直接系统和伴随系统的快照数据进行经验近似估计。

镇定性和可检测性

实际上，在高维系统中，对全状态能控性和能观性的期望可能太高了。例如，在高维流体系统中，操纵每个较小的流体涡流可能是不现实的，相反，对大型的、包含能量的相干结构具有控制能力往往就足够了。

镇定性是指一种能力，它能控制 **A** 的所有不稳定特征向量方向，使它们处于 C 的范围内。在实践中，我们可以放宽此定义，使之包括轻微阻尼的特征向量模式，该模式对应于具有较小负实部的特征值。同样，如果 **A** 的所有不稳定特征向量都在 $\mathcal{O}^*$ 的范围内，则系统是可检测的。

模型描述中也可能存在对控制来说多余的状态。以商用客机的控制系统为例，系统的状态可能包括乘客座椅位置，尽管驾驶员肯定无法控制，也不应该控制。

8.4　最优全状态控制：线性二次型调节器

在前面部分中我们已经看到，如果 $(\mathbf{A}, \mathbf{B})$ 是能控的，则可以通过选择全状态反馈控制律 $\mathbf{u} = -\mathbf{K}\mathbf{x}$ 任意操纵闭环系统 $(\mathbf{A} - \mathbf{B}\mathbf{K})$ 的特征值。这隐含了一个假设，即系统的全状态测量（即 $\mathbf{C} = \mathbf{I}$ 和 $\mathbf{D} = \mathbf{0}$，因此 $\mathbf{y} = \mathbf{x}$）是可以获得的。尽管并非总能进行全状态测量，尤其是 292
对于高维系统，但我们将在下一部分中说明，如果系统是能观的，则可以从传感器测量结果中建立全状态估计值。

给定一个能控系统，它具有对全状态的测量或它是可以进行全状态估计的能观系统，那么可以选择多种镇定控制律 $\mathbf{u} = -\mathbf{K}\mathbf{x}$。通过将闭环系统 $(\mathbf{A} - \mathbf{B}\mathbf{K})$ 的特征值尽可能地放在复平面的左半部分，可以使闭环系统的特征值任意稳定。然而，过度稳定的特征值可能需要非常昂贵的控制费用，并且还可能导致驱动信号超过最大允许值。此外，选择非常稳定的特征值还可能导致控制系统对噪声和干扰过度反应，就像新驾驶员对方向盘的振动过度反应一样，这会导致闭环系统抖动。如果存在较小的时延或未建模动态，则过度稳定会反常地降低鲁棒性，并可能导致不稳定。鲁棒性将在 8.8 节中讨论。

最优控制的重要目标是在不花费太多控制作用的情况下选择最佳增益矩阵 **K** 来镇定系统。必须在闭环系统的稳定性和控制的侵略性之间取得平衡。重要的是要考虑控制作用的支出：①防止控制器对高频噪声和干扰产生过度反应；②避免驱动超过最大允许幅度；③避免昂贵的控制成本。特别地，成本函数定义为：

$$J(t) = \int_0^t \mathbf{x}(\tau)^*\mathbf{Q}\mathbf{x}(\tau) + \mathbf{u}(\tau)^*\mathbf{R}\mathbf{u}(\tau)\,\mathrm{d}\tau \tag{8.44}$$

它在有效调节状态的成本与控制成本之间取得了平衡。矩阵 **Q** 和 **R** 分别加权状态偏离零的代价和驱动的代价。矩阵 **Q** 为正半定，**R** 为正定。这些矩阵通常是对角矩阵，因此可以调整对角线元素以更改控制目标的相对重要性。

加入这样的成本函数使选择控制律成为一个适定的优化问题，对于求解此问题，存在大量的理论和数值技术[74]。线性二次调节器（LQR）控制律 $\mathbf{u} = -\mathbf{K}_r\mathbf{x}$ 旨在最小化 $J = \lim_{t\to\infty} J(t)$。之所以被命名为 LQR，是因为它是为线性系统设计的线性控制律，使二次成本函数最小化，该函数将系统状态调节为 $\lim_{t\to\infty}\mathbf{x}(t) = 0$。由于式（8.44）的成本函数是二次方的，所以最优控制器增益 $\mathbf{K}_r$ 有一个解析解，即：

$$\mathbf{K}_r = \mathbf{R}^{-1}\mathbf{B}^*\mathbf{X} \tag{8.45}$$

其中 **X** 是如下代数 Riccati 方程的解：

$$\mathbf{A}^*\mathbf{X} + \mathbf{X}\mathbf{A} - \mathbf{X}\mathbf{B}\mathbf{R}^{-1}\mathbf{B}^*\mathbf{X} + \mathbf{Q} = \mathbf{0} \tag{8.46}$$

在数值上求解上述 Riccati 方程的 **X** 以及 $\mathbf{K}_r$ 是可靠的，并且已经在许多编程语言中实现[323, 55]。在 MATLAB 中，可以通过以下语句求解：

```
>> Kr = lqr(A,B,Q,R);
```

但是，在状态维度是 n 的空间中求解 Riccati 方程的规模是 $\mathcal{O}(n^3)$，这对于大型系统或在线计
293 算用于缓慢变化状态方程和线性参数变化（LPV）控制来说，代价太高了。这促进了降阶模型的发展，以此来捕获具有大多数较少状态的相同主导行为。第 9 章将进一步开发面向控制的降阶模型。

LQR 控制器如图 8.9 所示，我们将在 8.4 节中介绍。在所有可能的控制律 $\mathbf{u} = \mathbf{K}(\mathbf{x})$ 中，包括非线性控制器，LQR 控制器 $\mathbf{u} = -\mathbf{K}_r\mathbf{x}$ 是最优的。但是，可能存在线性化系统是线性不可控制的，而式（8.7）中的整个非线性系统在非线性控制律 $\mathbf{u} = \mathbf{K}(\mathbf{x})$ 的作用下是可控制的情况。

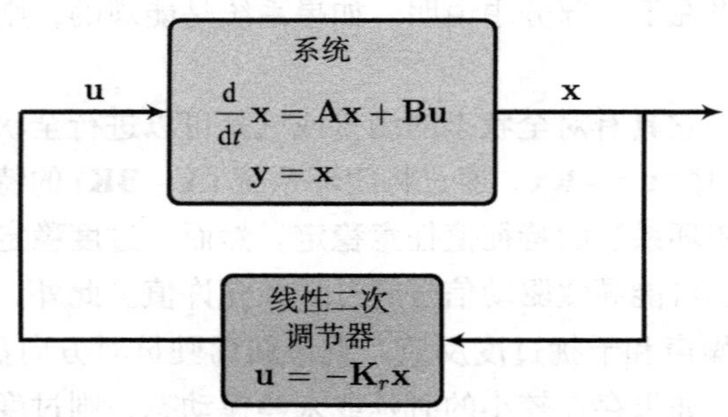

图8.9　最优全状态反馈的线性二次调节器（LQR）示意图。给定全状态测量 $\mathbf{y} = \mathbf{x}$ 的线性系统，最优控制器由比例控制 $\mathbf{u} = -\mathbf{K}_r\mathbf{x}$ 给出，其中 $\mathbf{K}_r$ 是通过求解代数Riccati方程获得的常数增益矩阵

最优控制的 Riccati 方程推导

在此对式（8.46）中的 Riccati 方程进行了理论推导，得到了最优全状态调节问题的 Riccati 方程。这一推导为如何利用变分法求解凸优化问题提供一个实例，也为计算非线性系统的最优控制解提供一个模板。由于最优控制在变分原理上与拉格朗日和哈密顿经典力学

公式的相似性，我们采用了相似的语言和符号。

首先，我们将在式（8.44）的 LQR 成本函数中增加最终成本，并引入 1/2 的因数以简化计算：

$$J=\int_0^{t_f}\underbrace{\frac{1}{2}\left(\mathbf{x}^*\mathbf{Q}\mathbf{x}+\mathbf{u}^*\mathbf{R}\mathbf{u}\right)}_{\text{拉格朗日矩阵，}\mathcal{L}}\mathrm{d}\tau+\underbrace{\frac{1}{2}\mathbf{x}(t_f)^*\mathbf{Q}_f\mathbf{x}(t_f)}_{\text{最终成本}} \tag{8.47}$$

目标是在如下动态约束下最小化二次成本函数 J：

$$\dot{\mathbf{x}}=\mathbf{A}\mathbf{x}+\mathbf{B}\mathbf{u} \tag{8.48}$$ 294

通过引入以下增广的成本函数，我们可以使用变分法来解决此问题：

$$J_{\text{aug}}=\int_0^{t_f}\left[\frac{1}{2}\left(\mathbf{x}^*\mathbf{Q}\mathbf{x}+\mathbf{u}^*\mathbf{R}\mathbf{u}\right)+\boldsymbol{\lambda}^*\left(\mathbf{A}\mathbf{x}+\mathbf{B}\mathbf{u}-\dot{\mathbf{x}}\right)\right]\mathrm{d}\tau+\frac{1}{2}\mathbf{x}(t_f)^*\mathbf{Q}_f\mathbf{x}(t_f) \tag{8.49}$$

变量 λ 是一个拉格朗日乘子，称为协态或共轭状态，它强制执行动态约束。λ 可以取任意值，$J_{\text{aug}}=J$ 将成立。

对式（8.49）中的 J_{aug} 计算全变分：

$$\delta J_{\text{aug}}=\int_0^{t_f}\left[\frac{\partial\mathcal{L}}{\partial\mathbf{x}}\delta\mathbf{x}+\frac{\partial\mathcal{L}}{\partial\mathbf{u}}\delta\mathbf{u}+\boldsymbol{\lambda}^*\mathbf{A}\delta\mathbf{x}+\boldsymbol{\lambda}^*\mathbf{B}\delta\mathbf{u}-\boldsymbol{\lambda}^*\delta\dot{\mathbf{x}}\right]\mathrm{d}\tau+\mathbf{Q}_f\mathbf{x}(t_f)\delta\mathbf{x}(t_f) \tag{8.50}$$

拉格朗日方程的偏导数[⊖]是 $\partial L/\partial\mathbf{x}=\mathbf{x}_*\mathbf{Q}$ 和 $\partial L/\partial\mathbf{u}=\mathbf{u}_*\mathbf{R}$。积分中的最后一项可以使用分部积分进行修改：

$$-\int_0^{t_f}\boldsymbol{\lambda}^*\delta\dot{\mathbf{x}}\,\mathrm{d}\tau=-\boldsymbol{\lambda}^*(t_f)\delta\mathbf{x}(t_f)+\boldsymbol{\lambda}^*(0)\delta\mathbf{x}(0)+\int_0^{t_f}\dot{\boldsymbol{\lambda}}^*\delta\mathbf{x}\,\mathrm{d}\tau$$

项 $\boldsymbol{\lambda}^*(0)\delta\mathbf{x}(0)$ 等于零，否则控制系统将是非因果的（即未来的控制可能会改变系统的初始条件）。

最后，式（8.50）中增广成本函数的全变分简化如下：

$$\begin{aligned}\delta J_{\text{aug}}=&\int_0^{t_f}\left(\mathbf{x}^*\mathbf{Q}+\boldsymbol{\lambda}^*\mathbf{A}+\dot{\boldsymbol{\lambda}}^*\right)\delta\mathbf{x}\,\mathrm{d}\tau+\int_0^{t_f}\left(\mathbf{u}^*\mathbf{R}+\boldsymbol{\lambda}^*\mathbf{B}\right)\delta\mathbf{u}\,\mathrm{d}\tau\\&+\left(\mathbf{x}(t_f)^*\mathbf{Q}_f-\boldsymbol{\lambda}^*(t_f)\right)\delta\mathbf{x}(t_f)\end{aligned} \tag{8.51}$$

对于使 J 最小的最优控制解决方案，式（8.51）中的每个变量项都必须等于零。因此，我们可以将其分解为三个方程式：

$$\mathbf{x}^*\mathbf{Q}+\boldsymbol{\lambda}^*\mathbf{A}+\dot{\boldsymbol{\lambda}}^*=\mathbf{0} \tag{8.52a}$$

$$\mathbf{u}^*\mathbf{R}+\boldsymbol{\lambda}^*\mathbf{B}=\mathbf{0} \tag{8.52b}$$

$$\mathbf{x}(t_f)^*\mathbf{Q}_f-\boldsymbol{\lambda}^*(t_f)=\mathbf{0} \tag{8.52c}$$

注意，式（8.52c）中的约束表示从 t_f 开始的 λ 的反向时间方程的初始条件。因此，初始条件为 $\mathbf{x}(0)=\mathbf{x}_0$ 的式（8.48）和最终时间为 $\lambda(t_f)=\mathbf{Q}_f\mathbf{x}(t_f)$ 的式（8.52）中的动力学形成了两点边界值问题。在非线性系统中，也可以通过数值积分来找到最优控制解决方案。

⊖ 矩阵表达式 $\mathbf{A}\mathbf{x}$ 相对于 $\mathbf{x}$ 的导数是 $\mathbf{A}$，而 $\mathbf{x}^*\mathbf{A}$ 相对于 $\mathbf{x}$ 的导数是 $\mathbf{A}^*$。

由于动力学是线性的，因此可以假定形式 $\lambda = \mathbf{Px}$，并代入式（8.52）中，第一个方程变为：

$$(\dot{\mathbf{P}}\mathbf{x}+\mathbf{P}\dot{\mathbf{x}})^*+\mathbf{x}^*\mathbf{Q}+\boldsymbol{\lambda}^*\mathbf{A}=\mathbf{0}$$

求上式的转置并将式（8.48）代入 $\dot{\mathbf{x}}$，得出：

$$\dot{\mathbf{P}}\mathbf{x}+\mathbf{P}(\mathbf{Ax}+\mathbf{Bu})+\mathbf{Qx}+\mathbf{A}^*\mathbf{Px}=\mathbf{0}$$

根据式（8.52b），我们有：

295

$$\mathbf{u}=-\mathbf{R}^{-1}\mathbf{B}^*\boldsymbol{\lambda}=-\mathbf{R}^{-1}\mathbf{B}^*\mathbf{Px}$$

最后有：

$$\dot{\mathbf{P}}\mathbf{x}+\mathbf{PAx}+\mathbf{A}^*\mathbf{Px}-\mathbf{PBR}^{-1}\mathbf{B}^*\mathbf{Px}+\mathbf{Qx}=\mathbf{0} \tag{8.53}$$

该方程必须对所有 $\mathbf{x}$ 都满足，因此也可以将其写成矩阵方程。去掉终端成本，让时间趋于无穷大，$\dot{\mathbf{P}}$ 项则消失，可得到如下代数 Riccati 方程：

$$\mathbf{PA}+\mathbf{AP}^*-\mathbf{PBR}^{-1}\mathbf{B}^*\mathbf{P}+\mathbf{Q}=\mathbf{0}$$

尽管此过程有些复杂，但每个步骤都相对简单。另外，式（8.48）中的动力学可以用非线性动力学 $\dot{\mathbf{x}}=\mathbf{f}(\mathbf{x},\mathbf{u})$ 代替，并且类似的非线性两点边界值问题可以用 $\partial\mathbf{f}/\partial\mathbf{x}$ 代替 $\mathbf{A}$ 和 $\partial\mathbf{f}/\partial\mathbf{u}$ 代替 $\mathbf{B}$。此过程非常通用，它可以从数值上获得非线性最优控制轨迹。

Hamiltonian 公式　与上面的拉格朗日公式类似，通过引入以下 Hamiltonian 公式也可以解决优化问题：

$$\mathcal{H}=\underbrace{\frac{1}{2}\left(\mathbf{x}^*\mathbf{Qx}+\mathbf{u}^*\mathbf{Ru}\right)}_{\mathcal{L}}+\boldsymbol{\lambda}^*\left(\mathbf{Ax}+\mathbf{Bu}\right) \tag{8.54}$$

然后 Hamiltonian 方程变成：

$$\dot{\mathbf{x}}=\left(\frac{\partial\mathcal{H}}{\partial\boldsymbol{\lambda}}\right)^*=\mathbf{Ax}+\mathbf{Bu}\qquad \mathbf{x}(0)=\mathbf{x}_0 \tag{8.55a}$$

$$-\dot{\boldsymbol{\lambda}}=\left(\frac{\partial\mathcal{H}}{\partial\mathbf{x}}\right)^*=\mathbf{Qx}+\mathbf{A}^*\boldsymbol{\lambda}\qquad \boldsymbol{\lambda}(t_f)=\mathbf{Q}_f\mathbf{x}(t_f) \tag{8.55b}$$

同样，这是 $\mathbf{x}$ 和 λ 的两点边界值问题。代入相同的表达式 $\lambda=\mathbf{Px}$，将得到与上面相同的 Riccati 方程。

8.5　最优全状态估计：Kalman滤波器

8.4 节中的最优 LQR 控制器依赖于系统的全状态测量。但是，获得全状态测量结果的代价可能会非常昂贵或在技术上不可行，尤其对于高维系统更是如此。收集和处理全状态测量值的计算负担可能还会引入不可接受的时延，这将限制鲁棒性能。

不用测量全部状态 $\mathbf{x}$，可以利用有限的噪声测量 $\mathbf{y}$ 估计状态。实际上，只要（$\mathbf{A}$, $\mathbf{C}$）对是能观的，数学上来讲就可以进行全状态估计，尽管估计的有效性取决于由能观 Gramian 矩阵量化的能观性度。Kalman 滤波器[279, 551, 221]是最常用的全状态估计器，因为它可以最优地平衡测量噪声、干扰和模型不确定性对测量的影响。如下一节所示，可以结合最优全状态 LQR 反馈控制律和 Kalman 滤波器来进行全状态估计。 296

在推导最优全状态估计器时，有必要将干扰 $\mathbf{w}_d$ 和传感器噪声 $\mathbf{w}_n$ 重新引入到状态中：

$$\frac{\mathrm{d}}{\mathrm{d}t}\mathbf{x} = \mathbf{A}\mathbf{x} + \mathbf{B}\mathbf{u} + \mathbf{w}_d \tag{8.56a}$$

$$\mathbf{y} = \mathbf{C}\mathbf{x} + \mathbf{D}\mathbf{u} + \mathbf{w}_n \tag{8.56b}$$

Kalman 滤波器假设干扰和噪声都是均值为零的高斯过程，具有已知的协方差：

$$\mathbb{E}\left(\mathbf{w}_d(t)\mathbf{w}_d(\tau)^*\right) = \mathbf{V}_d\delta(t-\tau) \tag{8.57a}$$

$$\mathbb{E}\left(\mathbf{w}_n(t)\mathbf{w}_n(\tau)^*\right) = \mathbf{V}_n\delta(t-\tau) \tag{8.57b}$$

这里 $\mathbb{E}$ 是期望值，$\delta(.)$ 是 Dirac delta 函数。矩阵 $\mathbf{V}_d$ 和 $\mathbf{V}_n$ 是正半定的，其包含干扰项和噪声项的协方差。已有文献对相关、有偏、未知噪声和干扰项的 Kalman 滤波器进行了扩展[498, 372]。

根据输入 $\mathbf{u}$ 和输出 $\mathbf{y}$ 的测量值，可以通过以下估计器动力系统获得全状态 $\mathbf{x}$ 的估计值 $\hat{\mathbf{x}}$：

$$\frac{\mathrm{d}}{\mathrm{d}t}\hat{\mathbf{x}} = \mathbf{A}\hat{\mathbf{x}} + \mathbf{B}\mathbf{u} + \mathbf{K}_f\left(\mathbf{y} - \hat{\mathbf{y}}\right) \tag{8.58a}$$

$$\hat{\mathbf{y}} = \mathbf{C}\hat{\mathbf{x}} + \mathbf{D}\mathbf{u} \tag{8.58b}$$

从系统模型中获得矩阵 $\mathbf{A}$、$\mathbf{B}$、$\mathbf{C}$ 和 $\mathbf{D}$，并通过与 LQR 中类似的过程确定滤波器增益 $\mathbf{K}_f$。$\mathbf{K}_f$ 由下式给出：

$$\mathbf{K}_f = \mathbf{Y}\mathbf{C}^*\mathbf{V}_n \tag{8.59}$$

其中 $\mathbf{Y}$ 是另一个代数 Riccati 方程的解：

$$\mathbf{Y}\mathbf{A}^* + \mathbf{A}\mathbf{Y} - \mathbf{Y}\mathbf{C}^*\mathbf{V}_n^{-1}\mathbf{C}\mathbf{Y} + \mathbf{V}_d = \mathbf{0} \tag{8.60}$$

此解决方案通常称为 Kalman 滤波器，相对于以下成本函数，它是最优全状态估计器：

$$J = \lim_{t\to\infty} \mathbb{E}\left(\left(\mathbf{x}(t) - \hat{\mathbf{x}}(t)\right)^* \left(\mathbf{x}(t) - \hat{\mathbf{x}}(t)\right)\right) \tag{8.61}$$

此成本函数隐含地包括干扰和噪声的影响，这是确定主动估计和噪声衰减之间的最优平衡所必需的。因此，Kalman 滤波器被称为线性二次估计（LQE），并且与 LQR 优化具有对偶形式。式（8.61）中的成本在许多实现中被计算为集合平均值。

滤波器增益 $\mathbf{K}_f$ 可以在 MATLAB 中通过以下命令求出：

```
>> Kf = lqe(A,Vd,C,Vd,Vn); % design Kalman filter gain
```

最优控制和估计在数学上是对偶问题，能控性和能观性也是如此，因此也可以使用 LQR 找到 Kalman 滤波器：

```
>> Kf = (lqr(A',C',Vd,Vn))'; % LQR and LQE are dual problems
```

Kalman 滤波器如图 8.10 所示。 297

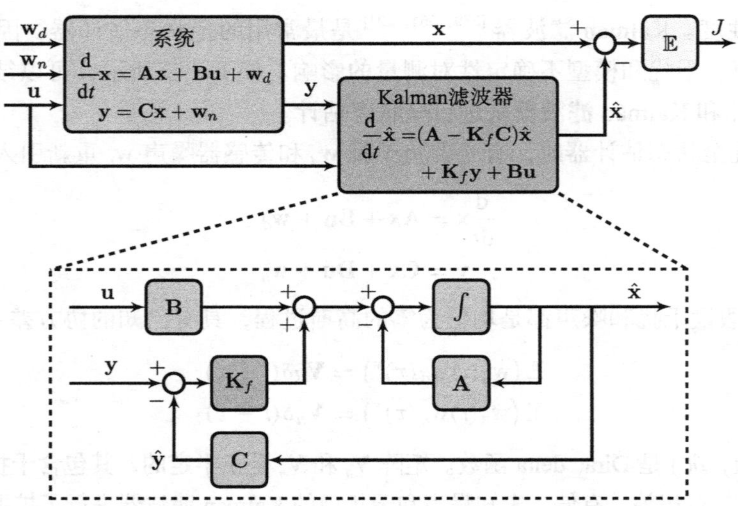

图8.10　用于从过程噪声（干扰）$\mathbf{w}_d$的噪声测量$\mathbf{y} = \mathbf{C}\mathbf{x} + \mathbf{w}_n$中进行全状态估计的Kalman滤波器示意图

将输出估计值 $\hat{\mathbf{y}}$ 从式（8.58b）代入式（8.58a），得出：

$$\frac{d}{dt}\hat{\mathbf{x}} = \left(\mathbf{A} - \mathbf{K}_f\mathbf{C}\right)\hat{\mathbf{x}} + \mathbf{K}_f\mathbf{y} + \left(\mathbf{B} - \mathbf{K}_f\mathbf{D}\right)\mathbf{u} \tag{8.62a}$$

$$= \left(\mathbf{A} - \mathbf{K}_f\mathbf{C}\right)\hat{\mathbf{x}} + \left[\mathbf{K}_f, \quad \left(\mathbf{B} - \mathbf{K}_f\mathbf{D}\right)\right]\begin{bmatrix}\mathbf{y}\\ \mathbf{u}\end{bmatrix} \tag{8.62b}$$

估计器动力系统用估计值 $\hat{\mathbf{x}}$ 表示，其输入为 $\mathbf{y}$ 和 $\mathbf{u}$。如果系统是能观的，则可以选择 $\mathbf{K}_f$ 任意配置 $\mathbf{A} - \mathbf{K}_f\mathbf{C}$ 的特征值。当估计器的特征值稳定时，只要模型忠实地捕捉到真实的系统动力学，状态估计值 $\hat{\mathbf{x}}$ 就会渐近收敛至全状态 $\mathbf{x}$。为了看到这种收敛，请考虑估计误差动态 $\boldsymbol{\epsilon} = \mathbf{x} - \hat{\mathbf{x}}$：

$$\begin{aligned}
\frac{d}{dt}\boldsymbol{\epsilon} &= \frac{d}{dt}\mathbf{x} - \frac{d}{dt}\hat{\mathbf{x}} \\
&= [\mathbf{A}\mathbf{x} + \mathbf{B}\mathbf{u} + \mathbf{w}_d] - \left[(\mathbf{A} - \mathbf{K}_f\mathbf{C})\hat{\mathbf{x}} + \mathbf{K}_f\mathbf{y} + (\mathbf{B} - \mathbf{K}_f\mathbf{D})\mathbf{u}\right] \\
&= \mathbf{A}\boldsymbol{\epsilon} + \mathbf{w}_d + \mathbf{K}_f\mathbf{C}\hat{\mathbf{x}} - \mathbf{K}_f\mathbf{y} + \mathbf{K}_f\mathbf{D}\mathbf{u} \\
&= \mathbf{A}\boldsymbol{\epsilon} + \mathbf{w}_d + \mathbf{K}_f\mathbf{C}\hat{\mathbf{x}} - \mathbf{K}_f\underbrace{[\mathbf{C}\mathbf{x} + \mathbf{D}\mathbf{u} + \mathbf{w}_n]}_{\mathbf{y}} + \mathbf{K}_f\mathbf{D}\mathbf{u} \\
&= (\mathbf{A} - \mathbf{K}_f\mathbf{C})\boldsymbol{\epsilon} + \mathbf{w}_d - \mathbf{K}_f\mathbf{w}_n
\end{aligned}$$

298

因此，当 $\mathbf{A} - \mathbf{K}_f\mathbf{C}$ 具有稳定的特征值时，估计值 $\hat{\mathbf{x}}$ 将收敛到真正的全状态。与 LQR 一样，这些特征值的过度稳定与传感器噪声的放大之间需要权衡。这类似于经验不足的驾驶员的行为，驾驶员可能太紧地握住方向盘，并且会对道路上的每个微小颠簸和干扰产生过度反应。

非线性系统的卡尔曼滤波器有很多变体 [274, 275, 538]，包括扩展卡尔曼滤波器和无迹卡尔曼滤波器。集合 Kalman 滤波器 [14] 是对高维系统的一个扩展，例如在地球物理数据同化中 [449]。所有这些方法仍然假设高斯噪声过程，粒子滤波器提供了一个更通用而计算更稠密的替代方案，可以处理任意噪声分布 [226, 451]。无迹卡尔曼滤波器平衡了卡尔曼滤波器的效率和粒子滤波器的精度。

8.6 基于传感器的最优控制：线性二次型高斯

通常将 Kalman 滤波器的全状态估计与 LQR 的全状态反馈控制律结合使用，从而获得基于传感器的最优反馈。值得注意的是，可以分别设计 LQR 增益 $\mathbf{K}_r$ 和 Kalman 滤波器增益 $\mathbf{K}_f$，当它们组合时，所得基于传感器的反馈将保持最优状态并保留闭环特征值。

将 LQR 全状态反馈与 Kalman 滤波全状态估计器结合在一起，可以得到线性二次高斯（LQG）控制器。LQG 控制器是一个动力系统，具有输入 $\mathbf{y}$、输出 $\mathbf{u}$ 和内部状态 $\hat{\mathbf{x}}$：

$$\frac{\mathrm{d}}{\mathrm{d}t}\hat{\mathbf{x}} = \left(\mathbf{A} - \mathbf{K}_f\mathbf{C} - \mathbf{B}\mathbf{K}_r\right)\hat{\mathbf{x}} + \mathbf{K}_f\mathbf{y} \tag{8.63a}$$

$$\mathbf{u} = -\mathbf{K}_r\hat{\mathbf{x}} \tag{8.63b}$$

LQG 控制器对于式（8.44）中的以下集成平均代价函数形式来说是最优的：

$$J(t) = \left\langle \int_0^t \left[\mathbf{x}(\tau)^*\mathbf{Q}\mathbf{x}(\tau) + \mathbf{u}(\tau)^*\mathbf{R}\mathbf{u}(\tau)\right]\mathrm{d}\tau \right\rangle \tag{8.64}$$

控制器 $\mathbf{u} = -\mathbf{K}_r\hat{\mathbf{x}}$ 是根据状态估计得出的，因此，必须在干扰和噪声的许多实现上平均此成本函数。将 LQR 应用于 $\hat{\mathbf{x}}$ 会产生以下状态动力学：

$$\frac{\mathrm{d}}{\mathrm{d}t}\mathbf{x} = \mathbf{A}\mathbf{x} - \mathbf{B}\mathbf{K}_r\hat{\mathbf{x}} + \mathbf{w}_d \tag{8.65a}$$

$$= \mathbf{A}\mathbf{x} - \mathbf{B}\mathbf{K}_r\mathbf{x} + \mathbf{B}\mathbf{K}_r\left(\mathbf{x} - \hat{\mathbf{x}}\right) + \mathbf{w}_d \tag{8.65b}$$

$$= \mathbf{A}\mathbf{x} - \mathbf{B}\mathbf{K}_r\mathbf{x} + \mathbf{B}\mathbf{K}_r\boldsymbol{\epsilon} + \mathbf{w}_d \tag{8.65c}$$

与前面一样，$\boldsymbol{\epsilon} = \mathbf{x} - \hat{\mathbf{x}}$。最后，闭环系统可以写成：

$$\frac{\mathrm{d}}{\mathrm{d}t}\begin{bmatrix}\mathbf{x}\\ \boldsymbol{\epsilon}\end{bmatrix} = \begin{bmatrix}\mathbf{A} - \mathbf{B}\mathbf{K}_r & \mathbf{B}\mathbf{K}_r\\ \mathbf{0} & \mathbf{A} - \mathbf{K}_f\mathbf{C}\end{bmatrix}\begin{bmatrix}\mathbf{x}\\ \boldsymbol{\epsilon}\end{bmatrix} + \begin{bmatrix}\mathbf{I} & \mathbf{0}\\ \mathbf{I} & -\mathbf{K}_f\end{bmatrix}\begin{bmatrix}\mathbf{w}_d\\ \mathbf{w}_n\end{bmatrix} \tag{8.66}$$ 299

因此，LQG 调节系统的闭环特征值由 $\mathbf{A} - \mathbf{B}\mathbf{K}_r$ 和 $\mathbf{A} - \mathbf{K}_f\mathbf{C}$ 的特征值给出，它们分别由 LQR 和 Kalman 滤波器增益矩阵最优选择。

LQG 框架如图 8.11 所示，它依赖于系统的精确模型以及干扰和测量噪声的知识，这些干扰和测量噪声被认为是高斯过程。在现实世界的系统中，这些假设中的每一个可能都是无效的，甚至很小的时延和模型不确定性也可能破坏 LQG 的鲁棒性并导致系统不稳定 [155]。由于 LQG 调节器缺乏模型不确定性的鲁棒性，8.8 节中会引入鲁棒控制，例如可以通过被称为回路传输恢复（Loop-Transfer Recovery，LTR）的过程来增强 LQG 调节器的鲁棒性。但是，尽管存在鲁棒性问题，LQG 控制对于许多系统还是非常有效的，并且是最常见的控制模式之一。

与传统的控制方法相比，如比例积分微分（PID）控制、设计更快的内环控制和假设时间尺度分离的慢外环控制，LQG 能够处理多输入、多输出（MIMO））系统，这些系统具有重叠的时间尺度和多目标成本函数，其算法或实现没有额外的复杂性。

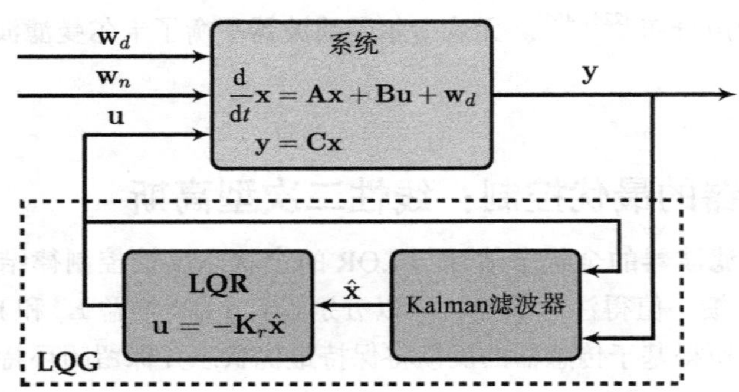

图8.11　基于噪声测量$\mathbf{y}$的最优闭环反馈的线性二次高斯（LQG）控制器示意图（基于两个不同的代数Riccati方程，可以分别设计最优LQR和Kalman滤波器增益矩阵$\mathbf{K}_r$和$\mathbf{K}_f$。组合使用时，基于传感器的反馈控制仍旧是最优的）

8.7　案例研究：小车上的倒立摆

为了巩固最优控制的概念，我们将为小车上的倒立摆安装一个镇定控制器，如图 8.12 所示。完整的非线性动力学由下式给出：

$$\dot{x} = v \tag{8.67a}$$

300

$$\dot{v} = \frac{-m^2L^2g\cos(\theta)\sin(\theta) + mL^2(mL\omega^2\sin(\theta) - \delta v) + mL^2u}{mL^2(M + m(1 - \cos(\theta)^2))} \tag{8.67b}$$

$$\dot{\theta} = \omega \tag{8.67c}$$

$$\dot{\omega} = \frac{(m + M)mgL\sin(\theta) - mL\cos(\theta)(mL\omega^2\sin(\theta) - \delta v) + mL\cos(\theta)u}{mL^2(M + m(1 - \cos(\theta)^2))} \tag{8.67d}$$

其中 x 是小车位置，v 是速度，θ 是摆角，ω 是角速度，m 是摆质量，M 是车质量，L 是摆臂长度，g 是重力加速度，δ 是行驶时的摩擦阻尼，u 是施加在推车上的控制力。

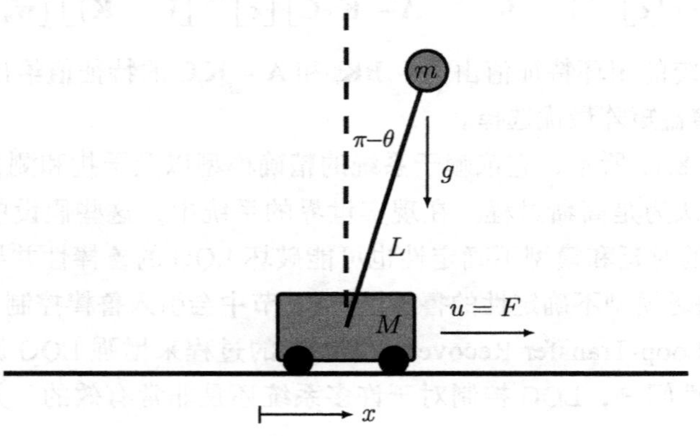

图8.12　小车上的倒立摆示意图。控制作用强制小车加速或减速。此示例中，我们假设以下参数值：摆质量（$m = 1$），推车质量（$M = 5$），摆长度（$L = 2$），重力加速度（$g = -10$）和小车阻尼（$\delta = 1$）

下面的 MATLAB 函数 **pendcart** 可用于模拟式（8.67）中的完整非线性系统：

代码 8.2　用于手推车上倒立摆的右侧函数。

```
function dx = pendcart(x,m,M,L,g,d,u)

Sx = sin(x(3));
Cx = cos(x(3));
D = m*L*L*(M+m*(1-Cx^2));

dx(1,1) = x(2);
dx(2,1) = (1/D)*(-m^2*L^2*g*Cx*Sx + m*L^2*(m*L*x(4)^2*Sx - d*x
    (2))) + m*L*L*(1/D)*u;
dx(3,1) = x(4);
dx(4,1) = (1/D)*((m+M)*m*g*L*Sx - m*L*Cx*(m*L*x(4)^2*Sx - d*x(2)
    )) - m*L*Cx*(1/D)*u;
```

有两个不动点，对应于下摆（$\theta = 0$）或上摆（$\theta = \pi$）配置。在这两种情况下，$v = \omega = 0$ 为不动点，由于方程不明确依赖于 x，所以小车位置 x 是自由变量。可以将式（8.67）中关于上解或下解的方程线性化，产生下列线性化动力学： 301

$$\frac{\mathrm{d}}{\mathrm{d}t}\begin{bmatrix}x_1\\x_2\\x_3\\x_4\end{bmatrix}=\begin{bmatrix}0 & 1 & 0 & 0\\0 & -\frac{\delta}{M} & b\frac{mg}{M} & 0\\0 & 0 & 0 & 1\\0 & -b\frac{\delta}{ML} & -b\frac{(m+M)g}{ML} & 0\end{bmatrix}\begin{bmatrix}x_1\\x_2\\x_3\\x_4\end{bmatrix}+\begin{bmatrix}0\\\frac{1}{M}\\0\\b\frac{1}{ML}\end{bmatrix}u,\quad\begin{bmatrix}x_1\\x_2\\x_3\\x_4\end{bmatrix}=\begin{bmatrix}x\\v\\\theta\\\omega\end{bmatrix}\tag{8.68}$$

其中 $b = 1$ 为上摆固定点，$b = -1$ 为下摆固定点。可以使用图 8.12 中给出的常数在 MATLAB 中输入系统矩阵 **A** 和 **B**。

代码 8.3　构建小车上倒立摆的系统矩阵。

```
clear all, close all, clc

m = 1;  M = 5;  L = 2;  g = -10;  d = 1;

b = 1; % Pendulum up (b=1)

A = [0 1 0 0;
    0 -d/M b*m*g/M 0;
    0 0 0 1;
    0 -b*d/(M*L) -b*(m+M)*g/(M*L) 0];
B = [0; 1/M; 0; b*1/(M*L)];
```

我们还可以通过检查 **A** 的特征值来确认开环系统是不稳定的：

```
>> lambda = eig(A)

lambda =
         0
   -2.4311
   -0.2336
    2.4648
```

接下来，我们将测试能控性和能观性，开发全状态反馈（LQR）、全状态估计（Kalman 滤波器）和基于传感器的反馈（LQG）解决方案。

车摆的全状态反馈控制

在本节中，假设可获得全状态测量 $\mathbf{y} = \mathbf{x}$，我们将设计一个 LQR 控制器以稳定倒立摆配置结构（$\theta=\pi$）。在进行控制设计之前，我们必须确认，对于给定的 **A** 和 **B** 矩阵，系统是线性能控的：

```
>> rank(ctrb(A,B))

ans =
     4
```

这样，能控矩阵满秩，(**A, B**) 是可控的。然后可以为成本函数设计给定的 **Q** 和 **R** 矩阵，并设计 LQR 控制器增益矩阵 **K**。

代码 8.4　设计 LQR 控制器来镇定小车上的倒立摆。

302

```
%% Design LQR controller
Q = eye(4);   % 4x4 identify matrix
R = .0001;

K = lqr(A,B,Q,R);
```

然后，我们可以模拟整个非线性系统的闭环系统响应。我们将在 $\mathbf{x}_0=[-1\quad 0\quad \pi+0.1\quad 0]^T$ 稍微偏离平衡状态下进行仿真，并且还将在小车的参考位置中施加一个期望阶跃变化，使 $x=-1$ 变化到 $x=1$。

代码 8.5　在小车系统上模拟闭环倒立摆。

```
%% Simulate closed-loop system
tspan = 0:.001:10;
x0 = [-1; 0; pi+.1; 0];    % initial condition
wr = [1; 0; pi; 0];        % reference position
u=@(x)-K*(x - wr);         % control law
[t,x] = ode45(@(t,x)pendcart(x,m,M,L,g,d,u(x)),tspan,x0);
```

在此代码中，控制设置为：

$$u=-\mathbf{K}(\mathbf{x}-\mathbf{w}_r) \tag{8.69}$$

其中，$\mathbf{w}_r=[1\quad 0\quad \pi\quad 0]^T$ 是参考位置。图 8.13 显示了闭环响应。

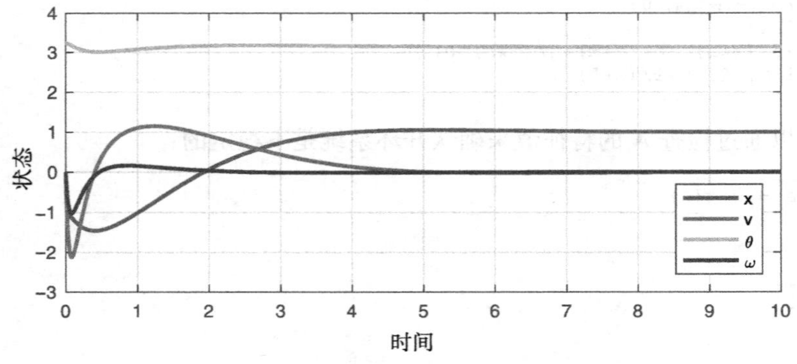

图8.13　用LQR控制器镇定小车上倒立摆的闭环系统响应

在上述过程中，与实际设计控制器相比，指定系统动力学和模拟闭环系统响应要涉及更多的工作，这在 MATLAB 中相当于一个函数调用。将 LQR 响应与通过非最优特征值配置获得的响应进行比较也很有帮助。图 8.14 显示了 100 个随机生成的稳定特征值集的系统响应和成本函数，这些特征值是在区间 [−3.5，−0.5] 中选择的。LQR 控制器的总成本最低，因为它被选择为使 J 最小。绘制摆车系统的代码是在线提供的。

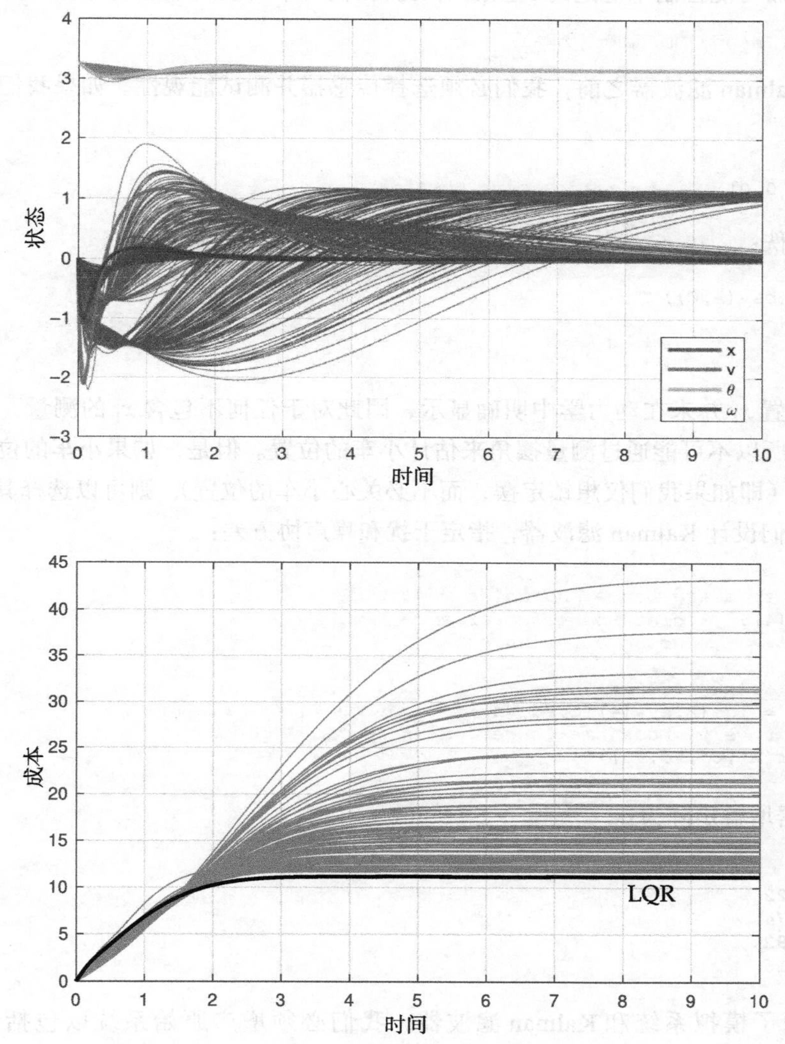

图8.14　LQR控制器响应和成本函数与其他极点配置位置的比较。粗线代表LQR解决方案

非最小相位系统　从响应中可以看出，为了从 $x = -1$ 到 $x = 1$ 移动，系统最初会朝错误的方向移动。这种现象表明系统是非最小相位的，由此给鲁棒控制带来了挑战，这一点我们将很快看到。在控制中有许多非最小相位系统的例子，例如，平行停放汽车，首先需要将汽车的质心从路边移开，然后再移近；增加飞机的高度，升降机必须首先将质心向下移动，以增加主翼的攻角，然后再提升高度；向涡轮机添加冷燃料，在温度最终升高之前先降低温度。 303~304

车摆的全状态估计

现在我们转向基于有限噪声测量 $\mathbf{y}$ 的全状态估计问题。在此示例中，我们将针对下摆条件（$\theta=0$）开发 Kalman 滤波器，因为在没有反馈的情况下，上摆条件对应的系统将迅速离开固定点，而只有在此点处线性模型才有效。在下一个示例中，将 Kalman 滤波器与 LQR 结合使用，从而可能控制不稳定的倒立摆结构。在代码中切换到下摆的配置很简单：

```
b = -1; % pendulum down (b=-1)
```

在设计 Kalman 滤波器之前，我们必须选择传感器并测试能观性。如果我们测量小车的位置，$y=x_1$：

```
C = [1 0 0 0];     % measure cart position, x
```

则能观矩阵满秩：

```
>> rank(obsv(A,C))

ans =
     4
```

由于小车的位置 x_1 并未在动力学中明确显示，因此对于任何不包含 x_1 的测量，系统都无法完全观察到，所以不可能通过测量摆角来估计小车的位置。但是，如果小车的位置对于成本函数并不重要（即如果我们仅想镇定摆，而不必关心小车的位置），则可以选择其他传感器。

现在，我们设计 Kalman 滤波器，指定干扰和噪声协方差：

```
%%  Specify disturbance and noise magnitude
Vd = eye(4);  % disturbance covariance
Vn = 1;       % noise covariance

%  Build Kalman filter
[Kf,P,E] = lqe(A,eye(4),C,Vd,Vn);  % design Kalman filter
% alternatively, possible to design using "LQR" code
Kf = (lqr(A',C',Vd,Vn))';
```

Kalman 滤波器增益矩阵为：

```
Kf =
    1.9222
    1.3474
   -0.6182
   -1.8016
```

305　最后，为了模拟系统和 Kalman 滤波器，我们必须增广原始系统以包括干扰和噪声输入：

```
%% Augment system with additional inputs
B_aug = [B eye(4) 0*B];  % [u I*wd 0*wn]
D_aug = [0 0 0 0 0 1];   % D matrix passes noise through

sysC = ss(A,B_aug,C,D_aug);  % single-measurement system

% "true" system w/ full-state output, disturbance, no noise
sysTruth = ss(A,B_aug,eye(4),zeros(4,size(B_aug,2)));

sysKF = ss(A-Kf*C,[B Kf],eye(4),0*[B Kf]);  % Kalman filter
```

现在，我们以单输出测量值（包括加性扰动和噪声）模拟系统，并将其用作 Kalman 滤波估计器的输入。在时间 $t=1$ 和 $t=15$ 时，我们分别给系统一个较大的正脉冲和负脉冲。

```
%% Estimate linearized system in "down" position
dt = .01;
t = dt:dt:50;

uDIST = sqrt(Vd)*randn(4,size(t,2)); % random disturbance
uNOISE = sqrt(Vn)*randn(size(t));      % random noise
u = 0*t;
u(1/dt) = 20/dt;   % positive impulse
u(15/dt) = -20/dt;  % negative impulse

u_aug = [u; uDIST; uNOISE]; % input w/ disturbance and noise

[y,t] = lsim(sysC,u_aug,t);              % noisy measurement
[xtrue,t] = lsim(sysTruth,u_aug,t); % true state
[xhat,t] = lsim(sysKF,[u; y'],t);    % state estimate
```

图 8.15 显示了 Kalman 滤波器使用的噪声测量信号，图 8.16 显示了完全无噪声状态、干扰以及 Kalman 滤波器的估计。

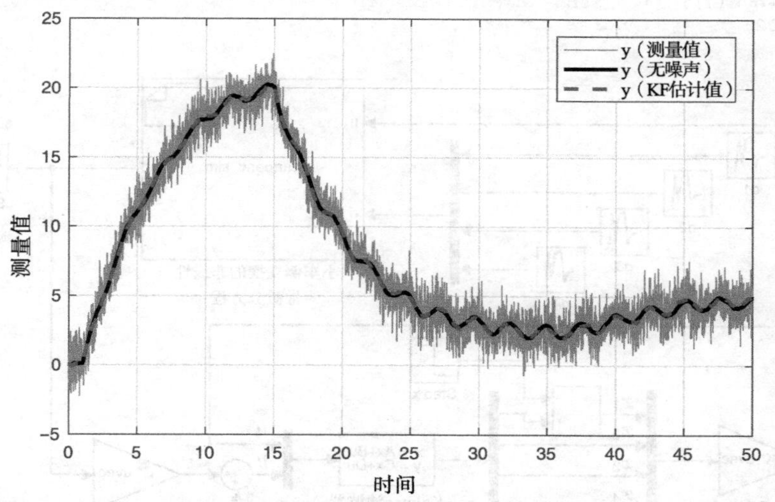

图8.15　用于Kalman滤波器的噪声测量以及潜在的无噪声信号和Kalman滤波器估计

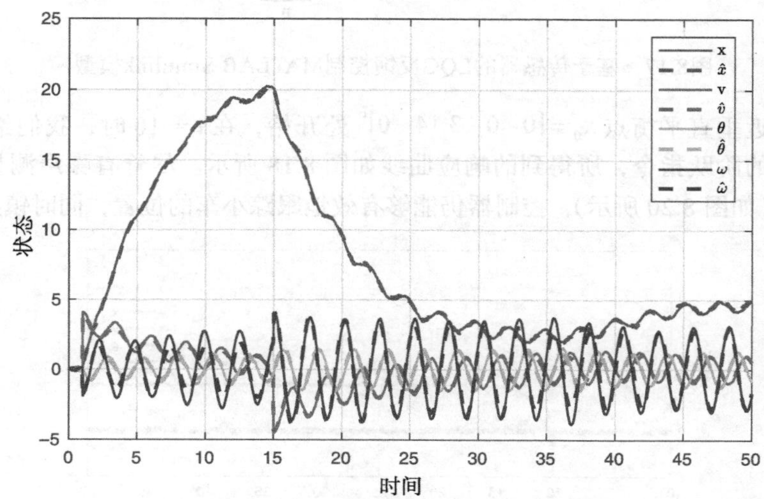

图8.16　小车系统上摆的真实状态和Kalman滤波器估计状态

为了建立直觉，建议读者在模型不能完全代表模拟动力学的情况下研究 Kalman 滤波器的性能。在下一节中与全状态控制结合使用时，较小的时延和对系统模型的变化可能会导致滤波器的脆弱性。

基于传感器的车摆系统反馈控制

要将 LQG 调节器应用于小车上的倒立摆，我们将在 Simulink 中模拟整个非线性系统，如图 8.17 所示。非线性动力学封装在块‘**artpend_sim**’中，输入由驱动信号 u 和干扰 $\mathbf{w}_d$ 组成。尽管只有噪声测量 $y=\mathbf{Cx}+w_n$ 和驱动信号 u 被传递到 Kalman 滤波器，但我们仍记录了整个状态以进行性能分析，然后将全状态估计传递到 LQR 块，为期望的驱动信号发出命令。对于此示例，我们使用以下 LQR 和 LQE 加权矩阵：

```
Q = eye(4);            % state cost
R = .000001;           % actuation cost

Vd = .04*eye(4);       % disturbance covariance
Vn = .0002;            % noise covariance
```

306

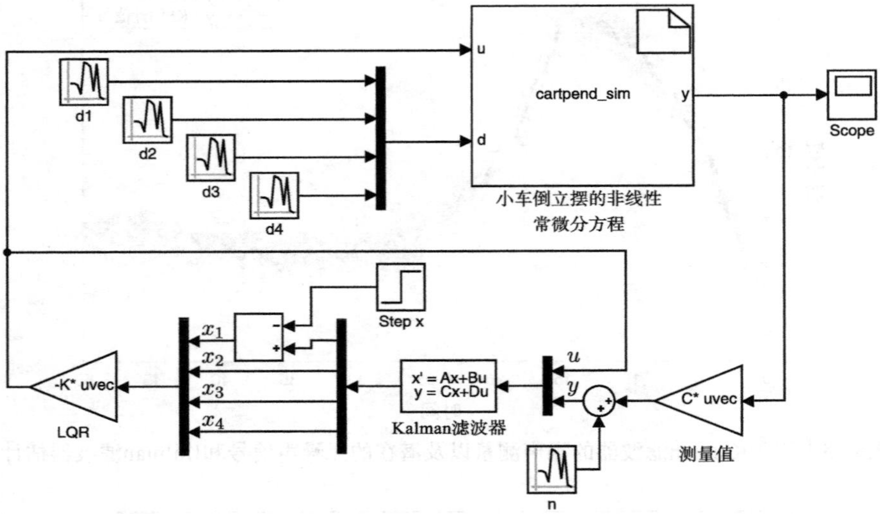

图8.17　基于传感器的LQG反馈控制MATLAB Simulink模型

系统从接近垂直平衡点 $\mathbf{x}_0=\begin{bmatrix}0 & 0 & 3.14 & 0\end{bmatrix}^T$ 处开始，在 $t=10$ 时，我们给小车一个从 $x=0$ 到 $x=1$ 的阶跃指令，所得到的响应曲线如图 8.18 所示。尽管有噪声测量（如图 8.19
307 所示）和干扰（如图 8.20 所示），控制器仍能够有效地跟踪小车的位置，同时镇定倒立摆。

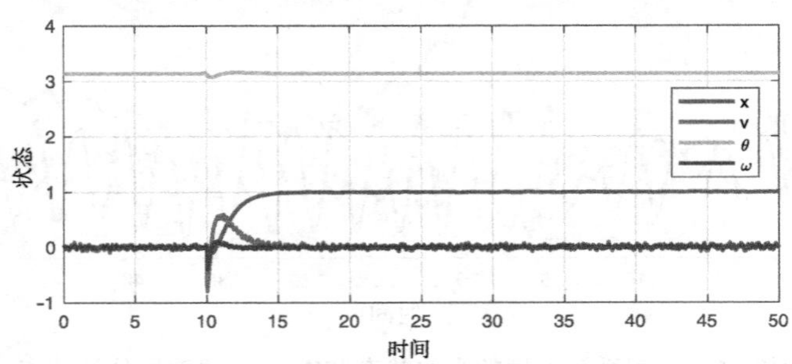

图8.18　使用LQG反馈控制的输出响应

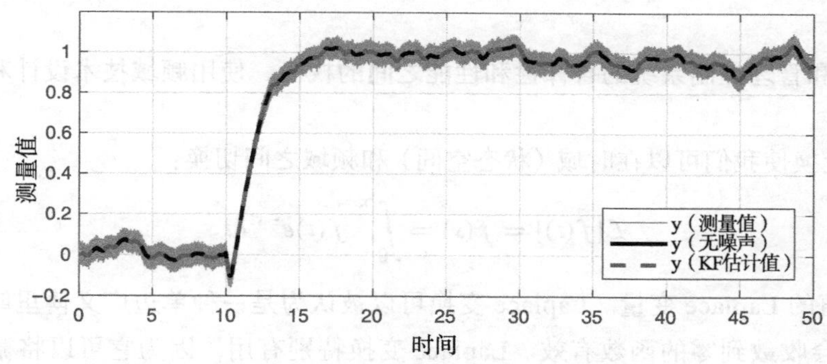

图8.19 用于Kalman滤波器的噪声测量、潜在的无噪声信号和Kalman滤波器估计

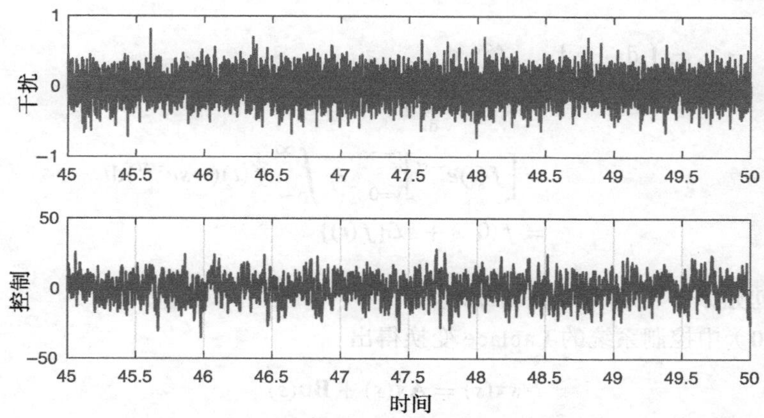

图8.20 用于Kalman滤波器的噪声测量、潜在的无噪声信号和Kalman滤波器估计

8.8 鲁棒控制和频域技术

到目前为止，我们已经用常微分方程的状态空间系统来描述控制系统，这种方法很容易通过闭环特征值的配置来进行稳定性分析和设计。John Doyle 在 1978 年发表的一篇开创性的论文⊖ [155] 中指出，LQG 调节器可以具有任意小的稳定裕度，使得它们对模型不确定性、时滞和其他模型缺陷很脆弱。

Doyle 在 1978 年发表著名论文后的很短时间内，就提出了一种严格的数学理论来设计可增强鲁棒性的控制器。这种新的鲁棒控制理论通过引入不同的成本函数来惩罚更糟糕情况下的性能，推广了用于开发 LQR/LQG 的最优控制框架。 308

为了理解和设计具有鲁棒性能的控制器，研究各种信号的频域传递函数将是很有帮助的。特别地，我们将考虑灵敏度、复合灵敏度和回路传递函数，这些定量和可视化方法能够评估鲁棒性能，并能直观和紧凑地表示控制系统。

当考虑从噪声或不完整数据中获得不确定模型时，鲁棒控制是一个自然的观点。此外，有可能将系统非线性作为一种形式的结构化模型不确定性来处理。最后，我们将讨论限制鲁棒性能的已知因素，包括时滞和非最小相位行为。 309

⊖ 标题：Guaranteed margins for LQG regulators；摘要：无。

频域技术

为了理解和管理控制系统的鲁棒性和性能之间的权衡，使用频域技术设计和分析控制器是有帮助的。

Laplace 变换使我们可以在时域（状态空间）和频域之间切换：

$$\mathcal{L}\{f(t)\} = f(s) = \int_{0^-}^{\infty} f(t)e^{-st}\mathrm{d}t \tag{8.70}$$

在此，s 是复值的 Laplace 变量。Laplace 变换可以被认为是一种单边广义傅里叶变换，它对在 $t \to \infty$ 时不会收敛到零的函数有效。Laplace 变换特别有用，因为它可以将微分方程式转换为代数方程式，并且时域中的卷积积分在频域中成为简单的乘积。为了解时间导数如何通过 Laplace 变换，我们使用了分部积分：

$$\begin{aligned}\mathcal{L}\left\{\frac{\mathrm{d}}{\mathrm{d}t}f(t)\right\} &= \int_{0^-}^{\infty} \underbrace{\frac{\mathrm{d}}{\mathrm{d}t}f(t)}_{\mathrm{d}v} \underbrace{e^{-st}}_{u} \mathrm{d}t \\ &= \left[f(t)e^{-st}\right]_{t=0^-}^{t=\infty} - \int_{0^-}^{\infty} f(t)(-se^{-st})\mathrm{d}t \\ &= f(0^-) + s\mathcal{L}\{f(t)\}\end{aligned}$$

这样，对于零初始条件，$\mathcal{L}\{\mathrm{d}f/\mathrm{d}t\} = sf(s)$。

求式（8.10）中控制系统的 Laplace 变换得出

$$s\mathbf{x}(s) = \mathbf{A}\mathbf{x}(s) + \mathbf{B}\mathbf{u}(s) \tag{8.71a}$$

$$\mathbf{y}(s) = \mathbf{C}\mathbf{x}(s) + \mathbf{D}\mathbf{u}(s) \tag{8.71b}$$

可以在第一个方程中求解 $\mathbf{x}(s)$ 如下：

$$(s\mathbf{I} - \mathbf{A})\mathbf{x}(s) = \mathbf{B}\mathbf{u}(s) \quad \Longrightarrow \quad \mathbf{x}(s) = (s\mathbf{I} - \mathbf{A})^{-1}\mathbf{B}\mathbf{u}(s) \tag{8.72}$$

将其代入第二个方程，可得到从输入 $\mathbf{u}$ 到输出 $\mathbf{y}$ 的映射：

$$\mathbf{y}(s) = \left[\mathbf{C}(s\mathbf{I} - \mathbf{A})^{-1}\mathbf{C} + \mathbf{D}\right]\mathbf{u}(s) \tag{8.73}$$

将此映射定义为传递函数：

$$\mathbf{G}(s) = \frac{\mathbf{y}(s)}{\mathbf{u}(s)} = \mathbf{C}\,(s\mathbf{I} - \mathbf{A})^{-1}\,\mathbf{B} + \mathbf{D} \tag{8.74}$$

对于线性系统，有三种等价表示：1）时域，以脉冲响应表示；2）频域，以传递函数表示；3）状态空间，以微分方程组表示。这些表示如图 8.21 所示。我们将看到在频域中分析控制系统有很多好处。

频率响应

式（8.74）中的传递函数特别有用，因为它会引起频率响应，这是控制系统在可测量数
310 据方面的图形表示。为了说明这一点，我们将考虑一个单输入单输出（SISO）系统。初始条件为零的线性系统的一个特性是，正弦输入将产生具有相同频率的正弦输出，可能具有不同幅值 A 和相位 ϕ：

$$u(t) = \sin(\omega t) \quad \Longrightarrow \quad y(t) = A\sin(\omega t + \phi) \tag{8.75}$$

初始瞬态消失后，长期都成立。输出正弦波的振幅 A 和相位 ϕ 取决于输入频率 ω。这些函数 $A(\omega)$ 和 $\phi(\omega)$ 可以通过以不同频率 ω 进行正弦输入的大量实验绘制出来，或者可以根据复值传递函数 $G(s)$ 获得：

$$A(\omega) = |G(i\omega)|, \qquad \phi(\omega) = \angle G(i\omega) \tag{8.76}$$

因此，可以通过在 $s= i\omega$（即沿着复平面的虚轴）处评估传递函数来获得输入 $\sin(\omega t)$ 的幅度和相位角，然后可以绘制这些量，得出频率响应或 Bode 图。

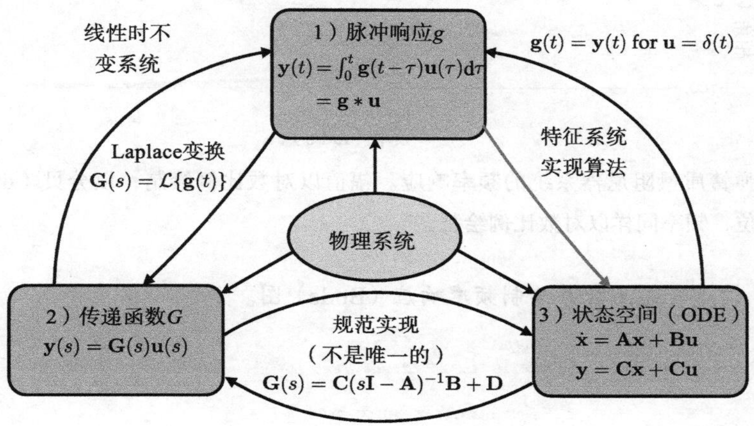

图8.21　线性时不变系统的三种等效表示

作为一个具体示例，考虑弹簧质量阻尼器系统，如图 8.22 所示。运动方程由下式给出：

$$m\ddot{x} = -\delta\dot{x} - kx + u \tag{8.77}$$

选择值 $m = 1$，$\delta = 1$，$k = 2$，通过 Laplace 变换得出：

$$G(s) = \frac{1}{s^2 + s + 2} \tag{8.78}$$

这里，我们假设输出 y 是对质量位置 x 的测量。注意，传递函数 $G(s)$ 的分母是以状态空间形式写出的式（8.77）的特征方程。因此，复函数 $G(s)$ 的极点是状态空间系统的特征值。 311

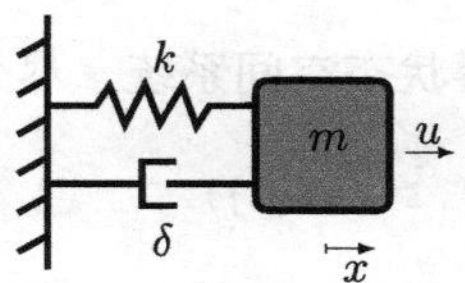

图8.22　弹簧质量阻尼器系统

现在可以在 MATLAB 中创建该系统并绘制频率响应，如图 8.23 所示。注意，频率响应很容易解释，也提供了物理直觉。例如，低频时幅值的零斜率表示缓慢的强迫作用直接转化为质量运动，而高频时幅值的衰减表明快速强迫作用被衰减并且不会显著影响质量运动。此外，共振频率被视为幅值的峰值，它表示在该频率下的强迫作用放大。

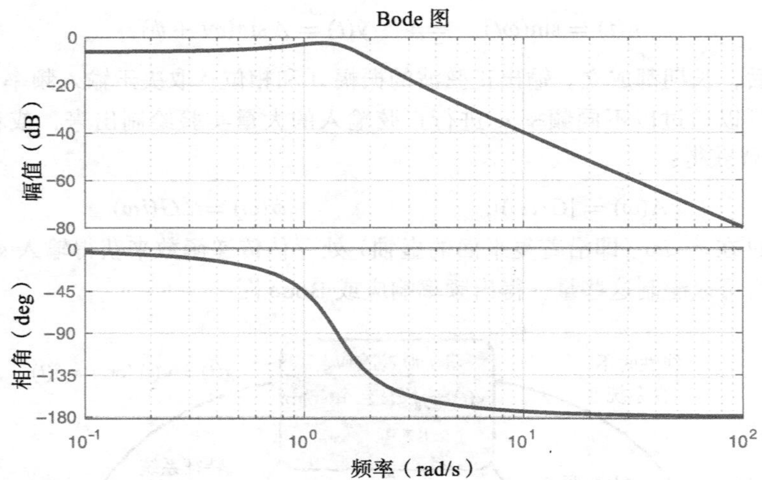

图8.23 弹簧质量阻尼器系统的频率响应。幅值以对数比例绘制，以分贝（dB）为单位，频率同样以对数比例绘制

代码 8.6 构建传递函数并绘制频率响应（Bode）图。

```
s = tf('s');              % Laplace variable
G = 1/(s^2 + s + 2);      % Transfer function

bode(G);                  % Frequency response
```

考虑一个状态空间实现：

```
>> A = [0 1; -2 -1];
312 >> B = [0; 1];
>> C = [1 0];
>> D = 0;
```

很容易获得频域表示：

```
>> [num,den] = ss2tf(A,B,C,D); % State space to transf. fun.
>> G = tf(num,den)             % Create transfer function

G =
       1
  -----------
  s^2 + s + 2
```

类似地，可以根据传递函数获得状态空间系统，尽管这种表示方法不是唯一的：

```
>> [A,B,C,D] = tf2ss(G.num{1},G.den{1})

A =
   -1.0000   -2.0000
    1.0000         0
B =
     1
     0
C =
     0     1
D =
     0
```

注意，这个表示已经将变量的顺序转换为 $\mathbf{x}=\begin{bmatrix} v & x \end{bmatrix}^T$，尽管这种表示仍具有正确的输入输出特性。

频域也很有用，因为脉冲或阶跃输入特别容易用 Laplace 变换表示，这些在 MATLAB 中也很简单。脉冲响应（如图 8.24 所示）由以下代码给出：

```
>> impulse(G);    % Impulse response
```

阶跃响应（如图 8.25 所示）由以下代码给出：

```
>> step(G);       % Step response
```

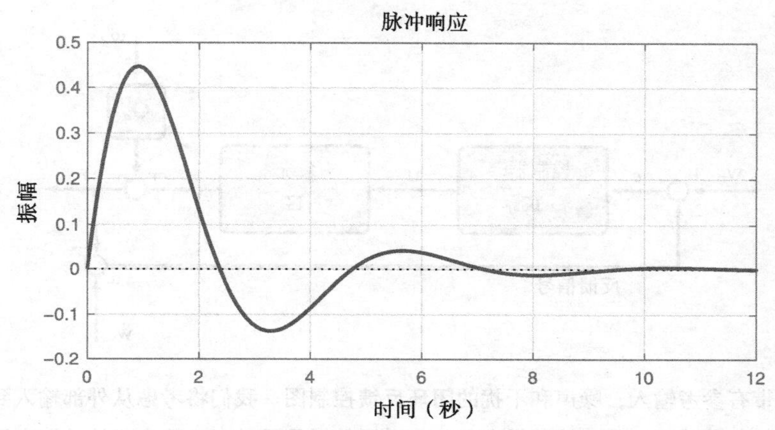

图8.24　弹簧质量阻尼器系统的脉冲响应

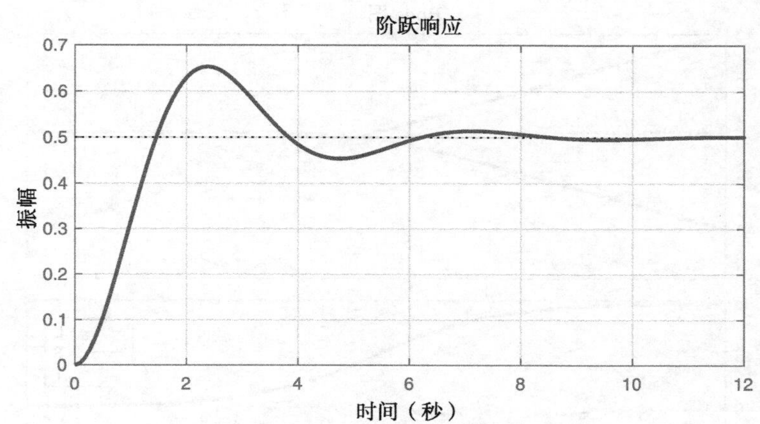

图8.25　弹簧质量阻尼器系统的阶跃响应

性能和回路传递函数：灵敏度和互补灵敏度

考虑图 8.4 的略微修改版本，其中干扰具有模型 $\mathbf{G}_d$，如图 8.26 所示。该新框图将用于导出与评估鲁棒性能有关的重要传递函数。

$$\mathbf{y} = \mathbf{GK}(\mathbf{w}_r - \mathbf{y} - \mathbf{w}_n) + \mathbf{G}_d\mathbf{w}_d \tag{8.79a}$$

$$\implies (\mathbf{I} + \mathbf{GK})\mathbf{y} = \mathbf{GK}\mathbf{w}_r - \mathbf{GK}\mathbf{w}_n + \mathbf{G}_d\mathbf{w}_d. \tag{8.79b}$$

$$\implies \mathbf{y} = \underbrace{(\mathbf{I} + \mathbf{GK})^{-1}\mathbf{GK}}_{\mathbf{T}}\mathbf{w}_r - \underbrace{(\mathbf{I} + \mathbf{GK})^{-1}\mathbf{GK}}_{\mathbf{T}}\mathbf{w}_n + \underbrace{(\mathbf{I} + \mathbf{GK})^{-1}}_{\mathbf{S}}\mathbf{G}_d\mathbf{w}_d \tag{8.79c}$$

313 这里，**S** 是灵敏度函数，**T** 是互补灵敏度函数。我们可以将 **L** = **GK** 表示为回路传递函数，这是在没有反馈情况下的开环传递函数，如图 8.27 所示。**S** 和 **T** 均可根据 **L** 简化：

$$\mathbf{S} = (\mathbf{I} + \mathbf{L})^{-1} \tag{8.80a}$$

$$\mathbf{T} = (\mathbf{I} + \mathbf{L})^{-1}\mathbf{L} \tag{8.80b}$$

通常，灵敏度函数和互补灵敏度函数加起来必须满足单位阵：**S** + **T** = **I**。

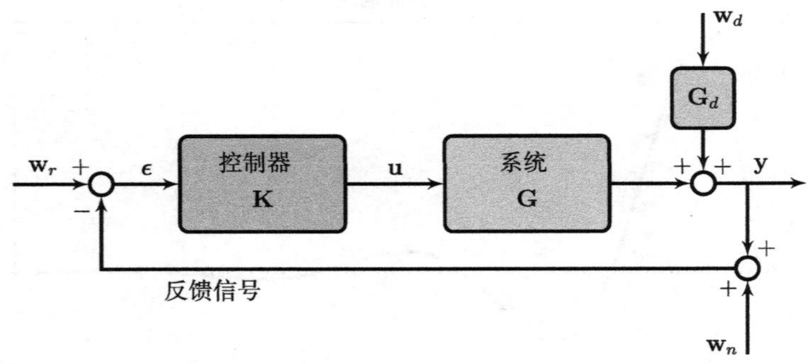

图8.26　带有参考输入，噪声和干扰的闭环反馈控制图。我们将考虑从外部输入到误差ϵ的各种传递函数，从而得出回路传递函数以及灵敏度函数和互补灵敏度函数

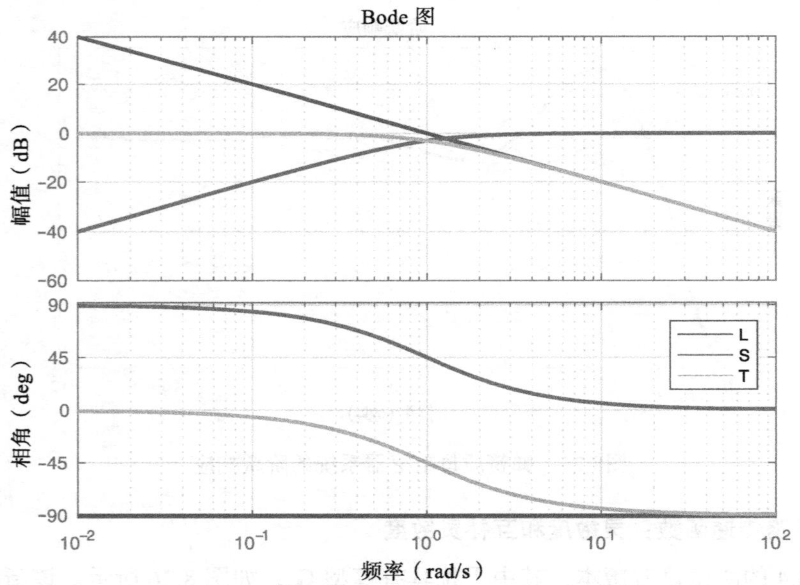

图8.27　回路传递函数以及灵敏度函数和互补灵敏度函数

实际上，从外部输入到无噪声误差 $\boldsymbol{\epsilon}$ 的传递函数对于设计控制器更有用：

$$\boldsymbol{\epsilon} = \mathbf{w}_r - \mathbf{y} = \mathbf{S}\mathbf{w}_r + \mathbf{T}\mathbf{w}_n - \mathbf{S}\mathbf{G}_d\mathbf{w}_d \tag{8.81}$$ 314

因此，我们看到灵敏度函数和互补灵敏度函数提供了从参考输入、干扰和噪声输入到跟踪误差的映射。由于希望有较小的跟踪误差，所以我们可以指定 **S** 和 **T** 具有理想的特性，并且理想情况下，我们可以通过设计回路传递函数 L 来达到控制目的。我们可以使用模型 **G** 的信息选择控制器 **K**，使回路传递函数在频域中具有良好的特性。例如，高频下的小增 315
益将衰减传感器噪声，因为这将导致 **T** 变小。低频时的高增益将提供良好的参考跟踪性能，因为低频时 **S** 很小。但是，由于 **S** + **T** = **I**，因此 S 和 T 不可能在所有地方都很小。这些设计目标可能会相互竞争。

为了满足性能和鲁棒性的要求，我们希望 **S** 的最大峰值 $M_S=\|\mathbf{S}\|_\infty$ 尽可能小。从式（8.81）可以明显看出，在无噪声的情况下，对于 $|\mathbf{S}|<1$ 的所有频率，反馈控制都会提高性能（即降低误差）。因此，当 **T** ≈ **1** 时，控制是有效的，如文献 [492]（第 37 页）中所述，此时所有实际系统将含有 $|\mathbf{S}|>1$ 的频率范围，在这种情况下性能会下降。使峰值 M_S 最小化可减轻在这些频率下反馈所经历的退化量，从而提高性能。另外，回路传递函数 **L** 到复平面上的 –1 点的最小距离由 M_S^{-1} 给出。根据 Nyquist 稳定性定理，该距离越大，闭环系统的稳定裕度就越大，从而提高了鲁棒性。这是最小化 M_S 的两个主要原因。

控制器带宽 ω_B 是这样的频率：低于此频率下的反馈控制是有效的。这是一个主观定义。通常，ω_B 是 $|\mathbf{S}(j\omega)|$ 首先从下方穿过 –3 dB 的频率。理想情况下，我们希望控制器带宽尽可能大而不放大传感器噪声（通常具有较高的频率）。但是，对于具有时延或右半平面零点的系统，存在基本的带宽限制 [492]。

反转动力学

使用式（8.10）或式（8.73）形式的模型，可以设计开环控制律以实现某些期望的特性，而无须使用基于测量的反馈或前馈控制。例如，如果在图 8.3 中对参考输入 $\mathbf{w}_r$ 进行完美跟踪，则在某些情况下，可以通过反转系统动力学 **G** 来设计控制器：$\mathbf{K}(s) = \mathbf{G}^{-1}(s)$。在这种情况下，从参考输入 $\mathbf{w}_r$ 到输出 **s** 的传递函数由 $\mathbf{G}\mathbf{G}^{-1} = 1$ 给出，因此输出与参考输入完全匹配。但是，在现实世界的系统中永远不可能有完美的控制，因此应谨慎使用该策略，因为它通常依赖于系统 **G** 的许多重要假设。首先，基于反转的有效控制需要对 **G** 和表征良好、可预测的干扰有着极其精确的了解；其次，模型误差或不确定性的空间很小，因为没有传感器测量来确定性能是否如预期，也没有校正反馈机制来修改驱动策略以进行补偿。

对于使用系统反转的开环控制，**G** 也必须稳定。通过开环控制不可能从根本上改变线性系统的动力学，因此，没有反馈就无法稳定不稳定的系统。试图通过反转动力学来稳定不稳定的系统通常会带来灾难性的后果。例如，考虑以下不稳定系统，其极点在 $s = 5$，零点在 $s = -10$：$G(s) = (s + 10)/(s - 5)$，反转动力学将导致控制器 $K = (s - 5)/(s + 10)$。如果模型中存在最小的不确定性，例如真实极点为 $5 - \epsilon$，那么开环系统将为：

$$G_{\text{true}}(s)K(s) = \frac{s-5}{s-5+\epsilon}$$ 316

尽管尝试极点相消方法，该系统仍然是不稳定的。此外，不稳定模式现在几乎是不可观测的。

除稳定性外，G 在右半平面中不得有任何时延或零点，并且极点数必须与零点数相同。如果 G 在右半平面中具有任何零点，则反向控制器 K 将不稳定，因为它将具有右半平面极点。这些系统被称为非最小相位，文献 [149] 已经对动力学反转进行了推广，为这些系统提供了有界逆。类似地，时延是不可逆的，并且如果 G 的极点数超过零点数，则最终的控制器将无法实现，并且可能具有非常大的驱动信号 **b**。还有一些推广提供了正则化模型逆，其中，应用优化方案并添加惩罚项以保持所得驱动信号 **b** 有界。这些正规化的开环控制器通常更有效，提高了鲁棒性。

综上，对 **G** 的这些限制意味着，基于模型的开环控制仅在系统是良态的、能由模型精确表征、干扰能够精确表征以及附加反馈控制硬件不昂贵的情况下才使用。否则，设计的性能目标必须适度。开环模型反转通常用于制造业和机器人技术领域，在这些领域中，系统能够被很好地表征并被限制在标准操作环境中。

鲁棒控制

如前所述，已知 LQG 控制器具有任意较差的鲁棒性裕度。在湍流控制、神经力学系统和流行病学等系统中，这是一个严重的问题，因为在这些系统中，动力学是由不确定性和时滞造成的。

图 8.2 显示了闭环反馈控制的通用原理图，其中包括最优和鲁棒控制策略。在现代控制的广义理论中，目标是最小化从外部输入 **w**（参考输入、干扰、噪声等）到多目标成本函数 **J**（精度、驱动成本、时域性能等）的传递函数。最优控制（例如 LQR、LQE、LQG）相对于 $\mathcal{H}_2$ 范数是最优的。$\mathcal{H}_2$ 范数是 Hardy 空间上的一个有界 2 范数，由稳定且严格正则的传递函数组成（意味着增益在高频下衰减）。同样，鲁棒控制相对于 $\mathcal{H}_\infty$ 有界无穷范数是最优的，它由稳定和正则传递函数组成（其增益在高频下不会无穷增大）。无穷范数定义为：

$$\|\mathbf{G}\|_\infty \triangleq \max_\omega \sigma_1(\mathbf{G}(i\omega)) \tag{8.82}$$

其中，σ_1 表示最大奇异值。$\|\cdot\|_\infty$ 范数是在任何频率下传递函数的最大值，通常被称为最坏情形范数。因此，最小化无穷范数可为最坏情况的外部输入提供鲁棒性。当鲁棒性很重要时要使用 $\mathcal{H}_\infty$ 鲁棒控制器。$\mathcal{H}_2$ 和 $\mathcal{H}_\infty$ 控制之间存在许多联系，因为它们存在于同一框架中，并且
317 可以简单地优化不同范数。我们推荐读者阅读一些关于这一理论的优秀参考书 [492, 165]。

如果让 $\mathbf{G}_{\mathbf{w}\to\mathbf{J}}$ 表示从 **w** 到 **J** 的传递函数，则 $\mathcal{H}_\infty$ 控制的目标是构造一个控制器来最小化无穷范数：$\min\|\mathbf{G}_{\mathbf{w}\to\mathbf{J}}\|_\infty$。这通常是困难的，并且通常不存在最优控制器的解析封闭解。然而如文献 [156] 所述，可以使用一种相对有效的迭代方法来找到一个控制器，使得 $\|\mathbf{G}_{\mathbf{w}\to\mathbf{J}}\|_\infty < \gamma$。有许多条件和注意事项可以描述何时可以使用此方法。此外，在 MATLAB 和 Python 中都实现了计算效率高的算法，这些方法对用户的开销要求相对较低。

选择满足设计要求的代价函数 J 是鲁棒控制设计的一个重要组成部分。干扰抑制、噪声衰减、控制器带宽和驱动成本等因素可以通过传递函数 **S**、**T** 和 **KS** 的加权和来考虑。在混合灵敏度控制问题中，使用不同的加权传递函数来平衡这些因素在不同频率范围内的相对重要性。例如，我们可以用一个低通滤波器加权 **S**，用一个高通滤波器加权 **KS**，从而提高低频干扰抑制率，抑制高频控制响应。一般的成本函数可由三个加权滤波器 $\mathbf{F}_k$ 乘以 **S**、**T** 和 **KS** 组成：

$$\left\| \begin{bmatrix} \mathbf{F}_1\mathbf{S} \\ \mathbf{F}_2\mathbf{T} \\ \mathbf{F}_3\mathbf{KS} \end{bmatrix} \right\|_\infty$$

另一种可能的鲁棒控制设计称为 $\mathcal{H}_\infty$ 回路成形。对于许多问题，此过程可能比混合灵敏度合成更直接。回路成形方法包括两个主要步骤：首先，基于性能目标和经典控制设计，给出期望的开环传递函数。其次，针对一大类模型不确定性，使成形回路具有鲁棒性。实际上，$\mathcal{H}_\infty$ 环路成形的过程允许用户设计一个理想的控制器以满足性能指标，如上升时间、带宽、调整时间等。通常，环路成形在低频时应具有较大的增益，以确保精确的参考跟踪和缓慢的干扰抑制，高频低增益以衰减传感器噪声，交叉频率确保所需带宽。然后对回路传递函数进行鲁棒化处理，从而提高增益和相位裕度。

$\mathcal{H}_2$ 最优控制（如 LQR、LQE、LQG）以其简单的数学公式和用户输入的可调性而成为一种非常流行的控制范式。$\mathcal{H}_\infty$ 控制的优点正日益被人们所认识。此外，有许多用户软件解决方案使得在 MATLAB 中的实现相对简单。混合灵敏度是使用鲁棒控制工具箱中的 mixsyn 命令实现的，回路成形是使用 loopsyn 命令完成的。

鲁棒性能的基本限制

如上所述，我们希望最小化 **S** 和 **T** 的峰值以提高鲁棒性。某些峰值是不可避免的，并且存在某些显著限制性能和鲁棒性的系统特性。最值得注意的是，开环系统的时滞和右半平 318
面零点将限制有效控制带宽，并增加 **S** 和 **T** 峰值的可达下限，这既会降低性能，又会降低鲁棒性。

同样，如果极点数比零点数多且超过 2 个，系统将受到鲁棒性能限制。这些基本限制在水床（waterbed）积分中被量化，之所以这样命名是因为如果你在一个位置向下推水床，它一定会在另一个位置上升。因此，一个人在 **S** 中向下推峰而不引起其他峰弹出的次数是有限的。

时延相对容易理解，因为时延 τ 将在频率 ω 处引入 $\tau\omega$ 的附加相位滞后，从而限制控制器的有效响应速度（即带宽）。因此，具有可接受相位裕度的控制器的带宽通常为 $\omega_B < 1/\tau$。

在文献 [492] 的讨论之后，这些基本限制可以理解为与基于模型逆的开环控制的限制有关。如果我们考虑图 8.26 和式（8.81）所示系统的高增益反馈 $\mathbf{u} = \mathbf{K}(\mathbf{w}_r - \mathbf{y})$，但没有干扰或噪声，则有：

$$\mathbf{u} = \mathbf{K}\boldsymbol{\epsilon} = \mathbf{KS}\mathbf{w}_r \tag{8.83}$$

我们可以用互补灵敏度 **T** 来表示上式，因为 $\mathbf{T} = \mathbf{I} - \mathbf{S}$，所以 $\mathbf{T} = \mathbf{L}(\mathbf{I} + \mathbf{L})^{-1} = \mathbf{GKS}$：

$$\mathbf{u} = \mathbf{G}^{-1}\mathbf{T}\mathbf{w}_r \tag{8.84}$$

因此，在 **T** 几乎等于单位矩阵 **I** 且控制有效的频率下，控制作用有效地使 **G** 反向。即使利用基于传感器的反馈，也无法实现完美控制。例如，如果 **G** 具有右半平面零点且增益 **K** 太大，则驱动信号将变得无界。类似地，当 **G** 的极点个数超过零点个数时，时滞也会产生限制，如基于开环模型的反向。

作为对右半平面零点局限性的最后说明，我们考虑比例控制 $u = Ky$ 在 $G(s) = N(s) / D(s)$ 的单输入单输出系统中的情况。这里，分子 $N(s)$ 的根为零点，分母 $D(s)$ 的根为极点。从参

考信号 w_r 到传感器 s 的闭环传递函数由下式给出：

$$\frac{y(s)}{w_r(s)}=\frac{GK}{1+GK}=\frac{NK/D}{1+NK/D}=\frac{NK}{D+NK} \tag{8.85}$$

对于小的控制增益 K，分母中的 NK 项很小，并且闭环系统的极点在 G 的极点附近，即由 D 的根给出。随着 K 的增加，分母中的 NK 项开始占主导地位，闭环极点被吸引到 N 的根上，N 的根是 G 的开环零点。因此，如果开环系统 G 的右半平面零点存在，则高增益比例控制将驱使系统不稳定。这些影响通常可以在经典控制理论的根轨迹图中观察到。因此，我们看
319 到右半平面零点将直接对控制器的增益裕度施加限制。

推荐阅读

教材

(1) **Feedback Systems: An Introduction for Scientists and Engineers**, by K. J. Aström and R. M. Murray, 2010 [22].

(2) **Feedback Control Theory**, by J. C. Doyle, B. A. Francis, and A. R. Tannenbaum, 2013 [157].

(3) **Multivariable Feedback Control: Analysis and Design**, by S. Skogestad and I. Postlethwaite, 2005 [492].

(4) **A Course in Robust Control Theory: A Convex Approach**, by G. E. Dullerud and F. Paganini, 2000 [165].

(5) **Optimal Control and Estimation**, by R. F. Stengel, 2012 [501].

论文和综述

(1) **Guaranteed margins for LQG regulators**, by J. C. Doyle, *IEEE Transactions on*
320 *Automatic Control*, 1978 [155].

第9章　平衡模型控制

人们关心的许多系统维度都非常高，使系统难以表征。由于明显的计算时延，高维度还限制了控制器的鲁棒性。例如，对于流体动力学的控制方程式，所得的离散方程式可能具有数百万或数十亿个自由度，从而使其仿真成本很高。因此，人们投入大量精力来获取可捕获最相关机制并适合于反馈控制的降阶模型。

基于本征正交分解的降阶模型（参见第 11 章和第 12 章）是基于数据中的能量含量来排序模式的。与该降阶模型不同，这里我们将讨论一类平衡的降阶模型，该模型基于输入输出能量并使用不同的内积来排序模式。只有选择高度能控和高度能观的模式，才可以使平衡模型成为控制应用的理想选择。在本章中，我们还将描述模型约简和系统辨识的相关过程，它们具体取决于用户是从高保真模型入手还是仅访问测量数据。

9.1　模型约简与系统辨识

在许多非线性系统中，仍然可以使用线性控制技术。例如，在流体动力学中，有许多基于线性模型的流量控制成功案例 [27, 180, 94]，如在空间扩展的边界层中延迟从层流到湍流的过渡，以减少壁湍流中的表面摩擦阻力，并镇定流过空腔的流动。但是，许多线性控制方法无法很好地适应大型状态空间，并且在短时间尺度上实施实时控制的成本可能过高。因此，有必要提出用于实时反馈控制系统的低维近似值。

有两种获取降阶模型（ROM）的方法：第一种方法，可以从高维系统开始，例如离散化的 Navier-Stokes 方程；然后将动力学投影到一个低维子空间上，例如使用本征正交分解（POD，第 11 章）[57, 251] 和 Galerkin 投影 [441, 53]。此过程有很多变体，包括离散经验插值方法（DEIM，12.5 节）[127, 419]、缺失 POD（12.1 节）[179]、平衡本征正交分解（BPOD，9.2 节）[554, 458] 等。第二种方法，从模拟或实验中收集数据，并使用数据驱动技术辨识低秩模型。这种方法称为系统辨识，它相对容易实现，因此控制系统设计通常首选此方法。示例包括动态模态分解（DMD，7.2 节）[472, 456, 535, 317]、特征系统实现算法（ERA，9.3 节）[272, 351]，观测器－ 321
Kalman 滤波器辨识（OKID，9.3 节）[273, 428, 271]、NARMAX [59] 和非线性动力学的稀疏辨识（SINDy，7.3 节）[95]。

在通过模型约简或系统辨识确定线性模型之后，可以将其用于基于模型的控制器设计。但是，基于线性模型的控制可能不适用于大型系统，在实践中可能会出现许多问题。首先，要建模的系统可能是强非线性的，在这种情况下，线性近似可能只捕获一小部分动态效果。接下来，系统可能是随机驱动的，因此线性模型将平均出相关的波动。最后，当控制应用于整个系统时，吸引子动力学可能会发生变化，从而使线性化模型无效。固定点的镇定是一个例外情况，反馈控制抑制非线性干扰并使系统保持在准确的线性化模型的固定点附近。还有一些非线性的系统辨识和模型约简方法，它们涉及随机性并随吸引子而变化。这些方法通常是先进的，能从控制理论上限制可用的机械装置。

9.2 平衡模型约简

与复杂系统关联的高维度和短时间尺度可能使第 8 章中描述的基于模型的控制策略无法用于实时应用。此外，在计算上获得 $\mathcal{H}_2$ 和 $\mathcal{H}_\infty$ 最优控制器可能很棘手，因为它们涉及求解高维 Riccati 方程或昂贵的迭代优化。正如本书所展示的那样，即使环境维度很大，也可能仍然有一些占主导地位的相干结构表征系统特征。降阶模型提供了这些最相关机制的高效、低维表示。低阶模型可用于设计实时应用的高效控制器，该控制器甚至适用于高维系统。另一种方法是基于全维模型开发控制器，然后将模型约简技术直接应用于整个控制器[209, 194, 410, 128]。

模型约简本质上是数据约简，它尊重数据是由动态过程生成的这一事实。如果动态系统是线性时不变（LTI）输入 – 输出系统，则存在大量可用于模型约简的机制，并且可以对性能边界进行量化。此处探讨的技术基于奇异值分解（SVD，第 1 章）[212, 106, 211] 以及 Ho 和 Kalman 的最小实现理论[247, 388]。通常的想法是确定系统状态的分层模式分解，该分解可能在某个模型阶数处被截断，只保留对控制最重要的相干结构。

模型约简的目标

考虑一个高维系统，如图 9.1 所示。

$$\frac{\mathrm{d}}{\mathrm{d}t}\mathbf{x} = \mathbf{A}\mathbf{x} + \mathbf{B}\mathbf{u} \tag{9.1a}$$

322

$$\mathbf{y} = \mathbf{C}\mathbf{x} + \mathbf{D}\mathbf{u} \tag{9.1b}$$

图9.1 输入输出系统。面向控制的降阶模型将捕获从**u**到**y**的传递函数

例如对 PDE 的空间离散模拟，模型约简的主要目标是找到一个坐标变换 $\mathbf{x} = \boldsymbol{\Psi}\tilde{\mathbf{x}}$，从而产生具有相似输入 – 输出特征的相关系统 $(\tilde{\mathbf{A}}, \tilde{\mathbf{B}}, \tilde{\mathbf{C}}, \tilde{\mathbf{D}})$：

$$\frac{\mathrm{d}}{\mathrm{d}t}\tilde{\mathbf{x}} = \tilde{\mathbf{A}}\tilde{\mathbf{x}} + \tilde{\mathbf{B}}\mathbf{u} \tag{9.2a}$$

$$\mathbf{y} = \tilde{\mathbf{C}}\tilde{\mathbf{x}} + \tilde{\mathbf{D}}\mathbf{u} \tag{9.2b}$$

降维状态 $\tilde{\mathbf{x}} \in \mathbb{R}^r$，$r \ll n$。注意，**u** 和 **y** 在式（9.1）和式（9.2）中是相同的，即使系统状态不同。获取投影算子 $\boldsymbol{\Psi}$ 将是本节的重点。

作为一个启发示例，考虑如下简化模型：

$$\frac{\mathrm{d}}{\mathrm{d}t}\begin{bmatrix} x_1 \\ x_2 \end{bmatrix} = \begin{bmatrix} -2 & 0 \\ 0 & -1 \end{bmatrix}\begin{bmatrix} x_1 \\ x_2 \end{bmatrix} + \begin{bmatrix} 1 \\ 10^{-10} \end{bmatrix} u \tag{9.3a}$$

$$y = \begin{bmatrix} 1 & 10^{-10} \end{bmatrix}\begin{bmatrix} x_1 \\ x_2 \end{bmatrix} \tag{9.3b}$$

在这个例子中，状态 x_2 几乎不能控和不能观。只需选择 $\tilde{x}=x_1$ 即可得到一个降阶模型，该模型可以忠实地捕获输入输出动态。尽管在这种极端情况下选择 $\tilde{x}=x_1$ 似乎很直观，但许多模型约简技术会错误地倾向于状态 $\tilde{x}=x_2$，因为它的衰减程度或阻尼较小。在本节中，我们将研究如何准确有效地找到最能反映输入输出动态的转换矩阵 $\mathbf{\Psi}$。

第 11 章的本征正交分解 [57, 251] 提供了一个转换矩阵 $\mathbf{\Psi}$，其列为根据能量含量⊖排序的模式。POD 已广泛用于生成复杂系统的 ROM，其中许多示例是用于控制，并且可以确保提供最优低秩基来捕获数据集中最大能量或方差。但是，大多数能量模式几乎是不能控或不能观的，因此这种情况可能与控制无关。类似地，在许多情况下，最能控和最能观的状态方向可能具有非常低的能量。例如，声学模式通常具有非常低的能量，但它们在许多流体系统中影响了主导输入 – 输出动力学。船上的方向舵提供了一个很好的类比：尽管方向舵只占总能量的一小部分，但它对于动态控制来说很重要。 323

相比于基于能量对模式进行排序，确定最能控和最能观的模式层次可以捕获最多的输入 – 输出信息。这些模式产生了平衡模型，通过坐标变换使状态的能控性和能观性具有相等的权重，该坐标变换使能控 Gramian 和能观 Gramian 相等且都为对角阵。对高维系统来说，尽管使用传统方法计算平衡模型是非常昂贵的，但这些模型非常成功。在本节中，我们描述平衡过程以及有效计算平衡模型的现代方法。在文献 [50] 中可以找到一种用于模型约简和系统辨识的高效计算算法。

对于给定的模型阶数 r，平衡降阶模型应尽可能忠实地将输入映射到输出。因此，引入算子范数来量化式（9.1）和式（9.2）对给定输入集的相似作用是非常重要的。通常，我们取从完整系统（9.1）和约简系统（9.2）中获得的传递函数 $\mathbf{G}(s)$ 和 $\mathbf{G}_r(s)$ 之间的误差的无穷范数作为相似度评价指标。该范数由下式给出：

$$\|\mathbf{G}\|_\infty \triangleq \max_\omega \sigma_1(\mathbf{G}(i\omega)) \tag{9.4}$$

有关传递函数的入门知识参见 8.8 节。总而言之，我们寻求低阶的降阶模型（9.2），$r \ll n$，因此算子范数 $\|\mathbf{G}-\mathbf{G}_r\|_\infty$ 一般是很小的。

控制系统中的变量变换

对平衡模型约简问题进行描述，首先是找到一个如下坐标变换：

$$\mathbf{x} = \mathbf{Tz} \tag{9.5}$$

该坐标变换根据捕获系统输入输出特征的能力对 $\mathbf{z}$ 中的状态进行分层排序。我们首先考虑可逆变换 $\mathbf{T}\in\mathbb{R}^{n\times n}$，然后提供一种只计算前 r 列的方法，该方法包含式（9.2）中的变换 $\mathbf{\Psi}$。因此，有可能仅保留前 r 个最能控 / 最能观的状态，而截断其余的状态。这类似于式（8.18）中变量到特征向量坐标的变化，只是我们强调的是能控性和能观性，而不是动力学的特性。

将 Tz 代入式（9.1）可得到：

$$\frac{\mathrm{d}}{\mathrm{d}t}\mathbf{Tz} = \mathbf{ATz} + \mathbf{Bu} \tag{9.6a}$$

$$\mathbf{y} = \mathbf{CTz} + \mathbf{Du} \tag{9.6b}$$

⊖ 当训练数据包含速度场时，例如高维离散流体系统，奇异值在字面上表示的是相关模态的动能含量。通常认为 POD 模式是按能量含量排序的，在其他应用中也是如此，尽管在技术上使用方差更准确。

将（9.6a）乘以 $\mathbf{T}^{-1}$ 得出：

$$\frac{\mathrm{d}}{\mathrm{d}t}\mathbf{z} = \mathbf{T}^{-1}\mathbf{ATz} + \mathbf{T}^{-1}\mathbf{Bu} \tag{9.7a}$$

$$\mathbf{y} = \mathbf{CTz} + \mathbf{Du} \tag{9.7b}$$

这将产生以下变换方程：

324

$$\frac{\mathrm{d}}{\mathrm{d}t}\mathbf{z} = \hat{\mathbf{A}}\mathbf{z} + \hat{\mathbf{B}}\mathbf{u} \tag{9.8a}$$

$$\mathbf{y} = \hat{\mathbf{C}}\mathbf{z} + \mathbf{Du} \tag{9.8b}$$

其中 $\hat{\mathbf{A}} = \mathbf{T}^{-1}\mathbf{AT}$，$\hat{\mathbf{B}} = \mathbf{T}^{-1}\mathbf{B}$，$\hat{\mathbf{C}} = \mathbf{CT}$。注意当 $\mathbf{T}$ 的列正交时，坐标变换则为：

$$\frac{\mathrm{d}}{\mathrm{d}t}\mathbf{z} = \mathbf{T}^{*}\mathbf{ATz} + \mathbf{T}^{*}\mathbf{Bu} \tag{9.9a}$$

$$\mathbf{y} = \mathbf{CTz} + \mathbf{Du} \tag{9.9b}$$

Gramian 矩阵和坐标变换

能控 Gramian 和能观 Gramian 分别根据状态的能控性和能观性在状态空间上建立内积。因此，Gramian 依赖于坐标系的特定选择，并且会在坐标变化的情况下进行变换。在式（9.5）给出的坐标系 $\mathbf{z}$ 中，能控 Gramian 矩阵为：

$$\hat{\mathbf{W}}_c = \int_0^\infty e^{\hat{\mathbf{A}}\tau}\hat{\mathbf{B}}\hat{\mathbf{B}}^{*}e^{\hat{\mathbf{A}}^{*}\tau}\,\mathrm{d}\tau \tag{9.10a}$$

$$= \int_0^\infty e^{\mathbf{T}^{-1}\mathbf{AT}\tau}\mathbf{T}^{-1}\mathbf{BB}^{*}\mathbf{T}^{-*}e^{\mathbf{T}^{*}\mathbf{A}^{*}\mathbf{T}^{-*}\tau}\,\mathrm{d}\tau \tag{9.10b}$$

$$= \int_0^\infty \mathbf{T}^{-1}e^{\mathbf{A}\tau}\mathbf{TT}^{-1}\mathbf{BB}^{*}\mathbf{T}^{-*}\mathbf{T}^{*}e^{\mathbf{A}^{*}\tau}\mathbf{T}^{-*}\,\mathrm{d}\tau \tag{9.10c}$$

$$= \mathbf{T}^{-1}\left(\int_0^\infty e^{\mathbf{A}\tau}\mathbf{BB}^{*}e^{\mathbf{A}^{*}\tau}\,\mathrm{d}\tau\right)\mathbf{T}^{-*} \tag{9.10d}$$

$$= \mathbf{T}^{-1}\mathbf{W}_c\mathbf{T}^{-*} \tag{9.10e}$$

注意，此处我们引入了 $\mathbf{T}^{-*} := \left(\mathbf{T}^{-1}\right)^{*} = (\mathbf{T}^{*})^{-1}$。类似地，能观 Gramian 矩阵变换为：

$$\hat{\mathbf{W}}_o = \mathbf{T}^{*}\mathbf{W}_o\mathbf{T} \tag{9.11}$$

该变换留给读者作为一个练习。两个 Gramian 都作为张量进行变换（这是根据变换矩阵 $\mathbf{T}$ 及其转置而言，而不是 $\mathbf{T}$ 及其逆变换），这与它们在状态空间上诱导的内积一致。

简单重缩放

这个例子是从 Moore 的 1981 年文献 [388] 修改而来，展示了通过改变坐标来平衡系统

325 的能力。考虑系统：

$$\frac{\mathrm{d}}{\mathrm{d}t}\begin{bmatrix}x_1\\x_2\end{bmatrix} = \begin{bmatrix}-1 & 0\\0 & -10\end{bmatrix}\begin{bmatrix}x_1\\x_2\end{bmatrix} + \begin{bmatrix}10^{-3}\\10^{3}\end{bmatrix}u \tag{9.12a}$$

$$y = \begin{bmatrix}10^{3} & 10^{-3}\end{bmatrix}\begin{bmatrix}x_1\\x_2\end{bmatrix} \tag{9.12b}$$

在该示例中，第一状态 x_1 几乎不能控，而第二状态几乎不能观。但是在坐标变化 $z_1 = 10^3x_1$ 和 $z_2 = 10^{-3}x_2$ 下，系统变得平衡：

$$\frac{\mathrm{d}}{\mathrm{d}t}\begin{bmatrix} z_1 \\ z_2 \end{bmatrix} = \begin{bmatrix} -1 & 0 \\ 0 & -10 \end{bmatrix}\begin{bmatrix} z_1 \\ z_2 \end{bmatrix} + \begin{bmatrix} 1 \\ 1 \end{bmatrix} u \tag{9.13a}$$

$$y = \begin{bmatrix} 1 & 1 \end{bmatrix}\begin{bmatrix} z_1 \\ z_2 \end{bmatrix} \tag{9.13b}$$

在此示例中，坐标变化只是重新缩放了状态 $\mathbf{x}$。例如，第一个状态的单位可能为毫米，第二个状态的单位可能为千米，用米表示两个状态可以平衡动力学，也就是说，能控 Gramian 和能观 Gramian 相等且为对角形式。

平衡变换

现在我们准备导出平衡坐标变换 $\mathbf{T}$，该坐标变换 $\mathbf{T}$ 使能控 Gramian 和能观 Gramian 相等且为对角形式：

$$\hat{\mathbf{W}}_c = \hat{\mathbf{W}}_o = \mathbf{\Sigma} \tag{9.14}$$

首先，考虑式（9.10）和式（9.11）的 Gramian 乘积：

$$\hat{\mathbf{W}}_c\hat{\mathbf{W}}_o = \mathbf{T}^{-1}\mathbf{W}_c\mathbf{W}_o\mathbf{T} \tag{9.15}$$

引入期望的 $\hat{\mathbf{W}}_c = \mathbf{W}_o = \mathbf{\Sigma}$ 得：

$$\mathbf{T}^{-1}\mathbf{W}_c\mathbf{W}_o\mathbf{T} = \mathbf{\Sigma}^2 \implies \mathbf{W}_c\mathbf{W}_o\mathbf{T} = \mathbf{T}\mathbf{\Sigma}^2 \tag{9.16}$$

式（9.16）中后一个表达式是 $\mathbf{W}_c\mathbf{W}_o$ 的特征分解方程，$\mathbf{W}_c\mathbf{W}_o$ 是原始坐标中的 Gramian 乘积。因此，平衡变换 $\mathbf{T}$ 与 $\mathbf{W}_c\mathbf{W}_o$ 的特征分解有关。式（9.16）对特征向量的任何缩放都有效，并且必须选择正确的重缩放以精确地平衡 Gramian。换句话说，有许多这样的变换 $\mathbf{T}$，使乘积 $\mathbf{W}_c\mathbf{W}_o = \mathbf{\Sigma}^2$，但各个 Gramian 不相等（例如，如果 $\mathbf{W}_c\mathbf{W}_o = \mathbf{\Sigma}^2$，对角 Gramian $\hat{\mathbf{W}}_c = \mathbf{\Sigma}_c$ 和 $\hat{\mathbf{W}}_c = \mathbf{\Sigma}_o$ 将满足式（9.16））。

我们将引入矩阵 $\mathbf{S} = \mathbf{T}^{-1}$ 来简化表示。

平衡变换的特征向量缩放

为了找到正确的特征向量缩放使 $\hat{\mathbf{W}}_c = \mathbf{W}_o = \mathbf{\Sigma}$，首先考虑一个简单情况：平衡 $\mathbf{\Sigma}$ 的第一个对角元素。令 $\boldsymbol{\xi}_u$ 表示 $\mathbf{T}$ 的未缩放的第一列，令 $\boldsymbol{\eta}_u$ 表示 $\mathbf{S} = \mathbf{T}^{-1}$ 的未缩放的第一行。然后：

$$\boldsymbol{\eta}_u\mathbf{W}_c\boldsymbol{\eta}_u^* = \sigma_c \tag{9.17a}$$

$$\boldsymbol{\xi}_u^*\mathbf{W}_o\boldsymbol{\xi}_u = \sigma_o \tag{9.17b}$$

因此，对角化能控 Gramian 矩阵的第一个元素为 σ_c，而对角化能观 Gramian 矩阵的第一个元素为 σ_o。如果我们用 σ_s 缩放特征向量 ξ_u，那么逆特征向量 $\boldsymbol{\eta}_u$ 就会缩放 σ_s^{-1}。通过新的缩放特征向量 $\boldsymbol{\xi}_s = \sigma_s\boldsymbol{\xi}_u$ 和 $\boldsymbol{\eta}_s = \sigma_s^{-1}\boldsymbol{\eta}_u$ 进行变换，可得：

$$\boldsymbol{\eta}_s\mathbf{W}_c\boldsymbol{\eta}_s^* = \sigma_s^{-2}\sigma_c \tag{9.18a}$$

$$\boldsymbol{\xi}_s^*\mathbf{W}_o\boldsymbol{\xi}_s = \sigma_s^2\sigma_o \tag{9.18b}$$ 326

为了使两个 Gramian 矩阵相等，则有：

$$\sigma_s^{-2}\sigma_c = \sigma_s^2\sigma_o \quad \Longrightarrow \quad \sigma_s = \left(\frac{\sigma_c}{\sigma_o}\right)^{1/4} \tag{9.19}$$

为了平衡能控 Gramian 和能观 Gramian 的每个对角线元素，我们首先考虑来自式（9.16）的未缩放特征向量变换 $\mathbf{T}_u$，下标 u 简单表示未缩放。例如，我们在大多数计算软件中使用标准缩放比例，以使 $\mathbf{T}_u$ 的列具有单位范数。然后，能控 Gramian 和能观 Gramian 被对角化，但不一定相等：

$$\mathbf{T}_u^{-1}\mathbf{W}_c\mathbf{T}_u^{-*} = \mathbf{\Sigma}_c \tag{9.20a}$$

$$\mathbf{T}_u^{*}\mathbf{W}_o\mathbf{T}_u = \mathbf{\Sigma}_o \tag{9.20b}$$

精确平衡这些 Gramian 的缩放由 $\mathbf{\Sigma}_s = \mathbf{\Sigma}_c^{1/4}\mathbf{\Sigma}_o^{-1/4}$ 给出，因此，精确的平衡变换由下式给出：

$$\mathbf{T} = \mathbf{T}_u\mathbf{\Sigma}_s \tag{9.21}$$

可以直接确认此变换是否平衡 Gramian：

$$(\mathbf{T}_u\mathbf{\Sigma}_s)^{-1}\mathbf{W}_c(\mathbf{T}_u\mathbf{\Sigma}_s)^{-*} = \mathbf{\Sigma}_s^{-1}\mathbf{T}_u^{-1}\mathbf{W}_c\mathbf{T}_u^{-*}\mathbf{\Sigma}_s^{-1} = \mathbf{\Sigma}_s^{-1}\mathbf{\Sigma}_c\mathbf{\Sigma}_s^{-1} = \mathbf{\Sigma}_c^{1/2}\mathbf{\Sigma}_o^{1/2} \tag{9.22a}$$

$$(\mathbf{T}_u\mathbf{\Sigma}_s)^{*}\mathbf{W}_o(\mathbf{T}_u\mathbf{\Sigma}_s) = \mathbf{\Sigma}_s\mathbf{T}_u^{*}\mathbf{W}_o\mathbf{T}_u\mathbf{\Sigma}_s = \mathbf{\Sigma}_s\mathbf{\Sigma}_o\mathbf{\Sigma}_s = \mathbf{\Sigma}_c^{1/2}\mathbf{\Sigma}_o^{1/2} \tag{9.22b}$$

式（9.22a）和式（9.22b）依赖于对角矩阵交换，因此有 $\mathbf{\Sigma}_c\mathbf{\Sigma}_o = \mathbf{\Sigma}_o\mathbf{\Sigma}_c$。

平衡变换和 Gramian 示例

在面对准确而有效地计算平衡变换的实际挑战之前，考虑一个算例将很有帮助。

在 MATLAB 中，计算平衡系统和平衡变换是一个简单的单行命令：

```
[sysb,g,Ti,T] = balreal(sys); % Balance system
```

在此代码中，**T** 是变换，**Ti** 是逆变换，**sysb** 是平衡系统，**g** 是包含平衡 Gramian 对角元素的向量。

下面的示例说明了二维系统的平衡实现。首先，我们生成一个系统并计算其平衡实现和每个系统的 Gramian。接下来，我们将图 9.2 中不平衡和平衡系统的 Gramian 可视化。

代码 9.1　获得一个平衡实现。

```
A = [-.75 1; -.3 -.75];
B = [2; 1];
C = [1 2];
D = 0;

sys = ss(A,B,C,D);

```

327

```
Wc = gram(sys,'c'); % Controllability Gramian
Wo = gram(sys,'o'); % Observability Gramian

[sysb,g,Ti,T] = balreal(sys); % Balance the system

BWc = gram(sysb,'c') % Balanced Gramians
BWo = gram(sysb,'o')
```

所产生的平衡 Gramian 是相等且对角的，并且是按照从最能控 / 最能观模式到最不能控 / 最不能观模式进行排序：

```
>>BWc =
    1.9439   -0.0000
   -0.0000    0.3207

>>BWo =
    1.9439    0.0000
    0.0000    0.3207
```

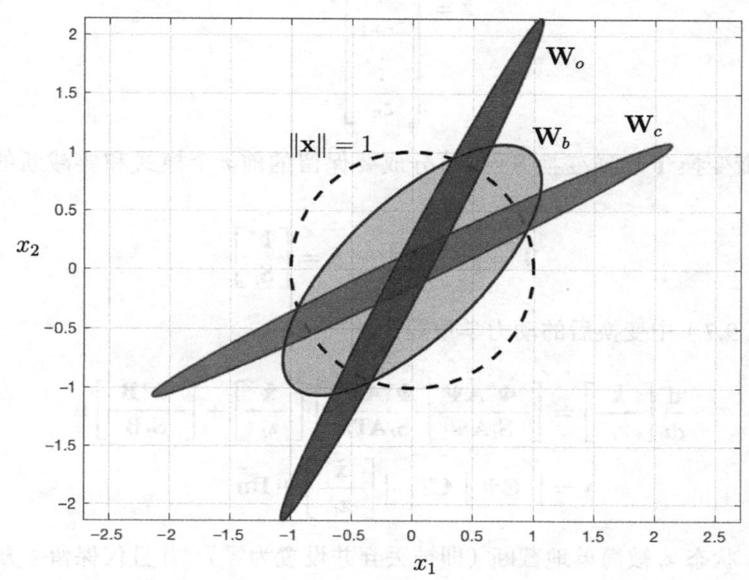

图9.2 Gramian平衡变换的演示。单位控制输入下可达集以红色表示，其大小由$\|\mathbf{x}\|=1$时的$\mathbf{W}_c^{1/2}\mathbf{x}$确定。相应的能观集以蓝色表示。在平衡变换**T**下，Gramian相等以紫色表示（附彩图）

为了使图 9.2 中的 Gramian 可视化，我们首先回顾一下，系统在单位驱动输入下沿 **x** 方向的移动距离由 $\mathbf{x}^*\mathbf{W}\mathbf{x}$ 给出，因此，能控 Gramian 可以通过在$\|\mathbf{x}\|=1$ 的球面上绘制 **x** 的 $\mathbf{W}_c^{1/2}\mathbf{x}$ 来可视化。能观 Gramian 可以类似地可视化。

在此示例中，我们看到最能控和最能观的方向可能没有很好地对齐。但是，通过更改坐标，可以找到一个同时能控和能观的新方向。这样一来，就可以在此一维子空间中表示系统，同时仍能捕获很大一部分输入输出能量。如果图 9.2 中红色和蓝色的 Gramian 完全垂直，那么能控方向是最不能观的方向，反之，则平衡 Gramian 将是一个圆。在这种情况下，没有首选的状态方向，并且这两个方向对于输入输出行为同样重要。 328

如前所述以及所提供的在线代码，不使用 **balreal** 命令，也可以从 $\mathbf{W}_c\mathbf{W}_o$ 的特征分解中手动构建平衡变换。

平衡截断

现在已经表明，可以通过定义坐标的变化使能控 Gramian 和能观 Gramian 相等且为对角线形式。此外，可以根据它们的联合能控性和能观性对这些新坐标进行分层排序。这些坐标可能会被截断，最后只保留最能控 / 最能观的方向，从而使得降阶模型可以忠实地捕获输入输出动力学。

给定新坐标 $\mathbf{z}=\mathbf{T}^{-1}\mathbf{x}\in\mathbb{R}^n$，可以在前 r 个最能控和最能观的方向上定义一个降阶状态 $\tilde{\mathbf{x}}\in\mathbb{R}^r$，例如：

$$\mathbf{z}=\begin{bmatrix} z_1 \\ \vdots \\ z_r \\ z_{r+1} \\ \vdots \\ z_n \end{bmatrix} \quad \left.\begin{matrix} z_1 \\ \vdots \\ z_r \end{matrix}\right\}\tilde{\mathbf{x}} \tag{9.23}$$

如果我们将平衡变换 $\mathbf{T}$ 和逆变换 $\mathbf{S}=\mathbf{T}^{-1}$ 分成要保留的前 r 个模式和要截断的最后 $n-r$ 个模式：

$$\mathbf{T}=\begin{bmatrix}\boldsymbol{\Psi} & \mathbf{T}_t\end{bmatrix} \qquad \mathbf{S}=\begin{bmatrix}\boldsymbol{\Phi}^* \\ \mathbf{S}_t\end{bmatrix} \tag{9.24}$$

那么可以将式（9.7）中变换后的动力学重写为：

$$\frac{\mathrm{d}}{\mathrm{d}t}\left[\begin{array}{c}\tilde{\mathbf{x}} \\ \hline \mathbf{z}_t\end{array}\right]=\left[\begin{array}{c|c}\boldsymbol{\Phi}^*\mathbf{A}\boldsymbol{\Psi} & \boldsymbol{\Phi}^*\mathbf{A}\mathbf{T}_t \\ \hline \mathbf{S}_t\mathbf{A}\boldsymbol{\Psi} & \mathbf{S}_t\mathbf{A}\mathbf{T}_t\end{array}\right]\left[\begin{array}{c}\tilde{\mathbf{x}} \\ \hline \mathbf{z}_t\end{array}\right]+\left[\begin{array}{c}\boldsymbol{\Phi}^*\mathbf{B} \\ \hline \mathbf{S}_t\mathbf{B}\end{array}\right]\mathbf{u} \tag{9.25a}$$

$$\mathbf{y}=\left[\begin{array}{c|c}\mathbf{C}\boldsymbol{\Psi} & \mathbf{C}\mathbf{T}_t\end{array}\right]\left[\begin{array}{c}\tilde{\mathbf{x}} \\ \hline \mathbf{z}_t\end{array}\right]+\mathbf{D}\mathbf{u} \tag{9.25b}$$

在平衡截断中，状态 $\mathbf{z}_t$ 被简单地截断（即被丢弃并设置为零），并且仅保留 $\tilde{\mathbf{x}}$ 方程：

$$\frac{\mathrm{d}}{\mathrm{d}t}\tilde{\mathbf{x}}=\boldsymbol{\Phi}^*\mathbf{A}\boldsymbol{\Psi}\tilde{\mathbf{x}}+\boldsymbol{\Phi}^*\mathbf{B}\mathbf{u} \tag{9.26a}$$

329

$$\mathbf{y}=\mathbf{C}\boldsymbol{\Psi}\tilde{\mathbf{x}}+\mathbf{D}\mathbf{u} \tag{9.26b}$$

仅需要 $\mathbf{T}$ 和 $\mathbf{S}^*=\mathbf{T}^{-*}$ 的前 r 列来构造 $\boldsymbol{\Psi}$ 和 $\boldsymbol{\Phi}$，因此无须计算整个平衡变换 $\mathbf{T}$。注意这里的矩阵 $\boldsymbol{\Phi}$ 与 7.2 节中 DMD 模态的矩阵不同。以下各节将讨论在无 $\mathbf{T}$ 的情况下计算 $\boldsymbol{\Psi}$ 和 $\boldsymbol{\Phi}$。平衡截断的一个关键好处是给定的截断误差存在上下限：

$$\text{上界：}\|\mathbf{G}-\mathbf{G}_r\|_\infty\leqslant 2\sum_{j=r+1}^{n}\sigma_j \tag{9.27a}$$

$$\text{下界：}\|\mathbf{G}-\mathbf{G}_r\|_\infty>\sigma_{r+1} \tag{9.27b}$$

其中 σ_j 是平衡 Gramian 的第 j 个对角线元素。$\boldsymbol{\Sigma}$ 的对角线元素也称为 Hankel 奇异值。

计算平衡实现

在上一节中，我们演示了获得坐标变换的可行性，该坐标变换可以平衡能控和能观 Gramian。但是，计算这种平衡变换并不简单，目前已经有大量的研究工作来获得准确而有效的方法，如 1981 年 Moore 的文献 [388]，2002 年 Lall、Marsden 和 Glavaški 的文献 [321]，2002 年 Willcox 和 Peraire 的文献 [554]，2005 年 Rowley 的文献 [458]。有关平衡实现和模型约简的完整阐述请参见 Antoulas[17]。

在实践中，通过式（9.16）计算高维系统的 Gramian 矩阵 $\mathbf{W}_c$ 和 $\mathbf{W}_o$ 以及乘积 $\mathbf{W}_c\mathbf{W}_o$ 的特征分解可能过于复杂，取而代之的是可以利用奇异值分解从脉冲响应数据中近似平衡变换，从而有效提取最相关的子空间。

首先，我们将展示可以通过脉冲响应实验 / 仿真中的快照矩阵来近似 Gramian。然后，我们将展示如何从脉冲响应数据中获得平衡变换。

经验 Gramian

在实践中，通过 Lyapunov 方程计算 Gramian 的计算量很大，计算复杂度为 $\mathcal{O}(n^3)$。可以通过离散时间直接系统和伴随系统的全状态测量值近似表示 Gramian：

$$\text{直接：}\quad \mathbf{x}_{k+1} = \mathbf{A}_d\mathbf{x}_k + \mathbf{B}_d\mathbf{u}_k \tag{9.28a}$$

$$\text{伴随：}\quad \mathbf{x}_{k+1} = \mathbf{A}_d^*\mathbf{x}_k + \mathbf{C}_d^*\mathbf{y}_k \tag{9.28b}$$

式（9.28a）是式（8.21）中的离散时间动力学更新方程，式（9.28b）是伴随方程。矩阵 $\mathbf{A}_d$、$\mathbf{B}_d$ 和 $\mathbf{C}_d$ 是式（8.22）中的离散时间系统矩阵。注意，伴随方程通常是非物理的，必须进行模拟。因此，此方法适用于解析方程式和仿真，但不适用于实验数据。9.3 节将提供一种不依赖于伴随数据的替代公式，可以被推广到实验中。 330

计算直接系统和伴随系统的脉冲响应会产生以下离散时间快照矩阵：

$$\mathcal{C}_d = \begin{bmatrix}\mathbf{B}_d & \mathbf{A}_d\mathbf{B}_d & \cdots & \mathbf{A}_d^{m_c-1}\mathbf{B}_d\end{bmatrix} \quad \mathcal{O}_d = \begin{bmatrix}\mathbf{C}_d \\ \mathbf{C}_d\mathbf{A}_d \\ \vdots \\ \mathbf{C}_d\mathbf{A}_d^{m_o-1}\end{bmatrix} \tag{9.29}$$

注意，当 $m_c = n$ 时，$\mathcal{C}_d$ 是离散时间能控矩阵；当 $m_o = n$ 时，$\mathcal{O}_d$ 是离散时间能观矩阵。但是，我们通常考虑 m_c、$m_o \ll n$ 。此外，也可以通过在正则区间 Δt 上对连续时间直接系统和伴随系统进行采样获得这些矩阵。

现在可以在不求解式（8.42）和式（8.43）中的 Lyapunov 方程情况下，计算近似真实 Gramian 的经验 Gramian：

$$\mathbf{W}_c \approx \mathbf{W}_c^e = \mathcal{C}_d\mathcal{C}_d^* \tag{9.30a}$$

$$\mathbf{W}_o \approx \mathbf{W}_o^e = \mathcal{O}_d^*\mathcal{O}_d \tag{9.30b}$$

经验 Gramian 包括连续时间 Gramian 中积分的 Riemann 和近似，随着离散时间系统的时间步长变得任意小且脉冲响应的持续时间变得任意大，Riemann 和变得精确。在实践中，应该收集脉冲响应快照直到轻微阻尼的瞬态消失为止。经验 Gramian 方法非常有效，并被广泛使用 [388, 320, 321, 554, 458]。注意这里需要 p 个伴随脉冲响应，其中 p 是输出数量。当有大量输出（例如全状态测量）时，这将变得很难处理，从而启发了下一节的输出映射。

平衡 POD

不用计算 $n \times n$ 维矩阵 $\mathbf{W}_c\mathbf{W}_o$ 的特征分解，可以通过下列快照矩阵乘积的奇异值分解来计算平衡变换：

$$\mathcal{O}_d\mathcal{C}_d \tag{9.31}$$

这使我们想起 1.3 节的快照方法 [490]，这是 Rowley 在文献 [458] 中采取的方法。

首先，对于离散时间系统，将广义 Hankel 矩阵定义为式（9.29）的伴随（$\mathcal{O}_d$）和直接（$\mathcal{C}_d$）快照矩阵的乘积：

331

$$\mathbf{H}=\mathcal{O}_d\mathcal{C}_d=\begin{bmatrix}\mathbf{C}_d\\ \mathbf{C}_d\mathbf{A}_d\\ \vdots\\ \mathbf{C}_d\mathbf{A}_d^{m_o-1}\end{bmatrix}\begin{bmatrix}\mathbf{B}_d & \mathbf{A}_d\mathbf{B}_d & \cdots & \mathbf{A}_d^{m_c-1}\mathbf{B}_d\end{bmatrix} \tag{9.32a}$$

$$=\begin{bmatrix}\mathbf{C}_d\mathbf{B}_d & \mathbf{C}_d\mathbf{A}_d\mathbf{B}_d & \cdots & \mathbf{C}_d\mathbf{A}_d^{m_c-1}\mathbf{B}_d\\ \mathbf{C}_d\mathbf{A}_d\mathbf{B}_d & \mathbf{C}_d\mathbf{A}_d^2\mathbf{B}_d & \cdots & \mathbf{C}_d\mathbf{A}_d^{m_c}\mathbf{B}_d\\ \vdots & \vdots & & \vdots\\ \mathbf{C}_d\mathbf{A}_d^{m_o-1}\mathbf{B}_d & \mathbf{C}_d\mathbf{A}_d^{m_o}\mathbf{B}_d & \cdots & \mathbf{C}_d\mathbf{A}_d^{m_c+m_o-2}\mathbf{B}_d\end{bmatrix} \tag{9.32b}$$

接下来，我们使用 SVD 分解 $\mathbf{H}$：

$$\mathbf{H}=\mathbf{U}\mathbf{\Sigma}\mathbf{V}^*=\begin{bmatrix}\tilde{\mathbf{U}} & \mathbf{U}_t\end{bmatrix}\begin{bmatrix}\tilde{\mathbf{\Sigma}} & \mathbf{0}\\ \mathbf{0} & \mathbf{\Sigma}_t\end{bmatrix}\begin{bmatrix}\tilde{\mathbf{V}}^*\\ \mathbf{V}_t^*\end{bmatrix}\approx\tilde{\mathbf{U}}\tilde{\mathbf{\Sigma}}\tilde{\mathbf{V}}^* \tag{9.33}$$

对于给定的期望模型阶数 $r\ll n$，仅保留 $\mathbf{U}$ 和 $\mathbf{V}$ 的前 r 列，以及 $\mathbf{\Sigma}$ 的第一个 $r\times r$ 块。$\mathbf{U}_t\mathbf{\Sigma}_t\mathbf{V}_t^*$ 的剩余部分可能会被截断，产生了由以下公式给出的双正交模态集：

$$\text{直接模式：}\mathbf{\Psi}=\mathcal{C}_d\tilde{\mathbf{V}}\tilde{\mathbf{\Sigma}}^{-1/2} \tag{9.34a}$$

$$\text{伴随模式：}\mathbf{\Phi}=\mathcal{O}_d^*\tilde{\mathbf{U}}\tilde{\mathbf{\Sigma}}^{-1/2} \tag{9.34b}$$

直接模式 $\mathbf{\Psi}\in\mathbb{R}^{n\times r}$ 和伴随模式 $\mathbf{\Phi}\in\mathbb{R}^{n\times r}$ 是双正交的，$\mathbf{\Phi}^*\mathbf{\Psi}=\mathbf{I}_{r\times r}$。Rowley 在文献 [458] 中表明，它们建立了平衡截断经验 Gramian 的坐标变化。因此，$\mathbf{\Psi}$ 近似于完整 $n\times n$ 平衡变换 $\mathbf{T}$ 的前 r 列，而 $\mathbf{\Phi}^*$ 近似于 $n\times n$ 逆平衡变换 $\mathbf{S}=\mathbf{T}^{-1}$ 的前 r 行。

现在，可以将原系统映射到这些模式上，从而产生 r 阶的平衡降阶模型：

$$\tilde{\mathbf{A}}=\mathbf{\Phi}^*\mathbf{A}_d\mathbf{\Psi} \tag{9.35a}$$

$$\tilde{\mathbf{B}}=\mathbf{\Phi}^*\mathbf{B}_d \tag{9.35b}$$

$$\tilde{\mathbf{C}}=\mathbf{C}_d\mathbf{\Psi} \tag{9.35c}$$

无须直接访问 $\mathbf{A}_d$ 即可在式（9.35a）中计算降阶的系统动力学。在某些情况下，$\mathbf{A}_d$ 可能非常大且难以处理，所以只能评估此矩阵对输入向量的作用。例如，在许多现代流体动力学代码中，矩阵 $\mathbf{A}_d$ 实际上并未表示出来，但由于矩阵 $\mathbf{A}_d$ 是稀疏的，可以将该矩阵乘以向量来实现有效的操作。

重要的是要注意到，式（9.35）中的降阶模型是基于离散时间经验快照矩阵得到的，因此它是在离散时间中进行表述的。获得相应的连续时间系统很简单：

```
>>sysD = ss(Atilde,Btilde,Ctilde,D,dt);  % Discrete-time
>>sysC = d2c(sysD);                      % Continuous-time
```

在此示例中，$\mathbf{D}$ 在连续时间、离散时间以及全阶和降阶模型中均相同。

注意，由于经验 Gramian 的误差，BPOD 模型可能无法精确满足平衡截断的上限（参见式（9.27））。

输出映射

通常，在高维仿真中，我们假设全状态测量，因此 $p=n$ 非常大。为了避免计算 $p=n$

的伴随仿真，可以求解输出映射的伴随方程[458]： 332

$$\mathbf{x}_{k+1} = \mathbf{A}_d^* \mathbf{x}_k + \mathbf{C}_d^* \tilde{\mathbf{U}} \mathbf{y} \tag{9.36}$$

其中 $\tilde{\mathbf{U}}$ 是包含 $\mathcal{C}_d$ 前 r 个奇异向量的矩阵。因此，我们首先从直接脉冲响应中辨识出一个低维 POD 子空间 $\tilde{\mathbf{U}}$，然后只通过激发这几个 POD 系数测量值来执行伴随脉冲响应仿真。一般而言，如果 $\mathbf{y}$ 是高维的，但不是全状态测量，则可以使用根据测量值训练 POD 子空间，该空间由 $\mathcal{C}_d$ 的前 r 个奇异向量 $\tilde{\mathbf{U}}$ 给出，然后可以在这些输出 POD 方向上执行伴随脉冲响应。

数据收集与堆叠

式（9.32）中的幂 m_c 和 m_o 表示，必须收集数据直到矩阵 $\mathcal{C}_d$ 和 $\mathcal{O}_d^*$ 达到满秩为止，然后才能对能控 / 能观子空间进行采样。除非我们收集数据直到瞬态衰减，否则真正的 Gramian 只能近似平衡。取而代之的是，可以收集数据直到 Hankel 矩阵满秩，平衡得到的模型，然后截断。文献 [533] 和 [346] 提出了这种更有效的方法。

式（9.29）中的快照矩阵是从直接系统（9.28a）和伴随系统（9.36）的脉冲响应仿真中生成的，然后将这些时间序列快照进行交错以形成快照矩阵。

历史批注

前面小节中描述的平衡 POD 方法起源于 Moore 在 1981 年的开创性工作[388]，它为 Ho 和 Kalman 的最小实现理论提供了数据驱动的拓展[247]。在此之前，根据理想的能控和能观子空间定义了最小实现，而忽略了能控性和能观性程度的细节。

Moore 的论文介绍了许多重要概念，弥合了从理论到现实的鸿沟。首先，Moore 在主成分分析（PCA）和 Gramian 之间建立了联系，该联系表明可以通过 SVD 从数据中获取有关能控性和能观性程度的信息。接下来，Moore 表示存在一种平衡变换，通过平衡的能控性和能观性使 Gramian 相等，对角线化并按层次排列。此外，他提供了一种算法来计算此变换。这为有原则的模型约简奠定了基础，从而可以根据状态的联合能控性和能观性将状态截断。尽管 Moore 没有使用经验 Gramian 这个术语，但他进一步介绍了此概念。他还意识到，直接计算 $\mathbf{W}_c$ 和 $\mathbf{W}_o$ 比从直接系统和伴随系统计算经验快照矩阵的 SVD 精度低，并且他使用这些 SVD 转换避免了直接计算 $\mathbf{W}_c\mathbf{W}_o$ 的特征分解。2002 年，Lall、Marsden 和 Glavaški 在文献 [321] 中将这一理论推广到非线性系统。

Moore 方法的一个缺点是它计算了全部 $n \times n$ 的平衡变换，不适用于超高维系统。2002 年，Willcox 和 Peraire[554] 将该方法推广到高维系统，引入了一个基于 $\mathbf{W}_c$ 和 $\mathbf{W}_o$ 的秩 $-r$ 分解的变体，该分解是根据直接快照和伴随快照矩阵获得的。这样就可以使用有效的特征值求解器来计算 $\mathbf{W}_c\mathbf{W}_o$ 的特征分解，而无须实际写下完整的 $n \times n$ 矩阵。但这种方法的缺点是需 333
要与输出方程数量一样多的伴随脉冲响应模拟，数量对于全状态测量可能会非常大。2005 年，Rowley[458] 通过引入前面讨论的输出映射解决了这个问题，该输出映射将伴随模拟的数量限制为数据中相关 POD 模式的数量。他还表明，可以使用乘积 $\mathcal{O}_d\mathcal{C}_d$ 的特征分解。乘积 $\mathcal{O}_d\mathcal{C}_d$ 通常较小，并且这个计算可能更准确。

20 年前在系统辨识领域已经建立了几乎等效的表示形式。1985 年，由 Juang 和 Pappa 提出的特征系统实现算法（ERA）[272] 可以获得等效的平衡模型，而无须伴随数据，从而使 ERA 可用于实验中的系统辨识。2011 年，Ma 等人在文献 [351] 中建立了 ERA 和 BPOD 之间的联系。

平衡模型约简示例

在此示例中，我们将在随机状态空间系统上（$n = 100$，100 个状态；$q = 2$，2 个输入；$p = 2$，2 个输出）演示平衡截断和平衡 POD 模型的计算。首先，在 MATLAB 中生成一个系统：

```
q = 2;   % Number of inputs
p = 2;   % Number of outputs
n = 100; % State dimension
sysFull = drss(n,p,q); % Discrete random system
```

接下来，计算 Hankel 奇异值，如图 9.3 所示。可以看到 $r = 10$ 的模式捕获了 90% 以上的输入 – 输出能量。

```
hsvs = hsvd(sysFull); % Hankel singular values
```

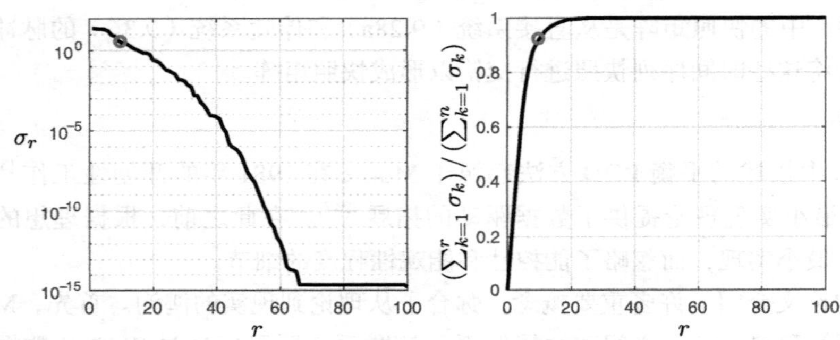

图9.3 $n = 100$，$p = 2$，$q = 2$的随机状态空间系统的Hankel奇异值（左）和累积能量（右）。前$r = 10$个HSV包含92.9%的能量

现在我们构造一个精确的平衡截断模型，其阶数为 $r = 10$：

```
%% Exact balanced truncation
sysBT = balred(sysFull,r);  % Balanced truncation
```

334 图 9.4 比较了全阶系统、平衡截断和平衡 POD 模型。BPOD 模型是使用代码 9.2 计算的。可以看出，即使保留 10% 的模式，平衡模型也可以准确地捕获主要的输入 – 输出动力学。

代码 9.2 平衡本征正交分解（BPOD）。

```
sysBPOD = BPOD(sysFull,sysAdj,r)

[yFull,t,xFull] = impulse(sysFull,0:1:(r*5)+1);
sysAdj = ss(sysFull.A',sysFull.C',sysFull.B',sysFull.D',-1);
[yAdj,t,xAdj] = impulse(sysAdj,0:1:(r*5)+1);
% Not the fastest way to compute, but illustrative
% Both xAdj and xFull are size m x n x 2
HankelOC = []; % Compute Hankel matrix H=OC
for i=2:size(xAdj,1) % Start at 2 to avoid the D matrix
    Hrow = [];
    for j=2:size(xFull,1)
        Ystar = permute(squeeze(xAdj(i,:,:)),[2 1]);
        MarkovParameter = Ystar*squeeze(xFull(j,:,:));
        Hrow = [Hrow MarkovParameter];
```

```
        end
        HankelOC = [HankelOC; Hrow];
    end
    [U,Sig,V] = svd(HankelOC);
    Xdata = [];
    Ydata = [];
    for i=2:size(xFull,1)  % Start at 2 to avoid the D matrix
        Xdata = [Xdata squeeze(xFull(i,:,:))];
        Ydata = [Ydata squeeze(xAdj(i,:,:))];
    end
    Phi = Xdata*V*Sig^(-1/2);
    Psi = Ydata*U*Sig^(-1/2);
    Ar = Psi(:,1:r)'*sysFull.a*Phi(:,1:r);
    Br = Psi(:,1:r)'*sysFull.b;
    Cr = sysFull.c*Phi(:,1:r);
    Dr = sysFull.d;
    sysBPOD = ss(Ar,Br,Cr,Dr,-1);
```

335

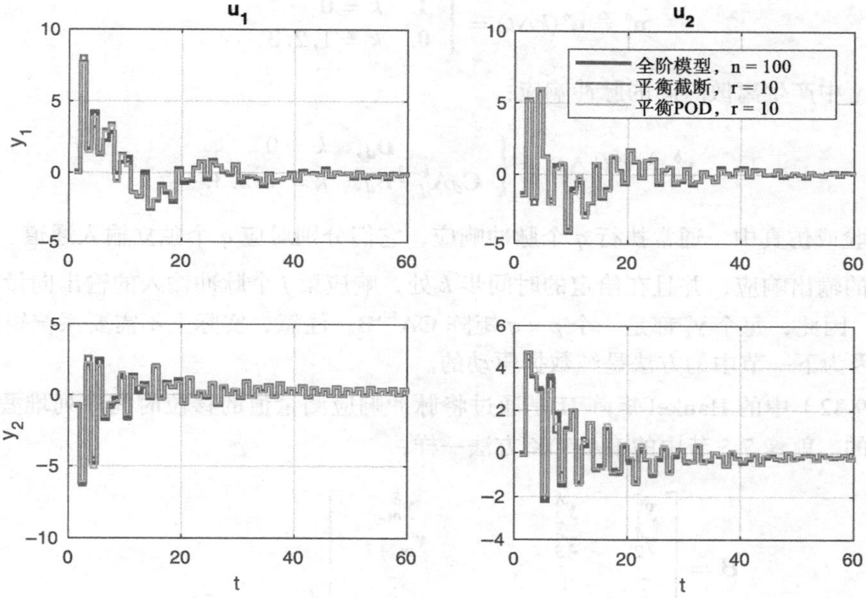

图9.4　$n = 100$，$p = 2$，$q = 2$的全状态模型的脉冲响应，以及$r = 10$的平衡截断和平衡POD模型

9.3　系统辨识

与已知系统模型（A、B、C、D）的模型约简不同，系统辨识纯粹是数据驱动的。系统辨识可以被认为是机器学习的一种形式，系统的输入输出映射是从训练数据中学习的，其学习表现形式可以拓展到不在训练集中的数据。有大量文献研究了系统辨识的方法 [271, 338]，许多方法都是基于动态回归的形式，适合基于数据的模型，例如 7.2 节的 DMD。在本节中，我们考虑特征系统实现算法（ERA）和观测器 – 卡尔曼滤波器辨识（OKID）方法，因为它们与平衡模型约简相关联 [388, 458, 351, 535]，并且已成功应用于高维系统，例如航天结构振动控制和闭环流量控制 [27, 26, 261]。ERA/OKID 过程也适用于多输入多输出（MIMO）系统。其他方法包括自回归移动平均（ARMA）模型、带有外部输入模型的自回归移动平均（ARMAX）[552,72] 模型、带有外部输入的非线性自回归移动平均（NARMAX）[59] 模型以及 7.3 节的 SINDy 方法。

特征系统实现算法

特征系统实现算法是基于 Ho 和 Kalman[247] 的“最小实现”理论提出的，该算法根据脉冲响应实验的传感器测量结果得到了低维线性输入 – 输出模型。建立现代理论来辨识各种航天器的结构模型 [272]，并由 Ma 等人证明，ERA 模型等效于 BPOD 模型⊖ [351]。但是，ERA 完全基于脉冲响应测量，不需要模型的先验知识。

我们考虑一个离散时间系统，如 8.2 节中所述：

$$\mathbf{x}_{k+1} = \mathbf{A}_d \mathbf{x}_k + \mathbf{B}_d \mathbf{u}_k \tag{9.37a}$$

$$\mathbf{y}_k = \mathbf{C}_d \mathbf{x}_k + \mathbf{D}_d \mathbf{u}_k \tag{9.37b}$$

在驱动 **u** 中输入离散时间 delta 脉冲函数：

336
$$\mathbf{u}_k^\delta \triangleq \mathbf{u}^\delta(k\Delta t) = \begin{cases} \mathbf{I}, & k=0 \\ \mathbf{0}, & k=1,2,3,\cdots \end{cases} \tag{9.38}$$

在传感器 **y** 中产生离散时间的脉冲响应：

$$\mathbf{y}_k^\delta \triangleq \mathbf{y}^\delta(k\Delta t) = \begin{cases} \mathbf{D}_d, & k=0 \\ \mathbf{C}_d\mathbf{A}_d^{k-1}\mathbf{B}_d, & k=1,2,3,\cdots \end{cases} \tag{9.39}$$

在实验或仿真中，通常执行 q 个脉冲响应，它们分别对应 q 个独立输入通道。收集每个脉冲输入的输出响应，并且在给定的时间步 k 处，响应第 j 个脉冲输入的输出向量将形成 $\mathbf{y}_k^\delta$ 的第 j 列。因此，每个 $\mathbf{y}_k^\delta$ 都是一个 $p\times q$ 矩阵 $\mathbf{C}\mathbf{A}^{k-1}\mathbf{B}$。注意，实际上不需要系统矩阵（**A**, **B**, **C**，**D**），因为下一节中的方法是纯数据驱动的。

式（9.32）中的 Hankel 矩阵 **H** 是通过将脉冲响应测量值的移位时间序列堆叠到一个矩阵中形成的，就像 7.5 节中的 HAVOK 方法一样：

$$\mathbf{H} = \begin{bmatrix} \mathbf{y}_1^\delta & \mathbf{y}_2^\delta & \cdots & \mathbf{y}_{m_c}^\delta \\ \mathbf{y}_2^\delta & \mathbf{y}_3^\delta & \cdots & \mathbf{y}_{m_c+1}^\delta \\ \vdots & \vdots & & \vdots \\ \mathbf{y}_{m_o}^\delta & \mathbf{y}_{m_o+1}^\delta & \cdots & \mathbf{y}_{m_c+m_o-1}^\delta \end{bmatrix} \tag{9.40a}$$

$$= \begin{bmatrix} \mathbf{C}_d\mathbf{B}_d & \mathbf{C}_d\mathbf{A}_d\mathbf{B}_d & \cdots & \mathbf{C}_d\mathbf{A}_d^{m_c-1}\mathbf{B}_d \\ \mathbf{C}_d\mathbf{A}_d\mathbf{B}_d & \mathbf{C}_d\mathbf{A}_d^2\mathbf{B}_d & \cdots & \mathbf{C}_d\mathbf{A}_d^{m_c}\mathbf{B}_d \\ \vdots & \vdots & & \vdots \\ \mathbf{C}_d\mathbf{A}_d^{m_o-1}\mathbf{B}_d & \mathbf{C}_d\mathbf{A}_d^{m_o}\mathbf{B}_d & \cdots & \mathbf{C}_d\mathbf{A}_d^{m_c+m_o-2}\mathbf{B}_d \end{bmatrix} \tag{9.40b}$$

可以只根据测量值 $\mathbf{y}^\delta$ 构造矩阵 **H**，而无须分别构造 $\mathcal{O}_d$ 和 $\mathcal{C}_\mathrm{d}$。因此，我们不需要使用伴随方程。

求取 Hankel 矩阵的 SVD 会在时间序列数据中产生主要的时间模式：

$$\mathbf{H} = \mathbf{U}\mathbf{\Sigma}\mathbf{V}^* = \begin{bmatrix} \tilde{\mathbf{U}} & \mathbf{U}_t \end{bmatrix} \begin{bmatrix} \tilde{\mathbf{\Sigma}} & \mathbf{0} \\ \mathbf{0} & \mathbf{\Sigma}_t \end{bmatrix} \begin{bmatrix} \tilde{\mathbf{V}}^* \\ \mathbf{V}_t^* \end{bmatrix} \approx \tilde{\mathbf{U}}\tilde{\mathbf{\Sigma}}\tilde{\mathbf{V}}^* \tag{9.41}$$

⊖ 对于高维系统，在数据量足够大的情况下，BPOD 和 ERA 模型都能够平衡经验 Gramian 矩阵和近似平衡截断 [388]。

$\boldsymbol{\Sigma}_t$ 中的小奇异值被截断，并且仅保留 $\tilde{\boldsymbol{\Sigma}}$ 中的前 r 个奇异值。$\tilde{\mathbf{U}}$ 和 $\tilde{\mathbf{V}}$ 的列是特征时间延迟坐标。

到目前为止，ERA 算法与 9.2 节的 BPOD 过程非常相似。但是，我们不需要直接访问 $\mathcal{O}_d$ 和 $\mathcal{C}_d$ 或系统（$\mathbf{A}$，$\mathbf{B}$，$\mathbf{C}$，$\mathbf{D}$）来构造直接和伴随的平衡变换。取而代之的是，通过脉冲响应实验中的传感器测量，还可以构建第二个移位的 Hankel 矩阵 $\mathbf{H}'$：

$$\mathbf{H}' = \begin{bmatrix} \mathbf{y}_2 & \mathbf{y}_3^\delta & \cdots & \mathbf{y}_{m_c+1}^\delta \\ \mathbf{y}_3^\delta & \mathbf{y}_4^\delta & \cdots & \mathbf{y}_{m_c+2}^\delta \\ \vdots & \vdots & & \vdots \\ \mathbf{y}_{m_o+1}^\delta & \mathbf{y}_{m_o+2}^\delta & \cdots & \mathbf{y}_{m_c+m_o}^\delta \end{bmatrix} \tag{9.42a}$$ 337

$$= \begin{bmatrix} \mathbf{C}_d\mathbf{A}_d\mathbf{B}_d & \mathbf{C}_d\mathbf{A}_d^2\mathbf{B}_d & \cdots & \mathbf{C}_d\mathbf{A}_d^{m_c}\mathbf{B}_d \\ \mathbf{C}_d\mathbf{A}_d^2\mathbf{B}_d & \mathbf{C}_d\mathbf{A}_d^3\mathbf{B}_d & \cdots & \mathbf{C}_d\mathbf{A}_d^{m_c+1}\mathbf{B}_d \\ \vdots & \vdots & & \vdots \\ \mathbf{C}_d\mathbf{A}_d^{m_o}\mathbf{B}_d & \mathbf{C}_d\mathbf{A}_d^{m_o+1}\mathbf{B}_d & \cdots & \mathbf{C}_d\mathbf{A}_d^{m_c+m_o-1}\mathbf{B}_d \end{bmatrix} = \mathcal{O}_d\mathbf{A}\mathcal{C}_d \tag{9.42b}$$

基于矩阵 $\mathbf{H}$ 和 $\mathbf{H}'$，我们可以构造一个降阶模型，如下所示：

$$\tilde{\mathbf{A}} = \tilde{\boldsymbol{\Sigma}}^{-1/2}\tilde{\mathbf{U}}^*\mathbf{H}'\tilde{\mathbf{V}}\tilde{\boldsymbol{\Sigma}}^{-1/2} \tag{9.43a}$$

$$\tilde{\mathbf{B}} = \tilde{\boldsymbol{\Sigma}}^{1/2}\tilde{\mathbf{V}}^*\begin{bmatrix}\mathbf{I}_p & \mathbf{0}\\ \mathbf{0} & \mathbf{0}\end{bmatrix} \tag{9.43b}$$

$$\tilde{\mathbf{C}} = \begin{bmatrix}\mathbf{I}_q & \mathbf{0}\\ \mathbf{0} & \mathbf{0}\end{bmatrix}\tilde{\mathbf{U}}\tilde{\boldsymbol{\Sigma}}^{1/2} \tag{9.43c}$$

其中，$\mathbf{I}_p$ 是 $p\times p$ 维的单位矩阵，它提取了前 p 列；$\mathbf{I}_q$ 是 $q\times q$ 维的单位矩阵，它提取了前 q 行。因此，我们用具有低维状态 $\tilde{\mathbf{x}}\in\mathbb{R}^r$ 的化简系统表示输入输出动力学：

$$\tilde{\mathbf{x}}_{k+1} = \tilde{\mathbf{A}}\tilde{\mathbf{x}}_k + \tilde{\mathbf{B}}\mathbf{u} \tag{9.44a}$$

$$\mathbf{y} = \tilde{\mathbf{C}}\tilde{\mathbf{x}}_k \tag{9.44b}$$

$\mathbf{H}$ 和 $\mathbf{H}'$ 是根据脉冲响应仿真 / 实验构成的，它们不需要像其他平衡模型约简技术那样存储直接或伴随快照。但是，如果可以获得全状态快照，例如通过在仿真或 PIV 实验中收集速度场，则可以构造直接模式。这些全状态快照形成 $\mathcal{C}_d$，模式可构造如下：

$$\boldsymbol{\Psi} = \mathcal{C}_d\tilde{\mathbf{V}}\tilde{\boldsymbol{\Sigma}}^{-1/2} \tag{9.45}$$

然后可以从式（9.44）的低维模型中利用这些模式来近似高维系统的全状态：

$$\mathbf{x} \approx \boldsymbol{\Psi}\tilde{\mathbf{x}} \tag{9.46}$$

如果构造 Hankel 矩阵 $\mathbf{H}$ 时收集到足够的数据，则 ERA 可以平衡经验能控和能观 Gramian，即 $\mathcal{O}_d\mathcal{O}_d^*$ 和 $\mathcal{C}_d\mathcal{C}_d^*$。但是，如果收集的数据较少，那么轻微阻尼的瞬态就没有时间衰减，此时 ERA 只能近似平衡系统。相反，可以只收集足够的数据使得 Hankel 矩阵 $\mathbf{H}$ 达到数值满秩（使余下的奇异值低于阈值范围），并计算 ERA 模型。所得的 ERA 模型通常具有相对较低的阶数，其值由能控和能观子空间的数值秩给出。然后如文献 [533] 和 [346] 所指出的，可以将精确的平衡截断应用到这个小模型上。 338

代码 9.3 中提供了用于计算 ERA 的代码。

代码 9.3　特征系统实现算法。

```
function [Ar,Br,Cr,Dr,HSVs] = ERA(YY,m,n,nin,nout,r)
 for i=1:nout
     for j=1:nin
         Dr(i,j) = YY(i,j,1);
         Y(i,j,:) = YY(i,j,2:end);
     end
 end

% Yss = Y(1,1,end);
% Y = Y-Yss;
% Y(i,j,k)::
% i refers to i-th output
% j refers to j-th input
% k refers to k-th timestep

% nin,nout number of inputs and outputs
% m,n dimensions of Hankel matrix
% r, dimensions of reduced model

assert(length(Y(:,1,1))==nout);
assert(length(Y(1,:,1))==nin);
assert(length(Y(1,1,:))>=m+n);

for i=1:m
    for j=1:n
        for Q=1:nout
            for P=1:nin
                H(nout*i-nout+Q,nin*j-nin+P) = Y(Q,P,i+j-1);
                H2(nout*i-nout+Q,nin*j-nin+P) = Y(Q,P,i+j);
            end
        end
    end
end

[U,S,V] = svd(H,'econ');
Sigma = S(1:r,1:r);
Ur = U(:,1:r);
Vr = V(:,1:r);
Ar = Sigma^(-.5)*Ur'*H2*Vr*Sigma^(-.5);
Br = Sigma^(-.5)*Ur'*H(:,1:nin);
Cr = H(1:nout,:)*Vr*Sigma^(-.5);
HSVs = diag(S);
```

观测器 Kalman 滤波器辨识

观测器 Kalman 滤波器辨识（OKID）是为了补充带有噪声的轻度阻尼实验系统的 ERA 而开发的[273]，如图 9.5 所示。在实际中，进行孤立脉冲响应实验是一个挑战，测量噪声的影响可能会污染结果。此外，如果时间尺度有很大的分离，那么必须收集大量的数据才能使用 ERA。本节提出了从任意输入输出数据逼近脉冲响应的一般问题。通常，人们会根据以
339 下一般程序识别降阶模型：

（1）收集响应伪随机输入的输出。

（2）该信息通过 OKID 算法传递以获得降噪的线性脉冲响应。

（3）脉冲响应通过 ERA 以获得降阶状态空间系统。

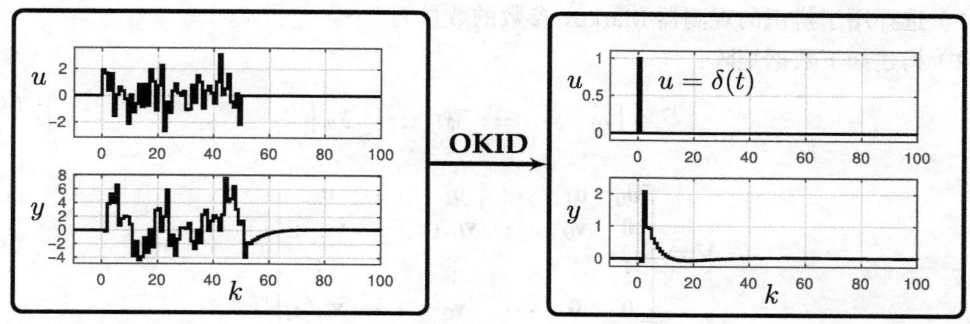

图9.5　OKID过程示意图。OKID的输出是脉冲响应，借助于ERA可用于系统辨识

对于零初始条件 $\mathbf{x}_o = \mathbf{0}$ 下的一般输入信号 $\mathbf{u}_k$，其输出响应 $\mathbf{y}_k$ 为：

$$\mathbf{y}_0 = \mathbf{D}_d\mathbf{u}_0 \tag{9.47a}$$

$$\mathbf{y}_1 = \mathbf{C}_d\mathbf{B}_d\mathbf{u}_0 + \mathbf{D}_d\mathbf{u}_1 \tag{9.47b}$$

$$\mathbf{y}_2 = \mathbf{C}_d\mathbf{A}_d\mathbf{B}_d\mathbf{u}_0 + \mathbf{C}_d\mathbf{B}_d\mathbf{u}_1 + \mathbf{D}_d\mathbf{u}_2 \tag{9.47c}$$

$$\cdots$$

$$\mathbf{y}_k = \mathbf{C}_d\mathbf{A}_d^{k-1}\mathbf{B}_d\mathbf{u}_0 + \mathbf{C}_d\mathbf{A}_d^{k-2}\mathbf{B}_d\mathbf{u}_1 + \cdots + \mathbf{C}_d\mathbf{B}_d\mathbf{u}_{k-1} + \mathbf{D}_d\mathbf{u}_k \tag{9.47d}$$

注意，由于零初始条件 $\mathbf{x}_o = \mathbf{0}$，因此在 $\mathbf{y}_o$ 的表达式中没有 **C** 项。测量值 $\mathbf{y}_k$ 可以进一步简化，并用脉冲响应测量值 $\mathbf{y}_k^\delta$ 表示：

$$\underbrace{\begin{bmatrix}\mathbf{y}_0 & \mathbf{y}_1 & \cdots & \mathbf{y}_m\end{bmatrix}}_{\mathcal{S}} = \underbrace{\begin{bmatrix}\mathbf{y}_0^\delta & \mathbf{y}_1^\delta & \cdots & \mathbf{y}_m^\delta\end{bmatrix}}_{\mathcal{S}^\delta} \underbrace{\begin{bmatrix}\mathbf{u}_0 & \mathbf{u}_1 & \cdots & \mathbf{u}_m \\ \mathbf{0} & \mathbf{u}_0 & \cdots & \mathbf{u}_{m-1} \\ \vdots & \vdots & \ddots & \vdots \\ \mathbf{0} & \mathbf{0} & \cdots & \mathbf{u}_0\end{bmatrix}}_{\mathcal{B}} \tag{9.48}$$

通常可以对控制输入矩阵 $\mathcal{B}$ 求逆，以求解 Markov 参数 $\mathcal{S}^\delta$。但是，$\mathcal{B}$ 可能是不可逆的，也可能在一定条件下是可逆的。另外，对于微阻尼系统，$\mathcal{B}$ 很大，因此在计算上求逆很困难。最后，通过简单地将 $\mathcal{B}$ 求逆来求解 Markov 参数，是不能对噪声进行最优滤波的。

OKID 方法可解决上述每个问题。与原来的离散时间系统不同，我们现在引入一个最优观测器系统：

$$\hat{\mathbf{x}}_{k+1} = \mathbf{A}_d\hat{\mathbf{x}}_k + \mathbf{K}_f\left(\mathbf{y}_k - \hat{\mathbf{y}}_k\right) + \mathbf{B}_d\mathbf{u}_k \tag{9.49a}$$

$$\hat{\mathbf{y}}_k = \mathbf{C}_d\hat{\mathbf{x}}_k + \mathbf{D}_d\mathbf{u}_k \tag{9.49b}$$ 340

上述系统可以被重写为：

$$\hat{\mathbf{x}}_{k+1} = \underbrace{(\mathbf{A}_d - \mathbf{K}_f\mathbf{C}_d)}_{\bar{\mathbf{A}}_d}\hat{\mathbf{x}}_k + \underbrace{\begin{bmatrix}\mathbf{B}_d - \mathbf{K}_f\mathbf{D}_d, & \mathbf{K}_f\end{bmatrix}}_{\bar{\mathbf{B}}_d}\begin{bmatrix}\mathbf{u}_k \\ \mathbf{y}_k\end{bmatrix} \tag{9.50}$$

如果系统是能观的，则可以将 $\mathbf{A}_d - \mathbf{K}_f\mathbf{C}_d$ 的极点配置在我们想要的任何位置。然而，根据测量中的噪声量、过程噪声的大小以及模型中的不确定性，Kalman 滤波器会给出最优极点位置（参见 8.5 节）。现在可以根据如下算法 [273]，基于测量的输入和输出来求解式（9.50）中系统的观测器 Markov 参数 $\bar{\mathcal{S}}^\delta$：

（1）选择用于辨识的观测器 Markov 参数的数量 l。

（2）构建如下数据矩阵：

$$\mathcal{S} = \begin{bmatrix} \mathbf{y}_0 & \mathbf{y}_1 & \cdots & \mathbf{y}_l & \cdots & \mathbf{y}_m \end{bmatrix} \tag{9.51}$$

$$\mathcal{V} = \begin{bmatrix} \mathbf{u}_0 & \mathbf{u}_1 & \cdots & \mathbf{u}_l & \cdots & \mathbf{u}_m \\ \mathbf{0} & \mathbf{v}_0 & \cdots & \mathbf{v}_{l-1} & \cdots & \mathbf{v}_{m-1} \\ \vdots & \vdots & & \vdots & & \vdots \\ \mathbf{0} & \mathbf{0} & \cdots & \mathbf{v}_0 & \cdots & \mathbf{v}_{m-l} \end{bmatrix} \tag{9.52}$$

其中 $\mathbf{v}_i = \begin{bmatrix} \mathbf{u}_i^T & \mathbf{y}_i^T \end{bmatrix}^T$。

矩阵 $\mathcal{V}$ 类似于 $\mathcal{B}$，只不过它是用输出 $\mathbf{y}_i$ 来扩充的。通过这种方式，我们正在研究一个包括 Kalman 滤波器的扩展系统。现在，我们使用等式 $\mathcal{S} = \bar{\mathcal{S}}^\delta \mathcal{V}$ 来辨识扩展系统的观测器 Markov 参数 $\bar{\mathcal{S}}^\delta$。可以从数据中辨识出这些观测器 Markov 参数，然后提取原始系统的脉冲响应（Markov 参数）。

（3）使用 $\mathcal{V}$ 的右伪逆（即 SVD）计算 $\mathcal{S} = \bar{\mathcal{S}}^\delta \mathcal{V}$ 求解 $\bar{\mathcal{S}}^\delta$，进而辨识观测器 Markov 参数矩阵 $\bar{\mathcal{S}}^\delta$。

（4）从观测器 Markov 参数 $\bar{\mathcal{S}}^\delta$ 中恢复系统 Markov 参数 $\mathcal{S}^\delta$：

1）将观测器 Markov 参数 $\bar{\mathcal{S}}^\delta$ 排序如下：

$$\bar{\mathcal{S}}_0^\delta = \mathbf{D} \tag{9.53}$$

$$\bar{\mathcal{S}}_k^\delta = \begin{bmatrix} (\bar{\mathcal{S}}^\delta)_k^{(1)} & (\bar{\mathcal{S}}^\delta)_k^{(2)} \end{bmatrix}, k \geqslant 1 \tag{9.54}$$

其中，$(\bar{\mathcal{S}}^\delta)_k^{(1)} \in \mathbb{R}^{q \times p}$，$(\bar{\mathcal{S}}^\delta)_k^{(2)} \in \mathbb{R}^{q \times q}$，$\mathbf{y}_0^\delta = \bar{\mathcal{S}}_0^\delta = \mathbf{D}$。

2）重构系统 Markov 参数：

$$\mathbf{y}_k^\delta = (\bar{\mathcal{S}}^\delta)_k^{(1)} + \sum_{i=1}^{k} (\bar{\mathcal{S}}^\delta)_i^{(2)} \mathbf{y}_{k-i}^\delta, k \geqslant 1 \tag{9.55}$$

因此，OKID 方法可以辨识由渐近稳定 Kalman 滤波器组成的增广系统的 Markov 参数。根据式（9.55），系统的 Markov 参数是从观测器 Markov 参数中提取的，这些系统的 Markov 参数近似于系统的脉冲响应，可以直接用作 ERA 算法的输入。代码 9.4 中提供了用于计算
341 OKID 的代码。

代码 9.4　观测器 Kalman 滤波器辨识（OKID）。

```
function H = OKID(y,u,r)
% Inputs: y (sampled output), u (sampled input), r (order)
% Output: H (Markov parameters)

% Step 0, check shapes of y,u
p = size(y,1);   % p is the number of outputs
m = size(y,2);   % m is the number of output samples
q = size(u,1);   % q is the number of inputs

% Step 1, choose impulse length l (5 times system order r)
l = r*5;

% Step 2, form y, V, solve for observer Markov params, Ybar
```

```
V = zeros(q + (q+p)*l,m);
for i=1:m
    V(1:q,i) = u(1:q,i);
end
for i=2:l+1
    for j=1:m+1-i
        vtemp = [u(:,j);y(:,j)];
        V(q+(i-2)*(q+p)+1:q+(i-1)*(q+p),i+j-1) = vtemp;
    end
end
Ybar = y*pinv(V,1.e-3);

% Step 3, isolate system Markov parameters H
D = Ybar(:,1:q);  % Feed-through term (D) is first term
for i=1:l
    Ybar1(1:p,1:q,i) = Ybar(:,q+1+(q+p)*(i-1):q+(q+p)*(i-1)+q);
    Ybar2(1:p,1:q,i) = Ybar(:,q+1+(q+p)*(i-1)+q:q+(q+p)*i);
end
Y(:,:,1) = Ybar1(:,:,1) + Ybar2(:,:,1)*D;
for k=2:l
    Y(:,:,k) = Ybar1(:,:,k) + Ybar2(:,:,k)*D;
    for i=1:k-1
        Y(:,:,k) = Y(:,:,k) + Ybar2(:,:,i)*Y(:,:,k-i);
    end
end

H(:,:,1) = D;
for k=2:l+1
    H(:,:,k) = Y(:,:,k-1);
end
```

ERA/OKID 已广泛应用于各种系统辨识任务，包括辨识气动弹性结构和流体动力学系统的模型。ERA/OKID 方法有许多扩展，例如已经扩展到线性参数变化（LPV）系统和关于极限环线性化的系统。

ERA 和 OKID 的结合

在此，我们在同一个模型系统（来自 9.2 节）上演示 ERA 和 OKID。由于 ERA 得到的平衡模型与 BPOD 相同，因此约简系统的响应应该相同。

首先，计算整个系统的脉冲响应，并将其用作 ERA 的输入。 342

```
%% Obtain impulse response of full system
[yFull,t] = impulse(sysFull,0:1:(r*5)+1);
YY = permute(yFull,[2 3 1]); % Reorder to be size p x q x m
                              % (default is m x p x q)

%% Compute ERA from impulse response
mco = floor((length(yFull)-1)/2);  % m_c = m_o = (m-1)/2
[Ar,Br,Cr,Dr,HSVs] = ERA(YY,mco,mco,numInputs,numOutputs,r);
sysERA = ss(Ar,Br,Cr,Dr,-1);
```

接下来，如果没有脉冲响应，则可以使用随机输入信号来激励系统，并使用 OKID 提取脉冲响应。然后，ERA 使用此脉冲响应来提取模型。

```
%% Compute random input simulation for OKID
uRandom = randn(numInputs,200);  % Random forcing input
yRandom = lsim(sysFull,uRandom,1:200)'; % Output

%% Compute OKID and then ERA
H = OKID(yRandom,uRandom,r);
mco = floor((length(H)-1)/2);  % m_c = m_o
[Ar,Br,Cr,Dr,HSVs] = ERA(H,mco,mco,numInputs,numOutputs,r);
sysERAOKID = ss(Ar,Br,Cr,Dr,-1);
```

图 9.6 显示了 OKID 用于近似脉冲响应的输入 – 输出数据。由此产生的系统脉冲响应计算如下：

```
[y1,t1] = impulse(sysFull,0:1:200);
[y2,t2] = impulse(sysERA,0:1:100);
[y3,t3] = impulse(sysERAOKID,0:1:100);
```

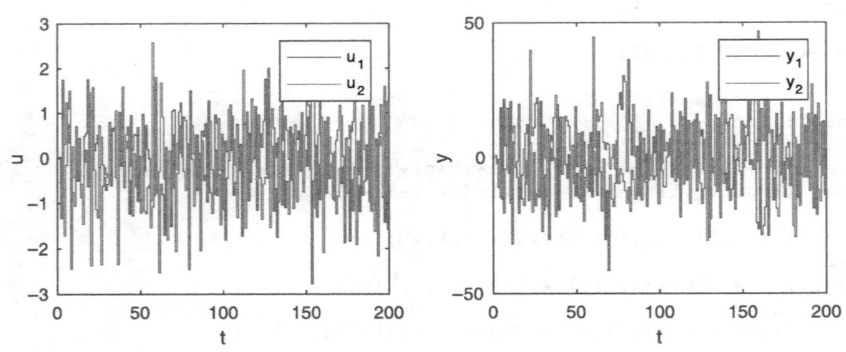

图9.6　OKID使用的输入输出数据

最后，系统响应如图 9.7 所示。低阶 ERA 和 ERA/OKID 模型与完整模型非常匹配，并且具有与 BPOD 模型相似的性能。因为 ERA 和 BPOD 在数学上是等效的，所以这种一致性不足为奇。然而，由图 9.6 可见，ERA/OKID 从随机输入数据中提取降阶模型的能力非常出色。而且，与 BPOD 不同，这些方法很容易应用于实验测量，因为它们不需要任何非物理的伴随方程。343

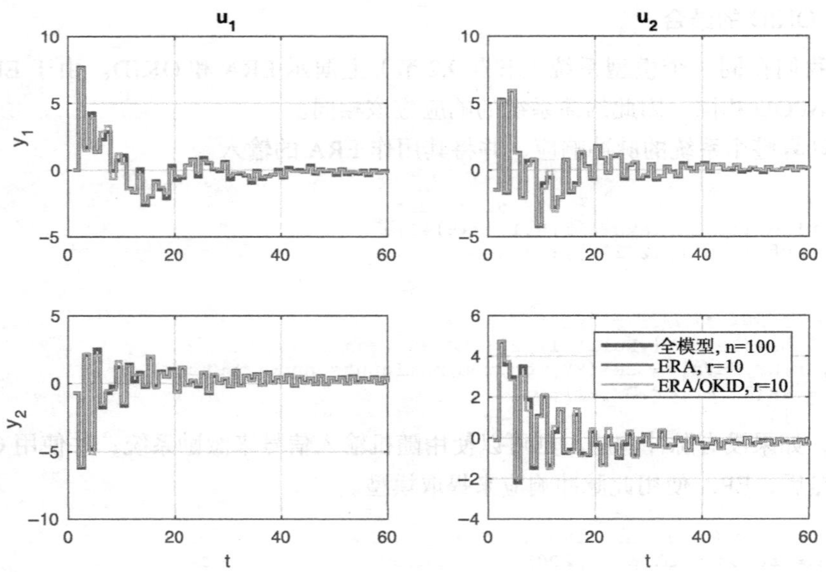

图9.7　$n = 100$，$p = 2$，$q = 2$的全状态模型的脉冲响应以及$r = 10$的ERA和ERA/OKID模型

推荐阅读

论文和综述

(1) **Principal component analysis in linear systems: Controllability, observability, and model reduction**, by B. C. Moore, *IEEE Transactions on Automatic Control*, 1981 [388].

(2) **Identification of linear parameter varying models**, by B. Bamieh and L. Giarré, *International Journal of Robust and Nonlinear Control*, 2002 [34].

(3) **Balanced model reduction via the proper orthogonal decomposition**, by K. Willcox and J. Peraire, *AIAA Journal*, 2002 [554].

(4) **Model reduction for fluids using balanced proper orthogonal decomposition**, by C. W. Rowley, *International Journal of Bifurcations and Chaos*, 2005 [458].

(5) **An eigensystem realization algorithm for modal parameter identification and model reduction**, by J. N. Juang and R. S. Pappa, *Journal of Guidance, Control, and Dynamics*, 1985 [272]. 344

第10章 数据驱动控制

如第 8 章所述，控制设计通常始于被控制系统的模型，但也有一些例外，如无模型自适应控制策略和 PID 控制的诸多应用。对于中等维度的机械系统，可以写出模型（例如，基于牛顿、拉格朗日或哈密顿形式）并线性化关于不动点或周期轨道的动力学。然而，对于一些备受关注的现代系统，如在神经科学、湍流、流行病学、气候和金融学中所发现的系统，通常没有适合于控制设计的简单模型。第 9 章描述了从数据中获得高维系统的面向控制的降阶模型的技术，但这些方法仅限于线性系统。现实世界的系统通常是非线性的，控制目标不容易通过线性方法实现。非线性控制仍然可以作为具有多个局部极小值的高维非凸代价函数的优化问题。机器学习是互补的，因为它构成了一组不断增长的技术，该技术可以被认为在高维数据空间中进行非线性优化。在本章中，我们将介绍一些利用机器学习来表征和控制强非线性、高维和多尺度系统的新兴技术，这些技术充分利用了日益增加的可获取的高质量测量数据。

广义地说，机器学习技术可用于：1）描述一个系统，以便以后与基于模型的控制一起使用；2）直接描述一个控制律，以便与系统进行有效的交互作用。图 10.1 对此进行了示意性说明，其中数据驱动技术可应用于系统模块或控制器模块。此外，如 3.8 节所述，相关方法也可用于识别良好的传感器和执行器。本章 10.1 节将根据第 7 章中的方法，探讨如何使用机器学习辨识用于控制的非线性输入 – 输出控制模型。在 10.2 节中，我们将探讨从输入输出数据中直接辨识控制器的机器学习技术。这是一个快速发展的领域，有许多强大的方法，如强化学习、迭代学习控制和遗传算法。在这里，我们对这些方法进行了高度概括，然后使用遗传算法探索了一个示例。然而，重要的是要强调该领域的广度和深度，以及任何一种方法都可以成为整本书的主题这一事实。最后，在 10.3 节中，我们描述了自适应极值搜
345 索控制策略，该策略根据系统对扰动的响应来优化控制信号。

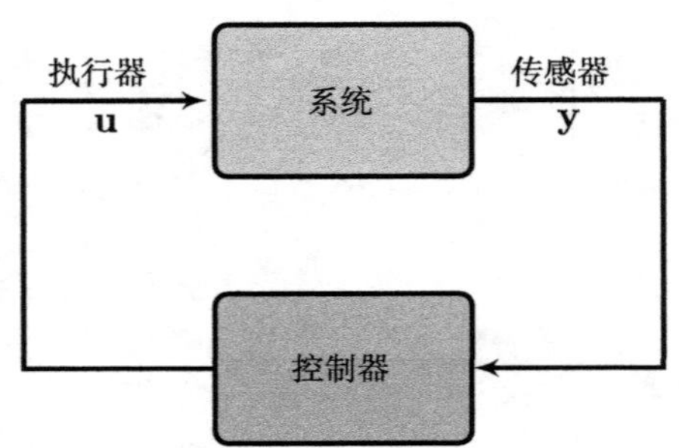

图10.1 在第8章的标准控制框架中，可以使用机器学习：1）建立系统模型；2）学习一个控制器

10.1　非线性系统辨识的控制

在大数据、机器学习和优化的先进算法以及现代计算硬件的推动下，复杂系统的数据驱动建模与控制正在经历一场革命。尽管无方程和自适应控制方法的使用越来越多，但仍然有大量强大的基于模型的控制技术，如线性最优控制（参见第 8 章）和模型预测控制（MPC）[195, 107]。这些基于模型的控制策略越来越多地受到数据驱动技术的辅助，这些技术仅通过测量即可描述目标系统的输入输出动态，而无须依赖第一原理建模。广义上讲，这就是所谓的系统辨识，它在控制理论中有着悠久而丰富的历史，可以追溯到几十年前的 Kalman 时代。然而，随着数据驱动技术（如第 7 章所述）的日益强大，非线性系统辨识成为人们重新关注的焦点。

系统辨识的目标是从驱动 $\mathbf{u}$ 到测量 $\mathbf{y}$ 辨识出一个输入 – 输出动力学的低阶模型。如果我们能够测量系统的全部状态 $\mathbf{x}$，那么该目标简化为辨识满足如下形式的动力学 $\mathbf{f}$：

$$\frac{\mathrm{d}}{\mathrm{d}t}\mathbf{x} = \mathbf{f}(\mathbf{x}, \mathbf{u}) \tag{10.1}$$

这个问题可以用离散时间来表述，因为数据通常是在离散时间点上收集的，并且控制律通常是数字方式实现的。在这种情况下，动力学为：

$$\mathbf{x}_{k+1} = \mathbf{F}(\mathbf{x}_k, \mathbf{u}_k) \tag{10.2}$$

当动力学近似线性时，我们可以辨识一个线性系统：

$$\mathbf{x}_{k+1} = \mathbf{A}\mathbf{x}_k + \mathbf{B}\mathbf{u}_k \tag{10.3}$$

这就是下面的带控制的 DMD（DMDc）算法中采用的方法。

确定一组测量值 $\mathbf{y} = \mathbf{g}(\mathbf{x})$ 也可能是有利的，其中非受迫非线性动力学表现为线性：

$$\mathbf{y}_{k+1} = \mathbf{A}_{\mathbf{Y}}\mathbf{y}_k \tag{10.4}$$ 346

这就是下面 Koopman 控制方法中采用的方法。这样，非线性动力学可以用标准教科书中的线性控制理论在固有坐标 $\mathbf{y}$ 下进行估计和控制 [302, 276]。

最后，利用带控制算法的 SINDY 可以直接辨识式（10.1）或式（10.2）中的非线性动力学。所得模型可与模型预测控制一起用于完全非线性系统的控制 [277]。

带控制的 DMD

Proctor 等人 [434] 将 DMD 算法扩展到包含驱动和控制作用的 DMD 控制算法中，即所谓的带控制的 DMD（DMDc）算法。有人指出，单纯地将 DMD 应用于驱动系统的数据往往会导致不正确的动力学，因为内部动力学的影响与驱动的影响相混淆。DMDc 最初的动机是描述和控制疾病传播问题，在这种情况下，为了获得非受迫动力学的特征而停止干预努力（如接种疫苗）是不合理的 [435]。相反，如果测量了驱动信号，则可以制定新的 DMD 回归公式，以消除内部动力学与驱动和控制影响之间的歧义。随后，Bai 等人将此方法扩展到对下采样或压缩测量执行 DMDc[30]。

DMDC 方法试图辨识最佳拟合线性算子 $\mathbf{A}$ 和 $\mathbf{B}$，其近似满足下列测量数据的动力学：

$$\mathbf{x}_{k+1} \approx \mathbf{A}\mathbf{x}_k + \mathbf{B}\mathbf{u}_k \tag{10.5}$$

除了式（7.23）中的快照矩阵 $\mathbf{X} = [\mathbf{x}_1\ \ \mathbf{x}_2\ \ \cdots\ \ \mathbf{x}_m]$ 和时移快照矩阵 $\mathbf{X}' = [\mathbf{x}_2\ \ \mathbf{x}_3\ \ \cdots\ \ \mathbf{x}_{m+1}]$ 之外，还组建了如下驱动输入历史矩阵：

$$\mathbf{\Upsilon}=\begin{bmatrix} | & | & & | \\ \mathbf{u}_1 & \mathbf{u}_2 & \cdots & \mathbf{u}_m \\ | & | & & | \end{bmatrix} \tag{10.6}$$

式（10.5）中的动力学可以用数据矩阵来表示：

$$\mathbf{X}'\approx\mathbf{AX}+\mathbf{B\Upsilon} \tag{10.7}$$

与 DMD 算法（参见 7.2 节）一样，通过降维和回归获得最佳拟合线性算子 $\mathbf{A}$ 的前导特征值和特征向量。如果驱动矩阵 $\mathbf{B}$ 是已知的，则在 DMD 算法中，通过将 $\mathbf{X}'$ 替换为$\mathbf{X}'-\mathbf{B\Upsilon}$ 可以很容易地校正驱动信号并辨识 $\mathbf{A}$ 的谱分解：

$$\left(\mathbf{X}'-\mathbf{B\Upsilon}\right)\approx\mathbf{AX} \tag{10.8}$$

当 $\mathbf{B}$ 未知时，必须同时辨识 $\mathbf{A}$ 和 $\mathbf{B}$。在这种情况下，式（10.7）中的动力学可以重写为：

347

$$\mathbf{X}'\approx\begin{bmatrix}\mathbf{A} & \mathbf{B}\end{bmatrix}\begin{bmatrix}\mathbf{X}\\ \mathbf{\Upsilon}\end{bmatrix}=\mathbf{G\Omega} \tag{10.9}$$

矩阵 $\mathbf{G}=\begin{bmatrix}\mathbf{A}\ \mathbf{B}\end{bmatrix}$ 通过最小二乘回归得到：

$$\mathbf{G}\approx\mathbf{X}'\mathbf{\Omega}^{\dagger} \tag{10.10}$$

矩阵 $\mathbf{\Omega}=\begin{bmatrix}\mathbf{X}^* & \mathbf{\Upsilon}^*\end{bmatrix}^*$ 通常是一个高维数据矩阵，可以用奇异值分解 SVD 近似：

$$\mathbf{\Omega}=\tilde{\mathbf{U}}\tilde{\mathbf{\Sigma}}\tilde{\mathbf{V}}^* \tag{10.11}$$

矩阵 $\tilde{\mathbf{U}}$ 必须分成两个矩阵，$\tilde{\mathbf{U}}=\begin{bmatrix}\tilde{\mathbf{U}}_1^* & \tilde{\mathbf{U}}_2^*\end{bmatrix}^*$，以提供 $\mathbf{X}$ 和 $\mathbf{\Upsilon}$ 的基。与 DMD 算法不同，$\tilde{\mathbf{U}}$ 为输入空间提供了一个约简的基，而 $\hat{\mathbf{U}}$ 来自：

$$\mathbf{X}'=\hat{\mathbf{U}}\hat{\mathbf{\Sigma}}\hat{\mathbf{V}}^* \tag{10.12}$$

它定义了一个输出空间的约简基。然后可以通过投影到此基上来近似 $\mathbf{G}=\begin{bmatrix}\mathbf{A}\ \mathbf{B}\end{bmatrix}$：

$$\tilde{\mathbf{G}}=\hat{\mathbf{U}}^*\mathbf{G}\begin{bmatrix}\hat{\mathbf{U}}\\ \mathbf{I}\end{bmatrix} \tag{10.13}$$

$\tilde{\mathbf{G}}$ 中生成的投影矩阵 $\tilde{\mathbf{A}}$ 和 $\tilde{\mathbf{B}}$ 为：

$$\tilde{\mathbf{A}}=\hat{\mathbf{U}}^*\mathbf{A}\hat{\mathbf{U}}=\hat{\mathbf{U}}^*\mathbf{X}'\tilde{\mathbf{V}}\tilde{\mathbf{\Sigma}}^{-1}\tilde{\mathbf{U}}_1^*\hat{\mathbf{U}} \tag{10.14a}$$

$$\tilde{\mathbf{B}}=\hat{\mathbf{U}}^*\mathbf{B}\quad=\hat{\mathbf{U}}^*\mathbf{X}'\tilde{\mathbf{V}}\tilde{\mathbf{\Sigma}}^{-1}\tilde{\mathbf{U}}_2^* \tag{10.14b}$$

更重要的是，可以从特征分解 $\tilde{\mathbf{A}}\mathbf{W}=\mathbf{W\Lambda}$ 中恢复 DMD 特征向量 $\mathbf{\Phi}$：

$$\mathbf{\Phi}=\mathbf{X}'\tilde{\mathbf{V}}\tilde{\mathbf{\Sigma}}^{-1}\tilde{\mathbf{U}}_1^*\hat{\mathbf{U}}\mathbf{W} \tag{10.15}$$

闭环系统辨识的歧义

对于通过反馈进行主动控制的系统，其中 $\mathbf{u}=\mathbf{Kx}$：

$$\mathbf{x}_{k+1}=\mathbf{Ax}_k+\mathbf{Bu}_k \tag{10.16a}$$

$$=\mathbf{Ax}_k+\mathbf{BKx}_k \tag{10.16b}$$

$$=(\mathbf{A}+\mathbf{BK})\mathbf{x}_k \tag{10.16c}$$

消除动力学 $\mathbf{A}$ 和驱动 $\mathbf{BK}$ 的歧义是不可能的。在这种情况下，向驱动信号 $\mathbf{u}$ 添加扰动以提供附加信息是很重要的。这些扰动可能是白噪声过程，也可能是为系统提供激励的偶然脉冲，提供一个信号消除来自反馈信号的动力学歧义。

Koopman 算子非线性控制

对于非线性系统，辨识数据驱动的坐标变换可能是有利的，这使得动力学表现为线性。这些坐标变换与 Koopman 算子的特征函数定义的固有坐标有关（参见 7.4 节）。因此，Koopman 分析被用于非线性估计 [504, 505] 和控制 [302, 276, 423]。 348

直接根据 DMD 或 eDMD 的模型设计估计器和控制器是可能的，Korda 等人 [302] 使用模型预测控制（MPC）来控制具有 eDMD 模型的非线性系统。MPC 的性能对于 DMD 模型来说也格外好，如 Kaiser 等人所示 [277]。此外，Peitz 等人 [423] 展示了使用 MPC 在少量驱动值之间切换控制，以跟踪非稳态流体流动中的升力参考值。对于每一个恒定驱动值，都需要一个单独的 eDMD 模型。Surana[504] 和 Surana 及 Banaszuk[505] 展示了基于 Koopman Kalman 滤波器的优良非线性估计器。然而，如前所述，由于寻找 Koopman 不变子空间的闭包问题，eDMD 模型可能包含许多伪特征值和特征向量。相反，辨识一些相关的 Koopman 特征函数并直接在这些坐标中执行控制可能是有利的 [276]。

在 7.5 节中，我们描述了几种策略来近似 Koopman 特征函数 $\varphi(\mathbf{x})$，其中动力学为线性：

$$\frac{\mathrm{d}}{\mathrm{d}t}\varphi(\mathbf{x}) = \lambda\varphi(\mathbf{x}) \tag{10.17}$$

文献 [276] 中，Kaiser 等人将 Koopman 特征函数方程拓展到控制 – 仿射非线性系统：

$$\frac{\mathrm{d}}{\mathrm{d}t}\mathbf{x} = \mathbf{f}(\mathbf{x}) + \mathbf{B}\mathbf{u} \tag{10.18}$$

对于这些系统，可以将链式法则应用于 $\frac{\mathrm{d}}{\mathrm{d}t}\varphi(\mathbf{x})$，从而得到：

$$\frac{\mathrm{d}}{\mathrm{d}t}\varphi(\mathbf{x}) = \nabla\varphi(\mathbf{x}) \cdot (\mathbf{f}(\mathbf{x}) + \mathbf{B}\mathbf{u}) \tag{10.19a}$$

$$= \lambda\varphi(\mathbf{x}) + \nabla\varphi(\mathbf{x}) \cdot \mathbf{B}\mathbf{u} \tag{10.19b}$$

需要注意的是，即使有驱动，Koopman 特征函数的动力学仍是线性的，且驱动的影响仍然是加性的。然而，此时的驱动模式 $\nabla\varphi(\mathbf{x})\cdot\mathbf{B}$ 可以依赖于状态。事实上，除非特征函数的方向导数在 **B** 方向上是常数，否则驱动是状态相关的。幸运的是，对于具有状态依赖 Riccati 方程的系统，有许多基于 Riccati 的标准线性控制理论（如 LQR、Kalman 滤波器等）的有力推广。

带控制的 SINDy

尽管辨识固有坐标很有吸引力（因为在此坐标系下非线性动力学表现为线性的），但这些坐标也很难发现，即使对于相对简单的系统也是如此。相反，直接辨识式（10.1）或式（10.2）中的非线性驱动动力系统可能是有益的，可采用基于标准模型的控制。使用非线性动力学稀疏辨识（SINDy）方法（参见第 7.3 节）可产生计算效率高的模型，可用于提高模型预测控制的实时性 [277]。此外，与神经网络和其他主流的机器学习方法相比，这些模型可以从相对少量的训练数据中辨识出来，因此它们甚至可以在线表征，并响应系统动力学的突然变化。 349

SINDy 算法很容易扩展到包括驱动影响的情况 [100, 277]。除了在矩阵 $\mathbf{X}$ 中收集状态快照 $\mathbf{x}$ 的测量值外，还要像在 DMDc 中一样，从式（10.6）的矩阵 $\boldsymbol{\Upsilon}$ 中收集驱动输入 $\mathbf{u}$。接下来，构造一个候选右侧函数 $\boldsymbol{\Theta}([\mathbf{X}\quad\boldsymbol{\Upsilon}])$ 的扩充库：

$$\boldsymbol{\Theta}([\mathbf{X}\quad\boldsymbol{\Upsilon}])=[\mathbf{1}\quad\mathbf{X}\quad\boldsymbol{\Upsilon}\quad\mathbf{X}^2\quad\mathbf{X}\otimes\boldsymbol{\Upsilon}\quad\boldsymbol{\Upsilon}^2\quad\cdots]\tag{10.20}$$

这里，$\mathbf{X}\otimes\boldsymbol{\Upsilon}$ 表示根据数据计算的状态 $\mathbf{x}$ 和驱动 $\mathbf{u}$ 之间的二次交叉项。

在带有控制的 SINDy（SINDYc）中，同样的稀疏回归被用来确定描述观测动力学所需库中最少的有效项。与 DMDc 一样，如果通过反馈 $\mathbf{u}=\mathbf{K}\mathbf{x}$ 对系统进行有效控制，则不可能从内部动力学和驱动中消除歧义，除非向驱动中添加附加扰动信号以提供附加信息。

模型预测控制（MPC）示例

在这个例子中，我们将使用 SINDYc 从数据中辨识出一个受迫 Lorenz 方程的模型，然后使用模型预测控制（MPC）来控制该模型。MPC[107, 195, 438, 391, 447, 439, 196, 326, 173] 已经成为现代过程控制的基石，在工业领域中无处不在。MPC 用于控制具有约束、时滞、非最小相位动力学和不稳定性的强非线性系统。MPC 的大多数工业应用使用基于线性系统辨识的经验模型（参见第 8 章）、神经网络（参见第 6 章）、Volterra 级数 [86, 73] 和自回归模型 [6]（如 ARX、ARMA、NARX 和 NARMAX）。最近，深度学习和强化学习与 MPC[330, 570] 相结合，取得了令人瞩目的效果。然而，深度学习需要大量的数据，并且很难解释。一个补充的研究方向是在有限的数据基础上确定 MPC 的模型，以描述系统对突然变化的响应。

模型预测控制通过在滚动时域上解决最优控制问题来确定下一个立即控制的动作。特别地，为了最小化某个预测范围 $t_p=m_p\Delta t$ 上的成本 J，开环驱动信号 $\mathbf{u}$ 在滚动时域 $t_c=m_c\Delta t$ 上被优化。控制范围通常小于或等于预测范围，并且控制作用在 t_c 和 t_p 之间保持恒定。然后将最优控制应用于一个时间步长。重复该过程，并在随后的每个时间步长重新滚动优化时域控制。这就产生了控制律：

$$\mathbf{K}(\mathbf{x}_j)=\mathbf{u}_{j+1}(\mathbf{x}_j)\tag{10.21}$$

其中 $\mathbf{u}_{j+1}$ 是从 $\mathbf{x}_j$ 开始优化驱动的第一步，图 10.2 为其示意图。在非线性动力学的约束下，通过对驱动和状态的约束，可以优化高度自定义的成本函数。然而，在每个时间步长进行重新优化的计算要求是相当大的，对模型复杂性和优化技术增加了限制。幸运的是，计算能力
350 和优化技术的快速发展使得 MPC 能够实现实时非线性控制。

MPC 控制基于 SINDYc 的 Lorenz 方程

下面的示例将演示如何用 SINDYc 辨识模型以用于 MPC。基本代码同 SINDy，除了在构建库 $\boldsymbol{\Theta}$ 时将驱动作为变量包括在内。

我们在受迫 Lorenz 方程上测试 SINDYc 模型辨识：

$$\dot{x}=\sigma(y-x)+g(u)\tag{10.22a}$$

$$\dot{y}=x(\rho-z)-y\tag{10.22b}$$

$$\dot{z}=xy-\beta z\tag{10.22c}$$

在本例中，我们使用 20 个时间单位的被控数据训练模型，并在另外 20 个时间单位上对其进行验证，在这里我们将受控作用转换为周期信号 $u(t)=50\sin(10t)$。SINDY 算法不能捕

获驱动的影响，而 SINDYc 能正确辨识受迫模型，并根据训练数据中未使用的新驱动信息预测了数据行为，如图 10.3 所示。

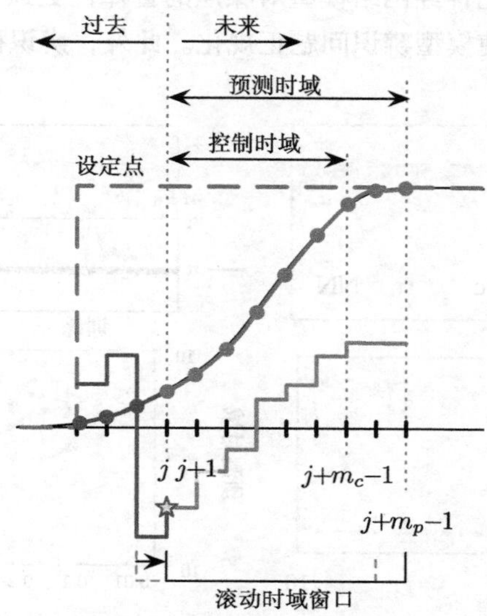

图10.2 模型预测控制的示意图，其中驱动输入**u**在滚动时域上迭代优化。经Kaiser等人[277]许可复制

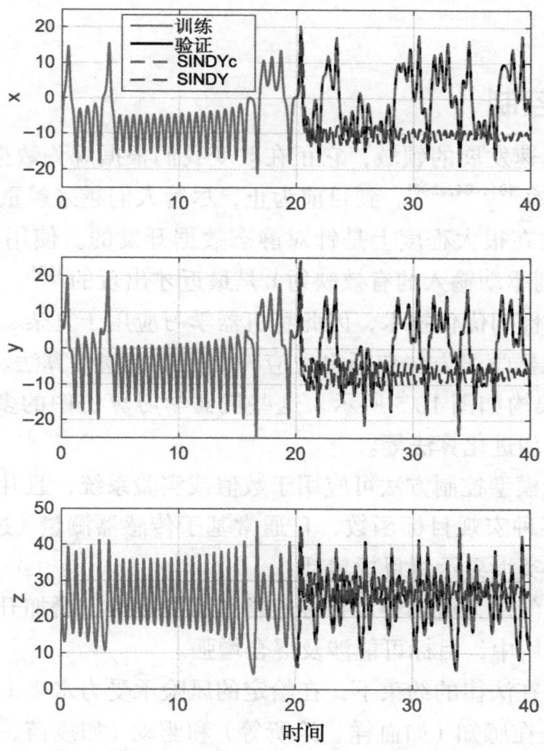

图10.3 用SINDY和SINDYc预测式（10.22）中被控Lorenz系统。训练数据由具有状态反馈的Lorenz系统组成。训练期间的输入为$u(t) = 26 - x(t) + d(t)$，具有高斯扰动d。之后，输入u切换到周期信号$u(t) = 50 \sin(10t)$。经[100]许可复制

最后，Lorenz 的 SINDYc 和神经网络模型都可用于设计模型预测控制器，如图 10.4 所示。这两种方法都能够辨识精确模型来捕获系统动态，尽管 SINDYc 过程需要的数据较少，辨识模型的速度更快，并且比神经网络模型对噪声的鲁棒性更强。这种提高效率和鲁棒性归因于稀疏性提升优化，从而使模型辨识问题正规化。此外，辨识稀疏模型需要的数据更少。

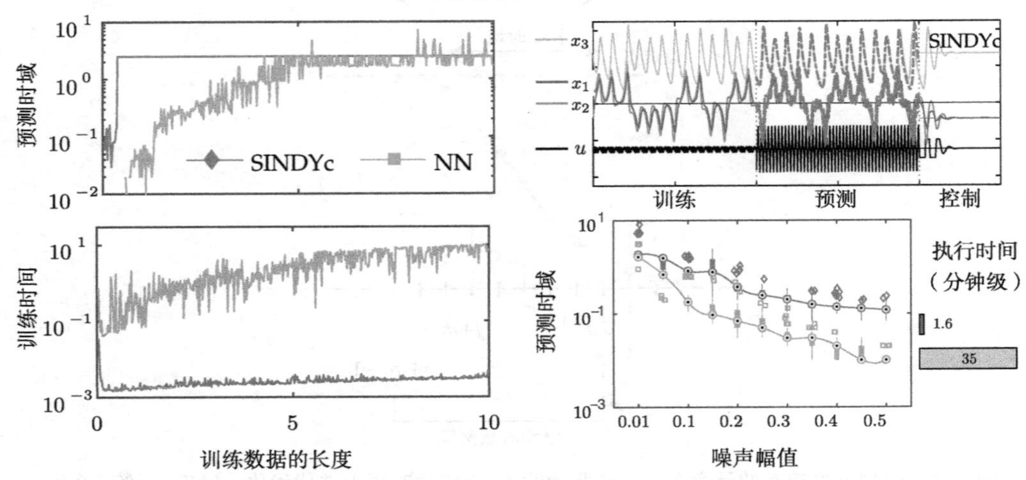

图10.4　基于神经网络模型和SINDy模型的Lorenz系统模型预测控制。经Kaiser等人[277]许可复制

10.2　机器学习控制

机器学习是一个迅速发展的领域，它正在改变我们根据观测数据描述复杂系统的能力，而不是第一原理建模[382, 161, 64, 396]。到目前为止，尽管人们越来越重视使用机器学习来描述动态系统，但这些方法在很大程度上是针对静态数据开发的。使用机器学习来学习控制律（即确定从传感器输出到驱动输入的有效映射）是最近才出现的[184]。由于机器学习包含了广泛的高维、可能是非线性的优化技术，因此将机器学习应用于复杂、非线性系统的控制是很自然的。用于控制的机器学习方法包括自适应神经网络、遗传算法、遗传规划和强化学习。
351~353 通用的机器学习控制架构如图 10.5 所示。这些机器学习算法中的多数都基于生物学原理，如神经网络、强化学习和进化算法等。

需要注意的是，无模型控制方法可应用于数值或实验系统，且几乎不需要修改。所有这些无模型方法都具有某种宏观目标函数，且通常基于传感器测量（过去和现在）。不同学科中一些具有挑战性的现实世界示例目标包括：

流体动力学。在空气动力应用中，目标通常是减少阻力、增加升力和降低噪声的某种组合，而在制药和化工应用中，目标可能涉及混合增强。

金融。目标通常是在法律的约束下，在给定的风险承受力水平上将利润最大化。

流行病学。目标是在感知（如血样、诊所等）和驱动（如疫苗、蚊帐等）的限制下有效抑制疾病。

工业。提高生产力的目标必须与若干限制因素相平衡，包括劳动法、安全生产法以及环境的影响，这些因素往往具有很大的不确定性。

自主体和机器人。自动驾驶汽车和自主机器人的目标是在与复杂环境安全交互的同时完成任务，包括与人类主体合作。

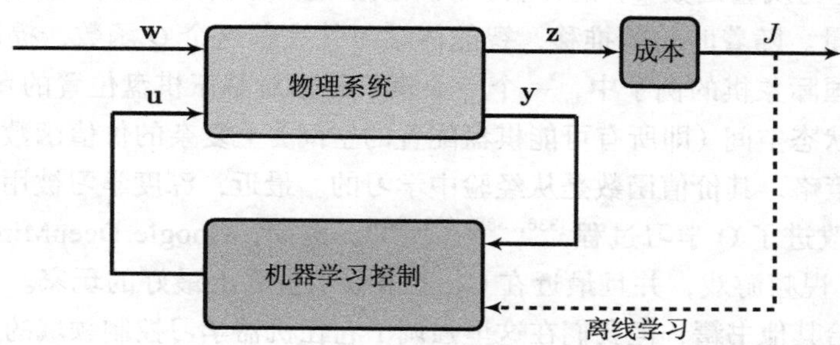

图10.5　基于噪声传感器反馈的复杂系统机器学习控制原理图。控制目标是在可能的控制律空间内将定义良好的成本函数J最小化。离线学习回路提供训练控制器的经验数据。遗传规划为寻找有效的控制规律提供了一种特别灵活的算法。向量$\mathbf{z}$包含可能影响成本的所有信息

在上面的例子中，目标涉及某些约束条件下给定数量的最小化或最大化。这些约束可能很困难，例如在固定预算下的疾病抑制，或者可能涉及复杂的多目标权衡。通常情况下，约束优化会产生处于约束边界的解决方案，这可以解释为什么许多公司在合法性边缘运作。在所有情况下，必须根据系统的基本动力学进行优化：流体受 Navier-Stokes 方程支配，金融由人类行为和经济支配，疾病传播是生物、人类行为和地理复杂相互作用的结果。

由于许多原因，这些现实世界中的控制问题极具挑战性。它们是高维且强非线性的，通常有数百万或数十亿个自由度，这些自由度根据可能未知的非线性相互作用而演化。此外，为了系统辨识而运行不同的场景可能会非常昂贵或不可行，例如，在危及人类生命的情况下测试不同的疫苗接种策略存在严重的伦理问题。

越来越多具有挑战性的优化问题正通过机器学习来解决，它利用了越来越多的海量数据的可用性。最近的许多成功都是在静态数据（如图像分类、语音识别等）和营销任务（如在线销售和广告投放）上取得的。然而，目前正在努力用机器学习来分析和控制具有动力学特性的复杂系统，从而有可能彻底改变我们与这些系统交互和操纵的能力。

以下各节描述了一些强大的学习技术，这些技术被广泛应用于控制复杂系统，而这类复杂系统的模型可能无法获得。 354

强化学习

强化学习（RL）是机器学习和控制交叉领域的一个重要学科 [507]，目前已被 Google 等公司大量用于通用人工智能、自主机器人和自动驾驶汽车。在强化学习中，随着时间的推移，控制策略得到了改进，通过实践实现了性能的提高。最常见的 RL 框架是 Markov 决策过程，此时动力学和控制策略被描述为一个概率设置，使得随机性被嵌入到状态动力学和驱动策略中。这样，控制策略具有概率性，促进了优化和探索的平衡。强化学习与最优控制密切相关，尽管它可以在更通用的框架中表达。

强化学习可以看作是部分监督的，因为控制行为是否有效并不总是立即可知的。在 RL

中，控制策略是由智能体制定的，而该智能体只能接收关于其控制策略有效性的部分信息。例如，当学习玩井字（tic tac toe）游戏或国际象棋时，不清楚一个特定的中间动作是否对输赢负责，玩家在游戏结束时会收到关于他们赢或输的二元反馈。RL 所面临的一个主要挑战是价值函数（也称为质量函数 Q）的开发，该函数描述处于特定状态并做出特定的控制策略决策的价值或质量。随着时间的推移，智能体学习并完善这个 Q 函数，提高它们做出正确决策的能力。在国际象棋的例子中，一个专业棋手开始对基于棋盘位置的良好策略有直觉，这是一个超高维状态空间（即所有可能棋盘配置的空间）上复杂的价值函数。Q 学习是一种无模型强化学习策略，其价值函数是从经验中学习的。最近，深度学习被用来在数据随时可用的情况下显著改进了 Q 学习过程[336, 385, 386, 384]。例如，Google DeepMind 算法已能掌握许多经典的 Atari 视频游戏，并且最近在 Go 上击败了世界上最好的玩家。我们将对强化学习的深入讨论留给其他书籍，但我们在这里强调了它在机器学习控制领域的重要性。

迭代学习控制

迭代学习控制（ILC）[5, 67, 83, 130, 343, 390]是一种广泛应用的技术，用于学习如何提高和优化重复的控制任务，例如生产线上机器臂的运动，机器臂将重复相同的运动数千次。与第 8 章中基于测量实时调整驱动信号的反馈控制方法不同，ILC 在每次规定任务迭代后细化整个开环驱动序列。细化过程可与基于测量误差的比例修正一样简单，也可以涉及更复杂的更新规则。迭代学习控制不需要知道系统方程，且对线性系统具有性能保证。因此，在工业控制中，ILC 是一种主要的工业控制手段，可以在良好被控环境下执行重复性任务，例如机器
355 臂的轨迹控制或添加剂制造中的打印机头控制。

遗传算法

遗传算法（GA）是最早、最简单的参数优化算法之一，它是基于通过自然选择和适应性进行优化的生物学原理[250, 146, 210]，经常被用来调整控制器的参数。在遗传算法中，由多个具有不同参数值的系统实现组成的种群进行竞争以最小化给定的成本函数，成功的参数值通过一组遗传规则传递给后代。系统的参数通常由二进制序列表示，如图 10.6 所示。对于具有三个参数的 PID 控制系统，三个参数由三个控制增益 K_P、K_I 和 K_D 给出。接下来，在种群中将具有不同参数值的多个实现（称为个体）初始化，并在给定的优化任务中评估和比较它们的性能。根据以下遗传操作，成本更低的成功个体被选择进入下一代的概率更高。

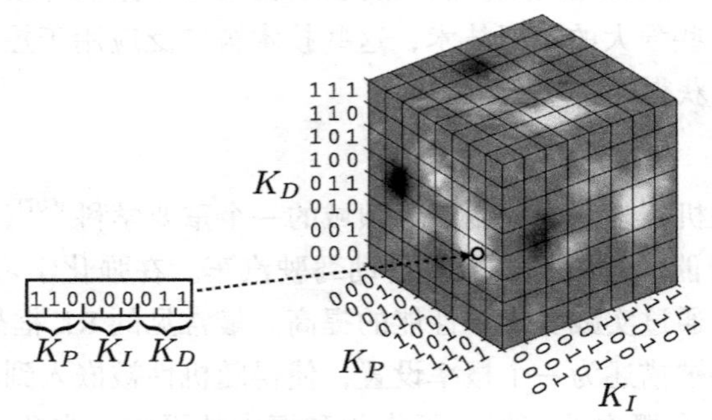

图10.6 PID控制的参数立体描述。遗传算法将一个给定的参数值表示为将各种参数连接起来的一个遗传序列。在本例中，参数以二进制表示形式进行缩放，以**000**为最小界，**111**为上界。颜色表示与每个参数值相关联的成本

精英主义（可选）：一定数量具有最佳性能的最适个体直接进入下一代。

复制：选择一个个体进入下一代。

交叉：选择两个个体交换它们的部分编码，然后进入下一代。交叉用于开发和提高现有的成功策略。

变异：选择一个个体，用新的值修改其部分编码。变异促进了多样性，并有助于增加对参数空间的探索。

对于复制、交叉和变异操作，个体被随机选择进入下一代，选择的概率随适应度的增加而增加。图 10.7 展示了 PID 控制示例的遗传操作。这些世代不断进化，直到最优个体的适应度收敛或满足其他停止标准。356

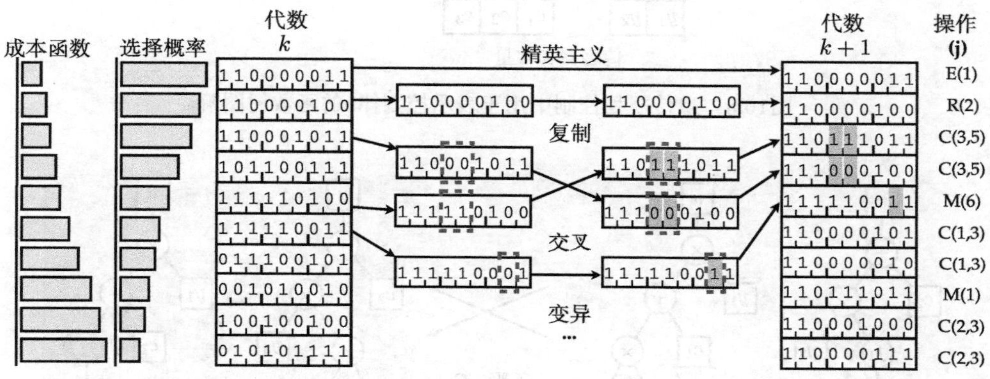

图10.7　遗传算法进化示意图。第k代个体根据其成本函数进行评价并按升序排列，其代价函数与选择遗传操作的概率成反比。然后，根据加权的概率选择个体，通过精英、复制、交叉和变异四种操作进入k+1代，形成了第k+1代。重复该序列，直到种群统计数据收敛或达到另一个合适的停止准则

遗传算法通常用于寻找接近全局最优的参数值，因为它们能够在代价函数中探索和开发局部井。遗传算法在暴力搜索和凸优化之间提供了一个中间立场或折中，并且是昂贵的 Monte Carlo 采样的替代方法，Monte Carlo 不适用于高维参数空间。然而，并不能保证遗传算法会收敛到全局最优解。还有一些可能影响性能的超参数，包括种群大小、世代数以及各种遗传操作的相对选择率。

遗传算法被广泛应用于非线性系统的优化和控制 [184]，例如，开环控制 [394] 中的参数调整、喷射混合 [304]、燃烧过程 [101]、尾流控制 [431, 192] 和减阻 [201]。在燃烧实验中，遗传算法也被用来调节 $\mathcal{H}_\infty$ 控制器 [233]。

遗传规划

遗传规划（GP）[307, 306] 是遗传算法的一个强有力的推广，它同时优化了输入输出图的结构和参数。最近，遗传规划也被用于获得控制律，该控制律将传感器输出映射到驱动输入，如图 10.8 所示。GP 中的函数树表示非常灵活，能够通过递归树结构对传感器信号 $\mathbf{y}$ 的复杂函数进行编码。每个分支是一个信号，合并点是数学运算。传感器和常数是树叶，而整体控制信号 u 是树根。交叉、变异和复制的遗传操作如图 10.9 所示。正如 Duriez 等人所讨论的，这个框架很容易被推广到包括延迟坐标和时间滤波器的控制系统 [167]。

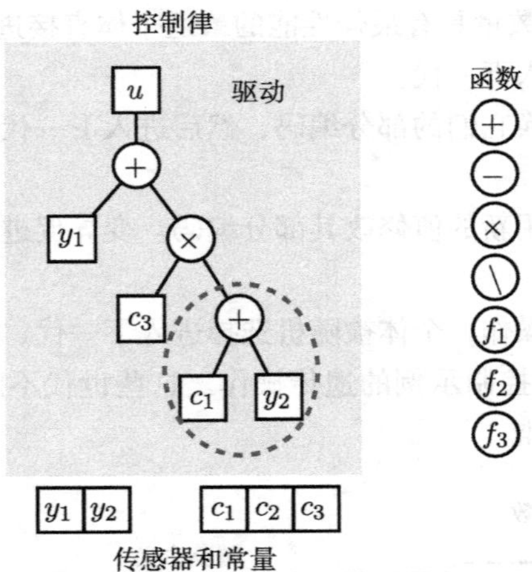

图10.8　遗传规划控制中用于表示控制律u的函数树图解

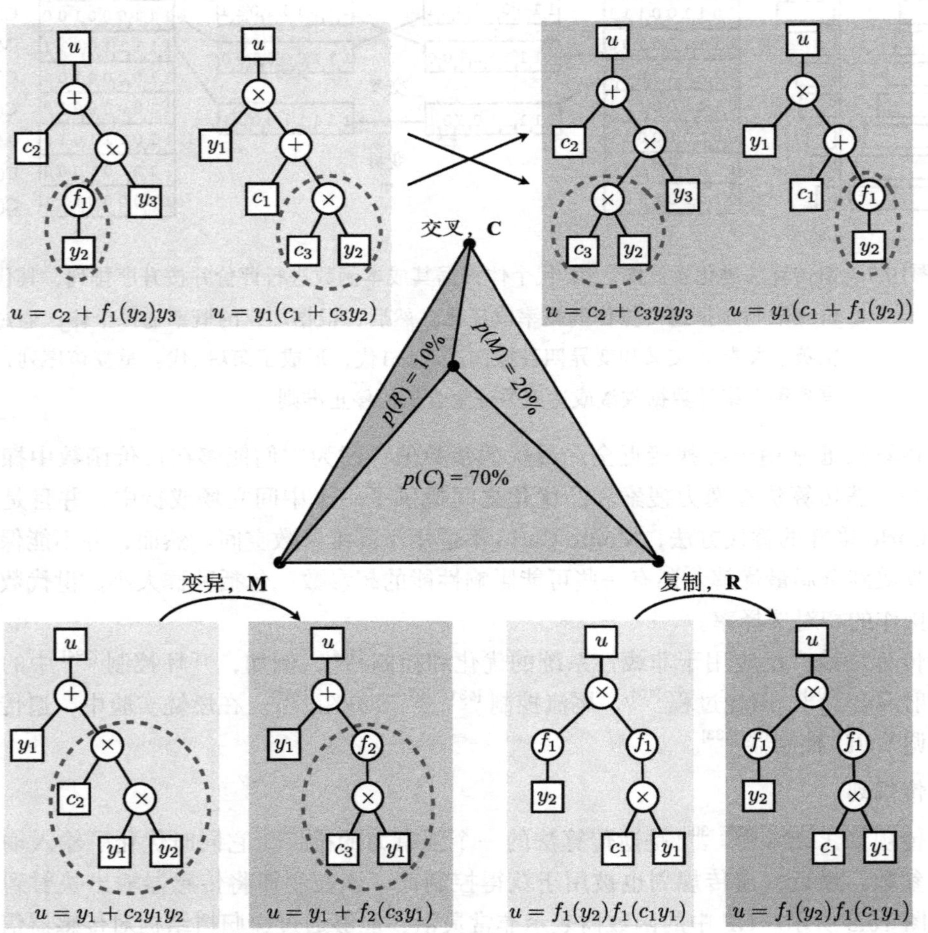

图10.9　遗传规划控制中用于跨代推进功能树的遗传操作。复制、交叉和变异的相对选择率分别为$p(R) = 0.1$，$p(C) = 0.7$，$p(M) = 0.2$

最近，在 Bernd Noack 和合作者领导的湍流控制实验中，遗传规划的使用取得了令人印象深刻的结果[403, 417, 199, 168, 169, 416]。这为强非线性系统提供了一种新的控制范式，在此 357
范式下可以辨识非线性控制律的结构。遗传规划控制特别适合能够快速评估给定控制律的实验，并且能够在短时间内对成百上千的个体进行测试。目前在湍流实验中，遗传规划控制的演示已经产生了一些可见的行为，如减阻和混合增强。具体的流动包括混合层[417, 416, 168, 169]、后向台阶[199, 169]和湍流分离边界层[169]。

示例：遗传算法整定 PID 控制

在本例中，我们将使用遗传算法来调整比例 – 积分 – 微分（PID）控制器。需要注意的是，这只是进化算法的简单演示，在实践中不建议使用这种烦琐的方法来调整 PID 控制器，因为有更简单的技术。

PID 控制是工业控制系统中最简单、应用最广泛的控制结构之一，例如电机位置和速度控制、汽车各子系统的调节以及现代浓缩咖啡机的压力和温度控制。顾名思义，PID 控制是在误差信号及其时间积分和微分的基础上，将三项相加形成驱动信号。PID 控制的原理图如图 10.10 所示。

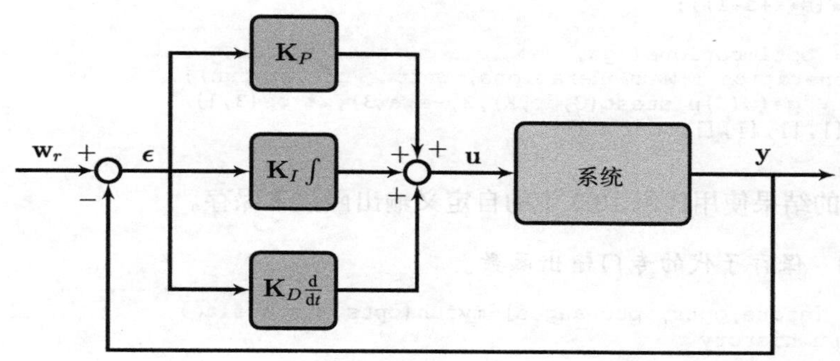

图10.10 比例–积分–微分（PID）控制原理图

在 8.1 节的巡航控制示例中，我们看到可以通过增加控制律 $u = -K_p(w_r - y)$ 中的比例控制增益 K_p 来减小参考跟踪误差。然而，在某些系统中，增益的增加最终会导致系统的不稳定性，并且不能完全消除稳态跟踪误差。增加积分控制项 $K_I \int_0^t (w_r - y)$ 有助于消除稳态参 358
考跟踪误差，同时减轻比例项所需的工作量。

对于如何为各种设计规范（如快速响应、最小超调和振铃）选择 PID 增益，存在正式的规则。在本例中，我们探索使用遗传算法来寻找有效的 PID 增益以最小化成本函数。我们使用 LQR 成本函数：

$$J = \int_0^T Q(w_r - y)^2 + Ru^2 \,\mathrm{d}\tau$$

其中对于阶跃响应 $w_r = 1$，$Q = 1$，$R = 0.001$。被控系统由传递函数给定：

$$G(s) = \frac{1}{s^4 + s}$$ 359

首先，编写一个函数来评估给定的 PID 控制器，如代码 10.1 所示。三个 PID 增益存储在变量 **parms** 中。

代码 10.1　评估 PID 控制器的成本函数。

```
function J = pidtest(G,dt,parms)

s = tf('s');
K = parms(1) + parms(2)/s + parms(3)*s/(1+.001*s);
Loop = series(K,G);
ClosedLoop = feedback(Loop,1);
t = 0:dt:20;
[y,t] = step(ClosedLoop,t);

CTRLtf = K/(1+K*G);
u = lsim(K,1-y,t);
```

其次，使用遗传算法优化 PID 控制增益，如代码 10.2 所示。在本例中，我们将遗传算法运行 10 代，每代 25 个个体。

代码 10.2　遗传算法整定 PID 控制器。

```
dt = 0.001;
PopSize = 25;
MaxGenerations = 10;
s = tf('s');
G = 1/(s*(s*s+s+1));

options = optimoptions(@ga,'PopulationSize',PopSize,'
    MaxGenerations',MaxGenerations,'OutputFcn',@myfun);
[x,fval] = ga(@(K)pidtest(G,dt,K),3,-eye(3),zeros(3,1)
    ,[],[],[],[],[],options);
```

360 中间子代的结果使用代码 10.3 中的自定义输出函数来保存。

代码 10.3　保存子代的专门输出函数。

```
function [state,opts,optchanged]=myfun(opts,state,flag)
persistent history
persistent cost
optchanged = false;

switch flag
 case 'init'
        history(:,:,1) = state.Population;
        cost(:,1) = state.Score;
    case {'iter','interrupt'}
        ss = size(history,3);
        history(:,:,ss+1) = state.Population;
        cost(:,ss+1) = state.Score;
    case 'done'
        ss = size(history,3);
        history(:,:,ss+1) = state.Population;
        cost(:,ss+1) = state.Score;
        save history.mat history cost
end
```

成本函数在各代之间的演变如图 10.11 所示。随着代数的发展，成本函数稳步降低。个体增益如图 10.12 所示，红点对应较早的子代，蓝点对应较晚的子代。随着遗传算法的进行，PID 增益开始聚集在最优解（黑圈）附近。

图 10.13 展示了第一代时 PID 控制器的响应输出。从图中可以清楚地看出，许多控制器无法稳定系统，导致 y 值出现较大偏差。图 10.14 显示了最后一代 PID 控制器的响应输出。总体而言，这些控制器更有效地产生稳定的阶跃响应。

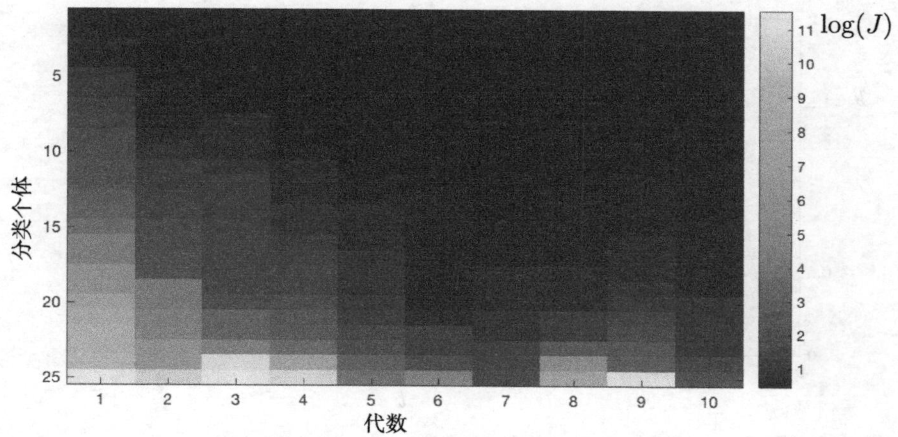

图10.11　随着GA优化PID增益，跨代的成本函数

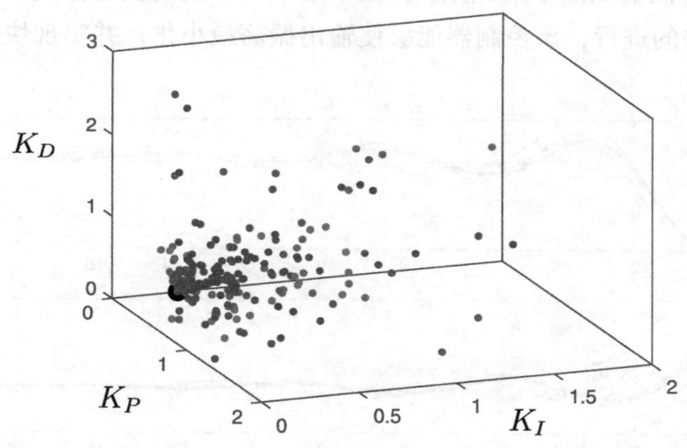

图10.12　遗传算法产生的PID增益。红点代表前几代，蓝点代表后几代。黑点是遗传算法发现的最佳个体（附彩图）

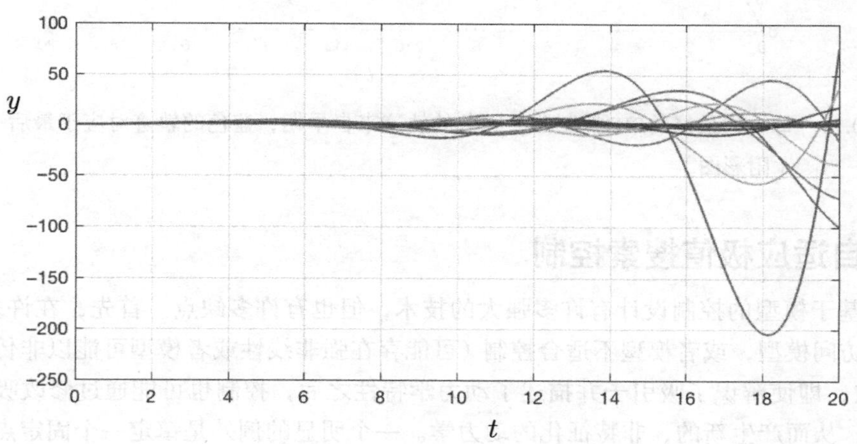

图10.13　第一代遗传算法的PID控制器响应

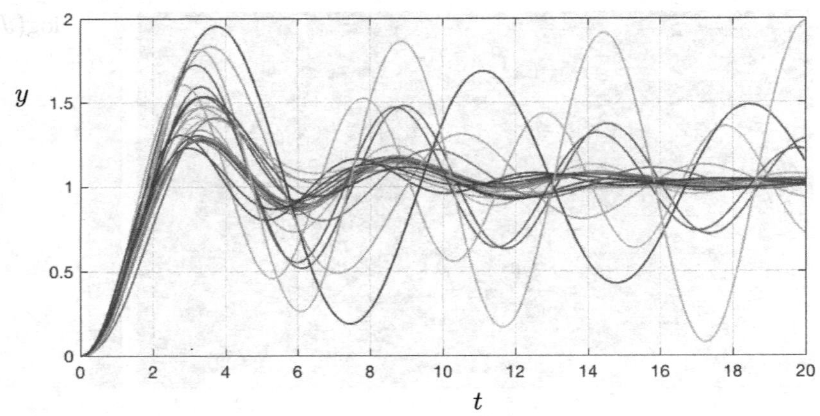

图10.14 最后一代遗传算法的PID控制器响应

每一代的最佳控制器如图 10.15 所示。在本图中，早期的控制器更红，而后期的控制器
361 更蓝。随着遗传算法的进行，该控制器能够使输出振荡最小化，并实现快速上升时间。

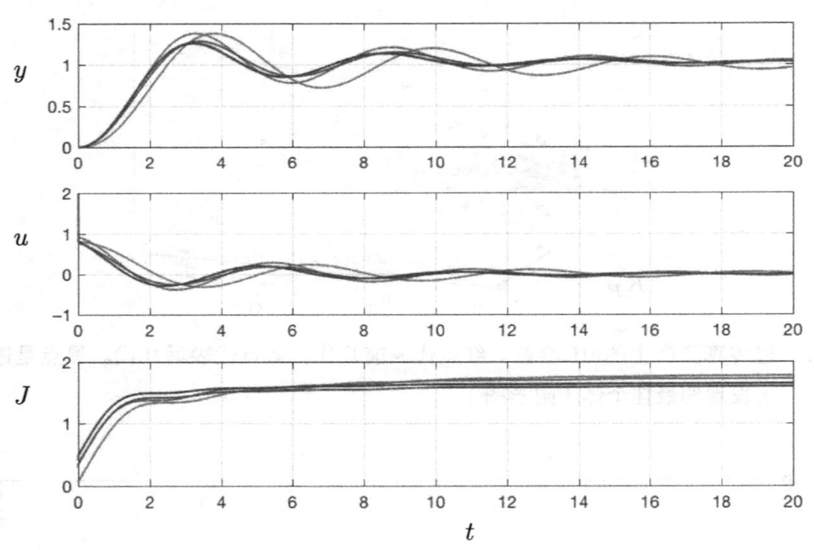

图10.15 每一代最好的PID控制器。红色的轨迹来自早期，蓝色的轨迹对应于最后一代（附彩图）

10.3 自适应极值搜索控制

虽然基于模型的控制设计有许多强大的技术，但也有许多缺点。首先，在许多系统中，可能无法访问模型，或者模型不适合控制（可能存在强非线性或者模型可能以非传统形式表示）。其次，即使辨识了吸引子并描述了动力学特性之后，控制也可能通过修改吸引子使该模型失效，从而产生新的、非特征化的动力学。一个明显的例外是镇定一个固定点或周期轨
362~363 道，在这种情况下，有效的控制使系统保持在精确的线性化模型附近。最后，系统可能会存在缓慢变化而改变潜在的动力学，但这些影响可能很难测量和模拟。

自适应控制领域广泛地考虑了这些挑战，能够利用控制律的灵活性来适应系统的动态变化，进而修改控制动作。极值搜索控制（ESC）[312, 19] 是一种特别有吸引力的复杂系统自适应控制形式，因为它不依赖于潜在的模型，并且在一组适定的条件下保证了收敛性和稳定性。极值搜索可用于跟踪目标函数的局部极大值，即使存在干扰、时变的系统参数和非线性等。自适应控制可用于实时控制或用于工作控制器中参数的缓慢调整。

极值搜索控制可以被认为是一种先进的摄动和观测方法，正弦扰动被附加地注入激励信号中，并用于估计应被最大化或最小化的目标函数 J 的梯度。目标函数通常是由系统的传感器测量值来计算的，尽管它最终取决于内部动力学和输入信号的选择。在极值搜索中，控制变量 $\mathbf{u}$ 可以是驱动信号或描述控制行为的一组参数，例如周期强迫频率或 PID 控制器中的增益。

极值搜索控制结构如图 10.16 所示。该示意图描述了标量输入 u 的 ESC，这些方法很容易被推广到向量输入 $\mathbf{u}$。图 10.17 描述了静态对象动力学（即 $y = u$）的凸目标函数 $J(u)$。极值搜索控制器利用输入扰动估计目标函数 J 的梯度，并使平均驱动信号向最优值方向移动。 364

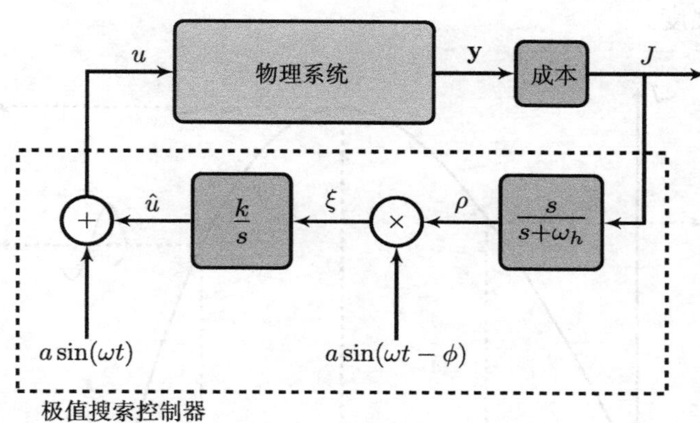

图10.16 极值搜索控制器的示意图。在输入的最佳估计 $\hat{u}$ 中加入正弦摄动（调制），并使其通过被控对象，从而产生可在传感器信号$\mathbf{y}$和成本J中观察到的正弦输出摄动。高通滤波器产生零均值输出摄动，然后与相同的输入摄动相乘（解调）得到信号ξ。该解调信号最终被集成到优化输入u的最佳估计 $\hat{u}$ 中

三种不同的时间尺度与极值搜索控制相关：

（1）慢：外部干扰和参数变化。

（2）中等：摄动频率 ω。

（3）快速：系统动态。

在许多系统中，内部系统动力学在一个快速的时间尺度上演化。例如，与驱动时间尺度相比，湍流涨落可以快速平衡。在光学系统中，例如光纤激光器 [93]，与驱动时间尺度相比，光纤内部的光动力学是非常快的。

在极值搜索控制中，将正弦摄动加到输入的估计 $\hat{u}$ 中，以最大化目标函数：

$$u = \hat{u} + a\sin(\omega t) \tag{10.23}$$

该输入扰动通过系统动力学和输出，产生一个目标函数 J，其以正弦形式在某个平均值附近

变化，如图 10.17 所示。对输出 J 进行高通滤波以去除平均值（直流分量），从而产生振荡信号 ρ。在频域内，一个简单的高通滤波器表示为：

365

$$\frac{s}{s+\omega_h} \tag{10.24}$$

其中 s 是 Laplace 变量，ω_h 是滤波频率。选择高通滤波器通过摄动频率 ω。高通滤波器输出与输入正弦波相乘，可能带来相移 ϕ，从而得到解调信号 ξ：

$$\xi = a\sin(\omega t-\phi)\rho \tag{10.25}$$

如果输入 u 在最优值 u^* 的左侧，则该信号 ξ 大部分为正值；如果 u 在最优值 u^* 的右侧，则该信号 ξ 大部分为负值，如图 10.17 中的红色曲线所示。因此，解调信号 ξ 被积分到 $\hat{u}$ 中，$\hat{u}$ 是最优值的最佳估计：

$$\frac{\mathrm{d}}{\mathrm{d}t}\hat{u} = k\,\xi \tag{10.26}$$

这样使得系统估计值 $\hat{u}$ 转向最优输入 u^* 运动。此处，k 是一个积分增益，它决定了驱动作用在 J 中爬升梯度的强度。

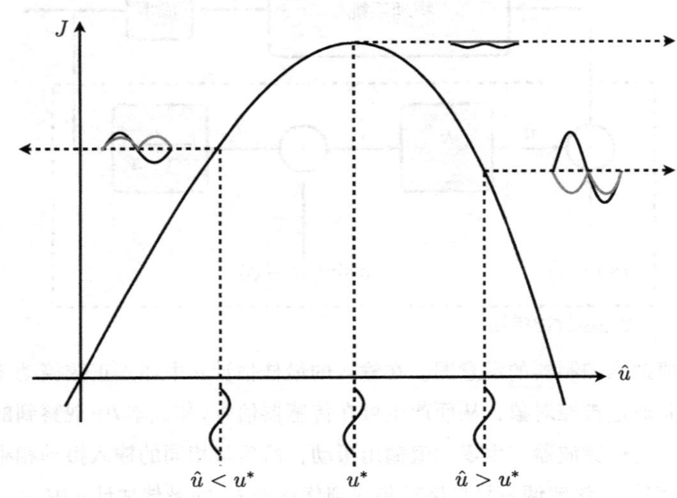

图10.17 静态目标函数$J(u)$的极值搜索控制示意图。当输入位于峰值左侧（即$u<u^*$）时，输出摄动（红色）处于同相；当输入位于峰值右侧（即$u>u^*$）时，输出摄动处于反相。因此，对输入和输出正弦的乘积进行积分将使 $\hat{u}$ 向u^*移动（附彩图）

粗略地说，解调信号 ξ 测量目标函数中的梯度，以便算法在梯度较大时更快地爬升到最优值。这对于定常的系统动力学来说很容易看出，其中 J 只是输入 $J(u)=J(\hat{u}+a\sin(\omega t))$ 的函数。在假定为很小的扰动振幅 a 中展开 $J(u)$，得到：

$$J(u) = J(\hat{u}+a\sin(\omega t)) \tag{10.27a}$$

$$= J(\hat{u}) + \left.\frac{\partial J}{\partial u}\right|_{u=\hat{u}} \cdot a\sin(\omega t) + \mathcal{O}(a^2) \tag{10.27b}$$

高通滤波信号中的前导阶项是 $\rho \approx \partial J/\partial u\big|_{u=\hat{u}} \cdot a\sin(\omega t)$。在一个周期内平均 $\xi = a\sin(\omega t-\varphi)\rho$

可以得到：

$$\xi_{avg} = \frac{\omega}{2\pi}\int_0^{2\pi/\omega} a\sin(\omega t-\phi)\rho\,\mathrm{d}t \tag{10.28a}$$

$$= \frac{\omega}{2\pi}\int_0^{2\pi/\omega} \left.\frac{\partial J}{\partial u}\right|_{u=\hat{u}} a^2\sin(\omega t-\phi)\sin(\omega t)\,\mathrm{d}t \tag{10.28b}$$

$$= \frac{a^2}{2}\left.\frac{\partial J}{\partial u}\right|_{u=\hat{u}}\cos(\phi) \tag{10.28c}$$

这样，对于平凡的对象动力学情况，平均信号 ξ_{avg} 与目标函数 J 相对于输入 u 的梯度成比例。

一般来说，极值搜索控制可应用于具有非线性动力学的系统，该非线性动力学将输入 u 与输出 y 相关联，其作用时间尺度比摄动 ω 快。因此，J 可能是时变的，这使上面的简单平均分析复杂化。Krstić 和 Wang 在 [312] 中分析了非线性系统极值搜索控制的一般情况，他们在时间尺度分离和奇异摄动分析基础上建立了强大的稳定性保证。基本算法也可以进行修改，可以在式（10.25）中的正弦输入扰动中添加相位 φ。在文献 [312] 中，在积分器之前放置了额外的低通滤波器 $\omega_l/(s+\omega_l)$，以提取解调信号 ξ 的 DC 分量。极值搜索还有一个扩展，称为斜率搜索，它寻找特定的斜率 [19] 而不是对应于最大值或最小值的标准零斜率。在没有极值的情况下，倾向于斜率搜索，例如在控制输入饱和的情况。当对开环周期控制进行调整 366 时，通常采用极值搜索进行频率选择，而采用斜率搜索进行振幅选择。

需要注意的是，极值搜索控制只能找到目标函数的局部极大值，并且不能保证其对应于全局极大值。因此，从一个良好的初始条件开始优化是很重要的。在许多研究中，极值搜索控制与其他全局优化技术结合使用，如遗传算法或用于分类的稀疏表示法 [191, 99]。

极值搜索控制的简单示例

此处，我们考虑极值搜索控制的简单应用，以找到如下静态二次成本函数的最大值：

$$J(u) = 25-(5-u)^2 \tag{10.29}$$

该函数具有单个的全局最大值 $u^*=5$。从 $u=0$ 开始，我们使用摄动频率为 $\omega=10\text{Hz}$ 和振幅为 $a=0.2$ 的极值搜索控制。图 10.18 显示了控制器响应及最优值 $u^*=5$ 的快速跟踪。代码 10.4 显示了如何使用简单的 Butterworth 高通滤波器实现极值搜索。

注意，当代价函数的梯度较大（接近 $u=0$）时，J 中的振荡较大，且控制器爬升更快。当输入 u 在 $u^*=5$ 时接近最优值，尽管输入摄动的振幅 a 相同，但由于二次成本函数在峰值 367 附近，所以输出扰动几乎为零（是关于 a^2 阶的）。因此，我们实现了远离最优值的快速跟踪以及峰值附近的较小偏差。

代码 10.4 极值搜索控制代码。

```
J = @(u,t)(25-(5-(u)).^2);
y0 = J(0,0);  % u = 0

% Extremum Seeking Control Parameters
freq = 10*2*pi; % sample frequency
dt = 1/freq;
T = 10; % total period of simulation (in seconds)
A = .2;  % amplitude
omega = 10*2*pi; % 10 Hz
```

```
    phase = 0;
    K = 5;    % integration gain

    % High pass filter (Butterworth filter)
    butterorder=1;
    butterfreq=2;  % in Hz for 'high'
    [b,a] = butter(butterorder,butterfreq*dt*2,'high')
    ys = zeros(1,butterorder+1)+y0;
    HPF=zeros(1,butterorder+1);

    uhat=u;
    for i=1:T/dt
        t = (i-1)*dt;
        yvals(i)=J(u,t);

        for k=1:butterorder
            ys(k) = ys(k+1);
            HPF(k) = HPF(k+1);
        end
        ys(butterorder+1) = yvals(i);
        HPFnew = 0;
        for k=1:butterorder+1
            HPFnew = HPFnew + b(k)*ys(butterorder+2-k);
        end
        for k=2:butterorder+1
            HPFnew = HPFnew - a(k)*HPF(butterorder+2-k);
        end
        HPF(butterorder+1) = HPFnew;

        xi = HPFnew*sin(omega*t + phase);
        uhat = uhat + xi*K*dt;
        u = uhat + A*sin(omega*t + phase);
        uhats(i) = uhat;
        uvals(i) = u;
    end
```

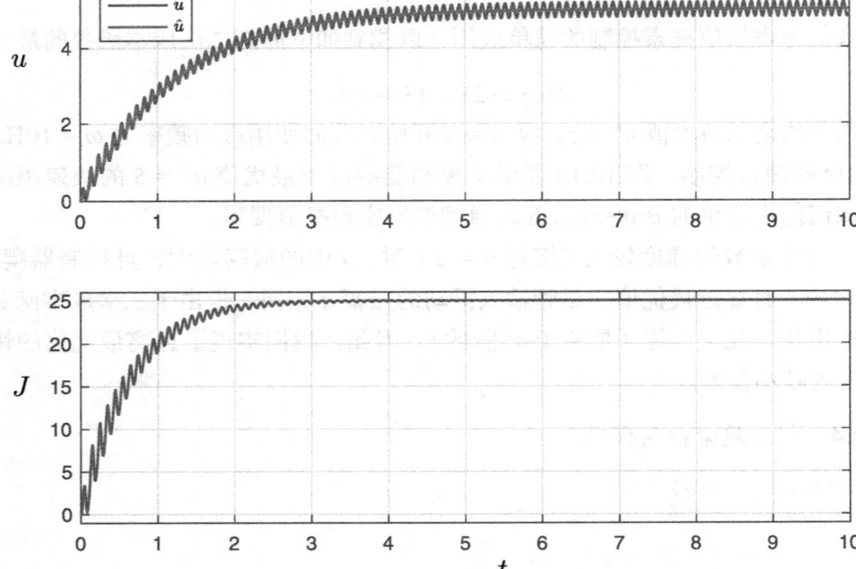

图10.18　式（10.29）中成本函数的极值搜索控制响应

为了展示极值搜索控制处理时变系统参数的能力，考虑以下时间依赖的成本函数：

$$J(u) = 25 - (5 - u - \sin(t))^2 \tag{10.30}$$

与摄动频率 10Hz 相比，在 1/2π Hz 附近振荡的时变参数可以被认为是慢变的。图 10.19 显
示了这种缓慢变化系统的极值搜索控制响应。在此响应中，驱动信号能够通过前后振荡来保  368
持良好的性能，以近似跟踪振荡的最优 u^*（在 4 和 6 之间振荡）。尽管参数变化未知，输出
函数 J 仍保持在最优值 25 附近。

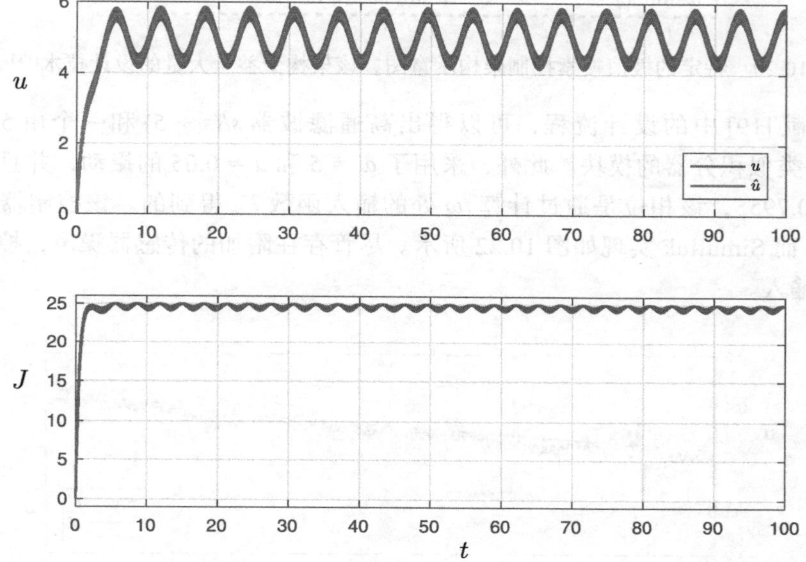

图10.19 具有缓慢变化成本函数 $J(u, t)$ 的极值搜索控制响应

极值搜索控制的示例

在这里，受文献 [19] 的 1.3 节中一个挑战性基准问题的启发，我们考虑一个示例。该系统具有时变目标函数 $J(t)$ 和一个右半平面零点的动力学特性，这使其很难控制。

在极值搜索的一个公式 [133, 19] 中，如果可以将对象分成三个模块，分别用来定义输入动态、无内部动态的时变目标函数和输出动态，则有设计控制器的附加指南，如图 10.20 所示。在这种情况下，存在设计高通滤波器和积分器模块的流程。

在本例中，目标函数给出如下

$$J(\theta) = 0.05\delta(t-10) + (\theta - \theta^*(t))^2$$

其中，δ 是 Diracδ 函数，最优值 $\theta^*(t)$ 由下式给出：

$$\theta^* = 0.01 + 0.001t$$ 369

最优目标由 $J^* = 0.05\delta(t-10)$ 给出。输入和输出动态取自文献 [19] 中的示例，并由下式给出：

$$F_{\text{in}}(s) = \frac{s-1}{(s+2)(s+1)} \qquad F_{\text{out}}(s) = \frac{1}{s+1}$$

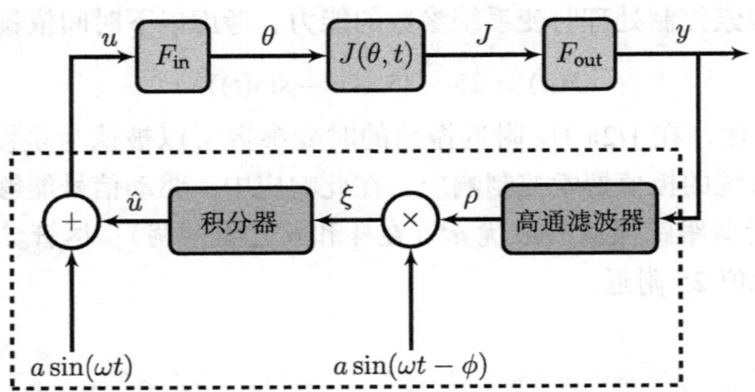

图10.20　特定的极值搜索控制架构示意图，该架构受益于大量的设计技术[133, 19]

使用文献 [19] 中的设计流程，可以得出高通滤波器 $s/(s+5)$ 和一个由 $50(s-4)/(s-0.01)$ 给出的类似积分器的模块。此外，采用了 $\omega=5$ 和 $a=0.05$ 的摄动，并且将解调相位移动了 $\varphi=0.7955$，该相位是通过计算 $i\omega$ 处的输入函数 F_{in} 得到的。该控制器的响应如图 10.21 所示，而 Simulink 实现如图 10.22 所示。尽管存在附加的传感器噪声，控制器仍可准确跟踪最佳输入。

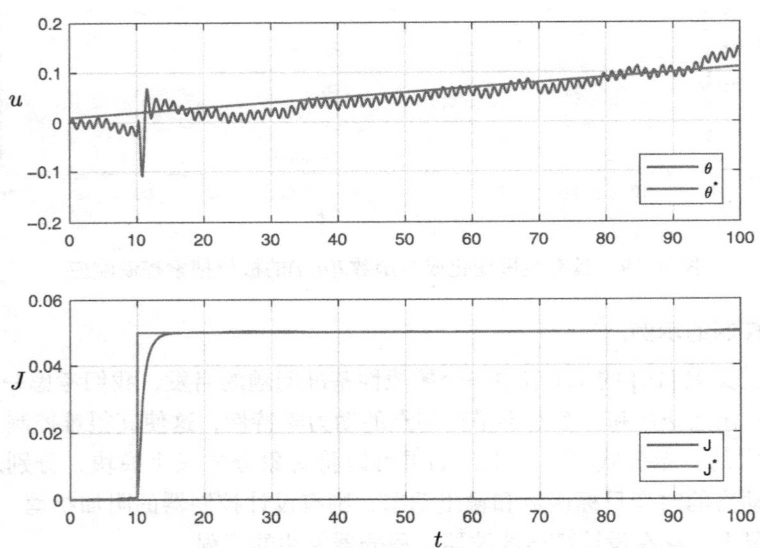

图10.21　受文献[19]启发的具有一个右半平面零点的挑战性测试系统的极值搜索控制响应

极值搜索控制的应用

由于缺少假设和易实现性，极值搜索控制已广泛应用于许多复杂系统中。虽然 ESC 通常适用于动态系统的实时控制，但它也被广泛用作可适应缓慢变化和干扰的在线优化算法。这里我们仅强调了极值搜索控制的诸多应用中的一部分。

极值搜索已广泛应用于光伏发电[331, 178, 75, 97]和风能转换[395]中的最大功率点跟踪算法。在光伏发电系统中，采用脉冲宽度调制引起的功率变换器中的电压或电流纹波作为扰动信号；在风力发电系统中，湍流作为扰动信号。大气湍流也被用作飞机控制优化的扰动信号[309]。在本例中，向飞机控制面添加扰动信号是不可行的，需要的是自然扰动。ESC 还被用于光学和电子领域、激光脉冲整形 [450]、调节高增益光纤激光器 [93, 99]、可重构全息超材料天线阵 370
列 [265] 中的光束控制、编队飞行优化 [60]、生物反应器 [546]、PID[289] 和 PI[311] 调节、主动制动系统 [568] 以及对 Tokamaks 控制 [413]。

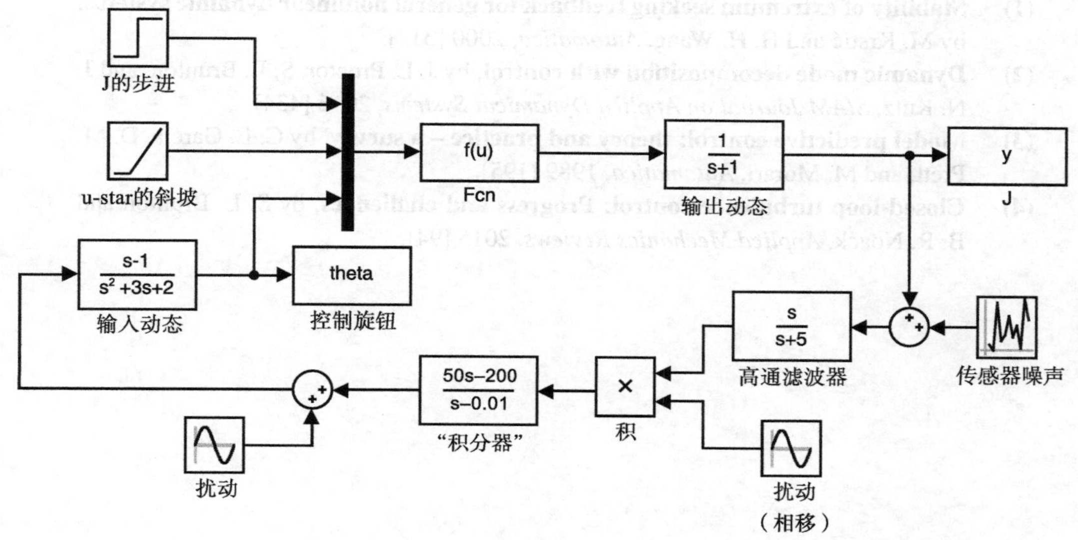

图10.22 图10.21中使用的极值搜索控制器Simulink模型

极值搜索在湍流控制中也得到了广泛的应用。尽管 ESC 能够及时控制系统动态，但它 371
通常被用作慢速反馈优化，以调整工作于开环控制器的参数。这种缓慢的反馈有许多优点，例如在环境条件缓慢变化下也能保持性能。极值搜索已被用于控制轴流式压缩机 [547]，使用在后表面上后缘的旋转气缸以减少在实验中对钝体的阻力 [45, 46]；使用压力传感器和单缝襟翼前缘的脉冲射流实现高升力翼型结构的分离控制 [47]。也有令人印象深刻的工业规模应用的极值搜索控制，例如在 4MW 燃气轮机燃烧室中控制热声模式在一个频率范围内 [37, 35]。它也被用于完全湍流和失速的平面扩散器中的分离控制 [36] 以及控制喷射噪声 [375]。

极值搜索有许多可以提高性能的扩展。例如，在文献 [202] 中使用扩展卡尔曼滤波器作为滤波器来控制燃烧室实验中的热声不稳定性，从而将压力波动降低近 40db。Kalman 滤波器还与 ESC 一起用于减少高压轴流风机中的气流分离，并使用注入的脉冲气流提高压力比 [553]。与传统的 ESC 相比，包含 Kalman 滤波器的控制器带宽提高了 10 倍。

推荐阅读

教材

(1) **Reinforcement learning: An introduction**, by R. S. Sutton and A. G. Barto, 1998 [507].

(2) **Real-time optimization by extremum-seeking control**, by K. B. Ariyur and M. Krstić, 2003 [19].

(3) **Machine learning control: Taming nonlinear dynamics and turbulence**, by T. Duriez, S. L. Brunton, and B. R. Noack, 2016 [167].

(4) **Model predictive control**, by E. F. Camancho, C. B. Alba, 2013 [107].

论文和综述

(1) **Stability of extremum seeking feedback for general nonlinear dynamic systems**, by M. Krstić and H. H. Wang, *Automatica*, 2000 [312].

(2) **Dynamic mode decomposition with control**, by J. L. Proctor, S. L. Brunton, and J. N. Kutz, *SIAM Journal on Applied Dynamical Systems*, 2016 [434].

(3) **Model predictive control: theory and practice – a survey**, by C. E. Garcia, D. M. Prett, and M. Morari, *Automatica*, 1989 [195].

(4) **Closed-loop turbulence control: Progress and challenges**, by S. L. Brunton and
372 B. R. Noack, *Applied Mechanics Reviews*, 2015 [94].

第四部分 降阶模型

第11章 POD技术

本征正交分解（POD）是应用于偏微分方程（PDE）的 SVD 算法。因此，它是研究复杂时空系统最重要的降维技术之一。这类系统通常是由非线性偏微分方程表示，该方程确定了给定的物理、工程和生物系统中感兴趣的量在时间和空间上的演化。POD 的成功与一个看似无所不在的观察结果有关，即在大多数复杂系统中，有意义的行为被编码在动态活动的低维模式中。POD 技术试图利用这一事实来产生低阶动力系统，以便能够精确地模拟主导复杂系统的全时空演化。具体来说，降阶模型（ROM）利用 POD 模式将 PDE 动态投影到低秩子空间中，这样可以更容易地评估控制 PDE 模型的仿真。更为重要的是，由 ROM 产生的低秩模型可以显著提高计算速度，从而潜在地有可能实现对 PDE 系统昂贵的 Monte-Carlo 仿真、对参数化 PDE 系统的优化和基于 PDE 系统的实时控制。POD 已广泛应用于流体动力学领域 [251]。它还在结构力学和振动分析 [287, 23, 232, 329]、光学和 MEMS 技术 [333, 488]、大气科学（在这里被称为经验正交函数 [EOF]）[116, 117]、风力工程应用 [494]、声学 [181] 和神经科学 [33, 519, 284] 等领域有广泛的应用。该方法的成功取决于其提供的对数据进行物理上可解释的时空分解的能力 [316, 57, 181, 286, 126, 333]。

11.1 偏微分方程的POD

在整个工程、物理和生物科学中，许多系统被认为在时间和空间之间有规定的关系，并以此来驱动动态活动的模式。即使是简单的时空关系也可能导致高度复杂但是连贯的动力学，从而激发分析和计算研究的主要动力。建模工作试图通过第一性原理或通过对现有关系的合理推测来获得这些时空关系，从而通常会得到约束和支配复杂系统的潜在的偏微分方程（PDE）。通常，这类 PDE 超出了我们解析能力的范围。因此，有两种主要的解决策略：计 373~375
算和渐近约简。前者将复杂系统在空间和时间上离散化，人为地产生一个极高维度的方程组，该方程组可以被求解到所需的精度水平。而更高的精度要求离散化系统的维数更大。在这种技术中，高维性是人为造成的，并且仅仅是底层基础数值求解策略的结果。相反，渐近约简试图用一个更简单的方程组来代替复杂系统，该方程组最好是线性的以便于分析。在 20 世纪 60 年代及计算兴起之前，这种渐近约简形成了诸如流体力学等领域中应用数学的主干。实际上，渐近性是降维工作最早研究的基础。本书没有讨论渐近方法，但是讨论了可以使用降阶模型的计算方法。

为了在数学上更加精确地描述所要研究的复杂系统，我们通常考虑如下具有单空间变量的一个非线性 PDE 系统：

$$\mathbf{u}_t = \mathbf{N}\left(\mathbf{u}, \mathbf{u}_x, \mathbf{u}_{xx}, \cdots, x, t; \boldsymbol{\beta}\right) \tag{11.1}$$

其中，下标表示偏微分，$\mathbf{N}(\cdot)$ 表示一般的非线性演化。参数 $\boldsymbol{\beta}$ 代表分岔参数，我们之后考虑。此外，与式（11.1）相关的是在域 $x \in [-L, L]$ 上的一组初始条件和边界条件。历史上，已经设计了许多解析解技术来研究式（11.1）。通常，这类方法的目的是将 PDE 式（11.1）简化为一个常微分方程组（ODE）。分离变量和相似解的标准 PDE 方法就是为了这个明确的目的而构建的。一旦采用 ODE 形式，则在非线性行为的情况下就可以应用更广泛的分析方法与定性理论 [252]。这再次凸显了渐近性在表征行为方面的重要作用。

尽管已经提到了一些潜在的解决方案策略，但式（11.1）通常不接受封闭形式的解。即使是最简单的非线性或空间相关系数也会使标准的解析策略失效。然而，用于求解式（11.1）的计算策略是丰富的，并提供了跨越物理、工程和生物科学的变革性见解，所设计的各种各样的计算技术得到了式（11.1）的高维近似数值解。例如，考虑式（11.1）的标准空间离散化，即空间变量 x 在 $n \gg 1$ 点处取值：

$$\mathbf{u}(x_k, t)\text{，其中 } k = 1, 2, \cdots, n \tag{11.2}$$

间距为 $\Delta x = x_{k+1} - x_k = 2L / n$。采用标准的有限差分公式，可以借助相邻的空间点来计算空间导数，例如：

$$\mathbf{u}_x = \frac{\mathbf{u}(x_{k+1}, t) - \mathbf{u}(x_{k-1}, t)}{2\Delta x} \tag{11.3a}$$

$$\mathbf{u}_{xx} = \frac{\mathbf{u}(x_{k+1}, t) - 2\mathbf{u}(x_k, t) + \mathbf{u}(x_{k-1}, t)}{\Delta x^2} \tag{11.3b}$$

这种空间离散方法将主导 PDE 式（11.1）转换为一组 n 个 ODE：

$$\frac{\mathrm{d}\mathbf{u}_k}{\mathrm{d}t} = \mathbf{N}\left(\mathbf{u}(x_{k+1}, t), \mathbf{u}(x_k, t), \mathbf{u}(x_{k-1}, t), \cdots, x_k, t, \boldsymbol{\beta}\right), \quad k = 1, 2, \cdots, n \tag{11.4}$$

这个离散化的过程产生了一个更易于管理的方程组，但代价是使得式（11.1）呈现高维性。
376 随着精度要求变得越来越严格，系统（11.4）的最终维度 n 也会增加，因为 $\Delta x = 2L / n$。这样，底层基础计算策略的维数是由有限差分微分策略的精度人为确定的。

式（11.1）的空间离散化过程说明了高维系统是如何呈现的。高维系统的人工生成在计算方案中无处不在，这对科学计算工作提出了重大挑战。为了进一步说明这一现象，我们考虑求解式（11.1）的第二个计算方案。特别地，我们考虑了解析求解 PDE 最常用的技术：分离变量。在这种方法中，假设存在一个解，其中空间和时间是独立的，因此：

$$\mathbf{u}(x, t) = \mathbf{a}(t)\psi(x) \tag{11.5}$$

其中，变量 $\mathbf{a}(t)$ 包含了式（11.1）的所有时间依赖作用，$\psi(x)$ 特征了空间依赖性。仅当式（11.1）为线性且系数恒定时，才能保证分离变量在解析上有效。在这种限制情况下，可以推导出两个微分方程来分别描述复杂系统的空间和时间依赖性。微分方程组与每个方程中存在的一个定常参数相关联。

对于一般形式的式（11.1），分离变量可用于产生能够得到精确解的计算算法。由于空间解并不是先验已知的，因此通常假设一组用于构造 $\psi(x)$ 的基模态。实际上，这种基于基模态的假设是以特征函数扩展方法的关键思想为基础的（或隐式地体现了特征函数扩展方法的关键思想）。这便得到一个如下假定形式的分离变量解：

$$\mathbf{u}(x,t)=\sum_{k=1}^{n}\mathbf{a}_k(t)\psi_k(x) \tag{11.6}$$

其中 $\psi_k(x)$ 形成一组 $n \gg 1$ 个基模态。和先前一样，由于需要 n 个模态，这种扩展就人为地产生了高维方程组。假设 n 足够大，则这种分离变量解近似于真实解。增加模态数 n 等效于在有限差分策略中增加空间离散化数量。

基函数 $\psi_k(x)$ 的正交性使我们能够利用式（11.6）。为了说明这一点，考虑式（11.1）的标量形式以及相关的标量可分离解 $u(x,t)=\sum_{k=1}^{n}a_k(t)\psi_k(x)$。将此解带入主导方程组中可得：

$$\sum \psi_k \frac{\mathrm{d}a_k}{\mathrm{d}t}=\mathbf{N}\left(\sum a_k\psi_k, \sum a_k(\psi_k)_x, \sum a_k(\psi_k)_{xx}, \cdots, x, t, \boldsymbol{\beta}\right) \tag{11.7}$$

其中，求和范围为 $k=1,2,\cdots,n$。基函数的正交性意味着：

$$\langle\psi_k,\psi_j\rangle=\delta_{kj}=\begin{cases}0 & j\neq k\\ 1 & j=k\end{cases} \tag{11.8}$$

其中，δ_{kj} 是克罗内克（Kronecker）δ 函数，$\langle \psi_k, \psi_j \rangle$ 是内积，其定义如下：

$$\langle\psi_k,\psi_j\rangle=\int_{-L}^{L}\psi_k\psi_j^*\,\mathrm{d}x \tag{11.9}$$

其中 * 表示复共轭。 377

一旦确定了基模态，就可以通过将式（11.7）乘以 $\psi_j(x)$ 并在 $x\in[-L, L]$ 上积分来确定 $a_k(t)$ 的主导方程。然后，正交性会为每种模态生成时间主导方程或 Galerkin 投影动力学：

$$\frac{\mathrm{d}a_k}{\mathrm{d}t}=\left\langle\mathbf{N}\left(\sum a_j\psi_j, \sum a_j(\psi_j)_x, \sum a_j(\psi_j)_{xx}, \cdots, x, t, \boldsymbol{\beta}\right), \psi_k\right\rangle \quad k=1,2,\cdots,n \tag{11.10}$$

给定形式的 $\mathbf{N}(\cdot)$ 确定了各种 n 个模态之间发生的模态耦合。实际上，非线性的标志性特征就是由式（11.10）产生了模态混合。

基于 Galerkin 投影（11.10）的数值方法通常用于对整个主导系统（11.1）进行仿真。通过适当地选择模态基元素 ψ_k 以及模态总数 n 都能使解收敛于真解。基于线性偏微分方程的分离变量策略能够适用于非线性和非定常系数偏微分方程，如果选择足够的模态基函数，以便适应式（11.10）中出现的所有非线性模式混合。一个好的模态基元素的选择可以选择较小的 n 个模态来达到期望的精度。POD 方法是专门为数据驱动的一组基模式选择而设计的，这些基本模式是根据特定的动力学、几何和参数定制的。

傅里叶模态展开

Galerkin 投影技术最为丰富的基是傅里叶模态。快速傅里叶变换（FFT）及其变体已经主导了应用于工程、物理和生物科学的科学计算，主要原因有两个：1）围绕傅里叶模态的意义建立了一种很强的直觉，因为它与空间波长和频率直接相关；2）计算式（11.10）右侧的算法可以仅执行 $\mathcal{O}(n\log n)$ 次运算。第二个事实使 FFT 成为 20 世纪十大算法之一，并成为科学计算的基石。

傅里叶模态的基元素由下式给出：

$$\psi_k(x) = \frac{1}{L}\exp\left(i\frac{2\pi kx}{L}\right) \tag{11.11}$$

其中，$x \in [0, L]$，$k = -n/2, \cdots, -1, 0, 1, \cdots, n/2-1$。应当注意的是，在包括 MATLAB 在内的大多数软件包中，FFT 命令都假定空间间隔为$x \in [0, 2\pi]$。因此，人们在使用 FFT 之前必须将域的长度 L 重新调节为 2π。

显然，傅里叶模态（11.11）是区间 $x \in [0, L]$ 上的复周期函数。然而，它们适用于更广泛的一类函数，不一定是周期函数。例如，考虑局部化的高斯函数：

$$u(x,t) = \exp\left(-\sigma x^2\right) \tag{11.12}$$

其傅里叶变换也是高斯的。在用傅里叶模态表示这种函数时，由于函数本身不是周期的，因此经常需要使用大量模态。图 11.1 给出了三个 σ 值对应的高斯函数的傅里叶模态表示。值得注意的是，需要大量模态来表示这个简单函数，尤其是当高斯函数宽度减小时。尽管 FFT 算法非常快速且应用广泛，但人们通常需要大量模态来表示感兴趣的简单函数。因此，使用 FFT 解决问题通常需要高维表示（即 $n \gg 1$），以适应一般的局部化空间行为。最终，我们的目标是避免人为地制造此类高维问题。

378

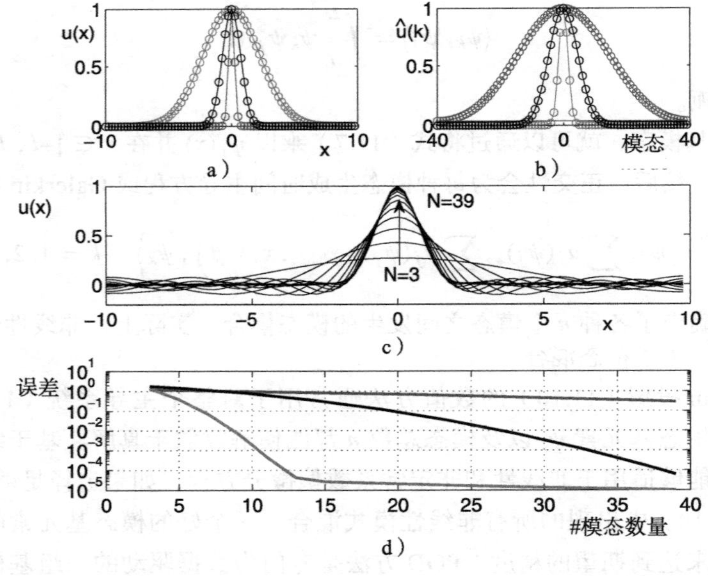

图11.1　用于表示局部化高斯的傅里叶模态图。如图11.1a所示，$n = 80$个傅里叶模态用于表示域 $x \in [-10,10]$ 上的高斯函数$u(x) = \exp(-\sigma x^2)$，其中$\sigma = 0.1$（红色），$\sigma = 1$（黑色）和$\sigma = 10$（蓝色）。如图11.1b所示，高斯函数的傅里叶模态表示，展示出精确表示局部函数所需的模态数量。如图11.1c所示，n模态解收敛到实际高斯（$\sigma = 1$）解，该高斯解对于三个σ值的真解具有L^2误差（见图d）（附彩图）

特殊函数和施图姆 – 刘维尔（Sturm-Liouville）理论

在 19 世纪和 20 世纪初期，数学物理学对诸如热流、电磁学和量子力学等建立了许多控制原理。所考虑的许多标志性问题都是由线性动力学驱动的，因此可以提供易于解析处理的解。而且这些问题是在计算开始之前就已经出现，非线性通常被看作是对基础线性方程的扰动。因此，人们通常考虑如下形式的复杂系统：

$$\mathbf{u}_t = \mathbf{L}\mathbf{u} + \epsilon \mathbf{N}(\mathbf{u}, \mathbf{u}_x, \mathbf{u}_{xx}, \cdots, x, t, \boldsymbol{\beta}) \tag{11.13}$$ 379

其中，$\mathbf{L}$ 是线性算子，$\epsilon \ll 1$ 是用于扰动计算的小参数。在数学物理学中，算子 $\mathbf{L}$ 通常是 Sturm-Liouville 算子，它保证了特征值和特征函数的许多优点。

为了求解如式（11.13）形式的方程，通常使用最适合该问题的特殊模态。这些模态是式（11.13）中潜在线性算子 $\mathbf{L}$ 的特征函数：

$$\mathbf{L}\psi_k = \lambda_k \psi_k \tag{11.14}$$

其中 $\psi_k(x)$ 是算子 $\mathbf{L}$ 的正交特征函数。特征函数考虑了特征函数展开解，其中 $\mathbf{u}(x, t) = \sum a_k(t)\psi_k(x)$，这导致如下解的形式：

$$\frac{\mathrm{d}a_k}{\mathrm{d}t} = \langle \mathbf{L}\mathbf{u}, \psi_k \rangle + \epsilon \langle \mathbf{N}, \psi_k \rangle \tag{11.15}$$

这个展开式的关键思想是，特征函数可能是对所考虑问题的空间变化建模的理想选择，因此它们似乎是式（11.13）的理想模式或完全适合的模式。这与傅里叶模态展开形成对比，因为正弦波模态可能与特定物理或几何中的对称性无关。例如，所考虑的高斯示例可以潜在地由高斯 – 埃尔米特多项式更有效地表示。实际上，包括贝塞尔（Bessel）、拉盖尔（Laguerre）、埃尔米特（Hermite）、勒让德（Legendre）等 Sturm-Liouville 算子在内的各种各样的特殊函数，都是为了使解的表示更为有效，并且与基础物理和几何关系更加紧密。最终，我们可以将这些函数视为通过使用一组理想的基函数来进行降维的一种方式。

降维

上面的示例和 PDE 的求解方法表明了科学计算的一个常见问题：n 阶高维系统的生成。对于具有多个空间维度的许多复杂 PDE，离散化或模态展开技术产生具有数百万或数十亿个自由度的微分方程组的情况并不少见。如此大型的系统甚至对最新的计算体系结构也有极为苛刻的要求，从而限制了许多复杂系统（例如高 Reynolds 数的流体流动）建模的准确性和运行时间。

为了便于计算，选择一组最优基模态至关重要，因为它可以大大减少生成的微分方程的数量。许多求解技术涉及大小为 n 的线性系统的求解，该线性系统通常涉及 $\mathcal{O}(n^3)$ 次运算复杂性。因此，减少 n 至关重要。我们已经可以看到，即使在 19 世纪和 20 世纪初期，针对数学物理学的各种问题而开发的特殊函数也是一种分析尝试，目的是生成一组理想的模态来表示复杂系统的动力学。但是，对于强非线性的复杂系统（11.1），即使是这样的特殊函数也很少能给出最优的模态集。在下一节中，我们将展示如何生成专门为式（11.1）中的动力学和几何量身定制的模态 ψ_k。基于 SVD 算法，本征正交分解（POD）会生成一组模态，这些 380
模态是表示模拟仿真或测量数据的最优模态，从而在给定精度下，潜在地容许显著减少用于式（11.1）行为建模所需的模态数 n [57, 542, 543]。

11.2 最优基元：POD展开

如前一节所述，使用式（11.6）中的 Galerkin 展开式选择一个好的模态基底来求解式（11.1）对于有效的科学计算策略至关重要。用于解决 PDE 的许多算法都依赖于基于计算速度、精度和边界条件约束的先验选择基模态。所有这些理由都是合理的，并构成了某种有效计算方法的基础。但是，本章主要关注的是选择一种通过降维实现最大计算效率的方法。如前所述，许多算法会人为生成大小为 n 的大型系统。在下面的内容中，我们介绍一种数据驱动策略，从数值和实验观察中选择最优模态，也称为 POD 模态，允许使用最少数量的模态 $r \ll n$ 来表征式（11.1）的动力学。

从给定的复杂系统中提取最优基底模态存在两种选择，一种是可以直接从实验中收集数据，另一种是可以模拟仿真复杂系统，并随着系统的演化根据动力学特性对其状态进行采样。在这两种情况下，都会拍摄动态快照并确定最优模态。在对系统进行模拟以提取模态的情况下，可以认为没有实现计算上的节省。但是，就像 LU 分解（在可以应用进一步的 $\mathcal{O}(n^2)$ 次运算之前，其初始一次性计算成本为 $\mathcal{O}(n^3)$ 次）一样，昂贵的模态提取过程仅执行一次，然后可以以计算效率高的方式使用最优模态。

为了进行最优 POD 模态的构建，以一定的时间间隔对（11.1）的动力学进行采样。具体地，快照 $\mathbf{u}_k$ 由复杂系统的样本组成，下标 k 表示在时间 t_k：$\mathbf{u}_k := \begin{bmatrix}\mathbf{u}(x_1,t_k) & \mathbf{u}(x_2,t_k) & \cdots & \mathbf{u}(x_n,t_k)\end{bmatrix}^T$ 处的采样。现在，在 n 个离散的空间位置上计算连续函数和模态，从而产生高维向量表示，这些将以粗体符号表示。我们通常对以计算或实验方式生成的大数据集 $\mathbf{X}$ 进行分析感兴趣：

$$\mathbf{X} = \begin{bmatrix} | & | & & | \\ \mathbf{u}_1 & \mathbf{u}_2 & \cdots & \mathbf{u}_m \\ | & | & & | \end{bmatrix} \tag{11.16}$$

其中，列 $\mathbf{u}_k = \mathbf{u}(t_k) \in \mathbb{C}^n$ 可以是来自仿真或实验的测量结果。$\mathbf{X}$ 由时间序列数据组成，在时间上具有 m 个不同的测量实例。通常，状态维数 n 非常大，在流体系统中，状态维数 n 为数百万或数十亿。通常，$n \gg m$，导致产生高瘦矩阵，与 $n \ll m$ 时的矮胖矩阵相反。

如前所述，奇异值分解（SVD）为任何复值矩阵 $\mathbf{X} \in \mathbb{C}^{n\times m}$ 提供了唯一的矩阵分解：

381 $$\mathbf{X} = \mathbf{U}\mathbf{\Sigma}\mathbf{V}^* \tag{11.17}$$

其中，$\mathbf{U} \in \mathbb{C}^{n\times n}$ 和 $\mathbf{V} \in \mathbb{C}^{m\times m}$ 是带有标准正交列的酉矩阵，$\mathbf{\Sigma} \in \mathbb{C}^{n\times m}$ 是一个对角线上有非负元素的矩阵。这里 * 表示的是复共轭转置。$\mathbf{U}$ 的列被称为 $\mathbf{X}$ 的左奇异向量，$\mathbf{V}$ 的列被称为 $\mathbf{X}$ 的右奇异向量。$\mathbf{\Sigma}$ 的对角线元素被称为奇异值，并且它们是按由大到小进行排序的。针对特定问题如何构建有针对性的最优基组，SVD 提供了重要见解。特别地，矩阵 $\mathbf{U}$ 被保证在 L2 意义上提供逼近 $\mathbf{X}$ 的最优模态集。具体来说，该矩阵的列包含形成理想基所必需的正交模态。矩阵 $\mathbf{V}$ 给出了每个模态元素的时间历程，对角矩阵 $\mathbf{\Sigma}$ 是每个模态相对于其他模态的权重。回想一下，这些模态是按照最主要的优先和最不重要的最后的顺序排列的。

生成的模态总数通常由构造 $\mathbf{X}$ 时拍摄的快照数量 m（通常为 $n \gg m$）确定。我们的目标是确定用 Galerkin 投影式（11.6）准确表示式（11.1）动力学所需的最小模态数。因此，我们通常对 $r \ll m$ 的真实动力学的秩 r 近似感兴趣。感兴趣的数量则是 SVD 的低阶分解，即：

$$\tilde{\mathbf{X}} = \tilde{\mathbf{U}}\tilde{\mathbf{\Sigma}}\tilde{\mathbf{V}}^* \tag{11.18}$$

其中，对于给定的小值 ϵ 有 $\|\mathbf{X}-\tilde{\mathbf{X}}\|<\epsilon$。这种低秩截断使我们能够从截断矩阵 $\tilde{\mathbf{U}}$ 的列中构造感兴趣的模态 ψ_k。最优基模态由下式给出：

$$\tilde{\mathbf{U}}=\mathbf{\Psi}=\begin{bmatrix} | & | & & | \\ \boldsymbol{\psi}_1 & \boldsymbol{\psi}_2 & \cdots & \boldsymbol{\psi}_r \\ | & | & & | \end{bmatrix} \tag{11.19}$$

截断保留了式（11.6）中使用的 r 个最主要模态。然后，截断的 r 个模态 $\{\psi_1, \psi_2, \cdots, \psi_r\}$ 被用作低秩正交基来表示式（11.1）的动力学。

以上基于快照用于提取与式（11.1）相关联的动态演化的低秩 r 维子空间的方法，是一种数据驱动的计算体系结构。事实上，它提供了一种无方程式的方法，即主导方程式（11.1）可能实际上是未知的。在潜在动力学未知的情况下，低秩空间的提取允许人们在 r 维子空间中建立潜在的可能模态，而不是保留在 $n \gg r$ 的高维空间中。这些想法将在下面进一步探讨。但是，在此需要强调的是，最优基的表示并不需要复杂系统（11.1）的基础知识。

Galerkin 投影到 POD 模态

使用 Galerkin 展开式可以近似 PDE 的状态 $\mathbf{u}$：

$$\mathbf{u}(t) \approx \mathbf{\Psi}\mathbf{a}(t) \tag{11.20}$$ 382

其中，$\mathbf{a}(t) \in \mathbb{R}^r$ 是随时间变化的系数向量，$r \ll n$。将此模态展开式代入到主导方程式（11.13）中，并应用正交性（即乘以 ψ_T），则得到如下降维的演变系统：

$$\frac{\mathrm{d}\mathbf{a}(t)}{\mathrm{d}t}=\mathbf{\Psi}^T\mathbf{L}\mathbf{\Psi}\mathbf{a}(t)+\mathbf{\Psi}^T\mathbf{N}(\mathbf{\Psi}\mathbf{a}(t),\boldsymbol{\beta}) \tag{11.21}$$

通过求解这个维数较小的系统，可以得到高维非线性动力学系统的近似解。重要的是，使用第 12 章中缺失 POD 或 DEIM 数学架构来有效地评估非线性项，否则，计算非线性项仍然需要计算原始维数为 n 的函数和内积。在某些情况下，例如 Navier-Stokes 的二次非线性，非线性项可以离线方式计算一次。然而，参数化系统通常需要重复评估非线性项，因为 POD 模态随 $\boldsymbol{\beta}$ 变化而变化。

示例：谐振子

为了说明选择最优基元素的 POD 方法，我们将考虑一个经典的数学物理问题：量子谐振子。虽然这个问题的理想基函数（高斯 – 埃尔米特函数）是已知的，但是我们想用纯数据驱动的方式来推断这些特殊函数。换句话说，我们能从动力学的快照中推导出这些特殊的函数吗？标准谐振子出现在弹簧 – 质量系统的研究中，人们通常认为弹簧的恢复力 F 受线性胡克（Hooke）定律支配：

$$F(t)=-kx \tag{11.22}$$

其中 k 是弹簧常数，$x(t)$ 表示弹簧从其平衡位置开始的位移。这种力为弹簧产生势能，其形式为 $V=kx^2/2$。

在考虑量子力学系统时，这种恢复力（通常取 $k=1$）和相关的势能产生具有抛物线势的薛定谔（Schrödinger）方程：

$$iu_t + \frac{1}{2}u_{xx} - \frac{x^2}{2}u = 0 \tag{11.23}$$

其中，偏微分方程中的第二项表示量子粒子的动能，而最后一项是与线性恢复力相关的抛物线势能。

根据特殊函数可以很容易计算出量子谐振子的解。假设解具有如下形式：

$$u(x,t) = a_k\psi_k(x)\exp\left[-i(k+1/2)t\right] \tag{11.24}$$

a_k 可根据初始条件确定，则可以发现如下的系统本征模态的边界值问题：

383 $$\frac{\mathrm{d}^2\psi_k}{\mathrm{d}x^2} + (2k+1-x^2)\psi_k \tag{11.25}$$

其中，$x \to \pm\infty$ 时边界条件 $\psi_k \to 0$。该方程的归一化解可用 Hermite 多项式 $\mathrm{H}_k(x)$ 或高斯–埃尔米特函数表示：

$$\psi_k = \left(2^k k\sqrt{\pi}\right)^{-\frac{1}{2}} \exp(-x^2/2)H_k(x) \tag{11.26a}$$

$$= (-1)^k\left(2^k k\sqrt{\pi}\right)^{-\frac{1}{2}} \exp(-x^2/2)\frac{\mathrm{d}^k}{\mathrm{d}x^k}\exp(-x^2) \tag{11.26b}$$

高斯–埃尔米特函数通常被认为是谐振子的最优基函数，因为它自然地表示了由具有抛物势能的 Schrödinger 方程驱动的基本动力学。实际上，复杂系统（11.23）的解可以表示为如下和的形式：

$$u(x,t) = \sum_{k=0}^{\infty} a_k\left(2^k k\sqrt{\pi}\right)^{-\frac{1}{2}} \exp(-x^2/2)H_k(x)\exp\left[-i(k+1/2)t\right] \tag{11.27}$$

这种求解策略在数学物理中是普遍存在的，对于不同的几何和边界条件，大量的特殊函数（通常是 Sturm-Liouville 形式）就是证明。这些函数包括 Bessel 函数、Laguerre 多项式、Legendre 多项式、抛物柱面函数、球谐函数等。

基于快速傅里叶变换的主导 PDE 式（11.23）的数值解很容易实现[316]。以下代码以初始条件 $u(x,0) = \exp(-0.2(x-x_0)^2)$ 执行完整的数值解，初始条件是一个以 $x = x_0$ 为中心的高斯脉冲。这种初始条件通常会激发许多高斯–埃尔米特函数。特别是，从正交条件来计算本征模态的初始投影，这样有：

$$a_k = \langle u(x,0), \psi_k\rangle \tag{11.28}$$

这个内积将初始条件投射到每个模态 ψ_k 上。

代码 11.1 谐振子代码。

```
L=30; n=512; x2=linspace(-L/2,L/2,n+1); x=x2(1:n); % spatial
    discretization
k=(2*pi/L)*[0:n/2-1 -n/2:-1].';    % wavenumbers for FFT
V=x.^2.';                  % potential
t=0:0.2:20;                % time domain collection points

u=exp(-0.2*(x-1).^2); % initial conditions
ut=fft(u);                 % FFT initial data
[t,utsol]=ode45('pod_harm_rhs',t,ut,[],k,V); % integrate PDE
for j=1:length(t)
  usol(j,:)=ifft(utsol(j,:));      % transforming back
end
```

与上述代码相关的右侧函数 **pod_harm_rhs.m** 在三行的 MATLAB 代码中包含了主导方程（11.23）。

代码 11.2　谐振子右侧函数。

```
function rhs=pod_harm_rhs(t,ut,dummy,k,V)
u=ifft(ut);
rhs=-(i/2)*(k.^2).*ut - 0.5*i*fft(V.*u);
```
384

这两个代码共同产生与量子谐振子相关的动力学。图 11.2 展示了初始高斯函数 $u(x,0)=\exp(-0.2(x-x_0)^2)$ 分别在 $x_0=0$（左图）和 $x_0=1$（右图）时的动力学演化情况。通过仿真，可以看到总共有 101 个快照（初始条件和另外 100 个测量时刻）。这些快照可以按照式（11.16）进行组织，并执行奇异值分解，分解的奇异值反映了动力学的基本维数。在图 11.2 的顶部图片中观察到动力学演化情况，在底部图片中给出了快照的相应奇异值。对于对称的初始条件（关于 $x=0$ 对称），五个模态主导了动力学。相反，对于不对称的初始条件，需要两倍多的模态才能以相同的精度表示动力学。

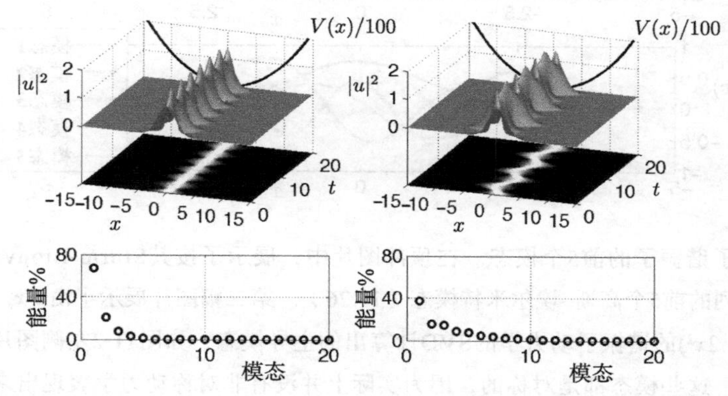

图11.2　给定初始条件 $u(x,0)=\exp(-0.2(x-x_0)^2)$ 的量子谐振子式（11.23）的动力学，其中 $x_0=0$（左图）和 $x_0=1$（右图）。对称初始数据会引起主要的5个模态响应，而初始偏移量 $x_0=1$ 的初始条件会激活10个模态。底部图片展示了其相应顶部图片的SVD奇异值及每种模态下的能量百分比（或 L^2 范数）。考虑到奇异值的快速衰减，动力学显然是低阶的

奇异值分解不仅给出了第一组模态内的能量分布，而且还产生了作为矩阵 **U** 列的最优基元素。奇异值的分布强烈反映了如何截断 r 模态的低阶子空间，因而使我们能够构建适合 Galerkin-POD 展开的维度约简空间（11.19）。

量子谐振子的模态如图 11.3 所示。具体而言，针对以下情况显示了前 5 个模态：1）代表特殊函数解的高斯–埃尔米特函数；2）对称（$x_0=0$）初始条件下的 SVD 模态；3）偏移（不对称，$x_0=1$）初始条件下的 SVD 模态。高斯–埃尔米特函数按构造从 Sturm-Liouville 385
问题（11.25）的最低特征值开始排列，本征模态在对称模态和非对称模态之间交替。对于由 $u(x,0)=\exp(-0.2x^2)$ 给出的对称（大约为 $x=0$）初始条件，其前 5 个模态都是对称的，因为基于快照的方法无法生成非对称模态，这是由于它们不是动力学的一部分造成的，由此它们不能被观察到，或者不能在演化中表现出来。相比之下，含有微小偏移量的 $u(x,0)=$

$\exp(-0.2(x-1)^2)$，其快照的演化会产生不对称模态，该模态非常类似于高斯 – 埃尔米特展开的不对称模态。在这种情况下，SVD 根据每个模态中展示的能量来排列模态。因此，第一个非对称模态等效于精确的高斯 – 埃尔米特多项式的第二模态。此处的主要观察结果表明，基于快照的方法能够生成或者说几乎可以生成系统的已知最优高斯 – 埃尔米特多项式特性。POD-Galerkin 方法可以被推广到更复杂的物理学和几何学中，在这些物理和几何中解可以
386 不是先验已知的。

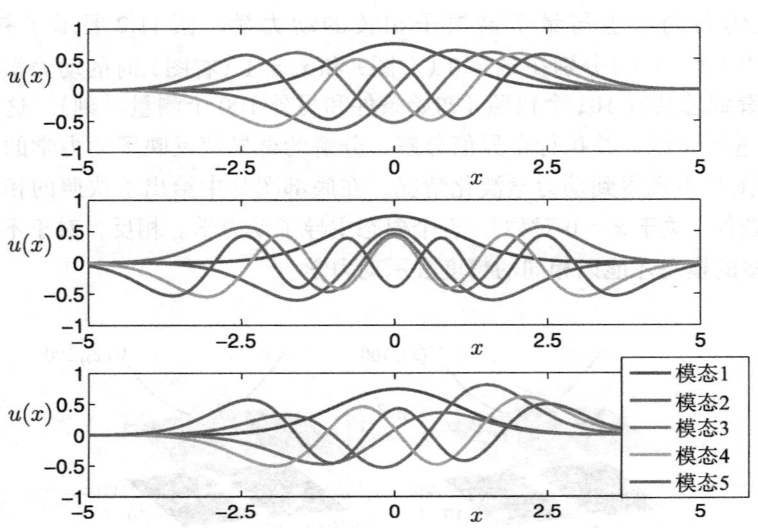

图11.3　量子谐振子的前5个模态。在顶部图片中，展示了按其Sturm-Liouville特征值排列的前5个高斯–埃尔米特模态（11.26）。第二幅图片展示了由$u(x,\ 0)=\exp(-0.2x^2)$的谐振子动力学的SVD计算出的主导模态，如图11.2左侧图片所示。注意，这些模态都是对称的，因为实际上并没有非对称动力学表现出来。对于底部图片，以偏移高斯函数$u(x,0)=\exp(-0.2(x-1)^2)$模拟谐振子，可以观察到不对称性，这也会产生与高斯–埃尔米特函数非常相似的模态。因此，基于纯快照的方法能够为谐振子再现近乎理想的基底集

11.3　POD和孤立子动力学

为了说明 Galerkin-POD 方法的完整实现，我们将考虑一个具有强非线性动力学的复杂系统。我们考虑非线性 Schrödinger（NLS）方程：

$$iu_t+\frac{1}{2}u_{xx}+|u|^2u=0 \tag{11.29}$$

边界条件满足 $x\to\pm\infty$ 时 $u\to 0$。如果不是非线性项，则该方程很容易以封闭形式求解。但是，非线性将展开式（11.6）中的本征函数分量混合在一起，因此不可能导出简单的解析解。

为了计算求解 NLS，使用了傅里叶模态展开法。可以利用标准的快速傅里叶变换，在傅里叶域中重写式（11.29）即进行傅里叶变换，得到一组微分方程：

$$\hat{u}_t = -\frac{i}{2}k^2\hat{u} + i\widehat{|u|^2u} \tag{11.30}$$

其中，傅里叶模态混合是由三次项的非线性混合引起的。这就给出了需要求解的微分方程组，以便评估 NLS 行为。

下面的代码将 PDE 的解表示为 NLS（11.29）的特征函数展开式（11.6）。这个过程的第一步是为解以及系统中存在的傅里叶频率定义适当的时空域。以下代码生成时间域和空间域。

代码 11.3　非线性 Schrödinger 方程求解器。

```
L=40; n=512; x2=linspace(-L/2,L/2,n+1); x=x2(1:n); % spatial
    discretization
k=(2*pi/L)*[0:n/2-1 -n/2:-1].';    % wavenumbers for FFT
t=linspace(0,2*pi,21);             % time domain collection points

N=1;
u=N*sech(x);               % initial conditions
ut=fft(u);                 % FFT initial data
[t,utsol]=ode45('pod_sol_rhs',t,ut,[],k); % integrate PDE
for j=1:length(t)
  usol(j,:)=ifft(utsol(j,:));            % transforming back
end
```

与上述代码相关的右侧函数 **pod_sol_rhs.m** 在三行的 MATLAB 代码中包含了主导方程（11.29）。

代码 11.4　NLS 右侧函数。

```
function rhs=pod_sol_rhs(t,ut,dummy,k)
u=ifft(ut);
rhs=-(i/2)*(k.^2).*ut + i*fft( (abs(u).^2).*u );
```

现在仍然需要考虑初始条件的特定空间配置。对于 NLS，有一组特殊的初始条件被称为孤立子，其中初始条件为：

$$u(x,0) = N\text{sech}(x) \tag{11.31}$$ 387

其中 N 是整数。我们将考虑 $N=1$ 和 $N=2$ 时的孤立子动力学。首先，通过快速傅里叶变换将初始条件投影到傅里叶模态上⊖。

$N=1$ 和 $N=2$ 时的孤立子动力学如图 11.4 所示。在演化过程中，$N=1$ 时的孤立子仅发生相位变化，而其振幅保持稳定。相反，$N=2$ 时的孤立子经历周期性振荡。在这两种情况下，都需要大量的傅里叶模态，分别约为 50 个和 200 个，以对所示的简单行为进行建模。

根据我们的降维思想，要问的一个问题是：孤立子动力学真的是傅里叶模态求解技术所要求的 50 个或 200 个自由度系统吗？答案是否定的。事实上，借助于适当的基，即从 SVD 生成的 POD 模态，可以证明动力学分别被简单地约简到 1 个或 2 个模态。实际上，通过计算图 11.4 所示的演化的奇异值分解，可以很容易地证明 $N=1$ 和 $N=2$ 时的孤立子是真正低维的。

⊖ 从物理的本质来看，孤立子是一种形态稳定的准粒子，由非线性场所激发，能量不会弥散。这种准粒子具有粒子的一切特性，如能量、动量、质量等，同时又具有波动的特征，在一切可以出现波动的介质里都可以存在。——译者注

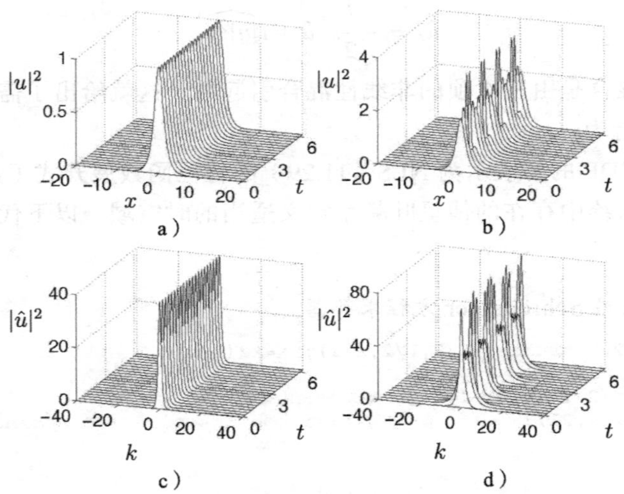

图11.4　图a中$N=1$和图b中$N=2$时的孤立子的演化情况。这里观察到稳态（$N=1$，左侧图片图a和图c）和周期性（$N=2$，右侧图片图b和图d）的动态，分别需要大约50个和200个傅里叶模态来对行为进行建模

图 11.5 通过计算奇异值以及在本征函数展开中使用的模态，明确地展示了数值解的低维性质。对于这两种情况，动力学都是真正的低维，单个 POD 模态可以很好地建模 $N=1$ 时的孤立子，而两种 POD 模态可以很好地建模 $N=2$ 时的动力学。因此，在执行本征函数展开时，选择的模态应该是从仿真本身生成的 POD 模态。在下一部分中，我们将推导出这
388 两种情况下模态相互作用的动力学，它们是低维的并且易于分析。

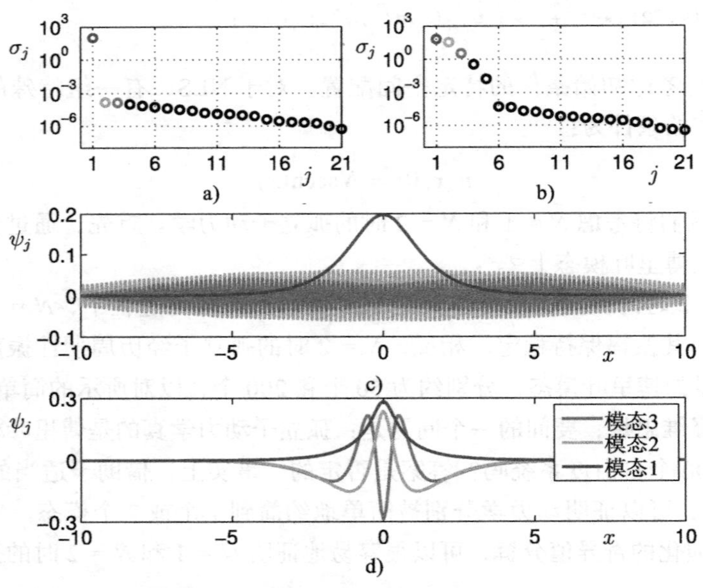

图11.5　$N=1$和$N=2$时的演化情况投影到它们的POD模态上。上方两幅图片图a和图b是奇异值σ_j在对数尺度上展示式（11.4）中的两个演化情况。这表明，$N=1$和$N=2$时的孤立子动力学主要是低秩的，$N=1$时是一个单模态演化，$N=2$时是由两个包含约95%演化方差的模态所主导的。这两种情况下的前三种模态被展示在底部的两幅图片图c和图d中

孤立子约简（$N=1$）

为了利用低维结构，我们首先考虑 $N=1$ 时的孤立子动力学。图 11.5 展示了 SVD 中一个单模态占主导的动力学情况，这是 **U** 矩阵的第一列。这样，以单模态形式重现动力学，有：

$$u(x,t)=a(t)\psi(x) \tag{11.32}$$

将其代入 NLS 方程（11.29）中可得出如下结果：

$$ia_t\psi+\frac{1}{2}a\psi_{xx}+|a|^2a|\psi|^2\psi=0 \tag{11.33}$$

现在取关于 ψ 的内积得到：

$$ia_t+\frac{\alpha}{2}a+\beta|a|^2a=0 \tag{11.34}$$

其中：

$$\alpha=\frac{\langle\psi_{xx},\psi\rangle}{\langle\psi,\psi\rangle} \tag{11.35a}$$ 389

$$\beta=\frac{\langle|\psi|^2\psi,\psi\rangle}{\langle\psi,\psi\rangle} \tag{11.35b}$$

这是通过 POD-Galerkin 方法获得的低秩近似。

可以显式求解微分方程（11.34）的 $a(t)$，有：

$$a(t)=a(0)\exp\left(i\frac{\alpha}{2}t+\beta|a(0)|^2t\right) \tag{11.36}$$

其中，$a(0)$ 是 $a(t)$ 的初始条件。要找到初始条件，有：

$$u(x,0)=\operatorname{sech}(x)=a(0)\psi(x) \tag{11.37}$$

对 $\psi(x)$ 取内积，可得到：

$$a(0)=\frac{\langle\operatorname{sech}(x),\psi\rangle}{\langle\psi,\psi\rangle} \tag{11.38}$$

因此，单模态展开给出了近似 PDE 的解：

$$u(x,t)=a(0)\exp\left(i\frac{\alpha}{2}t+\beta|a(0)|^2t\right)\psi(x) \tag{11.39}$$

这个就是在可能的最优基（即 SVD 基）上展开的 PDE 的低维 POD 近似值。

对于 $N=1$ 时的孤立子，当其相位发生非线性旋转时，其空间分布保持恒定，求取 POD 的解（11.39）可精确地表征这种相位旋转。

孤立子约简（$N=2$）

$N=2$ 时的孤立子情况更复杂也更有趣。在这种情况下，两个模态显然主导了系统的行为，因为它们包含 96% 的能量。这两个模态 ψ_1 和 ψ_2 是矩阵 **U** 的前两列，现在用来近似图 11.4 中观察到的动力学。在这种情况下，两个模态展开式采用如下形式

$$u(x,t)=a_1(t)\psi_1(x)+a_2(t)\psi_2(x) \tag{11.40}$$

将此近似值代入主导方程式（11.29）中，可得：

$$i\left(a_{1t}\psi_1+a_{2t}\psi_2\right)+\frac{1}{2}\left(a_1\psi_{1xx}+a_2\psi_{2xx}\right)+\left(a_1\psi_1+a_2\psi_2\right)^2\left(a_1^*\psi_1^*+a_2^*\psi_2^*\right)=0 \tag{11.41}$$

将三次项乘开得到

$$\begin{aligned}&i\left(a_{1t}\psi_1+a_{2t}\psi_2\right)+\frac{1}{2}\left(a_1\psi_{1xx}+a_2\psi_{2xx}\right)\\&\quad+\Big(|a_1|^2a_1|\psi_1|^2\psi_1+|a_2|^2a_2|\psi_2|^2\psi_2+2|a_1|^2a_2|\psi_1|^2\psi_2+2|a_2|^2a_1|\psi_2|^2\psi_1\\&\quad+a_1^2a_2^*\psi_1^2\psi_2^*+a_2^2a_1^*\psi_2^2\psi_1^*\Big)\end{aligned} \tag{11.42}$$

剩下的就是取这个方程关于 $\psi_1(x)$ 和 $\psi_2(x)$ 的内积。这两种模态是正交的，从而产生如下 2×2 非线性方程组：

390

$$\begin{aligned}&ia_{1t}+\alpha_{11}a_1+\alpha_{12}a_2+\left(\beta_{111}|a_1|^2+2\beta_{211}|a_2|^2\right)a_1\\&\quad+\left(\beta_{121}|a_1|^2+2\beta_{221}|a_2|^2\right)a_2+\sigma_{121}a_1^2a_2^*+\sigma_{211}a_2^2a_1^*=0\end{aligned} \tag{11.43a}$$

$$\begin{aligned}&ia_{2t}+\alpha_{21}a_1+\alpha_{22}a_2+\left(\beta_{112}|a_1|^2+2\beta_{212}|a_2|^2\right)a_1\\&\quad+\left(\beta_{122}|a_1|^2+2\beta_{222}|a_2|^2\right)a_2+\sigma_{122}a_1^2a_2^*+\sigma_{212}a_2^2a_1^*=0\end{aligned} \tag{11.43b}$$

其中

$$\alpha_{jk}=\langle\psi_{j_{xx}},\psi_k\rangle/2 \tag{11.44a}$$

$$\beta_{jkl}=\langle|\psi_j|^2\psi_k,\psi_l\rangle \tag{11.44b}$$

$$\sigma_{jkl}=\langle\psi_j^2\psi_k^*,\psi_l\rangle \tag{11.44c}$$

这两个分量的初始值由下式给出：

$$a_1(0)=\frac{\langle 2\operatorname{sech}(x),\psi_1\rangle}{\langle\psi_1,\psi_1\rangle} \tag{11.45a}$$

$$a_2(0)=\frac{\langle 2\operatorname{sech}(x),\psi_2\rangle}{\langle\psi_2,\psi_2\rangle} \tag{11.45b}$$

这给出了从 SVD 分析预测出的两种模态动力学的完整描述。

这两种模态的动力学准确地近似了动力学的解。但是，在动力学过程中会发生相位漂移，这要求在整个 PDE 的时间序列中具有足够高的精度，并要求对系数的内积进行更精确的积分。最简单的梯形法则已经被用于计算内积，但其精度有点令人怀疑。这个问题将在下一节讨论。高阶的方案当然可以帮助提高准确性。此外，合并第三或更高模态也会有所帮助。无论哪种情况，都说明了我们将如何在实际中使用低维结构来近似 PDE 动力学。

11.4 POD的连续公式

到目前为止，我们已经构建了 POD 约简以适应由式（11.16）给出的离散数据测量快照 **X**。POD 约简会产生一组低秩基模态 $\boldsymbol{\psi}$，以便将如下最小二乘误差最小化：

$$\underset{\boldsymbol{\Psi}\text{ s.t. rank}(\boldsymbol{\Psi})=r}{\operatorname{argmin}} \quad \|\mathbf{X}-\boldsymbol{\Psi}\boldsymbol{\Psi}^T\mathbf{X}\|_F \tag{11.46}$$

其中，$\mathbf{X}\in\mathbb{C}^{n\times m}$ 且 $\boldsymbol{\Psi}\in\mathbb{C}^{n\times r}$，$r$ 是截断的秩。

在许多情况下，测量是在指定的空间域上的连续时间过程中进行的，因此，我们考虑的数据是由轨迹构建的：

$$u(x,t),\ t\in[0,T],\ x\in[-L,L] \tag{11.47}$$

此类数据需要 POD 约简的连续时间公式。对于这些连续的时间轨迹，必须构造式（11.46）的等效项。注意，除了空间相关的函数 $u(x,t)$，还可以考虑轨迹 $\mathbf{u}(t)\in\mathbb{C}^n$ 的向量。当将 PDE 离散化，从而使无限维空间变量 x 为有限维时，可能会出现这种情况。Wolkwein [542, 543] 对 POD 方法及其连续公式进行了出色的技术概述。 391

为了定义连续函数，定义如下内积：

$$\langle f(x),g(x)\rangle=\int_{-L}^{L}f(x)g^*(x)\,\mathrm{d}x \tag{11.48}$$

为了从式（11.47）的整个时间轨迹 $u(x,t)$ 中找到最优拟合函数，必须解决如下最小化问题：

$$\min_{\psi}\frac{1}{T}\int_0^T\|u(x,t)-\langle u(x,t),\psi(x)\rangle\,\psi\|^2\,\mathrm{d}t\ \ \text{满足}\ \ \|\psi\|^2=1 \tag{11.49}$$

其中，利用 $1/T$ 对时间积分归一化，以使用函数 ψ 在时间 $t\in[0,T]$ 上对数据及其低秩近似之间的差进行平均化。式（11.49）等效于最大化数据 $u(x,t)$ 和函数 $\psi(x)$ 之间的内积，即它们在函数空间中最大限度地平行。因此，最小化问题可以表述为：

$$\max_{\psi}\frac{1}{T}\int_0^T|\langle u(x,t),\psi(x)\rangle|^2\,\mathrm{d}t\ \ \text{满足}\ \ \|\psi\|^2=1 \tag{11.50}$$

式（11.50）中的约束优化问题可以重新表述为一个拉格朗日泛函：

$$\mathcal{L}(\psi,\lambda)=\frac{1}{T}\int_0^T|\langle u(x,t),\psi(x)\rangle|^2\mathrm{d}t+\lambda\left(1-\|\psi\|^2\right) \tag{11.51}$$

其中，λ 是拉格朗日乘子。强制执行约束 $\|\psi\|^2=1$，上式可重写为如下：

$$\begin{aligned}\mathcal{L}(\psi,\lambda)=&\frac{1}{T}\int_0^T\left(\int_{-L}^{L}u(\xi,t)\psi^*(\xi)\mathrm{d}\xi\int_{-L}^{L}u^*(x,t)\psi(x)\mathrm{d}x\right)\mathrm{d}t\\&+\lambda\left(1-\|\psi\|^2\right)+\lambda\left(1-\int_{-L}^{L}\psi(x)\psi^*(x)\mathrm{d}x\right)\end{aligned} \tag{11.52}$$

拉格朗日乘子问题要求泛函导数为零：

$$\frac{\partial\mathcal{L}}{\partial\psi^*}=0 \tag{11.53}$$

将此导数约束应用于式（11.52）并交换积分可得到：

$$\frac{\partial\mathcal{L}}{\partial\psi^*}=\int_{-L}^{L}\mathrm{d}\xi\left[\frac{1}{T}\int_0^T\left(u(\xi,t)\int_{-L}^{L}u^*(x,t)\psi(x)\mathrm{d}x\right)\mathrm{d}t-\lambda\psi(x)\right]=0 \tag{11.54}$$

将被积函数设为零，得到如下的特征值问题：

$$\langle R(\xi, x), \psi \rangle = \lambda \psi \quad (11.55)$$

其中，$R(\xi, x)$ 是连续数据 $u(x, t)$ 的两点相关张量，该张量在采样数据的时间间隔内取平均值：

392

$$R(\xi, x) = \frac{1}{T}\int_0^T u(\xi, t)u^*(x, t)\,\mathrm{d}t \quad (11.56)$$

如果空间方向 x 被离散化，会产生一个高维向量 $\mathbf{u}(t) = \begin{bmatrix} u(x_1, t) & u(x_2, t) & \cdots & u(x_n, t) \end{bmatrix}^T$，则 $R(\xi, x)$ 变为：

$$\mathbf{R} = \frac{1}{T}\int_0^T \mathbf{u}(t)\mathbf{u}^*(t)\,\mathrm{d}t \quad (11.57)$$

实际上，函数 $\mathbf{R}$ 是使用求积分的面积规则来计算的，这使我们能够将该方法连接到目前为止所讨论的基于快照的方法。

R 的求面积规则：梯形规则

积分（11.57）的求值可以通过数值求面积 [316] 进行。最简单的求面积规则是梯形规则，该规则通过近似矩形的求和来计算积分。图 11.6 展示了梯形法则的一种形式，其中，积分是通过对多个矩形求和而得出的。这给出了两点相关张量的近似值：

$$\begin{aligned} \mathbf{R} &= \frac{1}{T}\int_0^T \mathbf{u}(t)\mathbf{u}^*(t)\mathrm{d}t \\ &\approx \frac{\Delta t}{T}\left[\mathbf{u}^*(t_1)\mathbf{u}(t_1) + \mathbf{u}^*(t_2)\mathbf{u}(t_2) + \cdots + \mathbf{u}^*(t_m)\mathbf{u}(t_m)\right] \\ &= \frac{\Delta t}{T}\left[\mathbf{u}_1^*\mathbf{u}_1 + \mathbf{u}_2^*\mathbf{u}_2 + \cdots + \mathbf{u}_m^*\mathbf{u}_m\right] \end{aligned} \quad (11.58)$$

其中，我们假设 $u(x, t)$ 被离散化为向量 $\mathbf{u}_j = \mathbf{u}(t_j)$，并且有 m 个宽度为 Δt 的矩形区间使得 $(m)\Delta t = T$。定义一个数据矩阵：

$$\mathbf{X} = [\mathbf{u}_1 \ \ \mathbf{u}_2 \ \ \cdots \ \ \mathbf{u}_m] \quad (11.59)$$

然后可以将两点相关张量重写如下：

$$\mathbf{R} \approx \frac{1}{m}\mathbf{X}^*\mathbf{X} \quad (11.60)$$

这恰好是式（1.27）中协方差矩阵的定义，即 $\mathbf{C} \approx \mathbf{R}$。请注意，$1/T$ 的作用是对各种轨迹求
393 平均值，以便减去平均值，从而得出与协方差一致的定义。

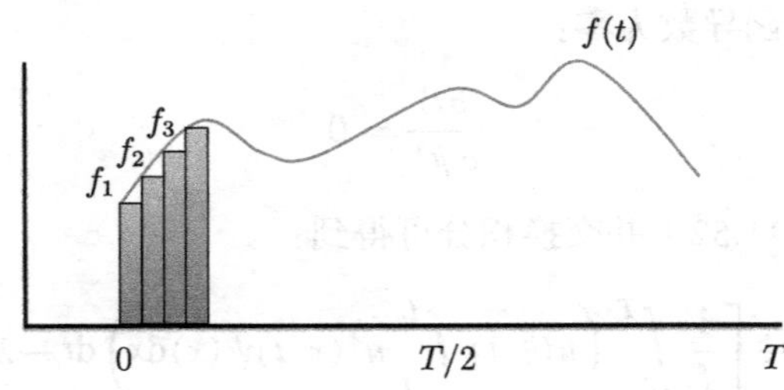

图11.6 用求面积规则求解积分 $\int_0^T f(t)\mathrm{d}t$ 的示意图。将高度为 $f(t_j) = f_j$ 和宽度为 δ_t 的矩形求和以近似积分

高阶求面积规则

数值积分只是计算给定曲线下的面积，执行此类操作的基本思想来自积分的定义：

$$\int_a^b f(t)\mathrm{d}t = \lim_{\Delta t\to 0}\sum_{j=0}^{m-1} f(t_j)\Delta t \tag{11.61}$$

其中，$b-a=(m-1)\Delta t$。曲线下的面积是一个不断增加的矩形累加求和的极限过程，此过程称为数值求面积。具体来说，任何求和都可以表示为：

$$Q[f]=\sum_{j=0}^{m-1} w_j f(t_j) = w_0 f(t_0) + w_1 f(t_1) + \cdots + w_{m-1} f(t_{m-1}) \tag{11.62}$$

其中，$a=t_0<t_1<t_2<\cdots<t_{m-1}=b$。因此，积分可计算如下：

$$\int_a^b f(t)\mathrm{d}t = Q[f]+E[f] \tag{11.63}$$

其中，$E[f]$ 项是采用求面积和式（11.62）来近似积分而产生的误差。通常，误差 $E[f]$ 是由于截断误差引起的。为了进行积分，我们将对 y 值 $f(t_j)$ 使用多项式拟合。我们假设函数 $f(t)$ 可以由如下多项式近似：

$$P_n(t)=a_n t^n + a_{n-1}t^{n-1}+\cdots+a_1 t + a_0 \tag{11.64}$$

其中，这种情况下的截断误差与第 $n+1$ 次导数 $E[f]=Af^{(n+1)}(c)$ 成比例，且 A 为常数。多项式拟合数据的过程给出了 Newton-Cotes 公式。

下面的积分近似值是通过对要积分的数据使用多项式拟合得出的。假设：

$$t_k = t_0 + \Delta t k \qquad f_k = f(t_k) \tag{11.65}$$

这提供了如下积分算法：

梯形规则 $$\int_{t_0}^{t_1} f(t)\mathrm{d}t = \frac{\Delta t}{2}(f_0+f_1) - \frac{\Delta t^3}{12} f''(c) \tag{11.66a}$$

Simpson（辛普森）规则 $$\int_{t_0}^{t_2} f(t)\mathrm{d}t = \frac{\Delta t}{3}(f_0+4f_1+f_2) - \frac{\Delta t^5}{90} f''''(c) \tag{11.66b}$$

Simpson 3/8 规则 $$\int_{t_0}^{t_3} f(t)\mathrm{d}t = \frac{3\Delta t}{8}(f_0+3f_1+3f_2+f_3) - \frac{3\Delta t^5}{80} f''''(c) \tag{11.66c}$$

Boole（布尔）规则 $$\int_{t_0}^{t_4} f(t)\mathrm{d}t = \frac{2\Delta t}{45}(7f_0+32f_1+12f_2+32f_3+7f_4) - \frac{8\Delta t^7}{945} f^{(6)}(c) \tag{11.66d}$$

这些算法具有不同程度的精确度，它们分别是 $O(\Delta t^2)$、$O(\Delta t^4)$、$O(\Delta t^4)$ 和 $O(\Delta t^6)$ 的精确方案。精确度条件是根据多项式拟合的截断项确定的。注意，梯形规则使用简单梯形的总和来近似积分；Simpson 规则通过三个点拟合二次曲线，并计算二次曲线下的面积；Simpson 3/8 规则使用四个点和一个三次多项式来计算面积；Boole 规则使用五个点和一个四次多项式拟合来生成一个积分计算值。 394

积分方法（11.66）仅在积分区域的一小部分给出积分值，例如，梯形规则仅给出 $t\in[t_0, t_1]$ 的一个值。但是，我们的基本目标是计算整个区域 $t\in[a, b]$ 上的积分。再次假设我们的区间被划分为 $a = t_0 < t_1 < t_2 < \cdots < t_{m-1} = b$，那么对该区间应用梯形法则，求出的总积分为：

$$\int_a^b f(t)\mathrm{d}t \approx Q[f] = \sum_{j=0}^{m-1} \frac{\Delta t}{2}\left(f_j + f_{j+1}\right) \tag{11.67}$$

对这个求和公式进行展开，有：

$$\begin{aligned}\sum_{j=0}^{m-1} \frac{\Delta t}{2}\left(f_j + f_{j+1}\right) &= \frac{\Delta t}{2}(f_0 + f_1) + \frac{\Delta t}{2}(f_1 + f_2) + \cdots + \frac{\Delta t}{2}(f_{m-1} + f_m) \\ &= \frac{\Delta t}{2}(f_0 + 2f_1 + 2f_2 + \cdots + 2f_{m-1} + f_m) \\ &= \frac{\Delta t}{2}\left(f_0 + f_m + 2\sum_{j=0}^{m-1} f_j\right)\end{aligned} \tag{11.68}$$

最终表达式不再对 f_0 和 f_m 之间的点的值进行重复计数，取是最终总和只对中间值计数一次，因此该算法的速度是前一个总和表达式的两倍。这些是计算上的节省，如果可能，应该始终加以利用。

求积规则的 POD 模态

这些算法中的任何一种都可以用来近似两点相关张量 $\mathbf{R}(\xi, x)$。快照方法隐式地使用梯形规则生成快照矩阵 $\mathbf{X}$。回忆一下：

$$\mathbf{X} = \begin{bmatrix} | & | & & | \\ \mathbf{u}_1 & \mathbf{u}_2 & \cdots & \mathbf{u}_m \\ | & | & & | \end{bmatrix} \tag{11.69}$$

其中，列 $\mathbf{u}_k \in \mathbb{C}^n$ 可以是来自仿真或实验的测量结果。该矩阵的 SVD 产生了用于生成数据的低秩嵌入 $\boldsymbol{\psi}$ 的模态。

可以选择使用高阶求积规则来产生低秩分解，这样，矩阵（11.69）被修改为：

$$\mathbf{X} = \begin{bmatrix} | & | & | & | & | & & | & | \\ \mathbf{u}_1 & 4\mathbf{u}_2 & 2\mathbf{u}_3 & 4\mathbf{u}_4 & 2\mathbf{u}_5 & \cdots & 4\mathbf{u}_{m-1} & \mathbf{u}_m \\ | & | & | & | & | & & | & | \end{bmatrix} \tag{11.70}$$

上式中使用了 Simpson 规则求积公式。Simpson 规则在实践中很常用，因为它易于执
395 行，并且比梯形规则的精度有显著提高。生成该矩阵仅涉及将右边的数据矩阵乘以 $\begin{bmatrix}1 & 4 & 2 & 4 & 2 & \cdots & 4 & 1\end{bmatrix}^T$，然后可以使用 SVD 构造低秩嵌入 $\boldsymbol{\psi}$。在逼近低秩解之前，必须取消求积加权矩阵。在量化各种求积规则的优劣方面所做的工作很少，有兴趣的读者可以考虑由 Kunisch 和 Volkwein[315] 开发的最优快照采样策略。

11.5　对称性的POD：旋转和平移

POD 方法并非没有缺点。在 POD 研究领域中，基础 SVD 算法确实以最优方式处理数据中的不变性。最常见的不变性来自数据中的平移或旋转不变性。在简单的波传播现象中观

察到平移不变性，由于数据中的关键特征不再按快照对齐，因此很难计算相关性。

接下来，我们将考虑平移和旋转的影响，这些例子是由实际物理问题引起的。重要的观察结果是，如果不考虑不变性结构，POD 约简将为潜在的动力学提供一个人为过高的维度，这就挑战了我们使用 POD 作为诊断工具或降阶模型平台的能力。

平移：波传播

为了说明平移对 POD 分析的影响，考虑一个简单的速度为 c 的平移高斯传播：

$$u(x,t)=\exp\left[-(x-ct+15)^2\right] \tag{11.71}$$

我们所考虑的解在空间间隔 $x\in[-20,20]$ 和时间间隔 $t\in[0,10]$。下面的代码生成了有代表性的平移解及其低秩表示。

代码 11.5 用于 POD 分析的平移波。

```
n=200; L=20; x=linspace(-L,L,n); y=x;   % space
m=41; T=10; t=linspace(0,T,m);          % time
c=3;   % wave speed

X=[];
for j=1:m
    X(:,j)=exp(-(x+15-c*t(j)).^2).';   % data snapshots
end
[U,S,V]=svd(X);   % SVD decomposition
```

图 11.7a 展示了要考虑的高斯传播的简单演化过程。从图中可以清楚地看出，脉冲的平移将明显影响给定空间位置处的相关性。SVD 的简单应用不考虑数据的平移性质，因此，SVD 产生的奇异值缓慢衰减，如图 11.7b 和 c 所示。实际上，前几个模态中每个模态都包含大约 8% 的方差。

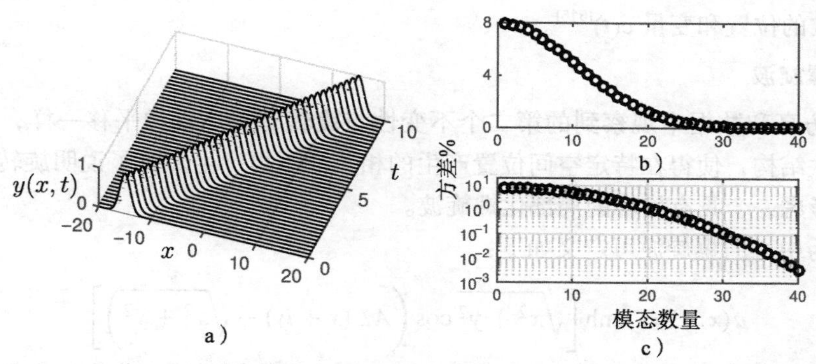

图11.7 图a为速度$c=3$的平移高斯传播。奇异值分解产生了缓慢衰减的奇异值，并分别在图b常规图和图c对数图上显示

奇异值的缓慢衰减表明，低秩嵌入是不容易构造的。此外，在解释 POD 模态及其时间动力学方面存在一些有趣的问题。图 11.8 显示了 SVD 生成的前四个空间（**U**）和时间（**V**）模态。空间模态是全局的，因为它们跨越了脉冲传播发生的整个区域。有趣的是，它们似乎是在脉冲传播区域上的傅里叶模态。对于以恒定速度传播的平移波的这个特定示例，时间模态说明了一个相似的傅里叶模态基。 396

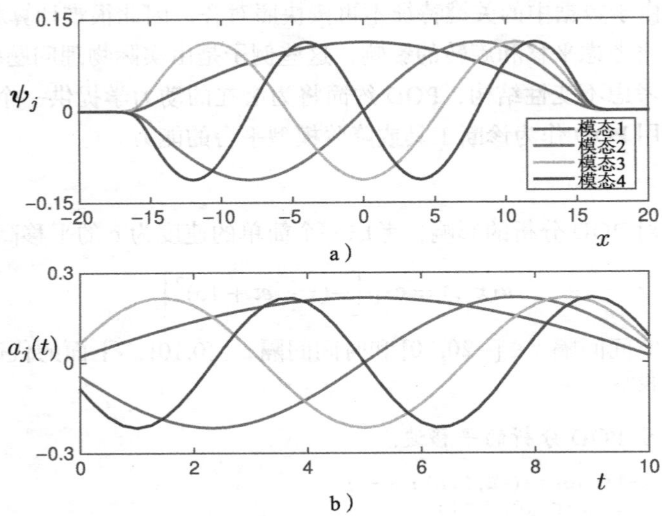

图11.8　前四个空间模态（矩阵**U**的前四列，如图11.8a）和时间模态（矩阵**V**的前四列，如图11.8b）。以恒定速度平移的波会在时空上产生傅里叶模态结构

在这种情况下，POD 的失败仅是由于平移不变性造成的。如果在尝试进行数据约简之前，消除不变性或将其排除在外 [457]，则可以再次使用 POD 方法来产生低秩近似。为了消除不变性，必须首先识别不变性并定义一个辅助变量。因此，我们考虑如下重写的动力学：

397

$$u(x,t) \to u(x-c(t)) \tag{11.72}$$

其中 $c(t)$ 对应于负责限制 POD 方法的系统中的平移不变性。可以通过多种方法找到参数 c。Rowley 和 Marsden[457] 提出了一种基于模板的技术来排除不变性，或者可以使用简单的质心计算来计算波的位置和变量 $c(t)$[316]。

旋转：螺旋波

通常在仿真和数据中观察到的第二个不变性与旋转有关。就像平移一样，旋转移动一个连贯的低秩结构，使得在特定空间位置产生的相关性不再产生。为了说明旋转不变性的影响，我们将考虑一个具有旋转的局部化螺旋波。

以原点为中心的螺旋波可定义如下：

$$u(x,y) = \tanh\left[\sqrt{x^2+y^2}\cos\left(A\angle(x+iy) - \sqrt{x^2+y^2}\right)\right] \tag{11.73}$$

其中，A 是螺旋的臂数，$\angle$ 表示量 $(x+iy)$ 的相角。为了将螺旋线定位在一个空间域上，将其乘以以原点为中心的高斯函数，我们感兴趣的函数可由下式给出：

$$f(x,y) = u(x,y)\exp\left[-0.01(x^2+y^2)\right] \tag{11.74}$$

用如下代码可产生这个函数。

代码 11.6　用于 POD 分析的螺旋波。

```
n=100;
L=20; x=linspace(-L,L,n); y=x;
[X,Y]=meshgrid(x,y);
```

```
Xd=[];
for j=1:100
    u=tanh(sqrt(X.^2+Y.^2)).*cos(angle(X+i*Y)-(sqrt(X.^2+Y.^2))+
        j/10);
    f=exp(-0.01*(X.^2+Y.^2));
    uf=u.*f;
    Xd(:,j)=reshape(uf,n^2,1);
    pcolor(x,y,uf), shading interp, colormap(hot)
end
```
398

请注意，该代码会生成快照，每次通过 for 循环都会使螺旋波的相位前进 $j/10$，这就产生了我们希望考虑的旋转结构。通过降低或提高分母的值，可以使旋转速率更快或更慢。

除了考虑函数 $u(x, y)$，我们还将考虑如图 11.9 所示的两个密切相关的函数 $|u(x, y)|$ 和 $u(x, y)^5$。尽管这三个函数具有相同的旋转函数，但是函数形式的变化显示出对旋转波产生完全不同的低秩近似。

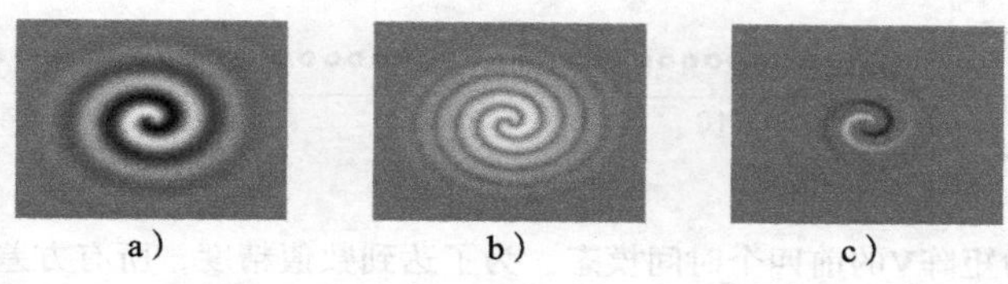

图11.9 螺旋波 $u(x, y)$（如图a所示），$|u(x, y)|$（如图b所示）和 $u(x, y)^5$（如图c所示）在域 $x\in[-20, 20]$ 和 $y\in[-20, 20]$ 上的图像。螺线以角速度 ω 顺时针旋转

在开始分析之前，考虑图 11.9a 中所示的函数 $u(x, y)$，可以使用以下代码计算此矩阵的 SVD 并评估其低阶结构。

代码 11.7 螺旋波的 SVD 分解。

```
[U,S,V]=svd(Xd,0);

figure(2)
subplot(4,1,3)
plot(100*diag(S)/sum(diag(S)),'ko','Linewidth',[2])
subplot(4,1,4)
semilogy(100*diag(S)/sum(diag(S)),'ko','Linewidth',[2])
subplot(2,1,1)
plot(V(:,1:4),'Linewidth',[2])
figure(3)
for j=1:4
    subplot(4,4,j)
    mode=reshape(U(:,j),n,n);
    pcolor(X,Y,mode), shading interp,caxis([-0.03 0.03]),
        colormap(gray)
end
```
399

产生了两幅图。第一幅图评估的是被观察动力学的秩以及 **V** 中前四个模态的时间行为。图 11.10b 和 c 分别展示了常规尺度和对数尺度上奇异值的衰减情况。值得注意的是，前两种模式将数据的所有方差都捕获到数值精度，前四个模态的时间动力学进一步说明了这一点。具体地说，图 11.10a 的前两个模态具有清晰的振荡特征，这与图 11.11 的模态一和模态二的旋转相关。由于数值舍入误差的结果，图 11.11 中的模态三和模态四在时间和空间上都类似于噪声。

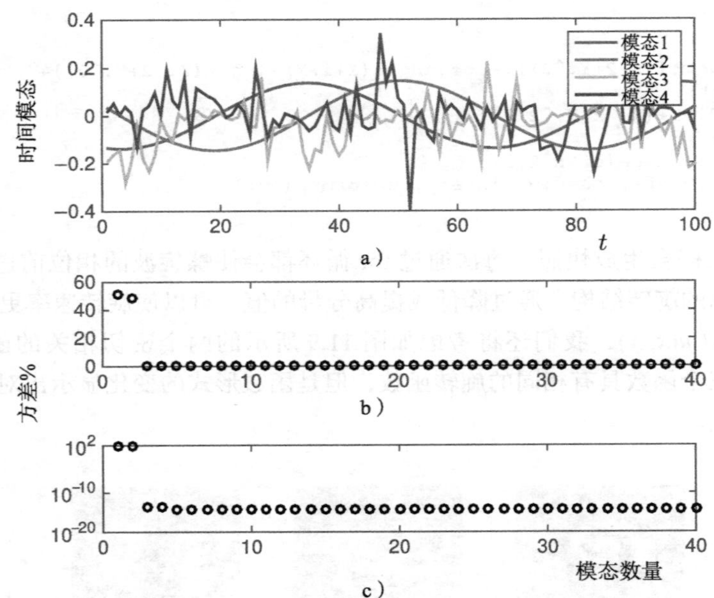

图11.10 图a为矩阵V的前四个时间模态。为了达到数值精度，所有方差都在前两个模态中，如常规图b和对数图c上的奇异值衰减情况所示。值得注意的是，POD精确地提取了两种模态（见图11.11）来表示旋转螺旋波

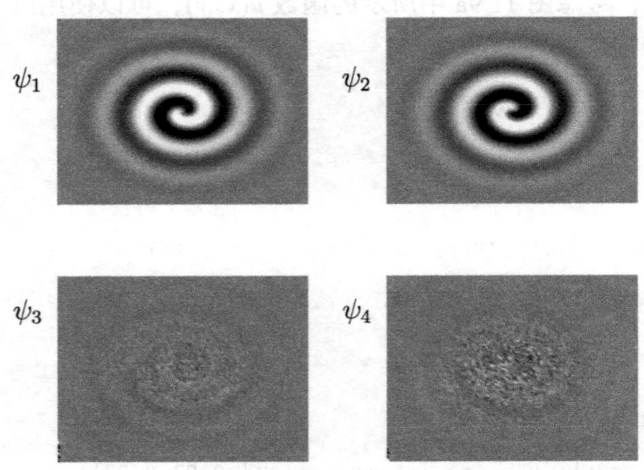

图11.11 与旋转螺旋波$u(x, y)$相关的前四个POD模态。前两个模式将所有方差都捕获到数值精度，而第三和第四个模态由于数字舍入而产生噪声。所考虑的域为$x\in[-20, 20]$和$y\in[-20, 20]$

螺旋波（11.74）允许精确达到数值精度的双模态截断，这在一定程度上是由于解以固定半径旋绕时解所具有的正弦性质。简单地将数据从 $u(x, y)$ 更改为 $|u(x, y)|$ 或 $u(x, y)^5$ 就可以发现低秩模态及其时间动力学的显著不同。图 11.12a 和 b 展示了这两个新函数的奇异值的衰减情况，并展示了与先前考虑的两种模式演化的显著差异。图中还演示了从矩阵 **V** 中计算出的主导时间动力学。在函数绝对值 $|u(x, y)|$ 的情况下，奇异值的衰减很慢，并且永远

不会达到数值精度。五次函数表明秩 $r = 6$ 时的截断能够产生近似于数值精度的结果，这突显出旋转不变性使 POD 约简过程复杂化的事实。三个旋转解之间的唯一区别就是旋转函数的实际形状，因为它们都以相同的速度旋转。相关的 POD 模态见图 11.13。 400

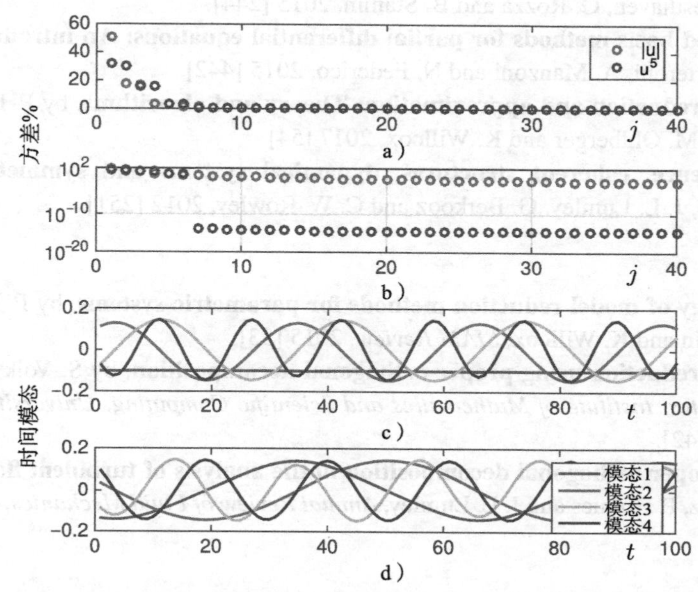

图11.12 常规尺度图a和对数尺度图b上奇异值衰减情况表明，函数$|u(x, y)|$产生缓慢的衰减，而$u(x, y)^5$产生了一个秩$r = 6$的近似数值精度。在图c和图d中针对这两个函数分别展示出了矩阵$\mathbf{V}$的前四个时间模态

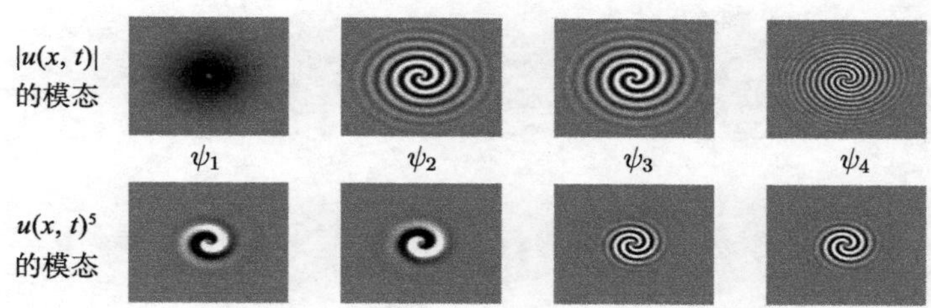

图11.13 与旋转螺旋波$|u(x, y)|$（最上面一行）和$u(x, y)^5$（最下面一行）相关的前四个POD模态。与我们之前的示例不同，前四个模态无法使所有的方差捕获到数值精度，因此需要更多模态才能进行精确逼近。所考虑的域为$x \in [-20, 20]$和$y \in [-20, 20]$

总之，不变性会严重限制 POD 方法。最值得注意的是，它可能人为地扩大系统的规模并导致折中的可解释性。给定系统及其潜在不变性的专家知识可以帮助制定数学策略来消除不变性的，即重新对齐数据 [316, 457]。但是这种策略也有局限性，尤其是当存在两个或多个不变结构时。例如，如果在数据中观察到两个不同速度的波，那么所提出的去除不变性的方法 401
将无法同时捕获两个波速。最终，处理不变性仍然是一个开放的研究问题。

推荐阅读

教材

(1) **Certified reduced basis methods for parametrized partial differential equations**, by J. Hesthaven, G. Rozza and B. Stamm, 2015 [244].

(2) **Reduced basis methods for partial differential equations: An introduction**, by A. Quarteroni, A. Manzoni and N. Federico, 2015 [442].

(3) **Model reduction and approximation: Theory and algorithms**, by P. Benner, A. Cohen, M. Ohlberger and K. Willcox, 2017 [54].

(4) **Turbulence, coherent structures, dynamical systems and symmetry**, by P. Holmes, J. L. Lumley, G. Berkooz and C. W. Rowley, 2012 [251].

论文和综述

(1) **A survey of model reduction methods for parametric systems**, by P. Benner, S. Gugercin and K. Willcox, *SIAM Review*, 2015 [53].

(2) **Model reduction using proper orthogonal decomposition**, by S. Volkwein, *Lecture Notes, Institute of Mathematics and Scientific Computing, University of Graz*, 2011 [542].

(3) **The proper orthogonal decomposition in the analysis of turbulent flows**, by G.
402 Berkooz, P. Holmes and J. L. Lumley, *Annual Review of Fluid Mechanics*, 1993 [57].

第12章　参数降阶模型的插值

上一章概述了 ROM 的数学框架，重点介绍了将 PDE 动力学投影到低秩子空间的 POD 方法，在该方法中可以更容易地评估主导控制 PDE 模型的仿真。然而，由于非线性的存在，投影到低秩近似子空间的复杂性仍然具有挑战性。插值与 POD 这两种方法相结合克服了该难题，为离散（稀疏）采样和非线性评估提供了一种有效的计算方法。本章利用了第 3 章的稀疏和压缩采样算法的思想，通过少量样本就能重构 PDE 的低秩动力学。这些方法保证了 ROM 的计算复杂度随逼近模型的秩的增大而增大，即使对于复杂的非线性问题也是如此。本章的主要重点是强调稀疏插值方法，这些方法能够快速、低维地构造 ROM。实际上，这些技术在 ROM 研究领域中占主导地位，因为在需要频繁 ROM 模型更新的情况下，它们对于评估参数依赖的 PDE 非常重要。

12.1　缺失POD

非线性模型降阶的成功在很大程度上取决于两个关键创新：1）著名的 POD-Galerkin 方法 [251, 57, 542, 543]，该方法是将高维非线性动力学有原则地投影到低维子空间上；2）对状态空间进行稀疏采样，用于插值子空间投影所需的非线性项。因此，稀疏性已被确立为通过诸如缺失 POD 及其变体 [179, 555, 565, 120, 159] 等方法来进行模型约简的关键数学框架。实际上，有效地处理非线性模型的计算在 ROM 研究领域很早就得到了关注，并提出了各种各样的技术来完成这项任务。也许使用 POD 模式进行稀疏采样的第一个创新是 Everson 和 Sirovich 提出的技术，缺失 POD 的名字由此而来 [179]。在他们的稀疏采样方案中，使用随机测量来近似内积。通过缺失 POD 基础结构 [179, 555, 565, 120, 159] 或丢失点（最佳点）估计（MPE）[400, 21]，插值点的原则选择被快速地纳入 ROM 中以提高性能。最近，经验插值方法（EIM）[41] 及其最成功的变体——POD 定制离散经验插值方法（DEIM）[127]——提供了一
种贪婪算法，该算法允许对原始高维系统的非线性项进行近乎最优的重构。DEIM 方法结合 403
了投影法与插值方法，使用选定的插值指标来为近似非线性的最优 子空间指定基于插值的投影。

POD 提供的低秩近似允许用 n 维状态的 r 次测量值来重构式（12.9）中的解 $\mathbf{u}(x, t)$，这种观点对如何考虑测量我们的动力系统具有深远的影响 [179]。特别是，仅需要 $r \ll n$ 个测量值即可进行重构，从而使我们能够定义稀疏表示变量 $\tilde{\mathbf{u}} \in \mathbb{C}^r$：

$$\tilde{\mathbf{u}} = \mathbf{P}\mathbf{u} \tag{12.1}$$

其中，测量矩阵 $\mathbf{P} \in \mathbb{R}^{r \times n}$ 指定了全状态 $\mathbf{u} \in \mathbb{C}^n$ 的 r 个测量位置。例如，测量矩阵可以采用如下形式：

$$\mathbf{P}=\begin{bmatrix} 1 & 0 & \cdots & & & & & & \cdots & 0 \\ 0 & \cdots & 0 & 1 & 0 & \cdots & & & \cdots & 0 \\ 0 & \cdots & & & \cdots & 0 & 1 & 0 & \cdots & 0 \\ \vdots & 0 & & & \cdots & 0 & 0 & 1 & \cdots & \vdots \\ 0 & \cdots & & & & 0 & 0 & 0 & \cdots & 1 \end{bmatrix} \tag{12.2}$$

其中，测量位置取单位值，而其他位置的矩阵元素为零。矩阵 **P** 定义了一个到 r 维空间 $\tilde{\mathbf{u}}$ 上的投影，该投影可用于近似 PDE 的解。

对式（12.1）的见解和观察构成了 Everson 和 Sirovich[179] 引入的缺失 POD 方法的基础。特别是，人们可以使用少量的测量值或缺失数据来重构系统的完整状态，这样，我们可以克服在 POD 约简中评估高阶非线性项的复杂性。

稀疏测量和重构

测量矩阵 **P** 允许从 r 次测量中近似状态向量 **u**。将式（12.1）与标准 POD 投影结合使用，可得出如下近似值：

$$\tilde{\mathbf{u}} \approx \mathbf{P}\sum_{k=1}^{r}\tilde{a}_k\boldsymbol{\psi}_k \tag{12.3}$$

其中，系数 $\tilde{a}_k$ 使得近似误差 $\|\tilde{\mathbf{u}}-\mathbf{Pu}\|$ 最小化。现在的挑战是，在不能进行式（12.3）的内积情况下，如何确定 $\tilde{a}_k$。具体来说，向量 $\tilde{\mathbf{u}}$ 具有维度 r，而 POD 模式具有维度 n，即内积需要来自 x 的整个范围的信息，该范围是基本的离散化空间变量，其长度为 n。因此，模态 $\psi_k(x)$ 通常不正交于 $\tilde{\mathbf{u}}$ 的 r 维支撑。该支撑将被表示为 $s[\tilde{\mathbf{u}}]$。更准确地说，必须在相对于支撑空间的整个范围内考虑正交性。这样，以下两个关系成立：

$$M_{kj}=\langle\boldsymbol{\psi}_k,\boldsymbol{\psi}_j\rangle=\delta_{kj} \tag{12.4a}$$

404

$$M_{kj}=\langle\boldsymbol{\psi}_k,\boldsymbol{\psi}_j\rangle_{s[\tilde{\mathbf{u}}]}\neq 0 \text{ 对于所有的 } k,j \tag{12.4b}$$

其中，M_{kj} 是 Hermitian 矩阵 M 的元素，δ_{kj} 是克罗内克（Kronecker）δ 函数。POD 模态在支撑空间 $s[\tilde{\mathbf{u}}]$ 上不正交的事实令我们考虑其他替代方法来计算向量 $\tilde{a}_k$。

为了确定 $\tilde{a}_k$，可以使用最小二乘算法来最小化下面误差：

$$E=\int_{s[\tilde{\mathbf{u}}]}\left[\tilde{\mathbf{u}}-P\sum_{k=1}^{r}\tilde{a}_k\boldsymbol{\psi}_k\right]^2\mathrm{d}\mathbf{x} \tag{12.5}$$

其中，内积是在支撑空间 $s[\tilde{\mathbf{u}}]$ 上进行计算的，从而使积分中的两个项具有相同的大小 r。最小化式（12.5）的解要求残差与每个模 ψ_k 正交，进而有：

$$\left\langle\tilde{\mathbf{u}}-P\sum_{k=1}^{r}\tilde{a}_k\boldsymbol{\psi}_k,\boldsymbol{\psi}_j\right\rangle_{s[\tilde{\mathbf{u}}]}=0 \qquad j\neq k,\ j=1,2,\cdots,r \tag{12.6}$$

实际上，我们可以将完整的状态向量 **u** 投影到支撑空间上并确定向量 $\tilde{\mathbf{a}}$：

$$\mathbf{M}\tilde{\mathbf{a}}=\mathbf{f} \tag{12.7}$$

其中，**M** 的元素由式（12.4b）给出，向量 **f** 的分量由以下式给出：

$$f_k=\langle\mathbf{u},\boldsymbol{\psi}_k\rangle_{s[\tilde{\mathbf{u}}]} \tag{12.8}$$

注意，如果测量空间足够稠密，或者支撑空间是整个空间，则 $\mathbf{M} = \mathbf{I}$，这意味着随着测量数量变得稠密，$\mathbf{M}$ 的特征值趋于单位 1。一旦确定了向量 $\tilde{\mathbf{a}}$，就可以按如下方式进行解的重构：

$$\mathbf{u}(x, t) \approx \mathbf{\Psi}\tilde{\mathbf{a}} \tag{12.9}$$

当测量变得稠密时，不仅矩阵 $\mathbf{M}$ 收敛为单位阵，而且 $\tilde{\mathbf{a}} \to \mathbf{a}$。这些观察使我们通过考虑矩阵 $\mathbf{M}$ 的条件数来考虑方法和近似值的有效性 [524]：

$$\kappa(\mathbf{M}) = \|\mathbf{M}\|\|\mathbf{M}^{-1}\| = \frac{\sigma_1}{\sigma_m} \tag{12.10}$$

这里使用了 2 范数。如果 $\kappa(\mathbf{M})$ 小，则称矩阵是良态的。通过单位矩阵 $\mathbf{M} = \mathbf{I}$ 可以实现 $\kappa(\mathbf{M})$ 的最小值。因此，随着采样空间变得稠密，条件数也接近于单位 1。这可以用作确定稀疏采样执行情况的度量。大的条件数表明重构效果较差，而条件数趋于单位 1 时则重构效果将表现良好。

谐振子模态

为了展示缺失采样方法及其重构的有效性，我们将该技术应用于由式（11.25）和式（11.26）定义的高斯 – 埃尔米特函数。在下面的代码中，我们计算了由式（11.26）给出的前十个模态。为了计算二阶导数，我们使用傅里叶变换 $\mathcal{F}$ 产生频谱精确的近似值，即 $u_{xx} = \mathcal{F}^{-1}[(ik)^2\mathcal{F}u]$。为了得到精确的导数，我们考虑区域 $x \in [-10,10]$，但随后对感兴趣的小区域 $x \in [-4,4]$ 进行处理。进一步回顾傅里叶变换，其假设的是一个 2π 周期域。这由 k 波向量中的一个比例因子来处理。前五个模态已在图 11.3 中进行了展示。在下面的代码中，我们以俯视彩色图的形式来查看前 10 个模态，以便突出展示模态的各种特性。 405

代码 12.1　谐振子模态。

```
L=10; x3=-L:0.1:L; n=length(x3)-1; % define domain
x2=x3(1:n); k=(2*pi/(2*L))*[0:n/2-1 -n/2:-1]; % k-vector
ye=exp(-(x2.^2)); ye2=exp((x2.^2)/2); % define Gaussians
for j=0:9        % loop through 10 modes
  yd=real(ifft(((i*k).^j).*fft(ye))); % 2nd derivative
  mode=((-1)^(j))*(((2^j)*factorial(j)*sqrt(pi))^(-0.5))*ye2.*yd
      ;
  y(:,j+1)=(mode).';  % store modes as columns
end

x=x2(n/2+1-40:n/2+1+40);  % keep only -4<x<4
yharm=y(n/2+1-40:n/2+1+40,:);
pcolor(flipud((yharm(:,10:-1:1).')))
```

模态构建如图 12.1 的顶部图片所示。每个彩色单元表示 $\Delta x = 0.1$ 时在区间 $x \in [-4,4]$ 中的模态离散值，因此每个模态 ψ_k 有 81 个离散值。我们的目标是在谐振子的基模态之外重构函数。考虑如下函数： 406

$$f(x) = \exp[-(x-0.5)^2] + 3\exp[-2(x+3/2)^2] \tag{12.11}$$

它将在与谐振子的模态基底相同的域上进行离散化和定义。下面的代码构建了该函数，并在数值上构造了函数在基函数 ψ_n 上的投影。原始函数绘制在图 12.2 的顶部图片中。请注意，现在的目标是利用测量矩阵 $\mathbf{P}_j$ 通过两种方式来重构此函数，一是利用谐振子模态上的低秩投影，二是仅使用数据采样的缺失重构。下面的代码构建了测试函数，并在 10 模态谐振子基上进行了基本重构。此外，建立了全状态测量的矩阵 $\mathbf{M}$，并计算了其条件数。

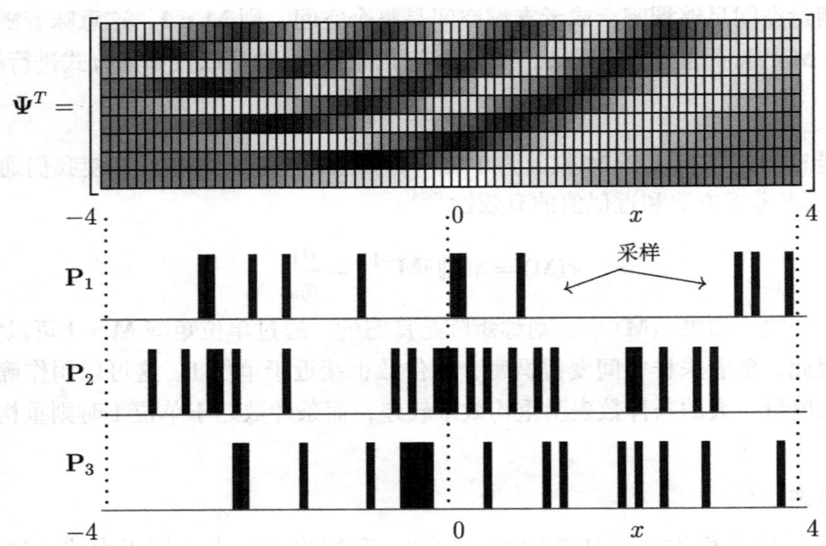

图12.1　顶部图片展示了在式（11.25）和式（11.26）中考虑的量子谐振子前10个模态。绘制了三个随机生成的测量矩阵$\mathbf{P}_j$，j=1、2和3。在区间 $x \in [-4, 4]$ 中以 $\Delta x = 0.1$ 的间隔在给定的空间位置x_j上执行测量的可能性为20%

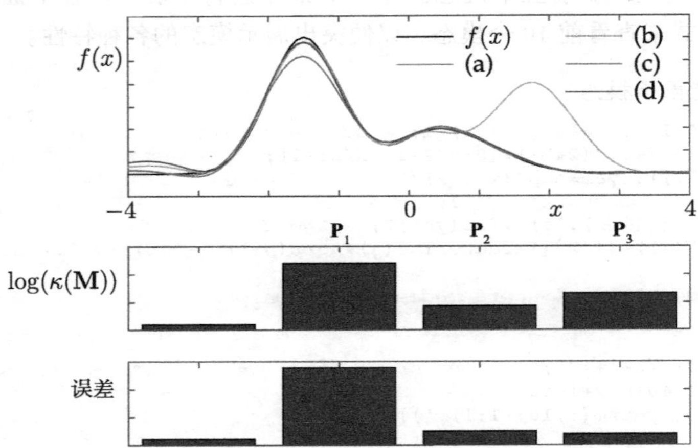

图12.2　顶部图片展示了原始函数（黑色）以及10模重构的测试函数$f(x) = \exp[-(x-0.5)^2] + 3\exp[-2(x+3/2)^2]$在整个空间（红色）和图12.1中的三个代表性支撑空间 $s[\tilde{\mathbf{u}}]$ 上的采样，即$\mathbf{P}_1$、$\mathbf{P}_2$和$\mathbf{P}_3$。注意，误差测量与所考虑的特定函数有关，而条件数度量则独立于特定函数。尽管两者都可以用作性能的替代指标，但是条件数适用于任何函数，这是其优势（附彩图）

代码 12.2　测试函数和重构。

```
f=(exp(-(x-0.5).^2)+3*exp(-2*(x+1.5).^2))';
for j=1:10  % full reconstruction
  a(j,1)=trapz(x,f.*yharm(:,j));
```

```
end
f2=yharm*a;
subplot(2,1,1), plot(x,f2,'r')
Err(1)=norm(f2-f);  % reconstruction error
for j=1:10  % matrix M reconstruction
    for jj=1:j
        Area=trapz(x,yharm(:,j).*yharm(:,jj));
        M(j,jj)=Area;
        M(jj,j)=Area;
    end
end
cond(M)   % get condition number
```

407

低秩和缺失重构的结果如图 12.2 所示。利用投影到前 10 个谐振子模式的全测量值进行低阶重构。在这种情况下，测量矩阵的内积由式（12.4a）给出，并且近似为单位阵。我们以 $\Delta x = 0.1$ 的离散化步长对有限域 $x \in [-4,4]$ 进行处理，这一事实使 $\mathbf{M} \approx \mathbf{I}$ 与单位阵恰好相等。对于图 12.1 中的三个不同稀疏测量方案 $\mathbf{P}_j$，重构结果以及最小二乘误差和条件数的对数 $\log[\kappa(\mathbf{M}_j)]$ 都得到了展示。我们在图 12.3 中也显示了三个矩阵 $\mathbf{M}_j$，这些矩阵中每个矩阵的条件数都有助于确定其重构精度。 408

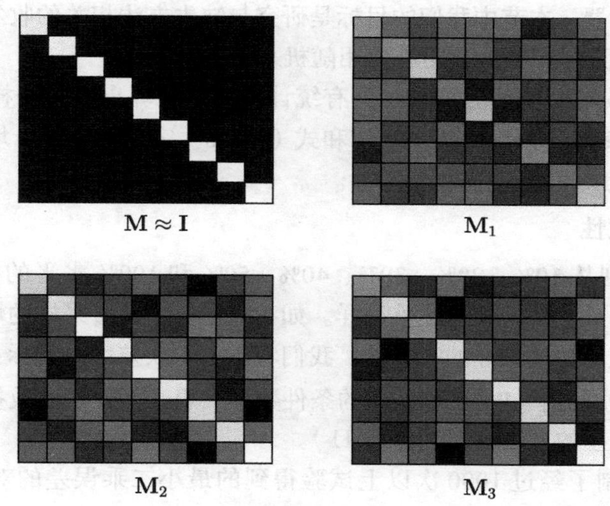

图12.3 由式（12.4）中定义的矩阵**M**给出的支撑空间 $s[\bar{\mathbf{u}}]$ 中模态基正交性恶化的演示。左上方展示了生成的单位矩阵用于完全测量，或近似于完全测量，但是由于域在 $x \in [-4,4]$ 上被截断而产生误差。较长的对角矩阵 $\mathbf{M}_j$ 对应于图12.1中的稀疏采样矩阵 $\mathbf{P}_j$。因此很明显，模态在测量的支撑空间中不是正交的

代码 12.3 重构谐振子的缺失采样。

```
c=['g','m','b']; % three different measurement masks
for jloop=1:3
    figure(1), subplot(6,1,3+jloop)
    s=(rand(n,1)>0.8);   % grab 20% random measurements
    bar(x,double(s)), axis([-4.2 4.2 0 1]), axis off

    figure(2)  % construct M_j
    for j=1:10
        for jj=1:j
```

```
            Area=trapz(x,s.*(yharm(:,j).*yharm(:,jj)));
            M2(j,jj)=Area; M2(jj,j)=Area;
        end
    end
    subplot(2,2,jloop+1), pcolor(10:-1:1,1:10,(M2'));
    colormap(hot), caxis([-0.1 .3]), axis off
    con(jloop)=cond(M2)

    for j=1:10  % reconstruction using gappy
        ftild(j,1)=trapz(x,s.*(f.*yharm(:,j)));
    end

    atild=M2\ftild;   % compute error
    f2=yharm*atild;
    figure(4),subplot(2,1,1),plot(x,f2,c(jloop))
    Err(jloop+1)=norm(f2-f);
end
```

12.2 缺失POD的误差和收敛性

如上一节所示，缺失采样策略准确重构给定函数的能力关键取决于测量（传感器）放置的位置。鉴于此问题的重要性，我们将在随后的部分中详细讨论各种指导性方法，用于详细布置有限数量的传感器。本节中我们的目标是研究与缺失方法相关的收敛特性和误差，它们是整个系统采样百分比的函数。这里将使用随机采样定位方法。

给定随机采样策略，随后的结果将具有统计性质，计算出随机采样批次的平均值和方差。数值实验的模态基仍是由式（11.25）和式（11.26）定义的高斯－埃尔米特函数，由代码 12.1 生成并显示为图 12.1 中的顶部图片。

随机采样和收敛性

我们的研究分别从 10%、20%、30%、40%、50% 和 100% 水平的模态随机采样开始，最后一种情况代表了系统的理想化完整采样。如我们所料，随着采样的增加，误差和重构也得到了改善。为了证明缺失采样的收敛性，我们考虑两个误差度量指标：随机下采样重构之间的 ℓ_2 误差和给定测量矩阵 $\mathbf{P}_j$ 的矩阵 $\mathbf{M}$ 的条件数。回想一下，条件数提供了一种在不知道真相的情况下测量误差的方法，即式（12.11）。

409 图 12.4 分别绘制了经过 1000 次以上试验得到的最小二乘误差的对数 $\log(E+1)$（加 1 是为了避免负数出现）的平均值，以及条件数的对数 $\log(\kappa(\mathbf{M}))$（作为随机测量值百分比的函数）的平均值。还绘制了方差 σ，用红色条表示 $\mu \pm \sigma$，其中 μ 是平均值。随着样本数量的增加，误差和条件数均表现得更好。请注意，由于仅使用 10 模态基进行扩展，所以误差不会接近零，因此，即使在完整测量的情况下，也限制了 POD 扩展和重构的精度。

下面的代码是构建图 12.4 的基础，它使用 10%、20%、30%、40% 和 50% 的采样绘制了超过 1000 种随机传感器布置情况。完整的重构（100% 采样）实际上是在代码 12.2 中执行的，并用于绘制图 12.4 的最终图形。请注意，正如预期的那样，误差和条件数趋势是相似的，因此能够支持这样的假设：条件数可用于评估稀疏测量的有效性。这清楚地表明，条件数提供的评估不需要了解式（12.11）中的函数。

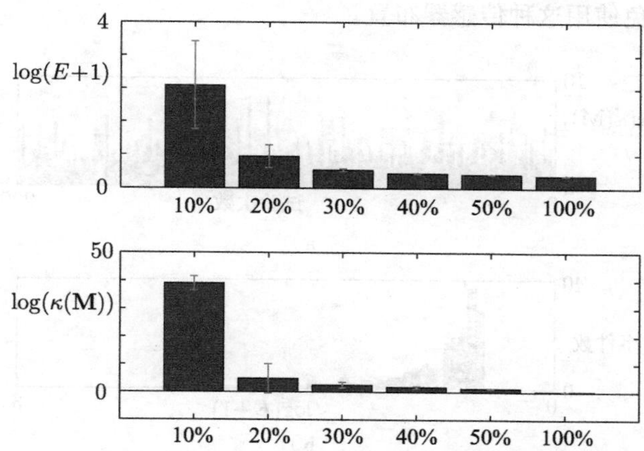

图12.4　最小二乘误差的对数$\log(E+1)$（加1是为了避免出现负数）以及条件数的对数$\log(\kappa(\mathbf{M}))$，作为随机测量值百分比的函数。对于10%的测量值，误差和条件数如预想的那样达到最大值。但是，用红色条表示的所得结果的方差也很大，这意味着在少量传感器情况下，重构性能对传感器的位置是高度敏感的（附彩图）

代码 12.4　误差和条件数的收敛性。

```
for thresh=1:5;
  for jloop=1:1000  % 1000 random trials
    n2=randsample(n,8*thresh); % random sampling
    P=zeros(n,1); P(n2)=1;
    for j=1:10
        for jj=1:j   % compute M matrix
            Area=trapz(x,P.*(yharm(:,j).*yharm(:,jj)));
            M2(j,jj)=Area; M2(jj,j)=Area;
        end
    end
    for j=1:10  % reconstruction using gappy
        ftild(j,1)=trapz(x,P.*(f.*yharm(:,j)));
    end
    atild=M2\ftild;    % compute error
    f2=yharm*atild;    % compute reconstruction
    Err(jloop)=norm(f2-f); % L2 error
    con(jloop)=cond(M2);    % condition number
  end
  % mean and variance
  E(thresh)=mean(log(Err+1)); V(thresh)=(var(log(Err+1)));
  Ec(thresh)=mean(log(con)); Vc(thresh)=(var(log(con)));
end
E=[E Efull]; V=[V 0];
Ec=[Ec log(Cfull)]; Vc=[Vc 0];
```

缺失测量和性能

通过更仔细地观察 20% 测量值的 200 次随机试验，我们可以继续对缺失重构方法进行统计分析。图 12.5 展示了 200 次随机试验的三个关键特征。如该图的顶部图片所示，对于 20% 的采样，条件数 $\kappa(\mathbf{M})$ 的分布存在很大差异。具体来说，条件数可以在相同数量传感器的情况下变化几个数量级，但只是布置在了不同的位置。在图 12.5 底部的两个图片中展示了对数误差 $\log(E+1)$ 的分布和条件数对数的直方图。误差似乎以指数衰减的方式分布，而条件数分布更接近于高斯分布。由图 12.5 中可见存在明显的异常值，其误差和条件数都非 410～411

常高，这表明应当避免使用这种传感器布置。

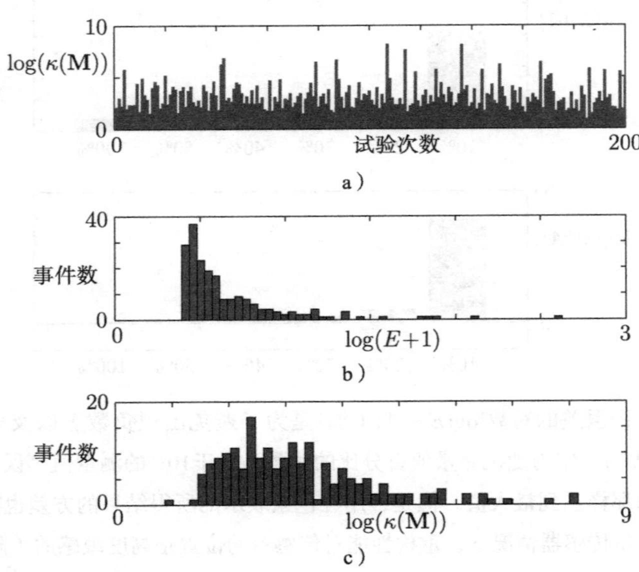

图12.5　图12.4中考虑的20%随机测量值的统计情况。顶部图片a描绘了200次随机试验以及每次试验的条件数$\log(\kappa(\mathbf{M}))$。还为200次试验绘制了图b最小二乘误差的对数$\log(E+1)$和图c条件数$\log(\kappa(\mathbf{M}))$的直方图。这些图说明随机的、稀疏的测量值会产生极高的可变性。特别是，根据测量位置的不同，20%的测量值可能会产生极好的结果，也可能会产生非常差的性能。图12.6描绘了生成这些统计数据的测量向量**P**

为了可视化在图 12.5 的统计分析中使用的 200 个样本的随机、缺失测量值，我们在图 12.6 所示的矩阵的每一行中绘制了 $\mathbf{P}_j$ 测量掩码。白色区域表示不进行测量的区域。黑色区域表示进行测量的区域。这些是在误差和条件数中产生数量级方差的测量值。

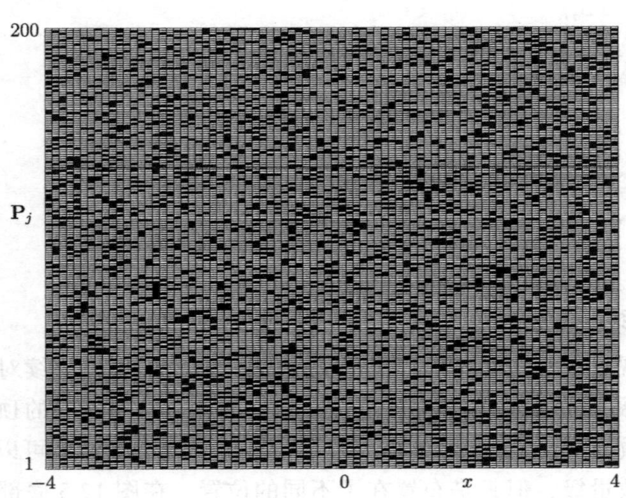

图12.6　图12.5中考虑的200个随机20%测量向量$\mathbf{P}_j$的描述。每一行都是随机生成的测量试验（从1到200），而各列表示它们在域$x\in[-4,4]$中的空间位置，并且$\Delta x=0.1$

作为最后的分析，我们可以筛选出图 12.6 中的 200 个随机测量值，并选出 10 个最佳和 10 个最差测量向量 $\mathbf{P}_j$。图 12.7 展示了此筛选过程的结果。前两幅图片描述了最佳的和最差的测量布置。最差的测量值在很多模态方差发生的区域中心附近有很长一段缺失的测量值。 412
相比之下，最佳的测量结果具有良好的采样域，测量位置之间的间隔很小。底部图片展示，相对于性能较差的同类测量（右侧）而言，最佳测量值（左侧）在条件数方面提供了两个数量级的改进。

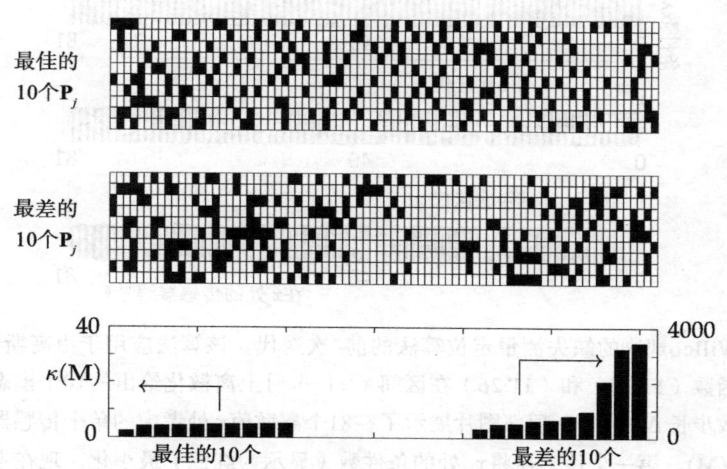

图12.7　图12.5和图12.6中所考虑的10个最佳和10个最差的随机20%测量向量$\mathbf{P}_j$的描述。顶部图片展示，最佳测量向量在域 $x \in [-4, 4]$ 中均匀采样，其中 $\Delta x = 0.1$ 。相比之下，最差的随机生成的测量值（中间图片）在域中心附近具有较大的采样间隔，从而导致较大的条件数$\kappa(\mathbf{M})$。底部图片展示了条件数的最佳值和最差值的柱状图。请注意，对于20%的采样，条件数可能有两个数量级的差异，这也说明了指定良好的测量位置的重要性

12.3　缺失测量：最小化条件数

上一节说明了缺失测量的放置位置对于精确重构 POD 解是至关重要的，表明一个有原则性或指导性的确定测量位置的方法是非常重要的。在下文中，我们概述了 Willcox[555] 最初提出的评估缺失测量位置的方法，在测量位置确定过程中该方法是基于最小化条件数 $\kappa(\mathbf{M})$ 的。如前所述，条件数是评价重构效果的一个很好的指标。此外，它是一种独立于任何特定函数的度量。

文献 [555] 提出的算法计算量大，但可以在离线训练阶段进行，如图 12.8 所示。一旦确定了传感器的位置，它们就可以用于在线重构。算法过程如下：

（1）将传感器 k 布置在每个可能的空间位置，并评估条件数 $\kappa(\mathbf{M})$。仅考虑尚未包含传感器的点。 413

（2）确定最小化条件数 $\kappa(\mathbf{M})$ 的空间位置。该空间位置现在就是第 k 个传感器的位置。

（3）增加传感器 $k+1$ 并重复前面的两个步骤。

该算法不是最优算法，理论上也没有保证，然而它在实践中用得很好，因为低条件数的传感器配置可以产生良好的 POD 模式重构。

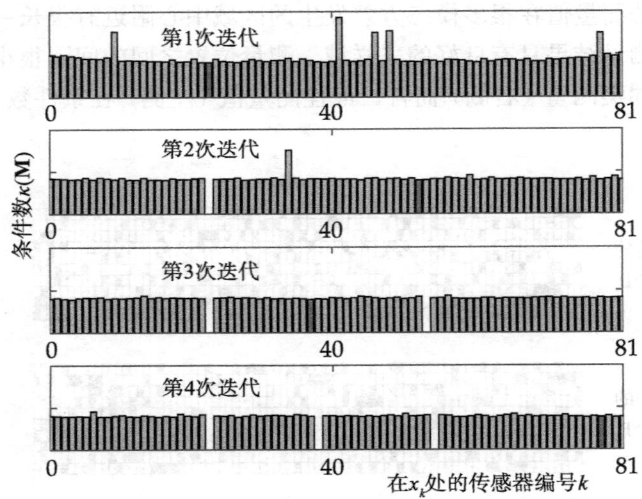

图12.8　Willcox[555]的缺失测量定位算法的前4次迭代。该算法应用于由高斯–埃尔米特函数（11.25）和（11.26）在区间 $x \in [-4, 4]$ 上离散化给出的10个模态展开，离散步长 $\Delta x = 0.1$。顶部图片展示了在81个离散值x_k处考虑的单个传感器的条件数 $\kappa(\mathbf{M})$。第一个传感器将x_{23}处的条件数（显示为红色）最小化。现在考虑在余下的80个空间位置布置第二个传感器，最小条件数出现在x_{52}（红色）处。重复此过程，将得到的x_{37}和x_{77}分别作为算法迭代3和4的第三和第四传感器位置（以红色突出显示）。一旦为传感器选择了一个位置，以后的迭代中就不再考虑该位置，该位置将用一个缺口来表示（附彩图）

我们应用该算法来构建缺失测量矩阵 **P**。同之前一样，数值实验的模态基是由式（11.25）和式（11.26）定义的高斯 – 埃尔米特函数。用于构造 P 的缺失测量矩阵算法如代码 12.5 所示。注意，上面概述的算法一次只设置一个传感器，这样，随着 10 个 POD 模态的扩展，直到配置了 10 个传感器为止，该系统都是欠定的。对于前 9 个传感器配置，这里给出的条件数约为 10^{16} 个。这也表明前 10 个传感器位置可能是根据条件数的不准确计算而生成的。

下面的代码以代码 12.1 为基础，用于生成高斯 – 埃尔米特函数的 10 模态扩展。该代码
414 将条件数最小化，并辨识出前 20 个传感器位置。具体而言，该代码提供了一种生成测量矩阵 **P** 的指导性方法，该方法允许使用有限的测量对 POD 模态扩展进行良好的重构。

代码 12.5　缺失传感器布置：最小化条件数。

```
n2=20;    % number of sensors
nall=1:n; ns=[];  %
for jsense=1:n2
    for jloop=1:(n-jsense)
        P=zeros(n,1); P(ns)=1;
        P(nall(jloop))=1;
        for j=1:10
            for jj=1:j     % matrix M
                Area=trapz(x,P.*(yharm(:,j).*yharm(:,jj)));
```

```
                M2(j,jj)=Area; M2(jj,j)=Area;
            end
        end
        con(jloop)=cond(M2);  % compute condition number
    end  %  end search through all points
    [s1,n1]=min(con); % location to minimize condition #
    kond(jsense)=s1; clear con
    ns=[ns nall(n1)];  % add sensor location
    nall=setdiff(nall,ns);  % new sensor indeces
    P=zeros(n,1);  P(ns)=1;
    Psum(:,jsense)=P;
    for j=1:10
        for jj=1:j
            Area=trapz(x,P.*(yharm(:,j).*yharm(:,jj)));
            M2(j,jj)=Area; M2(jj,j)=Area;
        end
    end
    for j=1:10  % reconstruction using gappy
        ftild(j,1)=trapz(x,P.*(f.*yharm(:,j)));
    end
    atild=M2\ftild;   % compute error
    f1(:,jsense)=yharm*atild;  % iterative reconstruction
    E(jsense)=norm(f1(:,jsense)-f);  % iterative error
end  % end sensor loop
```

除了辨识出前 20 个传感器的位置之外，该代码还在进程的每次迭代中重构了由式（12.11）给出的示例函数。请注意 **setdiff** 命令的使用，该命令在下一次迭代中删除了最小化传感器位置的条件数。

为了评估缺失传感器的定位算法，我们跟踪了多达 20 个传感器的条件数作为迭代次数的函数。另外，在每次迭代中，都会计算测试函数（12.11）的重构并评估最小二乘误差。图 12.9 展示了算法的进展情况，该算法评估了多达 20 个传感器的位置配置情况。通过构造，该算法在迭代的每一步中将条件数 $\kappa(\mathbf{M})$ 最小化。随着传感器的增加，条件数稳步减少（参见图 12.9 的顶部图片）。请注意，一旦选择了 10 个传感器，条件数就会显著减少，因为系统不再是欠定的（理论上具有无穷大条件数）。用于重构测试函数（12.11）的最小二乘误差遵循相同的总体趋势，但是该误差不会像条件数一样单调减少。一旦进行了 10 次测量，最小二乘误差也会显著改善。一般来说，如果要考虑 r 个模态的 POD 扩展，那么在配置 r 个传感器之前，使用缺失重构得到的合理结果是无法实现的。 415

现在，我们在图 12.9 的底部图片中将传感器布置视为迭代的函数。具体来说，我们描述了何时在迭代中辨识出传感器。第一个传感器位置是 x_{23}，其后分别是 x_{52}、x_{37} 和 x_{77}。继续该过程，直到辨识出前 20 个传感器位置。所描绘的传感器模式非常重要，因为它说明了区域内的均匀采样。下面将考虑替代方案。

作为缺失算法的最后演示，我们考虑随着迭代次数（传感器）的增加而重构测试函数（12.11）。正如预期的那样，在缺失框架中使用的传感器越多，重构效果越好，尤其是如果按照 Wilcox[555] 所述的指导性方式放置传感器。图 12.10 展示了随着迭代次数增加后的重构函数。在左侧图片中，迭代 1 ～ 20 用 z 轴集表示，用以说明迭代早期阶段极度恶劣的重构情况。右侧图片突出显示了在更为有限的 z 轴尺度上从迭代 9 ～ 20 的重构，并由此可见重构函数收敛到测试函数。为了可视化比较，还展示了真实的测试函数。这就表明，基于有指导性的传感器布置方法可使迭代算法收敛到测试函数。 416

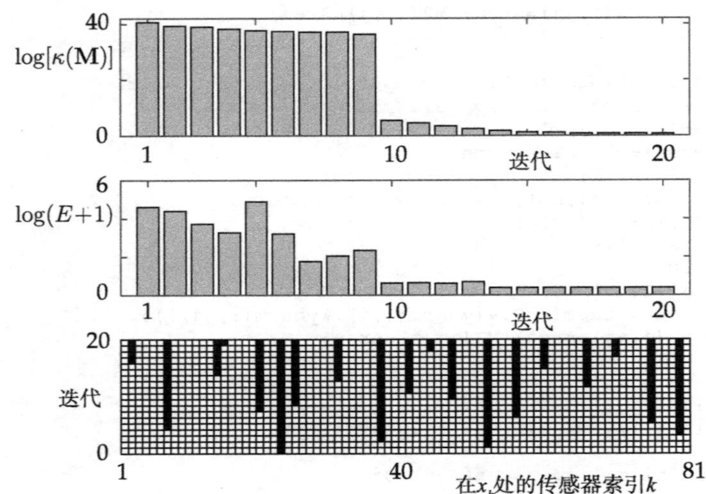

图12.9　在缺失传感器布置算法中，条件数和最小二乘误差（对数）作为迭代次数的函数。条件数的对数log[κ(**M**)]单调减少，因为在每一步迭代中都将其最小化。在测试函数（12.11）的重构中，最小二乘误差的对数也显示出随着传感器数量的增加而改善的趋势。一旦布置了10个传感器，系统就达到了满秩，条件数下降了几个数量级。底部图片展示了传感器在前20次迭代中开启时的状态（黑色正方形），例如第一个测量位置是在x_{23}处

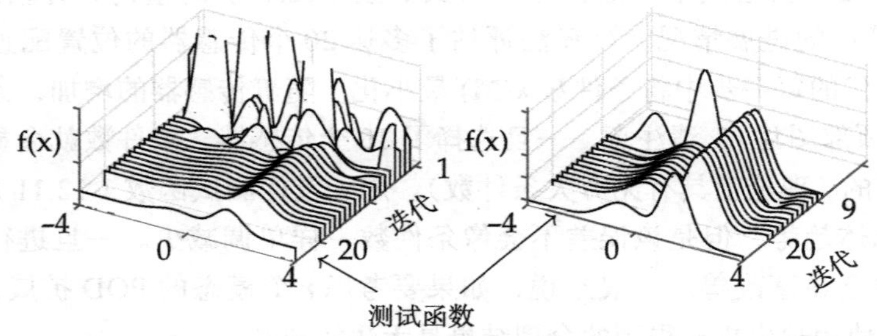

图12.10　重构到测试函数（12.11）的收敛性。左侧图片展示了迭代1～20次以及早期迭代的显著重构误差和有限数量的传感器。实际上，对于前9次迭代，因为系统不是满秩的，条件数和最小二乘误差非常大。右侧图片展示了从迭代9～20次的解的放大图，其中可以清楚地看到收敛情况。可以在两个图片中对测试函数进行比较

条件数的代理度量

我们通过考虑条件数 κ(**M**) 的另一种指标尺度来结束本节。条件数本身的计算可能是昂贵的。此外，在以 r-POD 模态扩展方式选择 r 个传感器之前，条件数的计算本身在数值上
417 是不稳定的。条件数最小化算法正在试图实现的是：使测量矩阵 **M** 尽可能地接近单位矩阵。于是得到下面的替代算法，该算法也是由 Willcox[555] 开发的。

（1）将传感器 k 布置在每个可能的空间位置，并计算矩阵 **M** 的对角线元素之和减去非对角线分量之和的差，称之为 κ_2(**M**)。只考虑尚未包含传感器的点。

（2）确定产生上述量化最大值的空间位置。这个空间位置现在就是第 k 个传感器的位置。

（3）增加传感器 $k+1$ 并重复前面的两个步骤。

该算法对原算法进行了简单的修改，使条件数最小化。下面几行代码对代码 12.5 进行了修改。具体来说，在计算条件数的地方，现在包括了下面一行：

```
nall=setdiff(nall,ns);  % new sensor indeces
```

另外，传感器的位置现在被考虑在最大点，以便应用下面的代码行：

```
P=zeros(n,1);  P(ns)=1;
```

这样，修改两行代码就可以制定出新的度量标准，从而避免了条件数的计算。

为了评估这种新的缺失传感器定位算法，我们跟踪我们试图最大化的新代理度量，该代理指标是迭代次数以及测试函数（12.11）的最小平方误差的函数。在这种情况下，由于收敛速度比以前慢，因此考虑使用了多达 60 个传感器。图 12.11 展示了算法的进展情况，该算法评估了多达 60 个传感器的传感器位置。通过构造，该算法在每一步迭代中最大化对角线元素之和减去非对角线元素之和，这样，随着传感器数量的增加，此度量值稳定增加（如图 12.11 的左上方所示）。用于重构测试函数（12.11）的最小二乘误差减小，但不是单调的。此外，收敛速度非常慢。至少在本例中，该方法表现得不如条件数度量有效。但是，在某些情况下它可以提高性能 [555]，并且计算效率更高。

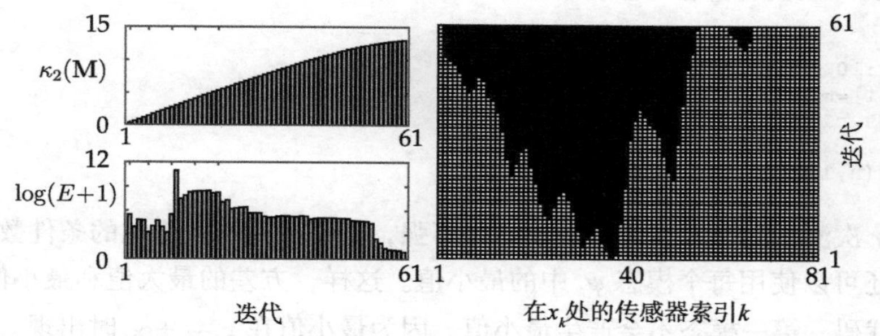

图12.11　在第二种缺失传感器布置算法中，对角线元素减去非对角线元素的和（左上）与最小二乘误差（对数）作为迭代次数的函数。条件数的新代理度量单调地增加，因为它在每次迭代中都被最大化。随着传感器数量的增加，重构测试函数（12.11）中的最小二乘误差的对数呈现趋于改善的态势，但是与最小化条件数相比，收敛速度极慢。右侧图片展示了在前60次迭代中开启的传感器（黑色正方形）的情况，例如第一个测量位置是在x_{37}处

如前所述，在图 12.11 的右侧图片中，我们也将传感器布置视为迭代的函数。具体来说，我们描述了传感器的开启过程。第一个传感器位置是 x_{37}，其后分别是 x_{38}、x_{36} 和 x_{31}。继续该过程，直到前 60 个传感器开启。所描述的传感器模态与条件数最小化算法中的模态有显著的不同。实际上，该算法以及这些模态可以在本地位置开启传感器，而无须从域中均匀采样。

12.4 缺失测量：最大化方差

上一节建立了用于缺失 POD 测量的确定传感器位置的指导性方法。与简单地随机选择
418 传感器位置的方法相比，这是一个显著的改进。实际上，通过最小化条件数进行定位选择运行效果非常好，能够迅速提高精度和降低最小二乘重构误差。所提出的方法有两方面缺点：首先，算法本身的实现成本很高，需要在穷举搜索下为每个选择的传感器位置计算条件数；其次，该算法是病状的，直到在 r-POD 模态扩展中选择了第 r 个传感器为止。因此，条件数在理论上是无限的，但出于计算目的，大约为 10^{17} 个。

Karniadakis 和他的同事 [565] 提出了一种替代 willcox[555] 算法的方法，以克服上述计算问题。具体来说，新算法不会一次放置一个传感器，而是在迭代的第一步就放置 r 个传感器以进行 r-POD 模态扩展。因此，生成的矩阵不再是理论上具有无限大条件数的病态情况。

基于 Karniadakis 算法，又进一步提出了一种选择原始 r 个传感器位置的指导性方法。此方法选择的位置是 POD 模态的极值点，旨在最大限度地捕获数据中的方差。具体来说，建议使用以下算法：

（1）首先配置 r 个传感器。

（2）通过考虑每个 POD 模态 ψ_k 的最大值来确定这些前 r 个传感器的空间位置。

（3）在 POD 模态的下一个最大极值处增加其他传感器。

下面的代码确定每种模态的最大值，并从这些位置构造一个缺失测量矩阵 $\mathbf{P}$。

代码 12.6 缺失传感器布置：最大化方差。

```
ns=[];
for j=1:10  % walk through the modes
  [s1,n1]=max(yharm(:,j)); % pick max
  ns=[ns n1];
end
P=zeros(n,1);   P(ns)=1;
```

仅针对 r 次测量而言，该算法的性能并不强，但至少会产生稳定的条件数计算值。为了提高性能，还可以使用每个模态 ψ_k 中的最小值。这样，方差的最大值和最小值都被考虑了。对于谐振子代码，第一模态不会产生最小值，因为最小值在 $x \to \pm\infty$ 时出现。因此，在下面的代码中选择了 19 个传感器位置。

代码 12.7 缺失传感器布置：最大和最小方差。

```
ns=[];
for j=1:10  % walk through the modes
  [s1,n1]=max(yharm(:,j)); % pick max
  ns=[ns n1];
end
for j=2:10
  [s2,n2]=min(yharm(:,j)); % pick max
  ns=[ns n2];
end
419 P=zeros(n,1);   P(ns)=1;
```

请注意，在这种情况下，传感器的数量几乎是前一种情况的两倍。此外，它只搜索可变性最高的位置，这对于测量来说非常有吸引力。

Karniadakis 算法 [565] 提倡从 M 个潜在极值中随机选择 p 个传感器，然后以改善条件数为目标修改搜索位置。在这种情况下，必须确定 POD 模态的所有最大值和最小值才能进行

选择。谐振子模态及其最大值和最小值如图 12.12 所示。

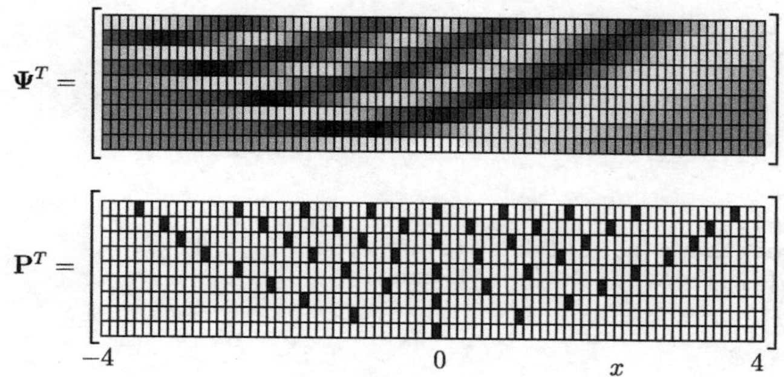

图12.12　顶部图片展示了POD扩展的低秩近似中高斯–埃尔米特多项式ψ的模态结构。离散化区间为 $x \in [-4,4]$，间隔补偿为 $\Delta x = 0.1$ 。彩色图展示了模态结构中出现的最大值（白色）和最小值（黑色）。底部图片展示了对应于POD模态方差的最大值和最小值（极值）的网格单元。极值是传感器位置或测量矩阵**P**的候选值，因为它们表示的是最大方差位置。通常情况下，会从这些极值中随机进行一次下采样，以便对缺失传感器布置进行评估

用于产生每种模式极值的算法及其在缺失算法中的应用如下。

代码 12.8　缺失传感器布置：极值定位。

```
nmax=[]; nmin=[];
Psum = zeros(n,10);
for j=1:10  % walk through the modes
    nmaxt=[]; nmint=[];
    for jj=2:n-1
       if yharm(jj,j)>yharm(jj-1,j) & yharm(jj,j)>yharm(jj+1,j)
           nmax=[nmax jj];
           nmaxt=[nmaxt jj];
       end
       if yharm(jj,j)<yharm(jj-1,j) & yharm(jj,j)<yharm(jj+1,j)
           nmin=[nmin jj];
           nmint=[nmint jj];
       end
    end
    nst=[nmaxt nmint]
    Psum(nst,j)=1;
end
ns=[nmax nmin];
ni=randsample(length(ns),20);
nsr=ns(ni);
P=zeros(n,1); P(nsr)=1;
```

420

请注意，所得向量 **ns** 包含所有 55 种可能的极值。该计算假设数据足够平滑，从而可以通过考虑相邻点简单地找到极值，即当两个相邻点的值较低时存在极大值，如果相邻点的值较高，则存在极小值。

最大方差算法建议在极值点尝试不同的传感器配置。特别是，如果需要进行 20 次缺失测量，则需要使用 20 个传感器搜索 55 个位置的各种布置情况。这种组合搜索是棘手的、难以解决的。但是，如果我们仅尝试 100 次随机试验并选择性能最佳的配置，则它与条件数最小化算法的性能非常接近。下面的代码生成了该算法的完整执行，以及条件数和式（12.11）的最小二乘拟合误差的计算。

代码 12.9 缺失传感器布置：随机选择。

```
ntot=length(ns);
421 for jtrials=1:100
ni=randsample(ntot,20);
nsr=ns(ni);

   P=zeros(n,1);  P(nsr)=1;

    for j=1:10
        for jj=1:j
            Area=trapz(x,P.*(yharm(:,j).*yharm(:,jj)));
            M2(j,jj)=Area; M2(jj,j)=Area;
        end
    end

    for j=1:10  % reconstruction using gappy
        ftild(j,1)=trapz(x,P.*(f.*yharm(:,j)));
    end
    atild=M2\ftild;   % compute error
    f1=yharm*atild;  % iterative reconstruction
    E_tri(jtrials)=norm(f1-f);  % iterative error
422 con_tri(jtrials)=cond(M2);
end
subplot(2,1,1), bar(log(con_tri),'Facecolor',[0.7 0.7 0.7])
subplot(2,1,2), bar(log(E_tri+1),'Facecolor',[0.7 0.7 0.7])
```

这 100 次试验的条件数和最小二乘误差如图 12.13 所示。与某些随机测量相比，这些配置的性能很好，其中一些具有出色的性能。

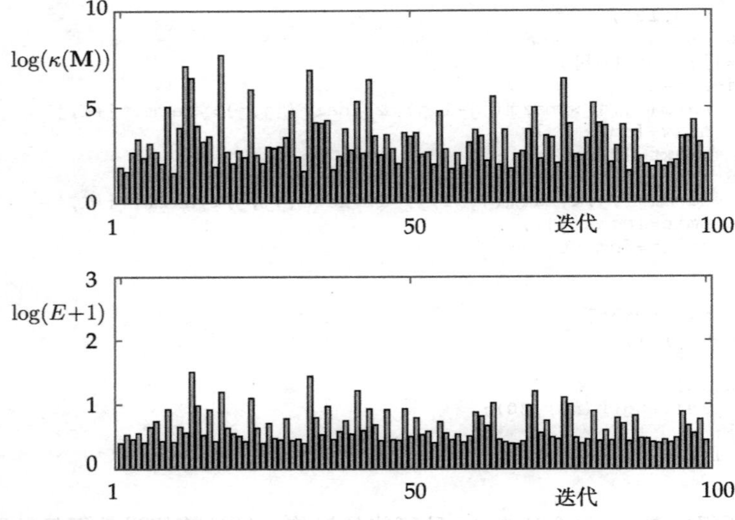

图12.13 在100次随机试验中，从图12.12所示的55个可能的极值中提取了20个传感器位置，以计算条件数和测试函数（12.11）的最小二乘误差。这100次试验产生了许多传感器配置，它们的性能接近上一节中条件数最小化算法的水平。但是，生成这些试验的计算成本可能会大大降低

图 12.14 展示了所有这些方法的直接比较。具体而言，展示出了以下结果：使用（a）POD 模态的最大位置，（b）每个 POD 模态的最大和最小位置，以及（c）从 POD 模态 55 个

极值位置中随机选取 20 个，将这些与（d）从 100 次随机试验的极值中选择的 20 个传感器中的最佳的 5 个传感器布置位置以及（e）用红色表示的条件数最小化算法进行比较。最大方差算法的执行效果与最小条件数算法相比差不多，但是该算法速度更快，并且永远不会在病态矩阵上计算条件数。Karniadakis 及其同事 [565] 建议在此基本实现方式上进行创新，逐个地考虑每个传感器，然后尝试将其配置在所有其他可用的空间位置。如果条件数减少，则将传感器移至新位置，并考虑使用下一个传感器。

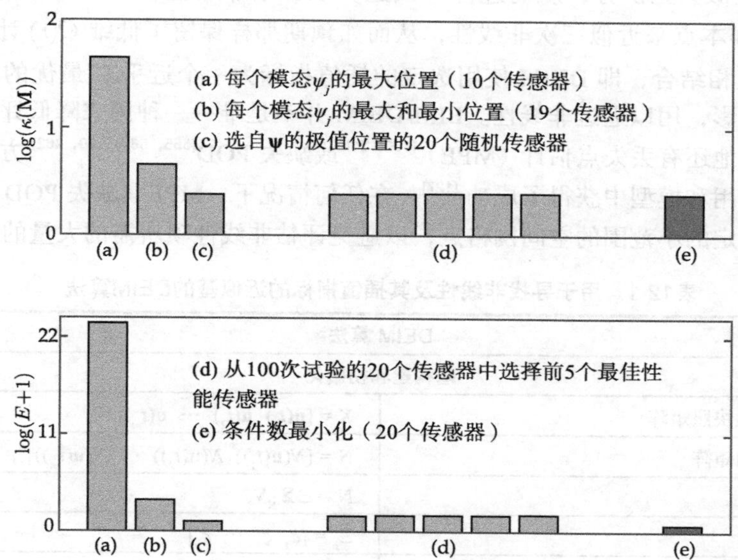

图12.14　基于POD模态方差的极值来配置传感器的性能指标。同时考虑用于重构测试函数（12.11）的最小二乘误差和条件数。展示的是使用POD模态的最大位置、每个POD模态的最大和最小位置以及从POD模态的55个极值位置中随机选择20个得到的结果。将这些与从100次随机试验的20个传感器中选择前5个以及条件数最小化算法（红色条）进行比较。在不增加计算成本的前提下，基于极值位置的随机传感器布置方法提供了接近条件数最小化方法的性能（附彩图）

12.5　POD和离散经验插值方法

到目前为止，所演示的 POD 方法旨在利用许多高维计算中观察到的潜在低维动力学。POD 通常用于降阶模型（ROM），其在科学应用和计算中日益重要。ROM 减少了求解大型复杂系统所需的计算复杂性和时间 [53, 442, 244, 17]。具体地说，ROM 提供了一种指导性的方法来近似高维时空系统 [139]，这类高维系统通常由数值离散化产生，利用低维子空间能够产生与潜在的非线性动力学系统几乎相同的输入 / 输出特性。然而，尽管通过 POD 基使维数显著减少，但评估高阶非线性项的复杂性可能仍然与原始问题一样具有挑战性 [41, 127]。经验插值方法（EIM）和用于本征正交分解（POD）的简化的离散经验插值方法（DEIM）[347, 251]，通过对离散（稀疏）采样和评估非线性提供了一种有效计算方法，克服了这一难题。这些方法确保了 ROM 的计算复杂度，即使在复杂的非线性条件下，也能随着近似值的大小而成比例地变化。

开发 EIM 是为了有效地管理降维方案中的非线性计算，其中 DEIM 是专为带有 Galerkin 投影的 POD 量身定制的。DEIM 通过使用一个小的、离散的采样点来近似非线性，这些采样点是以算法的方式确定的，这确保了评估非线性的计算成本与约简 POD 基的秩成比例的变化。例如，考虑 r 模态的 POD-Galerkin 截断情况。一个简单的三次非线性要求将 POD-Galerkin 近似为三次方，从而进行 r^3 次运算以评估非线性项。DEIM 通过使用非线性
423 的 $\mathcal{O}(r)$ 个离散样本点来近似三次非线性，从而如预期那样保留了低维 $\mathcal{O}(r)$ 计算。DEIM 方法将投影与插值相结合，即 DEIM 使用选定的插值指标为一个近乎 ℓ_2 最优的子空间指定一个基于插值的投影，用以逼近非线性。EIM/DEIM 并不是唯一一种用来降低评估非线性项复杂性的方法，其他还有丢失点估计（MPE）[400, 21] 或缺失 POD[555, 565, 120, 462] 方法，它们已经在许多不同的应用和模型中获得了成功 [127]。在任何情况下，MPE、缺失 POD 和 EIM/DEIM 都会使用一组选定的小范围的空间网格点，以避免评估非线性项所需的大量的内积计算。

表12.1 用于寻找非线性及其插值指标的近似基的DEIM算法

DEIM 算法	
基构建和初始化	
• 收集数据，构建快照矩阵	$\mathbf{X} = [\mathbf{u}(t_1)\ \ \mathbf{u}(t_2)\ \ \cdots\ \ \mathbf{u}(t_m)]$
• 构建非线性快照矩阵	$\mathbf{N} = [N(\mathbf{u}(t_1))\ \ N(\mathbf{u}(t_2))\ \ \cdots\ \ N(\mathbf{u}(t_m))]$
• $\mathbf{N}$的奇异值分解	$\mathbf{N} = \Xi\Sigma_{\mathrm{N}}\mathbf{V}_{\mathrm{N}}^*$
• 构建秩p近似基	$\Xi_p = [\xi_1\ \ \xi_2\ \ \cdots\ \ \xi_p]$
• 选择第一个指标（初始化）	$[\rho, \gamma_1] = \max\lvert\xi_1\rvert$
• 构建第一个测量矩阵	$\mathbf{P}_1 = [\mathrm{e}_{\gamma_1}]$
插值指标和迭代循环（$j = 2, 3, \cdots, p$）	
• 计算$\mathbf{c}_j$	$\mathbf{P}^T_j\Xi_j\mathbf{c}_j = \mathbf{P}^T_j\xi_{j+1}$
• 计算残差	$\mathbf{R}_{j+1} = \xi_{j+1} - \Xi_j\mathbf{c}_j$
• 找到残差的最大指标	$[\rho, \gamma_j] = \max\lvert\mathbf{R}_{j+1}\rvert$
• 在测量矩阵中增加新列	$\mathbf{P}_{j+1} = [\mathbf{P}_j\ \ \mathbf{e}_{\gamma j}]$

表 12.1 的算法首先构造非线性基模态，并将第一个测量位置和矩阵 $\mathbf{P}_1$ 初始化为 ξ_1 的最大值，然后算法通过考虑残差 $\mathbf{R}_j$ 的最大值的位置来连续构造 $\mathbf{P}_j$ 的列。

POD 和 DEIM

考虑一个高维非线性微分方程组，例如由偏微分方程的有限差分离散化而来。除了构造 PDE 解的快照矩阵（12.12）以便可以提取 POD 模态外，DEIM 算法还构造了 PDE 非线性项的快照矩阵：

$$\mathbf{N} = \begin{bmatrix} | & | & & | \\ \mathbf{N}_1 & \mathbf{N}_2 & \cdots & \mathbf{N}_m \\ | & | & & | \end{bmatrix} \tag{12.12}$$

其中，列 $\mathbf{N}_k \in \mathbb{C}^n$ 是在时间 t_k 的非线性估计。

为了获得高精度的解，n 通常非常大，这使得求解的计算量非常大和难以处理。POD-Galerkin 方法是一种主要的降维方法，用秩 $\mathbf{r}$ 最优基函数来近似函数 $\mathbf{u}(t)$，其中，$r \ll n$。如上 424
一章所示，这些最优基函数是根据复杂系统的一系列时间快照的奇异值分解计算得出的。

标准 POD 过程 [251] 是降阶建模领域中普遍存在的算法，也有助于说明对创新的必要性，例如 DEIM、缺失 POD 和 MPE。考虑低维演化式（11.21）的非线性成分：$\boldsymbol{\Psi}^T\mathbf{N}(\boldsymbol{\Psi}\mathbf{a}(t))$。对于简单的非线性，例如 $N(u(x,t)) = u(x,t)^3$，考虑其对空间离散的双模态 POD 扩展的影响：$u(x,t) = a_1(t)\psi_1(x) + a_2(t)\psi_2(x)$。计算非线性的算法需要评估下式：

$$u(x,t)^3 = a_1^3\psi_1^3 + 3a_1^2a_2\psi_1^2\psi_2 + 3a_1a_2^2\psi_1\psi_2^2 + a_2^3\psi_2^3 \tag{12.13}$$ 425

$a_1(t)$ 和 $a_2(t)$ 的动力学可投影到低维基上，然后求取非线性项相对于 ψ_1 和 ψ_2 的内积，就可以计算 $a_1(t)$ 和 $a_2(t)$ 的动力学。计算量不仅要加倍，而且必须使用 n 维向量计算内积。DEIM 之类的方法克服了这种高维计算的问题。

DEIM

如上一节所述，POD-Galerkin 方法的缺点通常是需要评估非线性项 $\mathbf{N}(\boldsymbol{\psi}\mathbf{a}(t))$ 的值。为了避免这种困难，DEIM 通过投影和插值法来近似 $\mathbf{N}(\boldsymbol{\psi}\mathbf{a}(t))$，而不是直接对其进行评估。具体而言，根据奇异值分解可计算非线性的低秩表示：

$$\mathbf{N} = \Xi\Sigma_{\mathbf{N}}\mathbf{V}_{\mathbf{N}}^* \tag{12.14}$$

其中，矩阵 Ξ 包含了张成非线性的最优基。具体来说，我们考虑秩 p 基：

$$\Xi_p = [\boldsymbol{\xi}_1\ \boldsymbol{\xi}_2\ \cdots\ \boldsymbol{\xi}_p] \tag{12.15}$$

用于近似非线性函数（$p \ll n$ 并且 $p \sim r$）。非线性 $\mathbf{N}$ 的近似由下式给出：

$$\mathbf{N} \approx \Xi_p\mathbf{c}(t) \tag{12.16}$$

其中，$\mathbf{c}(t)$ 类似于式（11.20）中的 $\mathbf{a}(t)$。由于这是一个高度超定的系统，所以，可以通过选择系统的 p 行来找到合适的向量 $\mathbf{c}(t)$。DEIM 算法被用来开发识别要评估的 p 行。

DEIM 算法首先考虑向量 $\mathbf{e}_{\gamma_j} \in \mathbb{R}^n$，它是 n 维单位阵的第 γ_j 列。我们可以构建投影矩阵 $\mathbf{P} = [\mathbf{e}_{\gamma_1}\ \ \mathbf{e}_{\gamma_2}\ \ \cdots\ \ \mathbf{e}_{\gamma_p}]$，选择它使 $\mathbf{P}^T\Xi_p$ 是非奇异的，然后根据 $\mathbf{P}^T\mathbf{N} = \mathbf{P}^T\Xi_p\mathbf{c}(t)$ 唯一定义 $\mathbf{c}(t)$，因此有：

$$\mathbf{N} \approx \Xi_p(\mathbf{P}^T\Xi_p)^{-1}\mathbf{P}^T\mathbf{N} \tag{12.17}$$

对于非线性模型约简，这个结果的巨大优势在于，$\mathbf{P}^T\mathbf{N}$ 项仅需要 $p \ll n$ 个指标来评估非线性。DEIM 进一步提出了一种选择基向量 $\boldsymbol{\xi}_j$ 和指标 γ_j 的指导性方法。基于贪婪搜索的 DEIM 算法在文献 [127] 中进行了详细说明，并在表 12.1 中做了进一步说明。DEIM 算法的前 3 次迭代演示，参见图 12.15。

POD 和 DEIM 为复杂系统的非线性模型约简提供了许多优势。POD 提供了一种构造 r 维子空间 $\boldsymbol{\psi}$ 的指导性方法用以表征动力学。利用一个能够表示非线性的 p 维子空间 Ξ_p，DEIM 通过提供一种评估病态非线性项的方法来增强 POD。因此，可以对 ROM 中的少量点进行采样以近似非线性项。

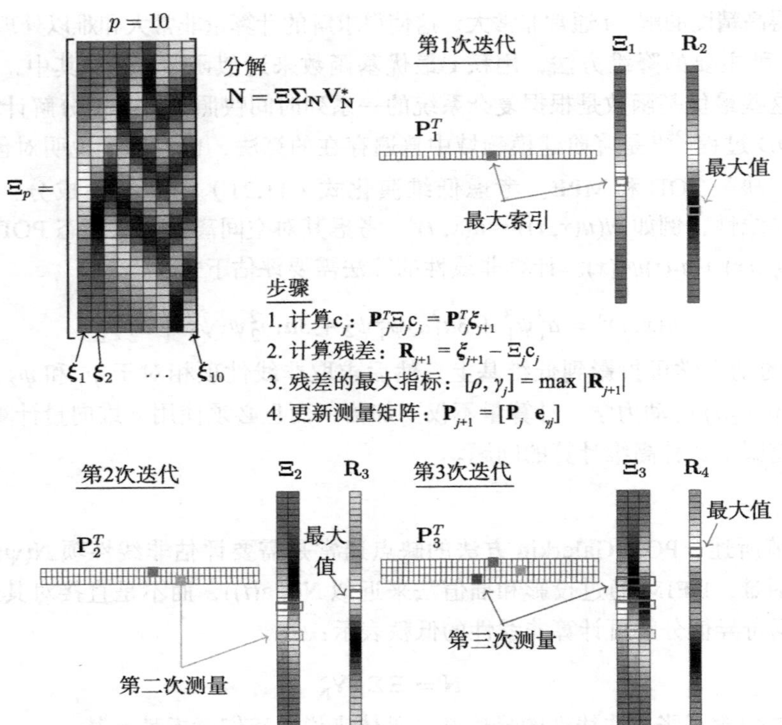

图12.15　DEIM算法的前3次迭代演示。仅出于说明目的，假定非线性矩阵$\mathbf{N} = \Xi\Sigma_N \mathbf{V}^*_N$由谐振子模态组成，且前10个模态包括$\Xi_p$。在第一个模态$\xi_1$的最大值处选择初始测量位置，然后基于残差向量$\mathbf{R}_j$的最大值位置，由三步过程来选择后续测量位置。对第一次（红色）、第二次（绿色）、第三次（蓝色）测量位置以及采样矩阵$\mathbf{P}$的构造都进行了展示（附彩图）

12.6 DEIM算法实现

为了演示如何使用 DEIM 进行模型约简，我们再次考虑 NLS 方程（11.29）。回想一下，
426 在代码 11.3 和 11.4 中给出的求解该方程的数值方法。该代码的输出是矩阵 **usol**，它的行表示时间快照，列表示空间离散点。同本章第一节那样，我们的第一步是转置此数据，以使时间快照是列而不是行。下面的代码转置了数据，并且还执行奇异值分解以获取 POD 模态。

代码 12.10　NLS 的降维。

```
X=usol.';  % data matrix X
[U,S,W]=svd(X,0);  % SVD reduction
```

除标准 POD 模态外，DEIM 算法还需要对非线性项进行奇异值分解，这将直接计算 $N(u) = |u|^2$ 的低秩表示形式 $\mathbf{N} = \Xi\mathbf{\Sigma_N V^*_N}$。

代码 12.11　NLS 非线性的降维。

```
NL=i*(abs(X).^2).*X;
[XI,S_NL,W]=svd(NL,0);
```

一旦计算了低秩结构，就可以使用参数 r 选择系统的秩。接下来，我们选择 $r = 3$，$p = 3$，以便标准 POD 模态和非线性模态，ψ 和 Ξ_p 分别具有三列。下面的代码为 ψ 选择 POD 模态，并将初始条件投影到 POD 子空间上。

代码 12.12　秩选择和 POD 模态。

```
r=3;  % select rank truncation
Psi=U(:,1:r); % select POD modes
a=Psi'*u0; % project initial conditions
```

现在，我们通过执行上一节表述的 DEIM 算法来构建插值矩阵 $\mathbf{P}$。该算法从 Ξ_p 的第一个最主导模态的最大值中选择第一个插值点开始。

代码 12.13　第一个 DEIM 点。

```
[Xi_max,nmax]=max(abs(XI(:,1)));
XI_m=XI(:,1);
z=zeros(n,1);
P=z; P(nmax)=1;
```

该算法一次迭代建立 $\mathbf{P}$ 的一列，下一步是通过贪婪的 DEIM 算法计算第二到第 r 个插值点。具体来说，向量 $\mathbf{c}_j$ 是根据 $\mathbf{P}^T_j\Xi_j\mathbf{c}_j = \mathbf{P}^T_j\xi_{j+1}$ 计算的，其中 ξ_j 是非线性 POD 模态矩阵 Ξ_p 的列。实际插值点来自寻找残差 $\mathbf{R}_{j+1} = \xi_{j+1} - \Xi_j\mathbf{c}_j$ 的最大值。算法的每次迭代都会产生稀疏插值矩阵 $\mathbf{P}$ 的另一列。整数 **nmax** 给出插值点的位置。

代码 12.14　DEIM 的第 2 到第 r 个点。

```
for j=2:r
    c=(P'*XI_m)\(P'*XI(:,j));
    res=XI(:,j)-XI_m*c;
    [Xi_max,nmax]=max(abs(res));
    XI_m=[XI_m,XI(:,j)];
    P=[P,z]; P(nmax,j)=1;
end
```

427

使用插值矩阵，我们准备构造 ROM。首先是构造式（11.21）的线性项 $\psi^T\mathbf{L}\psi$，其中 NLS 的线性算子是 Laplacian 算子。导数是使用傅里叶变换计算的。

代码 12.15　线性项的投影。

```
for j=1:r  % linear derivative terms
    Lxx(:,j)=ifft(-k.^2.*fft(Psi(:,j)));
end
L=(i/2)*(Psi')*Lxx;  % projected linear term
```

其次，使用具有式（12.17）的插值矩阵 $\mathbf{P}$ 来完成非线性的投影。回想一下，式（11.21）中的非线性项被乘以 ψ^T，以及其计算是由 ψ 张成的低秩子空间的插值形式。

代码 12.16　非线性项的投影。

```
P_NL=Psi'*( XI_m*inv(P'*XI_m) ); % nonlinear projection
P_Psi=P'*Psi; % interpolation of Psi
```

接下来使用数字时间步进器在时间上进行求解，这是通过四阶 Runge-Kutta 程序完成的。

代码 12.17　ROM 的时间步进。

```
[tt,a]=ode45('rom_deim_rhs',t,a,[],P_NL,P_Psi,L);
Xtilde=Psi*a';  % DEIM approximation
waterfall(x,t,abs(Xtilde')), shading interp, colormap gray
```

428 时间步进器的右侧现在完全是低维的。

代码 12.18　ROM 的右侧。

```
function rhs=rom_deim_rhs(tspan, a,dummy,P_NL,P_Psi,L)
N=P_Psi*a;
rhs=L*a + i*P_NL*((abs(N).^2).*N);
```

图 12.16 展示了完整仿真动力学和使用三个 DEIM 插值点的秩 $r = 3$ 的 ROM 的比较。此外，还展示了 DEIM 点相对于 POD 模态的位置。除了第一个 DEIM 点外，其他位置不在 POD 模态的最小值或最大值上，而是算法将它们放置在残差最大化的位置。

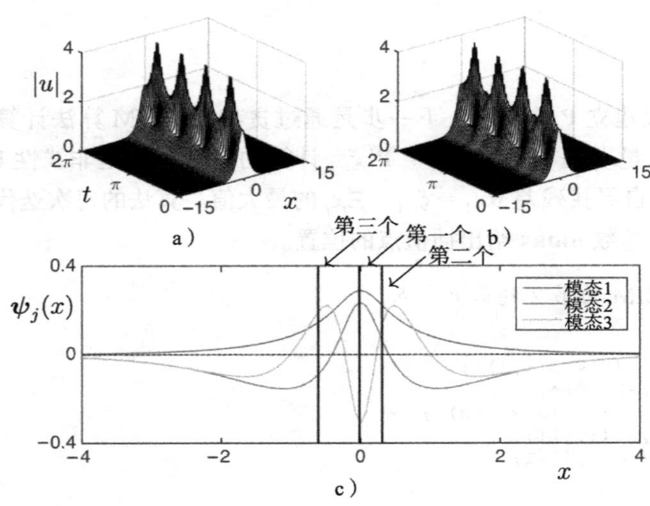

图12.16　图a为完整仿真动力学。图b为使用三个DEIM插值点的秩r=3的ROM的比较。图c展示了用于仿真的三种POD模态的详细信息以及第一个、第二个和第三个DEIM插值点的位置，这三个插值点能够准确地再现整个PDE系统的演化动力学

QDEIM 算法

尽管 DEIM 是一种选择插值点的高效贪婪算法，但还有其他技术同样有效。最近提出的 QDEIM 算法 [159] 利用 QR 分解来提供有效的贪婪插值位置，在许多应用中已被证明是用于传感器布置的一种鲁棒的数学架构 [366]。QR 分解还可以提供一种贪婪策略来辨识插值点。在 QDEIM 中，QR 枢轴位置就是传感器位置。下面的代码可以代替 DEIM 算法来生成插值矩阵 **P**。

代码 12.19　基于 QR 的插值点。

```
[Q,R,pivot]=qr(NL.');
P=pivot(:,1:r);
```

使用该插值矩阵 **P** 可以得到如图 12.16 所示相同的插值位置。更为一般的是，有评估表明，QDEIM 能够比标准 DEIM 改善误差性能 [159]。QR 算法的易用性使其成为稀疏插值的一种有吸引力的方法。

12.7　机器学习的ROM

受机器学习方法的启发，参数化系统的各种 POD 基被合并到 POD 模态 Ψ_L 的主库中，该主库包含动力学系统展示的所有低阶子空间。这利用了如下事实：POD 提供了一种原则性方法来构造一个 r 维子空间 Ψ_r 描述动力学，而稀疏采样则通过提供一种使用 p 维子空间投影矩阵 **P** 来评估有问题的非线性项的方法来增强 POD 方法，这样可以对少量点采样以近似 ROM 中的非线性项。图 12.17 说明了库构建的过程，通过对动态区域进行采样，以构建适当的 POD 基 Ψ。

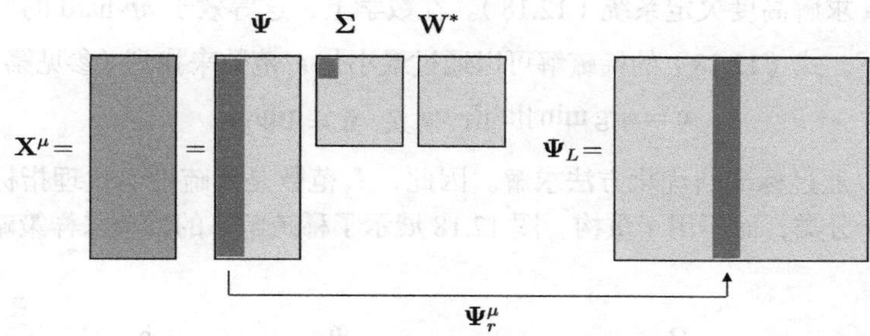

图12.17　通过控制方程（11.1）的数值模拟构建库。对参数化系统进行了不同分岔参数μ值的仿真。对于每个区域，通过SVD分解计算低维POD模态Ψ_r。各种秩r截断的子空间存储在模式矩阵Ψ_L的库中。这是该算法的学习阶段（摘自Kutz等人的文献[319]）

这里介绍的方法是通过建立与完整非线性系统动力学以及特定非线性相关的低维库来运行的。插值点可以与稀疏表示和压缩感知一起使用，以辨识动态区域、重构系统的完整状态、对未来状态提供有效的非线性模型约简和 POD-Galerkin 预测。 429

从数据中进行低秩特征的库构建的概念在计算机科学界已经很成熟，在降阶建模领域中，已成为参数系统的一种可行的计算策略。实际上，最近的各种工作已经产生了 ROM 模型库 [80, 98, 462, 10, 134, 422, 421, 420]，这些模型可以通过测量和分类进行选择或内插。此外，基于聚类的降阶模型使用 k 均值聚类来建立动态状态之间的马尔可夫转移模型 [278]。我们考虑的重点是确定如何在所有库中使用合适的 **P** 进行选择和重构 POD 模态。我们还可以建立两组库：一组用于全动态，另一组用于非线性，以便利用 DEIM 策略提高计算效率 [462]。在这些基于机器学习的正式的技术被开发出来之前，人们已经意识到参数域可以被分解成子域，并且在每个子域中计算一个局部 ROM/POD。Patera 及其同事 [171] 使用了基于二叉树的分区，而 Amsallem 等人 [9] 使用域的 Voronoi 细分。这些方法与 Du 和 Gunzburger[160] 的工作密切相关，数据快照被划分为子集，并计算了多个约简基。然后将多个基重新组合为一个基，因此它不会产生库。有关这些域划分策略的概述，请参阅参考文献 [11]。

POD 模态选择

尽管有很多技术可以选择要使用的正确 POD 库元素，包括主流的 k 均值聚类算
430 法[10, 134, 422, 421, 420]，但也可以使用第 3 章所述的稀疏采样和稀疏表示分类（SRC）的创新来表征非线性动力系统[80, 98, 462]。具体而言，我们的目标是使用有限数量的传感器（插值点）从一系列以参数 β 为特征的潜在 POD 库元素中对系统的动态区域进行分类。一旦实现了正确的分类，就可以使用所选的 POD 模态子集来完成整个状态空间的标准 ℓ_2 重构，并且可以用 POD-Galerkin 预测来计算未来状态。

通常，我们有一个由式（12.1）给出的稀疏测量向量 $\tilde{\mathbf{u}}$。完整状态向量 $\mathbf{u}$ 可以使用 POD 库模态（$\mathbf{u}=\Psi_L\mathbf{a}$）来近似，因此有：

$$\tilde{\mathbf{u}}=\mathbf{P}\Psi_L\mathbf{a} \tag{12.18}$$

其中，Ψ_L 是低秩矩阵，其列是在所有 β 区域内串联的 POD 基向量，而 $\mathbf{c}$ 是系数向量，给出了 $\mathbf{u}$ 在这些 POD 模态上的投影。如果 $\mathbf{P}\Psi_L$ 遵守受限等距特性，并且 $\mathbf{u}$ 在 Ψ_L 中足够稀疏，则可以使用最稀疏的向量 $\mathbf{a}$ 求解高度欠定系统（12.18）。在数学上，这等效于 *np*-hard 的 ℓ_0 优化问题。但是，在一定条件下，式（12.18）的稀疏解可以通过最小化 ℓ_1 范数来找到（参见第 3 章），即

$$\mathbf{c}=\arg\min_{\mathbf{a}'}\|\mathbf{a}'\|_1 \quad \text{满足} \quad \tilde{\mathbf{u}}=\mathbf{P}\Psi_L\mathbf{a} \tag{12.19}$$

最后一个方程可以通过标准凸优化方法求解。因此，ℓ_1 范数是稀疏性的代理指标。请注意，我
431 们仅将稀疏性用于分类，而不用于重构。图 12.18 展示了稀疏解 $\mathbf{a}$ 的稀疏采样策略和原型结果。

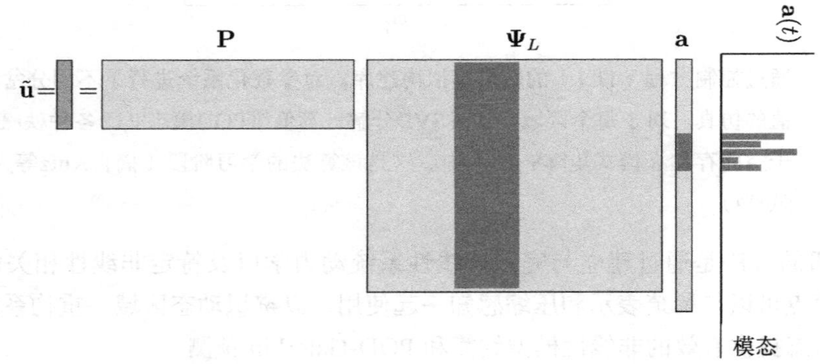

图12.18　用于库模态选择的稀疏表示分类（SRC）算法。在该数学框架中，对系统（11.1）进行稀疏测量，在 ℓ_1 惩罚约束下求解高度欠定系统方程 $\mathbf{P}\Psi_L\mathbf{a}=\tilde{\mathbf{u}}$，使得 $\|\mathbf{a}\|_1$ 最小化。本图展示了第 μ 个POD模态的选择。左侧的条形图描绘了向量 $\mathbf{a}$ 的非零值，它们对应于 Ψ_r 库元素。注意，生成稀疏样本 $\tilde{\mathbf{u}}=\mathbf{P}\mathbf{u}$ 的采样矩阵 $\mathbf{P}$ 对于正确库元素 Ψ_r 的分类和相应的重构是否成功至关重要（摘自Kutz等人的文献[319]）

示例：圆柱绕流

为了演示所建立的稀疏分类和重构算法，我们考虑了圆柱绕流的典型问题。这个问题已经得到了很好的理解，并且已经成为稀疏空间测量研究的主题[80, 98, 462, 281, 374, 89, 540]。对于低到中等的 Reynolds 数，动力学在空间上是低维的，POD 方法已经成功地量化了该动力学。Reynolds 数 Re 在式（11.1）中起到分叉参数 β 的作用，即它是一个参数化的动力学系统。

我们考虑的数据来自不可压缩的 Navier-Stokes 方程的数值模拟：

$$\frac{\partial u}{\partial t}+u\cdot\nabla u+\nabla p-\frac{1}{Re}\nabla^2 u=0 \tag{12.20a}$$

$$\nabla\cdot u=0 \tag{12.20b}$$

其中，$u(x,y,t)\in\mathbb{R}^2$ 表示二维速度，$p(x,y,t)\in\mathbb{R}^2$ 表示相应的压力场。边界条件如下：1）在 $x=-15$ 时 $u=(1,0)^T$ 的恒定流量，即通道的入口；2）在 $x=25$ 时 $p=0$ 的恒定压力，即通道的末端；3）Neumann 边界条件，即在通道和圆柱体的边界上 $\frac{\partial u}{\partial \mathbf{n}}=0$（以 $(x,y)=(0,0)$ 为中心，半径为 1）。

对于参数 Re 的每个相关值，我们在数据矩阵上执行 SVD 以提取 POD 模态。对于相对较低的 Reynolds 数，可以观察到奇异值的快速衰减，因此仅需几个 POD 模态即可表征动力学。图 12.19 展示了 Reynolds 数分别为 Re = 40、150、300、1000 时的 3 种最主要的 POD 模态。请注意，99% 被选为 POD 模态选择的总能量（方差）截止，给出了总共为 1 个、3 个、 432
3 个和 9 个 POD 模态，来表示所示区域内的动力学。对于 99.9% 的阈值，需要使用更多模态来考虑易变性。

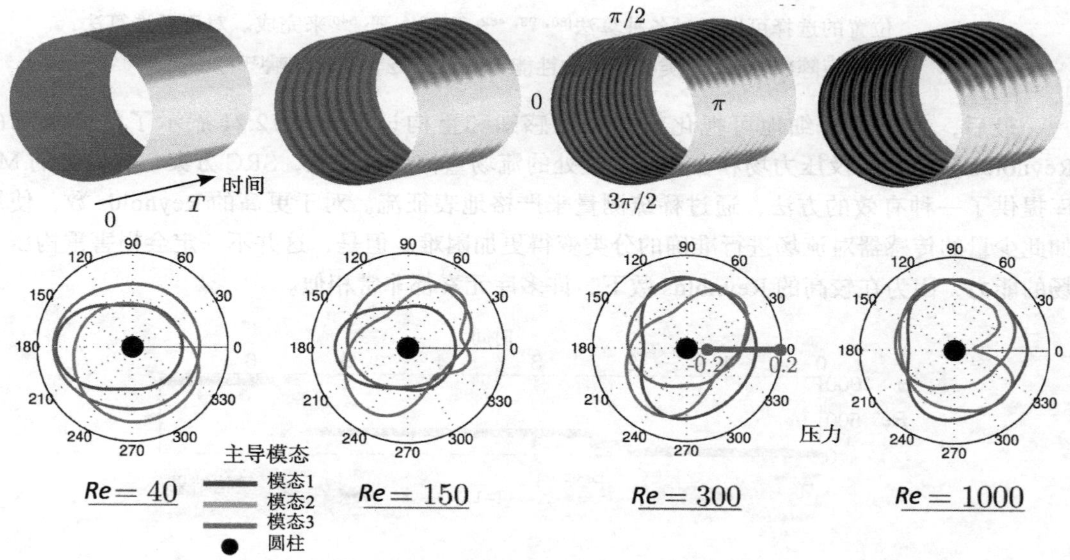

图12.19　Reynolds数分别为Re = 40、150、300和1000时，圆柱绕流的压力场（顶部图片）的时间动力学。收集动态快照显示，低维结构主导了动力学。在极坐标中展示了每个Reynolds数区域的三种主要POD压力模态。压力刻度为洋红色（底部左侧）（摘自Kutz等人的文献[319]）（附彩图）

Reynolds 数的分类是通过解决优化问题（12.19）以及获得稀疏系数向量 **a** 来完成的。请注意，**a** 中的每个元素对应于我们库中单个 POD 模态的能量。为简单起见，我们选择一些 POD 模态的局部最小值和最大值作为矩阵 **P** 的采样位置。Reynolds 数的分类是通过将与每个 Reynolds 数对应的系数的绝对值相加来完成的。为了解释为更高 Reynolds 数分配的大量系数（在 Re = 1000 时 99.9% 的方差可能是由 16 种 POD 模态产生的，而不是 Reynolds 数为 40 时的某一单个系数产生的)，我们将每个 Reynolds 数除以 **a** 中分配的 POD 模态数的平方根。如此处理之后，分类后的区域就是具有最大数量级的区域。

尽管分类精度很高，但许多错误的分类都是由于将相邻流中的 Reynolds 数进行了分类，即 Reynolds 数 1000 经常被误认为是 Reynolds 数 800。这是由于这两个 Reynolds 数惊人地相似，并且算法很难分离其模态结构。图 12.20 展示了稀疏感知配置的示意图，以及在 $Re=1000$ 时使用 15 个传感器重构的压力场。可以使用其他方法构造感知矩阵 **P**[80, 98, 462, 281, 374, 89, 540] 来提高分类和重构性能。此示例展示了稀疏提升技术在 POD 模态选择（ℓ_1 优化）和后续重构（ℓ_2 投影）中的用法。

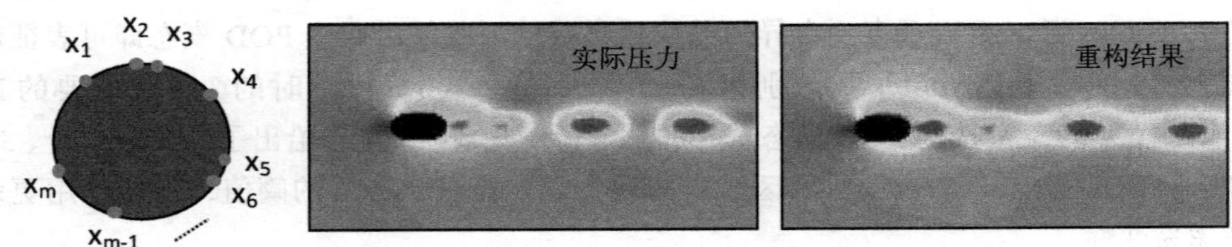

图12.20　用于流场的分类和重构的m个稀疏传感器位置示意图（左侧图片）。感知/内插位置的选择可以通过各种算法[80, 98, 462, 281, 374, 89, 540]来完成。对于所选算法，感知矩阵**P**确定了分类和重构的性能（摘自Kutz等人的文献[319]）

最后，为了更仔细地可视化整个稀疏感知和重构过程，图 12.21 展示了时变流场的 Reynolds 数重构以及压力场和在选定位置处的流场重构。请注意，SRC 方案与有监督的 ML 库提供了一种有效的方法，通过稀疏测量来严格地表征流。对于更高的 Reynolds 数，使用
433~434 如此少量的传感器对流场进行准确的分类变得更加困难。但是，这并不一定会损害重构压力场的能力，因为在较高的 Reynolds 数下，许多库元素都非常相似。

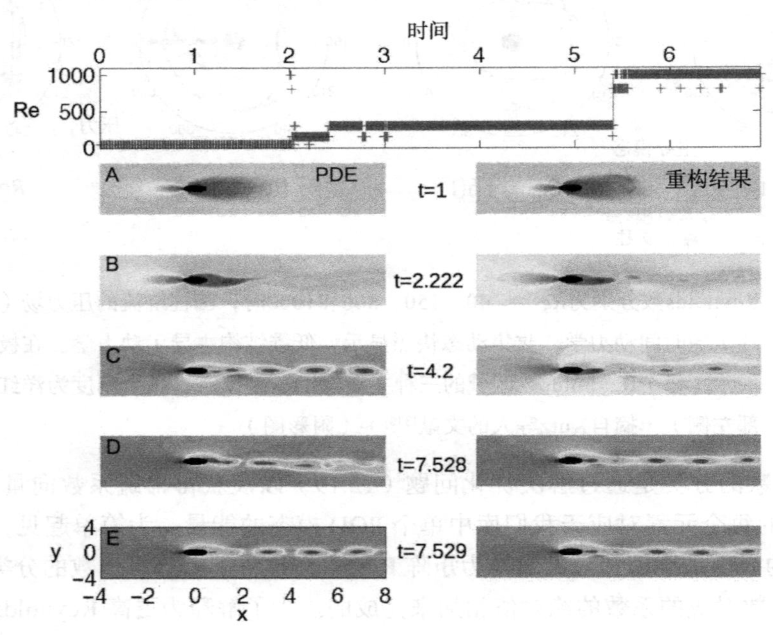

图12.21　时变流的稀疏感知Reynolds数辨识和压力场重构（摘自Bright等人的文献[80]）

图 12.21 的顶部图展示了完整模拟中使用的实际 Reynolds 数（实线）及其压缩感知辨识（十字）。图 A ～ D 展示了在时间上四个不同位置处的压力场的重构情况（顶部图），显示了压力场的精确（定性地）重构（左侧展示了模拟压力场，右侧包含了重构图）。请注意，对于更高的 Reynolds 数，分类会变得更加困难。

推荐阅读

教材

(1) **Certified reduced basis methods for parametrized partial differential equations**, by J. Hesthaven, G. Rozza and B. Stamm, 2015 [244].

(2) **Reduced basis methods for partial differential equations: An introduction**, by A. Quarteroni, A. Manzoni and N. Federico, 2015 [442].

(3) **Model reduction and approximation: Theory and algorithms**, by P. Benner, A. Cohen, M. Ohlberger and K. Willcox, 2017 [54].

论文和综述

(1) **A survey of model reduction methods for parametric systems**, by P. Benner, S. Gugercin and K. Willcox, *SIAM Review*, 2015 [53].

(2) **Model reduction using proper orthogonal decomposition**, by S. Volkwein, *Lecture Notes, Institute of Mathematics and Scientific Computing, University of Graz*, 2011 [542].

(3) **Nonlinear model reduction for dynamical systems using sparse sensor locations from learned libraries**, by S. Sargsyan, S. L. Brunton and J. N. Kutz, *Physical Review E*, 2015 [462].

(4) **An online method for interpolating linear parametric reduced-order models**, by D. Amsallem and C. Farhat, *SIAM Journal of Scientific Computing*, 2011 [10]. 435

术　语

Adjoint（伴随）——对于一个有限维的线性映射（即一个矩阵 **A**），它的伴随 **A*** 是由原矩阵经过复共轭转置变换后得到的。在无限维的环境中，线性算子 $\mathcal{A}$ 的伴随 $\mathcal{A}^*$ 被定义为 $\langle \mathcal{A}f, g\rangle = \langle f, \mathcal{A}^* g\rangle$，其中 $\langle\bullet,\bullet\rangle$ 表示内积。

Akaike information criterion (AIC)（赤池信息准则）——对给定数据集的统计模型的相对质量进行估计。给定数据的模型集合，AIC 估计每个模型相对于其他模型的质量。因此，AIC 提供了一种模型选择方法。

Backpropagation (Backprop)（反向传播）——一种用于计算训练神经网络所需的梯度下降的方法。基于链式法则，backprop 利用 NNs 的组成特性去构建用于更新网络权重的优化问题。该方法通常用于训练深度神经网络。

Balanced input–output model（平衡输入输出模型）——在坐标系中表示的一种模型，其状态根据联合能控性和能观性分层排列。对于这样一个系统，能控性和能观性的格拉姆矩阵是相等的、对角的。

Bayesian information criterion (BIC)（贝叶斯信息准则）——对给定数据集的统计模型的相对质量进行估计。给定数据的模型集合，BIC 估计每个模型相对于其他模型的质量。因此，BIC 提供了一种模型选择方法。

Classification（分类）——与分门别类有关的一般过程。在这个过程中，理想期望值和目标被识别、区分和理解。分类是机器学习算法的一个常见任务。

Closed-loop control（闭环控制）——一种控制体系结构。在这种结构中，驱动由有关系统输出的传感器数据通知。

Clustering（聚类）——对一组对象进行分组的一种任务，使同一组（称为集群）中的对象彼此之间（某种意义上）比其他组（集群）中的对象更相似（某种意义上）。它是探索数据挖掘的主要目标，也是统计数据分析的常用技术。

Coherent structure（相干结构）——一种与来自系统的数据相关联的空间模态。

Compression（压缩）——将高维向量或数组在变换基上近似为稀疏向量，从而减小其大小的过程。例如，MP3 和 JPG 的压缩使用傅里叶基或小波基来压缩音频或图像信号。

Compressed sensing（压缩感知）——利用高维信号在一个已知变换基（例如傅里叶基）上是稀疏的事实，从随机采样下得到数据重构高维向量信号的过程。

Control theory（控制理论）——通过感知和驱动来调整动力系统以符合所需工程规范的框架。

Controllability（能控性）——一个系统如果它可以通过驱动来引导系统到达任何状态，则该系统是可控制的。能控性程度由能控性格拉姆矩阵决定。

Convex optimization（凸优化）——在凸集上最小化凸函数的一种算法框架。

Convolutional neural network (CNN)（卷积神经网络）——一种深度前馈神经网络，特别适

用于分析自然图像。卷积通常是一个综合了局部（邻近）空间信息的空间滤波器。

Cross-validation（交叉验证）——一种用于评估如何将统计分析的结果推广到独立（保留）的数据集的模型验证技术。

Data matrix（数据矩阵）——该矩阵的每个列向量是由系统在特定时刻的状态快照构成的。这些快照可能在时间上是有顺序的，或者它们可能来自初始条件或实验的集合。

Deep learning（深度学习）——一种机器学习算法，通常使用深度CNN进行特征提取和转换。深度学习可以利用监督（如分类）和/或非监督（如模式分析）算法，学习与不同抽象层次对应的多层次表示；这些层次形成了概念的分层结构。

DMD amplitude（动态模态分解振幅）——用数据表示给定DMD模态的振幅。这些振幅可以被解释为给定DMD模态的重要性，类似于FFT中的功率谱。

DMD eigenvalue（动态模态分解特征值）——最佳拟合DMD算子**A**的特征值（参见动态模态分解），表示振荡频率和增长/衰减项。

DMD mode（动态模态分解模态）——最佳拟合DMD算子**A**的特征向量（参见动态模态分解）。这些模态在空间上是相干的，在时间上以固定的频率和增长/衰减速率进行振荡。

Dynamic mode decomposition (DMD)（动态模态分解）——最佳拟合线性算子$\mathbf{A}=\mathbf{X}'\mathbf{X}^{\dagger}$的主导特征分解，将数据矩阵**X**传播到未来数据矩阵$\mathbf{X}'$。**A**的特征向量为DMD模态，对应的特征值决定了这些模态的时间动态。

Dynamical system（动力系统）——指描述系统动态演化的数学模型。通常，动力系统是用状态空间上的常微分方程来表示的。所得到的方程可以是线性的或是非线性的，也可以包括驱动输入的影响，并将输出表示为状态的传感器测量值。

Eigensystem realization algorithm (ERA)（特征系统实现算法）——一种利用脉冲响应数据建立系统平衡输入输出模型的系统辨识技术。在某些情况下，ERA被证明可以建立用来平衡本征正交分解和动态模态分解的等价模型。

Emission（观测/输出（概率））——隐马尔可夫模型的测量函数。

Feedback control（反馈控制）——一种闭环控制，其中传感器测量执行器的下游作用效果，以便将信息反馈给执行器。反馈对于鲁棒控制至关重要，可以通过快速传感器反馈来抵消模型的不确定性和不稳定性。

Feedforward control（前馈控制）——传感器测量系统上游干扰的控制，以便信息被反馈给执行器，以主动消除干扰。

Fast Fourier transform (FFT)（快速傅里叶变换）——以$\mathcal{O}(n\log(n))$次操作来计算离散傅里叶变换（DFT）的一种数值算法。FFT彻底改变了现代计算、信号处理、压缩和数据传输。

Fourier transform（傅里叶变换）——一种基变化，用无穷级数的正弦和余弦来表示函数。

Galerkin projection(Galerkin投影)——根据一组用于逼近解的正交基模态的系数的动力学，将主导动态控制偏微分方程简化为常微分方程的过程。

Gramian（格拉姆矩阵）——能控性（能观性）格拉姆矩阵通过驱动（估计）来确定状态可控性（可观性）的程度。格拉姆矩阵在状态空间上建立了一个内积。

Hidden Markov model (HMM)（隐马尔可夫模型）——一种马尔可夫模型，存在着仅能通过被称为观测/输出的一组测量值才能观察到的隐藏状态。

Hilbert space（Hilbert空间）——指具有内积的广义向量空间。在本书中，Hilbert空间通常指无穷维函数空间，这些空间也是完备的度量空间，提供了足够的数学框架来实现函数上的微积分。

Incoherent measurements（非相干测量）——指具有稀疏变换基向量的小内积的测量方式。例如，单像素测量（即空间 delta 函数）相对于空间傅里叶变换基是不相干的，因为这些单像素测量会激发所有的频率，且不优先与任何单个频率匹配。

Kalman filter（卡尔曼滤波器）——一种估计器，通过测量传感器输出和驱动输入的时间序列来重构动力系统全部状态。卡尔曼滤波器本身就是一个动力系统，它是为可观测的系统而构造的，并能够稳定地收敛到系统真实状态。对于具有高斯过程和已知大小测量噪声的线性系统，卡尔曼滤波器是最优的。

Koopman eigenfunction（Koopman 特征函数）——Koopman 算子的一个特征函数。该特征函数对应于形成固有坐标的动力系统状态空间的测量值。换言之，尽管潜在系统是非线性的，但是这些内在固有测量值将随时间线性演变。

Koopman operator（Koopman 算子）——一种无限维线性算子，从无限维 Hilbert 空间通过动力系统传播测量函数。

Least squares regression（最小二乘回归）——一种回归技术，通过最小化模型和数据之间的误差平方和来找到最佳拟合线或向量。

Linear quadratic regulator (LQR)（线性二次型调节器）——一种全状态反馈的最优比例反馈控制器，在不消耗过多控制能量的同时，平衡了调节状态的目标。比例增益矩阵通过求解代数黎卡提方程来确定。

Linear system(线性系统)——指任意两个输入的叠加导致两个相应输出的叠加系统。换言之，输入加倍则输出加倍。线性时不变动力系统用线性算子来表示，而线性算子用矩阵表示。

Low rank（低秩）——矩阵的一种性质，与矩阵的大小相比，线性无关的行和列的数目较少。通常，对于大数据矩阵，需要寻求低秩近似。

Machine learning（机器学习）——能够提取数据中主要模式的一组统计工具和算法。数据挖掘可以是有监督的也可以是无监督的，以聚类、分类和预测为目标。

Markov model（马尔可夫模型）——一种概率动力系统，其状态向量包含系统将处于给定状态的概率，因此该状态向量必须总是和为 1。动力学过程由马尔可夫转移矩阵给出，该矩阵的构造是使每一行的和为 1。

Markov parameters（马尔可夫参数）——响应于脉冲输入的动力系统的输出测量。

Max pooling（最大池化）——一种数据降采样策略，通过该策略，输入表示（图像，隐含层输出矩阵等）的维度减小，从而允许对包含在降采样子区域中的特征进行假设。

Model predictive control (MPC)（模型预测控制）——一种最优控制形式，基于模型在有限时间范围内优化控制策略。用于 MPC 的模型通常是线性的，可以通过系统识别凭经验确定。

Moore's law（摩尔定律）——指晶体管密度和处理器速度随时间呈指数增长的观察现象。摩尔定律通常用于预测未来的计算能力，以及相关的在计算上是可行的问题的增长规模。

Multiscale(多尺度)——指在空间和 / 或时间上具有许多尺度的性质。例如湍流等许多系统，表现出在多个数量级上变化的空间和时间尺度。

Observability（能观性）——一个系统是可观测的，如果它能够通过可用传感器的时间历史记录来估计任何系统状态。能观性程度由能观性格拉姆矩阵决定。

Observable function（可观测函数）——指度量系统状态的某种性质的函数。可观测函数通常是 Hilbert 空间的元素。

Optimization（优化）——通常指一组算法，给定一个定义域（或输入），用以找出目标函数的“最佳可用”值，包括各种不同类型的目标函数和不同类型的域。从数学上讲，优化的目的是：通过在允许的集合内系统地选择输入值并计算函数值来最大化或最小化实函数。将优化理论和技术推广到其他表述中，构成了应用数学的一大领域。

Overdetermined system（超定系统）——指系统 $\mathbf{Ax} = \mathbf{b}$ 中方程个数比未知变量个数多的情况。对于超定系统，通常没有精确的解 $\mathbf{x}$，除非向量 $\mathbf{b}$ 在 $\mathbf{A}$ 的列空间中。

Pareto front（帕累托边界）——重新分配资源以使任何一个个体或偏好标准变得更好，而不使至少一个个体或偏好标准恶化，这样的资源分配是不可能的。

Perron-Frobenius operator（佩龙 - 弗罗贝尼乌斯算子）——Koopman 算子的伴随算子，是一个无穷维算子，通过一个动力系统向前推进概率密度函数。

Power spectrum（功率谱）——一个信号的傅里叶变换的每个系数的平方幅值。功率对应于重构给定信号所需的每个频率的量。

Principal component（主成分）——给定数据集中的一种空间相关模式，通常在减去平均值后使用数据的奇异值分解进行计算。

Principal components analysis (PCA)（主成分分析）——将数据矩阵分解成与数据相关度从大到小顺序排列的主成分向量的层次结构。PCA 的计算方法是对减去平均值之后的数据进行奇异值分解，在这种情况下，每个奇异值表示数据中相应主成分（奇异向量）的方差。

Proper orthogonal decomposition (POD)（本征正交分解）——将动力系统中的数据分解为一组正交模态的层次结构，通常使用奇异值分解。当数据由系统的速度测量值组成时，例如不可压缩流体，则根据在给定数据中模态所包含能量的大小，本征正交分解对这些模态进行排序。

Pseudo-inverse（伪逆）——伪逆推广了非方阵的矩阵求逆，且常用于计算方程组的最小二乘解。SVD 是计算伪逆的一种常用方法：对于给定的 SVD $\mathbf{X} = \mathbf{U\Sigma V}^*$，伪逆为 $\mathbf{X}^\dagger = \mathbf{V\Sigma}^{-1}\mathbf{U}^*$。

Recurrent neural network (RNN)（递归神经网络）——一类神经网络，神经单元之间的连接沿序列形成有向图，这允许它能够显示时间序列的动态时间行为。

Reduced-order model (ROM)（降阶模型）——指高维系统在低维状态下的模型。通常，降阶模型平衡了模型的精度和计算成本。

Regression（回归）——指用指标变量表示结果变量的统计模型。最小二乘回归是一种寻找数据最优拟合线的线性回归，当被推广到高维和多元线性回归时，也被推广到主成分回归。非线性回归、动态回归、函数或语义回归被用于系统辨识、模型约简和机器学习。

Restricted isometry property (RIP)（受限等距性质）——指矩阵在稀疏向量上表现为酉矩阵或等距映射的性质。换言之，任何两个稀疏向量之间的距离是保持不变的，如果这些稀疏向量是通过满足受限等距性质的矩阵映射的。

Robust control（鲁棒控制）——一类控制领域，它惩罚最坏情况下的控制结果，从而提高控制器对不确定性、干扰和未建模动态的鲁棒性。

Robust statistics（鲁棒统计）——为从广泛的概率分布中提取的数据产生良好的统计的估

计方法，特别是对于非正态分布和异常值影响预测能力的分布。

Singular value decomposition (SVD)（**奇异值分解**）——对于给定的矩阵 $\mathbf{X} \in \mathbb{C}^{n\times m}$，SVD 满足 $\mathbf{X} = \mathbf{U\Sigma V}^*$，其中 $\mathbf{U} \in \mathbb{C}^{n\times n}$，$\mathbf{\Sigma} \in \mathbb{C}^{n\times m}$，$\mathbf{V} \in \mathbb{C}^{m\times m}$。矩阵 **U** 和 **V** 是酉矩阵，所以有 $\mathbf{UU}^* = \mathbf{U}^*\mathbf{U} = \mathbf{I}$ 和 $\mathbf{VV}^* = \mathbf{V}^*\mathbf{V} = \mathbf{I}$。矩阵 $\mathbf{\Sigma}$ 对角线上的元素对应着奇异值，按照从大到小的顺序排列，这就产生了一个层次矩阵分解，将矩阵分解为由列向量（左奇异向量）与行向量（右奇异向量的共轭转置）的外积所给出的秩 -1 矩阵的和。这些秩 -1 矩阵按奇异值大小排序，使得前 r 个秩 -1 矩阵在最小二乘意义上形成对原矩阵的最优秩 $-r$ 矩阵近似。

Snapshot（**快照**）——指在某一特定时间对某一系统的单一高维测量。在一个时间序列中收集的多个快照可以被安排为数据矩阵中的列向量。

Sparse identification of nonlinear dynamics (SINDy)（**非线性动力学的稀疏辨识**）——一种非线性系统辨识框架，用于从数据中同时辨识动力系统的非线性结构和参数。可以使用各种稀疏优化技术来确定 SINDy 模型。

Sparsity（**稀疏性**）——一个向量是稀疏的，如果它的大部分元素为零或接近零。稀疏性是指在适当的变换基（如傅里叶或 POD 基）中表示的向量，大多数数据是稀疏的。

Spectrogram（**频谱图**）——在移动窗上计算短时傅里叶变换，得到一个时频图，在给定的时间内其频率是有效的。频谱图非常适合于表征非周期信号，信号的频率成分会随着时间而变化，就像在音乐中那样。

State space（**状态空间**）——指所有可能的系统状态的集合。通常状态空间是一个向量空间，例如 $\mathbb{R}^n$，尽管它也有可能是一个光滑流形 $\mathcal{M}$。

Stochastic gradient descent（**随机梯度下降**）——也被称为增量梯度下降，它允许用一个数据点而不是所有可用的数据来近似梯度。在梯度下降的每一步，都是使用一个随机选择的数据点来计算梯度方向。

System identification（**系统辨识**）——依据测量数据为系统构建模型的过程，可能是在扰动系统之后进行。

Time delay coordinates（**时间延迟坐标**）——通过考虑当前时间的测量值以及过去从当前时间开始以固定间隔进行的若干次测量而构成的一组增广坐标。对于没有足够测量值的系统，时间延迟坐标通常在重构吸引子动力学时非常有用，如 Takens 嵌入定理中所述。

Total least squares（**整体最小二乘**）——一种最小化输入和输出误差的最小二乘回归算法。在几何上，这对应于找到一条直线，使到所有点的总距离的平方和最小，而不是到所有点的垂直距离的平方和最小。

Uncertainty quantification (UQ)（**不确定性量化**）——指工程系统中不确定性的原则性描述和管理。不确定性量化通常涉及动力系统的概率和统计学强大工具的应用。

Underdetermined system（**欠定系统**）——指系统 $\mathbf{Ax} = \mathbf{b}$ 中方程个数比未知变量个数少的情况。对于欠定系统，通常有无穷多个解 $\mathbf{x}$，除非向量 $\mathbf{b}$ 不在 $\mathbf{A}$ 的列空间中。

Unitary matrix（**酉矩阵**）——一个矩阵的复共轭转置也是它的逆矩阵的矩阵。酉矩阵的所有特征值都在复单位圆上。酉矩阵的作用可以看作是一种坐标变换，可保持任意两个向量之间的欧几里得距离不变。

Wavelet（**小波**）——用于拓展傅里叶变换以逼近更复杂和多尺度信号的一类广义函数或函数族。

参考文献

[1] Ralph Abraham, Jerrold E. Marsden, and Tudor Ratiu. *Manifolds, Tensor Analysis, and Applications*, volume 75 of *Applied Mathematical Sciences*. Springer-Verlag, 1988.

[2] Ralph Abraham and Jerrold E. Marsden. *Foundations of Mechanics*, volume 36. Benjamin/Cummings Publishing Company Reading, Massachusetts, 1978.

[3] Mradul Agrawal, Sandeep Vidyashankar, and Ke Huang. On-chip implementation of ECoG signal data decoding in brain-computer interface. In *Mixed-Signal Testing Workshop (IMSTW), 2016 IEEE 21st International*, pages 1–6. IEEE, 2016.

[4] Rakesh Agrawal, Ramakrishnan Srikant, et al. Fast algorithms for mining association rules. In *Proc. 20th int. conf. very large data bases, VLDB*, volume 1215, pages 487–499, 1994.

[5] Hyo-Sung Ahn, YangQuan Chen, and Kevin L. Moore. Iterative learning control: Brief survey and categorization. *IEEE Transactions on Systems, Man, and Cybernetics, Part C (Applications and Reviews)*, 37(6):1099–1121, 2007.

[6] Hirotugu Akaike. Fitting autoregressive models for prediction. *Annals of the Institute of Statistical Mathematics*, 21(1):243–247, 1969.

[7] Hirotugu Akaike. A new look at the statistical model identification. *Automatic Control, IEEE Transactions on*, 19(6):716–723, 1974.

[8] W. O. Amrein and Anne-Marie Berthier. On support properties of Lp-functions and their Fourier transforms. *Journal of Functional Analysis*, 24(3):258–267, 1977.

[9] David Amsallem, Julien Cortial, and Charbel Farhat. On-demand cfd-based aeroelastic predictions using a database of reduced-order bases and models. In *47th AIAA Aerospace Sciences Meeting Including The New Horizons Forum and Aerospace Exposition*, page 800, 2009.

[10] David Amsallem and Charbel Farhat. An online method for interpolating linear parametric reduced-order models. *SIAM Journal on Scientific Computing*, 33(5):2169–2198, 2011.

[11] David Amsallem, Matthew J. Zahr, and Kyle Washabaugh. Fast local reduced basis updates for the efficient reduction of nonlinear systems with hyper-reduction. *Advances in Computational Mathematics*, 41(5):1187–1230, 2015.

[12] Joakim Andén and Stéphane Mallat. Deep scattering spectrum. *IEEE Transactions on Signal Processing*, 62(16):4114–4128, 2014.

[13] Edward Anderson, Zhaojun Bai, Christian Bischof, Susan Blackford, James Demmel, Jack Dongarra, Jeremy Du Croz, Anne Greenbaum, S. Hammerling, Alan McKenney, et al. *LAPACK Users' Guide*, volume 9. *SIAM*, 1999.

[14] Jeffrey L. Anderson. An ensemble adjustment Kalman filter for data assimilation. *Monthly Weather Review*, 129(12):2884–2903, 2001.

[15] Claus A. Andersson and Rasmus Bro. The n-way toolbox for matlab. *Chemometrics and Intelligent Laboratory Systems*, 52(1):1–4, 2000.

[16] Marc Antonini, Michel Barlaud, Pierre Mathieu, and Ingrid Daubechies. Image coding using wavelet transform. *IEEE Transactions on Image Processing*, 1(2):205–220, 1992.

[17] Athanasios C. Antoulas. *Approximation of large-scale dynamical systems*. *SIAM*, 2005.

[18] Hassan Arbabi and Igor Mezić. Ergodic theory, dynamic mode decomposition and computation of spectral properties of the Koopman operator. *SIAM Journal on Applied Dynamical Systems,* 16 (4):2096–2126, 2017.

[19] Kartik B. Ariyur and Miroslav Krstić. *Real-Time Optimization by Extremum-Seeking Control.* Wiley, Hoboken, New Jersey, 2003.

[20] Travis Askham and J. Nathan Kutz. Variable projection methods for an optimized dynamic mode decomposition. *SIAM Journal on Applied Dynamical Systems,* 17 (1):380–416, 2018.

[21] Patricia Astrid. Fast reduced order modeling technique for large scale LTV systems. In *American Control Conference, 2004. Proceedings of the 2004*, volume 1, pages 762–767. IEEE, 2004.

[22] Karl Johan Aström and Richard M. Murray. *Feedback Systems: An Introduction for Scientists and Engineers*. Princeton University Press, 2010.

[23] M. F. A. Azeez and A. F. Vakakis. Proper orthogonal decomposition (POD) of a class of vibroimpact oscillations. *Journal of Sound and Vibration*, 240(5):859–889, 2001.

[24] K. Bache and M. Lichman. UCI machine learning repository, 2013.

[25] Brett W. Bader and Tamara G. Kolda. Efficient MATLAB computations with sparse and factored tensors. *SIAM Journal on Scientific Computing*, 30(1):205–231, December 2007.

[26] S. Bagheri, L. Brandt, and D. S. Henningson. Input-output analysis, model reduction and control of the flat-plate boundary layer. *Journal of Fluid Mechanics*, 620:263–298, 2009.

[27] S. Bagheri, J. Hoepffner, P. J. Schmid, and D. S. Henningson. Input-output analysis and control design applied to a linear model of spatially developing flows. *Applied Mechanics Reviews*, 62(2):020803–1..27, 2009.

[28] Shervin Bagheri. Koopman-mode decomposition of the cylinder wake. *Journal of Fluid Mechanics*, 726:596–623, 2013.

[29] Z. Bai, S. L. Brunton, B. W. Brunton, J. N. Kutz, E. Kaiser, A. Spohn, and B. R. Noack. Data-driven methods in fluid dynamics: Sparse classification from experimental data. In *Invited Chapter for Whither Turbulence and Big Data in the 21st Century*, 2015.

[30] Z. Bai, E. Kaiser, J. L. Proctor, J. N. Kutz, and S. L. Brunton. Dynamic mode decomposition for compressive system identification. *arXiv preprint arXiv:*1710.07737, 2017.

[31] Zhe Bai, Thakshila Wimalajeewa, Zachary Berger, Guannan Wang, Mark Glauser, and Pramod K. Varshney. Low-dimensional approach for reconstruction of airfoil data via compressive sensing. *AIAA Journal*, 53(4):920–933, 2014.

[32] Maciej J. Balajewicz, Earl H. Dowell, and Bernd R. Noack. Low-dimensional modelling of high-Reynolds-number shear flows incorporating constraints from the Navier–Stokes equation. *Journal of Fluid Mechanics*, 729:285–308, 2013.

[33] Madhusudhanan Balasubramanian, Stanislav Zabic, Christopher Bowd, Hilary W. Thompson, Peter Wolenski, S. Sitharama Iyengar, Bijaya B. Karki, and Linda M. Zangwill. A framework for detecting glaucomatous progression in the optic nerve head of an eye using proper orthogonal decomposition. *IEEE Transactions on Information Technology in Biomedicine*, 13(5):781–793, 2009.

[34] B. Bamieh and L. Giarré. Identification of linear parameter varying models. *International Journal of Robust and Nonlinear Control*, 12:841–853, 2002.

[35] Andrzej Banaszuk, Kartik B. Ariyur, Miroslav Krstić, and Clas A. Jacobson. An adaptive algorithm for control of combustion instability. *Automatica*, 40(11):1965–1972, 2004.

[36] Andrzej Banaszuk, Satish Narayanan, and Youping Zhang. Adaptive control of flow separation in a planar diffuser. *AIAA paper*, 617:2003, 2003.

[37] Andrzej Banaszuk, Youping Zhang, and Clas A. Jacobson. Adaptive control of combustion instability using extremum-seeking. In *American Control Conference, 2000. Proceedings of the 2000*, volume 1, pages 416–422. IEEE, 2000.

[38] S. P. Banks. Infinite-dimensional Carleman linearization, the Lie series and optimal control of non-linear partial differential equations. *International Journal of Systems Science*, 23(5):663–675, 1992.

[39] R. G. Baraniuk. Compressive sensing. *IEEE Signal Processing Magazine*, 24(4):118–120, 2007.

[40] R. G. Baraniuk, V. Cevher, M. F. Duarte, and C. Hegde. Model-based compressive sensing. *IEEE Transactions on Information Theory*, 56(4):1982–2001, 2010.

[41] Maxime Barrault, Yvon Maday, Ngoc Cuong Nguyen, and Anthony T. Patera. An empirical interpolation method: application to efficient reduced-basis discretization of partial differential equations. *Comptes Rendus Mathematique*, 339(9):667–672, 2004.

[42] J. Basley, L. R. Pastur, N. Delprat, and F. Lusseyran. Space-time aspects of a three-dimensional multi-modulated open cavity flow. *Physics of Fluids (1994-present)*, 25(6):064105, 2013.

[43] J. Basley, L. R. Pastur, F. Lusseyran, T. M. Faure, and N. Delprat. Experimental investigation of global structures in an incompressible cavity flow using time-resolved PIV. *Experiments in Fluids*, 50(4):905–918, 2011.

[44] Walter Baur and Volker Strassen. The complexity of partial derivatives. *Theoretical Computer Science*, 22(3):317–330, 1983.

[45] J. F. Beaudoin, O. Cadot, J. L. Aider, and J. E. Wesfreid. Bluff-body drag reduction by extremum-seeking control. *Journal of Fluids and Structures*, 22:973–978, 2006.

[46] Jean-Francois Beaudoin, Olivier Cadot, Jean-Luc Aider, and José-Eduardo Wesfreid. Drag reduction of a bluff body using adaptive control methods. *Physics of Fluids*, 18(8):085107, 2006.

[47] R. Becker, R. King, R. Petz, and W. Nitsche. Adaptive closed-loop control on a high-lift configuration using extremum seeking. *AIAA Journal*, 45(6):1382–92, 2007.

[48] P. N. Belhumeur, J. P. Hespanha, and D. J. Kriegman. Eigenfaces vs. Fisherfaces: Recognition using class specific linear projection. *IEEE Transactions on Pattern Analysis and Machine Intelligence (PAMI)*, 19(7):711–720, 1997.

[49] G. Bellani. Experimental studies of complex flows through image-based techniques. 2011.

[50] Brandt A. Belson, Jonathan H. Tu, and Clarence W. Rowley. Algorithm 945: modred—a parallelized model reduction library. *ACM Transactions on Mathematical Software*, 40(4):30, 2014.

[51] Michael Benedicks. On Fourier transforms of functions supported on sets of finite Lebesgue measure. *Journal of Mathematical Analysis and Applications*, 106(1):180–183, 1985.

[52] Yoshua Bengio, Pascal Lamblin, Dan Popovici, and Hugo Larochelle. Greedy layer-wise training of deep networks. In *Advances in Neural Information Processing Systems*, pages 153–160, 2007.

[53] P. Benner, S. Gugercin, and K Willcox. A survey of projection-based model reduction methods for parametric dynamical systems. *SIAM Review*, 57(4):483–531, 2015.

[54] Peter Benner, Albert Cohen, Mario Ohlberger, and Karen Willcox. *Model Reduction and Approximation: Theory and Algorithms*, volume 15. *SIAM*, 2017.

[55] Peter Benner, Jing-Rebecca Li, and Thilo Penzl. Numerical solution of large-scale Lyapunov equations, Riccati equations, and linear-quadratic optimal control problems. *Numerical Linear Algebra with Applications*, 15(9):755–777, 2008.

[56] E. Berger, M. Sastuba, D. Vogt, B. Jung, and H. B. Amor. Estimation of perturbations in robotic behavior using dynamic mode decomposition. *Journal of Advanced Robotics*, 29(5):331–343, 2015.

[57] G. Berkooz, P. Holmes, and J. L. Lumley. The proper orthogonal decomposition in the analysis of turbulent flows. *Annual Review of Fluid Mechanics*, 25:539–575, 1993.

[58] Gregory Beylkin, Ronald Coifman, and Vladimir Rokhlin. Fast wavelet transforms and numerical algorithms i. *Communications on Pure and Applied Mathematics*, 44(2):141–183, 1991.

[59] Stephen A. Billings. *Nonlinear System Identification: NARMAX Methods in the Time, Frequency, and Spatio-Temporal Domains*. John Wiley & Sons, 2013.

[60] P. Binetti, K. B. Ariyur, M. Krstić, and F. Bernelli. Formation flight optimization using extremum seeking feedback. *Journal of Guidance, Control, and Dynamics*, 26(1):132–142, 2003.

[61] G. D. Birkhoff and B. O. Koopman. Recent contributions to the ergodic theory. *Proceedings of the National Academy of Sciences*, 18(3):279–282, 1932.

[62] George D. Birkhoff. Proof of the ergodic theorem. *Proceedings of the National Academy of Sciences*, 17(12):656–660, 1931.

[63] Christopher M. Bishop. *Neural Networks for Pattern Recognition*. Oxford university press, 1995.

[64] Christopher M. Bishop. *Pattern Recognition and Machine Learning*. Springer New York, 2006.

[65] D. A. Bistrian and I. M. Navon. An improved algorithm for the shallow water equations model reduction: Dynamic mode decomposition vs POD. *International Journal for Numerical Methods in Fluids*, 2015.

[66] D. A. Bistrian and I. M. Navon. Randomized dynamic mode decomposition for non-intrusive reduced order modelling. *International Journal for Numerical Methods in Engineering*, 2016.

[67] Paola Bondi, Giuseppe Casalino, and Lucia Gambardella. On the iterative learning control theory for robotic manipulators. *IEEE Journal on Robotics and Automation*, 4(1):14–22, 1988.

[68] Josh Bongard and Hod Lipson. Automated reverse engineering of nonlinear dynamical systems. *Proceedings of the National Academy of Sciences*, 104(24):9943–9948, 2007.

[69] Jorge Luis Borges. The library of Babel. *Collected Fictions*, 1998.

[70] Bernhard E. Boser, Isabelle M. Guyon, and Vladimir N. Vapnik. A training algorithm for optimal margin classifiers. In *Proceedings of the Fifth Annual Workshop on Computational Learning Theory*, pages 144–152. ACM, 1992.

[71] H. Boulard and Y. Kamp. Autoassociative memory by multilayer perceptron and singular values decomposition. *Biol Cybern*, 59:291–294, 1989.

[72] George E. P. Box, Gwilym M. Jenkins, Gregory C. Reinsel, and Greta M. Ljung. *Time Series Analysis: Forecasting and Control*. John Wiley & Sons, 2015.

[73] Stephen Boyd, Leon O. Chua, and Charles A. Desoer. Analytical foundations of Volterra series. *IMA Journal of Mathematical Control and Information*, 1(3):243–282, 1984.

[74] Stephen Boyd and Lieven Vandenberghe. *Convex Pptimization*. Cambridge University Press, 2009.

[75] Antoneta Iuliana Bratcu, Iulian Munteanu, Seddik Bacha, and Bertrand Raison. Maximum power point tracking of grid-connected photovoltaic arrays by using extremum seeking control. *CEAI*, 10(4):3–12, 2008.

[76] Leo Breiman. Better subset regression using the nonnegative garrote. *Technometrics*, 37(4):373–384, 1995.

[77] Leo Breiman. Random forests. *Machine Learning*, 45(1):5–32, 2001.

[78] Leo Breiman et al. Statistical modeling: The two cultures (with comments and a rejoinder by the author). *Statistical Science*, 16(3):199–231, 2001.

[79] Leo Breiman, Jerome Friedman, Charles J. Stone, and Richard A. Olshen. *Classification and Regression Trees*. CRC press, 1984.

[80] I. Bright, G. Lin, and J. N. Kutz. Compressive sensing and machine learning strategies for characterizing the flow around a cylinder with limited pressure measurements. *Physics of Fluids*, 25(127102):1–15, 2013.

[81] Ido Bright, Guang Lin, and J. Nathan Kutz. Classification of spatio-temporal data via asynchronous sparse sampling: Application to flow around a cylinder. *Multiscale Modeling & Simulation*, 14 (2), 823–838, 2016.

[82] Sergey Brin and Lawrence Page. The anatomy of a large-scale hypertextual web search engine. *Computer Networks and ISDN Systems*, 30(1-7):107–117, 1998.

[83] Douglas Bristow, Marina Tharayil, Andrew G. Alleyne, et al. A survey of iterative learning control. *Control Systems, IEEE*, 26(3):96–114, 2006.

[84] Rasmus Bro. Parafac. tutorial and applications. *Chemometrics and Intelligent Laboratory Systems*, 38(2):149–171, 1997.

[85] Alexander Broad, T. D. Murphey, and Brenna Argall. Learning models for shared control of human-machine systems with unknown dynamics. *Robotics: Science and Systems Proceedings*, 2017.

[86] Roger W. Brockett. Volterra series and geometric control theory. *Automatica*, 12(2):167–176, 1976.

[87] David S. Broomhead and David Lowe. Radial basis functions, multi-variable functional interpolation and adaptive networks. Technical report, Royal Signals and Radar Establishment Malvern (United Kingdom), 1988.

[88] D. S. Broomhead and R Jones. Time-series analysis. In *Proceedings of the Royal Society of London A: Mathematical, Physical and Engineering Sciences*, volume 423, pages 103–121. The Royal Society, 1989.

[89] B. W. Brunton, S. L. Brunton, J. L. Proctor, and J. N. Kutz. Sparse sensor placement optimization for classification. *SIAM Journal on Applied Mathematics*, 76(5):2099–2122, 2016.

[90] B. W. Brunton, L. A. Johnson, J. G. Ojemann, and J. N. Kutz. Extracting spatial–temporal coherent patterns in large-scale neural recordings using dynamic mode decomposition. *Journal of Neuroscience Methods*, 258:1–15, 2016.

[91] S. L. Brunton, B. W. Brunton, J. L. Proctor, E. Kaiser, and J. N. Kutz. Chaos as an intermittently forced linear system. *Nature Communications*, 8(19):1–9, 2017.

[92] S. L. Brunton, B. W. Brunton, J. L. Proctor, and J. N Kutz. Koopman invariant subspaces and finite linear representations of nonlinear dynamical systems for control. *PLoS ONE*, 11(2):e0150171, 2016.

[93] S. L. Brunton, X. Fu, and J. N. Kutz. Extremum-seeking control of a mode-locked laser. *IEEE Journal of Quantum Electronics*, 49(10):852–861, 2013.

[94] S. L. Brunton and B. R. Noack. Closed-loop turbulence control: Progress and challenges. *Applied Mechanics Reviews*, 67:050801–1–050801–48, 2015.

[95] S. L. Brunton, J. L. Proctor, and J. N. Kutz. Discovering governing equations from data by sparse identification of nonlinear dynamical systems. *Proceedings of the National Academy of Sciences*, 113(15):3932–3937, 2016.

[96] S. L. Brunton, J. L. Proctor, J. H. Tu, and J. N. Kutz. Compressed sensing and dynamic mode decomposition. *Journal of Computational Dynamics*, 2(2):165–191, 2015.

[97] S. L. Brunton and C. W. Rowley. Maximum power point tracking for photovoltaic optimization using ripple-based extremum seeking control. *IEEE Transactions on Power Electronics*, 25(10):2531–2540, 2010.

[98] S. L. Brunton, J. H. Tu, I. Bright, and J. N. Kutz. Compressive sensing and low-rank libraries for classification of bifurcation regimes in nonlinear dynamical systems. *SIAM Journal on Applied Dynamical Systems*, 13(4):1716–1732, 2014.

[99] Steven L. Brunton, Xing Fu, and J. Nathan Kutz. Self-tuning fiber lasers. *IEEE Journal of Selected Topics in Quantum Electronics*, 20(5), 2014.

[100] Steven L Brunton, Joshua L Proctor, and J Nathan Kutz. Sparse identification of nonlinear dynamics with control (SINDYc). *IFAC NOLCOS*, 49(18):710–715, 2016.

[101] D. Buche, Peter Stoll, Rolf Dornberger, and Petros Koumoutsakos. Multiobjective evolutionary algorithm for the optimization of noisy combustion processes. *Systems, Man, and Cybernetics, Part C: Applications and Reviews, IEEE Transactions on*, 32(4):460–473, 2002.

[102] Marko Budišić and Igor Mezić. An approximate parametrization of the ergodic partition using time averaged observables. In *Decision and Control, 2009 held jointly with the 2009 28th Chinese Control Conference. CDC/CCC 2009. Proceedings of the 48th IEEE Conference on*, pages 3162–3168. IEEE, 2009.

[103] Marko Budišić and Igor Mezić. Geometry of the ergodic quotient reveals coherent structures in flows. *Physica D: Nonlinear Phenomena*, 241(15):1255–1269, 2012.

[104] Marko Budišić, Ryan Mohr, and Igor Mezić. Applied Koopmanism a). *Chaos: An Interdisciplinary Journal of Nonlinear Science*, 22(4):047510, 2012.

[105] Kenneth P. Burnham and David R. Anderson. *Model Selection and Multimodel Inference: A Practical Information-Theoretic Approach*. Springer Science & Business Media, 2003.

[106] Peter A. Businger and Gene H. Golub. Algorithm 358: Singular value decomposition of a complex matrix [f1, 4, 5]. *Communications of the ACM*, 12(10):564–565, 1969.

[107] Eduardo F. Camacho and Carlos Bordons Alba. *Model Predictive Control*. Springer Science & Business Media, 2013.

[108] Erik Cambria, Guang-Bin Huang, Liyanaarachchi Lekamalage Chamara Kasun, Hongming Zhou, Chi Man Vong, Jiarun Lin, Jianping Yin, Zhiping Cai, Qiang Liu, Kuan Li, et al. Extreme learning machines [trends & controversies]. *IEEE Intelligent Systems*, 28(6):30–59, 2013.

[109] E. J. Candès. Compressive sensing. *Proceedings of the International Congress of Mathematics*, 2006.

[110] E. J. Candès, X. Li, Y. Ma, and J. Wright. Robust principal component analysis? *Journal of the ACM*, 58(3):11–1–11–37, 2011.

[111] E. J. Candès, J. Romberg, and T. Tao. Robust uncertainty principles: exact signal reconstruction from highly incomplete frequency information. *IEEE Transactions on Information Theory*, 52(2):489–509, 2006.

[112] E. J. Candès, J. Romberg, and T. Tao. Stable signal recovery from incomplete and inaccurate measurements. *Communications in Pure and Applied Mathematics*, 8(1207–1223), 59.

[113] E. J. Candès and T. Tao. Near optimal signal recovery from random projections: Universal encoding strategies? *IEEE Transactions on Information Theory*, 52(12):5406–5425, 2006.

[114] E. J. Candès and M. B. Wakin. An introduction to compressive sampling. *IEEE Signal Processing Magazine*, pages 21–30, 2008.

[115] Emmanuel J. Candes and Terence Tao. Decoding by linear programming. *Information Theory, IEEE Transactions on*, 51(12):4203–4215, 2005.

[116] Yanhua Cao, Jiang Zhu, Zhendong Luo, and IM Navon. Reduced-order modeling of the upper tropical pacific ocean model using proper orthogonal decomposition. *Computers & Mathematics with Applications*, 52(8):1373–1386, 2006.

[117] Yanhua Cao, Jiang Zhu, I Michael Navon, and Zhendong Luo. A reduced-order approach to four-dimensional variational data assimilation using proper orthogonal decomposition. *International Journal for Numerical Methods in Fluids*, 53(10):1571–1583, 2007.

[118] Kevin Carlberg, Matthew Barone, and Harbir Antil. Galerkin v. least-squares Petrov–Galerkin projection in nonlinear model reduction. *Journal of Computational Physics*, 330:693–734, 2017.

[119] Kevin Carlberg, Charbel Bou-Mosleh, and Charbel Farhat. Efficient non-linear model reduction via a least-squares Petrov–Galerkin projection and compressive tensor approximations. *International Journal for Numerical Methods in Engineering*, 86(2):155–181, 2011.

[120] Kevin Carlberg, Charbel Farhat, Julien Cortial, and David Amsallem. The GNAT method for nonlinear model reduction: effective implementation and application to computational fluid dynamics and turbulent flows. *Journal of Computational Physics*, 242:623–647, 2013.

[121] Torsten Carleman. Application de la théorie des équations intégrales linéaires aux systémes d'équations différentielles non linéaires. *Acta Mathematica*, 59(1):63–87, 1932.

[122] Torsten Carleman. Sur la théorie de l'équation intégrodifférentielle de boltzmann. *Acta Mathematica*, 60(1):91–146, 1933.

[123] Torsten Carleman. Sur les systemes lineaires aux dérivées partielles du premier ordrea deux variables. *CR Acad. Sci. Paris*, 197:471–474, 1933.

[124] J. Douglas Carroll and Jih-Jie Chang. Analysis of individual differences in multidimensional scaling via an N-way generalization of "Eckart-Young" decomposition. *Psychometrika*, 35:283–319, 1970.

[125] Rick Chartrand. Numerical differentiation of noisy, nonsmooth data. *ISRN Applied Mathematics*, 2011, 2011.

[126] Anindya Chatterjee. An introduction to the proper orthogonal decomposition. *Current Science*, 78(7):808–817, 2000.

[127] S. Chaturantabut and D. C. Sorensen. Nonlinear model reduction via discrete empirical interpolation. *SIAM Journal on Scientific Computing*, 32(5):2737–2764, 2010.

[128] K. K. Chen and C. W. Rowley. Normalized coprime robust stability and performance guarantees for reduced-order controllers. *IEEE Transactions on Automatic Control*, 58(4):1068–1073, 2013.

[129] K. K. Chen, J. H. Tu, and C. W. Rowley. Variants of dynamic mode decomposition: Boundary condition, Koopman, and Fourier analyses. *Journal of Nonlinear Science*, 22(6):887–915, 2012.

[130] Yangquan Chen, Kevin L Moore, and Hyo-Sung Ahn. Iterative learning control. In *Encyclopedia of the Sciences of Learning*, pages 1648–1652. Springer, 2012.

[131] Steve Cherry. Singular value decomposition analysis and canonical correlation analysis. *Journal of Climate*, 9(9):2003–2009, 1996.

[132] Kyunghyun Cho, Bart Van Merriënboer, Caglar Gulcehre, Dzmitry Bahdanau, Fethi Bougares, Holger Schwenk, and Yoshua Bengio. Learning phrase representations using rnn encoder-decoder for statistical machine translation. *arXiv preprint arXiv:1406.1078*, 2014.

[133] J. Y. Choi, M. Krstić, K. B. Ariyur, and J. S. Lee. Extremum seeking control for discrete-time systems. *IEEE Transactions on Automatic Control*, 47(2):318–323, FEB 2002.

[134] Youngsoo Choi, David Amsallem, and Charbel Farhat. Gradient-based constrained optimization using a database of linear reduced-order models. *arXiv preprint arXiv:1506.07849*, 2015.

[135] T. Colonius and K. Taira. A fast immersed boundary method using a nullspace approach and multi-domain far-field boundary conditions. *Computer Methods in Applied Mechanics and Engineering*, 197:2131–2146, 2008.

[136] James W. Cooley, Peter A. W. Lewis, and Peter D. Welch. Historical notes on the fast Fourier transform. *Proceedings of the IEEE*, 55(10):1675–1677, 1967.

[137] James W. Cooley and John W Tukey. An algorithm for the machine calculation of complex Fourier series. *Mathematics of Computation*, 19(90):297–301, 1965.

[138] Corinna Cortes and Vladimir Vapnik. Support-vector networks. *Machine Learning*, 20(3):273–297, 1995.

[139] Mark C. Cross and Pierre C. Hohenberg. Pattern formation outside of equilibrium. *Reviews of Modern Physics*, 65(3):851, 1993.

[140] James P. Crutchfield and Bruce S. McNamara. Equations of motion from a data series. *Complex Systems*, 1:417–452, 1987.

[141] Magnus Dam, Morten Brøns, Jens Juul Rasmussen, Volker Naulin, and Jan S. Hesthaven. Sparse identification of a predator-prey system from simulation data of a convection model. *Physics of Plasmas*, 24(2):022310, 2017.

[142] Bryan C. Daniels and Ilya Nemenman. Automated adaptive inference of phenomenological dynamical models. *Nature Communications*, 6, 2015.

[143] Bryan C. Daniels and Ilya Nemenman. Efficient inference of parsimonious phenomenological models of cellular dynamics using s-systems and alternating regression. *PloS one*, 10(3):e0119821, 2015.

[144] Suddhasattwa Das and Dimitrios Giannakis. Delay-coordinate maps and the spectra of Koopman operators. *arXiv preprint arXiv:1706.08544*, 2017.

[145] Ingrid Daubechies. The wavelet transform, time-frequency localization and signal analysis. *IEEE transactions on information theory*, 36(5):961–1005, 1990.

[146] Lawrence Davis et al. *Handbook of Genetic Algorithms*, volume 115. Van Nostrand Reinhold New York, 1991.

[147] Scott T. M. Dawson, Maziar S. Hemati, Matthew O. Williams, and Clarence W. Rowley. Characterizing and correcting for the effect of sensor noise in the dynamic mode decomposition. *Experiments in Fluids*, 57(3):1–19, 2016.

[148] Arthur P. Dempster, Nan M. Laird, and Donald B. Rubin. Maximum likelihood from incomplete data via the EM algorithm. *Journal of the Royal Statistical Society. Series B (methodological)*, pages 1–38, 1977.

[149] Santosh Devasia, Degang Chen, and Brad Paden. Nonlinear inversion-based output tracking. *Automatic Control, IEEE Transactions on*, 41(7):930–942, 1996.

[150] D. L. Donoho. Compressed sensing. *IEEE Transactions on Information Theory*, 52(4):1289–1306, 2006.

[151] D. L. Donoho and M. Gavish. Code supplement to "The optimal hard threshold for singular values is $4/\sqrt{3}$". http://purl.stanford.edu/vg705qn9070, 2014.

[152] David Donoho. 50 years of data science. In *Based on a Presentation at the Tukey Centennial Workshop*. NJ Princeton, 2015.

[153] David L. Donoho, Iain M Johnstone, Jeffrey C Hoch, and Alan S Stern. Maximum entropy and the nearly black object. *Journal of the Royal Statistical Society. Series B (Methodological)*, pages 41–81, 1992.

[154] David L. Donoho and Jain M. Johnstone. Ideal spatial adaptation by wavelet shrinkage. *Biometrika*, 81(3):425–455, 1994.

[155] J. C. Doyle. Guaranteed margins for LQG regulators. *IEEE Transactions on Automatic Control*, 23(4):756–757, 1978.

[156] J. C. Doyle, K. Glover, P. P. Khargonekar, and B. A. Francis. State-space solutions to standard H_2 and H_∞ control problems. *IEEE Transactions on Automatic Control*, 34(8):831–847, 1989.

[157] John C. Doyle, Bruce A. Francis, and Allen R. Tannenbaum. *Feedback Control Theory*. Courier Corporation, 2013.

[158] Petros Drineas and Michael W. Mahoney. A randomized algorithm for a tensor-based generalization of the singular value decomposition. *Linear Algebra and Its Applications*, 420(2-3):553–571, 2007.

[159] Zlatko Drmac and Serkan Gugercin. A new selection operator for the discrete empirical interpolation method—improved a priori error bound and extensions. *SIAM Journal on Scientific Computing*, 38(2):A631–A648, 2016.

[160] Qiang Du and Max Gunzburger. Model reduction by proper orthogonal decomposition coupled with centroidal voronoi tessellations (keynote). In *ASME 2002 Joint US-European Fluids Engineering Division Conference*, pages 1401–1406. American Society of Mechanical Engineers, 2002.

[161] R. O. Duda, P. E. Hart, and D. G. Stork. *Pattern Classification*. Wiley-Interscience, 2000.

[162] Jed A. Duersch and Ming Gu. Randomized QR with column pivoting. *SIAM Journal on Scientific Computing*, 39(4):C263–C291, 2017.

[163] D. Duke, D. Honnery, and J. Soria. Experimental investigation of nonlinear instabilities in annular liquid sheets. *Journal of Fluid Mechanics*, 691:594–604, 2012.

[164] Daniel Duke, Julio Soria, and Damon Honnery. An error analysis of the dynamic mode decomposition. *Experiments in Fluids*, 52(2):529–542, 2012.

[165] Geir. E. Dullerud and Fernando Paganini. *A Course in Robust Control Theory: A Convex Approach*. Texts in Applied Mathematics. Springer, Berlin, Heidelberg, 2000.

[166] R. Dunne and B. J. McKeon. Dynamic stall on a pitching and surging airfoil. *Experiments in Fluids*, 56(8):1–15, 2015.

[167] T. Duriez, S. L. Brunton, and B. R. Noack. *Machine Learning Control: Taming Nonlinear Dynamics and Turbulence*. Springer, 2016.

[168] Thomas Duriez, Vladimir Parezanović, Laurent Cordier, Bernd R. Noack, Joël Delville, Jean-Paul Bonnet, Marc Segond, and Markus Abel. Closed-loop turbulence control using machine learning. *arXiv preprint arXiv:1404.4589*, 2014.

[169] Thomas Duriez, Vladimir Parezanovic, Jean-Charles Laurentie, Carine Fourment, Joël Delville, Jean-Paul Bonnet, Laurent Cordier, Bernd R Noack, Marc Segond, Markus Abel, Nicolas Gautier, Jean-Luc Aider, Cedric Raibaudo, Christophe Cuvier, Michel Stanislas, and Steven L Brunton. Closed-loop control of experimental shear flows using machine learning. AIAA Paper 2014-2219, 7th Flow Control Conference, 2014.

[170] C. Eckart and G. Young. The approximation of one matrix by another of lower rank. *Psychometrika*, 1(3):211–218, 1936.

[171] Jens L. Eftang, Anthony T. Patera, and Einar M. Rønquist. An" hp" certified reduced basis method for parametrized elliptic partial differential equations. *SIAM Journal on Scientific Computing*, 32(6):3170–3200, 2010.

[172] Jeffrey L. Elman. Finding structure in time. *Cognitive Science*, 14(2):179–211, 1990.

[173] Utku Eren, Anna Prach, Başaran Bahadır Koçer, Saša V. Raković, Erdal Kayacan, and Behçet Açıkmeşe. Model predictive control in aerospace systems: Current state and opportunities. *Journal of Guidance, Control, and Dynamics*, 40(7):1541–1566, 2017.

[174] N. B. Erichson, S. L. Brunton, and J. N. Kutz. Compressed dynamic mode decomposition for real-time object detection. *Journal of Real-Time Image Processing*, 2016.

[175] N. B. Erichson, S. L. Brunton, and J. N. Kutz. Randomized dynamic mode decomposition. *arXiv preprint arXiv:1702.02912*, 2017.

[176] N. B. Erichson, K. Manohar, S. L. Brunton, and J. N. Kutz. Randomized CP tensor decomposition. *arXiv preprint arXiv:1703.09074*.

[177] N. B. Erichson, S. Voronin, S. L. Brunton, and J. N. Kutz. Randomized matrix decompositions using R. *arXiv preprint arXiv:1608.02148*, 2016.

[178] Trishan Esram, Jonathan W. Kimball, Philip T Krein, Patrick L. Chapman, and Pallab Midya. Dynamic maximum power point tracking of photovoltaic arrays using ripple correlation control. *Ieee Transactions On Power Electronics*, 21(5):1282–1291, September 2006.

[179] Richard Everson and Lawrence Sirovich. Karhunen–Loeve procedure for gappy data. *JOSA A*, 12(8):1657–1664, 1995.

[180] N. Fabbiane, O. Semeraro, S. Bagheri, and D. S. Henningson. Adaptive and model-based control theory applied to convectively unstable flows. *Appl. Mech. Rev.*, 66(6):060801–1–20, 2014.

[181] B. F. Feeny. On proper orthogonal co-ordinates as indicators of modal activity. *Journal of Sound and Vibration*, 255(5):805–817, 2002.

[182] Ronald A. Fisher. The use of multiple measurements in taxonomic problems. *Annals of Human Genetics*, 7(2):179–188, 1936.

[183] Ronald Aylmer Fisher. On the mathematical foundations of theoretical statistics. *Philosophical Transactions of the Royal Society of London. Series A, Containing Papers of a Mathematical or Physical Character*, 222:309–368, 1922.

[184] P. J. Fleming and R. C. Purshouse. Evolutionary algorithms in control systems engineering: a survey. *Control Engineering Practice*, 10:1223–1241, 2002.

[185] Jean Baptiste Joseph Fourier. *The Analytical Theory of Heat*. The University Press, 1878.

[186] Joseph Fourier. *Theorie analytique de la chaleur, par M. Fourier*. Chez Firmin Didot, père et fils, 1822.

[187] J. E. Fowler. Compressive-projection principal component analysis. *IEEE Transactions on Image Processing*, 18(10):2230–2242, 2009.

[188] Yoav Freund and Robert E. Schapire. A decision-theoretic generalization of on-line learning and an application to boosting. *Journal of Computer and System Sciences*, 55(1):119–139, 1997.

[189] Jerome H. Friedman. Greedy function approximation: a gradient boosting machine. *Annals of Statistics*, pages 1189–1232, 2001.

[190] Alan Frieze, Ravi Kannan, and Santosh Vempala. Fast Monte-Carlo algorithms for finding low-rank approximations. *Journal of the ACM*, 51(6):1025–1041, 2004.

[191] Xing Fu, Steven L. Brunton, and J. Nathan Kutz. Classification of birefringence in mode-locked fiber lasers using machine learning and sparse representation. *Optics Express*, 22(7):8585–8597, 2014.

[192] Koji Fukagata, Stefan Kern, Philippe Chatelain, Petros Koumoutsakos, and Nobuhide Kasagi. Evolutionary optimization of an anisotropic compliant surface for turbulent friction drag reduction. *Journal of Turbulence*, 9(35):1–17, 2008.

[193] F. Fukushima. A self-organizing neural network model for a mechanism of pattern recognition unaffected by shift in position. *Biological Cybernetic*, 36:193–202, 1980.

[194] H. Gao, J. Lam, C. Wang, and Y. Wang. Delay-dependent output-feedback stabilisation of discrete-time systems with time-varying state delay. *IEE Proceedings-Control Theory and Applications*, 151(6):691–698, 2004.

[195] Carlos E. Garcia, David M. Prett, and Manfred Morari. Model predictive control: theory and practice: A survey. *Automatica*, 25(3):335–348, 1989.

[196] Jorge L. Garriga and Masoud Soroush. Model predictive control tuning methods: A review. *Industrial & Engineering Chemistry Research*, 49(8):3505–3515, 2010.

[197] Carl-Friedrich Gauss. *Theoria combinationis observationum erroribus minimis obnoxiae*, volume 1. Henricus Dieterich, 1823.

[198] C. F. Gauss. Nachlass: Theoria interpolationis methodo nova tractata, volume werke. *Königliche Gesellschaft der Wissenschaften, Göttingen*, 1866.

[199] Nicolas Gautier, J-L. Aider, Thomas Duriez, B. R. Noack, Marc Segond, and Markus Abel. Closed-loop separation control using machine learning. *Journal of Fluid Mechanics*, 770:442–457, 2015.

[200] M. Gavish and D. L. Donoho. The optimal hard threshold for singular values is $4/\sqrt{3}$. *IEEE Transactions on Information Theory*, 60(8):5040–5053, 2014.

[201] Mattia Gazzola, Oleg V. Vasilyev, and Petros Koumoutsakos. Shape optimization for drag reduction in linked bodies using evolution strategies. *Computers & Structures*, 89(11):1224–1231, 2011.

[202] Gregor Gelbert, Jonas P. Moeck, Christian O. Paschereit, and Rudibert King. Advanced algorithms for gradient estimation in one-and two-parameter extremum seeking controllers. *Journal of Process Control*, 22(4):700–709, 2012.

[203] A. S. Georghiades, P. N. Belhumeur, and D. J. Kriegman. From few to many: Illumination cone models for face recognition under variable lighting and pose. *IEEE Transactions on Pattern Analysis and Machine Intelligence (PAMI)*, 23(6):643–660, 2001.

[204] Jan J. Gerbrands. On the relationships between SVD, KLT and PCA. *Pattern Recognition*, 14(1):375–381, 1981.

[205] A. C. Gilbert and P. Indyk. Sparse recovery using sparse matrices. *Proceedings of the IEEE*, 98(6):937–947, 2010.

[206] A. C. Gilbert, J. Y. Park, and M. B. Wakin. Sketched SVD: Recovering spectral features from compressive measurements. *ArXiv e-prints*, 2012.

[207] A. C. Gilbert, M. J. Strauss, and J. A. Tropp. A tutorial on fast Fourier sampling. *IEEE Signal Processing Magazine*, pages 57–66, 2008.

[208] Bryan Glaz, Li Liu, and Peretz P Friedmann. Reduced-order nonlinear unsteady aerodynamic modeling using a surrogate-based recurrence framework. *AIAA Journal*, 48(10):2418–2429, 2010.

[209] Philip J Goddard and Keith Glover. Controller approximation: approaches for preserving H_∞ performance. *IEEE Transactions on Automatic Control*, 43(7):858–871, 1998.

[210] David E Goldberg. *Genetic Algorithms*. Pearson Education India, 2006.

[211] G. H. Golub and C. Reinsch. Singular value decomposition and least squares solutions. *Numerical Mathematics*, 14:403–420, 1970.

[212] Gene Golub and William Kahan. Calculating the singular values and pseudo-inverse of a matrix. *Journal of the Society for Industrial & Applied Mathematics, Series B: Numerical Analysis*, 2(2):205–224, 1965.

[213] Gene Golub, Stephen Nash, and Charles Van Loan. A Hessenberg-Schur method for the problem $ax + xb = c$. *IEEE Transactions on Automatic Control*, 24(6):909–913, 1979.

[214] Gene H. Golub and Charles F. Van Loan. *Matrix Computations*, volume 3. JHU Press, 2012.

[215] R. Gonzalez-Garcia, R. Rico-Martinez, and I. G. Kevrekidis. Identification of distributed parameter systems: A neural net based approach. *Comp. & Chem. Eng.*, 22:S965–S968, 1998.

[216] Ian Goodfellow, Yoshua Bengio, and Aaron Courville. *Deep Learning*. MIT Press, 2016. http://www.deeplearningbook.org.

[217] Ian Goodfellow, Jean Pouget-Abadie, Mehdi Mirza, Bing Xu, David Warde-Farley, Sherjil Ozair, Aaron Courville, and Yoshua Bengio. Generative adversarial nets. In *Advances in Neural Information Processing Systems*, pages 2672–2680, 2014.

[218] Michael Grant, Stephen Boyd, and Yinyu Ye. Cvx: Matlab software for disciplined convex programming, 2008.

[219] Alex Graves, Greg Wayne, and Ivo Danihelka. Neural turing machines. *arXiv preprint arXiv:1410.5401*, 2014.

[220] Anne Greenbaum. *Iterative Methods for Solving Linear Systems*. *SIAM*, 1997.

[221] Mohinder S. Grewal. Kalman filtering. In *International Encyclopedia of Statistical Science*, pages 705–708. Springer, 2011.

[222] M. Grilli, P. J. Schmid, S. Hickel, and N. A. Adams. Analysis of unsteady behaviour in shockwave turbulent boundary layer interaction. *Journal of Fluid Mechanics*, 700:16–28, 2012.

[223] Jacob Grosek and J. Nathan Kutz. Dynamic mode decomposition for real-time background/-foreground separation in video. *arXiv preprint arXiv:1404.7592*, 2014.

[224] Ming Gu. Subspace iteration randomization and singular value problems. *SIAM Journal on Scientific Computing*, 37(3):1139–1173, 2015.

[225] F. Gueniat, L. Mathelin, and L. Pastur. A dynamic mode decomposition approach for large and arbitrarily sampled systems. *Physics of Fluids*, 27(2):025113, 2015.

[226] Fredrik Gustafsson, Fredrik Gunnarsson, Niclas Bergman, Urban Forssell, Jonas Jansson, Rickard Karlsson, and P-J. Nordlund. Particle filters for positioning, navigation, and tracking. *IEEE Transactions on signal processing*, 50(2):425–437, 2002.

[227] Alfred Haar. Zur theorie der orthogonalen funktionensysteme. *Mathematische Annalen*, 69(3):331–371, 1910.

[228] N. Halko, P. G. Martinsson, and J. A. Tropp. Finding structure with randomness: Probabilistic algorithms for constructing approximate matrix decompositions. *SIAM Review*, 53(2):217–288, 2011.

[229] Nathan Halko, Per-Gunnar Martinsson, Yoel Shkolnisky, and Mark Tygert. An algorithm for the principal component analysis of large data sets. *SIAM Journal on Scientific Computing*, 33:2580–2594, 2011.

[230] Nathan Halko, Per-Gunnar Martinsson, and Joel A. Tropp. Finding structure with randomness: Probabilistic algorithms for constructing approximate matrix decompositions. *SIAM Review*, 53(2):217–288, 2011.

[231] Sven J. Hammarling. Numerical solution of the stable, non-negative definite Lyapunov equation. *IMA Journal of Numerical Analysis*, 2(3):303–323, 1982.

[232] Sangbo Han and Brian Feeny. Application of proper orthogonal decomposition to structural vibration analysis. *Mechanical Systems and Signal Processing*, 17(5):989–1001, 2003.

[233] Nikolaus Hansen, André S. P. Niederberger, Lino Guzzella, and Petros Koumoutsakos. A method for handling uncertainty in evolutionary optimization with an application to feedback control of combustion. *IEEE Transactions on Evolutionary Computation*, 13(1):180–197, 2009.

[234] David Harrison Jr. and Daniel L. Rubinfeld. Hedonic housing prices and the demand for clean air. *Journal of Environmental Economics and Management*, 5(1):81–102, 1978.

[235] Richard A. Harshman. Foundations of the PARAFAC procedure: Models and conditions for an "explanatory" multi-modal factor analysis. *UCLA working papers in phonetics*, 16:1–84, 1970. Available at www.psychology.uwo.ca/faculty/harshman/wpppfac0.pdf.

[236] Trevor Hastie, Robert Tibshirani, Jerome Friedman, T Hastie, J. Friedman, and R. Tibshirani. *The Elements of Statistical Learning*, volume 2. Springer, 2009.

[237] Kaiming He, Xiangyu Zhang, Shaoqing Ren, and Jian Sun. Deep residual learning for image recognition. In *Proceedings of the IEEE conference on computer vision and pattern recognition*, pages 770–778, 2016.

[238] M. T. Heath, A. J. Laub, C. C. Paige, and R. C. Ward. Computing the singular value decomposition of a product of two matrices. *SIAM Journal on Scientific and Statistical Computing*, 7(4):1147–1159, 1986.

[239] Michael Heideman, Don Johnson, and C Burrus. Gauss and the history of the fast Fourier transform. *IEEE ASSP Magazine*, 1(4):14–21, 1984.

[240] Werner Heisenberg. Über den anschaulichen inhalt der quantentheoretischen kinematik und mechanik. In *Original Scientific Papers Wissenschaftliche Originalarbeiten*, pages 478–504. Springer, 1985.

[241] Maziar S. Hemati, Clarence W. Rowley, Eric A. Deem, and Louis N. Cattafesta. De-biasing the dynamic mode decomposition for applied Koopman spectral analysis. *Theoretical and Computational Fluid Dynamics*, 31(4):349–368, 2017.

[242] Maziar S. Hemati, Matthew O. Williams, and Clarence W. Rowley. Dynamic mode decomposition for large and streaming datasets. *Physics of Fluids (1994-present)*, 26(11):111701, 2014.

[243] Kyle K. Herrity, Anna C. Gilbert, and Joel A. Tropp. Sparse approximation via iterative thresholding. In *Acoustics, Speech and Signal Processing, 2006. ICASSP 2006 Proceedings. 2006 IEEE International Conference on*, volume 3, pages III–III. IEEE, 2006.

[244] Jan S. Hesthaven, Gianluigi Rozza, and Benjamin Stamm. Certified reduced basis methods for parametrized partial differential equations. *SpringerBriefs in Mathematics*, 2015.

[245] Tony Hey, Stewart Tansley, Kristin M. Tolle, et al. *The Fourth Paradigm: Data-Intensive Scientific Discovery*, volume 1. Microsoft research Redmond, WA, 2009.

[246] Geoffrey E. Hinton and Terrence J. Sejnowski. Learning and releaming in boltzmann machines. *Parallel Distributed Processing: Explorations in the Microstructure of Cognition*, 1(282-317):2, 1986.

[247] B. L. Ho and R. E. Kalman. Effective construction of linear state-variable models from input/output data. In *Proceedings of the 3rd Annual Allerton Conference on Circuit and System Theory*, pages 449–459, 1965.

[248] Sepp Hochreiter and Jürgen Schmidhuber. Long short-term memory. *Neural Computation*, 9(8):1735–1780, 1997.

[249] Arthur E. Hoerl and Robert W. Kennard. Ridge regression: Biased estimation for nonorthogonal problems. *Technometrics*, 12(1):55–67, 1970.

[250] John H. Holland. *Adaptation in natural and artificial systems: An Introductory Analysis with Applications to Biology, Control, and Artificial Intelligence*. University of Michigan Press, 1975.

[251] P. Holmes, J. L. Lumley, G. Berkooz, and C. W. Rowley. *Turbulence, Coherent Structures, Dynamical Systems and Symmetry*. Cambridge University Press, Cambridge, 2nd paperback edition, 2012.

[252] Philip Holmes and John Guckenheimer. *Nonlinear oscillations, dynamical systems, and bifurcations of vector fields*, volume 42 of *Applied Mathematical Sciences*. Springer-Verlag, Berlin, Heidelberg, 1983.

[253] Eberhard Hopf. The partial differential equation $u_t + uu_x = \mu u_{xx}$. *Communications on Pure and Applied Mathematics*, 3(3):201–230, 1950.

[254] John J. Hopfield. Neural networks and physical systems with emergent collective computational abilities. *Proceedings of the National Academy of Sciences*, 79(8):2554–2558, 1982.

[255] Kurt Hornik, Maxwell Stinchcombe, and Halbert White. Multilayer feedforward networks are universal approximators. *Neural Networks*, 2(5):359–366, 1989.

[256] H. Hotelling. Analysis of a complex of statistical variables into principal components. *Journal of Educational Psychology*, 24:417–441, September 1933.

[257] H. Hotelling. Analysis of a complex of statistical variables into principal components. *Journal of Educational Psychology*, 24:498–520, October 1933.

[258] C. Huang, W. E. Anderson, M. E. Harvazinski, and V. Sankaran. Analysis of self-excited combustion instabilities using decomposition techniques. In *51st AIAA Aerospace Sciences Meeting*, pages 1–18, 2013.

[259] D. H. Hubel and T. N. Wiesel. Receptive fields, binocular interaction and functional architecture in the cat's visual cortex. *Journal of Physiology*, 160:106–154, 1962.

[260] Peter J. Huber. Robust statistics. In *International Encyclopedia of Statistical Science*, pages 1248–1251. Springer, 2011.

[261] S. J. Illingworth, A. S. Morgans, and C. W. Rowley. Feedback control of flow resonances using balanced reduced-order models. *Journal of Sound and Vibration*, 330(8):1567–1581, 2010.

[262] Eric Jacobsen and Richard Lyons. The sliding DFT. *IEEE Signal Processing Magazine*, 20(2):74–80, 2003.

[263] Herbert Jaeger and Harald Haas. Harnessing nonlinearity: Predicting chaotic systems and saving energy in wireless communication. *Science*, 304(5667):78–80, 2004.

[264] Gareth James, Daniela Witten, Trevor Hastie, and Robert Tibshirani. *An Introduction to Statistical Learning*. Springer, 2013.

[265] M. C. Johnson, S. L. Brunton, N. B. Kundtz, and J. N. Kutz. Extremum-seeking control of a beam pattern of a reconfigurable holographic metamaterial antenna. *Journal of the Optical Society of America A*, 33(1):59–68, 2016.

[266] Richard A. Johnson and Dean Wichern. *Multivariate Analysis*. Wiley Online Library, 2002.

[267] W. B Johnson and J. Lindenstrauss. Extensions of Lipschitz mappings into a Hilbert space. *Contemporary Mathematics*, 26(189-206):1, 1984.

[268] Ian Jolliffe. *Principal Component Analysis*. Wiley Online Library, 2005.

[269] Siddharth Joshi and Stephen Boyd. Sensor selection via convex optimization. *IEEE Transactions on Signal Processing*, 57(2):451–462, 2009.

[270] Mihailo R. Jovanović, Peter J. Schmid, and Joseph W. Nichols. Sparsity-promoting dynamic mode decomposition. *Physics of Fluids*, 26(2):024103, 2014.

[271] J. N. Juang. *Applied System Identification*. Prentice Hall PTR, Upper Saddle River, New Jersey, 1994.

[272] J. N. Juang and R. S. Pappa. An eigensystem realization algorithm for modal parameter identification and model reduction. *Journal of Guidance, Control, and Dynamics*, 8(5):620–627, 1985.

[273] J. N. Juang, M. Phan, L. G. Horta, and R. W. Longman. Identification of observer/Kalman filter Markov parameters: Theory and experiments. Technical Memorandum 104069, NASA, 1991.

[274] Simon J. Julier and Jeffrey K. Uhlmann. A new extension of the Kalman filter to nonlinear systems. In *Int. symp. aerospace/defense sensing, simul. and controls*, volume 3, pages 182–193. Orlando, FL, 1997.

[275] Simon J. Julier and Jeffrey K. Uhlmann. Unscented filtering and nonlinear estimation. *Proceedings of the IEEE*, 92(3):401–422, 2004.

[276] E. Kaiser, J. N. Kutz, and S. L. Brunton. Data-driven discovery of Koopman eigenfunctions for control. *arXiv preprint arXiv:1707.01146*, 2017.

[277] Eurika Kaiser, J. Nathan Kutz, and Steven L. Brunton. Sparse identification of nonlinear dynamics for model predictive control in the low-data limit. To appear in *Proceedings of the Royal Society A. arXiv preprint arXiv:1711.05501*, 2017.

[278] Eurika Kaiser, Bernd R. Noack, Laurent Cordier, Andreas Spohn, Marc Segond, Markus Abel, Guillaume Daviller, Jan Östh, Siniša Krajnović, and Robert K Niven. Cluster-based reduced-order modelling of a mixing layer. *Journal of Fluid Mechanics*, 754:365–414, 2014.

[279] Rudolph Emil Kalman. A new approach to linear filtering and prediction problems. *Journal of Fluids Engineering*, 82(1):35–45, 1960.

[280] K. Karhunen. Über lineare methoden in der wahrscheinlichkeitsrechnung, vol. 37. *Annales AcademiæScientiarum Fennicæ, Ser. A. I*, 1947.

[281] Kévin Kasper, Lionel Mathelin, and Hisham Abou-Kandil. A machine learning approach for constrained sensor placement. In *American Control Conference (ACC), 2015*, pages 4479–4484. IEEE, 2015.

[282] A. K. Kassam and L. N. Trefethen. Fourth-order time-stepping for stiff PDEs. *SIAM Journal on Scientific Computing*, 26(4):1214–1233, 2005.

[283] Michael Kearns and Leslie Valiant. Cryptographic limitations on learning boolean formulae and finite automata. *Journal of the ACM (JACM)*, 41(1):67–95, 1994.

[284] Anthony R. Kellems, Saifon Chaturantabut, Danny C. Sorensen, and Steven J. Cox. Morphologically accurate reduced order modeling of spiking neurons. *Journal of Computational Neuroscience*, 28(3):477–494, 2010.

[285] J. Kepler. *Tabulae Rudolphinae, quibus Astronomicae scientiae, temporum longinquitate collapsae Restauratio continetur*. Ulm: Jonas Saur, 1627.

[286] Gaëtan Kerschen and Jean-Claude Golinval. Physical interpretation of the proper orthogonal modes using the singular value decomposition. *Journal of Sound and Vibration*, 249(5):849–865, 2002.

[287] Gaetan Kerschen, Jean-claude Golinval, Alexander F. Vakakis, and Lawrence A. Bergman. The method of proper orthogonal decomposition for dynamical characterization and order reduction of mechanical systems: an overview. *Nonlinear Dynamics*, 41(1-3):147–169, 2005.

[288] I. G. Kevrekidis, C. W. Gear, J. M. Hyman, P. G. Kevrekidis, O. Runborg, and C. Theodoropoulos. Equation-free, coarse-grained multiscale computation: Enabling microscopic simulators to perform system-level analysis. *Communications in Mathematical Science*, 1(4):715–762, 2003.

[289] N. J. Killingsworth and M. Krstc. PID tuning using extremum seeking: online, model-free performance optimization. *IEEE Control Systems Magazine*, February:70–79, 2006.

[290] Diederik P. Kingma and Max Welling. Auto-encoding variational bayes. *arXiv preprint arXiv:1312.6114*, 2013.

[291] M. Kirby and L. Sirovich. Application of the Karhunen-Loève procedure for the characterization of human faces. *IEEE Transactions on Pattern Analysis and Machine Intelligence (PAMI)*, 12(1):103–108, 1990.

[292] V. C. Klema and A. J. Laub. The singular value decomposition: Its computation and some applications. *IEEE Transactions on Automatic Control*, 25(2):164–176, 1980.

[293] Stefan Klus, Feliks Nüske, Péter Koltai, Hao Wu, Ioannis Kevrekidis, Christof Schütte, and Frank Noé. Data-driven model reduction and transfer operator approximation. *Journal of Nonlinear Science*, pages 1–26, 2018.

[294] Richard Koch. *The 80/20 Principle*. Nicholas Brealey Publishing, 1997.

[295] Richard Koch. *Living the 80/20 Way*. Audio-Tech Business Book Summaries, Incorporated, 2006.

[296] Richard Koch. *The 80/20 Principle: The Secret to Achieving More with Less*. Crown Business, 2011.

[297] Richard Koch. *The 80/20 Principle and 92 other Powerful Laws of Nature: the Science of Success*. Nicholas Brealey Publishing, 2013.

[298] Teuvo Kohonen. The self-organizing map. *Neurocomputing*, 21(1-3):1–6, 1998.

[299] Tamara G. Kolda and Brett W. Bader. Tensor decompositions and applications. *SIAM Review*, 51(3):455–500, September 2009.

[300] B. O. Koopman. Hamiltonian systems and transformation in Hilbert space. *Proceedings of the National Academy of Sciences*, 17(5):315–318, 1931.

[301] B. O. Koopman and J.-v. Neumann. Dynamical systems of continuous spectra. *Proceedings of the National Academy of Sciences of the United States of America*, 18(3):255, 1932.

[302] Milan Korda and Igor Mezić. Linear predictors for nonlinear dynamical systems: Koopman operator meets model predictive control. *Automatica*, 93:149–160, 2018.

[303] Milan Korda and Igor Mezić. On convergence of extended dynamic mode decomposition to the Koopman operator. *Journal of Nonlinear Science*, 28(2): 687–710, 2018.

[304] Petros Koumoutsakos, Jonathan Freund, and David Parekh. Evolution strategies for automatic optimization of jet mixing. *AIAA Journal*, 39(5):967–969, 2001.

[305] Krzysztof Kowalski, Willi-Hans Steeb, and K. Kowalski. *Nonlinear Dynamical Systems and Carleman Linearization*. World Scientific, 1991.

[306] John R. Koza. *Genetic Programming: On the Programming of Computers by Means of Natural Selection*, volume 1. MIT press, 1992.

[307] John R. Koza, Forrest H. Bennett III, and Oscar Stiffelman. Genetic programming as a darwinian invention machine. In *Genetic Programming*, pages 93–108. Springer, 1999.

[308] Boris Kramer, Piyush Grover, Petros Boufounos, Mouhacine Benosman, and Saleh Nabi. Sparse sensing and dmd based identification of flow regimes and bifurcations in complex flows. *SIAM Journal on Applied Dynamical Systems,* 16(2):1164–1196, 2017.

[309] J. P. Krieger and M. Krstic. Extremum seeking based on atmospheric turbulence for aircraft endurance. *Journal of Guidance, Control, and Dynamics*, 34(6):1876–1885, 2011.

[310] Alex Krizhevsky, Ilya Sutskever, and Geoffrey E. Hinton. Imagenet classification with deep convolutional neural networks. In *Advances in Neural Information Processing Systems*, pages 1097–1105, 2012.

[311] M. Krstic, A. Krupadanam, and C. Jacobson. Self-tuning control of a nonlinear model of combustion instabilities. *IEEE Tr. Contr. Syst. Technol.*, 7(4):424–436, 1999.

[312] M. Krstić and H. H. Wang. Stability of extremum seeking feedback for general nonlinear dynamic systems. *Automatica*, 36:595–601, 2000.

[313] Tejas D Kulkarni, William F Whitney, Pushmeet Kohli, and Josh Tenenbaum. Deep convolutional inverse graphics network. In *Advances in Neural Information Processing Systems*, pages 2539–2547, 2015.

[314] Solomon Kullback and Richard A Leibler. On information and sufficiency. *The Annals of Mathematical Statistics*, 22(1):79–86, 1951.

[315] Karl Kunisch and Stefan Volkwein. Optimal snapshot location for computing pod basis functions. *ESAIM: Mathematical Modelling and Numerical Analysis*, 44(3):509–529, 2010.

[316] J. N. Kutz. *Data-Driven Modeling & Scientific Computation: Methods for Complex Systems & Big Data*. Oxford University Press, 2013.

[317] J. N. Kutz, S. L. Brunton, B. W. Brunton, and J. L. Proctor. *Dynamic Mode Decomposition: Data-Driven Modeling of Complex Systems*. *SIAM*, 2016.

[318] J. N. Kutz, X. Fu, and S. L. Brunton. Multi-resolution dynamic mode decomposition. *SIAM Journal on Applied Dynamical Systems*, 15(2):713–735, 2016.

[319] J. Nathan Kutz, Syuzanna Sargsyan, and Steven L Brunton. Leveraging sparsity and compressive sensing for reduced order modeling. In *Model Reduction of Parametrized Systems*, pages 301–315. Springer, 2017.

[320] Sanjay Lall, Jerrold E. Marsden, and Sonja Glavaški. Empirical model reduction of controlled nonlinear systems. In *IFAC World Congress*, volume F, pages 473–478. International Federation of Automatic Control, 1999.

[321] Sanjay Lall, Jerrold E. Marsden, and Sonja Glavaški. A subspace approach to balanced truncation for model reduction of nonlinear control systems. *International Journal of Robust and Nonlinear Control*, 12(6):519–535, 2002.

[322] Yueheng Lan and Igor Mezić. Linearization in the large of nonlinear systems and Koopman operator spectrum. *Physica D: Nonlinear Phenomena*, 242(1):42–53, 2013.

[323] Alan Laub. A Schur method for solving algebraic Riccati equations. *IEEE Transactions on automatic control*, 24(6):913–921, 1979.

[324] Yann LeCun, Yoshua Bengio, and Geoffrey Hinton. Deep learning. *Nature*, 521(7553):436, 2015.

[325] Yann LeCun, Léon Bottou, Yoshua Bengio, and Patrick Haffner. Gradient-based learning applied to document recognition. *Proceedings of the IEEE*, 86(11):2278–2324, 1998.

[326] Jay H. Lee. Model predictive control: Review of the three decades of development. *International Journal of Control, Automation and Systems*, 9(3):415–424, 2011.

[327] K.C. Lee, J. Ho, and D. Kriegman. Acquiring linear subspaces for face recognition under variable lighting. *IEEE Transactions on Pattern Analysis and Machine Intelligence (PAMI)*, 27(5):684–698, 2005.

[328] Adrien Marie Legendre. *Nouvelles méthodes pour la détermination des orbites des comètes*. F. Didot, 1805.

[329] V. Lenaerts, Gaëtan Kerschen, and Jean-Claude Golinval. Proper orthogonal decomposition for model updating of non-linear mechanical systems. *Mechanical Systems and Signal Processing*, 15(1):31–43, 2001.

[330] Ian Lenz, Ross A. Knepper, and Ashutosh Saxena. Deepmpc: Learning deep latent features for model predictive control. In *Robotics: Science and Systems*, 2015.

[331] R. Leyva, C. Alonso, I. Queinnec, A. Cid-Pastor, D. Lagrange, and L. Martinez-Salamero. MPPT of photovoltaic systems using extremum-seeking control. *Ieee Transactions On Aerospace and Electronic Systems*, 42(1):249–258, January 2006.

[332] Qianxiao Li, Felix Dietrich, Erik M. Bollt, and Ioannis G. Kevrekidis. Extended dynamic mode decomposition with dictionary learning: A data-driven adaptive spectral decomposition of the Koopman operator. *Chaos: An Interdisciplinary Journal of Nonlinear Science*, 27(10):103111, 2017.

[333] Y. C. Liang, H. P. Lee, S. P. Lim, W. Z. Lin, K. H. Lee, and C. G. Wu. Proper orthogonal decomposition and its applications- part i: Theory. *Journal of Sound and vibration*, 252(3):527–544, 2002.

[334] Edo Liberty. Simple and deterministic matrix sketching. In *Proceedings of the 19th ACM SIGKDD International Conference on Knowledge Discovery and Data Mining*, pages 581–588. ACM, 2013.

[335] Edo Liberty, Franco Woolfe, Per-Gunnar Martinsson, Vladimir Rokhlin, and Mark Tygert. Randomized algorithms for the low-rank approximation of matrices. *Proceedings of the National Academy of Sciences*, 104:20167–20172, 2007.

[336] Timothy P. Lillicrap, Jonathan J. Hunt, Alexander Pritzel, Nicolas Heess, Tom Erez, Yuval Tassa, David Silver, and Daan Wierstra. Continuous control with deep reinforcement learning. *arXiv preprint arXiv:1509.02971*, 2015.

[337] Zhouchen Lin, Minming Chen, and Yi Ma. The augmented lagrange multiplier method for exact recovery of corrupted low-rank matrices. *arXiv preprint arXiv:1009.5055*, 2010.

[338] L. Ljung. *System Identification: Theory for the User*. Prentice Hall, 1999.

[339] Stuart Lloyd. Least squares quantization in PCM. *IEEE Transactions on Information Theory*, 28(2):129–137, 1982.

[340] M. Loeve. *Probability Theory*. Van Nostrand, Princeton, NJ, 1955.

[341] J.-C. Loiseau and S. L. Brunton. Constrained sparse Galerkin regression. *Journal of Fluid Mechanics*, 838:42–67, 2018.

[342] J.-C. Loiseau, B. R. Noack, and S. L. Brunton. Sparse reduced-order modeling: sensor-based dynamics to full-state estimation. *Journal of Fluid Mechanics*, 844:459–490, 2018.

[343] Richard W. Longman. Iterative learning control and repetitive control for engineering practice. *International Journal of Control*, 73(10):930–954, 2000.

[344] E. N. Lorenz. Empirical orthogonal functions and statistical weather prediction. Technical report, Massachusetts Institute of Technology, December 1956.

[345] Edward N. Lorenz. Deterministic nonperiodic flow. *Journal of the Atmospheric Sciences*, 20(2):130–141, 1963.

[346] D. M. Luchtenburg and C. W. Rowley. Model reduction using snapshot-based realizations. *Bulletin of the American Physical Society*, 56, 2011.

[347] J. L. Lumley. Toward a turbulent constitutive relation. *Journal of Fluid Mechanics*, 41(02):413–434, 1970.

[348] Bethany Lusch, Eric C. Chi, and J. Nathan Kutz. Shape constrained tensor decompositions using sparse representations in over-complete libraries. *arXiv preprint arXiv:1608.04674*, 2016.

[349] Bethany Lusch, J. Nathan Kutz, and Steven L. Brunton. Deep learning for universal linear embeddings of nonlinear dynamics. *Nature Communications. arXiv preprint arXiv:1712.09707*, 2018.

[350] F. Lusseyran, F. Gueniat, J. Basley, C. L. Douay, L. R. Pastur, T. M. Faure, and P. J. Schmid. Flow coherent structures and frequency signature: application of the dynamic modes decomposition to open cavity flow. In *Journal of Physics: Conference Series*, volume 318, page 042036. IOP Publishing, 2011.

[351] Z. Ma, S. Ahuja, and C. W. Rowley. Reduced order models for control of fluids using the eigensystem realization algorithm. *Theor. Comput. Fluid Dyn.*, 25(1):233–247, 2011.

[352] Wolfgang Maass, Thomas Natschläger, and Henry Markram. Real-time computing without stable states: A new framework for neural computation based on perturbations. *Neural Computation*, 14(11):2531–2560, 2002.

[353] Alan Mackey, Hayden Schaeffer, and Stanley Osher. On the compressive spectral method. *Multiscale Modeling & Simulation*, 12(4):1800–1827, 2014.

[354] Michael W. Mahoney. Randomized algorithms for matrices and data. *Foundations and Trends in Machine Learning*, 3:123–224, 2011.

[355] Andrew J. Majda and John Harlim. Physics constrained nonlinear regression models for time series. *Nonlinearity*, 26(1):201, 2012.

[356] Andrew J. Majda and Yoonsang Lee. Conceptual dynamical models for turbulence. *Proceedings of the National Academy of Sciences*, 111(18):6548–6553, 2014.

[357] Stéphane Mallat. *A Wavelet Tour of Signal Processing*. Academic Press, 1999.

[358] Stéphane Mallat. Understanding deep convolutional networks. *Phil. Trans. R. Soc. A*, 374(2065):20150203, 2016.

[359] Stephane G. Mallat. A theory for multiresolution signal decomposition: the wavelet representation. *IEEE Transactions on Pattern Analysis and Machine Intelligence*, 11(7):674–693, 1989.

[360] John Mandel. Use of the singular value decomposition in regression analysis. *The American Statistician*, 36(1):15–24, 1982.

[361] Niall M. Mangan, Steven L. Brunton, Joshua L. Proctor, and J. Nathan Kutz. Inferring biological networks by sparse identification of nonlinear dynamics. *IEEE Transactions on Molecular, Biological, and Multi-Scale Communications*, 2(1):52–63, 2016.

[362] Niall M. Mangan, J. Nathan Kutz, Steven L. Brunton, and Joshua L. Proctor. Model selection for dynamical systems via sparse regression and information criteria. *Proceedings of the Royal Society A*, 473(2204):1–16, 2017.

[363] Jordan Mann and J. Nathan Kutz. Dynamic mode decomposition for financial trading strategies. *Quantitative Finance*, pages 1–13, 2016.

[364] K. Manohar, S. L. Brunton, and J. N. Kutz. Environmental identification in flight using sparse approximation of wing strain. *Journal of Fluids and Structures*, 70:162–180, 2017.

[365] K. Manohar, J. N. Kutz, and S. L. Brunton. Greedy Sensor and Actuator Placement Using Balanced Model Reduction. *Bulletin of the American Physical Society*, 2018.

[366] Krithika Manohar, Bingni W. Brunton, J. Nathan Kutz, and Steven L. Brunton. Data-driven sparse sensor placement. *IEEE Control Systems Magazine*, 38:63–86, 2018

[367] Krithika Manohar, Eurika Kaiser, S. L. Brunton, and J. N. Kutz. Optimized sampling for multiscale dynamics. *SIAM Multiscale Modeling and Simulation. arXiv preprint arXiv:1712.05085*, 2017.

[368] Andreas Mardt, Luca Pasquali, Hao Wu, and Frank Noé. VAMPnets: Deep learning of molecular kinetics. *Nature Communications*, 9(1), 2018.

[369] J. E. Marsden and T. S. Ratiu. *Introduction to Mechanics and Symmetry*. Springer-Verlag, 2nd edition, 1999.

[370] Per-Gunnar Martinsson. Randomized methods for matrix computations and analysis of high dimensional data. *arXiv preprint arXiv:1607.01649*, 2016.

[371] Per-Gunnar Martinsson, Vladimir Rokhlin, and Mark Tygert. A randomized algorithm for the decomposition of matrices. *Applied and Computational Harmonic Analysis*, 30:47–68, 2011.

[372] John L. Maryak, James C. Spall, and Bryan D. Heydon. Use of the Kalman filter for inference in state-space models with unknown noise distributions. *IEEE Transactions on Automatic Control*, 49(1):87–90, 2004.

[373] L. Massa, R. Kumar, and P. Ravindran. Dynamic mode decomposition analysis of detonation waves. *Physics of Fluids (1994-present)*, 24(6):066101, 2012.

[374] Lionel Mathelin, Kévin Kasper, and Hisham Abou-Kandil. Observable dictionary learning for high-dimensional statistical inference. *Archives of Computational Methods in Engineering*, 25(1):103–120, 2018.

[375] R. Maury, M. Keonig, L. Cattafesta, P. Jordan, and J. Delville. Extremum-seeking control of jet noise. *Aeroacoustics*, 11(3&4):459–474, 2012.

[376] I. Mezić. Spectral properties of dynamical systems, model reduction and decompositions. *Nonlinear Dynamics*, 41(1-3):309–325, 2005.

[377] I. Mezić. Analysis of fluid flows via spectral properties of the Koopman operator. *Ann. Rev. Fluid Mech.*, 45:357–378, 2013.

[378] I. Mezić. *Spectral Operator Methods in Dynamical Systems: Theory and Applications*. Springer, 2017.

[379] Igor Mezić and Andrzej Banaszuk. Comparison of systems with complex behavior. *Physica D: Nonlinear Phenomena*, 197(1):101–133, 2004.

[380] Igor Mezić and Stephen Wiggins. A method for visualization of invariant sets of dynamical systems based on the ergodic partition. *Chaos: An Interdisciplinary Journal of Nonlinear Science*, 9(1):213–218, 1999.

[381] Michele Milano and Petros Koumoutsakos. Neural network modeling for near wall turbulent flow. *Journal of Computational Physics*, 182(1):1–26, 2002.

[382] T. M. Mitchell. *Machine Learning*. McGraw Hill, 1997.

[383] Y. Mizuno, D. Duke, C. Atkinson, and J. Soria. Investigation of wall-bounded turbulent flow using dynamic mode decomposition. In *Journal of Physics: Conference Series*, volume 318, page 042040. IOP Publishing, 2011.

[384] Volodymyr Mnih, Adria Puigdomenech Badia, Mehdi Mirza, Alex Graves, Timothy Lillicrap, Tim Harley, David Silver, and Koray Kavukcuoglu. Asynchronous methods for deep reinforcement learning. In *International Conference on Machine Learning*, pages 1928–1937, 2016.

[385] Volodymyr Mnih, Koray Kavukcuoglu, David Silver, Alex Graves, Ioannis Antonoglou, Daan Wierstra, and Martin Riedmiller. Playing atari with deep reinforcement learning. *arXiv preprint arXiv:1312.5602*, 2013.

[386] Volodymyr Mnih, Koray Kavukcuoglu, David Silver, Andrei A. Rusu, Joel Veness, Marc G. Bellemare, Alex Graves, Martin Riedmiller, Andreas K. Fidjeland, Georg Ostrovski et al. Human-level control through deep reinforcement learning. *Nature*, 518(7540):529, 2015.

[387] J. P. Moeck, J.-F. Bourgouin, D. Durox, T. Schuller, and S. Candel. Tomographic reconstruction of heat release rate perturbations induced by helical modes in turbulent swirl flames. *Experiments in Fluids*, 54(4):1–17, 2013.

[388] B. C. Moore. Principal component analysis in linear systems: Controllability, observability, and model reduction. *IEEE Transactions on Automatic Control*, AC-26(1):17–32, 1981.

[389] Calvin C. Moore. Ergodic theorem, ergodic theory, and statistical mechanics. *Proceedings of the National Academy of Sciences*, 112(7):1907–1911, 2015.

[390] Kevin L. Moore. *Iterative Learning Control for Deterministic Systems*. Springer Science & Business Media, 2012.

[391] Manfred Morari and Jay H. Lee. Model predictive control: past, present and future. *Computers & Chemical Engineering*, 23(4):667–682, 1999.

[392] T. W. Muld, G. Efraimsson, and D. S. Henningson. Flow structures around a high-speed train extracted using proper orthogonal decomposition and dynamic mode decomposition. *Computers & Fluids*, 57:87–97, 2012.

[393] T. W. Muld, G. Efraimsson, and D. S. Henningson. Mode decomposition on surface-mounted cube. *Flow, Turbulence and Combustion*, 88(3):279–310, 2012.

[394] S. D. Müller, M Milano, and P. Koumoutsakos. Application of machine learning algorithms to flow modeling and optimization. *Annual Research Briefs*, pages 169–178, 1999.

[395] Iulian Munteanu, Antoneta Iuliana Bratcu, and Emil Ceanga. Wind turbulence used as searching signal for MPPT in variable-speed wind energy conversion systems. *Renewable Energy*, 34(1):322–327, January 2009.

[396] Kevin P. Murphy. *Machine Learning: A Probabilistic Perspective*. MIT press, 2012.

[397] Vinod Nair and Geoffrey E. Hinton. Rectified linear units improve restricted boltzmann machines. In *Proceedings of the 27th international conference on machine learning (ICML-10)*, pages 807–814, 2010.

[398] D. Needell and J. A. Tropp. CoSaMP: iterative signal recovery from incomplete and inaccurate samples. *Communications of the ACM*, 53(12):93–100, 2010.

[399] J. v Neumann. Proof of the quasi-ergodic hypothesis. *Proceedings of the National Academy of Sciences*, 18(1):70–82, 1932.

[400] N. C. Nguyen, A. T. Patera, and J. Peraire. A best points interpolation method for efficient approximation of parametrized functions. *International Journal for Numerical Methods in Engineering*, 73(4):521–543, 2008.

[401] Yves Nievergelt and Y. Nievergelt. *Wavelets Made Easy*, volume 174. Springer, 1999.

[402] B. R. Noack, K. Afanasiev, M. Morzynski, G. Tadmor, and F. Thiele. A hierarchy of low-dimensional models for the transient and post-transient cylinder wake. *Journal of Fluid Mechanics*, 497:335–363, 2003.

[403] B. R. Noack, T. Duriez, L. Cordier, M. Segond, M. Abel, S. L. Brunton, M. Morzyński, J.-C. Laurentie, V. Parezanovic, and J.-P. Bonnet. Closed-loop turbulence control with machine learning methods. *Bulletin Am. Phys. Soc.*, 58(18):M25.0009, p. 418, 2013.

[404] Bernd R. Noack, Marek Morzynski, and Gilead Tadmor. *Reduced-Order Modelling for Flow Control*, volume 528. Springer Science & Business Media, 2011.

[405] Frank Noé and Feliks Nuske. A variational approach to modeling slow processes in stochastic dynamical systems. *Multiscale Modeling & Simulation*, 11(2):635–655, 2013.

[406] E. Noether. Invariante variationsprobleme nachr. d. könig. gesellsch. d. wiss. zu göttingen, math-phys. klasse 1918: 235-257. *English Reprint: physics/0503066, http://dx.doi.org/10.1080/00411457108231446*, page 57, 1918.

[407] Feliks Nüske, Bettina G. Keller, Guillermo Pérez-Hernández, Antonia S. J. S. Mey, and Frank Noé. Variational approach to molecular kinetics. *Journal of Chemical Theory and Computation*, 10(4):1739–1752, 2014.

[408] Feliks Nüske, Reinhold Schneider, Francesca Vitalini, and Frank Noé. Variational tensor approach for approximating the rare-event kinetics of macromolecular systems. *J. Chem. Phys.*, 144(5):054105, 2016.

[409] H. Nyquist. Certain topics in telegraph transmission theory. *Transactions of the A. I. E. E.*, pages 617–644, FEB 1928.

[410] Goro Obinata and Brian D. O. Anderson. *Model reduction for control system design*. Springer Science & Business Media, 2012.

[411] C. M. Ostoich, D. J. Bodony, and P. H. Geubelle. Interaction of a Mach 2.25 turbulent boundary layer with a fluttering panel using direct numerical simulation. *Physics of Fluids (1994-present)*, 25(11):110806, 2013.

[412] Samuel E. Otto and Clarence W. Rowley. Linearly-recurrent autoencoder networks for learning dynamics. *arXiv preprint arXiv:1712.01378*, 2017.

[413] Y. Ou, C. Xu, E. Schuster, T. C. Luce, J. R. Ferron, M. L. Walker, and D. A. Humphreys. Design and simulation of extremum-seeking open-loop optimal control of current profile in the DIII-D tokamak. *Plasma Physics and Controlled Fusion*, 50:115001–1–115001–24, 2008.

[414] Vidvuds Ozoliņš, Rongjie Lai, Russel Caflisch, and Stanley Osher. Compressed modes for variational problems in mathematics and physics. *Proceedings of the National Academy of Sciences*, 110(46):18368–18373, 2013.

[415] C. Pan, D. Yu, and J. Wang. Dynamical mode decomposition of Gurney flap wake flow. *Theoretical and Applied Mechanics Letters*, 1(1):012002, 2011.

[416] V. Parezanovic, J.-C. Laurentie, T. Duriez, C. Fourment, J. Delville, J.-P. Bonnet, L. Cordier, B. R. Noack, M. Segond, M. Abel, T. Shaqarin, and S. L. Brunton. Mixing layer manipulation experiment – from periodic forcing to machine learning closed-loop control. *Journal Flow Turbulence and Combustion*, 94(1):155–173, 2015.

[417] Vladimir Parezanović, Thomas Duriez, Laurent Cordier, Bernd R. Noack, Joël Delville, Jean-Paul Bonnet, Marc Segond, Markus Abel, and Steven L. Brunton. Closed-loop control of an experimental mixing layer using machine learning control. *arXiv preprint arXiv:1408.3259*, 2014.

[418] K. Pearson. On lines and planes of closest fit to systems of points in space. *Philosophical Magazine*, 2(7–12):559–572, 1901.

[419] B. Peherstorfer, D. Butnaru, K. Willcox, and H.-J. Bungartz. Localized discrete empirical interpolation method. *SIAM Journal on Scientific Computing*, 36(1):A168–A192, 2014.

[420] Benjamin Peherstorfer and Karen Willcox. Detecting and adapting to parameter changes for reduced models of dynamic data-driven application systems. *Procedia Computer Science*, 51:2553–2562, 2015.

[421] Benjamin Peherstorfer and Karen Willcox. Dynamic data-driven reduced-order models. *Computer Methods in Applied Mechanics and Engineering*, 291:21–41, 2015.

[422] Benjamin Peherstorfer and Karen Willcox. Online adaptive model reduction for nonlinear systems via low-rank updates. *SIAM Journal on Scientific Computing*, 37(4):A2123–A2150, 2015.

[423] Sebastian Peitz and Stefan Klus. Koopman operator-based model reduction for switched-system control of PDEs. *arXiv preprint arXiv:1710.06759*, 2017.

[424] S. D. Pendergrass, J. N. Kutz, and S. L. Brunton. Streaming GPU singular value and dynamic mode decompositions. *arXiv preprint arXiv:1612.07875*, 2016.

[425] Roger Penrose. A generalized inverse for matrices. In *Mathematical proceedings of the Cambridge philosophical society*, volume 51, pages 406–413. Cambridge University Press, 1955.

[426] Roger Penrose and John Arthur Todd. On best approximate solutions of linear matrix equations. In *Mathematical Proceedings of the Cambridge Philosophical Society*, volume 52, pages 17–19. Cambridge Univ Press, 1956.

[427] Lawrence Perko. *Differential Equations and Dynamical Systems*, volume 7. Springer Science & Business Media, 2013.

[428] M. Phan, L. G. Horta, J. N. Juang, and R. W. Longman. Linear system identification via an asymptotically stable observer. *Journal of Optimization Theory and Applications*, 79:59–86, 1993.

[429] Mark A. Pinsky. *Introduction to Fourier analysis and wavelets*, volume 102. American Mathematical Soc., 2002.

[430] T. Poggio. Deep learning: mathematics and neuroscience. *Views & Reviews, McGovern Center for Brains, Minds and Machines*, pages 1–7, 2016.

[431] Philippe Poncet, Georges-Henri Cottet, and Petros Koumoutsakos. Control of three-dimensional wakes using evolution strategies. *Comptes Rendus Mecanique*, 333(1):65–77, 2005.

[432] Christopher Poultney, Sumit Chopra, Yann L Cun, et al. Efficient learning of sparse representations with an energy-based model. In *Advances in Neural Information Processing systems*, pages 1137–1144, 2007.

[433] J. L. Proctor, S. L. Brunton, B. W. Brunton, and J. N. Kutz. Exploiting sparsity and equation-free architectures in complex systems (invited review). *The European Physical Journal Special Topics*, 223(13):2665–2684, 2014.

[434] Joshua L. Proctor, Steven L. Brunton, and J. Nathan Kutz. Dynamic mode decomposition with control. *SIAM Journal on Applied Dynamical Systems*, 15(1):142–161, 2016.

[435] Joshua L. Proctor and Philip A. Eckhoff. Discovering dynamic patterns from infectious disease data using dynamic mode decomposition. *International Health*, 7(2):139–145, 2015.

[436] H. Qi and S. M. Hughes. Invariance of principal components under low-dimensional random projection of the data. IEEE International Conference on Image Processing, October 2012.

[437] Shie Qian and Dapang Chen. Discrete Gabor transform. *IEEE Transactions on Signal Processing*, 41(7):2429–2438, 1993.

[438] S. J. Qin and T. A. Badgwell. An overview of industrial model predictive control technology. In *AIChE Symposium Series*, volume 93, pages 232–256, 1997.

[439] S. Joe Qin and Thomas A. Badgwell. A survey of industrial model predictive control technology. *Control Engineering Practice*, 11(7):733–764, 2003.

[440] Qing Qu, Ju Sun, and John Wright. Finding a sparse vector in a subspace: Linear sparsity using alternating directions. In *Advances in Neural Information Processing Systems 27*, pages 3401–3409, 2014.

[441] A. Quarteroni and G. Rozza. *Reduced Order Methods for Modeling and Computational Reduction*, volume 9 of *MS&A – Modeling, Simulation & Appplications*. Springer, 2013.

[442] Alfio Quarteroni, Andrea Manzoni, and Federico Negri. *Reduced Basis Methods for Partial Differential Equations: An Introduction*, volume 92. Springer, 2015.

[443] J. Ross Quinlan. Induction of decision trees. *Machine Learning*, 1(1):81–106, 1986.

[444] J Ross Quinlan. *C4. 5: Programs for Machine Learning*. Elsevier, 2014.

[445] Maziar Raissi and George Em Karniadakis. Hidden physics models: Machine learning of nonlinear partial differential equations. *Journal of Computational Physics*, 357:125–141, 2018.

[446] C. Radhakrishna Rao. The utilization of multiple measurements in problems of biological classification. *Journal of the Royal Statistical Society. Series B (Methodological)*, 10(2):159–203, 1948.

[447] James B. Rawlings. Tutorial overview of model predictive control. *IEEE Control Systems*, 20(3):38–52, 2000.

[448] Soumya Raychaudhuri, Joshua M. Stuart, and Russ B. Altman. Principal components analysis to summarize microarray experiments: application to sporulation time series. In *Pacific Symposium on Biocomputing. Pacific Symposium on Biocomputing*, page 455. NIH Public Access, 2000.

[449] Rolf H. Reichle, Dennis B. McLaughlin, and Dara Entekhabi. Hydrologic data assimilation with the ensemble Kalman filter. *Monthly Weather Review*, 130(1):103–114, 2002.

[450] B. Ren, P. Frihauf, R. J. Rafac, and M. Krstić. Laser pulse shaping via extremum seeking. *Control Engineering Practice*, 20:674–683, 2012.

[451] Branko Ristic, Sanjeev Arulampalam, and Neil James Gordon. *Beyond the Kalman Filter: Particle Filters for Tracking Applications*. Artech house, 2004.

[452] Anthony John Roberts. *Model Emergent Dynamics in Complex Systems*. *SIAM*, 2014.

[453] Charles A. Rohde. Generalized inverses of partitioned matrices. *Journal of the Society for Industrial & Applied Mathematics*, 13(4):1033–1035, 1965.

[454] Vladimir Rokhlin, Arthur Szlam, and Mark Tygert. A randomized algorithm for principal component analysis. *SIAM Journal on Matrix Analysis and Applications*, 31:1100–1124, 2009.

[455] C. W. Rowley, T. Colonius, and R. M. Murray. Model reduction for compressible flows using POD and Galerkin projection. *Physica D*, 189:115–129, 2004.

[456] C. W. Rowley, I. Mezić, S. Bagheri, P. Schlatter, and D. S. Henningson. Spectral analysis of nonlinear flows. *J. Fluid Mech.*, 645:115–127, 2009.

[457] Clarence W. Rowley and Jerrold E. Marsden. Reconstruction equations and the Karhunen–Loève expansion for systems with symmetry. *Physica D: Nonlinear Phenomena*, 142(1):1–19, 2000.

[458] C.W. Rowley. Model reduction for fluids using balanced proper orthogonal decomposition. *Int. J. Bifurcation and Chaos*, 15(3):997–1013, 2005.

[459] S. Roy, J.-C. Hua, W. Barnhill, G. H. Gunaratne, and J. R. Gord. Deconvolution of reacting-flow dynamics using proper orthogonal and dynamic mode decompositions. *Physical Review E*, 91(1):013001, 2015.

[460] S. H. Rudy, S. L. Brunton, J. L. Proctor, and J. N. Kutz. Data-driven discovery of partial differential equations. *Science Advances*, 3(e1602614), 2017.

[461] Themistoklis P. Sapsis and Andrew J. Majda. Statistically accurate low-order models for uncertainty quantification in turbulent dynamical systems. *Proceedings of the National Academy of Sciences*, 110(34):13705–13710, 2013.

[462] S. Sargsyan, S. L. Brunton, and J. N. Kutz. Nonlinear model reduction for dynamical systems using sparse sensor locations from learned libraries. *Physical Review E*, 92(033304), 2015.

[463] S. Sarkar, S. Ganguly, A. Dalal, P. Saha, and S. Chakraborty. Mixed convective flow stability of nanofluids past a square cylinder by dynamic mode decomposition. *International Journal of Heat and Fluid Flow*, 44:624–634, 2013.

[464] Tamas Sarlos. Improved approximation algorithms for large matrices via random projections. In *Foundations of Computer Science. 47th Annual IEEE Symposium on*, pages 143–152, 2006.

[465] T. Sayadi, P. J. Schmid, J. W. Nichols, and P. Moin. Reduced-order representation of near-wall structures in the late transitional boundary layer. *Journal of Fluid Mechanics*, 748:278–301, 2014.

[466] Taraneh Sayadi and Peter J. Schmid. Parallel data-driven decomposition algorithm for large-scale datasets: with application to transitional boundary layers. *Theoretical and Computational Fluid Dynamics*, pages 1–14, 2016.

[467] H. Schaeffer, R. Caflisch, C. D. Hauck, and S. Osher. Sparse dynamics for partial differential equations. *Proceedings of the National Academy of Sciences USA*, 110(17):6634–6639, 2013.

[468] Hayden Schaeffer. Learning partial differential equations via data discovery and sparse optimization. In *Proc. R. Soc. A*, volume 473, page 20160446. The Royal Society, 2017.

[469] Hayden Schaeffer and Scott G. McCalla. Sparse model selection via integral terms. *Physical Review E*, 96(2):023302, 2017.

[470] Robert E. Schapire. The strength of weak learnability. *Machine learning*, 5(2):197–227, 1990.

[471] M. Schlegel, B. R. Noack, and G. Tadmor. Low-dimensional Galerkin models and control of transitional channel flow. Technical Report 01/2004, Hermann-Föttinger-Institut für Strömungsmechanik, Technische Universität Berlin, Germany, 2004.

[472] P. J. Schmid. Dynamic mode decomposition for numerical and experimental data. *J. Fluid. Mech*, 656:5–28, 2010.

[473] P. J. Schmid, L. Li, M. P. Juniper, and O. Pust. Applications of the dynamic mode decomposition. *Theoretical and Computational Fluid Dynamics*, 25(1-4):249–259, 2011.

[474] P. J. Schmid and J. Sesterhenn. Dynamic mode decomposition of numerical and experimental data. In *61st Annual Meeting of the APS Division of Fluid Dynamics*. American Physical Society, November 2008.

[475] P. J. Schmid, D. Violato, and F. Scarano. Decomposition of time-resolved tomographic PIV. *Experiments in Fluids*, 52:1567–1579, 2012.

[476] E. Schmidt. Zur theorie der linearen und nichtlinearen integralgleichungen. i teil. entwicklung willkürlichen funktionen nach system vorgeschriebener. *Math. Ann.*, 3:433–476, 1907.

[477] Michael Schmidt and Hod Lipson. Distilling free-form natural laws from experimental data. *Science*, 324(5923):81–85, 2009.

[478] Michael D. Schmidt, Ravishankar R. Vallabhajosyula, Jerry W. Jenkins, Jonathan E. Hood, Abhishek S. Soni, John P. Wikswo, and Hod Lipson. Automated refinement and inference of analytical models for metabolic networks. *Physical Biology*, 8(5):055011, 2011.

[479] Bernhard Schölkopf and Alexander J. Smola. *Learning with Kernels: Support Vector Machines, Regularization, Optimization, and beyond*. MIT press, 2002.

[480] Gideon Schwarz et al. Estimating the dimension of a model. *The Annals of Statistics*, 6(2):461–464, 1978.

[481] A. Seena and H. J. Sung. Dynamic mode decomposition of turbulent cavity flows for self-sustained oscillations. *International Journal of Heat and Fluid Flow*, 32(6):1098–1110, 2011.

[482] Ervin Sejdić, Igor Djurović, and Jin Jiang. Time–frequency feature representation using energy concentration: An overview of recent advances. *Digital Signal Processing*, 19(1):153–183, 2009.

[483] O. Semeraro, G. Bellani, and F. Lundell. Analysis of time-resolved PIV measurements of a confined turbulent jet using POD and Koopman modes. *Experiments in Fluids*, 53(5):1203–1220, 2012.

[484] Onofrio Semeraro, Francois Lusseyran, Luc Pastur, and Peter Jordan. Qualitative dynamics of wavepackets in turbulent jets. *Physical Review Fluids*, 2(9):094605, 2017.

[485] Gil Shabat, Yaniv Shmueli, Yariv Aizenbud, and Amir Averbuch. Randomized LU decomposition. *Applied and Computational Harmonic Analysis*, 2016.

[486] C. E. Shannon. A mathematical theory of communication. *Bell System Technical Journal*, 27(3):379–423, 1948.

[487] Ati S. Sharma, Igor Mezić, and Beverley J. McKeon. Correspondence between Koopman mode decomposition, resolvent mode decomposition, and invariant solutions of the Navier-Stokes equations. *Physical Review Fluids*, 1(3):032402, 2016.

[488] Eli Shlizerman, Edwin Ding, Matthew O. Williams, and J. Nathan Kutz. The proper orthogonal decomposition for dimensionality reduction in mode-locked lasers and optical systems. *International Journal of Optics*, 2012, 2011.

[489] Valeria Simoncini. A new iterative method for solving large-scale Lyapunov matrix equations. *SIAM Journal on Scientific Computing*, 29(3):1268–1288, 2007.

[490] L. Sirovich. Turbulence and the dynamics of coherent structures, parts I-III. *Q. Appl. Math.*, XLV(3):561–590, 1987.

[491] L. Sirovich and M. Kirby. A low-dimensional procedure for the characterization of human faces. *Journal of the Optical Society of America A*, 4(3):519–524, 1987.

[492] S. Skogestad and I. Postlethwaite. *Multivariable Feedback Control*. Wiley, Chichester, 1996.

[493] Paul Smolensky. Information processing in dynamical systems: Foundations of harmony theory. Technical report, Colorado Univ at Boulder Dept of Computer Science, 1986.

[494] Giovanni Solari, Luigi Carassale, and Federica Tubino. Proper orthogonal decomposition in wind engineering. part 1: A state-of-the-art and some prospects. *Wind and Structures*, 10(2):153–176, 2007.

[495] G. Song, F. Alizard, J.-C. Robinet, and X. Gloerfelt. Global and Koopman modes analysis of sound generation in mixing layers. *Physics of Fluids (1994-present)*, 25(12):124101, 2013.

[496] Danny C. Sorensen and Yunkai Zhou. Direct methods for matrix Sylvester and Lyapunov equations. *Journal of Applied Mathematics*, 2003(6):277–303, 2003.

[497] Mariia Sorokina, Stylianos Sygletos, and Sergei Turitsyn. Sparse identification for nonlinear optical communication systems: SINO method. *Optics Express*, 24(26):30433–30443, 2016.

[498] James C. Spall. The Kantorovich inequality for error analysis of the Kalman filter with unknown noise distributions. *Automatica*, 31(10):1513–1517, 1995.

[499] Nitish Srivastava, Geoffrey Hinton, Alex Krizhevsky, Ilya Sutskever, and Ruslan Salakhutdinov. Dropout: A simple way to prevent neural networks from overfitting. *The Journal of Machine Learning Research*, 15(1):1929–1958, 2014.

[500] W-H. Steeb and F. Wilhelm. Non-linear autonomous systems of differential equations and Carleman linearization procedure. *Journal of Mathematical Analysis and Applications*, 77(2):601–611, 1980.

[501] Robert F. Stengel. *Optimal Control and Estimation*. Courier Corporation, 2012.

[502] Gilbert W. Stewart. On the early history of the singular value decomposition. *SIAM Review*, 35(4):551–566, 1993.

[503] George Sugihara, Robert May, Hao Ye, Chih-hao Hsieh, Ethan Deyle, Michael Fogarty, and Stephan Munch. Detecting causality in complex ecosystems. *Science*, 338(6106):496–500, 2012.

[504] A. Surana. Koopman operator based observer synthesis for control-affine nonlinear systems. In *55th IEEE Conference on Decision and Control (CDC*, pages 6492–6499, 2016.

[505] Amit Surana and Andrzej Banaszuk. Linear observer synthesis for nonlinear systems using Koopman operator framework. *IFAC-PapersOnLine*, 49(18):716–723, 2016.

[506] Yoshihiko Susuki and Igor Mezić. A prony approximation of Koopman mode decomposition. In *Decision and Control (CDC), 2015 IEEE 54th Annual Conference on*, pages 7022–7027. IEEE, 2015.

[507] Richard S. Sutton and Andrew G. Barto. *Reinforcement Learning: An Introduction*, volume 1. MIT press Cambridge, 1998.

[508] Adam Svenkeson, Bryan Glaz, Samuel Stanton, and Bruce J. West. Spectral decomposition of nonlinear systems with memory. *Phys. Rev. E*, 93:022211, Feb 2016.

[509] S. A. Svoronos, D. Papageorgiou, and C. Tsiligiannis. Discretization of nonlinear control systems via the Carleman linearization. *Chemical Engineering Science*, 49(19):3263–3267, 1994.

[510] D. L. Swets and J. Weng. Using discriminant eigenfeatures for image retrieval. *IEEE Transactions on Pattern Analysis and Machine Intelligence (PAMI)*, 18(8):831–836, 1996.

[511] K. Taira and T. Colonius. The immersed boundary method: a projection approach. *Journal of Computational Physics*, 225(2):2118–2137, 2007.

[512] Naoya Takeishi, Yoshinobu Kawahara, Yasuo Tabei, and Takehisa Yairi. Bayesian dynamic mode decomposition. *Twenty-Sixth International Joint Conference on Artificial Intelligence*, 2017.

[513] Naoya Takeishi, Yoshinobu Kawahara, and Takehisa Yairi. Learning Koopman invariant subspaces for dynamic mode decomposition. In *Advances in Neural Information Processing Systems*, pages 1130–1140, 2017.

[514] Naoya Takeishi, Yoshinobu Kawahara, and Takehisa Yairi. Subspace dynamic mode decomposition for stochastic Koopman analysis. *Physical Review*, E 96.3:033310, 2017.

[515] F. Takens. Detecting strange attractors in turbulence. *Lecture Notes in Mathematics*, 898:366–381, 1981.

[516] Z. Q. Tang and N. Jiang. Dynamic mode decomposition of hairpin vortices generated by a hemisphere protuberance. *Science China Physics, Mechanics and Astronomy*, 55(1):118–124, 2012.

[517] Roy Taylor, J. Nathan Kutz, Kyle Morgan, and Brian Nelson. Dynamic mode decomposition for plasma diagnostics and validation. *Review of Scientific Instruments,* 89 (5):053501, 2018.

[518] Robert Tibshirani. Regression shrinkage and selection via the lasso. *Journal of the Royal Statistical Society. Series B (Methodological)*, pages 267–288, 1996.

[519] Zhou Ting and Jiang Hui. Eeg signal processing based on proper orthogonal decomposition. In *Audio, Language and Image Processing (ICALIP), 2012 International Conference on*, pages 636–640. IEEE, 2012.

[520] Santosh Tirunagari, Norman Poh, Kevin Wells, Miroslaw Bober, Isky Gorden, and David Windridge. Movement correction in DCE-MRI through windowed and reconstruction dynamic mode decomposition. *Machine Vision and Applications*, 28(3-4):393–407, 2017.

[521] Christopher Torrence and Gilbert P. Compo. A practical guide to wavelet analysis. *Bulletin of the American Meteorological Society*, 79(1):61–78, 1998.

[522] Giang Tran and Rachel Ward. Exact recovery of chaotic systems from highly corrupted data. *Multiscale Modeling & Simulation,* 15 (3):1108–1129, 2017.

[523] Lloyd N. Trefethen. *Spectral methods in MATLAB. SIAM*, 2000.

[524] Lloyd N. Trefethen and David Bau III. *Numerical linear algebra*, volume 50. *SIAM*, 1997.

[525] J. A. Tropp. Greed is good: Algorithmic results for sparse approximation. *IEEE Transactions on Information Theory*, 50(10):2231–2242, 2004.

[526] J. A. Tropp. Recovery of short, complex linear combinations via l_1 minimization. *IEEE Transactions on Information Theory*, 51(4):1568–1570, 2005.

[527] J. A. Tropp. Algorithms for simultaneous sparse approximation. part ii: Convex relaxation. *Signal Processing*, 86(3):589–602, 2006.

[528] J. A. Tropp. Just relax: Convex programming methods for identifying sparse signals in noise. *IEEE Transactions on Information Theory*, 52(3):1030–1051, 2006.

[529] J. A. Tropp and A. C. Gilbert. Signal recovery from random measurements via orthogonal matching pursuit. *IEEE Transactions on Information Theory*, 53(12):4655–4666, 2007.

[530] J. A. Tropp, A. C. Gilbert, and M. J. Strauss. Algorithms for simultaneous sparse approximation. part i: Greedy pursuit. *Signal Processing*, 86(3):572–588, 2006.

[531] J. A. Tropp, J. N. Laska, M. F. Duarte, J. K. Romberg, and R. G. Baraniuk. Beyond Nyquist: Efficient sampling of sparse bandlimited signals. *IEEE Transactions on Information Theory*, 56(1):520–544, 2010.

[532] Joel A. Tropp, Alp Yurtsever, Madeleine Udell, and Volkan Cevher. Randomized single-view algorithms for low-rank matrix approximation. *arXiv preprint arXiv:1609.00048*, 2016.

[533] J. H. Tu and C. W. Rowley. An improved algorithm for balanced POD through an analytic treatment of impulse response tails. *J. Comp. Phys.*, 231(16):5317–5333, 2012.

[534] J. H. Tu, C. W. Rowley, E. Aram, and R. Mittal. Koopman spectral analysis of separated flow over a finite-thickness flat plate with elliptical leading edge. *AIAA Paper 2011*, 2864, 2011.

[535] J. H. Tu, C. W. Rowley, D. M. Luchtenburg, S. L. Brunton, and J. N. Kutz. On dynamic mode decomposition: theory and applications. *J. Comp. Dyn.*, 1(2):391–421, 2014.

[536] Jonathan H. Tu, Clarence W. Rowley, J. Nathan Kutz, and Jessica K. Shang. Spectral analysis of fluid flows using sub-Nyquist-rate PIV data. *Experiments in Fluids*, 55(9):1–13, 2014.

[537] M. Turk and A. Pentland. Eigenfaces for recognition. *Journal of Cognitive Neuroscience*, 3(1):71–86, 1991.

[538] Rudolph Van Der Merwe. *Sigma-point Kalman Filters for Probabilistic Inference in Dynamic State-Space Models*. 2004.

[539] Charles Van Loan. *Computational Frameworks for the Fast Fourier Transform. SIAM*, 1992.

[540] Daniele Venturi and George Em Karniadakis. Gappy data and reconstruction procedures for flow past a cylinder. *Journal of Fluid Mechanics*, 519:315–336, 2004.

[541] Pascal Vincent, Hugo Larochelle, Yoshua Bengio, and Pierre-Antoine Manzagol. Extracting and composing robust features with denoising autoencoders. In *Proceedings of the 25th international conference on Machine learning*, pages 1096–1103. ACM, 2008.

[542] Stefan Volkwein. Model reduction using proper orthogonal decomposition. *Lecture Notes, Institute of Mathematics and Scientific Computing, University of Graz. see http://www.uni-graz.at/imawww/volkwein/POD.pdf*, 1025, 2011.

[543] Stefan Volkwein. Proper orthogonal decomposition: Theory and reduced-order modelling. *Lecture Notes, University of Konstanz*, 4:4, 2013.

[544] Sergey Voronin and Per-Gunnar Martinsson. RSVDPACK: Subroutines for computing partial singular value decompositions via randomized sampling on single core, multi core, and GPU architectures. *arXiv preprint arXiv:1502.05366*, 2015.

[545] Avery Wang et al. An industrial strength audio search algorithm. In *Ismir*, volume 2003, pages 7–13. Washington, DC, 2003.

[546] H. H. Wang, M. Krstić, and G. Bastin. Optimizing bioreactors by extremum seeking. *Adaptive Control and Signal Processing*, 13(8):651–669, 1999.

[547] H. H. Wang, S. Yeung, and M. Krstić. Experimental application of extremum seeking on an axial-flow compressor. *IEEE Transactions on Control Systems Technology*, 8(2):300–309, 2000.

[548] W. X. Wang, R. Yang, Y. C. Lai, V. Kovanis, and C. Grebogi. Predicting catastrophes in nonlinear dynamical systems by compressive sensing. *Physical Review Letters*, 106:154101–1–154101–4, 2011.

[549] Zhu Wang, Imran Akhtar, Jeff Borggaard, and Traian Iliescu. Proper orthogonal decomposition closure models for turbulent flows: a numerical comparison. *Computer Methods in Applied Mechanics and Engineering*, 237:10–26, 2012.

[550] Christoph Wehmeyer and Frank Noé. Time-lagged autoencoders: Deep learning of slow collective variables for molecular kinetics. *The Journal of Chemical Physics*, 148(24):241703, 2018.

[551] Greg Welch and Gary Bishop. An introduction to the Kalman filter, 1995.

[552] Peter Whitle. *Hypothesis Testing in Time Series Analysis*, volume 4. Almqvist & Wiksells, 1951.

[553] O. Wiederhold, R. King, B. R. Noack, L. Neuhaus, L. Neise, W. an Enghard, and M. Swoboda. Extensions of extremum-seeking control to improve the aerodynamic performance of axial turbomachines. In *39th AIAA Fluid Dynamics Conference*, pages 1–19, San Antonio, TX, USA, 2009. AIAA-Paper 092407.

[554] K. Willcox and J. Peraire. Balanced model reduction via the proper orthogonal decomposition. *AIAA Journal*, 40(11):2323–2330, 2002.

[555] Karen Willcox. Unsteady flow sensing and estimation via the gappy proper orthogonal decomposition. *Computers & Fluids*, 35(2):208–226, 2006.

[556] Matthew O. Williams, Ioannis G. Kevrekidis, and Clarence W. Rowley. A data-driven approximation of the Koopman operator: extending dynamic mode decomposition. *Journal of Nonlinear Science*, 6:1307–1346, 2015.

[557] Matthew O. Williams, Clarence W. Rowley, and Ioannis G. Kevrekidis. A kernel approach to data-driven Koopman spectral analysis. *Journal of Computational Dynamics*, 2(2):247–265, 2015.

[558] Daniela M. Witten and Robert Tibshirani. Penalized classification using Fisher's linear discriminant. *Journal of the Royal Statistical Society: Series B (Statistical Methodology)*, 73(5):753–772, 2011.

[559] Franco Woolfe, Edo Liberty, Vladimir Rokhlin, and Mark Tygert. A fast randomized algorithm for the approximation of matrices. *Journal of Applied and Computational Harmonic Analysis*, 25:335–366, 2008.

[560] J. Wright, A. Yang, A. Ganesh, S. Sastry, and Y. Ma. Robust face recognition via sparse representation. *IEEE Transactions on Pattern Analysis and Machine Intelligence (PAMI)*, 31(2):210–227, 2009.

[561] C. F. Jeff Wu. On the convergence properties of the EM algorithm. *The Annals of Statistics*, pages 95–103, 1983.

[562] Xindong Wu, Vipin Kumar, J. Ross Quinlan, Joydeep Ghosh, Qiang Yang, Hiroshi Motoda, Geoffrey J. McLachlan, Angus Ng, Bing Liu, S. Yu Philip et al. Top 10 algorithms in data mining. *Knowledge and Information Systems*, 14(1):1–37, 2008.

[563] Hao Ye, Richard J. Beamish, Sarah M. Glaser, Sue C. H. Grant, Chih-hao Hsieh, Laura J. Richards, Jon T. Schnute, and George Sugihara. Equation-free mechanistic ecosystem forecasting using empirical dynamic modeling. *Proceedings of the National Academy of Sciences*, 112(13):E1569–E1576, 2015.

[564] Enoch Yeung, Soumya Kundu, and Nathan Hodas. Learning deep neural network representations for Koopman operators of nonlinear dynamical systems. *arXiv preprint arXiv:1708.06850*, 2017.

[565] B. Yildirim, C. Chryssostomidis, and G. E. Karniadakis. Efficient sensor placement for ocean measurements using low-dimensional concepts. *Ocean Modelling*, 27(3):160–173, 2009.

[566] Xiaoming Yuan and Junfeng Yang. Sparse and low-rank matrix decomposition via alternating direction methods. *preprint*, 12, 2009.

[567] M. D. Zeiler, D. Krishnan, G. W. Taylor, and R. Fergus. Deconvolutional networks. In *IEEE Computer Vision and Pattern Recognition (CVPR)*, pages 2528–2535, 2010.

[568] C. Zhang and R. Ordó nez. Numerical optimization-based extremum seeking control with application to ABS design. *IEEE Transactions on Automatic Control*, 52(3):454–467, 2007.

[569] Hao Zhang, Clarence W. Rowley, Eric A. Deem, and Louis N. Cattafesta. Online dynamic mode decomposition for time-varying systems. *arXiv preprint arXiv:1707.02876*, 2017.

[570] T. Zhang, G. Kahn, S. Levine, and P. Abbeel. Learning deep control policies for autonomous aerial vehicles with MPC-guided policy search. In *IEEE Robotics and Automation (ICRA)*, pages 528–535, 2016.

[571] Weiwei Zhang, Bobin Wang, Zhengyin Ye, and Jingge Quan. Efficient method for limit cycle flutter analysis based on nonlinear aerodynamic reduced-order models. *AIAA Journal*, 50(5):1019–1028, 2012.

[572] Sanjo Zlobec. An explicit form of the moore-penrose inverse of an arbitrary complex matrix. *SIAM Review*, 12(1):132–134, 1970.

[573] Hui Zou and Trevor Hastie. Regularization and variable selection via the elastic net. *Journal of the Royal Statistical Society: Series B (Statistical Methodology)*, 67(2):301–320, 2005.

索　引

索引中的页码为英文原书页码，与书中页边标注的页码一致。

T

U

W

推荐阅读

模式识别：数据质量视角

作者：W. 霍曼达 等 ISBN：978-7-111-64675-4 定价：79.00元

深度强化学习：学术前沿与实战应用

作者：刘驰 等 ISBN：978-7-111-64664-8 定价：99.00元

对抗机器学习：机器学习系统中的攻击和防御

作者：Y. 沃罗贝基克 等 ISBN：978-7-111-64304-3 定价：69.00元

数据流机器学习：MOA实例

作者：A. 比费特 等 ISBN：978-7-111-64139-1 定价：79.00元

R语言机器学习（原书第2版）

作者：K. 拉玛苏布兰马尼安 等 ISBN：978-7-111-64104-9 定价：119.00元

终身机器学习（原书第2版）

作者：陈志源 等 ISBN：978-7-111-63212-2 定价：79.00元

推荐阅读

动态系统的反馈控制（原书第7版）

书号：978-7-111-53875-2 作者：（美）吉恩 F.富兰克林 J.大卫·鲍威尔 阿巴斯·埃马米-纳尼

译者：刘建昌 等译 出版日期：2016年07月07日 定价：119.00元

本书系统地阐述了反馈控制的基本理论、设计方法及在现实应用中遇到的许多实际问题，主要介绍了根轨迹法、频率响应法等古典控制理论及状态空间法、计算机控制技术等现代控制理论的设计手段、设计方法、实现技术以及分析工具等。本书共分为10章，利用根轨迹、频率响应和状态变量方程等三种方法，将控制系统的分析和设计结合起来。第1章通过实例综述了反馈的基本思想和一些关键的设计问题。第2~4章是本书的基础，主要介绍了动态系统的建模、控制领域中常用的动态响应，以及反馈控制的基本特征及优越性。第5~7章为本书的核心，分别介绍了基于根轨迹，频率响应和状态变量反馈的设计方法。在此基础上，第8章通过描述数字控制系统基本结构，介绍了应用数字计算机实现反馈控制系统设计所需的工具。第9章介绍非线性系统，描述函数的频率响应、相平面、李雅普诺夫稳定性理论以及圆稳定性判据。第10章将三种基本设计方法相结合，给出了通用的控制系统设计方法，并将该方法应用到几种复杂的实际系统中。